高职高专食品类专业规划教材

发酵与酿造技术

（第3版）

主　编　刘明华　全永亮
副主编　尚　英　范　琳
　　　　王大红　孙丽华
参　编　肖　云　刘德超
主　审　郭　群

武汉理工大学出版社
·武汉·

内 容 提 要

本书共分为五个模块：发酵技术基础平台、酒类发酵与酿造技术平台、调味品发酵技术平台、乳制品发酵技术平台、现代发酵技术平台。发酵技术基础平台包括发酵与酿造认知、菌种(曲)制备、培养基制备、灭菌、过程控制等发酵共性内容。酒类发酵与酿造技术平台包括啤酒、白酒、葡萄酒、黄酒等发酵技术内容。调味品发酵技术平台包括味精、酱油、食醋及其他调味品发酵技术内容。乳制品发酵技术平台包括酸乳、干酪等发酵技术内容。现代发酵技术平台包括酶制剂发酵技术、有机酸发酵技术的内容。每个项目后面安排有相对应的实训内容进行训练。

本书可作为高等职业技术院校食品、微生物技术应用等相关专业教材，同时也可作为企业工程技术人员的技术参考书，还可用于相关职业培训。

图书在版编目(CIP)数据

发酵与酿造技术/刘明华，全永亮主编.—3 版.—武汉：武汉理工大学出版社，2023.1
ISBN 978-7-5629-6766-8

Ⅰ.①发… Ⅱ.①刘… ②全… Ⅲ.①食品-发酵-教材 ②酿造-生产工艺-教材
Ⅳ.①TS201.3 ②TS26

中国版本图书馆 CIP 数据核字(2023)第 002096 号

项目负责人：楼燕芳　　**责 任 编 辑**：楼燕芳
责 任 校 对：向玉露　　**排　　版**：天成图文
出 版 发 行：武汉理工大学出版社
社　　址：武汉市洪山区珞狮路 122 号
邮　　编：430070
网　　址：http://www.wutp.com.cn
经　　销：各地新华书店
印　　刷：武汉市籍缘印刷厂
开　　本：787×1092　1/16
印　　张：23.25
字　　数：580 千字
版　　次：2023 年 1 月第 3 版
印　　次：2023 年 1 月第 1 次印刷
定　　价：52.00 元

凡使用本教材的教师，可通过 E-mail 索取教学参考资料。
E-mail：10124159@qq.com
本社购书热线电话：027-87384729　87664138　87165708(传真)

前　言

发酵与酿造技术是人类利用微生物技术的结晶。随着人类文明的发展和科学技术的不断进步，发酵与酿造技术在近几个世纪得到了迅速发展，尤其是以基因工程为核心，包括细胞工程、酶工程、发酵工程和生化工程的生物技术突飞猛进的发展，大大推动了发酵技术、酶工程技术和生化技术的进步，而这些工程技术又强有力地推动了食品工业的发展。与食品工业不可分割的现代发酵与酿造工业成了现代生物工程不可缺少的重要组成部分，同时也是现代生物技术产业化、服务于国民经济的重要环节。

根据教育部高职高专的培养目标和要求，作为食品、生物技术及应用等专业的高等职业教育教材，本书在编写过程中，努力体现以职业岗位为导向、以职业技能培养为重点的高等职业教育特色，突出应用性和针对性，加强实践能力的培养，同时反映本行业技术领域的新知识、新技术、新工艺、新方法，并注意够用为度，学以致用，面向实践，注重实操，符合工学结合发展需求。

本书是基于工作过程和就业岗位的需求分析，按照发酵产品生产项目下的任务驱动，配合实训项目导向的模式来进行编写的。即以发酵产品生产工艺流程为主线，以生产"工序"为载体，通过解剖工艺流程，将教学项目与实训项目对应，对项目的目的、内容、知识综合应用程度、实用性、创新性及达成目标提出要求，融入了发酵行业的发展动态及最新工艺技术应用和研究成果，重新序化了教学内容。

本书共分为五个模块：发酵技术基础平台、酒类发酵与酿造技术平台、调味品发酵技术平台、乳制品发酵技术平台、现代发酵技术平台。发酵技术基础平台包括发酵与酿造认知、菌种(曲)制备、培养基制备、灭菌、过程控制等发酵共性内容。酒类发酵与酿造技术平台包括啤酒、白酒、葡萄酒、黄酒等发酵技术内容。调味品发酵技术平台包括味精、酱油、食醋及其他调味品发酵技术内容。乳制品发酵技术平台包括酸乳、干酪等发酵技术内容。现代发酵技术平台包括酶制剂发酵技术、有机酸发酵技术的内容。本书的编写打破了理论教材与实验实训教材分开的格局，根据职业情境和职业能力的同一性原则，在每一个教学项目中编排相对应的实验实训项目，构建融教、学、做于一体的"一体化"模式。

本书此次再版主要从以下几个方面做了修改和完善：一是贯彻习近平新时代中国特色社会主义思想，发挥教材的铸魂育人作用，深入挖掘本课程内容中蕴含的思想政治教育资源，结合教学内容及技能要求，在每章开篇明确提出了本章的课程思政目标；二是根据产业发展动态、国家法规和标准更新情况，对教材内容进行了相应的补充和更新；三是对原版教材存在的不妥和疏漏进行了订正等。修订后的新版教材具有内容新颖，可读性和实用性强等特点。

本书由刘明华、全永亮任主编，尚英、范琳、王大红、孙丽华任副主编。具体分工如下：刘明华（项目一、项目六、项目八、项目十）、全永亮（项目二、项目三、项目四）、尚英（项目七、项目十三）、范琳（项目九、项目十五）、王大红（项目十四、项目十七）、孙丽华（项目十一、项目十二）、肖云（项目十六）、刘德超（项目五）。本书的修订工作由刘明华承担。

本书特邀武汉职业技术学院生物工程学院郭群教授主审，在此表示感谢。

本书可作为高等职业技术院校食品、生物技术应用等相关专业教材，同时也可作为企业工程技术人员的技术参考用书，还可用于相关职业培训。

本书在编写过程中参考了很多资料、文献及网上资源，在此对作者表示感谢。本书的编写得到了武汉理工大学出版社的热情帮助，以及武汉职业技术学院各级领导的大力支持，在此表示衷心感谢。

尽管本次修订编者做了诸多努力，但限于学识和水平，书中仍难免存在不妥和疏漏之处，恳请读者提出宝贵意见，以便将来修改、完善。

编　者

2022年10月

目　录

模块一　发酵技术基础平台

项目一　发酵与酿造认知……………………………………………………………(1)
一、发酵相关概念 ……………………………………………………………………(1)
二、发酵过程及其特点 ………………………………………………………………(2)
三、发酵产品的种类 …………………………………………………………………(3)
四、发酵与酿造的发展历程 …………………………………………………………(5)
五、发酵与酿造的发展趋势 …………………………………………………………(6)
项目小结……………………………………………………………………………(8)
问题探究……………………………………………………………………………(8)

项目二　发酵菌种(曲)的制备…………………………………………………………(9)
背景资料……………………………………………………………………………(9)
一、食品工业中常用的细菌 …………………………………………………………(9)
二、食品工业中的酵母菌及其应用…………………………………………………(10)
三、食品工业中的霉菌及其应用……………………………………………………(10)
任务一　菌种选育 …………………………………………………………………(11)
一、自然选育………………………………………………………………………(11)
二、诱变育种………………………………………………………………………(13)
三、杂交育种………………………………………………………………………(15)
四、分子育种………………………………………………………………………(15)
任务二　菌种保藏 …………………………………………………………………(16)
一、菌种保藏的原理…………………………………………………………………(16)
二、菌种保藏的方法及注意事项……………………………………………………(16)
三、菌种保藏机构……………………………………………………………………(18)
任务三　菌种扩培 …………………………………………………………………(19)
一、微生物的培养方法………………………………………………………………(19)
二、菌种扩培的条件和优点…………………………………………………………(20)
三、种子的制备……………………………………………………………………(20)
任务四　菌种质量控制 ……………………………………………………………(21)
一、影响孢子质量的因素及控制……………………………………………………(21)
二、影响种子质量的因素及控制……………………………………………………(22)
三、菌种质量的检测…………………………………………………………………(23)
四、种子质量标准……………………………………………………………………(23)

项目小结 ……………………………………………………………… (23)
问题探究 ……………………………………………………………… (24)
实训一　乳酸菌的分离、保藏……………………………………………… (24)
实训二　啤酒酵母的活化、扩大培养……………………………………… (26)

项目三　发酵培养基的制备 …………………………………………… (29)
背景资料 ……………………………………………………………… (29)
一、食品发酵培养基的成分及来源……………………………………… (29)
二、培养基的类型……………………………………………………… (30)
任务一　培养基的配制 ………………………………………………… (32)
一、培养基的配制原则………………………………………………… (32)
二、培养基的配制过程………………………………………………… (33)
三、固体曲料的配制…………………………………………………… (34)
任务二　淀粉水解糖的制备 …………………………………………… (35)
一、淀粉水解糖的制备方法…………………………………………… (35)
二、淀粉水解糖的过程中涉及的术语…………………………………… (37)
三、淀粉水解糖的制备原理…………………………………………… (37)
四、淀粉水解糖的制备工艺…………………………………………… (38)
五、淀粉水解糖的质量要求…………………………………………… (40)
项目小结 ……………………………………………………………… (40)
问题探究 ……………………………………………………………… (41)
实训一　麦芽汁的制备及糖度检测 …………………………………… (41)
实训二　淀粉酶解糖液的制备 ………………………………………… (43)

项目四　发酵灭菌 …………………………………………………… (45)
背景资料 ……………………………………………………………… (45)
一、灭菌的原理和方法………………………………………………… (45)
二、发酵设备简介……………………………………………………… (47)
任务一　培养基和发酵设备的灭菌 …………………………………… (48)
一、培养基灭菌条件的选择…………………………………………… (48)
二、培养基灭菌工艺…………………………………………………… (51)
任务二　空气净化 ……………………………………………………… (52)
一、无菌空气的质量要求……………………………………………… (53)
二、空气的除菌原理和方法…………………………………………… (53)
三、空气净化流程……………………………………………………… (55)
项目小结 ……………………………………………………………… (57)
问题探究 ……………………………………………………………… (57)
实训一　小型发酵罐的结构认知 ……………………………………… (58)
实训二　实罐灭菌 ……………………………………………………… (60)

项目五　发酵过程的控制 …… (62)
背景资料 …… (62)
一、微生物代谢产物的类型 …… (62)
二、发酵操作方式 …… (63)
三、发酵过程的主要控制参数 …… (66)
任务一　发酵中温度的控制 …… (67)
一、温度对发酵的影响 …… (67)
二、影响发酵温度变化的因素 …… (67)
三、最适温度的选择 …… (68)
任务二　发酵中 pH 值的控制 …… (69)
一、pH 值对发酵的影响 …… (69)
二、发酵 pH 值的确定 …… (69)
三、pH 值的控制 …… (70)
任务三　发酵中溶氧浓度的控制 …… (70)
一、溶氧浓度对发酵的影响 …… (71)
二、溶氧浓度的控制 …… (72)
三、溶氧浓度的检测 …… (73)
任务四　发酵中基质浓度的控制 …… (73)
一、基质浓度对发酵的影响 …… (74)
二、基质浓度的控制 …… (75)
任务五　发酵中泡沫的控制 …… (75)
一、泡沫对发酵的影响 …… (75)
二、发酵过程中泡沫的变化 …… (76)
三、泡沫的控制 …… (76)
任务六　发酵中染菌的防治 …… (77)
一、染菌的危害 …… (77)
二、染菌的检查 …… (78)
三、染菌原因的分析、预防及处理措施 …… (79)
项目小结 …… (82)
问题探究 …… (82)
实训一　谷氨酸发酵 …… (83)
实训二　黑曲霉发酵生产柠檬酸 …… (84)

模块二　酒类发酵与酿造技术平台

项目六　啤酒发酵技术 …… (87)
背景资料 …… (87)
一、啤酒的发展概况 …… (87)
二、啤酒与健康 …… (88)

三、啤酒的分类…………………………………………………………………………（88）
任务一 啤酒酿造原、辅料的检测与处理……………………………………………（90）
一、大麦的检测……………………………………………………………………（90）
二、辅助原料的选择………………………………………………………………（91）
三、啤酒花及其制品的检测………………………………………………………（92）
四、酿造用水的检测与处理………………………………………………………（93）
任务二 麦芽的制备 ………………………………………………………………（93）
一、大麦的预处理…………………………………………………………………（94）
二、麦芽的制备工艺与质量评价…………………………………………………（94）
任务三 麦芽汁的制备 ……………………………………………………………（96）
一、原料粉碎………………………………………………………………………（96）
二、原料糖化………………………………………………………………………（96）
三、麦芽汁的过滤…………………………………………………………………（99）
四、麦芽汁的煮沸定型……………………………………………………………（99）
五、麦芽汁的处理 ………………………………………………………………（101）
任务四 啤酒的发酵………………………………………………………………（101）
一、啤酒酵母的制备 ……………………………………………………………（101）
二、啤酒发酵的过程与技术 ……………………………………………………（103）
任务五 啤酒的过滤、分离与灌装 ………………………………………………（106）
一、啤酒的过滤与分离 …………………………………………………………（106）
二、啤酒的灌装 …………………………………………………………………（106）
任务六 成品啤酒的稳定性及品质改善…………………………………………（107）
一、啤酒的稳定性改善 …………………………………………………………（107）
二、啤酒的品质改善 ……………………………………………………………（108）
项目小结……………………………………………………………………………（110）
问题探究……………………………………………………………………………（110）
实训一 协定法糖化试验…………………………………………………………（111）
实训二 啤酒酵母的计数与质量检测……………………………………………（113）
实训三 啤酒主发酵………………………………………………………………（115）
实训四 密度(比重)的测定………………………………………………………（117）
实训五 酒精度的测定及原麦芽汁浓度的计算…………………………………（118）
实训六 啤酒酸度和 pH 值的测定………………………………………………（121）
实训七 啤酒 α-氨基氮含量的测定 ……………………………………………（123）
实训八 双乙酰含量的测定………………………………………………………（125）
实训九 色度的测定………………………………………………………………（127）
实训十 啤酒中苦味质含量的测定………………………………………………（128）

项目七 白酒发酵技术……………………………………………………………（130）
背景资料……………………………………………………………………………（130）

任务一　白酒酿造原、辅料的选择 ……………………………………………………… (132)
一、酿造白酒的主要原料 ……………………………………………………… (132)
二、酿造白酒的辅助原料 ……………………………………………………… (133)
任务二　白酒酒曲的制备…………………………………………………………… (133)
一、白酒酒曲制备的目的 ……………………………………………………… (133)
二、大曲的制备 ………………………………………………………………… (133)
三、小曲的制备 ………………………………………………………………… (138)
四、麸曲的制备 ………………………………………………………………… (139)
任务三　白酒的制备………………………………………………………………… (141)
一、大曲酒的制备 ……………………………………………………………… (141)
二、小曲酒的制备 ……………………………………………………………… (146)
三、麸曲酒的制备 ……………………………………………………………… (148)
四、液态法白酒的制备 ………………………………………………………… (149)
五、低度白酒的制备 …………………………………………………………… (152)
六、白酒的贮存与勾兑调味 …………………………………………………… (153)
项目小结……………………………………………………………………………… (155)
问题探究……………………………………………………………………………… (155)
实训　低度白酒的除浊处理………………………………………………………… (156)

项目八　葡萄酒发酵技术………………………………………………………… (158)
背景资料……………………………………………………………………………… (158)
一、葡萄酒的发展概况 ………………………………………………………… (158)
二、葡萄酒与健康 ……………………………………………………………… (159)
三、葡萄酒的分类 ……………………………………………………………… (159)
任务一　葡萄酒生产原料的选择与处理…………………………………………… (160)
一、葡萄酒生产原料的选择 …………………………………………………… (160)
二、葡萄酒原料的处理 ………………………………………………………… (162)
任务二　葡萄酒的发酵……………………………………………………………… (166)
一、葡萄酒酵母的制备及发酵机制 …………………………………………… (166)
二、葡萄酒发酵控制 …………………………………………………………… (169)
三、红葡萄酒的生产工艺 ……………………………………………………… (171)
四、白葡萄酒的生产工艺 ……………………………………………………… (173)
五、桃红葡萄酒的生产工艺 …………………………………………………… (174)
任务三　葡萄酒的后处理…………………………………………………………… (174)
一、葡萄酒的贮存 ……………………………………………………………… (174)
二、葡萄酒的澄清 ……………………………………………………………… (176)
三、葡萄酒的调配 ……………………………………………………………… (176)
四、葡萄酒的热处理、冷处理及过滤……………………………………………… (177)
五、葡萄酒的其他后处理措施 ………………………………………………… (178)

项目小结……（179）
问题探究……（179）
实训　红葡萄酒的酿造……（180）

项目九　黄酒发酵技术……（182）
背景资料……（182）
一、黄酒的发展概况……（182）
二、黄酒的分类……（183）
三、黄酒的生产发酵特点……（184）
任务一　黄酒生产原、辅料的选择……（184）
一、主要原料的选择……（184）
二、辅料的选择……（186）
任务二　酒曲的制备……（187）
一、酒药的制备……（187）
二、酒母的制备……（188）
三、曲的制备……（189）
任务三　黄酒的制备……（190）
一、干黄酒的制备……（190）
二、黍米黄酒的制备……（194）
任务四　黄酒的后处理……（195）
一、黄酒的压榨、澄清与煎酒……（195）
二、黄酒的贮存……（195）
项目小结……（196）
问题探究……（196）
实训　甜酒酿的酿制……（197）

模块三　调味品发酵技术平台

项目十　味精发酵技术……（198）
背景资料……（198）
一、味精的主要性质……（198）
二、味精行业概况……（199）
三、味精的安全性……（199）
四、味精发酵的工艺流程……（200）
五、谷氨酸发酵机制……（200）
任务一　味精生产原料的预处理……（204）
一、糖蜜的预处理……（204）
二、淀粉糖的制备……（204）
三、培养基配制……（204）

任务二 谷氨酸菌种的制备…………（206）
一、谷氨酸产生菌的选育…………（206）
二、菌种的活化、扩培…………（209）
三、噬菌体的检测…………（210）
任务三 谷氨酸发酵准备及过程控制…………（210）
一、发酵罐的空消、实消操作…………（210）
二、谷氨酸接种、发酵及控制…………（210）
任务四 味精的提取及精制…………（216）
一、谷氨酸发酵液的除菌体…………（216）
二、谷氨酸的提取…………（216）
三、味精的精制…………（218）
四、味精干燥、包装和成品的质量分析…………（220）
项目小结…………（220）
问题探究…………（221）
实训 味精的制备…………（221）

项目十一 酱油发酵技术…………（225）
背景资料…………（225）
一、酱油的历史起源…………（225）
二、酱油的产业发展状况…………（225）
三、酱油的营养成分及功能作用…………（226）
四、酱油的种类和等级…………（227）
任务一 酱油原料的选择及处理…………（228）
一、酱油原料的选择…………（228）
二、酱油原料的处理…………（230）
任务二 酱油制曲…………（232）
一、酱油发酵用微生物…………（232）
二、酱油种曲的制备…………（233）
任务三 酱油发酵…………（234）
一、固态低盐法发酵…………（235）
二、高盐稀态法发酵…………（236）
任务四 浸出提油及成品配制…………（237）
一、浸提工艺流程…………（237）
二、浸提操作…………（238）
三、配制加工…………（238）
项目小结…………（239）
问题探究…………（239）
实训 酱油氨基氮含量的测定…………（240）

项目十二　食醋发酵技术…………（242）
背景资料…………（242）
一、食醋及其营养价值…………（242）
二、食醋的种类及生产工艺…………（243）
任务一　食醋原、辅料的选择与处理…………（246）
一、食醋原、辅料的选择…………（246）
二、食醋原料的选择原则…………（248）
三、食醋原、辅料的处理…………（248）
任务二　食醋糖化剂和发酵剂的选择及成醋机理…………（249）
一、糖化剂和发酵剂的选择…………（249）
二、食醋成醋机理…………（250）
任务三　固态法食醋的制备…………（252）
一、大曲醋的制备…………（252）
二、小曲醋的制备…………（255）
三、新型醋的制备…………（257）
项目小结…………（258）
问题探究…………（258）
实训　醋酸菌的分离纯化…………（259）

项目十三　其他调味品发酵技术…………（261）
背景资料…………（261）
任务一　腐乳的制备…………（262）
一、腐乳的分类及地方名优腐乳…………（262）
二、腐乳原、辅料的选择…………（263）
三、腐乳风味形成机理…………（265）
四、豆腐坯的制备…………（266）
五、腐乳的发酵…………（268）
任务二　豆豉的制备…………（271）
一、豆豉的种类…………（271）
二、豆豉的一般生产过程…………（272）
任务三　豆瓣酱的制备…………（275）
一、豆瓣曲的制备…………（275）
二、辣椒的贮藏与辣椒酱的制备…………（276）
三、豆瓣辣酱的发酵…………（277）
四、成品的精制…………（278）
项目小结…………（278）
问题探究…………（279）
实训一　毛霉的分离和腐乳的制备…………（279）

实训二　风味泡菜的制作……(281)

模块四　乳制品发酵技术平台

项目十四　酸乳发酵技术……(283)
背景资料……(283)
一、酸乳及其种类……(283)
二、酸乳的营养价值……(284)
任务一　酸乳发酵剂的制备……(285)
一、酸乳生产中常用的发酵剂菌种及其共生作用……(285)
二、发酵剂的类型……(286)
三、发酵剂的制备及鉴别……(287)
任务二　凝固型酸乳的制备……(290)
一、凝固型酸乳原料的选择和预处理……(290)
二、凝固型酸乳的发酵……(291)
三、凝固型酸乳质量的控制……(292)
任务三　搅拌型酸乳的制备……(294)
一、搅拌型酸乳原料的选择和预处理……(294)
二、搅拌型酸乳的发酵……(294)
项目小结……(296)
问题探究……(296)
实训一　凝固型酸乳的制备……(296)
实训二　乳酸菌饮料的制备……(297)

项目十五　干酪制备技术……(300)
背景资料……(300)
一、干酪的定义、分类、成分和营养价值……(300)
二、著名干酪品种……(303)
任务一　干酪发酵剂的制备……(304)
一、干酪发酵剂的种类……(305)
二、干酪发酵剂的组成……(305)
三、干酪发酵剂的制备方法……(305)
四、皱胃酶及其代用酶……(305)
任务二　干酪的制备……(306)
一、天然干酪的制备……(306)
二、融化干酪的制备……(311)
项目小结……(312)
问题探究……(313)
实训　干酪的制备……(313)

模块五　现代发酵技术平台

项目十六　酶制剂发酵技术……………………………………………………………（315）
背景资料……………………………………………………………………………（315）
一、酶制剂发展概况 ……………………………………………………………（315）
二、酶制剂的分类 ………………………………………………………………（316）
三、微生物发酵酶的合成调控机制 ……………………………………………（316）
四、酶制剂发酵生产的一般工艺流程 …………………………………………（317）
五、酶的发酵生产控制 …………………………………………………………（317）
六、酶的提取技术 ………………………………………………………………（319）
任务一　淀粉酶类的生产………………………………………………………（320）
一、α-淀粉酶的生产 ……………………………………………………………（320）
二、β-淀粉酶的生产 ……………………………………………………………（322）
三、葡萄糖淀粉酶的生产 ………………………………………………………（323）
任务二　蛋白酶类的生产………………………………………………………（326）
一、酸性蛋白酶 …………………………………………………………………（326）
二、中性蛋白酶 …………………………………………………………………（328）
三、碱性蛋白酶 …………………………………………………………………（330）
项目小结……………………………………………………………………………（331）
问题探究……………………………………………………………………………（331）
实训　蛋白酶的活力测定…………………………………………………………（331）

项目十七　有机酸发酵技术……………………………………………………………（334）
背景资料……………………………………………………………………………（334）
任务一　柠檬酸的发酵生产……………………………………………………（335）
一、柠檬酸的性质及用途 ………………………………………………………（335）
二、柠檬酸产生菌 ………………………………………………………………（335）
三、黑曲霉柠檬酸的发酵机理 …………………………………………………（337）
四、柠檬酸的发酵原料与工艺 …………………………………………………（337）
五、柠檬酸的提取工艺 …………………………………………………………（339）
任务二　乳酸的发酵生产………………………………………………………（340）
一、乳酸的性质与用途 …………………………………………………………（340）
二、乳酸的发酵机理 ……………………………………………………………（341）
三、乳酸生产菌种 ………………………………………………………………（342）
四、乳酸的发酵原料 ……………………………………………………………（342）
五、乳酸的发酵工艺 ……………………………………………………………（344）
六、产品的提取和精制 …………………………………………………………（345）
任务三　葡萄糖酸的发酵生产…………………………………………………（345）

一、葡萄糖酸的性质及应用 …………………………………………………… (345)
二、葡萄糖酸的发酵机理与微生物 ………………………………………… (346)
三、葡萄糖酸的发酵工艺 …………………………………………………… (346)
四、产品的提取和精制 ……………………………………………………… (348)
项目小结……………………………………………………………………… (348)
问题探究……………………………………………………………………… (349)
实训 黑曲霉发酵生产柠檬酸………………………………………………… (349)

参考文献……………………………………………………………………… (352)

模块一　发酵技术基础平台

项目一　发酵与酿造认知

知识目标

1. 知道发酵、酿造、发酵技术、发酵工艺、发酵工程、生物技术等有关基本概念。
2. 能陈述发酵过程及其特点。
3. 能陈述发酵产品的分类。
4. 能陈述发酵、酿造的发展历程。
5. 知道发酵、酿造的发展趋势。

技能目标

能够运用基本概念对部分发酵食品生产进行分析说明。

思政目标

通过介绍微生物发酵发展历史上中外科学家，如列文虎克、巴斯德、科赫、汤飞凡、戴芳澜、樊庆笙等的事迹，激励学生树立不畏艰辛、勇于探索的科学精神和严谨的治学态度。

传统发酵与酿造技术是人类利用微生物的结晶。随着人类文明的发展，科学技术的不断进步，发酵与酿造技术在近几个世纪得到了迅速发展，尤其是以基因工程为核心，包括细胞工程、蛋白质（酶）工程、发酵工程和生化工程的生物技术突飞猛进的发展，强有力地推动了发酵工业的发展。微生物发酵成了现代生物工程不可缺少的重要组成部分，同时也是现代生物技术产业化、服务于国民经济所必需的环节。世界各国都把现代发酵与酿造技术作为农产品与食品、药品加工的最重要手段之一。总之，发酵与酿造技术具有巨大的发展潜力，将为解决世界面临的粮食、蛋白质、能源、环保等问题提供美好的前景。

一、发酵相关概念

发酵现象早已被人们所认识，但了解它的本质却是近 200 年来的事。英语中发酵一词 fermentation 是从拉丁语 fervere 派生而来的，原意为“翻腾”，它描述酵母作用于果汁或麦芽浸出液时的现象，是由浸出液中的糖在缺氧条件下降解而产生的二氧化碳所引起的。

生物化学或生理学意义上的发酵指微生物在无氧条件下，分解各种有机物质产生能量的一种方式。

工业意义上的发酵泛指利用微生物的某种特定功能，通过现代工程技术手段生产有用物质的过程。或者说，发酵是利用特定的微生物，控制适宜的工艺条件，生产人们所需要的产品或达到某些特定目的的过程。它既包括厌氧培养的生产过程，也包括有氧培养的生产过程。

在我国，人们常常把由复杂成分构成的，并有较高风味要求的发酵食品，如啤酒、白酒、黄酒、清酒、葡萄酒等饮料酒以及酱油、食醋、酱、豆豉、腐乳、酱腌菜等佐餐调味品的生产称为酿造工业；把经过纯种培养、提炼精制获得的成分单纯、无风味要求的酒精、抗生素、柠檬酸、谷氨酸、酶制剂、单细胞蛋白等的生产叫作发酵工业。

发酵技术是指人们利用微生物的发酵作用，运用一些技术手段控制发酵过程，生产发酵产品的技术。

发酵工艺是指通过微生物群体的生命活动（工业发酵）来加工或制作产品所对应的加工或制作过程。

发酵工程又称微生物工程，是利用微生物的特定性状和功能，通过现代化工程技术生产有用物质或直接应用于工业化生产的技术体系；是将传统发酵与现代的 DNA 重组、细胞融合、分子修饰和改造等新技术结合并发展起来的现代发酵技术。发酵工程也可以说是渗透有工程学的微生物学，是发酵技术工程化的发展。

生物技术是应用自然科学及工程学的原理，依靠微生物、动物、植物体作为反应器将物料进行加工以提供产品来为社会服务的技术。一般认为，生物技术通常包括基因工程、蛋白质（酶）工程、细胞工程、发酵工程、生化工程五个方面的内容。此外，基因诊断与基因治疗技术、克隆动物技术、生物芯片技术、生物材料技术、生物能源技术、利用生物降解环境中有毒有害化合物的技术等都是生物技术范畴的重要内容。

二、发酵过程及其特点

（一）发酵过程

典型的发酵过程大致可以划分为以下四个基本过程：原料的预处理及培养基的制备；菌种的制备；生物反应器及反应条件的选择；产品的分离与纯化。这四个部分的相互关系如图 1-1所示。

（二）发酵过程的特点

1. 安全简单

发酵与酿造过程绝大多数是在常温常压下进行的，操作条件温和，不需考虑防爆问题，生产过程安全，所需的生产条件比较简单。

2. 原料广泛

发酵与酿造通常以淀粉、糖蜜或其他农副产品为原料，添加少量营养因子，就可以进行反应了。目前，发酵与酿造的原料范围已大大扩展，矿产资源和石油产品都可以作为发酵与酿造的原料，甚至生产中的废水、废料也可以作为发酵与酿造的原料。

3. 反应专一

发酵与酿造过程是通过生物体的自动调节方式来完成的，反应专一性强，因而可以得到较为单一的代谢产物，避免不利或有害副产物混杂其中。

4. 代谢多样

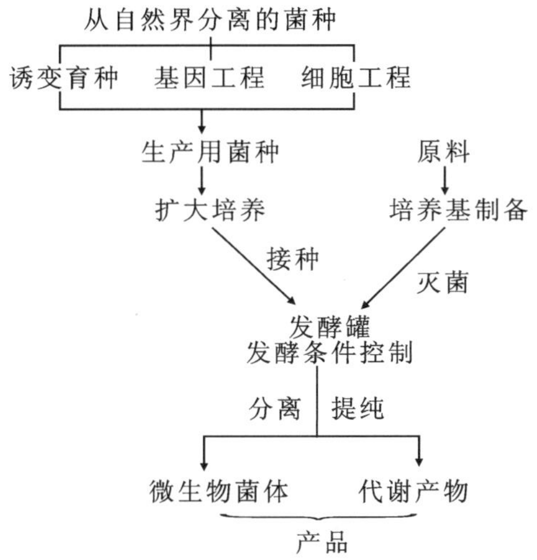

图 1-1 发酵过程示意图

由于生物体代谢方式、代谢过程的多样化，以及生物体化学反应的高度选择性，即使是极其复杂的高分子化合物，也能在自然界找到所需的代谢产物，因而发酵与酿造适应的范围非常广。

5. 易受污染

由于发酵培养基营养丰富，各种来源的微生物都很容易生长，因此发酵与酿造过程要严格控制杂菌污染，有许多产品必须在密闭条件下进行发酵，在接种前设备和培养基必须灭菌，反应过程中所需空气或流加营养物必须保持无菌状态。发酵过程避免杂菌污染是发酵成功的关键。

6. 需进行菌种选育

发酵与酿造最重要的因素是菌种，通过各种菌种选育手段(包括现代基因工程)得到高产的优良菌种，是创造显著经济效益的关键。另外，生产过程中菌种会不断变异，因此，自始至终都要进行菌种的选育和优化工作，以保持菌种的基本特征和优良性状。

与传统的发酵工艺相比，现代发酵工业除了上述发酵特点之外更有其优越性。如采用人工构建的"基因工程菌"或微生物发酵所生产的酶制剂来进行生物产品的工业化生产，而且发酵设备也为自动化、连续化设备所代替，使发酵水平在原有基础上得到大幅度提高，发酵类型不断创新。

三、发酵产品的种类

(一)按发酵产业部门来分

(1)酿酒工业产品，如啤酒、白酒、葡萄酒等；

(2)调味品工业产品，如味精、酱油、食醋等；

(3)乳制品工业产品，如酸奶、干酪等；

(4)有机酸发酵工业产品，如柠檬酸、苹果酸等；

(5)酶制剂发酵工业产品，如淀粉酶、蛋白酶、脂肪酶、纤维素酶等；

(6)氨基酸发酵工业产品，如谷氨酸、丝氨酸、赖氨酸等；

(7)功能性食品生产工业产品，如低聚糖、真菌多糖、微生态制剂等；

(8)食品添加剂生产工业产品，如黄原胶、乳酸菌素、红曲等；

(9)菌体制造工业产品，如单细胞蛋白、食用菌等；

(10)维生素发酵工业产品，如维生素 B_{12}、维生素 C 等；

(11)核苷酸发酵工业产品，如环磷腺苷、肌苷酸、肌苷等；

(12)其他新型发酵食品工业产品，如发酵饮料、生理活性物质等。

(二)按产品性质来分

(1)生物代谢产物发酵产品　以生物体代谢产物为产品的发酵产品，包括初级代谢产物、中间代谢产物和次级代谢产物，如各种氨基酸、核苷酸、蛋白质、核酸、脂类、糖类等。

(2)酶制剂发酵产品　利用发酵法制备和生产并提取微生物产生的各种酶，已是当今发酵工业的重要组成部分。工业用酶大多来自于微生物发酵生产的酶，如 α-淀粉酶、β-淀粉酶、纤维素酶，蛋白酶、果胶酶、脂肪酶等。曲的生产也可看成是复合酶制剂生产。

对利用微生物生产的胞内酶或胞外酶加以分离，可提取酶制剂。现在已有很多酶制剂被加工成固定化酶，使酶制剂行业前进了一大步。

(3)生物转化发酵产品　生物转化是指利用生物细胞中的一种或多种酶，作用于一些化合物的特定部位(基团)，使它转变成结构相类似但具有更大经济价值的化合物的生化反应，如甾体转化。

(4)菌体制造　这是一种以获得具有特定用途的生物细胞为目的的发酵，包括单细胞蛋白、藻类、食用菌和疫苗、生物杀虫剂等的生产。

(三)按利用微生物的种类来分

(1)单用酵母菌发酵的产品，如啤酒、葡萄酒、食用酵母等；

(2)单用霉菌发酵的产品，如柠檬酸、糖化酶、蛋白酶、果胶酶、腐乳等；

(3)单用细菌发酵的产品，如乳酸、谷氨酸、赖氨酸、酸乳、豆豉等；

(4)同时用酵母与霉菌发酵的产品，如酒酿、黄酒、日本清酒等；

(5)同时用酵母与细菌发酵的产品，如腌菜、奶酒、双菌饮料、酸面包、果醋等；

(6)同时用酵母、霉菌和细菌发酵的产品，如白酒、食醋、酱油及酱类发酵产品等。

(四)按所利用的原料来分

(1)发酵谷物粮食产品，如面包、酸面包、黄酒、白酒、食醋、格瓦斯等；

(2)发酵豆产品，如酸豆奶、豆腐乳、豆豉、豆酱、酱油、丹贝、纳豆等；

(3)发酵果蔬产品，如果酒、果醋、果汁发酵饮料、蔬菜发酵饮料、泡菜等；

(4)发酵肉产品，如发酵香肠、培根等；

(5)发酵水产产品，如鱼露、虾油、蟹酱、酶香鱼等；

(6)其他原料发酵产品，如食用菌发酵产品、藻类发酵产品等。

(五)按传统发酵产品和现代发酵产品的概念来分

(1)传统发酵产品，如白酒、啤酒、黄酒、葡萄酒、清酒、酱油、食醋、豆酱、泡菜、纳豆、丹贝、鱼露、发酵香肠等；

(2)现代发酵产品，如柠檬酸、苹果酸、醋酸、淀粉酶、蛋白酶、真菌多糖、细菌多糖、红曲、维生素 C、维生素 B_{12}、发酵饮料、微生物油脂、食用酵母、单细胞蛋白等。

四、发酵与酿造的发展历程

(一)天然发酵时期

几乎所有的原始部族都是从含糖的果实贮藏时自然发酵的现象中学会酒精发酵的。公元前4000年—公元前3000年,古埃及人已熟悉了酒、醋的酿造方法。约在公元前2000年,古希腊人和古罗马人已会利用葡萄酿造葡萄酒。随后就发明了加入红花和各种植物果实作为香料的啤酒,并且许多啤酒的酒精含量高达12%~15%。

据考古证实,我国在距今4000~4200年前的龙山文化时期已有酒器出现,公元前1000多年前,商朝甲古文中就有“醋、酒”的记载。《周礼》记载了当时能酿造出久陈不坏的黄酒。北魏时期的《齐民要术》记录了我国劳动人民已能用蘖制造饴糖,用散曲中的黄曲霉的蛋白质分解力和淀粉糖化力制造酱和酿醋等。属于传统发酵技术产品的还有酱油、泡菜、奶酒、干酪等,此外还有面团发酵、用发霉的豆腐治疡等技术。但那时很难人为控制发酵过程,生产也只能凭经验,口传心授,所以被称为天然发酵时期。

(二)纯培养技术的建立时期

1680年,荷兰人列文虎克制成了放大率为40~150倍的显微镜,第一个通过显微镜观察到用肉眼看不见的微生物,包括细菌、酵母等。1857年,法国著名生物学家巴斯德用巴氏瓶实验证明了酒精发酵是由活酵母引起的,各种不同的发酵产物是由不同的微生物产生的。1897年,德国的毕希纳将酵母细胞磨碎,得到的酵母汁仍能使糖液发酵产生酒精,他将这种具有发酵能力的物质称为酒化酶。在这之后,德国人柯赫于1905年因其防治肺结核的出色工作获得了诺贝尔奖,他首先发明固体培养基,得到了细菌的纯培养物,由此建立了微生物的纯培养技术。这就开创了人为控制发酵过程的时期,再加上简单密封式发酵罐的发明以及发酵管理技术的改进,发酵工业逐渐进入了近代化学工业的行列。这时期的产品有酵母、酒精、丙酮、丁醇、有机酸、酶制剂等,主要是一些厌氧发酵和表面固体发酵产生的初级代谢产物。

(三)深层培养技术时期

1928年,英国细菌学家弗莱明发现了能够抑制葡萄球菌的点青霉,其产物被称为青霉素。20世纪40年代初,第二次世界大战中对于抗细菌感染药物的极大需求,促使人们重新研究了青霉素,在1945年大规模地投入生产。同时,由于采用了深层培养技术,即机械搅拌通气技术,从而推动了抗生素工业乃至整个发酵工业的快速发展。随后链霉素、氯霉素、四环素等好氧发酵的次级代谢产物相继投产,不仅抗生素产品的种类不断增加,发酵水平也有了很大提高。以青霉素为例,发酵的效价单位从最初的40U/mL提高到目前的90000U/mL,菌种的活力提高了2000倍以上。在产品分离纯化上,由最初纯度仅20%左右,得率约35%,提高到现在的纯度99.9%,得率90%。20世纪50年代,氨基酸发酵工业在引进了“代谢控制发酵技术”后,得以快速发展,即将微生物通过人工诱变,获得代谢发生改变的突变株,在控制条件下,选择性地大量生产某种人们所需要的产品。这项技术也被用于核苷酸、有机酸和抗生素的生产中。

(四)开拓新型发酵原料时期

传统的发酵原料主要是粮食、农副产品等淀粉(糖)质原料,随着饲料酵母及其他单细胞蛋白的需要日益增多,急需开拓和寻找新的代粮原料。石油化工副产物石蜡、醋酸、甲醇、乙醇以及甲烷等碳氢化合物被用来作为发酵原料，开始了所谓的石油发酵时期。目前，用醋酸生产谷氨酸，用甲烷、甲醇以及正构石蜡生产单细胞蛋白、柠檬酸等已达到工业化水平。与此同时，大型发酵罐的研制与应用，使生产规模大大提高（$3000m^3$）；采用计算机控制进行灭菌，控制发酵 pH 值和应用溶氧电极等措施，使发酵生产朝自动控制前进了一大步。

（五）基因工程阶段

1953 年，美国的 Watson 和 Crick 发现了 DNA 双螺旋结构。1973 年，美国的 Herber Boyer 和 Stanley Cohen 将两个质粒用限制性内切酶 EcoR Ⅰ酶切后，在连接酶存在的条件下连接起来，获得了杂合质粒，并转化为大肠杆菌。尽管他们的实验并没有涉及任何目的基因，但意义却极为重大深远，为基因工程的理论和实际应用奠定了基础，建立了 DNA 重组技术。此后，全世界各国的研究人员很快研究出大量基因分离、鉴定和克隆的方法，不但构建出高产量的基因工程菌，还使微生物产生出它们本身不能产生的外源蛋白质，包括植物、动物和人类的多种生理活性蛋白，而且很快形成了产品，如胰岛素、生长激素、细胞因子及多种单克隆抗体等基因工程药物和产品已正式上市。可以说，发酵和酿造技术已经不再是单纯的微生物的发酵，已扩展到植物和动物细胞领域。随着转基因动植物的问世，发酵设备——生物反应器也不再是传统意义上的钢铁设备，昆虫的躯体、动物细胞的乳腺、植物细胞的根茎果实都可以看作是一种生物反应器。因此，随着基因工程、细胞工程、酶工程和生化工程的发展，传统的发酵与酿造工业已经被赋予崭新的内容，现代发酵与酿造已开辟了一片崭新的领域。

五、发酵与酿造的发展趋势

现代生物技术迅猛发展，成就非凡，推动着科学的进步，促进着经济的发展，改变着人类的生活与思维，影响着人类社会的发展进程。现代生物技术的成果越来越广泛地应用于医药、食品、能源、化工、轻工和环境保护等诸多领域。发酵与酿造产业是现代生物产业发展的重点领域之一，现代生物技术在发酵领域中有广阔的市场和发展前景。

（一）现代生物技术的应用

1. 基因工程技术在发酵生产中的应用

发酵工业的关键是优良菌株的获取，除选用常用的诱变、杂交和原生质体融合等传统方法外，还可与基因工程结合生产菌种。

（1）改良面包酵母菌的性能。面包酵母是最早采用基因工程改造的食品微生物。将优良的酶基因转入面包酵母菌中后，其含有的麦芽糖透性酶及麦芽糖的含量比普通面包酵母菌显著提高，面包加工中产生的二氧化碳气体量提高，应用改良后的酵母菌种可生产出膨润松软的面包。

（2）改良酿酒酵母菌的性能。利用基因工程技术培育出新的酿酒酵母菌株，用以改进传统的酿酒工艺，并使之多样化。采用基因工程技术将大麦中的淀粉酶基因转入啤酒酵母中后，即可直接利用淀粉发酵，使生产流程缩短，工序简化，革新啤酒生产工艺。目前，已成功地选育出分解 β-葡聚糖和分解糊精的啤酒酵母菌株、嗜杀啤酒酵母菌株，提高生香物质含量的啤酒酵母菌株。

（3）改良乳酸菌发酵剂的性能。乳酸菌是一类能代谢产生乳酸，降低发酵产品 pH 值的微生物。研究发现乳酸菌基因突变有两种方法：第一种方法涉及（同源或异源的）可独立复制的转座子；第二种方法是依赖于克隆的基因组 DNA 片断和染色体上的同源部位的重组整合而获得。通过基因工程得到的乳酸菌发酵剂具有优良的发酵性能，产生双乙酰的能力、蛋白水解能力、胞外多糖的稳定形成能力、抗杂菌和病原菌的能力较强。

2. 细胞工程技术在发酵生产中的应用

细胞融合技术是一种改良微生物发酵菌种的有效方法，主要用于改良微生物菌种特性、提高目的产物的产量、使菌种获得新的性状、合成新的产物等。与基因工程技术结合，为对遗传物质进一步修饰提供了多样的可能性。例如，日本味之素公司应用细胞融合技术使产生氨基酸的短杆菌杂交，获得比原产量高 3 倍的赖氨酸产生菌和苏氨酸高产新菌株。酿酒酵母和糖化酵母的种间杂交，分离子后代中个别菌株具有糖化和发酵的双重能力。日本国税厅酿造试验所用该技术获得了优良的高性能谢利酵母，利用它来酿制西班牙谢利白葡萄酒获得了成功。日本研究人员利用原质体的细胞融合技术，对构巢曲酶、产黄毒酶、总状毛酶等菌的种内或种间进行细胞融合，选育蛋白酶分泌能力强、发育速度快的优良菌株，应用于酱油生产中，既提高了生产效率，又提高了酱油品质。目前，微生物细胞融合的对象已扩展到酵母、霉菌、细菌、放线菌等多种微生物的种间以至属间，不断培育出用于各种领域的新菌种。

3. 酶工程技术在发酵生产中的应用

酶工程技术在发酵生产中主要用于两个方面：一是用酶技术处理发酵原料，有利于发酵过程的进行。如啤酒酿制过程中，主要原料麦芽的质量欠佳或大麦、大米等辅助原料使用量较大时，会导致糖化不充分、蛋白质降解不足，从而减慢发酵速度，影响啤酒的风味和收率。使用酶制剂后，可补充麦芽中酶活力不足的缺陷，提高麦芽汁的可发酵度和麦芽汁糖化的组分，缩短糖化时间，减少麦皮中色素、单宁等不良杂质在糖化过程中的浸出，从而降低麦芽汁色泽。二是用酶来处理发酵菌种的代谢产物，缩短发酵过程，促进发酵风味的形成。啤酒中的双乙酰是影响啤酒风味的主要因素。当啤酒中双乙酰的浓度超过阈值时，就会产生一种不愉快的馊酸味。双乙酰是由酵母繁殖时生成的 α-乙酰乳酸和 α-乙酰羟基丁酸氧化脱羧而成的，一般在啤酒发酵后期还原双乙酰需要 5～10d 的时间。发酵罐中加入 α-乙酰乳酸脱羧酶能催化 α-乙酰乳酸直接形成羧基丁酮，可缩短发酵周期，减少双乙酰含量。

(二)发酵与酿造的发展方向

1. 发酵生产用微生物的安全性与稳定性

在发酵微生物的菌种选育过程中，首先要注重安全性，保证用于生产中的微生物菌种本身是安全的，为非致病菌，代谢产物不含毒素，生产的发酵食品对人体不能有任何损害；其次菌种的遗传稳定性也非常重要，只有生产性能稳定的菌种，才能保证产品质量均一稳定。

2. 发酵生产用微生物的个性化

在分子生物学突飞猛进的今天，国内外研究机构和生产企业正在利用筛选、诱变、基因重组等技术进行发酵食品微生物的研究与生产。这就要求我们在菌种选育上要重视产品的个性化，突出优势，根据产品所要求的不同特性，研究生产具有个性化的微生物发酵剂，且保存、运输及使用方便，质量稳定，价格适中，相对产品的针对性及个性化强。同时，发酵食品要首先考虑顾客的喜好，让产品最大限度地符合顾客和市场的需要。

3. 发酵产品的功能性

功能性发酵产品主要是以高新生物技术制取的具有某种生理活性的物质，生产出的能调节机体生理功能的食品。这种食品使消费者在享受美味食物的同时，也达到了自身保健，甚至治疗某些疾病的效果。研究人员应深入了解发酵产品的生化背景，获知某些所需功能的产品发酵的优点，使其可同时实现几种功能。目前，在大部分产品发酵背后的生化原理和起作用的机理仍需揭示，这些原理和机理可以用于开发新工艺和新产品。

4. 发酵产品的工艺创新性

配合优良菌种，运用现代发酵工程技术、代谢工程技术等生物技术手段，以优化产业生产发酵工艺为重点，实行自主创新，实现发酵工业原料结构的最优组合，降低生产成本，改善产品品质。积极推动节能减排，走循环经济的发展道路，推进节能减排的新技术、新设备在行业内的推广应用。

发酵产品生产工艺的创新性研究，也要重点考虑以酶法工艺生产代替微生物发酵法生产，如在腐乳生产用菌的酶学特性研究基础上，可利用其产生的酶液取代培菌发酵来简化生产，提高生产效率。

项目小结

本项目对发酵、酿造、发酵技术、发酵工艺、发酵工程、生物技术等有关基本概念进行了阐述，对发酵过程及其特点进行了介绍，对发酵产品进行了分类，对发酵、酿造的发展历程、发展趋势进行了分析。

发酵是利用特定的微生物，控制适宜的工艺条件，生产人们所需的产品或达到某些特定目的的过程，既包括传统发酵(酿造)，也包括现代发酵工业。发酵过程包括原料的预处理及培养基的制备、菌种的制备、生物反应器及反应条件的选择、产品的分离与纯化四个部分，有其自身的特点。发酵产品的范围很广，可按发酵产业部门、产品性质、所利用微生物的种类、所利用的原料等方式进行分类。

发酵与酿造经历了天然发酵时期、纯培养技术的建立时期、深层培养技术时期、开拓新型发酵原料时期、基因工程阶段这一发展历程。随着现代生物技术的迅猛发展，发酵与酿造产业必将迎来新的生命力。

问题探究

1. 发酵、酿造工业的含义是什么？
2. 发酵技术、发酵工程与生物技术三者之间有什么关系？
3. 发酵产品的分类有哪些？
4. 发酵与酿造的发展历程包括哪些阶段？
5. 发酵与酿造的发展前景如何？

项目二　发酵菌种(曲)的制备

知识目标

1. 知道发酵食品中菌种的种类及特点。
2. 知道应用于发酵食品的菌种的来源和用途。
3. 能陈述菌种选育的基本方法。
4. 能陈述菌种保藏的原理及注意事项。
5. 能陈述实验室菌种制备和生产车间菌种制备的方法。
6. 能陈述影响菌种质量的因素、质量标准。

技能目标

1. 能够按流程完成菌种自然选育、诱变育种的各个操作环节。
2. 会斜面低温的保藏、液体石蜡保藏、固体曲保存、砂土管保存菌种操作。
3. 能够按流程进行菌种扩大培养的操作。
4. 会运用相关知识解决菌种制备过程中的问题，对菌种异常进行分析。

思政目标

通过介绍我国在抗击新冠病毒疫情上体现出的疫情防控能力与防控成效，增强学生对中国特色社会主义制度的认同感，厚植学生的爱国主义情怀，培养和强化学生正确的政治意识。

背景资料

用于发酵工业的微生物又称工业微生物，一般分为细菌、霉菌、酵母菌和放线菌四大类。细菌和酵母菌都是单细胞，细菌借分裂而繁殖，酵母菌借芽生而繁殖。霉菌是多细胞，除内生或外生孢子外还有菌丝，肉眼可以看见。放线菌也是多细胞，有线状菌丝体和孢子。细菌主要用以产生丙酮、丁醇、乙酸、乳酸、谷氨酸等。霉菌主要用以产生淀粉酶、葡萄糖酸、柠檬酸等。酵母菌主要用以产生甘油、乙醇、酒类等。放线菌主要用以产生抗生素。

一、食品工业中常用的细菌

(一)乳酸菌及其在食品工业中的应用

乳酸菌(简称 LAB)并非生物分类学名词，而是指能够利用发酵性糖类产生大量乳酸的一类微生物的统称。虽然有些霉菌也能产生大量乳酸，但产生乳酸的微生物还是以乳酸细菌为主要类群，因而通常将乳酸细菌称为乳酸菌。

20 世纪初期，东欧保加利亚某一高山村落的居民极为长寿，在他们的日常饮食中，乳酸菌首先被发现。后人从一种叫作 Yogurt(优格)的乳酸菌中分离出两种乳酸菌:乳杆菌属和链球菌属。

应用于酸牛乳的乳杆菌属包括保加利亚乳酸杆菌和双歧杆菌属，制作泡菜的乳酸菌等。

其中双歧杆菌属是对人体肠道有益的菌群，它可定殖在宿主的肠黏膜上形成生物学屏障，具有拮抗致病菌、改善微生态平衡、合成多种维生素、提供营养、抗肿瘤、降低内毒素、提高免疫力、保护造血器官、降低胆固醇水平等重要生理功能，其促进人体健康的有益作用远远超过其他乳酸菌。

（二）醋酸菌及其在食品工业中的应用

醋酸菌不是细菌分类学名词，在细菌分类学中主要分布于醋酸杆菌属和葡萄糖杆菌属，用于酿醋的醋酸菌种大多属于醋酸杆菌属。

主要的醋酸菌种有：能产生葡萄糖酸及醋酸的纹膜醋酸杆菌，其菌种在培养时液面形成乳白色、皱褶状的黏性菌膜；法国奥尔兰地区用葡萄酒生产食醋的菌种——奥尔兰醋酸杆菌；我国酿醋工业常用的菌种之一——醋酸杆菌 AS1.41。

（三）谷氨酸产生菌

谷氨酸菌在细菌分类学中属于棒杆菌属、短杆菌属、小杆菌属、节杆菌属，如北京棒杆菌 AS1.299、钝齿棒杆菌 AS1.542。

二、食品工业中的酵母菌及其应用

酵母菌为椭圆形单细胞微生物，出芽繁殖，属于真菌的一种，无叶绿素，不能进行光合作用，喜欢代谢各种糖类，发酵产物为酒精与 CO_2，较一般细菌耐酸及渗透压，兼性厌氧。酵母菌在食品工业中常应用于啤酒酿造、果酒酿造、白酒酿造、面包加工、单细胞蛋白生产等，此外还可以制造未来的能源之星——酒精。

（一）啤酒酵母

啤酒酵母是典型的上面酵母，又称爱丁堡酵母，广泛应用于啤酒、白酒的酿造和面包的制作，在自然界中常出现于水果、果汁、花蜜及富含糖类的食品中。

（二）葡萄酒酵母

葡萄酒酵母属于啤酒酵母的椭圆变种，简称椭圆酵母，常用于葡萄酒和果酒的酿造。

（三）卡尔酵母

卡尔酵母是典型的下面酵母，又称卡尔斯伯酵母或嘉士伯酵母，常用于啤酒的酿造、药物的提取。

三、食品工业中的霉菌及其应用

霉菌广泛应用于酱油酿造、酱类酿造、腐乳发酵等。霉菌主要有毛霉属、根霉属、曲霉属、青霉属等。

（一）毛霉属

毛霉属属接合菌亚门，接合菌纲，毛霉目，毛霉科，具有很强的分解蛋白质和糖化淀粉的能力，常用于酿造、发酵食品等工业。常见的毛霉菌种有：

（1）高大毛霉　产生 3-羟基丁酮、脂肪酶。

（2）总状毛霉　毛霉中分布最广的一种。我国四川的豆豉即用此菌制成。

（3）鲁氏毛霉　最初从小曲中分离出来，产生蛋白酶，有分解大豆的能力，我国多用它来做豆腐乳。

(二) 根霉属

根霉与毛霉类似，能产生大量的淀粉酶，故用作酿酒、制醋业的糖化菌。常见的根霉菌种有：

(1)米根霉　常见于我国酒药和酒曲及土壤、空气中。产生淀粉酶、乳酸、反丁烯二酸及微量的酒精；是腐乳发酵的主要菌种。

(2)华根霉　耐高温，淀粉液化力强，有溶胶性，能产生酒精、芳香脂类、左旋乳酸及反丁烯二酸。

(三)曲霉属

曲霉属属发酵工业和食品加工业的重要菌种，广泛用于柠檬酸、葡萄糖酸、淀粉酶和酒类的生产。常见的曲霉菌种有：

(1)米曲霉　米曲霉具有较强的淀粉酶和蛋白酶活力，是酱油、面酱发酵的主要菌种。

(2)黄曲霉　有些菌种会产生毒性很强的黄曲霉毒素，使食品和粮食受到污染、带毒，有致癌、致畸的作用。

任务一　菌种选育

菌种选育的目的是改良或改变菌种的特性，使其符合工业生产或科研的要求。菌种选育过程由三个环节组成：一是使菌种产生变异；二是筛选出变异的菌株；三是使变异菌株的特性得到表达。根据使菌种产生变异的方式不同，菌种选育可分为自然选育、诱变育种、杂交育种、分子育种这四种方法。自然选育、诱变育种是利用基因突变来获得优良菌种，杂交育种、分子育种是通过 DNA 重组来获得优良菌种，均有改良菌种特性的性质。

一、自然选育

在发酵生产过程中，不经过人工处理，利用菌种的自发突变直接进行筛选，选育出优良菌种的过程叫作自然选育。菌种的自发突变往往存在两种可能性：一种是菌种衰退，生产性能下降；另一种是代谢更加旺盛，生产性能提高。长期从事菌种选育的工作人员具有实践经验，善于观察，能利用自发突变而出现的菌种性状的变化选育出优良的菌种。例如，在谷氨酸发酵过程中，人们从被噬菌体污染的发酵液中分离出了抗噬菌体的菌种。

自然选育的主要作用是对菌种纯化以获得遗传背景较为均一的细胞群体。一般菌种经过多次传代或长期保藏后，由于自然突变或异核体和多倍体的分离，有些细胞的遗传性状发生改变，造成菌种不纯，严重者生产能力下降，称为菌种衰退。自然选育可以达到纯化菌种、防止菌种衰退、稳定生产、提高发酵产量的目的。因此，在工业生产和发酵研究中要经常进行菌种纯化。

(一)菌种衰退原因的分析

菌种的生产能力取决于菌种的遗传特性和菌种的生理状态。菌种衰退的原因也包括这两个方面。

1. 菌种遗传特性的改变

导致菌种遗传特性改变的遗传学机理有三个方面：异核现象、自发突变和回复突变。

(1)异核现象　某些菌丝在生长时会和邻近的菌丝细胞间发生融合，形成异核菌丝体

（简称异核体），即在一条菌丝里含有几个遗传特性不同的细胞核，共同生活在均一的细胞质里。异核体可以由遗传特性不同的菌丝融合后形成。

（2）自发突变　DNA在复制过程中会出现偶然的差错，以及环境中某些物质和某些微生物自身的代谢产物对微生物有微弱的诱变作用，菌种以很低的频率发生自发突变，导致菌种遗传特性改变。

（3）回复突变　突变所产生的变种或杂交重组所形成的遗传特性往往不稳定，容易发生回复突变或产生分离子，以致在菌种这一群体中形成具有不同基因型的个体。

生产过程中，菌种传代的次数过多和菌种保藏条件不良均会导致菌种衰退性变异。

2. 菌种生理状态的改变

菌种的遗传特性需要在一定条件下才能表现出来，菌种的培养条件对菌种的发酵产量也会有重大影响。由于培养条件不适当，使菌种处于不利于发酵生产的生理状态，其结果也表现为菌种衰退。菌种培养条件影响菌种发酵产量有以下三个方面的原因：

（1）菌种培养基的性质可影响菌落类型的比例，进而影响发酵产量。最显著的实例是同一个菌种在不同的固体培养基上培养，所生长出来的单菌落在形态培养特征方面有显著差异，各种类型菌落所占的比例不同。

（2）菌种培养基通过影响菌种的生理状态而影响发酵产量。菌种培养基的营养过于丰富，也不利于孢子的形成，不利于发酵。

（3）菌种培养基中含有诱导剂或阻遏物，使菌体的某些与发酵产量有关的基因处于活化状态或阻遏状态。

（二）自然选育的基本方法

自然选育需要先采样，再进行增殖培养。对于固体培养基通常采用四区划法来选育接种，对于液体培养基则通常采用稀释涂抹接种法来选育接种。

1. 划线法纯种分离

划线法比较简单、快捷。纯种分离的目的是分离单一菌落或估计样本中微生物的数目。通常的固体培养基采用四区划法来接种，具体操作步骤如下：

①接种针先以火焰灭菌法灭菌；②灭菌后的接种针轻触营养平板上无菌的琼脂处冷却；③以接种针轻触菌落，使接种针上沾有细菌；④更换一个新的无菌营养平板；⑤将接种针上的细菌划于一个新的营养平板上（此为第一菌区）；⑥重复步骤①和②；⑦由步骤⑤的第一区中划出第二区；⑧重复步骤⑥，由步骤⑦的第二区中划出第三区；⑨重复步骤⑥，由步骤⑧的第三区中划出第四区，划满剩下的空间；⑩营养平板完成后，在营养平板上贴好标签，标示好接种日期、操作者姓名、菌种学名以及培养基名称。

2. 单孢子悬浮液分离

为使单孢子悬浮液有良好的分散度，力求去除菌丝断片或粘接在一起的成串的孢子，可采用稀释涂抹接种法制备单孢子悬浮液，该法一般适用于菌落单一均匀的培养。

例如对放线菌和霉菌的孢子，采用玻璃珠或石英砂振荡、打散孢子后，用滤纸或棉花过滤。对某些黏性大的孢子，常加入0.05%的分散剂（如Tween80），以获得分散的单个孢子。具体操作步骤如下：

①使用振荡机充分拌匀菌液；②取含有9mL无菌水的试管，将试管口过火灭菌；③吸取1mL预先准备好的欲稀释的菌液置入试管，此时试管须做记号此为第一次稀释；④将试管

置于振荡机上，使菌液混合均匀；⑤取出试管中的第一次十倍稀释菌液 1mL，加入另一个新的含 9mL 无菌水的试管中；⑥重复此步骤直至得到所需要的稀释浓度；⑦从最后稀释的菌液中吸取 0.1mL 菌液，置入准备好的无菌琼脂内；⑧将三角玻璃棒浸于酒精中，然后将三角玻璃棒放在火焰上燃烧（须注意勿使燃烧中的酒精滴入酒精瓶中）；⑨用消毒灭菌过的玻璃棒将菌液均匀涂布开来，将培养皿置于恒温培养箱中，隔天观察菌落数目，再依照稀释倍数推算出菌液浓度。

二、诱变育种

微生物的自然突变率很低，因此通过自然选育来获得优良菌株的效果远不如诱变育种。

诱变育种是通过诱变剂处理来提高菌种的突变概率，扩大变异幅度，从中选出具有优良特性的变异菌株。诱变育种与其他育种方法相比较，具有速度快、收效大、方法简便等优点，是当前菌种选育的一种重要方法。但是诱发突变缺乏定向性，因此诱发突变必须与大规模的筛选工作相配合后才能收到良好的效果。

(一)诱变育种的工作流程

诱变育种的工作流程：出发菌种（沙土管或冷冻管）→斜面（或肉汤培养 24h）→单孢子悬液（或细菌悬液）→诱变处理（处理前后的孢子液或细菌悬液活菌计数）→涂布平板→挑取单菌落传种斜面→摇瓶初筛→挑出高产斜面→留种保藏菌种→传种斜面→摇瓶复筛→挑出高产菌株作稳定性试验和菌种特性考察→放大试验罐，中试考察→大型投产试验。其简易流程如图 2-1 所示。

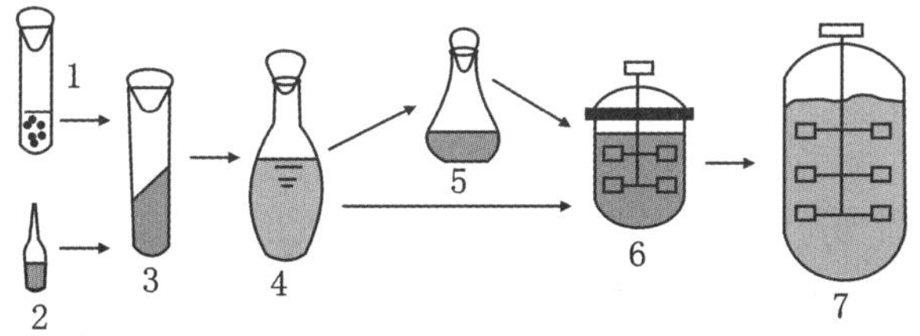

图 2-1　菌种制备流程

1—沙土孢子；2—冷冻干燥孢子；3—斜面孢子；

4—扁瓶孢子；5—摇瓶菌丝；6—种子罐；7—发酵罐

1. 诱变过程

由出发菌种开始，制出新鲜孢子悬浮液（或细菌悬浮液）作诱变处理，然后以一定稀释度涂布平板，至平板上长出单菌落为止的各步骤为诱变过程。简述如下：

(1)菌种的斜面　出发菌种的斜面非常重要，其培养工艺最好是经过试验已知的最佳培养基和培养条件。要选取对诱变剂最敏感的斜面种龄，要求孢子数量适中。

(2)单孢子悬浮液制备。

(3)孢子计数　诱变处理前后的孢子悬浮液要进行孢子计数，以控制孢子悬浮液的孢子数和统计诱变致死率。常用于诱变处理的孢子悬浮液浓度为每毫升 10^5～10^8 个孢子。孢子计数采用血球计数法在显微镜下直接计数。诱变致死率采用平板活菌计数来测定。

(4)单菌落分离　平皿内倾入 20mL 左右的培养基，凝固后，加入一定量经诱变处理的孢子液（以控制每一平皿生长 10～50 个菌落为合适的量），用刮棒涂布均匀后进行培养。

2. 筛选过程

诱变处理的孢子，经单菌落分离长出单菌落后，随机挑选单菌落进行生产能力测定。每一被挑选的单菌落传种斜面后，在模拟发酵工艺的摇瓶中培养，然后测定其生产能力。筛选过程主要包括传种斜面、菌株保藏和筛选高产菌株这三项工作。

（二）突变的诱发

突变的诱发主要受到菌种的遗传特性、诱变剂、菌种的生理状态以及诱变处理时环境条件等的影响。

1. 出发菌株的选择

出发菌株就是用来进行诱变试验的菌株。出发菌株的选择是诱变育种工作成败的关键。出发菌株的性能，如菌种的纯一性、菌种系谱、菌种的形态、生理、传代、保存等特性，对诱变效果影响很大。

2. 诱变剂的选择

诱变剂是一种能够提高生物体突变频率的物质或条件。诱变剂包括物理方法，如紫外线、快中子；化学试剂，如硫酸二乙酯、亚硝基胍等。

诱变剂主要是根据成功的经验进行选择。诱变作用不但取决于诱变剂，还与出发菌株的遗传背景有关。

3. 影响诱变效果的因素

除了出发菌株的遗传特性和诱变剂会影响诱变效果之外，菌种的生理状态、被处理菌株诱变前的预培养和诱变后的培养条件以及诱变处理时的外界条件等都会影响诱变效果。

菌种的生理状态与诱变效果有密切关系，诱变处理前后的培养条件对诱变效果有明显的影响。诱变率还受到其他外界条件，例如温度、氧气、pH 值、可见光等的影响。

（三）突变株的筛选

菌体细胞经诱变剂处理后，要从大量的变异菌株中把一些具有优良性状的突变株挑选出来，这需要有明确的筛选目标和合适的筛选方法，需要进行认真细致的筛选工作。育种工作中常采用随机筛选和理性化筛选这两种筛选方法。

1. 随机筛选

随机筛选即菌种经诱变处理后，进行平板分离，随机挑选单菌落，从中筛选高产菌株。为了提高筛选效率，常采用下列方法：

（1）摇瓶筛选法　这是生产上一直使用的传统方法，即将挑出的单菌落传种斜面后，再由斜面接入模拟发酵工艺的摇瓶中培养，然后测定其发酵生产能力。摇瓶筛选法的优点是培养条件与生产培养条件相接近，但工作量大、时间长、操作复杂。

（2）琼脂块筛选法　这是一种简便、迅速的初筛方法，是将单菌落连同其生长培养基（琼脂块）用打孔器取出，培养一段时间后，置于鉴定平板以测定其发酵产量。琼脂块筛选法的优点是操作简便、速度快。但是，固体培养条件和液体培养条件之间是有差异的，利用此法所取得的初筛结果必须经摇瓶复筛验证。

（3）自动化筛选和微型化工具筛选　近年来，在研究筛选自动化方面有很大进展，筛选实验实现了自动化和半自动化，省去了烦琐的劳动，大大提高了筛选效率。

2. 理性化筛选

近年来，随着遗传学、生物化学知识的积累，人们对于代谢途径、代谢调控机制了解得更多了，因而筛选方法逐渐从随机筛选转向理性化筛选。理性化筛选是指运用遗传学、生物化学的原理，根据产物已知的或可能的生物合成途径、代谢调控机制和产物分子结构来进行设计和采用一些筛选方法，以打破微生物原有的代谢调控机制，获得能大量形成发酵产物的高产突变株。

（四）突变基因的表达

菌种的发酵产量取决于菌种的遗传特性和菌种的培养条件。突变株的遗传特性改变了，其培养条件也应该做出相应的改变。在菌种选育过程的每个阶段，都需不断改进培养基和培养条件。

三、杂交育种

杂交育种是指不同种群、不同基因型个体间，通过接合或原生质体融合使遗传物质重新组合进行杂交，并在其杂交后代中分离和筛选出具有培育优良品种或具有杂种优势菌株的方法。杂交育种主要有常规的杂交育种和原生质体融合这两种方法。近年来，后一种方法较为多见。

（一）常规的杂交育种

常规的杂交育种不需用脱壁酶处理，就能使细胞接合而发生遗传物质重新组合。如青霉菌的杂交过程实际上也是青霉菌的准性生殖过程。

（二）原生质体融合

用脱壁酶处理将微生物细胞壁除去，制成原生质体，再用聚乙二醇促使原生质体发生融合，从而获得异核体或重组合子，这一细胞杂交技术称为原生质体融合技术。

四、分子育种

分子育种主要包括基因工程育种和分子标记辅助选择，其核心仍然是经典育种手段和方法。同时，由于分子生物学研究方法及其技术的应用，研究目的性更加明确，研究效率得到提高，原有的种间生殖隔离得到一定程度的打破，显示了明显的优越性。

基因工程是一种体外 DNA 重组技术。人们有目的地取得供体 DNA 上的目的基因，在体外将供体 DNA 和载体 DNA 重组，再将带有目的基因的重组载体转移入受体细胞，使受体细胞表达出目的基因的产物。为了有利于目的基因产物的工业化生产，通常选择易于培养的微生物为受体细胞，这样一种为了目的基因产物的生产而用基因工程技术改造了遗传结构的微生物细胞又称为“工程菌”。基因工程技术的应用，扩大了微生物发酵产品的范围，有巨大的市场潜力。

基因工程技术在食品工业领域的应用非常广泛，基因工程产品已经成为食品工业的一个新的生长点。通过基因工程改造过遗传物质的菌株，其生物性状更加适合食品工业生产应用，比如产量更高、产物更纯、生产成本更低等，一般在发酵行业有很多的应用，具体说到食品，比较明显的就是酒类、奶酪类、酱油类等。

乳酸菌发酵剂是具有一种或几种固有功能特性的发酵剂，其在感官、技术、营养或健康方面的各种优势使之在食品发酵工业中的应用潜力巨大，它可用于食品防腐、提高食品安全性，改善食品质构和风味，加速奶酪成熟，还可产生功能因子、去除毒副因子从而使食品具有保健功效，某些抗噬菌体发酵剂还可解决乳品工业中的噬菌体污染问题。通过基因工程或菌株筛选可以获得所需的功能性发酵剂，它使人们可以更好地控制发酵过程，为消费者提供新型健康食品，此外还有利于食品企业的多样化生产。

任务二 菌种保藏

一个优良的菌种被选育出来以后，要保持其性能稳定、不受到杂菌污染、不死亡，这是菌种保藏的目的。

一、菌种保藏的原理

菌种是从事微生物学以及生命科学研究的基本材料，特别是利用微生物进行有关生产的工业，如抗生素、氨基酸、酿造等工业，更离不开菌种。所以菌种保藏是进行微生物学研究和微生物育种工作的重要组成部分。其任务首先是使菌种不致死亡，同时还要尽可能设法把菌种的优良特性保持下来而不致向坏的方面转化。

菌种保藏主要是根据菌种的生理、生化特性，人工创造条件使菌体的代谢活动处于休眠状态。保藏时，一般利用菌种的休眠体（孢子、芽孢等），创造最有利于休眠状态的环境条件，如低温、干燥、隔绝空气或氧气、缺乏营养物质等，以降低菌种的代谢活动，减少菌种变异，抑制其繁殖能力，达到长期保存的目的。

二、菌种保藏的方法及注意事项

（一）菌种保藏的方法

常用的菌种保藏法有斜面低温保藏法、液体石蜡封存保藏法、固体曲保藏法、冷冻干燥法、滤纸保藏法、液氮超低温保藏法。

1. 斜面低温保藏法

将菌种接种在适宜的固体斜面培养基上，待菌种充分生长后，给试管加棉塞，暴露部分用油纸包扎好，移至2～8℃的冰箱中保藏。此方法利用冰箱保藏菌种斜面，保藏期为1～3个月。保藏期间冰箱的温度不可波动太大，不能在0℃以下保藏，否则培养基会结冰脱水，造成菌种性能衰退或死亡。影响斜面低温菌种保藏时间的一个重要因素是斜面培养基中水分的蒸发。水分的蒸发会使培养基中各成分的浓度增大，造成“盐害”，更主要的是脱水后培养基表面收缩，造成板结，对菌种造成机械损伤而成为菌种致死的原因。

2. 液体石蜡封存保藏法

液体石蜡封存保藏法的具体操作步骤如下：

（1）将液体石蜡分装于三角烧瓶内，塞上棉塞，并用牛皮纸包扎，在1.05kg/cm^2、121.3℃下灭菌30min，然后放在40℃温箱中，使水汽蒸发掉，备用。

（2）将需要保藏的菌种，在最适宜的斜面培养基中培养，得到健壮的菌体或孢子。

（3）用灭菌吸管吸取灭菌的液体石蜡，注入已长好菌的斜面上，其用量以高出斜面顶端1cm为准，使菌种与空气隔绝。

（4）将试管直立，置低温或室温下保存（有的微生物在室温下比在冰箱中保藏的时间还要长）。

此法实用且效果好。

3. 固体曲保藏法

这是根据我国传统制曲原理加以改进的一种方法，适用于产孢子的真菌。该法采用麸皮、大米、小米或麦粒等天然农产品为产孢子培养基，使菌种产生大量的休眠体（孢子）加以保藏。该法的要点是控制适当的水分。

例如在以大米为产孢子培养基对菌种进行保藏时，先取大米充分吸水膨胀，然后倒入搪瓷盘内蒸 15min（使大米粒仍保持分散状态）。蒸毕，取出搓散成团，稍冷，分装于茄形瓶内，蒸汽灭菌 30min，最后抽查含水量，合格后备用。将要保藏的菌种制成孢子悬浮液，取适量加入已灭菌的大米培养基中，敲散拌匀，铺成斜面状，在一定温度下培养，在培养过程中要注意翻动，待孢子成熟后，取出置冰箱保藏，或抽真空至水分含量在 10%以下，放在盛有干燥剂的密封容器中低温或室温保藏，一般可以保藏 1～3 年。

4. 冷冻干燥法

此法的原理是在低温下迅速地将细胞冻结以保持细胞结构的完整，然后在真空下使水分升华。这样菌种的生长和代谢活动处于极低水平，不易发生变异或死亡，因而能长期保藏，一般为 5～10 年。此法适用于各种微生物。具体的做法是将菌种制成悬浮液，与保护剂（一般为脱脂牛奶或血清等）混合，放在安瓿管内，用低温酒精或干冰（－15℃以下）使之速冻，在低温下用真空泵抽干，最后将安瓿管真空熔封，低温保藏。

5. 滤纸保藏法

滤纸保藏法的具体操作步骤为：

（1）将滤纸剪成 0.5cm×1.2cm 的小条，装入 0.6cm×8cm 的安瓿管中，每管 1～2 张，塞以棉塞，在 1.05kg/cm^2、121.3℃下灭菌 30min。

（2）将需要保存的菌种，在适宜的斜面培养基上培养，使其充分生长。

（3）取灭菌脱脂牛乳 1～2mL 滴加在灭菌培养皿或试管内，取数环菌苔在牛乳内混匀，制成浓悬液。

（4）用灭菌镊子自安瓿管取滤纸条浸入菌悬液内，使其吸饱，再放回至安瓿管中，塞上棉塞。

（5）将安瓿管放入内有 P_2O_5 作吸水剂的干燥器中，用真空泵抽气至干。

（6）将棉花塞入管内，用火焰熔封，保存于低温下。

（7）需要使用菌种，复活培养时，可将安瓿管口放在火焰上烧热，滴一滴冷水在烧热的部位，使玻璃破裂，再用镊子敲掉口端的玻璃，待安瓿管开启后，取出滤纸，放入液体培养基内，置温箱中培养。

6. 液氮超低温保藏法

以上介绍的几种菌种保藏方法，菌种在保藏过程中都有不同程度的死亡，特别是对一些不产孢子的菌体保藏效果不够理想。微生物在－130℃以下，新陈代谢活动停止，这种环境下可永久性保藏微生物菌种。液氮的温度可达－196℃，用液氮保藏微生物菌种已获得满意的效果。

（二）各菌种保存方法的优缺点

1. 斜面低温保藏法

此法为实验室和工厂菌种室常用的保藏法，优点是操作简单，使用方便，不需特殊设备，能随时检查所保藏的菌株是否死亡、变异与污染杂菌等。缺点是容易变异，因为培养基的物理、化学特性不是严格恒定的，屡次传代会使微生物的代谢改变，从而影响微生物的性状；污染杂菌的机会亦较多。

2. 液体石蜡封存保藏法

此法的优点是制作简单，不需要特殊设备，且不需要经常移种。缺点是保藏时必须直立放置，所占位置较大，同时也不便携带。从液体石蜡下面取培养物移种后，接种环在火焰上烧灼时，培养物容易与残留的液体石蜡一起飞溅，应特别注意。

3. 滤纸保藏法

细菌、酵母菌、丝状真菌均可用此法保藏，前两者可保藏2年左右，有些丝状真菌甚至可保藏14～17年之久。此法较液氮超低温保藏法、冷冻干燥法简便，不需要特殊设备。

4. 液氮超低温保藏法

此法除适宜于一般微生物的保藏外，对一些用冷冻干燥法都难以保藏的微生物（如支原体、衣原体、氢细菌），难以形成孢子的霉菌、噬菌体及动物细胞均可长期保藏，而且性状不变异。缺点是需要特殊设备。

（三）菌种保藏的注意事项

菌种保藏要获得较好的效果，必须注意以下三个方面：

1. 菌种在保藏前所处的状态

绝大多数微生物的菌种均保藏其休眠体，如孢子或芽孢。用于保藏的孢子或芽孢等要采用新鲜斜面上生长丰满的培养物。菌种斜面的培养时间和培养温度会影响其保藏质量。培养时间过短，保存时容易死亡；培养时间长，生产性能容易衰退。一般保藏前状态良好，以稍低于生长最适温度培养至孢子成熟的菌种进行保藏，效果较好。

2. 菌种保藏所用的基质

斜面低温保藏所用的培养基，碳源比例应少些，营养成分贫乏比较好，否则易产生酸，或使代谢活动增强影响保藏时间。冷冻干燥所用的保护剂中有不少经过加热就会分解或变质的物质，如还原糖或脱脂乳过度加热往往形成有毒物质，灭菌时应特别注意。

3. 操作过程对细胞结构的损害

冷冻干燥时速度要快。冷冻速度缓慢易导致细胞内形成较大的冰晶，对细胞结构造成机械损伤。真空干燥程度也将影响细胞结构，加入保护剂就是为了尽量减轻冷冻干燥所引起的对细胞结构的破坏。

三、菌种保藏机构

目前，世界上约有550个菌种保藏机构。中国于1979年成立了中国微生物菌种保藏管理委员会（简称CCCCM，北京）。

（一）国内主要菌种保藏机构

（1）中国农业微生物菌种保藏管理中心（ACCC）　ACCC是中国国家级农业微生物菌种保藏管理专门机构。ACCC设有液氮菌种保藏库、冷冻干燥菌种保藏库、矿油斜面菌种保藏库。编入中国农业菌种目录（2001年第二版）的库藏菌种有2490株，包括细菌、放线菌、丝状真菌、酵母菌和大型真菌（主要是食用菌），共166个属，510个种（亚种或变种）。

（2）中国普通微生物菌种保藏管理中心（CGMCC）　CGMCC的宗旨是广泛收集国内外的微生物资源，妥善保藏，以公开的保藏机构的名义为工农业生产、卫生健康、环境保护、科研教育提供标准化的实验材料，在保证生物安全和保护知识产权的前提下，为第三者能够自由地利用各种微生物材料提供服务，最大限度地实现微生物资源的保护、共享和持续利用。

(3)中国工业微生物菌种保藏管理中心(CICC)　CICC是我国唯一的国家级工业微生物菌种资源保藏管理中心，是专业从事工业微生物菌种保藏管理的国家级公益性资源机构，也是国际菌种保藏联合会(WFCC)和中国微生物菌种保藏管理委员会成员之一，挂靠中国食品发酵工业研究院。CICC目前保藏国内外各类工业微生物菌种10153株，30余万备份，其中细菌4445株、酵母菌3222株、霉菌2220株、大型真菌266株。共计212个属，839个种，基本覆盖了食品与发酵行业各类生产和科研用微生物，许多优良菌株的生产性能具有较高水平。CICC与日本、美国、英国、韩国、中国台湾和中国香港等数十个国家或地区的菌种保藏与研究机构建立有广泛的联系与合作。

(二)国外主要菌种保藏机构

美国典型菌种保藏中心(ATCC)主要从事农业、遗传学、应用微生物、免疫学、细胞生物学、工业微生物学、菌种保藏方法、医学微生物学、分子生物学、植物病理学、普通微生物学、分类学、食品科学等的研究。该中心保藏有藻类111株，细菌和抗生素16865株，细胞和杂合细胞4300株，丝状真菌和酵母46000株，植物组织79株，种子600株，原生动物1800株，动物病毒、衣原体和病原体2189株，植物病毒1563株。另外，该中心还提供菌种的分离、鉴定及保藏服务。

任务三　菌种扩培

菌种扩大培养(简称菌种扩培)是指将保藏在沙土管或冷冻干燥管中处于休眠状态的生产菌种，接入试管斜面活化后，再经过扁瓶或摇瓶及种子罐逐级放大培养，而获得一定数量和质量的纯种的过程。这些纯种培养物称为菌株，也称种子。菌种扩培的目的是为每次发酵罐的投料提供一定数量代谢旺盛的种子，缩短发酵时间，提高发酵罐的利用率，同时也减少染菌机会。

一、微生物的培养方法

微生物的培养方法包括：

1. 表面培养

表面培养是一种好氧静置培养法，如固体斜面、固体平板、液体培养表面形成的膜状物。

2. 固体培养

工业上常在大米、麸皮、米糠、谷壳等上加一些其他营养成分灭菌后制成培养基。它的特点是疏松，培养基内部充满了空气。既可静置培养，又可通风培养，是介于表面培养和深层培养之间的一种培养方式。

3. 液体深层培养

液体深层培养又叫液体通风培养。菌体在液体培养基中处于悬浮状态，导入培养基中的空气通过气液界面传质进入液相，再扩散进入细胞内部。液体深层培养在专门的发酵罐中进行。

二、菌种扩培的条件和优点

(一)菌种扩培的条件

菌种扩培必须满足以下条件：

(1)菌种细胞的生长活力强，移种至发酵罐后能迅速生长，迟缓期短；

(2)生理性状稳定；

(3)菌体总量及浓度能满足大容量发酵罐的要求；

(4)无杂菌污染；

(5)保持稳定的生产能力。

(二)菌种扩培的优点

(1)可以缩短生长过程的延缓期，因而缩短了发酵周期，提高了设备利用率；

(2)节约了发酵培养的动力消耗；

(3)有利于减少染菌机会。

三、种子的制备

在发酵生产过程中，菌种扩培的过程大致可分为两个阶段：①实验室种子制备阶段；②生产车间种子制备阶段，如图 2-2 所示。

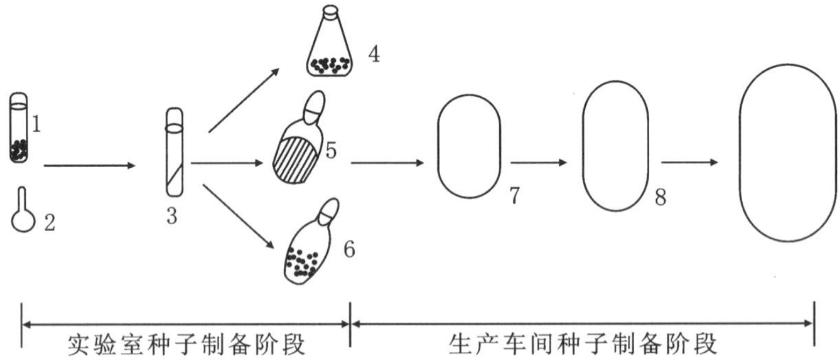

图 2-2　菌种扩培流程图

1—沙土孢子；2—冷冻干燥孢子；3—斜面孢子；4—摇瓶液体培养(菌丝体)；5—茄子瓶斜面培养；6—固体培养基培养；7,8—种子罐培养；9—发酵罐培养

(一)实验室种子的制备

实验室种子的制备一般采用两种方式：对于产孢子能力强及孢子发芽、生长繁殖快的菌种可以采用固体培养基培养孢子，孢子可直接作为种子罐的种子，这样操作简便，不易污染杂菌；对于产孢子能力不强或孢子发芽慢的菌种，可以用液体培养法。

1. 孢子的制备

(1)细菌孢子的制备　细菌的斜面培养基多采用碳源限量而氮源丰富的配方。培养温度一般为 37℃。细菌菌体培养时间一般为 1～2d，产芽孢的细菌培养则需要 5～10d。

(2)霉菌孢子的制备　霉菌孢子的培养一般以大米、小米、玉米、麸皮、麦粒等天然农产品为培养基。培养的温度一般为 25～28℃。培养时间一般为 4～14d。

(3)放线菌孢子的制备　放线菌孢子的培养一般采用琼脂斜面培养基，培养基中含有一些适合产孢子的营养成分，如麸皮、豌豆浸汁、蛋白胨和一些无机盐等。培养温度一般为

28℃。培养时间为5～14d。

2. 液体种子制备

(1)好氧培养　对于产孢子能力不强或孢子发芽慢的菌种，将孢子接入含液体培养基的摇瓶中，于摇瓶机上恒温振荡培养，获得菌丝体，作为种子。其流程为：试管→三角瓶→摇床→种子罐。

(2)厌氧培养　对于酵母菌（啤酒、葡萄酒、清酒等的酵母菌），其种子的制备流程为：试管→三角瓶→卡式罐→种子罐。

(二)生产车间种子的制备

实验室制备的孢子或液体种子移种至种子罐扩大培养，种子罐的培养基虽因不同菌种而异，但其原则为采用易被菌利用的成分，如葡萄糖、玉米浆、磷酸盐等。如果是需氧菌，同时还需供给足够的无菌空气，并不断搅拌，使菌（丝）体在培养液中均匀分布，获得相同的培养条件。

种子罐的级数是指制备种子需逐级扩大培养的次数，它取决于：

(1)菌种的生长特性、孢子发芽及菌体繁殖的速度；

(2)所采用发酵罐的容积。

不同的微生物培养应采用不同的种子罐级数。

细菌：如谷氨酸，生长快，种子用量比例少，级数也较少，需二级培养。其流程为：茄子瓶→种子罐→发酵罐。

霉菌：如青霉素生产菌，生长较慢，需三级培养。其流程为：孢子悬浮液→一级种子罐（27℃，40h，孢子发芽，产生菌丝）→二级种子罐（27℃，10～24h，菌体迅速繁殖，产生粗壮菌丝体）→发酵罐。

放线菌：生长更慢，采用四级培养。

酵母：生长比细菌慢，比霉菌、放线菌快，通常用一级种子罐。

任务四　菌种质量控制

生产用菌种，经长期使用和保藏后，会出现发酵单位降低、产生泡沫多、菌丝变形等异常现象，这说明菌种开始退化，会导致菌种质量低劣，继续使用该菌种会直接影响发酵生产。可见，菌种质量是影响发酵成败的关键因素之一。结合菌种本身的特征及菌种制备的方法和条件，对已退化的菌种进行处理，恢复该菌种原有的优良性状，是保证生产稳定性的基础。

一、影响孢子质量的因素及控制

影响孢子质量的主要因素通常有培养基、培养条件、培养时间和冷藏时间、接种量等。

(一)培养基

生产过程中经常出现种子质量不稳定的现象，其主要原因是原材料质量的波动。

菌种在固体培养基上可呈现多种不同代谢类型的菌落，氮源品种越多，出现的菌落类型也越多，不利于生产的稳定。

(二)培养条件

1. 温度

温度对多数品种的斜面孢子质量有显著的影响。一般各生产单位都严格控制斜面孢子的培养温度。

2. 湿度

制备斜面孢子培养基的湿度对孢子的数量和质量有较大的影响。在气温高、湿度大的地区，斜面孢子长得慢，主要是由于试管下部冷凝水多而不利于孢子的形成。

(三)培养时间和冷藏时间

1. 培养时间

一般来说，衰老的孢子的活力不如年轻的孢子，因为衰老的孢子已在逐步进入发芽阶段，核物质趋于分化状态。过于衰老的孢子会导致生产能力的下降。

有利于提高孢子活力的具体解决措施是：应该在孢子量多、孢子成熟、发酵产量正常的阶段终止对其的培养。

2. 冷藏时间

斜面冷藏对孢子质量的影响与孢子成熟程度有关。如土霉素生产菌种孢子斜面培养4d左右立即置于4℃冰箱内保藏，发现冷藏7～8d后菌体细胞开始自溶。而培养5d以后冷藏，20d未发现菌种细胞自溶。

(四)接种量

接种量的大小影响到培养基中孢子的数量，进而影响菌体的生理状况。

二、影响种子质量的因素及控制

生产过程中影响种子质量的因素有培养基、培养条件、种龄、接种量等。

(一)培养基

生产中孢子的质量不稳定主要是由于原材料质量不稳定造成的，氮源的种类越多，出现的菌落类型就越多，不利于生产的稳定。

(二)培养条件

1. 培养温度、时间和湿度

提高培养温度，可以使菌体代谢活动加快。缩短培养时间，会使孢子成熟早，易老化，接入发酵罐后，就会出现菌丝对糖、氮利用缓慢，氨基氮回升提前，发酵产量降低等现象。当空气中的相对湿度较高，斜面水分蒸发得慢时，斜面孢子从上向下长，下面积存冷凝水，致使孢子生长缓慢。北方地区一般将相对湿度控制在40%～45%，南方地区则控制在35%～42%。

2. 通气量

在种子罐中培养的种子除应保证供给易被利用的培养基外，还要有足够的通气量以提高种子质量。在整个培养期间，大多数情况是前期需氧少，后期需氧多。通气搅拌不足可引起菌丝结团、菌丝粘壁等异常现象。例如，在青霉素生产菌种的制备过程中，将在通气充足和不足两种情况下得到的种子分别接入发酵罐内，前者的发酵单位可比后者多1倍。但也有例外，例如土霉素生产菌，一级种子罐的通气量小反而对发酵有利。

(三)种龄

种龄是指种子罐中培养的菌丝体开始移入下一级种子罐或发酵罐时的培养时间。通常种龄应选择处于生命力极旺盛的对数生长期，菌体量还未达到最大值时的培养时间。在此时移种的种子可以很快适应环境，缩短在发酵罐中的调整非产物合成时间。

不同菌种或同一菌种的工艺条件不同，种龄是不一样的，一般需经过多种实验来确定。

（四）接种量

接种量是指移入的种子液体积和接种后培养液体积的比值。

接种量的大小取决于生产菌种在发酵罐中生长繁殖的速度。采用较大的接种量，有利于培养基的利用，可以缩短发酵罐中菌丝繁殖达到高峰的时间，使产物的形成提前到来，并可减少杂菌的生长机会。

三、菌种质量的检测

种子质量的最终指标是其在发酵罐中所表现出来的生产能力。因此，首先必须保证生产菌种的稳定性，其次是提供种子培养的适宜环境，保证无杂菌侵入，以获得优良种子。在生产过程中通常进行以下两项检查：①菌种稳定性的检查；②无菌（杂菌）检查。

种子出现异常的分析如下：

（1）菌种生长发育缓慢或者过快　生产中，通入种子罐的无菌空气的温度较低，或者培养基的灭菌质量较差是种子生长、代谢缓慢的主要原因。

（2）菌丝结团　可以由一个孢子引起，或者由多个菌丝聚集逐渐形成。

（3）菌丝粘壁　可能是搅拌不充分、泡沫多、装料系数过小造成的。

四、种子质量标准

衡量种子质量的优劣有以下几个标准：

1. 细胞或菌体的性状

主要包括菌丝形态、菌丝浓度和培养液外观（色素、颗粒等）。

（1）单细胞　菌体健壮、菌形一致、均匀整齐，有的还要求有一定的排列或形态。

（2）霉菌、放线菌　菌体强壮、生长旺盛、菌形一致、均匀整齐、对染料着色力强、菌丝分支情况和内含物情况良好。

2. 生化指标

生化指标主要包括种子液的糖、氮、磷的含量和 pH 值的变化。

3. 产物生成量

在抗生素发酵中，产物生成量是考察种子质量的重要指标，因为种子液中产物生成量的多少间接反映种子的生产能力和成熟程度。

4. 酶活力

种子液中某种酶的活力与目的产物的产量有一定的关联。

项目小结

菌种选育的目的是改良或改变菌种的特性，使其符合工业生产或科研的要求。菌种选育可分为自然选育、诱变育种、杂交育种、分子育种这四种方法。

在发酵生产过程中，不经过人工处理，利用菌种的自发突变直接进行筛选，选育出优良菌种的过程叫作自然选育，也称自然分离。诱变育种是通过诱变剂处理提高菌种的突变概率，扩大变异幅度，从中选出具有优良特性的变异菌株。诱变育种和其他育种方法比较，具有速度快、收效大、方法简便等优点，是当前菌种选育的一种重要方法，在生产中应用得十分普遍。现代育种技术将会得到更多的应用。

菌种保藏是进行微生物学研究和微生物育种工作的重要组成部分，主要是根据菌种的生理、生化特性，人工创造条件使菌体的代谢活动处于休眠状态，在抗生素、氨基酸、酿造等工业中广泛应用。

常用的菌种保藏法有斜面低温保藏法、液体石蜡封存保藏法、固体曲保藏法、冷冻干燥法、滤纸保藏法、液氮超低温保藏法。

菌种扩培的目的是为发酵罐每次的投料提供一定数量代谢旺盛的种子，缩短发酵时间，提高发酵罐的利用率，同时也减少染菌机会。

在发酵生产过程中，菌种扩培的过程大致可分为两个阶段，即实验室种子制备阶段和生产车间种子制备阶段。

为了保证菌种的优良性状和生产稳定性，一定要控制好培养条件、培养时间和冷藏时间等因素。

问题探究

1. 食品工业中常用的微生物有哪些？
2. 菌种选育的目的是什么？菌种选育的方法有哪些？其主要环节有哪些？
3. 菌种衰退的主要原因有哪些？
4. 自然选育的基本方法是什么？有哪些操作步骤？
5. 诱变育种的工作流程是什么？影响诱变效果的因素有哪些？
6. 基因工程育种的基本步骤包括哪些？
7. 基因工程育种在食品工业的哪些领域有应用？
8. 常用的菌种保藏方法有哪些？各有什么优点和缺点？

实训一　乳酸菌的分离、保藏

一、实训目的

1. 掌握乳酸菌分离的一般方法。
2. 知道乳酸菌种保藏的基本原理和方法。

二、实训原理

乳酸菌是发酵糖类主要产物为乳酸的一类无芽孢、革兰氏染色阳性细菌的总称。

本实验采用溴甲酚绿(B. C. G)牛乳营养琼脂平板从酸奶中分离乳酸菌，乳酸菌在该培养基上生长时，由于分解乳糖产生乳酸，使菌落呈黄色，菌落周围的培养基也变为黄色，所以较容易鉴别。

乳酸菌短期最好用脱脂乳保藏，1 个月左右重新接种 1 次。要是长期保藏，以芽孢杆菌冻干保存效果较好。平常保藏，用甘油或者液体石蜡保藏效果好。

三、实训器材与试剂

1. 材料与试剂：酸乳1瓶或发酵的泡菜1袋，脱脂奶粉或全脂奶粉，蔗糖，1.6%溴甲酚绿（B.C.G）乙醇溶液，酵母膏，琼脂。

2. 培养基及试剂：

（1）B.C.G牛乳培养基　A（溶液）：脱脂奶粉100g，水500mL，加入1.6%溴甲酚绿（B.C.G）乙醇溶液1mL，80℃灭菌20min；B（溶液）：酵母膏10g，水500mL，琼脂20g，pH值6.8，121℃灭菌20min。以无菌操作趁热将A、B溶液混合均匀后倒于平板上。

（2）脱脂乳培养基　将牛乳间接或直接加热煮沸20～30min，冷却过夜，脂肪即可上浮，用吸管或虹吸法将底层乳吸出，弃上层乳脂，即为脱脂乳。于115°C高压蒸汽灭菌20～30min，供菌种保藏、活化与制备发酵剂使用。

（3）LB液体培养基　胰蛋白胨10g，酵母提取物5g，氯化钠（NaCl）5g，用5mol/L NaOH调pH值至7.0，用去离子水定容至1L，在0.15MPa高压下蒸汽灭菌20min。

（4）LB固体斜面培养基　酵母提取物5g，蛋白胨10g，氯化钠5g，琼脂15～20g，水1000mL，pH值7.4～7.6，于115°C高压蒸汽灭菌20～30min。

（5）其他试剂　无菌液体石蜡、甘油。

3. 仪器：天平、牛角匙、电炉、pH试纸、刻度搪瓷杯、量筒、漏斗、漏斗架、玻璃棒、试管、微量离心管、棉塞、培养基、吸管、牛皮纸、线绳、标签、500mL锥形瓶2个、250mL锥形瓶2个、试管20支、500mL烧杯2个、250mL烧杯2个、100mL烧杯2个、酒精灯、石棉网、接种针（环），30℃和40℃恒温培养箱、1mL无菌吸管、无菌培养皿、显微镜。

四、实训步骤

（一）操作步骤

1. 样品稀释

无菌吸取酸乳或是发酵泡菜的汁液1mL于9mL的无菌生理盐水中，混匀，即成10^{-1}稀释度的样品稀释液，再根据需要依次按10倍进行系列稀释，稀释至10^{-5}，制成不同稀释度的稀释液。

2. 倒B.C.G培养基平板的方法

将灭好菌的A溶液和B溶液趁热充分混合，点燃酒精灯对周围的空气进行灭菌，并在酒精灯的附近用左手握着平板，用拇指和小指打开一个小缝，趁热将培养液倒于平板上，倒的量应使培养基刚刚覆盖平板底部，倒好后把平板平放到实验台，轻轻晃动，使培养基形成一个平面，等培养基冷却凝固后倒放并贴上标签。（注意：整个实验要在酒精灯附近做，以保证培养基不染菌。）

3. 脱脂乳试管的配制与灭菌

可直接选用脱脂乳液，或按脱脂奶粉10g、蔗糖5g、水95g（蔗糖与水的比例在1∶10的范围内）的比例配制，装量以试管的1/3为宜，于115℃高压蒸汽灭菌15min。

4. 培养

待培养基冷却后，取其中的10^{-4}、10^{-5}两个稀释度的稀释液各0.1～0.2mL，分别接种于B.C.G牛乳培养基琼脂平板上，用无菌涂布器依次涂布；或者直接用接种环蘸取原液平板划线分离，置40℃培养48h。如出现圆形稍扁平的黄色菌落及其周围培养基变为黄色者，初步定为乳酸菌。倒置平皿分别放入30℃和40℃恒温培养箱中培养（酸乳样品放在40℃条件下培养，酸泡菜汁样品放在30℃条件下培养）。

5. 乳酸发酵及检查

发酵：观察B.C.G培养基中乳酸菌菌落特征，选取长势比较好的菌落，通过无菌操作将乳酸菌接种于装有脱脂乳的试管中，40～42℃静止培养。

鉴别：选取乳酸菌典型菌落转至脱脂乳试管中，40℃培养8～24h，若牛乳出现凝固，无气泡，呈酸性，涂片进行显微镜检查，镜检细胞为杆状或链球状（两种形状的菌种均分别选入），革兰氏染色呈阳性，无芽孢的球菌或杆菌可定为乳酸菌，记录测定结果。可将其连续传代4～6次，最终选择出在3～6h能凝固的脱脂乳管，作菌种待用。

6. 乳酸菌的保藏

(1)液体石蜡保藏法

①无菌液体石蜡制备　将液体石蜡置于100mL的三角瓶内，每瓶装10mL，塞上棉塞，外包牛皮纸，高压蒸汽灭菌（压力0.1MPa，时间30min）。灭菌后将装有液体石蜡的三角瓶置于105～110℃的烘箱内约1h，以除去液体石蜡中的水分。

②接种、培养及保藏　将上述菌种接种在LB固体斜面培养基上，在适宜温度下培养，使其充分生长。用无菌吸管吸取无菌液体石蜡，注入已长好菌的斜面上，液体石蜡的用量以高出斜面顶端1cm左右为准，使菌种与空气隔绝，直立于4～5℃冰箱内或室温下保藏，保藏期为1～2年。

(2)甘油保藏法

①无菌甘油制备　将甘油置于100mL的三角瓶内，每瓶装10mL，塞上棉塞，外包牛皮纸，高压蒸汽灭菌（0.1MPa，20min）。

②接种、培养及保藏　挑取上述一环菌种接入LB液体培养基试管中，37℃振荡培养至充分生长。用吸管吸取0.85mL培养液，置入一支带有螺口盖和空气密封圈的试管中或一支1.5mL的Eppendorf管（微量离心管）中，再加入0.15mL无菌甘油，封口，振荡混匀。然后将其置于乙醇-干冰或液氮中速冻。最后将已冰冻含甘油的培养物置于−70～−20℃温度下保藏，保藏期为0.5～1年。

(二)注意事项

1. 采用B.C.G牛乳培养基琼脂平板筛选乳酸菌时，注意挑取具有典型特征的黄色菌落，结合镜检观察，有利于高效分离、筛选乳酸菌。

2. 牛乳消毒应掌握适宜温度和时间，防止长时间采用过高温度消毒而破坏酸乳风味。

五、实训报告

根据乳酸菌分离和保藏的实际操作，完成实验报告，定期检查菌种保藏结果。

实训二　啤酒酵母的活化、扩大培养

一、实训目的

学会酵母菌种的扩大培养方法，为实验室啤酒发酵准备菌种。

二、实训原理

在进行啤酒发酵之前，必须准备好足量的发酵菌种。在啤酒发酵中，接种量一般应为麦芽汁量的10%（使每毫升发酵液中的酵母量达1×10^{7}个），因此，要进行大规模的发酵。而大规模的发酵首先必须进行酵母菌种的扩大培养。扩大培养是将实验室保存的纯种酵母活化，逐步增殖，使酵母数量由少到多，直至达到一定数量后，供生产需要。

菌种活化就是为了得到纯而壮的培养物，即获得活力旺盛的、接种数量足够的培养物。菌种发酵一般需要2～3代的复壮过程，因为保存时的条件往往和培养时的条件不相同，所以要通过活化来恢复菌种的生产性能，让菌种逐渐适应培养环境。

扩大培养的目的在于为发酵罐的投料提供足够数量代谢旺盛的、性能稳定的种子。

三、实训器材与试剂

材料：下面啤酒酵母，麦芽汁。

仪器：试管，接种针，三角瓶，茄子瓶，卡氏罐。

四、实训步骤

1. 啤酒酵母的活化

斜面试管→5mL 麦芽汁试管 3 支(各活化 3 次)。

总体过程要求无菌操作，从种子管中取出酵母，接种到酵母培养基平板上或装有液体培养基的三角瓶中，在 28℃条件下，经过 2～3d 的培养，即活化。有大量的营养细胞。

在无菌室打开原菌试管，挑取 1 菌耳酵母菌菌落，接入已灭菌的盛有 5mL 麦芽汁的试管中。共 3 支试管，每支接 1 菌耳。接种后塞好棉塞，置 25℃恒温箱中培养 24h。

从上述 3 支已活化 1 次的酵母试管中分别挑取菌液 3～4 菌耳，接种到盛有 5mL 已灭菌麦芽汁的另外 3 支试管中，置 25℃恒温箱中培养 24h。接着再重复 1 次，总共活化 3 次。

将 3 支经 3 次活化的试管酵母分别倒入 3 支盛有 25mL 灭菌麦芽汁的试管中。接种后，试管口用火焰灭菌，再放入 25℃恒温箱中培养 24h。用于接种的酵母培养液与麦芽汁体积之比为 1∶5，此溶液即为活化后的啤酒酵母菌液。

2. 啤酒酵母实验室扩大培养工艺(图 2-3)

一般可采用三级扩大培养，扩大倍数：第 1 级到第 2 级为 8～10 倍，第 2 级到第 3 级为 4～6 倍。具体流程如下：

1菌耳酵母菌菌落
↓
斜面原种 → 斜面活化（25℃，3～4d） → 10mL麦芽汁试管（25℃，24～36h） → 50mL 麦芽汁三角瓶培养（25℃，24h）

→ 300mL麦芽汁三角瓶培养（22～25℃，24h） → 3000mL麦芽汁三角瓶培养（20～22℃，24h） → 10L麦芽汁卡氏罐培养（容量15L）（18～20℃，24～36h）

图 2-3　啤酒酵母的实验室扩大培养工艺

将上述培养好的酵母种液分别倒入 3 支盛有 10mL 灭菌麦芽汁的试管中，在 25℃培养 24～36h。观察一下，若菌种正常，将它们分别转入 3 支 50mL 麦芽汁三角瓶中，在 25℃培养 24h。按照温度逐渐下降、培养体积逐渐增大的原则，继续培养，直到放入 10L 麦芽汁卡氏罐，在 18～20℃培养 24h。酵母种液与麦芽汁体积之比为 1∶10。整个培养期间要经常振荡或搅拌容器，以增加溶解氧。

当冷麦芽汁的量与酵母种子液体积之比达到 1∶0.85 时，啤酒酵母就经过了主发酵(也称前发酵，需 6～7d)。当主发酵结束后，即将发酵液(俗称嫩啤酒)从酒液排出口引入后发酵罐，并完成后发酵。待嫩啤酒排完，应及时回收发酵槽底部的酵母，经过筛和漂洗，得到零代酵母，这种酵母泥即可供生产使用。酵母泥存放的时间不得超过 3d，并做到先洗涤的先用。扩大培养后，经过车间生产周转过来的第 1 次沉淀酵母，称为第一代种子。在正确洗涤和正常发酵条件下，酵母使用代数一般为 7～8 代。

3. 啤酒酵母车间扩大培养工艺(图 2-4)

以下的酵母培养操作比较方便可行：斜面菌种→活化→茄子瓶固体斜面→把杀过菌的适温麦芽汁倒入茄子瓶中→卡氏罐。将活化过的酵母菌种用接种环接到 2 个 500mL 的茄子瓶固体斜面上，2～3d 后，把杀过菌的适温麦芽汁倒入茄子瓶中(茄子瓶封棉塞)，1～2d 后，再将这 2 个茄子瓶中的酵母液接入到盛装

5L杀菌麦芽汁的卡氏罐中，16℃培养2d后即可进入汉生罐。必须待各项指标达到生产要求时，方可进行下一步的扩大培养。

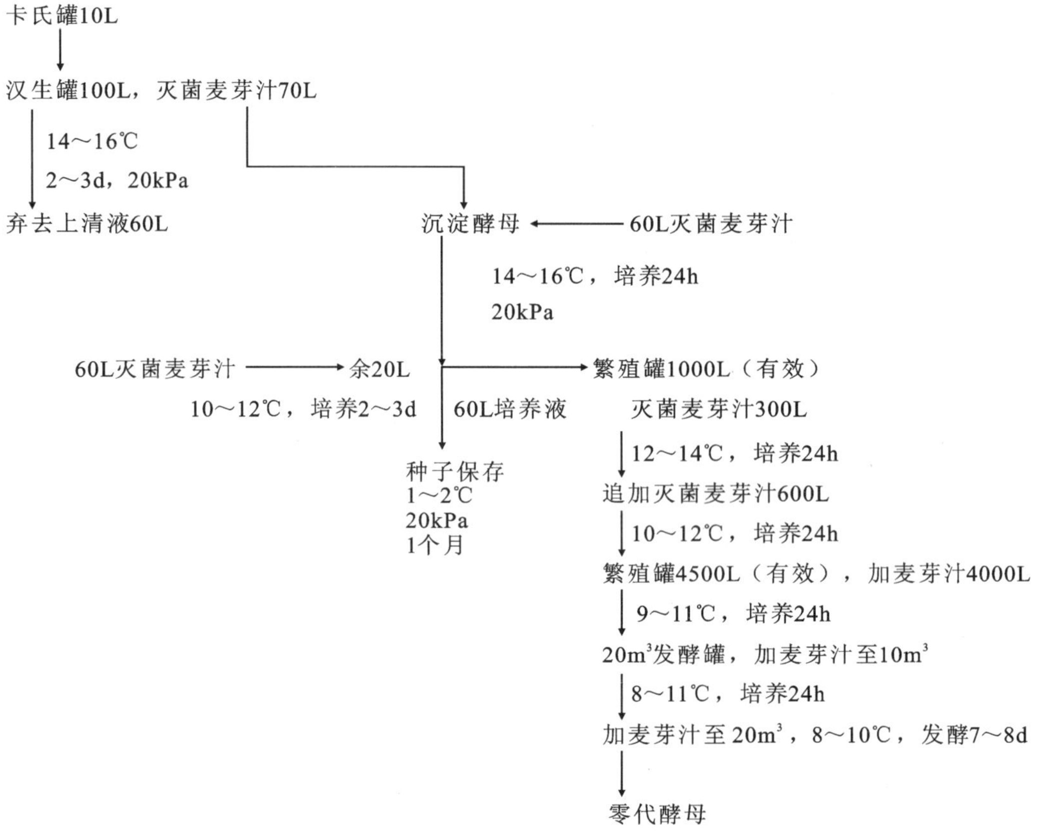

图2-4　啤酒酵母的车间扩大培养工艺

五、思考与练习

1. 啤酒酵母的微生物特性有哪些？
2. 啤酒酵母活化、扩大培养的工艺流程是怎样的？需要注意哪些问题？

六、实训报告

根据工艺流程进行啤酒酵母的活化、扩大培养的操作，完成实训报告。

项目三　发酵培养基的制备

知识目标

1. 知道食品发酵培养基的主要成分及来源。
2. 知道不同淀粉水解糖制备方法的优点和缺点。
3. 能陈述培养基的不同分类和配制原则。
4. 能陈述淀粉水解糖制备的常用方法。
5. 能陈述淀粉水解糖制备的原理。

技能目标

1. 能够按常规流程来制备培养基。
2. 能够按常见培养基成分表完成培养基的配制。
3. 能够按工艺流程、控制条件来液化淀粉，进行水解操作。
4. 能够运用相关知识解决培养基制备过程中的质量问题，并能分析问题。

思政目标

通过介绍我国以二氧化碳为原料，不依赖植物光合作用，直接人工合成淀粉的技术突破，激发学生的创新意识和可持续发展理念。

背景资料

培养基是供微生物、植物和动物组织生长和维持用的人工配制的养料。微生物培养基是指由人工方法配合而成的，专供微生物培养、分离、鉴别、研究和保存用的混合营养物制品。培养基若有抗生素和色素，可用于单种微生物的培养和鉴定。

一、食品发酵培养基的成分及来源

(一)碳源

碳源提供微生物菌种生长繁殖所需的能源和合成菌体所必需的碳成分，同时提供合成目的产物所必需的碳成分。常见的来源主要有糖类、油脂、有机酸、正烷烃等。工业上常用的糖类主要包括葡萄糖、糖蜜(制糖时的结晶母液)、淀粉等。

(二)氮源

氮源主要用于构成菌体细胞物质(氨基酸、蛋白质、核酸等)和含氮代谢物。常用的氮源可分为两大类：有机氮源和无机氮源。有机氮源和无机氮源应当混合使用。在发酵早期应使用容易利用、易同化的氮源，即无机氮源。

1. 无机氮源

无机氮源主要包括氨盐、硝酸盐和氨水。微生物对它们的吸收快，所以也称之谓迅速利用的氮源。但无机氮源的迅速利用常会引起 pH 值的变化。

2. 有机氮源

有机氮源主要来源于工业上一些廉价的原料，如花生饼粉、黄豆饼粉、棉籽饼粉、玉米浆、玉米蛋白粉、蛋白胨、酵母粉、鱼粉、蚕蛹粉、尿素、废菌丝体和酒糟等。其成分复杂，除提供氮源外，有些有机氮源还提供大量的无机盐及生长因子。

(三)无机盐与微量元素

这类物质的作用各不相同，主要是以盐的形式补充碳源、氮源。

无机盐中的十大元素为：碳、氢、氧、氮、磷、钾、硫、钙、镁、钠。

常见的微量元素为：硼、锰、锌、钼、钴、碘、铜等。

(四)生长因子、前体和产物促进剂

1. 生长因子

从广义上讲，凡是微生物生长不可缺少的微量的有机物质，如氨基酸、嘌呤、嘧啶、维生素等均称为生长因子。

2. 前体

某些化合物加入到发酵培养基中，能直接被微生物在生物合成过程中合成到产物分子中去，而其自身的结构并没有多大变化，但是产物的产量却因加入了该化合物而有较大的提高，这种化合物称为前体。

3. 产物促进剂

产物促进剂是指那些非细胞生长所必需的营养物，又非前体，但加入后却能提高产量的添加剂。

(五)水

对于发酵工厂来说，恒定的水源是至关重要的，因为在不同水源中存在的各种因素对微生物发酵代谢的影响甚大。水源质量的主要考虑参数包括 pH 值、溶解氧、可溶性固体、污染程度以及矿物质组成和含量。

二、培养基的类型

培养基的分类见表 3-1。

表 3-1　培养基的分类

分类标准	培养基类型
营养物质的来源	天然培养基、合成培养基、半合成培养基
物理性状	液体培养基、固体培养基、半固体培养基
目的用途	种子培养基、发酵培养基、菌种保藏培养基、富集培养基、选择培养基、鉴别培养基和测定生理特性的培养基
调控育种	基本培养基、完全培养基、补充培养基

(一)根据营养物质的来源分类

根据营养物质的来源，培养基可分为天然培养基、合成培养基和半合成培养基。

1. 天然培养基

天然培养基是用营养丰富的天然有机物配制而成的。如木屑、稻草、麦粒、米糠、蔗渣、棉籽壳和动植物浸出液（土豆煎汁、麦芽汁、牛肉膏）等，都是配制天然培养基的原料。这些有机物来源广、价格低廉、使用方便，但其化学成分不恒定，即人们在使用时不能完全掌握它的化学成分。这类培养基只能用于生产，不适宜用于精确的科学实验。

2. 合成培养基

合成培养基是用已知其化学成分的各类营养物质定量地配制而成的。这类培养基适用于专门的营养生理等研究，生产上使用较少。

3. 半合成培养基

半合成培养基是在天然培养基中添加一些已知成分的营养物质配制而成的。这类培养基在生产上应用较多。

(二)根据培养基质的物理性状分类

根据培养基质的物理性状，培养基可分为液体培养基、固体培养基和半固体培养基。

1. 液体培养基

它是将食用菌生长发育所需的营养物质按一定比例配制的营养液。菌丝体在这种培养基中生长迅速，在短时间内可生长出大量的菌丝体。

2. 固体培养基

常见的固体培养基有两大类：一类是在液体培养基中加入凝固剂(如琼脂)，制成常见的试管斜面或培养皿平板；另一类是利用天然纤维物质或固形物，如木屑、秸秆、棉籽壳、废棉、土壤、畜粪等，加入适量的辅助营养料和水配制而成的培养基，生产上应用很广。

3. 半固体培养基

这类培养基配制后呈软膏状，国外有部分应用，国内生产上很少用。

(三)根据培养基的用途分类

从培养基的用途来区分，培养基可分为选择培养基、增殖培养基、鉴别培养基等。

1. 选择培养基

在培养基中加入某种物质以杀死或抑制不需要的菌种生长的培养基称为选择培养基。如链霉素、氯霉素等能抑制原核微生物的生长；而制霉菌素、灰黄霉素等能抑制真核微生物的生长；结晶紫能抑制革兰氏阳性细菌的生长等。

2. 增殖培养基

在自然界中，不同种的微生物常生活在一起，为了分离我们所需要的微生物，在普通培养基中加入一些某种微生物特别喜欢的营养物质，以增加这种微生物的繁殖速度，逐渐淘汰其他微生物，这种培养基称为增殖培养基。这种培养基常用于菌种筛选和选择增菌中。

3. 鉴别培养基

在培养基中加入某种试剂或化学药品，使难以区分的微生物经培养后呈现出明显差别，因而有助于快速鉴别某种微生物，这样的培养基称为鉴别培养基。例如用以检查饮水和乳品中是否含有肠道致病菌的伊红美蓝培养基就是一种常用的鉴别培养基。

有些培养基具有选择和鉴别双重作用。例如食品检验中常用的麦康凯培养基。它含有胆盐、乳糖和中性红，胆盐具有抑制肠道菌以外的细菌生长的作用(选择性)，乳糖和中性红(指示剂)能帮助区别乳糖发酵肠道菌(如大肠杆菌)和不能发酵乳糖的肠道致病菌(如沙门氏菌和志贺氏菌)。

任务一　培养基的配制

一、培养基的配制原则

培养基的配制必须提供合成微生物细胞和发酵产物的基本成分；必须有利于减少培养基原料的单耗，使单位营养物质所合成产物数量或产率大；必须有利于提高培养基产物的浓度，以提高单位容积发酵罐的生产能力；必须有利于提高产物的合成速度，缩短发酵周期；必须尽量减少副产物的形成；必须减少对发酵过程中通气搅拌的影响，有利于提高氧的利用率、降低能耗；必须有利于产品的分离和纯化；必须尽可能减少产生“三废”的物质。

（一）根据不同微生物的营养需要配制不同的培养基

不同的微生物所需要的培养基成分是不同的，要确定一个合适的培养基，就需要了解生产用菌种的来源、生理生化特性和一般的营养要求，根据不同生产菌种的培养条件、生物合成的代谢途径、代谢产物的化学性质等确定培养基。

（二）培养基原料的选择

在菌种制备过程中，从母种、原种至生产菌种，各个阶段的目的和要求有所不同，所选用的培养基的配比也应有所区别。母种初生菌丝一般较嫩弱，分解养分能力差，要求营养丰富、完全，氮源、维生素的比例应高，需选用易被菌丝吸收利用的物质。

（三）营养成分的恰当配比

培养基中的碳、氮比例很重要。若培养基中碳源供应不足，易引起菌种的过早衰退和自溶；若氮源过多或过少，则会引起菌丝生长过于旺盛或缓慢，对菌种培养不利。微生物所需的营养物质之间应有适当的比例，培养基中的碳氮比（C/N）在发酵工业中尤其重要。不同的微生物菌种、不同的发酵产物所要求的碳氮比是不同的。

碳氮比随碳水化合物及氮源的种类以及通气、搅拌等条件而异，很难确定统一的比值。一般情况下，碳氮比偏小，会导致菌体生长旺盛，易造成菌体提前衰退、自溶，影响产物的积累；碳氮比过大，菌体繁殖数量少，不利于产物的积累；碳氮比较合适，但碳源、氮源浓度过高，仍能导致菌体的大量繁殖，增大发酵液黏度，影响溶解氧浓度，引起菌体的代谢异常，影响产物合成；碳氮比较合适，但碳源、氮源浓度过低，会影响菌体的繁殖，同样不利于产物的积累。

（四）渗透压

配制培养基时，应注意营养物质要有合适的浓度。营养物质的浓度太低，不仅不能满足微生物生长对营养物质的需求，而且也不利于提高发酵产物的产量和提高设备的利用率。培养基中各种离子的比例需求要平衡。

（五）pH 值

各种微生物的正常生长均需要有合适的 pH 值，一般霉菌和酵母菌比较适于微酸性环境，放线菌和细菌适于中性或微碱性环境。为此，当培养基配制好后，若 pH 值不合适，必须加以调节。

（六）配制顺序及其他

在配制培养基时，除应注意以上几条原则外，为了避免沉淀物的生成而造成营养物的损失，还要考虑到营养成分的加入顺序。一般应先加入缓冲化合物，溶解后加入主要元素，然后加入微量元素，最后加入维生素、氨基酸等生长素类的物质等，且最好是在前一种营养成分溶解后再加入第二种营养成分。此外，培养基加入糖类时，应采用适当的灭菌方法，因为葡萄糖在高压下易被破坏，多糖和双糖也因高温易变质和被水解。

二、培养基的配制过程

（一）称量、溶解

根据培养基的配方，计算各种营养成分的用量。向容器内加入所需水（一般可用自来水，有特殊要求时需用蒸馏水）量的一部分，再称取药品（一般药品可用普通药物天平称取），称好的药品放入玻璃烧杯或搪瓷杯中，依次加入使其溶解，最后补足所需水分。用量少的药品，可按比例配成高浓度溶液，再按所需量用移液管吸取。对蛋白胨、肉膏等物质，需加热溶解，加热过程所蒸发的水分，应在全部原料溶解后加水补足。

（二）配制固体培养基

若配制固体培养基，先将上述已配好的液体培养基煮沸，再将称好的琼脂放入已溶化的营养液中，继续加热至琼脂全部溶解。加热中随时搅拌，防止溢出或煳底。烧煳的培养基营养物质破坏，并产生有毒物质，不宜再用。

（三）调节 pH 值

待溶化的培养基稍冷却后，按配方要求调整 pH 值。先取 10mL 培养基装入试管中，用 pH 试纸（或 pH 电位计、氢离子浓度比色计）测其自然 pH 值，再用 1%NaOH（或 1%HCl）调至所需 pH 值，根据用量计算，换用 10%NaOH（或 10%HCl）调整所配全量培养基的 pH 值。加碱（或酸）溶液时，应边滴加边搅拌，至应加量将近用完时，再次测试，最后调至要求的 pH 值。

（四）分装

配好的培养基，根据需要趁热分装至试管或锥形瓶中。分装需用漏斗，以免琼脂粘在管口或瓶口上。分装时，一只手捏松弹簧夹，使培养基流出，另一只手握住几支试管或锥形瓶，依次接取培养基。注意不要使培养基黏附在管口或瓶口，以免浸湿棉塞引起杂菌污染。图 3-1 为培养基分装的图示。

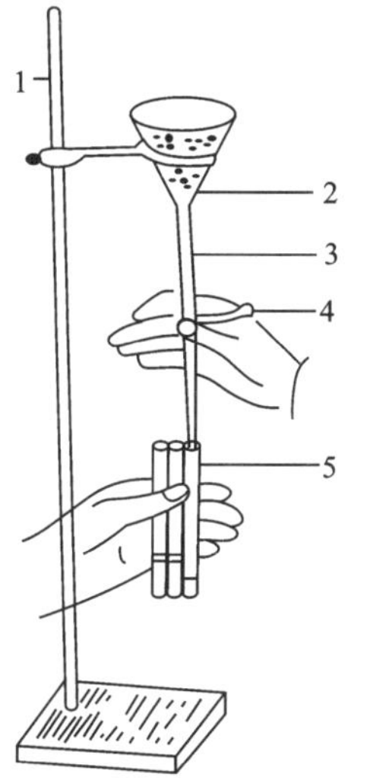

图 3-1　培养基的分装

1—铁架台；2—漏斗；3—乳胶管；4—弹簧夹；5—试管

（五）加棉塞

分装完毕后，需要用棉塞堵住管口或瓶口。堵棉塞的主要目的是过滤空气，避免污染。棉塞应采用普通新鲜、干燥的棉花制作，不要用脱脂棉，以免因脱脂棉吸水使棉塞无法使用。棉塞有利于通气，又有滤菌作用，不要过紧或过松，塞好后，手提棉塞，以管或瓶不下落为宜。棉塞的 2/3 应在管内或瓶内，上端露出少许棉花便于拔取。最后用牛皮纸或报纸包住棉塞，在瓶颈或试管上方用绳扎紧，以免灭菌时水蒸气沾湿棉塞或使棉塞脱落。

（六）制作斜面培养基和平板培养基

培养基灭菌后，液体培养基冷却后可直接根据需要接入菌种。若制作斜面培养基和平板培养基，需趁培养基未凝固时进行。

1. 制作斜面培养基

在实验台上放1根长0.5～1m的木条，厚度为1cm左右。将试管头部枕在木条上，使管内培养基自然倾斜，凝固后即成斜面培养基（图3-2）。

2. 制作平板培养基

将刚刚灭过菌的盛有培养基的锥形瓶和培养皿放在实验台上，点燃酒精灯，右手托起锥形瓶瓶底，左手拔下棉塞，将瓶口在酒精灯上稍加灼烧，左手打开培养皿盖，右手迅速将培养基倒入培养皿中，每皿约倒入10mL，以铺满皿底为度，如图3-3所示。铺放培养基后放置15min左右，待培养基凝固后，再5个培养皿一叠，倒置过来，平放在恒温箱里，24h后检查，如培养基上无杂菌，即可用来培养微生物。

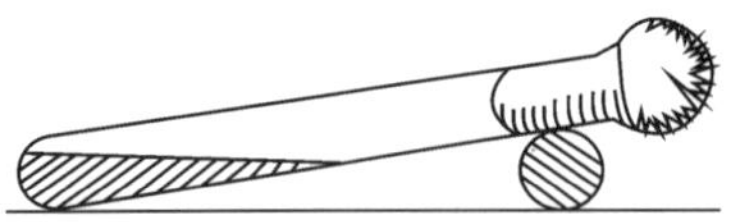

图3-2 制作斜面培养基

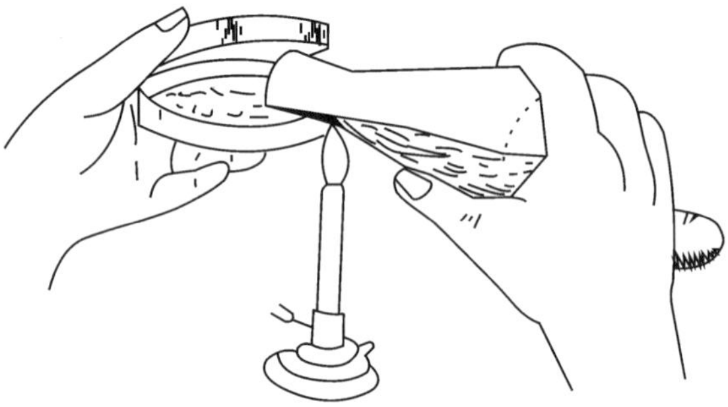

图3-3 制作平板培养基

灭菌后取出的培养基，根据需要可将试管立即斜放，冷凝后即成斜面培养基，用于菌种扩大培养及保藏；锥形瓶中的培养基，倒入无菌培养皿中，冷凝后即制成平板培养基，可用于菌种的分离、鉴定等。

三、固体曲料的配制

在微生物生产特别是微生物工业生产中常采用一些来源广泛、价格低廉的固体原料，如小米、大米、麸皮、豆饼、玉米粉、米糠等，来培养霉菌。这种直接用固体原料加水拌成的固体培养基叫作曲料。

（一）曲料的原料选用

配制曲料的原料应视具体培养需要而定，可因地制宜，就地取材，尽量利用农副产品、各种代用品以节约粮食，降低成本。

为扩大接触面积，曲料的原料应经粉碎、过筛，以达到一定的细度。细度的单位为目。“目”的定义为：在25.4mm(1in)长度内排有若干筛孔的数值数。如100目即100个筛孔的一边总长25.4mm(1in)，50目即50个筛孔的一边总长25.4mm(1in)等，其余类推。

（二）曲料的加水量

曲料的加水量应视原料的质地、细度及其持水性而定，一般加水量与原料的质量比为1∶(1～1.5)。检验标准是：以加水后用手攥起来，稍用力挤握，指缝间有水珠溢出而不滴下为度。

（三）曲料pH值的调整

测定曲料的pH值，可用加水后挤出来的溶液测试，或者取一小块加水后的曲料，放在

pH 试纸上，根据湿润部分的颜色判断其 pH 值。

任务二 淀粉水解糖的制备

在工业生产中，将淀粉水解为葡萄糖的过程称为淀粉的糖化，制得的溶液叫淀粉水解糖。其主要糖分是葡萄糖。可以用来制备淀粉水解糖的原料很多，主要有薯类、玉米、小麦、大米等含淀粉的原料。淀粉水解制糖的主要意义在于：大多数微生物不能直接利用淀粉（所有的氨基酸生产菌不能直接利用）；有些微生物能够直接利用淀粉，但必须在微生物产生淀粉酶后才能进行，过程缓慢，发酵周期延长；若直接利用淀粉作为原料，灭菌过程的高温会导致淀粉结块，发酵液黏度剧增。

一、淀粉水解糖的制备方法

淀粉水解为葡萄糖的方法有下列三种。

（一）酸解法

酸解法又称酸糖化法。它是以酸（无机酸或有机酸）为催化剂，在高温、高压下将淀粉水解转化为葡萄糖的方法。

酸解法的优点为：

（1）生产简易，由淀粉逐步水解为葡萄糖的整个化学反应过程仅在一个高压容器内进行。

（2）水解时间短，如采用 10°Bé 浓度淀粉，在 0.294 MPa 下需 20min；在 0.343 MPa 压力下仅需 7～10min。

（3）设备生产能力大。

其缺点为：

（1）由于水解作用是在高温、高压条件下进行的，所以要求设备耐腐蚀、耐高温、耐高压。

（2）在酸水解过程中，除了淀粉的水解反应外，尚有副反应的发生，将造成淀粉的利用率降低。

（3）酸解法对淀粉原料要求严格，淀粉浓度不宜过高。

（二）酶解法

酶解法是用专一性很强的淀粉酶及糖化酶将淀粉水解为葡萄糖的工艺。酶解法可分为两步：第一步，利用 α-淀粉酶将淀粉液化，转化为糊精及低聚糖，使淀粉的可溶性增加，这个过程称为液化；第二步，利用糖化酶（又称葡萄糖淀粉酶）将糊精及低聚糖进一步水解，转化为葡萄糖，这个过程称为糖化。淀粉的液化和糖化都是在酶的作用下进行的，故酶解法又有双酶（或多酶）水解法之称。

它的主要优点如下：

（1）采用酶解法制备葡萄糖，酶解反应条件较温和，因此，不需要耐高温、耐高压、耐酸的设备，便于就地取材，容易运作。

（2）微生物酶作用的专一性强，淀粉水解的副反应少，因而水解糖液的纯度高，淀粉转化率（出糖率）高。

（3）可在较高淀粉乳浓度下水解，而且可采用粗原料。酸解法一般 10～12°Bé（含淀粉

18%～20%)；酶解法一般 20～23°Bé(含淀粉 34%～40%)。

(4)用酶解法制得的糖液颜色浅，较纯净，无异味，质量高，有利于糖液的充分利用。

酶解法的缺点为：酶解反应时间较长(需 2～3d)，需要的设备较多，操作严格，要有专门培养酶的条件，而且酶本身是蛋白质，易引起糖液过滤困难。

随着酶制剂生产及应用技术的提高，以及酶制剂的大量生产，酶解法制糖逐渐取代酸解法制糖已是淀粉水解制糖的一个发展趋势。

(三)酸酶结合水解法

酸酶结合水解法是集中酸解法和酶解法制糖的优点而采用的结合生产工艺。根据原料淀粉性质的不同可采用酸酶水解法或酶酸水解法。酸酶结合水解法的特点是可采用粗原料淀粉，淀粉浓度也较酸解法高，糖液色浅。

1. 酸酶水解法

酸酶水解法是先将淀粉酸水解成糊精或低聚糖，然后再用糖化酶将其水解成葡萄糖的工艺。工厂采用将淀粉用酸水解到一定的程度(用 *DE* 表示，一般为 10%～15%)，再降温中和后，用糖化酶进行糖化的方法。此法的优点是：酸液化速度快，糖化时可采用较高的淀粉乳浓度，能提高生产效率；酸用量少，产品颜色浅，糖液质量高。

2. 酶酸水解法

酶酸水解法是将淀粉乳先用 α-淀粉酶液化到一定的程度，然后用酸将其水解成葡萄糖的工艺。生产中应用酶酸水解法，可采用粗原料淀粉，淀粉浓度较酸解法要高，生产易控制，时间短，而且酸水解时 pH 值可稍高些，以减轻淀粉水解副反应的发生。

总之，采用不同的水解制糖工艺，各有其优点和存在的问题(表 3-2)，但从水解糖液的质量和降低糖耗、提高原料利用率方面来考虑，酶解法最好，其次是酸酶结合水解法，酸解法最差。从淀粉水解整个过程所需的时间来看，酸解法最短，酶解法最长。

表 3-2　不同水解法的工艺和糖液质量比较

项目	酸解法	酸酶结合水解法	酶解法
DE 值(%)	91	95	98
羟甲基糠醛含量(%)	0.3	0.008	0.003
色度(度)	10	0.3	0.2
淀粉转化率(%)	90	95	98
工艺条件	高温、高压	高温、高压	常温
过程耗能	多	多	少
副产物	多	中	少
生产周期	短	中	长
设备规模	小	中	大
防腐要求	高	较高	低
适合发酵工艺情况	差	中	好

二、淀粉水解糖的过程中涉及的术语

(一)*DE* 值

DE 值即葡萄糖当量值，它是指还原糖(以葡萄糖计)占糖浆干物质的百分比，或淀粉糖的含糖量。在国家标准中，*DE* 值越高，葡萄糖浆的级别越高。工业上用 *DE* 值(也称葡萄糖值)表示淀粉的水解程度或糖化程度。*DE* 值的计算公式为：

$$DE=\frac{\text{还原糖的含量}(\%)}{\text{干物质的含量}(\%)}\times 100\%$$

(二)液化

α-淀粉酶水解底物内部的 α-1，4 糖苷键，不能水解 α-1，6 糖苷键，一般采用耐高温淀粉酶，使液化速度加快。液化温度为 85～90℃。

(三)淀粉的糊化

淀粉的糊化是指淀粉受热后，淀粉颗粒膨胀，晶体结构消失，互相接触变成糊状液体，即使停止搅拌，淀粉也不会再沉淀的现象。

(四)淀粉的老化

淀粉的老化是指分子间氢键已断裂的糊化淀粉又重新排列形成新的氢键的过程，也就是复结晶的过程。

三、淀粉水解糖的制备原理

(一)酸解法的制备原理

酸解法是以酸为催化剂，在高温、高压下使淀粉水解生成葡萄糖的方法。

1. 水解过程

总反应式：$(C_6H_{10}O_5)_n+nH_2O \rightarrow nC_6H_{12}O_6$

过程：$(C_6H_{10}O_5)_n \rightarrow (C_6H_{10}O_5)_x \rightarrow C_{12}H_{22}O_{11} \rightarrow C_6H_{12}O_6$

淀粉　　　　糊精　　　　麦芽糖　　　葡萄糖

H^+ 对作用点无选择性，α-1，4 糖苷键和 α-1，6 糖苷键均被切断。

2. 葡萄糖的复合反应和分解反应

在水解过程中，由于受到酸和热的作用，一部分葡萄糖会发生复合反应和分解反应，如图 3-4 所示。

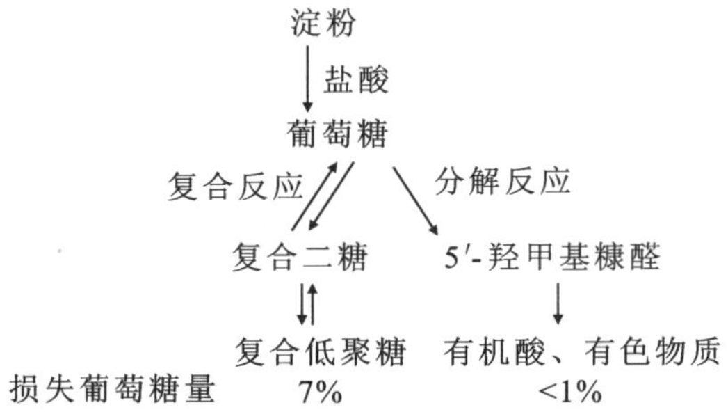

图 3-4　葡萄糖发生的复合反应和分解反应

不利影响：

复合反应是指葡萄糖分子间经 α-1，6 糖苷键结合成龙胆二糖(有苦味)、异麦芽糖和其他低聚糖(复合低聚糖)。生成的多数复合糖不能被微生物利用,使发酵结束时残糖含量高。

分解反应生成的5′-羟甲基糠醛是产生色素的根源,增加了糖化液精制脱色的困难。

复合反应和分解反应降低了葡萄糖的收率,给产物的提取和糖化液的精制带来困难,一般要求从淀粉乳浓度、酸浓度、温度方面来控制复合反应和分解反应的发生。

(二)酶解法

在这种方法中,由于淀粉酶很难进入老化淀粉的结晶区起作用,因此必须采取相应的措施控制糊化淀粉的老化。

1. 液化程度的控制

液化的目的是为了给糖化酶的作用创造条件,而糖化酶水解糊精及低聚糖等分子时,需先与底物分子生成络合结构,然后发生水解作用,这就要求被作用的底物分子有一定的大小范围,才有利于糖化酶生成这种结构,底物分子过大或过小都会妨碍酶的结合和水解速度。

根据生产经验,*DE*值在20%~30%之间为好,液化终点可通过碘液判断,此时呈棕色。液化到终点后,为了避免液化酶对糖化酶的影响,需对液化液进行灭酶处理。可升温到100℃,保持10min,然后降温,供糖化使用。

2. 糖化

糖化酶从非还原性末端水解α-1,4糖苷键和α-1,6糖苷键。这一过程的终点是由*DE*值来确定的,当*DE*值达最高时(*DE*值不再上升时),停止酶反应(加热至80℃,20min灭酶)。否则*DE*值将由于葡萄糖经α-1,6糖苷键起复合反应而降低。糖化的温度(50~60℃)和pH值(4.0~5.0)取决于所用糖化剂的性质。

(三)酸酶结合水解法

1. 酸酶水解法

先将淀粉酸水解成糊精和低聚糖,再用糖化酶将其水解为葡萄糖。

适用于淀粉颗粒坚硬(如玉米、小麦)的原料。若用α-淀粉酶液化,时间短,反应往往不彻底。

2. 酶酸水解法

先用α-淀粉酶液化,再用酸水解。

适用于颗粒大小不一(如碎米淀粉)的淀粉原料。若用酸解法,则水解不均匀,或者小的水解,大的未水解;或者大的水解,出糖率低,时间长,小的则发生复合反应。

四、淀粉水解糖的制备工艺

(一)酸法工艺

酸法工艺是以酸作为水解淀粉的催化剂。淀粉是由多个葡萄糖分子缩合而成的碳水化合物,酸水解时,随着淀粉分子中糖苷键的断裂,逐渐生成葡萄糖、麦芽糖和各种相对分子质量较低的葡萄糖多聚物。该工艺操作简单,糖化速度快,生产周期短,设备投资小。

1. 工艺流程

淀粉⟶调浆⟶糖化⟶中和⟶第一次脱色过滤⟶离子交换⟶第一次浓缩⟶第二次脱色过滤⟶第二次浓缩⟶成品。

2. 操作要点

(1)淀粉原料要求　常用纯度较高的玉米淀粉,次之选用马铃薯淀粉和甘薯淀粉。

(2)调浆　在调浆罐中，先加部分水，在搅拌情况下加入粉碎的干淀粉或湿淀粉，投料完毕，继续加入80℃左右的水，使淀粉乳浓度达到22～24°Bé(生产葡萄糖淀粉乳浓度为12～14°Bé)，然后加入盐酸或硫酸调pH值为1.8。调浆需用软水，以免产生较多的磷酸盐使糖液混浊。

(3)糖化　调好的淀粉乳，用耐酸泵送入耐酸加压糖化罐。边进料边开蒸汽，进料完毕后，升压至$(2.7\sim2.8)\times10^4$ Pa(温度142～144℃)。在升压过程中每升压0.98×10^4 Pa，开排气阀约0.5min，排出冷空气，待排出白烟时关闭，并借此使糖化醪翻腾，受热均匀。待升压至要求压力时保持3～5min后，及时取样测定其*DE*值，达38%～40%时，糖化终止。

(4)中和　糖化结束后，打开糖化罐将糖化液引入中和桶进行中和。用盐酸水解者，用10%碳酸钠中和；用硫酸水解者，用碳酸钙中和。前者生成的氯化钙，溶存于糖液中，但数量不多，影响不大；后者生成的硫酸钙可于过滤时除去。

糖化液中和的目的，并非中和到真正的中和点(pH值为7)，而是中和大部分盐酸或硫酸，调节pH值到蛋白质的凝固点，使蛋白质凝固过滤除去，保持糖液清晰。糖液中的蛋白质凝固时pH值最好为4.75，因此，一般中和pH值至4.6～4.8为中和终点。中和时，加入0.1%干物质量的硅藻土为澄清剂，硅藻土分散于水溶液中带负电荷，而酸性介质中的蛋白质带正电荷，因此澄清效果很好。

(5)第一次脱色过滤　中和糖液冷却到70～75℃，调pH值至4.5，加入0.25%干物质量的粉末活性炭，边加边搅拌约5min，压入板框式压滤机或卧式密闭圆桶形过滤机过滤出清糖滤液。

(6)离子交换　将第一次脱色滤出的清糖液，通过阳→阴→阳→阴4个离子交换柱进行脱盐提纯。

(7)第一次浓缩　将提纯糖液调pH值至3.8～4.2，用泵送入蒸发罐保持真空度66.661Pa以上，加热，蒸汽压力不超过0.98×10^4 Pa，浓缩到28～31°Bé，出料，进行第二次脱色过滤。

(8)第二次脱色过滤　第二次脱色过滤与第一次相同。第二次脱色糖浆必须反复回流过滤至无活性炭微粒为止，再调pH值至3.8～4.2。

(9)第二次浓缩　与第一次浓缩相同，只是在浓缩前加入$NaHSO_4$，使糖液中SO_2的含量为0.0015%～0.004%，以起漂白及护色作用。蒸发至36～38°Bé，出料，即为成品。

(二)酸酶法工艺

由于酸法工艺在水解程度上不易控制，现许多工厂采用酸酶法，即酸法液化、酶法糖化。在酸法液化时，控制水解反应，使*DE*值在20%～25%时即停止水解，迅速进行中和，调节pH值至4.5左右，温度为55～60℃后加葡萄糖淀粉酶进行糖化，直至达到所需*DE*值，然后升温、灭酶、脱色、离子交换、浓缩。

(三)双酶法工艺

酸酶法工艺虽能较好地控制糖化液最终的*DE*值，但和酸法工艺一样，仍存在一些缺点，如设备腐蚀严重，使用原料只能局限于淀粉，反应中生成的副产物较多，最终糖浆甜味不纯，因此淀粉糖生产厂家大多改用双酶法生产工艺。其最大的优点是液化、糖化都采用酶法水解，反应条件温和，对设备几乎无腐蚀；可直接采用原粮如大米(碎米)作为原料，有利于降低生产成本，糖液纯度高，得率也高。

1. 生产工艺

淀粉→调浆→液化→糖化→脱色→离子交换→真空浓缩。

2. 操作要点

淀粉乳浓度控制在30%左右(如用米粉浆则控制在25%～30%)，用Na_2CO_3调节pH值至6.2左右，加适量的$CaCl_2$，添加耐高温α-淀粉酶10U/g左右(以干淀粉计，U为活力单位)，调浆均匀后进行喷射液化，温度一般控制在(110±5)℃，液化*DE*值控制在15%～20%，以碘色反应为红棕色、糖液中蛋白质凝聚好、分层明显、液化液过滤性能好为液化终点时的指标。糖化操作较为简单，将液化液冷却至55～60℃后，调节pH值至4.5左右，加入适量糖化酶，一般为25～100U/g(以干淀粉计)，然后进行保温糖化，到所需*DE*值时即可升温灭酶，进入后道净化工序。淀粉糖化液经过滤除去不溶性杂质，得澄清糖液后，仍需再进行脱色和离子交换处理，以进一步除去糖液中的水溶性杂质。脱色一般采用粉末活性炭，控制糖液温度在80℃左右，添加相当于糖液固形物1%的活性炭，搅拌0.5h，用压滤机过滤，脱色后糖液冷却至40～50℃，进入离子交换柱，用阳、阴离子交换树脂进行精制，除去糖液中各种残留的杂质离子、蛋白质、氨基酸等，使糖液纯度进一步提高。精制的糖化液真空浓缩至固形物占73%～80%，即可作为成品。

五、淀粉水解糖的质量要求

淀粉水解糖液是生产菌的主要碳源，而且也是合成发酵产物的原料。它的质量好坏直接影响到发酵，关系到生产菌产率的高低。一般条件下应做到现用现制备，以保证水解糖液的新鲜、纯净。如果必须暂时贮存备用，糖液贮桶一定要保持清洁，防止酵母菌等浸入滋生。一旦侵入杂菌，便可利用糖产酸、产气、产酒精，使pH值降低，糖液含量减少。有的工厂在贮桶内设置加热管加热，使水解糖液保持50～60℃的恒温，可以有效地防止酵母菌等的滋生。

水解糖液的质量指标包括色泽：浅黄、杏黄色，透明液；糊精反应：无；还原糖含量：18%左右；*DE*值：90%以上；透光率：60%以上；pH值：4.6～4.8。

淀粉水解糖质量对发酵的影响：

(1)若淀粉水解不完全，有糊精存在，不仅造成浪费，而且产生大量泡沫，影响发酵的正常进行，甚至引起染菌的危险。

(2)若淀粉水解过度，葡萄糖会发生复合反应生成龙胆二糖、异麦芽糖等非发酵性糖；葡萄糖还会发生分解反应生成羟甲基糠醛，并进一步与氨基酸作用生成类黑素。这些物质不仅造成浪费，而且还抑制菌体生长。

(3)若淀粉原料中蛋白质含量多，当糖液中和、过滤时除去不彻底，培养基中含有蛋白质及水解产物时，会使发酵液产生大量泡沫，造成逃液和染菌。

淀粉原料不同，水解工艺条件不同，水解糖液中含生物素量不同，会影响发酵过程中对生物素量的控制。

项目小结

微生物培养基是指由人工方法配合而成的，专供微生物培养、分离、鉴别、研究和保存用的混合营养物制品。

淀粉水解糖的制备方法主要有酸解法、酶解法和酸酶结合水解法三种。

酸法工艺是以酸作为水解淀粉的催化剂。淀粉是由多个葡萄糖分子缩合而成的碳水化合物，酸水解时，随着淀粉分子中糖苷键的断裂，逐渐生成葡萄糖、麦芽糖和各种相对分子质量较低的葡萄糖多聚物。

酸酶法工艺即酸法液化、酶法糖化。在酸法液化时，控制水解反应，使 *DE* 值在 20%～25%时即停止水解，迅速进行中和，调节 pH 值至 4.5 左右，温度为 55～60℃后加葡萄糖淀粉酶进行糖化，直至得到所需 *DE* 值，然后升温、灭酶、脱色、离子交换、浓缩。

双酶法工艺最大的优点是液化、糖化都采用酶法水解，反应条件温和，对设备几乎无腐蚀；可直接采用原粮如大米(碎米)作为原料，有利于降低生产成本，糖液纯度高，得率也高。

淀粉水解过程存在三种主要反应：一是水解葡萄糖；二是水解成葡萄糖后重新复合成异麦芽糖等复合糖；三是葡萄糖分解生成 5′-羟甲基糠醛等色素物质。

问题探究

1. 食品发酵培养基的主要成分有哪些？其中的生长因子、前体和产物促进剂的主要作用是什么？
2. 培养基配制的主要原则有哪些？
3. 培养基制备主要有哪些步骤？
4. 什么是淀粉水解制糖？淀粉水解制糖的主要意义有哪些？
5. 淀粉水解制糖的主要方法有哪几种？分别如何控制？
6. 淀粉水解制糖过程中，什么是 *DE* 值？什么是淀粉的老化？
7. 酸法水解淀粉的主要工艺有哪些？
8. 双酶法水解淀粉的主要工艺有哪些？这种方法有哪些操作要点，又有哪些优点？

实训一 麦芽汁的制备及糖度检测

一、实训目的

学习麦芽汁的制备流程，为啤酒发酵准备原料；学习用糖锤度计测定糖度的方法。

二、实训原理

麦芽汁的制备包括原料糖化、麦醪过滤和麦芽汁煮沸等几个步骤。糖化一般分阶段进行，先将糖化醪调至 35℃，使麦芽中的酶最大限度地溶出。在麦芽酶类中，α-淀粉酶和 β-淀粉酶是两种关键的酶，它们的最适 pH 值均在 5.6 左右。α-淀粉酶的最适作用温度为 70℃左右，50℃以下活性很弱，至 80℃时失活；β-淀粉酶的最适作用温度为 60～65℃。

糖化结束后，意味着麦芽汁已经形成。为了获得清亮的麦芽汁和较高的麦芽汁得率，应采用过滤方法尽快将麦芽汁与麦糟分离。该工序阶段分为过滤和洗糟两个操作单元。要求过滤速度正常，洗糟后残糟含糖量适当，麦芽汁吸氧量低，色香味正常。

过滤后的麦芽汁需进行煮沸并添加酒花。

麦芽汁煮沸要求适当的煮沸强度，分批添加酒花，在预定时间内，使麦芽汁达到规定浓度，并保持明显的酒花香味和柔和的酒花苦味，以保证成品啤酒有光泽、风味好、稳定性高。

为了调整啤酒酿制时的原麦芽汁浓度，控制发酵的进程，常常在麦芽汁制造后、啤酒发酵过程中用简易的糖锤度计法测定麦芽汁的浓度。糖锤度计实际上是一种简易密度计，主要是测定麦芽汁及啤酒中所含的浸出物含量，浸出物越多，密度也越大。

三、实训器材与试剂

在糖化车间一般有四种设备，即糊化锅、糖化锅、麦芽汁过滤槽和麦芽汁煮沸锅，本实训由于受条件限制，只能采用单式设备，即将糖化锅和麦芽汁煮沸锅合二为一，以浸出糖化法用全麦芽来制作麦芽汁。

本实训需要用到的器材主要有：电炉，恒温水浴锅，烧杯，布氏漏斗，天平，量筒，玻璃棒，温度计，滤棉和纱布，粉碎机，点滴板，滴管，糖锤度计。

四、实训步骤

（一）麦芽汁制备

1. 麦芽用量的计算

糖化用水量的计算公式为：

$$W=A(100-B)/B$$

式中 B——过滤开始时的麦芽汁浓度（第一麦芽汁浓度）；

A——100kg 原料中含有的可溶性物质（浸出物质量百分比）；

W——100kg 原料（麦芽粉）所需的糖化用水量（L）。

例：要制备 60L 10°P 的麦芽汁，如果麦芽的浸出物为 75%，请问需要加入多少麦芽粉？

因为 $W=75(100-10)/10=675$(L)，即 100kg 原料需 675L 水，则要制备 60L 10°P 的麦芽汁，大约需要添加 10kg 麦芽粉和 60L 左右的水（不计麦芽溶出后增加的体积）。

2. 麦芽粉碎

称取 100g 麦芽，用谷物粉碎机粉碎，注意调节粉碎颗粒度，使粗细粉比例控制在 1∶2.5，同时使麦皮破而不碎。必要时可稍稍回潮后再粉碎。

3. 糖化

糖化是利用麦芽中所含的酶，将麦芽和辅助原料中的不溶性高分子物质，逐步分解为可溶性低分子物质的过程。制成的浸出物溶液就是麦芽汁。

本实训采用浸出糖化法。在糖化锅内加入约 675mL 纯净水，开启搅拌机，将粉碎后的麦芽粉缓慢倒入糖化锅内，让麦芽粉分散均匀。然后按下述流程糖化：

35～37℃，保温 30min→50～52℃，保温 60min→65℃，保温 30min（碘液反应完全）→76～78℃送入过滤槽。

4. 麦芽汁过滤

麦芽汁过滤即将糖化醪中的浸出物与不溶性麦糟分开，以得到澄清麦芽汁的过程。由于过滤槽底部是筛板，要借助麦糟形成过滤层来达到过滤的目的，因此前 30min 的滤出物应返回重滤。头道麦芽汁滤完后，应用适量 76～78℃热水洗糟，得到洗涤麦芽汁。

麦芽汁在过滤过程中，由于麦糟层中空隙的堵塞，过滤速度会越来越慢，此时可适当搅动上层麦糟，但必须注意，不能破坏下层麦糟，否则，流出的麦芽汁会变得浑浊不清。

5. 麦芽汁煮沸

麦芽汁煮沸是将过滤后的麦芽汁加热煮沸以稳定麦芽汁成分的过程。此过程中可加入酒花（每 60L 麦芽汁中添加约 80g）。

让过滤后的澄清麦芽汁流入煮沸锅，夹套通蒸汽加热至沸腾，分 2～3 次加入酒花，煮沸时间一般维持在 1.5～2h，蒸发量达 15%～20%（蒸发时尽量开口，煮沸结束时，为了防止空气中的杂菌进入，最好密闭）。

6. 回旋沉淀、麦芽汁冷却、充氧。

（二）糖度的测定

糖锤度计即糖度表，又称勃力克斯密度计。它的刻度称为勃力克斯度（°Bx），是用纯蔗糖溶液的质量分数来表示的，规定在 20℃时使用。勃力克斯度与密度的关系举例：

密度：	1.00250	1.01745	1.03985
勃力克斯度：	0.641	4.439	9.956

柏拉图度（°P）是一种与°Bx 相同的表示密度的刻度，也以在 20℃时纯蔗糖溶液的质量分数来表示。国家标准规定原麦芽汁浓度用柏拉图度表示，指 100g 麦芽汁中含有浸出物的克数。

巴林密度计：其刻度的含义与勃力克斯度相同，但规定在 17.5℃使用，而不是在 20℃使用。

取 100mL 麦芽汁或除气啤酒，放于 100mL 量筒中，放入糖锤度计，待稳定后，从糖锤度计与麦芽汁液面的交界处读出糖度，同时测定麦芽汁温度，根据校准值，计算 20℃时的麦芽汁糖度。若糖度较低，糖锤度计不能浮起来，可多加一些麦芽汁，直至糖锤度计浮在液体中。糖锤度计测得的糖度与液体的密度有关，而与量筒中所加液体的体积无关。

（三）注意事项

1. 若加热、煮沸过程中将蒸汽直接通入麦芽汁中，则由于蒸汽的冷凝，麦芽汁量会增加，因此应用夹套加热的方法。

2. 麦芽汁煮沸后的各项操作应尽可能无菌，特别是各管道及薄板冷却器应先进行杀菌处理。

3. 糖锤度计易碎，使用时要格外小心。

4. 注意区分勃力克斯密度计与波美密度计，不要搞错。对糖类来说，1 波美度（°Bé）相当于 1.8°Bx。

五、思考与练习

1. 麦芽粉碎程度会对过滤产生怎样的影响？
2. 比较勃力克斯度（°Bx）与柏拉图度（°P）的异同。
3. 查阅资料，比较勃力克斯密度计与波美密度计的异同。

六、实训报告

根据麦芽汁的制备流程，完成麦芽汁的制备，并测定其糖度。完成实训报告。

实训二 淀粉酶解糖液的制备

一、实训目的

通过实训，采用一定的工艺和方法，能够对淀粉进行适当酶解，使淀粉分解成一些能被微生物直接利用的原料。

二、实训原理

发酵生产中，部分产生菌不能直接利用淀粉，也基本上不能利用糊精作为碳源。因此，当以淀粉作为原料时，必须先将淀粉水解成葡萄糖才能供发酵使用。在工业生产上将淀粉水解为葡萄的过程称为淀粉的“糖化”，所制得的糖液称为淀粉水解糖。可用来制备淀粉水解糖的原料很多，主要有山芋、玉米、小麦等含淀粉原料。

将淀粉水解为葡萄糖的方法有三种，即酸解法、酶解法及双酶法。本实验采用双酶法。首先利用α-淀粉酶将淀粉液化，转化为糊精及低聚糖，使淀粉可溶性增加；接着利用糖化酶将糊精及低聚糖进一步水解，转变为葡萄糖。

水解糖液的质量标准：

色泽：浅黄、杏黄色，透明液；糊精反应：无；*DE* 值：90%以上；还原糖含量：18%左右；透光率：60%以上；pH 值：4.6～4.8。

三、实训器材与试剂

大米粉、α-淀粉酶（2000U/g）、糖化酶（50000U/g）、碘液（11g 碘，加 22g 碘化钾，用蒸馏水定容至 500mL）。

恒温水浴槽、真空泵、抽滤瓶及布氏漏斗、比色板。

四、实训步骤

1. 液化

称取 30g 大米粉于三角瓶中，加水至 100mL，用纯碱调节 pH 值到 6.2～6.4，再加入适量的氯化钙，使钙离子浓度达到 0.01mol/L，并加入一定量的液化酶（控制 5～8U/g 淀粉），搅拌均匀后加热至 85～90℃，保温 10min 左右，用碘液检验，达到所需的液化程度后升温到 100℃，灭酶 5～10min。

2. 碘液检验

在洁净的比色板上滴入 1～2 滴碘液，再滴加 1～2 滴待检的液化液，若反应液呈橙黄色或棕红色即液化完全。

3. 糖化

将上述液化液冷却至 60℃，用 10%柠檬酸调节 pH 值至 4.0～4.5，按 100U/g 淀粉的量加入糖化酶，并于 55～60℃保温糖化至糖化完全。糖化结束后升温至 100℃，灭酶 5min。

4. 糖化终点的判断

在 150mm×15mm 试管中加入 10～15mL 无水乙醇，加糖化液 1～2 滴，摇匀后若无白色沉淀形成表明已达到糖化终点。

5. 过滤

将糖化液趁热用布氏漏斗（接真空泵）进行抽滤，所得滤液即为水解糖液。

五、思考与练习

1. 如何确定酶解淀粉的液化是否完全？

2. 实验中使用的α-淀粉酶和糖化酶的添加量对水解有什么影响？酶的活力单位有哪些？有什么意义？

六、实训报告

1. 试述液化时添加氯化钙的作用。

2. 用糖量仪或采用斐林热滴定法测定水解液中糖的浓度，并计算该法水解淀粉产生葡萄糖的得率。

3. 完成实训报告。

项目四　发酵灭菌

知识目标

1. 知道发酵食品行业常用的灭菌原理和方法。
2. 知道无菌空气的质量要求。
3. 能陈述培养基灭菌的常用方法。
4. 能陈述影响培养基灭菌的主要因素。
5. 能陈述空气的除菌原理、流程和常用的方法。
6. 能陈述提高过滤除菌效率的措施。

技能目标

1. 能够按照培养基灭菌工艺进行操作和控制。
2. 能根据生产工艺需求选择合理的空气净化设备。
3. 能够正确判定空气净化过程中的过滤级数，正确选择过滤介质。
4. 能够认识发酵罐中的主要部件，了解它们的作用，进行实罐灭菌。

思政目标

通过介绍典型发酵企业中污染杂菌导致重大损失的案例，联系实验室微生物安全及2003年的SAILS和2019年的COVID-19对全球经济和社会所造成的严重影响，引导学生树立生物安全意识和无菌意识。

背景资料

灭菌指利用物理和化学的方法杀灭或除去物料及设备中一切生命物质的过程。而消毒是指用物理或化学的方法杀死物料、容器、器具内外的病原微生物，一般只能杀死营养细胞而不能杀死芽孢。消毒不一定能达到灭菌的要求，而灭菌则可以达到消毒的目的。在发酵工业生产中，为了保证纯种培养，在生产菌种接种培养之前，要对培养基、空气系统、消泡剂、添加物料、设备、管道等进行灭菌，还要对生产环境进行消毒，防止杂菌和噬菌体的大量繁殖。只有不受杂菌污染，发酵过程才能正常进行。

一、灭菌的原理和方法

(一)微生物的热阻

每一种微生物都有一定的最适生长温度范围，当温度超过最高限度时，微生物细胞中的原生质体和酶的基本成分——蛋白质发生不可逆的变化，即凝固变性，使微生物在很短的时间内死亡。湿热灭菌就是根据微生物的这种特性进行的。

一般无芽孢细菌，在60℃下经过10min即可全部杀灭。而芽孢细菌的芽孢能经受较高的温度，在100℃下要经过数分钟至数小时才能杀死。某些嗜热菌能在120℃温度下，耐受

20～30min，但这种菌在培养基中出现的机会不多。一般地讲，灭菌的彻底与否以能否杀死芽孢细菌为标准。

杀死微生物的极限温度称为致死温度。在致死温度下，杀死全部微生物所需的时间称为致死时间。在致死温度以上，温度愈高，致死时间愈短。由于一般细菌、芽孢细菌、微生物细胞和微生物孢子对热的抵抗力不同，因此，它们的致死温度和致死时间也有差别。微生物对热的抵抗力常用“热阻”表示。热阻是指微生物在某一特定条件（主要是温度和加热方式）下的致死时间。相对热阻是指某一微生物在某条件下的致死时间与另一微生物在相同条件下的致死时间的比值。表 4-1 的实验数据证明，相同条件下细菌芽孢对湿热的抵抗力约是酵母的 3000000 倍。

表 4-1　各种微生物对湿热的相对热阻

微生物	相对热阻
营养细胞和酵母	1.0
细菌芽孢	3×10^{6}
霉菌孢子	2～10
病毒和噬菌体	1～5

（二）灭菌的方法

常用的灭菌方法有干热灭菌法，火焰灭菌法，电磁波、射线灭菌法，湿热灭菌法，化学药剂灭菌法及过滤除菌法。应根据灭菌对象和要求的不同选用不同的方法。

1. 干热灭菌法

进行干热灭菌时，微生物细胞发生氧化，微生物体内蛋白质变性和电解质浓缩引起中毒等作用，其中氧化作用导致微生物死亡是主要致死原因。由于微生物对干热的耐受力比对湿热强得多，故干热灭菌所需的温度要高，时间要长，一般为 160～170℃，1～1.5h。实际应用时，对一些要求保持干燥的实验器具和材料可以采用干热灭菌法。

2. 火焰灭菌法

利用火焰直接杀死微生物的灭菌法称为火焰灭菌法。该法操作简单，灭菌彻底，但使用范围有限，仅适用于接种针、玻璃棒、三角瓶口等的灭菌。

3. 电磁波、射线灭菌法

此方法主要是利用电磁波、紫外线、X 射线、γ 射线或放射性物质产生的高能粒子进行灭菌，以紫外线最常用。紫外线对芽孢和营养细胞都能起灭菌作用，但细菌芽孢和霉菌孢子对紫外线的抵抗力强。紫外线的穿透力低，仅适用于表面灭菌和无菌室、培养间等空间的灭菌，且距照射物不能超过 1.2m；对固体物料灭菌不彻底，也不能用于液体物料的灭菌。波长在 250～270nm 之间的射线的灭菌效率高，以波长在 260nm 左右的射线的灭菌效率最高。除紫外线外也可利用 X 射线和 γ 射线进行灭菌。

4. 湿热灭菌法

利用饱和蒸汽进行灭菌的方法称为湿热灭菌法。其原理是借助于蒸汽释放的热能使微生物细胞中的蛋白质、酶和核酸分子内部的化学键，特别是氢键受到破坏，引起不可逆的变性，使微生物死亡。从灭菌的效果来看，由于蒸汽有很强的穿透能力，湿热灭菌对耐热芽孢杆菌来说，温度升高 10℃时，灭菌速度常数可增加 8～10 倍，对营养细胞来说这一常数更高。同时，蒸汽来源方便，价格低廉，灭菌效果可靠，是目前最为常用的灭菌方法。一般的湿热灭菌条件为121℃,30min。

5. 化学药剂灭菌法

某些化学药剂能与微生物发生反应而具有杀菌的作用。化学药剂适于生产车间环境的灭菌以及接种操作前小型器具的灭菌等。根据灭菌对象的不同,化学药品的灭菌使用方法有浸泡、添加、擦拭、喷洒、气态熏蒸等。下面介绍常用的化学灭菌药剂。

(1)高锰酸钾　高锰酸钾溶液的灭菌原理是使蛋白质、氨基酸氧化,使微生物死亡,一般用0.1%～0.25%的溶液。

(2)漂白粉　漂白粉的化学名称是次氯酸钠($NaClO$),它是强氧化剂,也是廉价易得的灭菌剂。它的杀菌原理是次氯酸钠分解为次亚氯酸,后者不稳定,在水溶液中分解为新生态氧和氯,使细菌受强烈氧化作用而导致死亡,对杀死细菌和噬菌体均有效。漂白粉是发酵工业生产环境最常用的化学杀菌剂。但应注意,并非所有噬菌体都对漂白粉敏感,因此应该轮流用药。

(3)75%酒精溶液　75%酒精溶液的杀菌原理在于使细胞脱水,引起蛋白质凝固变性。对营养细胞、病毒、霉菌孢子均有灭杀作用,但对细菌的芽孢灭杀作用较差。常用于皮肤和器具表面杀菌。

(4)新洁尔灭　新洁尔灭是表面活性剂类洁净消毒剂。它在水溶液中以阳离子形式与菌体表面结合,引起菌体外膜损伤和蛋白质变性。10min能杀死营养细胞,但对细菌芽孢几乎没有杀灭作用。一般用于器具和生产环境的消毒,不能与合成洗涤剂合用,不能接触铝制品。一般使用0.25%的溶液。

(5)甲醛　甲醛($HCHO$)是强还原剂,它能与蛋白质的氨基结合,使蛋白质变性,对氨基和蛋白质的变性有较强活性,这是用甲醛作为灭菌剂的根据。使用时可以以2份37%甲醛溶液与1份高锰酸钾溶液混合,或者将37%甲醛溶液直接加热,产生气态甲醛用于灭菌。甲醛灭菌的缺点是穿透力差。

(6)过氧乙酸　过氧乙酸是强氧化剂,它是广谱、高效、速效的化学杀菌剂,对营养细胞、细菌芽孢、真菌孢子和病毒都有杀灭作用。一般使用0.02%～0.2%的溶液。

(7)戊二醛　戊二醛是近几十年来广泛使用的一种广谱、高效、速效的杀菌剂,其使用范围将逐渐扩大。在酸性条件下,不具有杀死芽孢的能力,只有在碱性条件下(加入碳酸氢钠或碳酸钠),才具有杀死芽孢的能力。常用2%的溶液。一般用于器具、仪器和工具等的灭菌。

6. 过滤除菌法

利用过滤方法阻留微生物,也可达到除菌的目的,这就是过滤除菌法。此法仅适用于澄清液体和气体的除菌。工业上常用过滤法大量制备无菌空气,供好氧微生物培养过程使用。

二、发酵设备简介

发酵罐指工业上用于培养微生物或细胞的封闭容器或生物反应装置。其主体一般为用不锈钢板制成的柱式圆筒,结构严密,其容积为1～100m^3。能耐受蒸汽灭菌,有一定操作弹性,内部附件尽量减少(避免出现死角),物料与能量传递性能强,并可进行一定调节以便于清洗、减少污染,适合于多种产品的生产以及减少能量消耗。

发酵罐按使用范围可分为生物发酵罐、啤酒发酵罐、葡萄酒发酵罐等。

发酵罐按照微生物的生长代谢需要可分为厌气型发酵罐和好气型发酵罐。这些设备多采用内循环方式，用搅拌浆分散和打碎气泡，溶氧速率高，混合效果好。罐体采用 SUS304 或 316L 进口不锈钢，罐内配有自动喷淋清洗机头，确保生产过程符合 GMP 要求。用于厌气发酵（如生产酒精、溶剂）的发酵罐结构可以较简单。用于好气发酵（如生产抗生素、氨基酸、有机酸、维生素等）的发酵罐因需要向罐中连续通入大量无菌空气，并需要考虑通入空气的利用率，故发酵罐结构较为复杂，常用的有机械搅拌式发酵罐、鼓泡式发酵罐、气升式发酵罐和自吸式发酵罐。

发酵罐按照发酵罐通风方式可分为机械搅拌通风发酵罐和非机械搅拌通风发酵罐。

任务一　培养基和发酵设备的灭菌

一、培养基灭菌条件的选择

工程上的灭菌是指用物理或化学因子杀灭有生活能力的细菌营养体和芽孢或孢子，在工业中一般统称为杀菌或灭菌。灭菌的目的是为了进行纯种发酵。

（一）培养基灭菌的原理

培养基一般用高压蒸汽进行灭菌。高压蒸汽灭菌是将待灭菌的物品放在一个密闭的加压灭菌锅内，通过加热，使灭菌锅隔套间的水沸腾而产生蒸汽。待水蒸气急剧地将锅内的冷空气从排气阀中驱尽，然后关闭排气阀，继续加热，此时由于蒸汽不能溢出，而增加了灭菌器内的压力，从而使沸点增高，使得灭菌器内的温度高于 100℃，导致菌体蛋白质凝固变性而达到灭菌的目的。高压蒸汽灭菌适用于一般培养基、玻璃器皿、无菌水、金属用具的灭菌。

（二）培养基灭菌的条件

培养基灭菌通常用湿热灭菌法，要求的灭菌条件为：压力 0.11MPa，121℃状态下保持 20min。在微生物实验室内，有些含糖培养基亦用 115℃下 30min 灭菌，因为在更高温度下糖会分解。121～126℃的温度范围常用于医疗卫生和防疫工作中的灭菌。具体用 115℃还是 121℃灭菌，应依据购买的培养基的标签决定，其上标有使用的灭菌条件。

培养基灭菌也可采用干热灭菌法。干热灭菌是利用高温使微生物细胞内的蛋白质凝固变性而达到灭菌的目的。细胞内的蛋白质凝固性与其本身的含水量有关，在菌体受热时，环境和细胞内的含水量越大，蛋白质凝固就越快，反之含水量越小，凝固越慢。因此，与湿热灭菌相比，干热灭菌所需的温度高（160～170℃），时间长（1～2h）。但干热灭菌温度不能超过 180℃，否则，包器皿的纸或棉塞就会烤焦，甚至引起燃烧，因而塑料制品一般不能用干热灭菌。

（三）培养基的湿热灭菌方法

1. 连续灭菌

连续灭菌也叫连消，其温度一般以 126～132℃为宜，总蒸汽压力要求达到 0.049 MPa 以上。培养基采用连续灭菌时，需在培养基进入发酵罐前，直接用蒸汽进行空罐灭菌（空消），用无菌空气保压，待培养基流入罐后，开始冷却。灭菌时对培养基的加热可采用各种加热器。培养基的冷却方式有喷淋冷却式、真空冷却式、薄板换热器式几种方式，其过程均包括加热、维持和冷却。喷淋冷却的优点是能一次冷却到发酵温度。真空冷却只能冷却到一定温度，需在发酵罐中继续冷却，但它可以节约冷却用水的用量，设备的占地面积也小。薄板换热器效率高，且利用冷培养基作冷却剂，既冷却了热培养基，又预热了冷培养基，节约用水和蒸汽。图 4-1 为连消塔-喷淋冷却连续灭菌流程图。

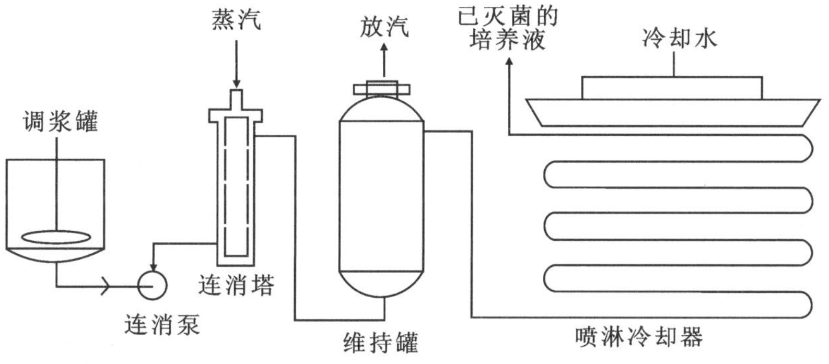

图 4-1　连消塔-喷淋冷却连续灭菌流程

连续灭菌采用连消塔时，可在 20～30s 达到预定灭菌温度，由维持罐来保持必需的杀菌时间。采用喷射杀菌设备，蒸汽直接喷入生培养液，温度几乎立即上升到预定杀菌温度，由保温段管子的长度来保证必要的杀菌时间。采用板式换热器，可在 20s 内达到杀菌温度，经保温保持必要的杀菌时间，然后在板式热交换器另一段 20s 内冷却到发酵温度。

2. 间歇灭菌

间歇灭菌即实消，是指在每批培养基全部流入发酵罐后，在罐内通入蒸汽加热至灭菌温度，维持一定时间，再冷却到接种温度。实罐灭菌时，发酵罐与培养基一起灭菌。其他灭菌设备一般采用蒸汽灭菌，如设备十分耐压，则可采用较高的温度，但必须注意设备内部的凹处及露出的小配管等蒸汽不能到达的部位。有些设备也可采用 SO_2 熏蒸灭菌，如葡萄酒发酵池、罐等。

3. 固体培养基灭菌

固体培养基也和液体培养基一样，要先蒸煮灭菌，但固体培养基呈粒状、片状或粉状，流动性差，不易翻动，吸水、加热易成团，冷却困难。针对这些特点设计的转鼓式灭菌机常用于酒厂、酱油厂。

(四)培养基灭菌温度的选择

在培养基灭菌的过程中，除微生物被杀死外，还伴随着营养成分的破坏。在热灭菌的过程中，同时发生微生物死亡和培养基成分破坏两个过程。温度均能加速其过程进行的速度，当温度升高时，微生物死亡的速率更快。因此，可以采用较高的温度，较短的灭菌时间，以减少培养基营养成分的破坏，这就是通常所说的“高温瞬时灭菌法”。

(五)发酵设备、管道灭菌的条件

1. 杀菌锅内灭菌

固体培养基灭菌的蒸汽压力为 0.098MPa，维持 20～30min；液体培养基灭菌的蒸汽压力为 0.098MPa，维持 15～20min；玻璃器皿及用具灭菌的蒸汽压力为 0.098MPa，维持 30～60min。

2. 种子罐、发酵罐、计量罐、补料罐等的空罐灭菌及管道灭菌

从有关管道通入蒸汽，使罐内蒸汽压力达 0.147MPa，维持 45min，灭菌过程中从阀门、

边阀排出空气，并使蒸汽通过到达死角灭菌。灭菌完毕，关闭蒸汽后，待罐内压力低于空气过滤器压力时，通入无菌空气保持罐压 0.098MPa。

3. 空气总过滤器和分过滤器灭菌

排出过滤器中的空气，从过滤器上部通入蒸汽，并从上、下排气口排气，维持压力 0.174MPa 灭菌 2h。灭菌完毕，通入压缩空气吹干。

4. 种子培养基实罐灭菌

从夹层通入蒸汽，间接加热至 80℃，再从取样管、进风管、接种管进蒸汽，进行直接加热，同时关闭夹层蒸汽进口阀门，升温至 121℃，维持 30min。谷氨酸发酵的种子培养基实罐灭菌为 110℃，维持 10min。

5. 发酵培养基实罐灭菌

从夹层或盘管进入蒸汽，间接加热至 90℃，关闭夹层蒸汽，从取样管、进风管、放料管三路进蒸汽，直接加热至 121℃，维持 30min。如谷氨酸发酵培养基实罐灭菌为 105℃，维持 15min。

6. 发酵培养基连续灭菌

一般培养基为 130℃，维持 5min，如谷氨酸发酵培养基为 115℃，维持 6～8min。

7. 消泡剂灭菌

直接加热至 121℃，维持 30min。

8. 补料实罐灭菌

根据料液不同而异，淀粉料液为 121℃，维持 5min。

9. 尿素溶液灭菌

加热至 105℃，维持 5min。

（六）影响培养基灭菌的因素

影响培养基灭菌的因素除了所污染杂菌的种类、数量、灭菌温度和时间外，培养基的成分，pH 值，培养基中的颗粒、泡沫等对培养基灭菌也有影响。

1. 培养基的成分

培养基的成分与组成也会影响灭菌效果。一般地讲，蛋白质、糖或脂肪存在，则提高抗热性；pH 值在 7 附近，抗热性最强，偏向两极，则抗热能力下降。不同的盐类可能对灭菌产生不同的影响。固体培养基的灭菌时间要比液体培养基长。

2. pH 值

pH 值对微生物的耐热性影响很大。pH 值为 6.0～8.0，微生物最耐热；pH 值小于 6.0，氢离子易渗入微生物细胞内，从而改变细胞的生理反应，促使其死亡。所以培养基的 pH 值愈低，灭菌所需的时间愈短。

3. 微生物的菌种、数量与菌龄

不同的微生物或同种微生物的不同菌龄对高温的敏感性不同。多数微生物的营养体和病毒在 50～65°C 经过 10min 就会被杀死；但各种孢子，特别是芽孢最能抗热，其中抗热性最强的是嗜热脂肪芽孢杆菌，要在 121°C 经过 12min 才能被杀死。微生物的数量多少会影响灭菌的效果，数量越多，抗热时间越长。对同种微生物来讲，幼龄菌比老龄菌对热更敏感。

4. 培养基中的颗粒

培养基中的颗粒小，灭菌容易；颗粒大，灭菌难。一般含有小于 1mm 的颗粒对培养基灭菌的影响不大,但颗粒大时,会影响灭菌效果,应过滤除去。

5. 培养基中的泡沫

培养基中的泡沫对灭菌极为不利,因为泡沫中的空气形成隔热层,使传热困难,热难以穿透过去杀灭微生物。对易产生泡沫的培养基,在灭菌时,可加入少量消泡剂。对有泡沫的培养基进行连续灭菌时更应注意。

(七)灭菌对培养基成分的影响

灭菌时间过长或温度过高会破坏培养基的营养成分,形成沉淀物,改变培养基的 pH 值和降低培养基的浓度等,而时间或温度不够则不能杀死微生物,导致灭菌不彻底。不同培养基的灭菌温度不一定相同,可按温度分批灭菌,具体情况见表 4-2。

表 4-2 不同灭菌条件下培养基营养成分的破坏情况

温度(℃)	灭菌时间(min)	营养成分破坏的程度(%)	温度(℃)	灭菌时间(min)	营养成分破坏的程度(%)
100	400	99.3	130	0.5	8
110	30	67	140	0.08	2
115	15	50	150	0.01	<1
120	4	27			

二、培养基灭菌工艺

(一)间歇灭菌

间歇灭菌又称分批灭菌,是将配制好的培养基同时放在发酵罐或其他装置中,通入蒸汽将培养基和所用设备一起进行加热灭菌的过程,也称实罐灭菌或实消。

间歇灭菌的过程包括升温、保温和冷却三阶段。各阶段对灭菌的贡献分别为 20%、75%、5%。

具体操作步骤为:进水→放进培养基→盖紧锅盖→关上放汽阀→检查安全阀→接上加热源→待压力升至 0.5kg/cm^2 时将锅内的冷空气排出,重复两次,直至冷空气全部排除,关上放气阀→0.11MPa、121℃下灭菌 20min→除热源→逐渐打开放汽阀→锅内空气排除完后开放锅盖→稍冷后取出培养基。

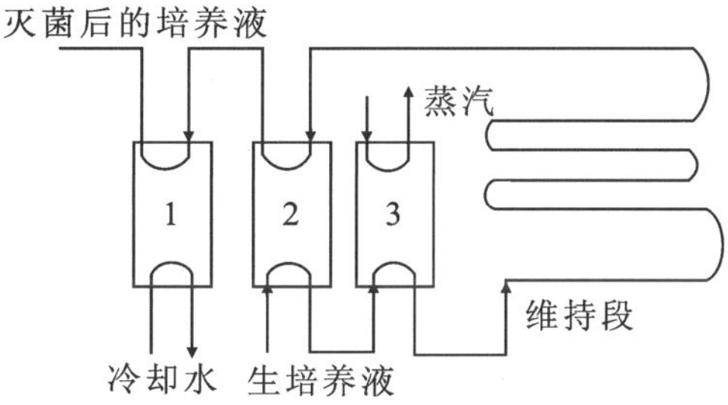

图 4-2 板式换热式连续灭菌流程

1,2,3—薄板换热器

(二)连续灭菌

连续加压灭菌法在发酵行业里也称"连消法"。此法只在大规模的发酵工厂中作培养基灭菌用。主要操作是将培养基在发酵罐外连续不断地进行加热、维持和冷却,然后才进入发酵罐。培养基一般在 135~140℃下处理 5~15s。板式换热式连续灭菌流程如图 4-2 所示。连续灭菌的设备如图 4-3 所示。

一般的连续灭菌的流程为:配料罐→泵→加热塔→维持罐→冷却管→发酵罐。具体操作步骤如下:

(1)配料罐 将配制好的料液预热到 60~70℃,以免连续灭菌时由于料液与蒸汽温度

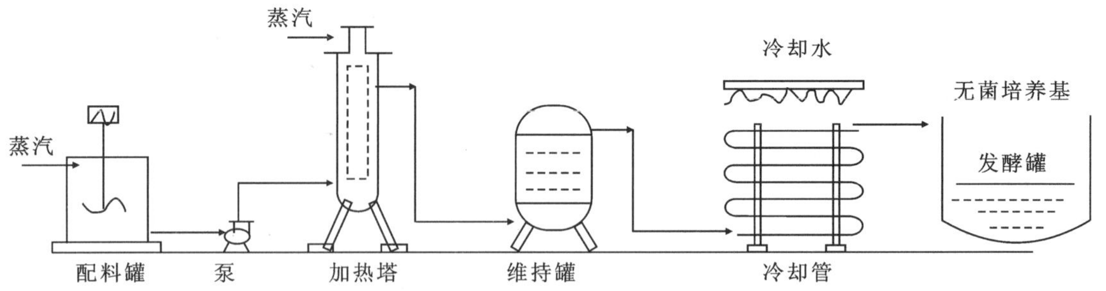

图 4-3　连续灭菌的设备

相差过大而产生水汽撞击声。

(2)加热塔　用高温蒸汽使料液温度很快升高到灭菌温度(126～132℃)。

(3)维持罐　使料液在灭菌温度下保持 5～7min。加热塔加热的时间很短,仅靠这段时间的灭菌是不够的。

(4)冷却管　使料液冷却到 40～50℃后(冷水喷淋),输送到预先灭菌过的罐内。

连续灭菌过程中,可在短时间内加热到保温温度,由于灭菌温度很高(比间歇灭菌温度高),保温时间可相应缩短,有利于减少培养基中的营养损失。

(三)间歇灭菌与连续灭菌的比较

间歇灭菌与连续灭菌的比较见表 4-3。

表 4-3　间歇灭菌与连续灭菌的比较

	优　点	缺　点
连续灭菌	1.高温短时灭菌,培养基营养成分损失少; 2.发酵罐占用时间缩短,利用率高; 3.灭菌质量稳定,提高了热利用率	1.设备复杂,操作麻烦,染菌机会多; 2.不适合含大量固体物料的灭菌
间歇灭菌	1.设备要求低,不需要另外的加热、冷却装置; 2.操作要求低,适合小批量生产规模的灭菌; 3.适合含大量固体物料的灭菌	1.培养基的营养物质损失大,灭菌后培养基的质量下降; 2.发酵罐的利用率较低; 3.不适合大规模生产的灭菌; 4.需反复加热、冷却,能耗较高

当培养基中含有固体颗粒或培养基有较多泡沫时,以采用间歇灭菌为好,因为在这种情况下用连续灭菌容易导致灭菌不彻底。对于容积小的发酵罐,连续灭菌的优点不明显,而采用间歇灭菌比较方便。

任务二　空气净化

空气(即大气)是一种气态物质的混合物,除氧和氮外,还含有惰性气体、二氧化碳和水蒸气等。此外,尚有悬浮在空气中的灰尘,主要由构成地壳的无机物质微粒、烟灰、植物的花粉以及种类繁多的细菌和其他微生物所组成。空气中常见的微生物大致有金黄色小球菌、产气杆菌等。

在工业微生物培养过程中,特别是在种子移植、扩大培养过程中以及发酵前期,杂菌一旦侵入生产系统，就会在短期内与生产菌争夺养料，严重影响生产菌的正常生长和发酵作用，以致造成发酵异常。所以在整个发酵过程中必须牢固树立无菌观念，强调无菌操作。

一、无菌空气的质量要求

好气性发酵需要大量无菌空气，空气要做到绝对无菌在目前的设备条件下是很难的，也是不经济的。发酵对无菌空气的无菌程度要求是：一般只要在发酵过程中不至于因为染菌而造成损失即可，但这不等于说可以放松对空气的无菌要求，应尽可能做到无菌。一般要采用多级空气过滤器，并要加强控制，以保证在发酵过程中不至于因染菌而造成损失。

发酵用的无菌空气，是将自然界的空气经过压缩、冷却、减湿、过滤等过程，达到以下标准：

(1)连续提供一定流量的压缩空气，保持一定的通气比。通气比是指单位时间单位体积培养基中通入标准状况下的空气的体积，一般为 0.1～2.0。

(2)空气的压强为 0.2～0.4MPa。

(3)进入过滤器之前，空气的相对湿度应小于或等于 70%，以防止空气过滤介质受潮。

(4)进入发酵罐的空气温度可比培养基温度高 10～30℃，避免多耗能。

(5)压缩空气的洁净度。设计时，一般按染菌概率为 10^{-3} 来计算洁净度。即在 1000 次培养过程中，只允许 1 次是由于空气灭菌不彻底而造成染菌，致使培养过程失败。也可把 100 级作为无菌空气的洁净指标。100 级指每立方米空气中，最大允许值大于或等于 0.5μm 的尘埃粒子数为 3500，最大允许值大于或等于 5μm 的尘埃粒子数为 0；微生物最大允许数为每立方米 5 个浮游菌、1 个沉降菌。

二、空气的除菌原理和方法

(一)空气的过滤除菌原理

空气的过滤除菌是指使空气通过高温灭菌的介质过滤层，将空气中的微生物等颗粒拦截在介质层中达到除菌的目的。

1. 过滤除菌的种类

(1)绝对过滤　过滤介质的滤孔小于微生物细胞和孢子。菌体大小一般为 0.5～5μm，介质的孔径小于 0.3μm，如聚乙烯醇缩甲醛树脂(PVF)制成的 0.3μm 的微孔滤膜。一般情况下，纤维素、聚四氟乙烯、聚乙烯醇缩甲醛树脂经热处理后可以作为过滤介质，多用于医疗及特种发酵。

(2)深层介质过滤　介质的孔隙一般大于微生物细胞。如用棉花、玻璃纤维和颗粒活性炭填充的过滤器。

2. 深层介质过滤的原理

微粒随气流通过滤层时，由于滤层纤维的层层阻碍，使气流出现无数次改变运动速度和方向的绕流运动，在微粒与滤层纤维间产生惯性冲击、拦截、布朗扩散、重力沉降、静电引力等作用把微粒滞留在纤维表面，实现过滤的目的。目前工厂和实验室大多采用该方法。

3. 空气过滤除菌介质

(1)纤维状或颗粒状过滤介质　①棉花：常用脱脂棉，有弹性，纤维长度适中，填充密度为 130～150kg/cm³。②玻璃纤维：直径小，不易折断，过滤效果好，填充密度为 130～

$280kg/cm^3$。③活性炭：要求质地坚硬，颗粒均匀。常用小圆柱体颗粒活性炭。其对 0.3μm 以下颗粒的过滤效率仅为 99%，需多次过滤。

纤维状或颗粒状过滤介质的缺点为：体积大，装填费时费力，松紧度不易掌握，空气压降大，介质灭菌和吹干需耗用大量蒸汽和空气。

(2)纸类过滤介质　玻璃纤维纸属于深层过滤技术。纤维间空隙为 1～1.5μm，将 3～6 张纸类过滤介质叠在一起使用，过滤效率高，压降小。它对直径在 0.3μm 以上颗粒的过滤效率为 99.99%，而且阻力小，压降较小。

纸类过滤介质的缺点是：强度不大（特别是受潮后）。可在纸浆中加 7%～50%的木浆或进行其他化学处理。

(3)微孔滤膜类过滤介质　通常使用的微孔滤膜类过滤介质的空隙小于 0.5μm。

(二)空气的除菌方法

目前，多数企业在生产时，对动态持续的空气消毒主要采取如下杀菌方式：

1. 紫外线灯照射杀菌

紫外线有很强的杀菌作用。紫外线灯安装简单，使用方便，在食品行业中应用广泛。但由于紫外线灯对人体有害，一般都在静态（无人）的情况下使用。紫外线灯照射杀菌时，瞬间的杀菌效果及对“点”的杀菌效果较好，实际生产时会为细菌二次污染食品提供机会。紫外线灯还有一个弊端，即其有效辐照距离为 1.5m，开启时空气中大部分细菌、病毒只是暂时被击晕（隐藏在 0.6m 以下或辐照距离外），并未完全被杀死；关闭时，待人、物流动后被击晕的细菌、病毒会反弹，使空气浮游菌数量更多。

2. 药物喷洒灭菌

过氧乙酸、二氧化氯、次氯酸钠等对微生物有较强的灭杀作用，成本低廉。以药物喷洒灭菌时，因强烈的气化作用，刺激性很强，只能在静态（无人）的情况下使用。多数出口食品企业不使用药物喷洒方法灭菌，主要原因是极易造成二次污染。此外，化学试剂易在食品中残留，对作业人员的皮肤、神经系统、肠胃及呼吸道也有影响，长期作业人员容易患毒害性职业病。

3. 臭氧杀菌

臭氧对杀灭有害细菌有特效，可以减轻车间内的异味，使用面比较广，其杀菌效果取决于车间湿度及臭氧浓度。臭氧杀菌法应在静态（无人）的状态下使用，对器具、设备有氧化、腐蚀作用。由于臭氧会造成人神经中毒，引发支气管炎和肺气肿等危害，一般不建议使用。

4. 介质过滤除菌

介质过滤除菌法是让含菌空气通过过滤介质，以阻截空气中所含微生物，从而取得无菌空气的方法。通过过滤除菌处理的空气可达到无菌，并有足够的压力和适宜的温度以供好氧培养过程之用，或进入洁净室使用。

(三)提高过滤除菌效率的措施

鉴于目前所采用的过滤介质均需在干燥条件下才能进行除菌，因此需要围绕介质来提高除菌效率。提高过滤除菌效率的主要措施如下：

(1) 设计合理的空气预处理设备，选择合适的空气净化流程，以达到除油、水和杂质的目的。

(2) 设计和安装合理的空气过滤器，选用除菌效率高的过滤介质。

(3) 保证进口空气的清洁度，减少进口空气的含菌数。方法有：加强生产场地的卫生管理，减少生产环境空气中的含菌数；正确选择进风口，压缩空气站应设在上风向；提高进口空气的采气位置，减少菌数和尘埃数（吸气口每升高 3.05m，空气中微生物数就下降一个数量级，吸气口一般距地面 5～10m 为好）；加强空气压缩前的预处理。

(4) 降低进入空气过滤器的空气相对湿度，保证过滤介质能在干燥状态下工作。其方法有：使用无油润滑的空气压缩机；加强空气冷却和去油、去水；提高进入过滤器的空气温度，降低其相对湿度。

三、空气净化流程

目前，空气净化的主要方法是通过介质过滤达到除菌目的。为了保证过滤后的空气达到净化标准，过滤前的空气要进行降温、除水、除油、减湿的预处理（图 4-4）。据文献记载，只有当压缩空气的相对湿度 φ 小于或等于 60%，高效过滤器内的过滤介质保持干燥时，空气通过高效过滤方能达到过滤的期望值。

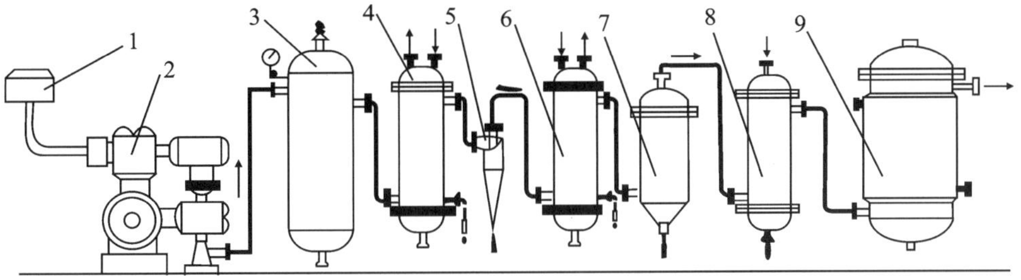

图 4-4　空气除菌流程及设备(两级冷却)

1—粗过滤器；2—空气压缩机；3—空气贮罐；4，6—冷却器；5—旋风分离器；7—丝网分离器；8—加热器；9—空气过滤器

因此，发酵空气净化实际上包括两个部分：一是空气的预处理；二是压缩空气过滤，即选择性能优良的过滤介质和过滤设备对空气进行过滤。怎样使科学合理、经济实用的工艺与完善的工程设计有机地结合，使空气系统在优化条件下运行，是发酵行业工程设计者不懈努力的目标。

(一)空气净化的总流程

发酵生产中制备无菌空气的大致流程如下：

（空气预处理＋空气过滤）

↓

空气→空压机→贮气罐→冷却→除油水→加热→总过滤器→分过滤器→无菌空气。

(二)空气的预处理

空气预处理的过程主要包括空气冷却、油水分离和空气加热三个部分。大气中的空气经过压缩后，接受了大量的机械功，压力越高，空气温度越高，若将 100℃ 以上的压缩空气直接通入空气过滤器，必将导致过滤介质损坏，甚至碳化。同时，高温的空气进入发酵罐会使罐的温度升高，影响微生物的生长繁殖。因此，从压缩机排出的压缩空气必须进行适当冷却。一般要求将压缩机内的空气冷却到露点以下，将空气中所含的水分析出，降低空气中的水含量。压缩空气的露点随当地的气温、气候以及空气的压力不同而不同，工艺要求将压缩空气冷却到25℃以下才是安全和比较适宜的。

整个预处理过程中，能否将空气冷却到露点（25℃）以下，从而使油水分离，以及能否将油水分离后的冷却空气再加热到50～70℃，以保证空气的相对湿度降低到60%以下，成为过程的关键点。其流程为：采风塔→粗过滤器→空气压缩机→空气贮罐→冷却器→旋风分离器→丝网分离器→加热器→空气过滤器。

空气预处理的主要目的，一是为了提高压缩前空气的洁净度，二是为了去除压缩后空气中的油和水，从而提高过滤介质的过滤效率。

提高压缩前空气的洁净度的措施有：

(1)提高空气吸气口的位置。其中，高空取气管一般为远离地面几十米的管子，而且每升高10m，空气中杂菌的数量就降低一个数量级。因此从高空取气要比从低空取气有利得多。

(2)在空气入口处设置粗过滤器（或前置高效过滤器），捕集较大的灰尘颗粒，并保护空压机。

(三)空气净化设备的选择

1. 空气冷却器

冷却空气的热交换器种类很多，常见的有列管式、沉浸式、喷淋式、翅片式等。由于空气的给热系数低，应选用空气侧热传递效率高的设备。目前国内空冷效果最好的是翅片式冷却器，翅片材料为紫铜，传热速率高。

2. 气水分离器

(1)旋风分离器　用于分离直径大于等于10μm的液滴，分离效率为70%～80%。选用时应注意：一是直径不能太大，因为气流沿切线方向运动的离心力与分离器的半径成反比；二是进口气速应控制在15～25m/s，速度过大易形成涡流，而过小又离心力不足，使气水分离效果不好。出口气速一般在4～8m/s左右。

(2)丝网除沫器　目前国内常用的丝网材质为不锈钢和塑料，多用0.1mm×0.4mm的不锈钢丝网。气速取1～3m/s，除1μm以上的雾滴的效率可达95%～99%。丝网通常选用缩径式（小于设备壳径）的，便于安装、检修。

3. 空气加热器

压缩空气降温除水后应加热（温升10～15℃），以降低其相对湿度。常用套管式或列管式加热器加热。加热器在安装时须紧靠总过滤器并加保温措施，避免热损失导致空气相对湿度上升而影响过滤。

(四)过滤介质的选择

压缩空气的过滤是空气净化的核心工序，过滤级数的选择和过滤介质的选择是需要考虑的关键问题。空气过滤的流程为：总过滤器→分过滤器→无菌空气。

过滤介质是过滤除菌的关键，其性能直接影响介质的使用范围、使用量、使用周期，以及过滤过程的动力消耗、操作强度和运行的稳定，同时也影响过滤设备的结构及空气净化技术的经济指标。目前空气过滤介质已逐步由传统的棉花、活性炭向超细玻璃纤维纸、烧结金属、微孔过滤膜等发展。

超细玻璃纤维纸于20年前获得工程应用，现已广泛用作空气过滤介质，其性能远远优于棉花、活性炭及石棉板。对于相同的过滤器外径，过滤纸的过滤面积是棉花的80倍，阻力降只有棉花的1/10,而过滤效率可达99.9999%(0.5μm)和99.999%(0.02μm)。

(五)空气压缩和压缩空气的冷却

(1)空气压缩　克服输送过程中过滤介质的阻力并维持一定的气流速度。一般使用涡轮式和往复式空压机进行压缩。

(2)空气冷却　压缩后空气温度显著上升,需冷却。一般用列管式冷却器进行冷却,也可用翅板式换热器来冷却。

(六)压缩空气的除油、除水

冷却降温后的空气湿度增大,会使过滤介质受潮失效,需要对压缩空气进行除油、除水处理。

常用的设备有两种:

(1)旋风分离器　利用离心力进行沉降,对于10μm以上的微粒分离效率较高。

(2)丝网分离器　利用惯性进行拦截,分离效率较高,能除去2～5μm的细小颗粒。

利用惯性拦截等机理,可有效去除空气中的水、油雾、尘埃,不锈钢丝网可清洗,使用寿命长。

项目小结

灭菌指利用物理和化学的方法杀灭或除去物料及设备中一切生命物质的过程。而消毒是指用物理或化学的方法杀死物料、容器、器具内外的病原微生物,一般只能杀死营养细胞而不能杀死芽孢。消毒不一定能达到灭菌的要求,而灭菌则可达到消毒的目的。

连续灭菌也叫连消,其温度一般以126～132℃为宜,总蒸汽压力要求达到0.044～0.049MPa以上。培养基采用连续灭菌时,需在培养基进入发酵罐前,直接用蒸汽进行空罐灭菌(空消),用无菌空气保压,待培养基流入发酵罐后,开始冷却。

间歇灭菌即实消,是在每批培养基全部流入发酵罐后,在罐内通入蒸汽加热至灭菌温度,维持一定时间,再冷却到接种温度。

对于不同的发酵,由于菌种生长的活力和繁殖速度、培养基的成分、pH值的高低、发酵产物等不同,对杂菌的抑制能力往往也不同,从而对空气的无菌要求也有所不同。

发酵工业生产除对空气的无菌程度有要求外,还根据具体情况对空气的温度、湿度和压力有一定的要求。在工程设计上,一般按染菌概率为10^{-3}来计算,即1000次发酵周期所用的无菌空气只允许染菌1次。

空气净化的主要方法是通过介质过滤达到除菌目的。为了保证过滤后的空气达到净化标准,过滤前的空气要进行降温、除水、除油、减湿等预处理。

问题探究

1. 在灭菌过程中什么是微生物的热阻?
2. 微生物的热死规律是什么?灭菌时如何利用好这个规律?
3. 常用的灭菌方法有哪些?各有什么优点或缺点?
4. 湿热灭菌法的灭菌条件是什么?它又有哪两种不同的方法,主要的优点和缺点有哪些？

5. 空气净化时采用过滤方式来除菌的种类、介质有哪些？过滤的原理是什么？

6. 提高过滤除菌效率的措施有哪些？

7. 简述发酵生产中制备无菌空气的总流程。

实训一　小型发酵罐的结构认知

一、实训目的

1. 知道小型发酵罐的基本结构及其主要部件的作用。

2. 学会使用发酵罐。

二、实训原理

发酵罐是进行液体发酵的特殊设备。生产上使用的发酵罐容积大，均用钢板或不锈钢板制成；供实验室使用的小型发酵罐，其容积可从约1L至数百升或更大些。一般来说，5L以下的发酵罐是用耐压玻璃制作罐体，10L以上的发酵罐是用不锈钢板制作罐体。发酵罐配备有控制器和各种电极，可以自动地调控实验所需要的培养条件，是进行微生物学、遗传工程、医药工业等科学研究所必需的设备。各厂家生产的发酵罐会有所差别，但基本原理是相同的，基本结构是类似的。

1. 发酵罐的结构(图4-5)

罐体与上下填充头均采用旋压R角加工，罐内壁经镜面抛光处理，无卫生死角，全封闭设计可确保物料始终在无污染的状态下混合、发酵。设备一般配备有电动机、加料及接种口、温度计、DO(溶解氧)电极、温度电极、pH电极、取样管口、搅拌器、冷却水进出口、无菌空气入口等装置。

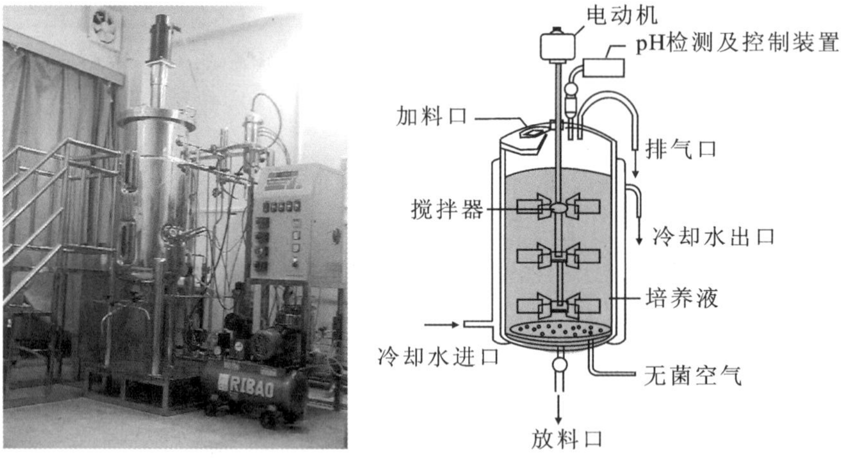

图4-5　发酵罐的结构

罐体主要用来培养发酵各种菌体，密封性要好(防止菌体被污染)。罐体中有搅拌浆，用于在发酵过程中不停地搅拌。底部通气多孔管分布器，用来通入菌体生长所需要的空气或氧气。

罐体的顶盘上有控制传感器，最常用的有pH电极和DO电极，用来监测发酵过程中发酵液的pH值和溶解氧的变化。溶解氧是表征水溶液中氧的浓度的参数。

2. 发酵罐中的主要部件及其作用

控制器：用来显示和控制发酵条件；

传动部件：传动装置，是电动机和搅拌器的连接部件；

机械密封：阻止外界气体、微生物进入发酵罐；

电动机：搅拌器的动力来源；

入孔：加料；

取样口：取少量样品检验；

冷却水出口：导出冷却水；

温度计口：放置温度计进行温度监测；

视镜：观察发酵罐内部；

进气口、排料口：通入洁净空气，放出发酵物；

仪表口：搁置仪器显示器；

热电偶口：热和电的传感器，将热信号转换为电信号；

pH 电极口：pH 值的监测器，即酸碱度的监测器 ；

冷却水进口：输入冷却水，当发酵温度高时是进水；

打泡器：可以产生气泡，使空气中的氧气溶解在发酵液中；

搅拌装置：搅拌，使发酵物分散均匀，使温度、氧气含量、pH 值保持一致。

3. 发酵罐的特性

(1)可在线 CIP 清洗、SIP 灭菌(121°C，0.1MPa)。

(2)按照卫生级要求设计，结构设计极具人性化，操作方便。传动平稳，噪声低。

(3)适宜的径高比设计，按需定制搅拌装置，节能，搅拌、发酵效果好。

(4)内罐体表面镜面抛光处理；各进出管口、视镜、入孔等工艺开孔与内罐体焊接处均采用拉伸翻边工艺圆弧过渡，光滑、易清洗、无死角，保证生产过程的可靠性、稳定性，符合“GMP”等规范要求。

三、实训器材与试剂

小型发酵罐，配套的水、电系统。

四、实训步骤

(一)操作步骤

(1)校正 pH 电极和溶氧电极。

(2)罐体灭菌。根据需要将培养基配入罐体，按要求封好后向罐体内通蒸汽灭菌(115℃，30min)。

(3)待罐体冷却后，打开冷却水，打开气泵电源，连接通气管道，开始通气，调节进气旋钮使通气量适当。

(4)打开发酵罐电源，设置培养温度、pH 值、搅拌速度等，640r/min 下开机转动 30min，设定溶氧电极为 100。

(5)待温度稳定，各项参数都正确后，将预摇好的种子接入，开始发酵计时，并记录。可用三种不同颜色的笔同时记录发酵液的温度、pH 值及 DO 等各种参数的变化情况。

(6)消泡剂加入泵用以向发酵罐加入消泡剂，以消除发酵过程中产生的过多的泡沫。

(7)发酵完毕后清洗罐体和电极，将电极插入装有 4mol/L 的氯化钾的三角瓶中待用。

(8)按要求填写登记本，由负责人签字。

(二)注意事项

(1)罐体灭菌前务必检查其液面高度，要求所有的电极都没于液面以下。

(2)打开发酵罐电源前务必检查冷却水是否已打开，温度探头是否已插入槽中，否则会烧坏加热电路。

(3)发酵过程中一定要保持工作台的清洁，用过的培养瓶及其他物品及时清理，因故溅出的酸碱液或水应立即擦干。

(4)对罐体进行安装、拆卸和灭菌时，要特别注意 pH 电极和罐体的易损而昂贵的部件。

五、思考与练习

1. 发酵罐的主要工作部件有哪些？它们的主要作用是什么？
2. 如何正确使用发酵罐？请详述操作步骤。

六、实训报告

根据一般发酵生产要求，完成发酵罐的操作，然后完成实训报告。

实训二　实罐灭菌

一、实训目的

认识整套发酵设备的管路，能够对发酵系统的各个主要发酵罐进行灭菌操作。

二、实训原理

确保设备的严密度是防止染菌的重要因素。因此，在空罐或实罐灭菌前，发酵罐及附属设备必须全面进行严密度检查，在确实无渗漏的情况下才开始灭菌。灭菌时应注意蒸汽温度与气压是否对应。

三、实训器材与试剂

整套发酵设备，控制系统，循环水系统。

四、实训步骤

(一)操作前的准备工作

(1)设备使用之前，应先检查电源是否正常，空压机、微机控制系统、循环水系统是否能正常工作；

(2)检查系统上的阀门、接头及紧固螺钉是否拧紧；

(3)开动空压机，用 0.15MPa 压力，检查种子罐、发酵罐、过滤器、管路、阀门的密封性能是否良好；

(4)根据使用说明书对温度仪、调速电机、电容涡街流量计进行检查、校正。

(二)空消

在投料前，气路、料路、种子罐、发酵罐、碱罐、消泡罐必须用蒸汽进行灭菌，消除所有死角的杂菌，保证系统处于无菌状态。

1. 空气管路的空消

(1)空气管路上有三级预过滤器、冷干机和除菌过滤器。预过滤器和冷干机不能用蒸汽灭菌，因此在空气管路通入蒸汽前，必须将通向预过滤器的阀门关闭，使蒸汽通过减压阀、蒸汽过滤器后进入除菌过滤器。

(2)除菌过滤器的滤芯不能承受高温、高压，因此，蒸汽减压阀必须调整在 0.13MPa，不得超过 0.15MPa。

(3)空消过程中，除菌过滤器下端的排气阀应微微开启，排除冷凝水。

(4)空消时间应持续 40min 左右，当设备初次使用或长期不用后启动时，最好采用间歇空消，即第 1 次空消后，隔 3～5h 再空消 1 次，以便消除芽孢。

(5)经空消后的过滤器,应通气吹干 20～30min,然后将气路阀门关闭。

2. 种子罐、发酵罐、碱罐及消泡罐空消

(1)种子罐、发酵罐、碱罐及消泡罐是将蒸汽直接通入罐内进行空消。

(2)空消时,应将罐上的接种口、排气阀及料路阀门微微打开,使蒸汽通过这些阀门排出,同时保持罐压为 0.13～0.15MPa。

(3)空消时间为 30～40min,特殊情况下,可采用间歇空消。

(4)种子罐、发酵罐、碱罐及消泡罐空消前,应将夹套内的水放掉。

(5)空消结束后,应将罐内冷凝水排掉,并将排空阀门打开,防止冷却后罐内产生负压,损坏设备。

(6)空消时,将溶氧、pH 电极取出,可以延长其使用寿命。

(三)实罐灭菌(实消)

实消是当罐内加入培养基后,用蒸汽对培养基进行灭菌的过程。种子罐、碱罐、消泡罐和发酵罐实消的操作过程相同。

(1)空消结束后,应尽快将配好的培养基从加料口加入罐内,此时夹套内应无冷却水。

(2)培养基在进罐之前,应先糊化,一般培养基的配方量以罐体全容积的 70%左右计算(泡沫多的培养基为 65%左右,泡沫少的培养基可达 75%～80%)。考虑到冷凝水和接种量因素,加水量为罐体全容积的 50%左右,加水量的多少与培养基温度和蒸汽压力等因素有关,需在实践中摸索。

(3)先开启机械搅拌装置,使罐内物料均匀混合,转速为 50～100rpm。

(4)打开夹套进气阀、排气阀,对罐内培养基预热,当罐内温度升到 90℃时,关闭夹套进气阀,打开罐内所有进气阀,通入蒸汽。当罐温上升到 105℃时,缓缓打开排气阀,将罐顶冷空气排掉,持续 5min,关闭排气阀。

(5)当罐压升至 0.12MPa,温度升到 121～123℃时,控制进气阀门开度,保持罐压不变,30min 后停止供气。

(6)打开冷却水的进、排气阀门,在夹套内通水冷却,当罐内压力降至 0.05MPa 时,微微开启排气阀和进气阀,进行通气搅拌,加快冷却速度,并保持罐压为 0.05MPa,直到罐温降至接种温度。

(四)分批灭菌的注意事项

(1)各路蒸汽进口要畅通,防止短路逆流;罐内液体翻动要剧烈,以使罐内物料达到均一的灭菌温度。

(2)排气量不宜过大,以节约蒸汽。

(3)灭菌将要结束时,应立即引入无菌空气以保持罐压,然后开夹套或蛇管冷却,以避免罐压迅速下降产生负压而吸入外界空气,或引起发酵罐破坏。

(4)在引入无菌空气前,罐内压力必须低于过滤器压力,否则培养基将倒流入过滤器。

五、思考与练习

1. 灭菌在微生物学实验操作中有何重要意义?
2. 整套发酵设备如何连接?详述实罐灭菌的操作规范。
3. 实罐灭菌时应注意哪些事项?

六、实训报告

根据发酵工艺流程,对发酵罐进行实罐灭菌操作,完成实训报告。

项目五　发酵过程的控制

知识目标

1. 知道微生物代谢产物的类型。
2. 知道微生物发酵的操作方式及发酵过程中的代谢变化。
3. 能陈述分批培养中微生物生长的几个阶段。
4. 知道连续培养在生产中的应用。
5. 能陈述微生物发酵过程受到哪些因素的影响，并能对温度、pH值、溶氧、基质浓度、泡沫等几个因素有较深的认识。

技能目标

1. 能够利用本项目所学在实际操作中控制发酵过程的各种参数并避免出现染菌现象。
2. 能够在老师的指导下独自或与同学合作进行谷氨酸的发酵。
3. 能够进行谷氨酸质量的基本检验与鉴定。
4. 会运用相关知识解决微生物发酵过程中的染菌问题，会进行成本分析。
5. 能在老师指导下独自或与同学合作进行柠檬酸的发酵及成品检测。

思政目标

通过介绍发酵过程中科学控制相关参数获得高质、高产产品案例，增强学生的爱岗敬业和团队协作意识，树立正确处理局部与全局关系的观念。

背景资料

一、微生物代谢产物的类型

微生物利用营养物质进行生长代谢的过程如下所示：

$$\text{培养基(营养物质)}\xrightarrow{\text{微生物生命活动}}\underset{\text{(产品)}}{\text{目标代谢产物}}+\underset{\text{(副产品)}}{\text{代谢副产物}}+\underset{\text{(产品或副产品)}}{\text{微生物细胞}}$$

首先，微生物通过分解代谢获得能量（ATP）和组成细胞的基础物质（代谢产物），随后通过合成代谢合成各种细胞组分（蛋白质、核酸、多糖等），进而生长繁殖（合成细胞）。在此生命活动过程中的许多产物都可成为微生物发酵工业的产品，因此，微生物代谢产物的产品有很多，大体可分为中间代谢产物、次级代谢产物和代谢终产物三大类。

1. 中间代谢产物

中间代谢产物即微生物生长代谢过程中所产生的代谢产物，包括分解代谢中间产物和合成代谢中间产物两个部分。属于这类产物的微生物工业产品有乙醇、丙醇、丁醇、甘油、氨基酸、核苷酸、有机酸、多糖、维生素等。这类产品的形成伴随着微生物的生长与繁殖，生产过程的控制要点是合成一定量的微生物细胞，产生尽量多的目标产物，并控制副产物的形成。

2. 次级代谢产物

微生物在第一次生长代谢过程中(对数生长期)不产生目标产物,目标产物在第二次代谢过程中(稳定期)形成。次级代谢产物与微生物菌体的生长繁殖无明显的关系,是菌体在生长的稳定期合成的具有特定功能的产物,如各种抗生素、生物碱、生长促进剂等。通常,丝状菌、真菌及产芽孢的细菌都能进行次级代谢,而肠道细菌则不能。在微生物次级代谢产品的生产过程中,菌体生长期与产物形成期的工艺条件有明显不同,应分别控制。此外,控制第一次代谢完成后的最适菌体浓度,有利于获得较高的次级代谢产品。

3. 代谢终产物

代谢终产物是微生物代谢的最终产物,如酶制剂、蛋白质、核酸、细胞脂肪等。代谢终产物分胞外产物和胞内产物两大类。对于胞外产物,其生产过程的控制类似于中间代谢产物的生产;对于胞内产物,其生产过程的控制要点是合成尽量多的微生物菌体,并使菌体中目标产物的含量尽量高。

二、发酵操作方式

微生物发酵是一个错综复杂的过程,尤其是大规模工业发酵,要达到预定目标,更是需要采用和研究开发各式各样的发酵技术,发酵的方式就是最重要的发酵技术之一。通常按发酵中某一方面的情况,人为地将发酵分为如下几种方式(图 5-1):

- 工业发酵
  - 对氧需要或不需要
    - 需氧发酵
    - 厌氧发酵
  - 培养基是液态或固态
    - 液态发酵
    - 固态发酵
  - 发酵是在培养基表面或深层进行
    - 表面发酵
    - 深层发酵
  - 发酵是间歇进行或连续进行
    - 分批发酵
    - 连续发酵
  - 菌种是否被固定在载体上
    - 游离发酵
    - 固定化发酵
  - 菌种是单一菌种还是混合菌种
    - 单一纯种发酵
    - 混合发酵

图 5-1　发酵的分类

微生物发酵生产按照微生物培养工艺不同可以分为固态发酵和液态发酵两种类型。两者在工艺过程上大体相同,主要工艺过程为:

斜面菌种培养→菌体或孢子悬浮液制备→种子扩大培养→发酵产物与发酵基质分离→提纯与精制→成品。

固态发酵是将微生物接种到经过处理的固体发酵基质上,或将发酵原料及菌体吸附在疏松的固体支撑物上,通过微生物的代谢活动,使发酵原料转化成发酵产品。采用固态发酵工艺所需设备简单,不需要结构复杂的发酵罐;操作方法简单,能耗较低,不需要大量的通风和搅拌。但是固态发酵不宜采用自动化控制,劳动强度较大,生产率较低。

液态发酵是将原料首先制备成液态,再将微生物接入进行发酵。液态发酵容易实现自动化生产，生产效率高。生产中常用的是液态深层发酵。

深层发酵可分为分批培养、流加培养、半连续培养、连续培养和灌注培养五种方式，不同的操作方式具有不同的特征。

（一）分批培养

分批培养又称为分批发酵，是指在一个密闭系统内投入有限数量的营养物质后，接入少量的微生物菌种进行培养，使微生物生长繁殖，在特定的条件下只完成一个生长周期的微生物培养方法。该方法在发酵开始时，将微生物菌种接入已经灭菌的培养基中，在微生物最适宜的培养条件下进行培养。在整个培养过程中，除氧气的供给、发酵尾气的排出、消泡剂的添加和控制 pH 值需加入的酸或碱外，整个培养系统与外界没有其他物质的交换。分批过程中随着培养基的营养物质不断减少，微生物生长的环境条件也随之不断变化，因此，微生物分批培养是一种非稳态的培养方法。

分批培养将细胞和培养液一次性装入反应器内，进行培养，细胞不断生长，产物也不断形成，经过一段时间的反应后，将整个反应系取出。

在分批培养的操作中，由于底物消耗和产物形成，细胞所处的环境时刻都在发生变化，不能使细胞自始至终处于最优条件下。从这个意义上讲，分批培养并不是一种好的操作方式。但是分批培养的特点是操作简单，易于掌握，因而是最常见的操作方式。

在分批培养的过程中，微生物的生长一般可分为延滞期、对数生长期、减速期、稳定期和衰退期五个阶段，如图 5-2 所示。

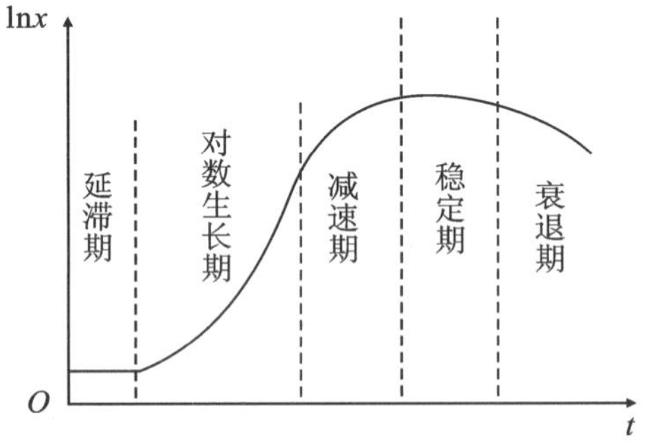

图 5-2 分批培养的典型生长模型

在延滞期，细胞不生长。延滞期的长短，差别很大，短的几乎觉察不到，而长的要在接种后 2～3d 才开始生长。延滞期的长短与接种条件有很大的关系。种子老化会使延滞期延长，而在对数生长期接种延滞期最短。其次，带培养液接种比种子经分离培养液后接种的延滞期要短，但带培养液的种子易老化，不易保藏。对于经分离后的浓缩种子，若在接种时添加适量的培养滤液，则可缩短延滞期。此外，对有些微生物培养，在接种时添加某种激活剂可大大缩短延滞期。例如，用最小培养基培养 Aerobacter aerogenes 时，延滞期显著地受培养基中 Mg^{2+} 浓度的影响。Mg^{2+} 是磷酸酯酶的激活剂，Mg^{2+} 不足，影响与核酸合成等有关的反应，因而会延长延滞期。在延滞期完成了细胞合成的准备工作后，就进入迅速生长的对数生长期。在此时期内，细胞的生长速率与细胞浓度成正比。在减速期，细胞的增长速率逐渐减慢。至稳定期后，细胞浓度不再增加。这时就必须考虑放罐，否则将会出现菌体自溶、细胞浓度下降的衰退期。

稳定期和衰退期的出现，除了底物浓度下降或已被耗尽外，一般认为还有下列原因：

（1）其他营养物质不足　除碳源外，其他必需的营养物质不足，同样会引起微生物停止生长，进入稳定期和衰退期。

（2）氧的供应不足　随着培养液细胞浓度的增高，需氧速率越来越大，而培养液中菌体浓度的增加，导致黏度增大，溶氧困难，因而在分批培养的后期，容易造成供氧不足。供氧不足会造成细胞生长速率减慢，严重时会出现菌体自溶，进入衰退期。

(3) 抑制物质的积累　随着微生物的生长，培养液中各种代谢产物的浓度逐渐增高，而有些代谢产物对微生物本身的生长有抑制作用。

(4) 生物的空间不足　根据经验，在培养细菌及酵母时，当细胞的浓度达到每毫升 10^9 ～10^{10} 个时，培养液中还有充足的营养物质，但菌体的生长几乎停止。这种现象的出现有人认为是由生长抑制物质所引起的，也有人认为是由于单个细胞必须占有最小的空间所致。

(二)流加培养

流加培养又称为补料分批培养，是指先将一定量的培养液装入反应器，在适宜的条件下接种细胞，进行培养，细胞不断生长，产物也不断形成。随着对营养物质的不断消耗，向反应器中不断补充新的营养成分，使细胞进一步生长代谢，到反应终止时取出整个反应系。流加培养是介于分批培养与连续培养之间的一种过渡培养方法。目前补料分批培养已在发酵工业中普遍用于氨基酸、抗生素、维生素、酶制剂、单细胞蛋白、有机酸以及有机溶剂等的生产过程。目前补料分批发酵的类型很多，就补料的方式而言，有连续补料、不连续补料和多周期补料；按每次补料速度又可分为快速补料、恒速补料、指数速度补料和变速补料；按反应器中发酵液体积区分，又有变体积和恒体积之分；按反应器数目分类，又有单级和多级之分；按补加的培养基成分来分，又可分为单一组分补料和多组分补料。

流加培养的特点是能够调节培养环境中营养物质的浓度。一方面，它可以避免某些营养成分的初始浓度过高而出现底物抑制现象；另一方面，能防止某些限制性营养成分在培养过程中被消耗尽而影响细胞的生长和产物的形成，这是流加培养与分批培养的明显不同之处。由于新鲜培养基的加入，整个过程中反应体积是变化的，这是流加培养的一个重要特征。

根据不同情况，存在不同的流加方式。从控制角度可分为无反馈抑制流加和有反馈抑制流加两种方式。无反馈抑制流加包括定量流加和间歇流加等。有反馈抑制流加，一般是连续或间断地测定系统中限制性营养物质的浓度，并以此为控制指标，来调节流加速率或流加液中营养物质的浓度等。

流加培养一般出现在下列两种情况中：一种情况是培养过程中的主要底物是气体；另一种情况是存在底物抑制。若底物是气体，如甲烷发酵，则不可能将底物一次加入，只能在培养过程中连续不断地通入。对于存在底物抑制的培养系统，采用连续流加培养的方法，可使发酵液中一直保持较低的底物浓度，从而解除底物抑制。目前国内外的酵母生产行业大多采用这种操作方法。

酵母的生产与代谢不仅取决于是否有足够的氧，而且与糖的含量有关。当糖含量很低时(0.028%)，在有氧条件下，酵母不产生乙醇，其生长得率可达 50%；当糖含量较高时，酵母菌在生长的同时产生部分乙醇，酵母得率低于 50%；而当培养液的糖含量达 5%时，即使在有足够氧的条件下，酵母菌的生长也会受到抑制，且产生大量乙醇，酵母得率很低。因此，为了获取较高的生长速率和较高的酵母得率，必须使培养液中糖的含量保持在较低的水平。显然，采用一次投料的方法是不行的，这样在发酵的初始阶段将会产生大量酒精，影响酵母的生长和得率。采用流加的方法可获得满意的结果，在整个发酵过程中，培养液中的糖含量都保持在较低的水平(一般为 0.1%～0.5%)，酵母利用多少就流加多少，流加速率等于酵母的耗糖速率。这样，酵母处在较低糖浓度含量的培养条件下，以较快的速度生长，其酵母的得率也能取得令人满意的结果，这就是酵母培养采用流加培养的原因。

（三）半连续培养

半连续培养又称为反复分批培养或换液培养，是指在分批培养的基础上不全部取出反应系，剩余部分重新补充新的营养成分，再按分批培养的方式进行操作。这是反应器内培养液的总体积保持不变的操作方式。这种操作方式可以反复收获培养液，对于培养基因工程动物细胞分泌有用产物或病毒增殖过程比较适用。例如，采用微载体系统培养基因工程rCHO细胞，待细胞长满微载体后，可反复收获细胞分泌的乙肝表面抗原制备乙肝疫苗。

（四）连续培养

连续培养是指以一定的速度向培养系统内添加新鲜的培养基，同时以相同的速度流出培养液，从而使培养系统内培养液的量维持恒定，使微生物细胞能在近似恒定状态下生长的微生物发酵的培养方式。连续培养又称为连续发酵，它与封闭系统中的分批培养方式相反，是在开放的系统中进行的培养方式。在连续培养过程中，微生物细胞所处的环境条件，如营养物质的浓度、产物的浓度、pH值以及微生物细胞的浓度、比生长速率等可以自始至终基本保持不变，甚至还可以根据需要来调节微生物细胞的生长速率。因此，连续培养的最大特点是微生物的生长速率、产物的代谢均处于恒定状态，可以达到稳定、高速培养微生物细胞或产生大量的代谢产物的目的。此外，对于细胞的生理或代谢规律的研究，连续培养是一种重要的手段。

连续培养过程可以连续不断地收获产物，并能提高细胞密度，在生产中被应用于培养非贴壁依赖性细胞。

与分批培养比较，连续培养具有设备生产能力高、易于实现自动控制和劳动生产率高等优点；主要的缺点是很难保证长期的无菌操作和培养浓度较低。因此，连续培养很难在无菌要求极严格的发酵生产中实现。其次，对于产品不易分离的发酵生产也不宜采用连续培养。

（五）灌注培养

灌注培养是指细胞接种后进行培养，一方面将新鲜培养基不断地加入反应器，另一方面又将反应液不断地取出，但细胞留在反应器内，使细胞处于一种不间断的营养状态。

高密度培养动物细胞时，必须确保补充给细胞足够的营养以及去除有毒的代谢废物。在半连续培养中，可以采用取出部分用过的培养基和加入新鲜的培养基的办法来实现。这种分批培养、部分换液方法的缺点在于，当细胞密度达到一定量时，废代谢产物的浓度可能在换液前就达到产生抑制作用的程度。降低废代谢产物浓度的有效方法就是用新鲜的培养基进行灌注，通过调节灌注速率可以把培养过程保持在稳定的、废代谢产物低于抑制水平的状态下。灌注技术已经用于许多不同的培养系统中，规模达到几十升至几百升。

三、发酵过程的主要控制参数

影响发酵的因素很多，不同的微生物发酵过程，其主要影响因素也不同，目前还难以完全按照人的意志对发酵进行控制。所以，了解发酵工艺条件对发酵过程的影响，掌握生产菌的生理代谢和发酵过程变化的规律，可以帮助人们有效地控制微生物的生长和发酵。发酵过程的主要控制参数一般有以下几种：①pH值（酸碱度）；②温度（℃）；③溶氧浓度（*DO*值，简称溶氧）；④基质含量；⑤空气流量；⑥压力；⑦搅拌转速；⑧搅拌功率；⑨黏度；⑩浊度（*OD*值）；⑪料液流量；⑫产物的浓度；⑬氧化还原电位；⑭废气中的氧含量；⑮废气中的CO_2含量；⑯菌丝形态；⑰菌体浓度（简称菌浓）等。

根据发酵液的菌体量和单位时间的菌体浓度、溶氧浓度、糖浓度、氮浓度和产物浓度等的变化值，即可分别算出菌体的比生长速率、氧比消耗速率、糖比消耗速率、氮比消耗速率和产物比生成速率。

任务一　发酵中温度的控制

在发酵过程中需要维持生产菌的生长和代谢的适当发酵条件，其中之一就是温度，因为微生物的生长和产物合成均需要在各自适当的温度下进行。温度是保证酶活性的重要条件，故在发酵过程中必须保证最适宜的温度环境。

微生物处于不同的生长阶段，温度对微生物生长的影响是不同的。而且不同的温度范围对微生物的影响也不相同：一方面，在其最适生长温度范围内，生长速度随温度的升高而加快，提高发酵温度，可以缩短生长周期。另一方面，不同生长阶段的微生物对温度的反应也不一样。处于延滞期的细菌对温度的反应十分敏感，将其置于低于最适温度的环境中，延滞期就会延长。处于对数生长阶段的微生物，在其最适生长温度范围内，提高培养温度有利于微生物的生长，但超过最适生长温度，微生物的比生长速率会迅速下降。

不同微生物的共同特点是：对低温的适应力要强于对高温的适应力，其生长温度的跨度在 30℃左右。

一、温度对发酵的影响

温度对发酵的影响是多方面的，在优化过程中应了解温度对生长和生产的影响是不同的。一般发酵温度升高，酶反应速度增大，生长代谢加快，产物生成提前。但酶本身很容易因过热而失去活性，表现为菌体容易衰老，发酵周期缩短，影响最终产量。

温度还会影响生物合成的方向。例如，四环素发酵中金色链霉菌同时能产生金霉素，在低于 30℃时，合成金霉素的能力较强。合成四环素的比例随温度的升高而增大，在 35℃时只产生四环素，而金霉素的合成几乎停止。

温度变化还对多组分次级代谢产物的比例产生影响。如黄曲霉在 20℃发酵所产生的黄曲霉毒素 G1 与 B1 的比例为 3∶1，而在 25℃发酵时此比例为 1∶2，在 30℃发酵时则为 1∶1。又如赭曲霉在 10～20℃发酵时，有利于合成青霉素，在 28℃发酵时则有利于合成赭曲霉毒素 A。这说明温度变化不仅影响酶反应的速率，还影响产物的合成方向。

温度还能影响微生物的代谢调控机制，20℃低温时氨基酸合成途径中终产物对第一个合成酶的反馈抑制作用，比在正常温度 37℃时更大。

除此之外，温度还对发酵液的物理性质产生影响，如发酵液的黏度、发酵基质和氧在发酵液中的溶解度和传递速度、某些基质的分解和吸收速率等，都受温度变化的影响，进而影响发酵动力学特性和产物的生物合成。

二、影响发酵温度变化的因素

发酵过程中，随着微生物对培养基的利用，以及机械搅拌的作用，将产生一定量的热量。同时因罐壁散热、水分蒸发等也带走部分热量。发酵热就是发酵过程中释放出来的净热量，以 $Q_{发酵}$ 表示，单位为 kJ/(L·h)。发酵热的公式为：

$$Q_{发酵}=Q_{生物}+Q_{搅拌}-Q_{蒸发}-Q_{显}-Q_{辐}$$

发酵过程中产热和散热的因素分述如下：

（1）生物热（$Q_{生物}$） 生产菌在生长繁殖过程中，本身产生的大量的热称为生物热。这种热的来源主要是培养基中碳水化合物、脂肪和蛋白质被微生物分解成 CO_2、NH_3、水和其他物质时释放出来的。释放出来的能量部分用来合成高能化合物，供微生物合成和代谢活动的需要，部分用来合成产物，其余部分以热的形式散发出来。

生物热的产生有强烈的阶段性。在孢子发芽以及生长初期，这种热能产生的量是有限的。但当微生物增殖达到一定数量，即进入对数生长期后，热量大量产生，成为发酵过程中热平衡的主要因素。此后随着菌体的逐步衰老、自溶，生物热的量开始下降。当然，生物热随着菌株及培养基成分的不同而变化。

（2）搅拌热（$Q_{搅拌}$） 好气培养的发酵设备都有大功率搅拌装置，搅拌带动发酵液做机械运动，造成液体之间、液体和设备之间的摩擦，产生大量的热。从电机的电能消耗中扣除其他部分形式能的散失后，可得搅拌热的估计值。

（3）蒸发热（$Q_{蒸发}$）和显热（$Q_{显}$） 空气进入发酵罐与发酵液充分接触后，排出时引起水分蒸发，带走一定的热能，即为蒸发热。水的蒸发热和废气因温度差异所带出的部分显热一起散失到外界。由于进入发酵罐的空气温度和湿度是随外界气候和控制条件而变的，所以蒸发热和显热也是变化的。

（4）辐射热（$Q_{辐}$） 由于罐外壁和大气间的温度差异而使发酵液通过罐体向大气辐射的热量，即为辐射热。辐射热的大小取决于罐内温度与外界气温的差异，差异越大，散热越多。

由于上述的这些热能在发酵过程中是随时间变化的，因此，发酵热在整个发酵过程中也随时间变化，造成发酵温度发生波动。这就需要在生产中人为地进行控制，使发酵能在一定的温度下进行。

三、最适温度的选择

最适温度的选择应视微生物生长条件和产物合成条件而定，因为适合菌体生长的温度不一定适合产物的合成，所以整个发酵周期内仅选用一个最适温度不一定好。各种微生物在一定条件下都有一个最适的温度范围。微生物种类不同，所具有的酶系不同，所要求的温度也就不同。同一微生物，培养条件不同，最适温度也不同。例如，黄原胶的发酵生产，在发酵前期是菌体的生长阶段，温度低一些可促进菌体生长，一般控制在 27℃；发酵后期控制在 32℃，这样既可以加速前期的生长，又可提高胶产量约 20%。谷氨酸产生菌的最适生长温度为 30～34℃，产生谷氨酸的温度为 36～37℃，在谷氨酸发酵的前期种子培养和菌体增殖阶段应满足菌体生长的最适温度，若温度过高，菌体容易衰老。但发酵的中后期菌体生长已经停止，为了大量积累谷氨酸，需要适当提高温度。

温度的选择还应考虑其他发酵条件，根据其他条件的变化灵活掌握。例如，在供氧条件差的情况下，最适的发酵温度可能比在良好的供氧条件下低一些。这是因为较低的温度可提高氧在发酵液中的溶解水平，促进菌体生长，弥补因供氧不足造成的代谢异常。此外，还应考虑培养基的组分和浓度，培养基浓度较低或培养基中的组分较易被菌体利用时，提高发酵温度则容易过早地耗尽培养基的养分，导致菌体过早出现自溶，使产量减少。

任务二　发酵中 pH 值的控制

一、pH 值对发酵的影响

发酵环境的 pH 值对微生物生长和产物合成有明显的影响。pH 值对微生物繁殖和产物合成的影响主要有以下几个方面：

(1)影响酶的活性。当环境 pH 值抑制菌体内某些酶的活性时，就会阻碍菌体的新陈代谢。

(2)影响微生物细胞膜所带电荷的状态，改变细胞膜的通透性，影响微生物对营养物质的吸收和代谢产物的分泌。

(3)影响培养基中某些组分的解离，进而影响微生物对这些组分的吸收。

(4)pH 值不同，往往引起菌体代谢过程的不同，使代谢产物的质量和比例发生改变。

培养基中营养物质的代谢，是引起 pH 值变化的主要原因。由于 pH 值不当，可能严重影响菌体的生长和产物的合成，因此，对微生物发酵来说有各自的最适生长 pH 值和最适生产 pH 值。多数微生物生长都有最适 pH 值范围及其变化的上下限，上限都在 8.5 左右，超过此上限，微生物将无法忍受而自溶；下限以酵母为最低(2.5)。但菌体内的 pH 值一般认为在中性附近。大多数微生物生长适应的 pH 值跨度为 3～4 个单位，其最佳生长 pH 值跨度为 0.5～1。不同微生物的生长 pH 值最适范围不一样，所能忍受的 pH 值的上下限也不一样。细菌和放线菌的最适 pH 值范围为 6.5～7.5，上、下限分别为 5、8.5；酵母的最适 pH 值范围为 4～5，上、下限分别为 3.5、7.5；霉菌的最适 pH 值范围为 5～7，上、下限分别为 3、8.5。环境的 pH 值会影响微生物的跨膜 pH 值梯度，从而影响膜的通透性。

微生物生长和产物合成阶段的最适 pH 值通常是不一样的，这与菌种特性及产物的化学性质有关。生产不同产物所需要的最适 pH 值不同，如链霉素和红霉素为中性偏碱，6.8～7.3；金霉素、四环素为 5.9～6.3；青霉素为 6.5～6.8；柠檬酸为 3.5～4.0。

在发酵过程中 pH 值是变化的，这与微生物的代谢活动有关。NH_3 在溶液中以 NH_4^+ 的形式存在，它被利用成为 $R—NH_3^+$ 后，在培养基中生成 H^+；如果以 NO_3^- 为氮源，H^+ 被消耗，NO_3^- 被还原成 $R—NH_3^+$。pH 值改变的另一个原因是有机酸，如乳酸、丙酮酸或乙酸的积累。发酵中所用碳源种类也会影响 pH 值的变化，如以乳糖为碳源，乳糖被缓慢利用，丙酮酸积累较少，pH 值维持在 6～7 之间；如以葡萄糖为碳源，丙酮酸迅速积累，使 pH 值下降到 3.6，发酵单位降低。

发酵液 pH 值的变化是菌体代谢反应的综合结果。从代谢曲线的 pH 值变化就可以推测发酵液中各种生化反应的进展和 pH 值变化异常的可能原因。在发酵过程中，要选择好发酵培养基的成分及其配比，并控制好发酵的工艺条件，才能保证 pH 值不会产生明显的波动，维持在最佳的范围内，得到良好的结果。实践证明，维持稳定的 pH 值对产物的形成有利。

二、发酵 pH 值的确定

微生物发酵的最适 pH 值范围一般在 5～8 之间，如谷氨酸发酵的最适 pH 值为 7.5～

8.0。但发酵的 pH 值又随菌种和产品的不同而不同。由于发酵多是多酶复合反应系统，各酶的最适 pH 值也不相同，因此，对于同一菌种，其生长最适 pH 值可能与产物合成的最适 pH 值是不一样的。例如黑曲霉在 pH 值为 2～3 时合成柠檬酸，在 pH 值接近中性时积累草酸。谷氨酸生产菌在中性和碱性条件下积累谷氨酸，在酸性条件下形成谷氨酰胺。谷氨酸发酵在不同的阶段对 pH 值的要求不同，发酵前期 pH 值控制在 7.5 左右，发酵中期 pH 值控制在 7.2 左右，发酵后期 pH 值控制在 7.0，在将近放罐时，为了利于后工序提取谷氨酸，pH 值调整到 6.5～6.8 为好。在利用梭状芽孢杆菌生产初级代谢产物丙酮丁醇时，pH 值在中性时，菌种生长良好，但产物产量很低，实际发酵合适的 pH 值为 5～6。因此，应该按发酵过程的不同阶段分别控制不同的 pH 值范围，使产物的产量达到最大。

最适 pH 值是根据实验结果来确定的。将发酵培养基调节成不同的起始 pH 值，在发酵过程中定时测定、调节 pH 值，并观察菌体的生长情况，以菌体生长达到最高值的 pH 值为菌体生长的最适 pH 值。以同样的方法，可测得产物合成的最适 pH 值。但同一产品的最适 pH 值还与所用的菌种、培养基组成和培养条件有关。在确定合适的发酵 pH 值时，还要考虑培养温度的影响，若温度提高或降低，最适 pH 值也可能发生变动。

三、pH 值的控制

在了解发酵过程中最适 pH 值的要求之后，就要采用各种方法来控制。需要考虑和试验发酵培养基的基础配方，使它们有适当的配比，使发酵过程中的 pH 值在合适的范围内变化。因为培养基中含有代谢产酸（如葡萄糖、硫酸铵）和产碱（如 $NaNO_3$、尿素）的物质及缓冲剂（如 $CaCO_3$）等成分，它们在发酵过程中会影响 pH 值的变化，特别是能与酮酸等反应，而起到缓冲作用，所以它们的用量比较重要。在分批发酵中，常采用这种方法来控制 pH 值的变化。

利用上述方法调节 pH 值的能力是有限的，如果达不到要求，可以用在发酵过程中直接补加酸、碱和连续补料的方法来控制，特别是连续补料的方法，效果比较明显。当发酵的 pH 值和氨氮含量都低时，补加氨水，就可以达到调节 pH 值和补充氨氮的目的；反之，pH 值较高，氨氮含量又低时，就补加硫酸铵。在加多了消泡剂的个别情况下，还可以采用提高空气流量来加速脂肪酸的代谢，以调节 pH 值的方法。通氨一般是使用压缩氨气或工业氨水（浓度在 20%左右），进行少量间歇添加或连续自动流加，可避免一次加入过多造成局部偏碱。氨极易和铜反应产生毒性物质，对发酵产生影响，故需要避免使用铜制的加氨设备。

目前已经比较成功地采用连续补料的方法来调节 pH 值，如氨基酸发酵时采用流加尿素的方法。特别是刺激代谢产物抗生素的发酵，更是常用流加培养。流加发酵既可以达到稳定 pH 值的目的，又可以不断补充营养物质。流加发酵还可以解除由于底物的阻遏作用而对发酵产生的抑制作用，提高产物的产量。补料发酵可以同时实现补充营养、延长发酵周期、调节 pH 值和培养液的特性等多个目的。

任务三　发酵中溶氧浓度的控制

氧是需氧微生物生长所必需的。在发酵过程中有很多方面的限制因素，而溶氧往往最易成为控制因素，这是因为氧在水中的溶解度很低，在 28℃时发酵液中的饱和氧浓度只有

7mg/L左右。在对数生长期，即使发酵液中的氧浓度达到饱和，若此时终止供氧，发酵液中的溶氧也可在几分钟内全部耗尽。在工业发酵中，发酵液中的溶氧水平不仅取决于通风量和搅拌转速，还受发酵液温度和发酵罐内压力的影响。产率是否受溶氧的控制，不能单凭溶氧水平来确定，还需要考虑发酵的耗氧速率。

表示溶氧浓度的方法有三种：第一种是氧分压法，以大气压或毫米汞柱表示，100%空气在水中饱和时的氧分压为21.2kPa，这种表示方法多用于医疗单位。第二种是绝对浓度，以mgO_2/L纯水表示，这种方法主要在环保单位使用。第三种是以空气饱和度表示，发酵行业只用这种方法。这是因为在含有溶质，特别是含有盐类的水溶液中，其绝对氧浓度比在纯水中低，但用溶氧电极测定时基本相同。测定标准是：以消毒灭菌后的发酵液充分通风搅拌，达到饱和时的溶氧水平为100%，饱和亚硫酸钠溶液中的溶氧水平为0。

发酵过程中影响耗氧的因素有以下几个方面：

(1)培养基的成分和浓度显著影响耗氧。培养液营养丰富时，菌体生长快，耗氧量大；发酵浓度高时，耗氧量大；发酵过程中补料或补糖，微生物对氧的摄取量随之增大。

(2)菌龄影响耗氧。在对数生长期，呼吸旺盛时，耗氧量大；发酵后期，菌体处于衰老状态，耗氧量自然减小。

(3)发酵条件影响耗氧。在最适条件下发酵，耗氧量大。

(4)在发酵过程中，及时排除有毒代谢产物，如CO_2、挥发性的有机酸和过量的氧，也有利于提高菌体的摄氧量。所以，了解溶氧是否能满足发酵需要最简便的方法就是检测发酵液中的溶氧浓度，当供氧速率高于耗氧速率时，溶氧浓度就会上升；当供氧速率低于耗氧速率时，溶氧浓度就会下降。

一、溶氧浓度对发酵的影响

在耗氧发酵中，微生物对氧有一个最低要求，满足微生物呼吸的最低溶氧浓度叫临界溶氧浓度，用$C_{临界}$表示。在临界溶氧浓度以下，微生物的呼吸速率随溶氧浓度的降低而显著下降。一般好氧微生物的临界溶氧浓度很低，为0.003～0.05mmol/L，需氧量一般为25～100mmol/(L·h)。其临界溶氧浓度是饱和浓度的1%～25%。

当不存在其他限制性基质时，溶氧浓度高于临界值，细胞的比耗氧速率保持恒定；如果溶氧浓度低于临界值，细胞的比耗氧速率就会大大下降，细胞处于半厌氧状态，代谢活动受到阻碍。培养液中的微生物只能利用溶解氧，气液界面处的微生物还能利用气相中的氧，所以，强化气液界面也有利于供氧。

溶解氧是需氧发酵控制最重要的参数之一。由于氧在发酵液中的溶解度很小，所以需要不断通风和搅拌，才能满足不同发酵过程对氧的需求。溶氧浓度的大小对菌体的生长和产物的形成及产量都会产生不同的影响。如谷氨酸发酵，供氧不足时，谷氨酸积累就会明显减少，产生大量乳酸和琥珀酸。又如薛氏丙酮酸发酵生产维生素B_{12}时，维生素B_{12}的组成部分咕啉醇酰胺(又称B因子)的生物合成前期的两种主要酶就受到氧的阻遏，只有限制氧的供给，才能大量积累B因子；B因子又必须在供氧的条件才能转变成维生素B_{12}，因而采用厌氧和供氧相结合的方法，才有利于维生素B_{12}的合成。所以在需氧发酵中并不是溶氧浓度越大越好。即使是专性好氧菌，过高的溶氧浓度也可能对其生长造成不利，这是因为氧通过形成新生O、超氧化物基O_2^-和过氧化物基O_2^{2-}，或羟基自由基OH—，破坏许多细胞组分。

为了保证发酵的正常进行，除了了解每一种发酵产物的临界溶氧浓度外，还应了解发酵产物的最适溶氧浓度，使发酵过程保持在最适溶氧浓度。最适溶氧浓度与菌体和产物合成代谢的特性有关，需要由试验确定。

根据需氧要求的不同，氨基酸发酵可分为三类：第一类有谷氨酸、谷氨酰胺、精氨酸和脯氨酸等谷氨酸系氨基酸，它们在菌体呼吸充足的条件下，产量才能达到最大。如果供氧不足，氨基酸合成就会受到强烈的抑制，大量积累乳酸和琥珀酸。第二类包括异亮氨酸、赖氨酸、苏氨酸和天冬氨酸，即天冬氨酸系氨基酸，供氧充足可以达到最大产量，供氧受限时，产量就会受影响，但并不明显。第三类有亮氨酸、缬氨酸和苯丙氨酸，仅在供氧受限、细胞呼吸受抑制时才能获得最大产量，如果供氧充足，产物形成反而受到抑制。

氨基酸合成的需氧程度产生上述差别的原因，是它们的生物合成途径不同，不同的代谢途径产生不同数量的NAD(P)H，也就需要不同量的氧来进行氧化。第一类氨基酸是经过乙醛酸循环和磷酸烯醇式丙酮酸羧化系统两个途径形成的，产生的NADH量最多，氧化再生的需氧量也最多，所以供氧越充分，氨基酸的合成量就越大；第二类氨基酸的合成途径是产生NADH的乙醛酸循环或消耗NADH的磷酸烯醇式丙酮酸羧化系统，产生的NADH量不多，因而与供氧关系不大；第三类如苯丙氨酸的合成，并不经过TCA循环，NADH的产量很少，过量供氧反而起到抑制的作用。

培养液中溶氧浓度的变化可以反映菌体的生长生理状况。随菌种的活力和接种量以及培养基的不同，溶氧浓度在培养初期开始明显下降的时间不同，一般在接种后1～5h内，这也取决于供氧状况。通常在对数生长期溶氧明显下降，从其下降的速率可估计出菌体的大致生长情况。

耗氧微生物的生长与代谢均需要氧气，因此，供氧必须满足微生物在不同阶段的需要。由于各种耗氧微生物所含的氧化酶系的种类和数量不同，因此在不同的环境条件下，各种不同的微生物的需氧量或呼吸强度是不同的。

微生物的需氧量常用呼吸强度和耗氧速率两种方法表示。呼吸强度是指单位质量的干菌体在单位时间内所吸收的氧量。耗氧速率是指单位体积的培养液在单位时间内的吸氧量。呼吸强度可以表示微生物的相对吸氧量，但当培养液中有固体成分存在时，测定有困难，可以用耗氧速率来表示。微生物在发酵过程中的好氧速率取决于微生物的呼吸强度和单位体积菌体浓度。

在发酵生产中，供氧的多少应根据不同的菌种、发酵条件和发酵阶段等具体情况决定。例如谷氨酸发酵在菌体生长期，希望糖的消耗最大限度地用于合成菌体，而在谷氨酸生成阶段，则希望糖的消耗最大限度地用于合成谷氨酸。因此，在菌体生长期，供氧必须满足菌体呼吸的需要，若菌体的需氧量得不到满足，则菌体呼吸受到抑制，从而抑制生长，引起乳酸等副产物的积累，菌体回收率下降。但是当供氧量已经满足菌体生长需求，生长速率达到最大后，再继续提高供氧，不但不能促进生长，反而会由于高氧水平而抑制生长，同时高氧水平下生长的菌体也不能有效地产生谷氨酸。

二、溶氧浓度的控制

发酵液的溶氧浓度是由供氧和需氧两方面决定的。当发酵的供氧量大于需氧量时，溶氧浓度就上升，直到饱和；反之就下降。

在供氧方面，主要是设法提高氧传递的推动力和体积溶氧系数值，主要是通过调节搅拌转速或通风速率来控制溶氧。对于设备，可以改造搅拌叶片的构造，增强对气泡的切割性能，使气泡分散得更加细小，这样就加大了气液两相的接触面积，增强了溶氧效果。供氧量的大小还必须与需氧量相协调，当生产菌的生长和产物形成对氧的需求量超过了设备的供氧能力时，可以通过适当的工艺条件来控制发酵的需氧量，使生产菌发挥出最大的生产能力。

发酵的需氧量受菌体浓度、基质的种类和浓度以及培养条件等因素的影响，其中以菌体浓度的影响最明显。发酵液的摄氧率是随菌体浓度的增加而按比例增加的，但氧的传递率是随菌体浓度的对数关系减少的，因此，可以控制菌体的比生长速率，使其比临界值略高一点，达到最适浓度，这是控制最适溶氧浓度的重要方法。最适菌体浓度既能保证产物的比生长速率维持在最大值，又不会使需氧大于供氧。在工业生产中可以通过补料发酵来控制最适菌体浓度，如在青霉素发酵中，利用溶氧浓度的变化来调节补糖速率，间接控制供氧速率和 pH 值，实现菌体生长、溶氧和 pH 值三位一体的控制体系。

除控制补料速率外，还可以通过调节温度、采用液化培养基、补水、添加表面活性剂等工艺措施来改善溶氧水平。

三、溶氧浓度的检测

溶氧浓度的检测主要是利用溶氧电极进行实时监测。

溶氧控制主要参考溶氧检测值、进风流量监测值、发酵罐转速、发酵罐压力、发酵温度等进行综合考虑。首先调节转速，当转速低于某特定值时开始调节流量，调节流量的同时必须保证一定的罐压力，并确保流量不低于某特定值。

发酵罐上安装溶氧、温度检测探头，进风管路安装流量计，排风管道上安装压力变送器，搅拌转速检测探头等检测信号送入控制系统，进风、排风上安装调节阀，搅拌电机的转速要确保可以控制。

发酵过程中对溶氧检测值的影响因素众多，控制复杂，必须在实际的控制过程中不断摸索，不断完善，并可能需要反复试验，以获取合适的控制参数和控制算法，且需要不断总结，使控制过程更平稳、更可靠。

任务四　发酵中基质浓度的控制

基质就是培养微生物的营养物质，是生产菌代谢的物质基础，既涉及菌体的生长繁殖，又涉及代谢产物的形成。因此，基质的种类和浓度与发酵代谢有着密切的关系。

在分批发酵中，当基质过量时，菌体的比生长速率与营养成分的浓度无关。但比生长速率是基质浓度的函数，可用 Monod 方程表示：

$$\mu=\mu_{\max}\frac{S}{K_S+S}$$

式中　μ——微生物的比生长速率；

$\mu_{\max}$——微生物的最大比生长速率；

S——有机底物浓度；

K_S——饱和常数，为 $\mu=\frac{1}{2}\mu_{max}$ 时的底物浓度，也称之为半速度常数。

当底物浓度远远大于 K_S 时，比生长速率与基质浓度呈线性关系，在正常情况下可达到最大比生长速率。然而，如果代谢产物及其基质过浓而产生抑制作用，会出现比生长速率下降的趋势。当葡萄糖浓度为 100～150g/L 时，不出现抑制作用；当葡萄糖浓度为 350～500g/L 时，多数微生物由于细胞脱水而不能生长。

在发酵生产中，如果培养基中的基质浓度过高，即营养过于丰富，会使菌体生长过剩，发酵液非常黏稠，传质状况很差，细胞不得不花费许多能量来维持其生存环境，能量大量消耗于非生产用途，对产物的合成不利。

一、基质浓度对发酵的影响

（一）碳源对发酵的影响

碳源浓度对产物形成的影响以酵母的克雷布特效应为主。酵母在高糖环境下生长，即使溶氧充足，它还会进行有氧发酵，由葡萄糖产生乙醇。当培养基中的糖浓度超过 5%时就会出现此效应。

碳源可以分为迅速利用的碳源和缓慢利用的碳源。如葡萄糖为迅速利用的碳源，能迅速地参与代谢、合成菌体和产生能量，并产生分解产物，因此，有利于菌体生长，但有的分解代谢产物对产物的合成可能产生阻遏作用。缓慢利用的碳源，被菌体缓慢利用，有利于延长代谢产物的合成，特别是有利于延长抗生素的分泌期，也常为许多微生物药物的发酵所采用。

在微生物的发酵过程中，如果营养过于丰富，则可能引起菌体异常繁殖，对菌体的代谢、产物的合成及氧的传递都会产生不良影响。若产生阻遏作用的碳源用量过大，则产物合成会受到明显的抑制。仅供给维持量的碳源，菌体生长和合成就都会停止。

（二）氮源对发酵的影响

氮源分有机氮源和无机氮源。它们对菌体代谢都能产生明显的影响，不同的种类和不同的浓度都能影响产物合成的方向和产量。如谷氨酸发酵，当 NH_4^+ 供应不足时，就促使形成 α-酮戊二酸；过量的 NH_4^+，反而促进谷氨酸转变成谷氨酰胺。只有适量的 NH_4^+ 浓度才能使谷氨酸的产量达到最大。

氮源还可以分为两类：一类是迅速利用的氮源，如氨基态氮的氨基酸和玉米浆等；另一类是缓慢利用的氮源，如黄豆饼粉、花生饼粉等蛋白质。快速利用的氮源容易被菌体利用，促进菌体生长，但对某些代谢产物的合成，特别是某些抗生素的合成产生调节作用，影响产量。

（三）磷酸盐浓度的影响

磷是微生物菌体生长繁殖所必需的成分，也是合成代谢产物所必需的。微生物生长良好所允许的磷酸盐浓度为 0.32～300mmol/L，但次级代谢产物合成良好所允许的最高平均浓度仅为 1.0mmol/L，如提高到 10mmol/L，就会明显地抑制其合成。相比之下，菌体生长所允许的浓度比次级代谢产物合成所允许的浓度大得多，两者平均相差几十倍至几百倍。因此，控制磷酸盐浓度对微生物次级代谢产物发酵来说是非常重要的。磷酸盐浓度调节代谢产物合成机制，对于初级代谢产物合成的影响，往往是通过促进生长而间接产生的，而对于次级代谢产物来说，机制就比较复杂。

二、基质浓度的控制

控制碳源的浓度，可采用经验法和动力学法。经验法即在发酵过程中采用中间补料的方法来控制，就是根据不同代谢类型来确定补料时间、补料量和补料方式。动力学法则是根据菌体的比生长速率、糖的比消耗速率及产物的比生产速率等动力学参数来控制。

发酵培养基中一般选用可进行快速和慢速利用的混合氮源，如氨基酸发酵时采用铵盐和麸皮水解液、玉米浆；链霉素发酵采用硫酸铵和黄豆饼粉。为了调节菌体生长速度和防止菌体衰老自溶，除了培养基中的氮源外，在发酵过程中还要补充氮源来控制浓度。生产上采用的方法有：

(1)补充有机氮源　根据生产菌的代谢情况，可在发酵过程中添加某些具有调节生长代谢作用的有机氮源，如酵母粉、玉米浆、尿素等。如土霉素发酵中，补加酵母粉，可提高发酵单位；青霉素发酵中，后期出现糖利用缓慢、菌浓度变稀、pH 值下降等现象，补加尿素就可改善这种状况并提高发酵单位；氨基酸发酵中，也可补加作为氮源和 pH 值调节剂的尿素。

(2)补充无机氮源　补加氨水或硫酸铵是工业上常用的方法。氨水既可作为无机氮源，又可以调节 pH 值。在抗生素的发酵工业中，添加氨水是提高发酵产量的有效措施，如与其他条件相配合，有的抗生素的发酵单位可提高 50%左右。但当 pH 值偏高而又需补氮时，就可补加生理酸性物质硫酸铵，以达到提高氮含量和调节 pH 值的双重目的。还可以补充其他无机氮源，但需根据发酵控制的要求来选择。

磷酸盐浓度的控制，一般是在基础培养基中采用适当的浓度。对于初级代谢来说，要求不如次级代谢那样严格。对抗生素发酵来说，常常是采用适量的磷酸盐浓度，就是对菌体生长不是最合适但又不影响其生长的量。其最适浓度取决于菌种特性、培养条件、培养基组成和来源等因素，必须结合当地的具体条件和使用的原材料进行试验确定。培养基中的磷含量，还可能因配制方法和灭菌条件的不同而发生变化。在发酵过程中，有时发现代谢缓慢的情况，可以补加磷酸盐。在四环素发酵中，间歇、微量添加磷酸二氢钾，有利于提高四环素的产量。

任务五　发酵中泡沫的控制

一、泡沫对发酵的影响

发酵过程中因通气搅拌、发酵产生的 CO_2 以及发酵液中糖、蛋白质和代谢物等稳定泡沫的物质存在，发酵液中形成一定数量的泡沫属正常现象。一般在含有复合氮源的通气发酵中会产生大量泡沫，引起“逃液”，给发酵带来许多副作用，主要表现如下：

(1)降低了发酵罐的装料系数。发酵罐的装料系数(料液体积/发酵罐容积)一般为 0.7 左右。通常充满余下空间的泡沫约占所需培养基的 10%，且配比也不完全与主体培养基相同。

(2)增加了菌群的非均一性。由于泡沫高低的变化和处在不同生长周期的微生物随泡沫漂浮，或黏附在罐壁上，使这部分菌在气相环境中生长，引起菌的分化，甚至自溶，从而影响菌体的整体效果。

(3)增加了污染杂菌的机会。发酵液溅到轴封处，容易染菌。

(4)如大量起泡，控制不及时，会引起“逃液”，导致产物的流失。

(5)消泡剂的加入有时会影响发酵或给提炼工序带来麻烦。

发酵液的理化性质对形成泡沫起决定性的作用。气体在纯水中鼓泡，生成的气泡只能维持瞬间，其稳定性等于0。这是由于其能学上的不稳定和围绕气泡的液膜强度很低所致。发酵液中的玉米浆、皂苷、糖蜜所含的蛋白质，加上细胞本身都具有稳定泡沫的作用。多数起泡剂是表面活性物质，它们具有一些亲水基团和疏水基团。分子带极性的一端向着水溶液，非极性的一端向着空气，并力图在表面作定向排列，增加了泡沫的力学强度。起泡剂分子通常是长链形的，其烃链越长，链间的分子引力越大，膜的力学强度就越强。蛋白质分子中除分子引力外，在羧基和氨基之间也有引力，因而形成的液膜比较牢固，泡沫比较稳定。此外，发酵液的温度、pH值、基质浓度以及泡沫的表面积对泡沫的稳定性也有一定的作用。

二、发酵过程中泡沫的变化

发酵过程中泡沫的多少与通气搅拌的剧烈程度和培养基成分有关，玉米浆、蛋白胨、花生饼粉、黄豆饼粉、酵母粉、糖蜜等是起泡的主要因素，其起泡能力随这些物质的品种、产地，加工、贮藏条件而有所不同，还与配比有关。如丰富培养基，特别是花生饼粉或黄豆饼粉的培养基，黏度比较大，产生的泡沫量大而持久。糖类本身的起泡能力很低，但在丰富培养基中，高浓度的糖增加了发酵液的黏度，起稳定泡沫的作用。此外，培养基的灭菌方法、灭菌温度和时间也会改变培养基的性质，从而影响培养基的起泡能力。如糖蜜培养基的灭菌温度从110℃升高到130℃，灭菌时间为半小时，发泡系数几乎增加一倍。

发酵过程中发酵液的性质随菌的代谢活动不断变化，是泡沫消长的重要因素。发酵前期，泡沫的高稳定性与高表观黏度和低表面张力有关。随着发酵过程中蛋白酶、淀粉酶的增多及碳、氮源的利用，起稳定泡沫作用的蛋白质的降解，发酵液黏度的降低和表面张力的上升，泡沫在减少。另外，菌体也有稳定泡沫的作用，在发酵后期菌体自溶，可溶性蛋白增加，又会使泡沫增加。

三、泡沫的控制

泡沫的控制方法可分为机械消泡和消泡剂消泡两大类。近年来也从生产菌种本身的特性着手，预防泡沫的形成。如单细胞蛋白生产中筛选在生长期不易形成泡沫的突变株。也可用混合培养方法，如产碱菌、土壤杆菌同莫拉氏菌一起培养来控制泡沫的形成。

(一)机械消泡

机械消泡是借机械引力或剧烈振动或压力变化达到消泡的目的。消泡装置可安装在罐内或罐外。若在罐内，可在搅拌轴上方安装消泡桨，形式多样，泡沫借旋风离心作用被压碎，也可将少量消泡剂加到消沫转子上以增强消泡效果。罐外法是将泡沫引到罐外，通过喷嘴的加速作用或离心作用粉碎泡沫。机械消泡的优点在于不需要引进外界物质，如消泡剂，从而减少染菌的机会，节省原材料，并且不会增加下游工段的负担。缺点是不能从根本上消除泡沫成因。

(二)消泡剂消泡

发酵工业中常用的消泡剂分天然油脂类、聚醚类、高级醇类和硅树脂类。常用的天然油脂类有玉米油、豆油、米糠油、棉籽油、鱼油和猪油等,它们除作消泡剂外,还可作为碳源。其消泡能力不强,需注意新鲜度,以免微生物生长和产物合成受到抑制。应用较多的聚醚类消泡剂有聚氧丙烯甘油和聚乙烯氧丙烯甘油(俗称泡敌),用量为0.03%左右,消泡能力比植物油大10倍以上。泡敌的亲水性好,在发泡介质中易铺展,消泡能力强,但其溶解度也大,消泡活性维持时间较短,在黏稠发酵液中的使用效果比在稀薄发酵液中更好。十八醇是高级醇类中常用的一种,可单独或与载体一起使用。它与冷榨猪油一起使用能有效控制青霉素发酵的泡沫。聚二醇具有消泡效果持久的特点,尤其适用于霉菌发酵。硅酮类消泡剂的代表是聚二甲基硅氧烷及其衍生物,不溶于水,单独使用效果很差。它常与分散剂一起使用,也可与水配成10%的纯硅酮乳液。这类消泡剂适用于微碱性的放线菌和细菌发酵。

消泡剂的消泡效果与使用方法有关,取决于它在发酵液中的扩散能力。消泡剂的分散可借助于机械方法或某种分散剂(如水),将消泡剂乳化成细小液滴。分散剂的作用在于帮助消泡剂扩散和缓慢释放,减小消泡剂的黏度,可加速消泡和延长消泡效果,便于输送。如土霉素发酵中用泡敌、植物油和水按(2～3)∶(5～6)∶30的比例配成乳化液,消泡效果很好,不仅节约了消泡剂和油的用量,还可在发酵全过程中使用。

消泡作用的持久性除了与消泡剂本身的性能有关外,还与加入量和加入时机有关。使用天然油脂时应注意不能一次加得太多,过量的油脂固然能迅速消泡,但也会抑制气泡的分散,使体积溶氧系数中的气液比表面积减小,从而显著影响氧的传质速率,使溶氧迅速下降,甚至为0。油还会被脂肪酶等降解为脂肪酸与甘油,并进一步降解为各种有机酸,使pH值下降,有机酸的氧化需要消耗大量的氧,使溶氧下降,加强供氧可以减轻这种不利作用。

任务六　发酵中染菌的防治

一、染菌的危害

发酵染菌能给生产带来严重的危害,防止杂菌污染是所有发酵工厂的一项重要工作内容,尤其是无菌程度要求高的液体深层发酵,污染防治工作的重要性更为突出。

所谓"杂菌",是指在发酵培养中浸入的有碍生产的其他微生物。

几乎所有的发酵工业都有可能遭受杂菌的污染。染菌的结果,轻者影响产量或产品质量,重者可能导致倒罐,甚至停产。

(一)不同种类的杂菌对发酵的影响

柠檬酸发酵:最怕污染青霉菌;肌苷、肌苷酸发酵:污染芽孢杆菌的危害最大;谷氨酸发酵:最怕污染噬菌体;高温淀粉酶发酵:污染芽孢杆菌和噬菌体的危害较大。

(二)不同染菌时间对发酵的影响

(1) 种子培养期染菌　菌体浓度低、培养基营养丰富。染菌后无表现,但后果最严重。

(2) 发酵前期染菌　杂菌与生产菌争夺营养成分,干扰生产菌的繁殖和产物的形成。

(3)发酵中期染菌　严重干扰生产菌的繁殖和产物的生成。

(4) 发酵后期染菌　如杂菌量不大,可继续发酵。如污染严重,可采取措施提前放罐。

(三)不同染菌途径对发酵的影响

(1)种子带菌　可使发酵染菌具有延续性。

(2)空气带菌　可使发酵染菌具有延续性,导致染菌范围扩大至所有发酵罐。

(3)培养基或设备灭菌不彻底　一般为孤立事件,不具有延续性。

(4)设备渗漏　这种途径造成染菌的危害性较大。

(四)染菌对产物提取和产品质量的影响

1. 对过滤的影响

发酵液的黏度加大;菌体大多自溶;由于发酵不彻底,基质的残留浓度增大,造成过滤时间拉长,影响设备的周转使用,破坏生产平衡;大幅度降低过滤收率。

2. 对提取的影响

(1)有机溶剂萃取工艺　染菌的发酵液含有更多的水溶性蛋白质,易发生乳化,使水相和溶剂相难以分开。

(2)离子交换工艺　杂菌易黏附在离子交换树脂表面或被离子交换树脂吸附,大大降低离子交换树脂的交换量。

3. 对产品质量的影响

(1)对内在质量的影响　染菌的发酵液含有较多的蛋白质和其他杂质,对产品的纯度有较大影响。

(2)对产品外观的影响　一些染菌的发酵液经处理过滤后得到澄清的发酵液,放置后会变得混浊,影响产品的外观。

二、染菌的检查

发酵过程是否染菌应以无菌试验的结果为依据进行判断。在发酵过程中,如何尽早发现杂菌的污染并及时采取措施加以处理,是避免染菌造成严重经济损失的重要手段。因此,生产上要求能准确、迅速地检查出杂菌的污染。

(一)染菌的检查方法

目前常用于检查是否染菌的试验方法主要有显微镜检查法、肉汤培养法、平板(双碟)划线培养法、发酵过程的异常检查法等。

1. 显微镜检查法(镜检法)

此方法是用革兰氏染色法对样品进行涂片、染色,然后在显微镜下观察微生物的形态特征,根据生产菌与杂菌的特征进行区别,判别是否染菌。如发现有与生产菌形态特征不一样的其他微生物存在,就可判断为发生了染菌。此法检查杂菌最为简单、最直接,也是最常用的检查方法之一。必要时还可以进行芽孢染色或鞭毛染色。

2. 肉汤培养法

通常用成分为0.3%牛肉膏、0.5%葡萄糖、0.5%氯化钠、0.8%蛋白胨、0.4%酚红溶液(pH值等于7.2)的葡萄糖酚红肉汤作为培养基,将待检样品直接接入经完全灭菌后的肉汤培养基中,分别于37℃、27℃条件下进行培养,随时观察微生物的生长情况,并取样进行镜检,判断是否染杂菌。肉汤培养法常用于检查培养基和无菌空气是否带菌,同时也可用于噬菌体的检查。

3. 平板(双碟)划线培养法

将待检样品在无菌平板上划线，分别于37℃、27℃条件下进行培养，一般24h后即可进行镜检观察，检查是否有杂菌。有时为了提高平板划线培养法的灵敏度，也可以将需要检查的样品先置于37℃条件下培养6h，使杂菌迅速增殖后再划线培养。

(二)几种检查方法的比较

上述检查方法各有优缺点：显微镜检查方法简便、快速，能及时发现杂菌，但由于镜检取样少，视野的观察面也小，因此不易检出早期杂菌。平板划线培养法的缺点是需经较长时间培养(一般要过夜)才能判断结果，且操作较烦琐，但它要比显微镜检查法检出的杂菌少。

(三)杂菌检查中需注意的问题

(1)检查结果应以平板划线和肉汤培养结果为主要根据。

(2)平板划线和肉汤培养应做三个平行样。

(3)要定期取样。

(4)酚红肉汤和平板划线培养样品应保存至放罐后12h，确定为无菌时方可弃去。

(5)取样时防止外界杂菌混入。

无菌试验时，如果肉汤连续三次发生变色反应(由红色变为黄色)或产生浑浊，或平板培养连续三次发现有异常菌落的出现，即可判断为染菌。有时肉汤培养的阳性反应不够明显，而发酵样品的各项参数显示确有可能染菌，并经镜检等其他方法连续三次确认有相同类型的异常菌存在，也应该判断为染菌。无菌试验期间应每6h观察一次无菌试验样品，以便能及早发现染菌。

除了以上方法外，在实际生产中还可以根据pH值、尾气中CO_2的含量和溶解氧等参数的异常变化来判断是否染菌。

三、染菌原因的分析、预防及处理措施

(一)染菌原因的分析

避免在发酵生产中污染杂菌应以预防为主。“防重于治”，事前防止胜于事后挽救。一旦发生染菌现象就要尽快找出原因并及时纠正、堵塞漏洞，才能减少损失，并从中吸取经验教训，避免以后有类似情况发生，保持生产的正常进行。但在发酵生产中，往往因为生产过程的环节很多，同时各工厂的生产设备、产品种类和管理措施不尽相同，引起染菌的原因比较复杂，有时不能及时找出原因而耽误了生产。如果染菌原因已查出，解决的办法还是比较容易和迅速的。所以，我们必须善于透过现象看本质，对染菌的情况作具体分析，不致盲目寻找而耽误了时间，也不至于将染菌的真正原因遗漏而造成连续染菌的事故。下面根据发酵工厂的生产经验，从一般染菌的现象来分析引起染菌的可能原因。

表5-1、表5-2统计了国内外抗生素生产中发生染菌现象的各种原因所占的百分比，现列出以供参考。从发酵工厂的生产经验来看，染菌原因是以设备渗漏和空气系统的染菌为主，其他则次之。

1. 从染菌的规模来分析染菌原因

(1)大批发酵罐染菌　如果整个工厂中各个产品的发酵罐都出现染菌现象，而且染的是同一种菌，一般来说，这种情况是由使用的统一空气系统中空气过滤器失效或效率下降使带菌的空气进入发酵罐而造成的。大批发酵罐染菌的现象较少但危害极大，所以对于空气系统必须定期进行检查。

表 5-1　国外对某抗生素发酵染菌原因的分析

染菌原因	百分率(%)	染菌原因	百分率(%)
种子带菌	9.64	蛇管穿孔	5.89
接种时罐压跌零	0.19	接种管穿孔	0.39
培养基灭菌不透	0.79	阀门泄漏	1.45
空气系统带菌	19.96	罐盖漏	1.54
搅拌轴密封泄漏	2.09	其他设备漏	10.13
泡沫冒顶	0.48	操作问题	10.15
夹套穿孔	12.36	不明原因	24.94

表 5-2　国内某制药厂抗生素发酵染菌原因的分析

染菌原因	百分率(%)
外界带入杂菌(取样、补料带入)	8.20
设备穿孔	7.60
空气系统带菌	26.00
停电罐压跌零	1.60
接种时染菌	11.00
蒸汽压力不够或蒸汽量不足	0.60
管理问题	7.09
操作违反规程	1.60
种子带菌	0.60
不明原因	35.71

(2)分发酵罐(或罐组)染菌　生产同一产品的几个发酵罐都发生染菌，这种染菌如果出现在发酵前期可能是由于种子带杂菌，如果发生在中后期则可能是中间补料系统或油管路系统发生问题所造成的。同一产品的几个发酵罐的补料系统往往是共用的，倘若补料灭菌不彻底或管路渗漏，就有可能造成这些罐同时发生染菌现象。另外，采用培养基连续灭菌系统时，如果那些用连续灭菌进料的发酵罐都出现染菌，可能是连消系统灭菌不彻底所造成的。

(3)个别发酵罐连续染菌和偶然染菌　个别发酵罐连续染菌大多是由设备问题造成的，如阀门的渗漏或罐体腐蚀磨损，特别是冷却管的不易觉察的穿孔等。设备的腐蚀磨损所引起的染菌会出现每批发酵的染菌时间向前推移的现象，即第二批的染菌时间比第一批提早，第三批的染菌时间又比第二批提早。至于个别发酵罐的偶然染菌，其原因比较复杂，各种染菌途径都可能引起。

2. 从染菌的时间来分析染菌原因

发酵早期染菌，一般认为除了种子带菌外，还有可能是由培养液灭菌或设备灭菌不彻底所致；中、后期染菌则与这些原因的关系不大，而与中间补料、设备渗漏以及操作不合理等有关。

3. 从染菌的类型来分析染菌原因

所染杂菌的类型也是判断染菌原因的重要依据之一。一般认为,污染耐热性芽孢杆菌多数是由于设备存在死角或培养液灭菌不彻底所致。污染的球菌、酵母等可能是从蒸汽的冷凝水或空气中带来的。在检查时,如平板上出现的是浅绿色菌落(革兰氏阴性杆菌),由于这种菌主要生存在水中,所以发酵罐的冷却管或夹套渗漏的可能性较大。污染霉菌大多是灭菌不彻底或无菌操作不严格所致。

综上所述,引起染菌的原因很多。不能机械地认为某种染菌现象必然是从某一途径引起的,应该把染菌的位置、时间和杂菌的类型等各种现象加以综合分析,才能正确判断,从而采取相应的对策和措施。

(二)杂菌污染的防治

1. 种子带菌的防治

种子带菌造成的污染是发酵前期染菌的重要原因之一,严重影响着发酵的成败,因而应高度重视对种子染菌的检查和染菌的防治。种子带菌主要是由保藏的斜面试管菌种染菌、扩大种子用培养基和培养器具灭菌不彻底、种子接种过程无菌操作不严格等原因造成的。生产上可以采用相应措施进行防治。

(1)严格无菌室的无菌要求。无菌室的建立应满足生产的要求,并经常对无菌室进行检查,除常用紫外线杀菌外,如发现无菌室已经污染了较多的细菌,还可采用石碳酸或土霉素等进行灭菌;如发现无菌室有较多的霉菌,则可采用制霉菌素等进行灭菌。如发现噬菌体,可以采用甲醛、双氧水和高锰酸钾等灭菌剂进行处理。

(2)严格菌种管理。用斜面试管、砂土管保藏的菌种,要严格保管,并定期检查,防止杂菌进入而受到污染。长期保存的菌种应采用真空冷冻干燥法或液氮超低温保藏法进行保藏。

(3)对逐级扩大的培养基进行严格的无菌检查,确保任何一级种子均未被污染才能投入使用。其方法是,将未接种的培养基置于培养箱中进行培养,若无微生物生长,说明培养基是无菌的。

2. 空气带菌的防治

在好氧发酵中,通入的无菌空气是造成发酵污染的主要原因之一。要杜绝无菌空气带菌,就必须严格空气净化工艺,合理选择过滤介质,并对过滤介质进行严格灭菌。

应加强生产环境的卫生管理,减少生产环境中空气的含菌量,提高采风口的位置,在空气进入空气过滤器之前进行粗过滤处理,提高进口空气的洁净度。

设计合理的空气预处理工艺,尽可能减少生产环境中空气的带油量和带水量,提高进入空气过滤器的空气温度,降低空气的相对湿度,保持过滤介质的干燥状态,防止空气冷却器漏水,防止冷却水进入空气系统等。

设计和安装合理的空气过滤器,防止过滤器失效。选用除菌效率高的过滤介质,在过滤器灭菌时要防止过滤介质被破坏而造成短路,避免过滤介质烧焦或着火,防止过滤介质装填不均,保证一定的介质充填密度。当突然停止进空气时,要防止发酵液倒流入空气过滤器,在操作过程中要防止空气压力的剧变和流速的急增。

3. 操作不当导致染菌的防治

在培养基灭菌中,淀粉质含量较高的培养基在灭菌过程中容易结块,造成中心部分"夹生"而使灭菌不彻底,导致发酵时染菌。操作时应注意将原料充分混匀打散,并加入一定量的淀粉酶进行液化。

在灭菌操作中，如果没有将灭菌容器内的空气排干净，就会使灭菌温度的仪表显示值与实际值不符，造成灭菌效果达不到要求，导致发酵时染菌。因此在灭菌操作中，一定要注意将灭菌容器内的空气排干净。

培养基在灭菌过程中很容易产生泡沫，发泡严重时泡沫可上升至灌顶甚至逃溢，以致泡沫顶罐，杂菌很容易藏在泡沫中，而泡沫内的温度低于灭菌温度，以致灭菌过程并不能把这些杂菌杀死，一旦灭菌操作完毕并进行冷却时，这些泡沫就会破碎，杂菌就会释放到培养基中，造成染菌。因此，要严防泡沫升顶，尽可能添加消泡剂防止泡沫的大量产生。

在连续灭菌过程中，培养基灭菌的温度及灭菌的时间必须符合灭菌的要求，保证全部培养基灭菌彻底。

项目小结

微生物发酵培养主要是指对细菌、放线菌、酵母菌和霉菌等微生物所进行的培养。微生物发酵培养的目的是为了获取其发酵过程中的初级代谢产物、次级代谢产物及中间代谢产物或微生物菌体本身，出于不同的目的可以选择不同的微生物及相应的培养方法。

微生物的发酵可分为固态发酵和液态发酵，常用的是液态发酵，液态发酵中常用的是液体深层发酵法，液体深层发酵又可分为分批培养、流加培养、半连续培养、连续培养及灌注培养等。

微生物在发酵过程中受到各种物理、化学及生理因素的影响，本项目主要从温度、pH值、基质浓度、溶氧、泡沫等五个方面进行详细的分析，从而在实际的生产中能够防微杜渐，使生产过程顺利有序地进行。

微生物发酵过程中还会因为各种各样的原因而导致染菌。灭菌不彻底、设备存在死角、种子带菌、空气过滤除菌不彻底、设备渗漏或操作不当等，都有可能产生污染杂菌的情况，使得生产失败，蒙受经济损失。因此，要从种子、空气过滤系统、设备检查、操作等方面严格防治，降低染菌的概率，保证生产的顺利进行。

问题探究

1. 简述微生物发酵培养的概念。
2. 微生物发酵培养的产物有哪些类型？
3. 微生物液体深层发酵有哪几个生产类型？
4. 微生物的连续培养法在生产中有哪些应用？
5. 食品发酵过程中的影响因素主要有哪些？
6. 温度是如何影响食品发酵过程的，在发酵过程中如何进行温度的控制？
7. pH值是如何影响食品发酵过程的，在发酵过程中如何进行pH值的控制？
8. 基质浓度是如何影响食品发酵过程的，在发酵过程中如何进行基质浓度的控制？
9. 溶氧是如何影响食品发酵过程的，在发酵过程中如何进行溶氧的控制？
10. 泡沫是如何影响食品发酵过程的，在发酵过程中如何进行泡沫的控制？

11. 食品发酵过程中染菌的原因有哪些?

12. 食品发酵过程中如何防止染菌现象的发生,当染菌现象出现后如何处理?

实训一　谷氨酸发酵

一、实训目的

1. 熟悉谷氨酸发酵的工艺过程。

2. 学习用纸上层析法与比色法对谷氨酸进行定性与定量测定。

二、实训原理

利用细菌生产谷氨酸是微生物好氧发酵的一个很典型的例子。谷氨酸发酵主要采用糖质原料,也可以用乙酸或乙醇等作原料。在使用糖质作原料时,葡萄糖在谷氨酸产生菌的各种酶系作用下,经己糖酵解,单磷酸己糖、三羧酸循环,乙醛酸循环等途径生成谷氨酸、CO_2 和水。

谷氨酸生产菌主要是棒杆菌属、短杆菌属、微杆菌属和节杆菌属的细菌。目前生产上用得较多的是优良菌株黄色短杆菌 T6-13。

由斜面试管保藏的原菌出发,要繁殖成能够供大规模生产所需的数百以至数千升种子的数量,必须经过若干次扩大培养后才能实现。一般的扩大培养工艺流程为:试管斜面原菌→试管斜面活化培养→三角瓶摇床培养(一级种子)→种子罐培养(二级种子)。本实训中使用一级种子。

三、实训器材与试剂

1. 菌种:黄色短杆菌 T6-13。

2. 培养用的原材料:葡萄糖、玉米浆、尿素、磷酸氢二钾、硫酸镁、硫酸锰、硫酸亚铁、琼脂。

3. 其他仪器和试剂:接种环、酒精灯、试管、三角瓶、烧杯、恒温培养箱、恒温培养室、摇床、分光光度计、层析缸、新华一号滤纸、标准谷氨酸、0.5%茚三酮、正丁醇、甲酸、氨水、乙醇、硫酸钠。

四、实训步骤

1. T6-13 菌种的扩大培养

(1)培养基的制备

①试管斜面培养基

葡萄糖 0.1%,牛肉膏 1%,蛋白胨 1%,氯化钠 0.5%,琼脂 2%,pH 值为 6.8~7.2。

除琼脂外,先将其余各成分溶解于水,调整 pH 值后加入琼脂并使之溶化,分装于试管内,一般培养基的装量是试管容量的 1/5。以 111℃蒸汽灭菌 10min,取出后趁热制成斜面,放冷,斜面的长度为试管长度的 1/2~3/5。

②三角瓶扩大培养基

葡萄糖 2.5%,玉米浆 2.5%,尿素 0.5%,磷酸氢二钾 0.15%,硫酸镁 0.04%,硫酸锰 2mg/kg,硫酸亚铁 2mg/kg,pH 值为 7.0。

(2)接种与扩大培养

①将试管斜面 T6-13 菌种接种于试管活化斜面培养基上,在 30~33℃的环境下培养 24h。

②将培养好的斜面菌种接一环于三角瓶扩大培养基中,32~34℃摇床振荡培养 10~12h。

2. 谷氨酸发酵试验

(1)培养基的制备

其制备同种子培养基的制备。将制备好的灭菌培养基在无菌条件下分装于已经灭过菌的500mL三角瓶中，每瓶装100mL。

(2)接种与发酵

将培养好的成熟种子接种于上述发酵培养基中，接种量为1%～2%。

发酵温度控制：0～16h为32～34℃，16h后为34～36℃。

发酵液pH值控制：0～12h为7.1～7.4，12～28h为7.1～7.3，28h后适当降低，一般为7.0以下，收瓶前为6.4～6.7。

发酵时间控制：34～36h。

3. 谷氨酸定性鉴定

用纸上层析法定性测定发酵产物中的谷氨酸。

(1)展开剂配方

酸向展开：正丁醇∶88%甲酸∶水=15∶3∶2；

碱向展开：正丁醇∶12%氨水=13∶2。

(2)显色剂：0.5%茚三酮。

(3)以标准谷氨酸与样品相比。

4. 谷氨酸定量测定(比色法)

(1)将上述定性测定的层析斑点剪下，投入盛有6mL洗脱剂的容器中(75%乙醇39份+0.2%硫酸钠1份)，洗脱1h。将洗脱液在波长520nm处进行比色。

(2)在同一滤纸上无斑点处剪一块与层析斑同样大小的滤纸作空白对照，用同样的方法进行洗脱处理。

(3)绘制标准谷氨酸工作曲线。

①点样：取10cm×10cm新华一号滤纸，在距底边2cm处用铅笔画一直线，在直线上每隔2cm处，分别以2L、4L、6L、8L、10L标准谷氨酸准确点样。

②依法进行展开、显色、洗脱、比色。

③以所测得的光密度为纵坐标，以谷氨酸的含量为横坐标作图，即得谷氨酸工作曲线。

五、思考与练习

1. 除了利用黄色短杆菌生产谷氨酸外，还可以选用什么菌种？
2. 谷氨酸发酵过程中，应该注意什么事项？

六、实训报告

绘制标准曲线，记录实验结果，并计算谷氨酸的产量。

实训二　黑曲霉发酵生产柠檬酸

一、实训目的

知道柠檬酸发酵的原理及过程，掌握柠檬酸深层液体发酵及中间分析方法。

二、实训原理

本实训以薯干粉或玉米粉为原料，采用黑曲霉，通过深层液体(摇瓶)发酵产生柠檬酸。柠檬酸发酵液经过滤除去菌丝体和残存杂质，过滤液中加入碳酸钙中和，生成柠檬酸钙沉淀。将所得的柠檬酸钙用稀硫酸酸解生成柠檬酸和硫酸钙沉淀而制得粗制柠檬酸液，粗制柠檬酸液再经活性炭脱色、离子交换脱盐制得精制柠檬酸液。精制柠檬酸液经真空浓缩、结晶制得符合英国药典 BP—98 版标准的无水或一水柠檬酸。

黑曲霉发酵法生产柠檬酸的代谢途径为：黑曲霉生长繁殖时产生的淀粉酶、糖化酶首先将薯干粉或玉米粉中的淀粉转变为葡萄糖；葡萄糖经过糖酵解（EMP）途径和 HMP 途径转变为丙酮酸；丙酮酸由丙酮酸氧化酶氧化生成乙酸和 CO_2，继而经乙酰磷酸形成乙酰辅酶 A，然后在柠檬酸合成酶（柠檬酸缩合酶）的作用下生成柠檬酸。在限制氮源和锰等金属离子的条件下，同时在高浓度葡萄糖和充分供氧的条件下，TCA 循环中的 α-酮戊二酸脱氢酶受阻遏，TCA 循环变成"马蹄形"，代谢流汇集于柠檬酸处，使柠檬酸大量积累并排出菌体外。

三、实训器材与试剂

实验装置：旋转式摇床、恒温培养箱、高速离心机（4000～6500r/min）。

菌种：黑曲霉柠檬酸生产菌株。

材料：麸皮，马铃薯，薯干粉，蔗糖，玉米粉，大麦芽，大米，琼脂，淀粉酶（中温酶与高温酶）。

器皿：15mL 试管，100mL 三角瓶，2000mL 烧杯，500mL 三角瓶，离心管若干。

试剂：0.1429mol/L NaOH，1%酚酞试剂，费林甲、乙溶液，0.01%标准葡萄糖溶液。

四、实训步骤及方法

1. 斜面培养基的制备

（1）马铃薯琼脂培养基的制备

去皮马铃薯 200g 切成小块，加水约 500mL，煮沸 30min，然后用纱布过滤，滤液加蔗糖 20g、琼脂 20g，溶化后以自来水定容至 1000mL，分装于经干热灭菌后的带棉塞试管内，121℃灭菌 20min，取出，摆成斜面备用。

（2）麦芽汁琼脂培养基的制备

2/3 大麦芽加 1/3 大米磨碎成粉，按麦芽粉：水等于 1：4 的比例加水，60℃下糖化 4h 至碘液显示无色，然后离心 15min，获得麦芽汁（或取啤酒厂未加酒花的麦芽汁）。调整浓度至 5°Bx，添加 25g/L 琼脂，分装于经干热灭菌后的带棉塞试管内，于 121℃灭菌 15～20min，取出，摆成斜面备用。

（3）一级种子（麸曲种子）培养基的制备

①含麸皮的查氏培养基（g/L）制备：蔗糖 30g、KNO_3 1.0mol/L、K_2HPO_4 1.0mol/L、$MgSO_4 \cdot 7H_2O$ 0.5mol/L、KCl 0.5mol/L、$FeSO_4 \cdot 7H_2O$ 0.01mol/L，调节 pH 值为 7.0～7.2，加水定容至 1000mL，添加 800g 麸皮，拌匀至无干粉又无结团，分装入 8～10 个 500mL 三角瓶中，塞入 8 层纱布并包扎好。于 121℃下灭菌 30min，趁热摇散，冷却至 35℃备用。

②麸曲培养基制备：取新鲜麸皮，用 60 目筛子筛去细粉，按麸皮：水等于 1：(1.0～1.3) 的比例加水，拌匀至无干粉又无结团，或用水洗麸皮表面，挤去水分至有水感而水不下滴为宜。将上述麸皮装入 500mL 三角瓶中，每瓶装 80～100g 湿料，塞入 8 层纱布并包扎好。于 121℃下灭菌 30min，趁热摇散，冷却至 35℃备用。

（4）摇瓶发酵培养基

取细度为 40 目以上的薯干粉 6～8g，装入 500mL 三角瓶中，再加入 40mL 水和 5 个单位 α-淀粉酶（中温）/g 薯干粉，于 75～80℃下液化 15min，瓶口塞入 8 层纱布并包扎好，于 110℃灭菌 15～20min，冷却备用。

取细度为 60 目以上的玉米粉 300g 装入 2000mL 烧杯中，加入 1000mL 水和 7～8 个单位 α-淀粉酶（高温）/g 玉米粉，于 80℃液化 10min 后，继续加热至 90℃保温 30min，碘检不变色后，再加热到 100℃煮沸（5

～10min)，趁热经过两层纱布过滤，滤液加水冷却，并调整糖度至15%～20%和蛋白质含量不超过4g/L，取过滤清液40mL分别装入500mL三角瓶中，瓶口塞入8层纱布并包扎好，于121℃灭菌15～20min，冷却备用。

2.种子的制备

(1)斜面种子的制备：用接种环挑取冰箱保存的斜面菌种一环于斜面培养基上，于35℃恒温箱中培养3～5d，待长满大量黑色孢子后，即为活化的斜面种子。

(2)孢子悬浮液的制备：用无菌移液管吸取5mL无菌水至黑曲霉斜面上，用接种环轻轻刮下孢子，装入含有玻璃球的三角瓶中，盖好塞子振荡数分钟。每支斜面的孢子悬浮液可接2～3瓶麸曲三角瓶。

(3)吸取孢子悬浮液2mL接入上述麸曲种子培养基中，然后摊开纱布、扎好，并在掌心轻轻拍三角瓶，使孢子与培养基充分混合，于30～32℃下恒温培养1d后再次拍匀，于35℃下培养，每隔12～24h摇瓶一次，孢子长出后停止摇瓶，这样继续培养3～4d，即成种曲。

3.摇瓶发酵培养

将麸曲孢子(或直接将斜面种子)接种于上述薯干粉或玉米粉的摇瓶发酵培养基中。接种量：一支斜面接4～5瓶，一瓶麸曲孢子接20～35瓶。500mL三角瓶装液量为40mL，于转速为200r/min(24h前为100r/min，24h后为200r/min)、300r/min(24h前为100r/min，24h后为300r/min)的旋转摇床上，35℃下培养3～4d。

4.发酵过程检测

(1)发酵0、24h、48h、72h、96h后分别取下两瓶检测残糖、柠檬酸含量，以观察发酵过程中黑曲霉的耗糖量与柠檬酸的生成速率。

(2)柠檬酸含量检测：一般检测发酵过程中的总酸，采用0.1429mol/L NaOH溶液滴定发酵过滤清液。

(3)总糖及残糖(还原糖)测定：采用费林试剂法。

五、思考与练习

试以发酵时间为横坐标，以糖消耗量、柠檬酸生成量、糖酸转化率为纵坐标作图，说明三者随发酵时间的变化，并加以分析。

六、实训报告

根据实训内容及结果完成实训报告。

模块二　酒类发酵与酿造技术平台

项目六　啤酒发酵技术

知识目标

1. 知道啤酒的定义及分类。
2. 知道啤酒原、辅料的检测、处理方法。
3. 能陈述麦芽及麦芽汁的制备过程。
4. 能陈述啤酒的酿造工艺及操作要点。
5. 能陈述啤酒发酵过程中的物质转化及啤酒后处理的方法。

技能目标

1. 能够完成啤酒酿造各个操作环节并进行工艺控制。
2. 会操作啤酒酿造中常见的设备。
3. 能够进行啤酒质量的基本检验与鉴定（包括理化、感官、微生物检验）。
4. 会运用相关知识解决啤酒酿造过程中的质量问题，会进行成本分析。
5. 能够制定啤酒酿造的操作规范、整理改进措施。

思政目标

通过介绍“啤酒大王”朱宝镛对中国啤酒业发展所做出的巨大贡献，激励学生学习他敬业、精益、专注、创新的工匠精神。

背景资料

啤酒是以发芽的大麦或小麦为主要原料，以大米或其他谷物为辅助原料，经麦芽汁的制备、加酒花煮沸，并经酵母发酵酿制而成的，含有二氧化碳的低酒精度（2.5%～7.5%）的酒饮料。

一、啤酒的发展概况

啤酒大约起源于古代的巴比伦和亚述地带，幼发拉底河、底格里斯河流域，尼罗河下游和九曲黄河之滨，之后传入欧美及东亚等地。最原始的啤酒可能出自居住于两河流域的苏美尔人之手，它是以大麦或小麦为原料，以肉桂为香料，利用原始的自然发酵酿制而成的。公元9世纪，日耳曼人以酒花代替香料用于啤酒酿造，使啤酒质量向前跨越了一大步。

我国在四五千年前就有古代啤酒。我国的近代啤酒是从欧洲传入的。在我国建立的最早的啤酒厂是1900年由俄国商人在哈尔滨建立的乌卢布列夫斯基啤酒厂，即现在的哈尔滨啤酒有限公司的前身。1903年英国和德国商人在青岛开办了英德酿酒有限公司，即现在的青岛啤酒有限公司的前身，生产能力为2000t。1902年至1949年的40多年中，我国只建立了不到10个啤酒厂，年产啤酒近10000t。1949年至1993年，我国用40多年的时间发展成为世界第二大啤酒生产国。随着啤酒工业的迅猛发展，2002年我国的啤酒产量达到2386万吨，首次超过美国，真正成为世界最大的啤酒生产国和啤酒消费市场。

我国的啤酒工业在改革开放以后涌现出了一大批具有品牌、技术、装备、管理等综合优势的优秀企业，如"青啤""燕京""华润""哈啤""珠江""重啤""惠泉""金星"等国际和国内的知名企业。虽然我国的啤酒产量已突破2500万吨，位居世界第一，但与国际啤酒大国及啤酒业发达国家相比，在集团化、规模化、质量、效益、品牌等方面还比较落后，存在一定差距。

在未来一段时间里，我国啤酒的发展趋势为：品种更加多样化、功能更加齐全，新品趋向特色型、风味型、轻快型、保健型、清爽型等；消费需求转向低度化、清爽型的啤酒，浓醇型啤酒，高浓度啤酒和真正的特殊风味啤酒等；纯生啤酒具有较大的发展空间。

二、啤酒与健康

啤酒是一种营养丰富的低酒精度的饮料酒，其化学成分比较复杂，随原料配比、酒花用量、麦芽汁浓度、糖化条件、酵母菌种、发酵条件以及糖化用水等诸多因素的变化而变化。以12°P啤酒为例：实际浓度为4.0%～4.5%。其中，80%为糖类物质，8%～10%为含氮物质，3%～4%为矿物质，还含有12种维生素（尤其是B_1、B_2等B族维生素含量较多）以及有机酸、酒花油、苦味物质和CO_2等，含有17种氨基酸，还含有钙、磷、钾、钠、镁等无机盐和各种微量元素以及各种风味物质。1L 12°P啤酒产生的热量达1779kJ，与250g面包，或5～6个鸡蛋，或500g马铃薯，或0.75L牛奶产生的热量相当，故有"液体面包"的美称。

啤酒具有利尿、促进胃液分泌、缓解紧张情绪及治疗结石的作用。适当饮用啤酒可以提高肝脏的解毒作用，对冠心病、高血压、糖尿病和血脉不畅等均有一定效果。啤酒中丰富的CO_2和酸度、苦味，具有生津止渴、消暑、帮助消化、消除疲劳、增进食欲的功能。

适量饮用啤酒，可引起兴奋，使皮肤血管扩张，产生温暖感。但若经常过量饮用啤酒，则会使人腹部发胖，出现俗称的"啤酒肚"；过量饮用啤酒还会使血液中的液体量增多，加大心脏负担。因此，高血压、冠心病患者应忌饮啤酒，肥胖病和糖尿病患者可少量饮用干啤酒。

三、啤酒的分类

（一）按原麦芽汁浓度分类

（1）低浓度啤酒　原麦芽汁浓度为2.5～8°P，乙醇含量为0.8%～2.2%。

（2）中浓度啤酒　原麦芽汁浓度为9～12°P，乙醇含量为2.5%～3.5%。淡色啤酒均属此类。

（3）高浓度啤酒　原麦芽汁浓度为13～22°P，乙醇含量为3.6%～5.5%。多为浓色或黑色啤酒。

（二）按啤酒色泽分类

（1）淡色啤酒　色度为3～14EBC单位。其口感特点为：酒花香味突出，口味爽快、醇和。

(2)浓色啤酒　色度为15～40EBC单位。其口感特点为:麦芽香味突出,口味醇厚,苦味较轻。

(3)黑啤酒　色度大于40EBC单位。其口感特点为:原麦芽汁浓度较高,焦糖香味突出,口味醇厚,泡沫细腻,苦味较重。

(4)白啤酒　以小麦芽为主要原料,酒液呈白色,清凉透明,酒花香气突出,泡沫持久。

(三)按所用的酵母品种分类

(1)上面发酵啤酒　是以上面酵母进行发酵的啤酒,如英国的爱尔啤酒、斯陶特黑啤酒以及波特黑啤酒。

(2)下面发酵啤酒　是以下面酵母进行发酵的啤酒。发酵结束时酵母沉积于发酵容器的底部,形成紧密的酵母沉淀,如捷克的比尔森啤酒、德国的慕尼黑啤酒以及我国的青岛啤酒等。

(四)按生产方式分类

(1)鲜啤酒　啤酒包装后,不经过巴氏灭菌或瞬时高温灭菌的新鲜啤酒为鲜啤酒。其保存期较短。

(2)纯生啤酒　啤酒包装后,不经过巴氏灭菌或瞬时高温灭菌,而采用物理方法进行无菌过滤(微孔薄膜过滤)及无菌灌装,从而达到一定生物、非生物和风味稳定性的啤酒为纯生啤酒。此种啤酒口味新鲜、淡爽、纯正,啤酒的稳定性好,保质期可达半年以上。

(3)熟啤酒　啤酒包装后,经过巴氏灭菌或瞬时高温灭菌的啤酒为熟啤酒。其保质期较长,可达3个月左右。

(五)按包装容器分类

(1)瓶装啤酒　国内主要采用640mL、500mL、350mL和330mL四种规格的瓶装啤酒。

(2)听装啤酒　听装啤酒所用的制罐材料一般为铝合金或马口铁。听装啤酒体轻,携带方便,多为杀菌熟啤酒,听装啤酒的口感评价常不如瓶装啤酒。

(3)桶装啤酒　国内桶装啤酒又可分为桶装“鲜啤”和桶装“扎啤”两种类型。桶装“鲜啤”是不经过瞬间杀菌的啤酒。桶装“扎啤”是经过瞬间杀菌的啤酒,也有的不经过杀菌但须加强过滤。

(六)按啤酒生产使用的原料分类

(1)加辅料啤酒　生产所用原料除麦芽外,还加入其他谷物作为辅助原料酿制的啤酒为加辅料啤酒。其成本较低,口味清爽,酒花香味突出。

(2)全麦芽啤酒　原料全部采用麦芽,不添加任何辅料酿制的啤酒为全麦芽啤酒。其成本较高,但麦芽香味突出。

(3)小麦啤酒　以小麦芽为主要原料(占总原料40%以上)酿制的啤酒为小麦芽啤酒。其具有小麦啤酒特有的香味,泡沫丰富、细腻,苦味较轻。

(七)新的啤酒品种

(1)低(无)醇啤酒　酒精含量为0.6%～2.5%(V/V)的淡色(或浓色、黑色)啤酒即为低醇啤酒;酒精含量少于0.5%(V/V)的啤酒为无醇啤酒。适宜于司机或不会饮酒的人饮用。

(2)干啤酒　啤酒的真正发酵度为72%以上的淡色啤酒为干啤酒。此啤酒残糖低,CO_2含量高,故具有口味干爽、杀口力强的特点。适宜于糖尿病患者饮用。

(3)冰啤酒　将滤酒前的啤酒经过专门的冷冻设备进行超冷冻处理(冷冻至冰点以下)，使啤酒出现微小冰晶，然后经过过滤，将大冰晶过滤掉的啤酒为冰啤酒。其酒液更加清亮、新鲜、柔和、醇厚。

(4)稀释啤酒　稀释啤酒是“高浓度麦芽汁酿造后稀释啤酒”的简称，即制备高浓度麦芽汁(15°P 以上)，进行高浓度麦芽汁发酵，然后再稀释成传统的 8～12°P 的啤酒。

(5)头道麦芽汁啤酒　利用过滤所得的麦芽汁直接进行发酵，而不掺入冲洗残糖的二道麦芽汁。具有口味醇爽、后味干净的特点。

(6)果味啤酒　在后酵中加入菠萝或葡萄等的提取液，使啤酒有酸甜感，富含多种维生素、氨基酸，酒液清亮，泡沫洁白细腻，属于天然果汁饮料型啤酒。适于妇女、老年人饮用。

(7)暖啤酒　属于啤酒的后调味。后酵中加入姜汁或枸杞，有预防感冒和胃寒的作用。

(8)浑浊啤酒　这种啤酒在成品中含有一定量的活酵母菌或显示特殊风味的胶体物质，浊度为 2.0～5.0EBC 单位。该酒具有新鲜感或附加的特殊风味。

(9)绿啤酒　在啤酒中加入天然螺旋藻提取液，富含氨基酸和微量元素，啤酒呈绿色，属于啤酒的后修饰产品。

任务一　啤酒酿造原、辅料的检测与处理

大麦是酿造啤酒的主要原料。大麦适于酿造啤酒的原因有：①大麦便于发芽，并产生大量的水解酶类；②大麦种植遍及全球；③大麦的化学成分适合酿造啤酒；④大麦是非人类食用主粮。大麦的化学成分与质量直接影响啤酒的质量，必须对大麦进行选择、处理，以利于啤酒质量的提高。

一、大麦的检测

根据大麦籽粒生长的形态，可将大麦分为六棱大麦、四棱大麦和二棱大麦。其中二棱大麦的麦穗上只有两行籽粒，籽粒皮薄、大小均匀、饱满整齐，淀粉含量较高，蛋白质含量适当，是啤酒生产的最好原料。

(一)大麦的化学成分及其在酿造上的作用

1. 淀粉

淀粉是大麦中主要的化学成分，贮藏在胚乳细胞中。大麦的淀粉含量占其干物质的 58%～65%。糖化时直链淀粉经水解几乎全部转化为葡萄糖和麦芽糖，支链淀粉被淀粉酶分解时，除了生成麦芽糖和葡萄糖外，还产生相当数量的糊精和异麦芽糖，而糊精和异麦芽糖在发酵时较难被酵母利用。

2. 蛋白质

大麦中蛋白质含量的高低，对大麦发芽、糖化、发酵以及成品酒的泡沫、风味、稳定性都有很大影响。啤酒酿造用的大麦一般要求蛋白质含量为 9%～12%。

大麦中的蛋白质主要可分为以下几种类型：①麦白蛋白；②球蛋白(在麦芽汁制备过程中不能完全析出沉淀，是啤酒混浊的主要原因之一)；③醇溶蛋白(是造成啤酒冷混浊和氧化混浊的主要成分)；④谷蛋白。

3. 纤维素

纤维素占大麦干物质质量的3.5%～7.0%。纤维素在啤酒酿造中不参与代谢作用。

4. 半纤维素和麦胶物质

半纤维素和麦胶物质占麦粒干物质的10%～11%，是胚乳细胞壁的构成物，也存在于谷皮中。

半纤维素和麦胶物质中的β-葡聚糖的水溶液黏度极高。发芽过程中，溶解良好的麦芽，β-葡聚糖已大部分分解；溶解不良的麦芽，β-葡聚糖分解不完全，由此制出的麦芽汁黏度高，不利于麦芽汁过滤，还会造成啤酒口味不爽的感觉。β-葡聚糖也是引起啤酒混浊的成分之一。

5. 大麦酚类物质

酚类物质主要存在于皮壳中，其含量占大麦干物质的0.1%～0.3%。大麦中的酚类物质含量虽少，但对啤酒的色泽、泡沫、风味和稳定性影响很大。

酚类物质包括小分子酚（如香草酸或香豆素等）和较大分子酚（如花色苷、儿茶酸等）。较大分子酚经过缩合和氧化后，具有单宁性质，易和蛋白质起交联作用而沉淀出来。

6. 其他物质

大麦中还含有2.4%～3.0%的灰分，2%～3%的脂肪以及少量的磷酸盐、维生素等。

(二)酿造用大麦的质量要求

1. 感官检验

(1)纯度　大麦应很少含有杂谷、草屑、泥沙等夹杂物。

(2)外观和色泽　新鲜、干燥、皮壳薄而有皱纹，色泽淡黄而有光泽，籽粒饱满。

(3)香和味　具有新鲜的麦秆香味，放在嘴里咬尝时有淀粉味，并以略带甜味者为佳。

2. 物理检验

(1)千粒重　35～45g。

(2)麦粒均匀度　腹径2.5mm以上麦粒占85%的为一级大麦，腹径2.2～2.5mm麦粒占85%的为二级大麦，一级大麦、二级大麦均可作为酿酒原料用。腹径2.2mm以下麦粒占85%的为次大麦，不可用作酿酒。

(3)胚乳状态　胚乳断面为粉白色的粉质粒，淀粉含量高，吸水性好，易于分解。胚乳断面呈玻璃状或半玻璃状的，吸水性差，淀粉不易分解。

(4)发芽力和发芽率　发芽力是指3d内发芽的百分数，要求不低于90%。发芽率是指5d内发芽的百分数，要求不低于95%。

3. 化学检验

(1)水分含量　要求大麦水分含量在13%以下，否则难以贮存。

(2)浸出物质量分数　一般要求为72%～80%(绝干物质计)。

(3)蛋白质质量分数　一般要求为9%～12%(绝干物质计)，辅料用量多时可达13.5%。

二、辅助原料的选择

(一)使用辅助原料的目的与要求

啤酒酿造中，常常添加一些富含淀粉的未发芽谷物、糖类或糖浆作为麦芽辅助原料。使用辅料的目的是：

(1)以价廉而富含淀粉的谷物作为麦芽辅助原料，可降低原料成本和吨酒粮耗；

(2)使用糖类或糖浆为辅料，可以节省糖化设备的容量，同时可以调节麦芽汁中糖的比例，提高啤酒发酵度；

(3)使用辅助原料，可以降低麦芽汁中蛋白质和多酚类物质的含量，降低啤酒色度，改善啤酒风味和非生物稳定性；

(4)使用部分辅助原料(如小麦)可以增加啤酒中糖蛋白的含量，改进啤酒的泡沫性能。

原则上凡富含淀粉的谷物都可以作为辅料，但添加辅料后不应造成过滤困难，不能影响酵母的发酵和产品卫生指标，不能带入异味，不能影响啤酒的风味。谷类辅助原料用量一般控制在10%～50%之间，常用的比例为30%～50%；糖类或糖浆辅助原料用量为10%左右。

(二)常用辅助原料的种类

(1)大米　大米是最常用的辅助原料。添加大米的啤酒，色泽浅、口味清爽、泡沫细腻、酒花香味突出、非生物性好。国内的啤酒酿造中，大米的添加量一般为25%～50%。大米用量过大时，会造成麦芽汁α-氨基氮含量过低，影响酵母的繁殖和发酵。

(2)玉米　国外以玉米为辅料比较普遍。玉米的脂肪含量高，脂肪进入啤酒会影响啤酒的泡沫性能，同时脂肪容易氧化，会使啤酒风味变坏，因此，常添加低脂玉米。低脂玉米用量为30%～35%。

(3)小麦　用小麦作辅料有以下特点：啤酒泡沫性能好；花色苷含量低，有利于啤酒的非生物稳定性，且风味也较好；麦芽汁中可同化性氮含量高，发酵速度快，啤酒的最终pH值较低；小麦富含α-淀粉酶和β-淀粉酶，有利于快速糖化。小麦(或小麦芽)用量一般为20%左右。

(4)大麦　未发芽大麦含有较多的β-葡聚糖，故一般用量为15%～20%。如添加含淀粉酶、肽酶和β-葡聚糖酶的复合酶制剂，大麦用量可达30%～40%。

(5)淀粉　采用淀粉的优点是：淀粉纯度高，杂质少，黏度低，无残渣，可以生产高浓度啤酒、高发酵度啤酒，麦芽汁过滤容易，啤酒风味和非生物稳定性能满足实际要求。

(6)糖类或淀粉水解糖浆　为调节麦芽汁中糖的比例，提高发酵度，可以在煮沸锅中直接添加糖类或淀粉水解糖浆。糖类添加量一般为10%左右。糖浆的添加量可稍高，为30%左右。生产深色啤酒时也可添加部分焦糖，以调节啤酒色泽。

三、啤酒花及其制品的检测

啤酒花简称酒花，又称蛇麻花、忽布花。蛇麻为大麻科葎草属多年生蔓性草本植物，系雌雄异株，用于啤酒酿造者为成熟雌花。

(一)酒花的主要有效成分及其作用

酒花的成分有酒花油、酒花苦味物质、多酚类物质、单糖、果胶、蛋白质、脂和蜡等。其中前三者是对酿酒有用的成分，它们赋予啤酒特有的苦味和香味，酒花苦味物质还有防腐作用，多酚类物质则具有澄清麦芽汁和赋予啤酒以醇厚酒体的作用。

1. 酒花油

酒花油的溶解度极小，易于挥发，容易氧化。酒花油的主要成分是萜烯类碳氢化合物、含氧化合物和微量的含硫化合物等。尽管在啤酒中保存下来的酒花油很少，但却是啤酒中酒花香味的主要来源。

2. 酒花苦味物质

啤酒的苦味和防腐能力主要是由酒花中的苦味物质 α-酸和 β-酸提供的。

α-酸又称葎草酮，本身具有苦味和防腐能力，在弱碱溶液中易异构化转变成异 α-酸。异 α-酸在麦芽汁中的溶解度比 α-酸大得多，具有强烈的苦味，防腐能力也高于 α-酸，是啤酒苦味的主要来源。

β-酸又称蛇麻酮，溶解度小，苦味和防腐能力不如 α-酸。β-酸有一定的抑制革兰氏阳性菌和阴性菌的能力。

3. 多酚类物质

酒花中含有 4%～10% 的多酚类物质，主要是花色苷、花青素和单宁等，其中花色苷占 80%。酒花中的多酚含量比大麦中的多酚含量要高得多，是影响啤酒风味和引起啤酒混浊的主要成分。酒花中的多酚在麦芽汁煮沸时有沉淀蛋白质的作用，但这种沉淀作用在麦芽汁冷却、发酵，甚至过滤装瓶后仍在继续进行，从而会导致啤酒混浊。

(二)酒花制品的种类及其使用方法

常用的酒花制品有颗粒酒花、酒花浸膏、酒花油等。

1. 颗粒酒花

颗粒酒花是把粉碎后的酒花压制成颗粒，密闭冲惰性气体保藏的酒花制品。颗粒酒花具有体积小，不易氧化，运输、使用、控制和保管都比较方便的优点。

2. 酒花浸膏

酒花浸膏是利用萃取剂将酒花中的 α-酸萃取出的树脂浸膏，是以 α-酸为主体成分的酒花制品。酒花浸膏的主要优点是提高了 α-酸的利用率。

3. 异构化酒花浸膏

酒花先通过异构化再进行 CO_2 萃取制成异 α-酸浸膏。异 α-酸浸膏应和颗粒酒花、酒花浸膏等配合使用。

4. β-酸酒花油

在 CO_2 萃取制备 α-酸浸膏的废液中存在大量的 β-酸和酒花油。在适当的条件下进行萃取，可获得一种固体树脂浸膏，即 β-酸酒花油。β-酸酒花油替代麦芽汁煮沸中最后一次添加的酒花，可提供新鲜的酒花香气，添加的数量可通过试验确定。

四、酿造用水的检测与处理

啤酒生产用水包括糖化用水、制麦用水、洗涤用水、灭菌用水、冷却用水和锅炉用水等，其中糖化用水和洗涤麦糟用水直接用于酿造，直接影响啤酒质量，称为酿造用水。

啤酒生产中对酿造用水的要求比较严格，它除应基本符合生活饮用水的标准外，还要符合啤酒专业上的一些要求。每个企业都会有一个酿造用水的标准。若水中杂质超过要求，应对酿造用水作适当的改良和处理。

水的处理方法有机械过滤、活性炭过滤、砂滤、加酸法、煮沸法、添加石膏法、离子交换法、电渗析法、反渗透法、紫外线消毒等。

任务二　麦芽的制备

由原料大麦制成麦芽，称为制麦。制麦过程大体可分为清选分级、浸麦、发芽、干燥、除根等过程。制麦的目的在于使大麦发芽，产生多种水解酶，以便通过后续糖化使淀粉和蛋白质得以分解；绿麦芽在烘干过程中还能产生必要的色、香和风味成分；麦芽经过除根，可使麦芽的成分稳定，便于长期贮存。

一、大麦的预处理

（一）大麦的后熟与贮藏

新收获的大麦有休眠期，发芽率低，只有经过一段时间的后熟期才能达到应有的发芽力，一般后熟期为6～8周。

贮藏期间，大麦水分应控制在12.5%以下，温度在15℃以下。贮藏大麦还应按时通风，防止虫、鼠及霉变的危害，严格防潮，按时倒仓、翻堆。

（二）大麦的清选

清选的第一道工序为粗选，粗选的目的是除去糠灰、各种杂质和铁屑。

清选的第二道工序是精选，精选的目的是除掉与麦粒腹径大小相同的杂质。可用专门的精选机将不同长度的大麦杂质除去。

大麦的清选率指从原大麦中选出的可用于制麦的精选大麦的质量分数。

（三）大麦的分级

分级是将麦粒按腹径大小的不同分为三个等级，目的是得到颗粒整齐的麦芽，为浸渍均匀、发芽整齐以及获得粗细均匀的麦芽粉创造条件，并可提高麦芽的浸出率。

精选分级后的大麦应分级存放，以便浸渍投料。

二、麦芽的制备工艺与质量评价

（一）麦芽的制备工艺

1. 浸麦

（1）浸麦的目的　①提高大麦的含水量（注意水敏感性），使大麦吸水充足，达到发芽的要求。麦粒含水25%～35%，即可均匀发芽。但对酿造用的麦芽，要求胚乳充分溶解，含水必须达到43%～48%。②通过洗涤，除去麦粒表面的灰尘、杂质和微生物。③在浸麦水中适当添加石灰乳、Na_2CO_3 等化学药物，可以加速麦皮中有害物质（如酚类、谷皮酸等）的浸出，提高发芽速度和缩短制麦周期，还可适当提高浸出物的量，降低麦芽的色泽。

（2）影响浸麦的因素　①温度；②麦粒大小；③麦粒性质；④通风量。

（3）浸麦的方法及设备　浸麦的方法很多，常用的方法有间歇浸麦法、喷淋浸麦法、温水浸麦法、快速浸麦法、长断水浸麦法等。常用的浸麦设备有传统的柱体锥底浸麦槽、新型的平底浸麦槽等。

2. 发芽

（1）发芽的目的　发芽的目的是使麦粒生成大量的各种酶类，并使麦粒中的一部分非活化酶得到活化增长。随着酶系统的形成，胚乳中的淀粉、蛋白质、半纤维素等高分子物质逐步分解，可溶性的低分子糖类和含氮物质不断增加，整个胚乳结构由坚韧变为疏松，使麦粒达到适当的溶解度，满足糖化的需要。

（2）影响发芽的因素　①温度；②水分；③通风量；④发芽周期；⑤赤霉酸GA3、溴酸和碱的应用。

(3)发芽方法与设备　发芽方法主要有地板式发芽和通风式发芽两种。发芽设备有间歇式和连续式等多种不同的形式。几种常用的设备为:①萨拉丁发芽箱;②麦堆移动式发芽体系;③劳斯曼转移箱式制麦体系;④发芽-干燥两用箱。

3. 绿麦芽的干燥

绿麦芽用热空气强制通风进行干燥和焙焦的过程即为干燥。

(1)干燥的目的　①除去绿麦芽多余的水分,使麦芽水分降低到5%以下。②终止绿麦芽的生长和酶的分解作用,并最大限度地保持酶的活力。③经过加热分解并挥发出DMS的前体物质,改善啤酒的风味。④ 除去绿麦芽的生腥味,经过焙焦使麦芽产生特有的色、香、味。⑤干燥后易于除去麦根。麦根吸湿性强,不利于麦芽贮存,有苦涩味并且容易使啤酒混浊。所以,不能将麦根中的成分带入啤酒中。

(2)麦芽干燥工艺的控制　当麦芽水分从43%～46%降至23%左右时,空气温度可控制在45～60℃,并增大通风量,调节空气使排放空气的相对湿度稳定在90%～95%。此阶段,翻拌不要过勤,约每4h翻拌1次。

在麦芽水分由23%降至12%的过程中,麦粒水分排放的速度下降,此时应降低空气流量和适当提高干燥温度。

当麦芽水分降至12%以内时,要加速干燥,空气的温度要进一步提高,而空气流量进一步降低,并可以考虑利用一部分相对湿度低的回风。此阶段每2h翻拌1次。

当麦根能用手搓掉时(此时麦芽水分已降至5%～8%),开始升温焙焦。此时的空气温度要进一步提升:对浅色麦芽,要保持麦层品温为80～85℃;对深色麦芽,要保持麦层品温为95～105℃。同时约有75%的排放空气可以考虑回收利用。此时的翻拌要连续进行。

4. 除根

出炉麦芽中大多还带有3%～4%的根芽,麦根中含有43%左右的蛋白质,具有不良苦味,而且色泽很深,如带入啤酒,会影响啤酒的口味、色泽以及非生物稳定性,必须除去,此过程称为除根。

出炉麦芽的麦根吸湿性很强,应在24h内完成除根操作。除根设备常用除根机,除根后的麦芽再经一次风选,除去灰尘及轻微杂物,并将麦芽冷却至室温(20℃左右),入库贮藏。

5. 麦芽的冷却

干燥后的麦芽仍有80℃左右的温度,加之麦根具有较强的吸湿性,尚不能进行贮藏,因而要进行冷却。

6. 磨光

麦芽出厂前可设置磨光机进行处理,以除去附着在麦芽上的脏物和破碎的麦皮,使麦芽外观更加漂亮,并确保口味纯正。

7. 干燥麦芽的贮存

除根后的麦芽,一般都经过6～8周(最短1个月,最长为半年)贮存后,再投入使用。

(二)麦芽的质量评价

1. 感官特征

优质浅色麦芽呈淡黄色且具有光泽感,劣质麦芽外观发暗,有霉味及酸味。

2. 物理检验

切断实验:取麦芽样品200粒,检验胚乳状况,玻璃质粒越少越好。叶芽长度越均匀越好。

3. 化学检验

水分：我国浅色麦芽出炉水分应小于5%。无水浸出物：因品质而异，一般为72%～80%。糖化时间：代表麦芽水解酶活力的强弱。麦芽汁滤速和透明度：溶解良好的麦芽，其协定法麦芽汁滤速快，麦芽汁清。色度：正常浅色麦芽色度为2.5～4.5EBC单位。细胞溶解度：目前国际上较通用的方法是测定麦芽粗细粉浸出物的差值。蛋白质溶解度：库尔巴哈提出的测定协定法麦芽汁的可溶性氮和总氮之百分比可以表示出蛋白质溶解度。α-淀粉酶和糖化力：采用美国ASBC方法测定。

任务三　麦芽汁的制备

麦芽汁的制备（也叫糖化）就是将干麦芽粉碎后，依靠麦芽自身含有的各种酶类，以水为溶剂，将麦芽中的淀粉、蛋白质等大分子物质分解成可溶性的小分子糊精、低聚糖、麦芽糖和肽、胨、氨基酸，制成营养丰富、适合于酵母生长和发酵的麦芽汁。

其工艺流程如图6-1所示。

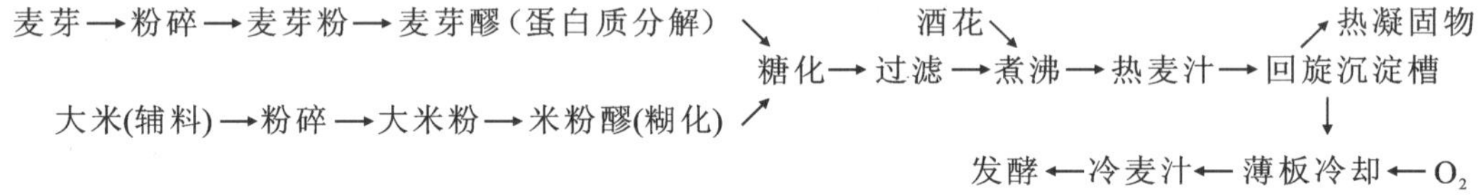

图6-1　麦芽汁的制备工艺流程

一、原料粉碎

麦芽和辅助原料的粉碎是制备麦芽汁的第一步，其粉碎的程度对糖化工艺操作、麦芽汁组成比例，以及原料利用率的高低都是非常重要的。

（一）粉碎的目的

原、辅料粉碎后，增加了比表面积，糖化时可溶性物质容易浸出，有利于酶的作用。

（二）粉碎的要求

麦芽皮壳应破而不碎。如果过碎，麦皮中含有的苦味物质、色素、单宁等会过多地进入麦芽汁中，使啤酒色泽加深，口味变差；还会造成过滤困难，影响麦芽汁收得率。胚乳粉粒则应细而均匀。

辅助原料（如大米）粉碎得越细越好，以增加浸出物的收得率。

（三）粉碎方法与设备

(1)粉碎方法　麦芽粉碎有干法粉碎、湿法粉碎和回潮粉碎三种方法。

(2)粉碎设备　麦芽粉碎常用辊式及湿式粉碎设备。辊式设备根据辊的数量又可分为对辊式、四辊式、五辊式、六辊式等。

二、原料糖化

（一）糖化的目的

糖化的目的就是要将原料（包括麦芽和辅助原料）中的可溶性物质尽可能多地萃取出

来，并且创造有利于各种酶的作用条件，使很多不溶性物质在酶的作用下变成可溶性物质而溶解出来，制成符合要求的麦芽汁，得到较高的麦芽汁收得率。

(二)糖化时主要酶的作用

糖化过程中的酶主要来自麦芽本身，有时也用外加酶制剂。糖化时主要酶作用的最适条件见表 6-1。

表 6-1　糖化时主要酶作用的最适 pH 值、最适温度及失活温度

酶	最适 pH 值	最适温度(℃)	失活温度(℃)
酸性磷酸酶	4.5～5.0	50～53	70
α-淀粉酶	5.6～5.8	70～75	80
β-淀粉酶	5.4～5.6	60～65	70
麦芽糖酶	6.0	35～40	>40
界限糊精酶	5.1	55～60	>65
R-酶	5.3	40	>70
内-β-葡聚糖酶	4.5～5.0	40～45	>55
外-β-葡聚糖酶	4.5～5.0	27～30	>40
β-葡聚糖溶解酶	6.6～7.0	60～65	72
内肽酶	5.0～5.2	50～60	80
羧肽酶	5.2	50～60	70
氨肽酶	7.2～8.0	40～45	>50
二肽酶	7.8～8.2	40～50	>50
多酚氧化酶	—	95	—

(三)糖化时主要物质的变化

1. 淀粉的分解

麦芽的淀粉含量占其干物质的 50%～60%，辅料大米的淀粉含量为干物质的 90%左右。麦芽淀粉颗粒在发芽过程中，因受酶的作用，其外围蛋白质层和细胞壁的半纤维素物质已逐步分解，更容易受酶的作用而分解。

淀粉的分解分为三个彼此连续进行的过程，即糊化、液化和糖化。

(1)糊化　胚乳细胞在一定温度下吸水膨胀、破裂，淀粉分子溶出，呈胶体状态分布于水中而形成糊状物的过程称为糊化。糊化要注意避免出现淀粉的老化现象。老化现象是指糊化后的淀粉糊，在温度降至 50℃以下时，产生凝胶脱水，使其结构又趋紧密的现象。

(2)液化　经糊化的淀粉，在 α-淀粉酶的作用下，淀粉长链分解为短链的低分子的 α-糊精，并使黏度迅速降低的过程称为液化。

(3)糖化　淀粉经糊化、液化后，被淀粉酶进一步水解成糖类和糊精的过程称为糖化。

可发酵性糖是指麦芽汁中能被啤酒酵母发酵的糖类，如果糖、葡萄糖、蔗糖、麦芽糖、麦芽三糖和棉籽糖等。非发酵性糖是指麦芽汁中不能被啤酒酵母发酵的糖类，如低聚糊精、异麦芽糖、戊糖等。非发酵性糖虽然不能被酵母发酵，但它们对啤酒的适口性、黏稠性、泡沫的持久性以及营养等均起着有益的作用。

2. 蛋白质的水解

糖化时，蛋白质的水解很重要，其分解产物影响着啤酒的泡沫、风味和非生物稳定性等。糖化时蛋白质的水解也称蛋白质休止。

麦芽汁中的含氮物质可分为高分子氮、中分子氮和低分子氮，它们对啤酒的影响是不同的。高分子氮含量过高，煮沸时凝固不彻底，极易引起啤酒早期沉淀；中分子氮含量过低，啤酒泡沫性能不良，过高也会引起啤酒混浊沉淀；低分子氮含量过高，啤酒口味淡薄，过低则酵母的营养不足，影响酵母的繁殖。因此，麦芽汁中高、中、低分子氮的组分要保持一定的比例。

3. β-葡聚糖的分解

在制麦过程中，已有80%左右的β-葡聚糖被分解，在糖化中，β-葡聚糖在35～50℃时溶出，会提高麦芽汁的黏度。适量的β-葡聚糖也是构成啤酒酒体和泡沫的主要成分。

4. 酸的形成

糖化时，由于麦芽所含的有机磷酸盐（植酸钙镁）的分解和蛋白质分解形成的氨基酸等缓冲物质的溶解，使醪液的pH值下降。

5. 多酚类物质的变化

糖化中，多酚类物质通过游离、沉淀、氧化和聚合等多种形式不断地变化。因此，在糖化操作中，减少麦芽汁与氧的接触、适当调酸降低pH值、让麦芽汁适当地煮沸使多酚与蛋白质结合形成沉淀等，都有利于提高啤酒的非生物稳定性。

（四）影响糖化的因素

1. 麦芽的质量及粉碎度

溶解良好的麦芽，糖化时间短，生成可发酵性糖数量多，可采用较低的糖化温度。溶解度差、玻璃质粒多的麦芽，糖化时间长，过滤困难，制得的麦芽汁透明度及色泽都差。麦芽的粉碎必须适度，不能太细，否则细粉太多，麦芽与水混合时易结块，增加糖化的困难。

2. 温度的影响

温度是糖化过程的重要影响因素，各种酶的活性都对温度很敏感。温度的影响不仅表现在高低上，还表现在升温速度的快慢上。

从麦芽汁收得率考虑，糖化温度为60～70℃时，麦芽汁浸出物含量最高。实际生产中，糖化温度确定为60～70℃。

3. pH值

pH值会影响各种酶的活性。考虑到各方面影响因素，确定蛋白分解酶的最适pH值为5.2～5.4。淀粉分解酶的pH值范围集中在5.1～5.8之间，实际生产中还受到温度等因素的影响。实际生产中可添加一定量的磷酸，辅以一定量的乳酸来调酸。

4. 糖化醪浓度的影响

对淀粉而言，糖化醪浓度影响酶对基质的渗透，使淀粉的水解速度变慢；对蛋白质水解而言，浓醪因酸性物质溶解增加、pH值降低，以及酶与基质的浓度提高、相互接触机会多而有利于蛋白质休止。所以在糖化中，糖化料水比为1∶(3～4)，糊化料水比为1∶(5～6)。

（五）糖化方法

糖化方法主要有煮出糖化法和浸出糖化法两大类基本方法，其他一些方法均由此两类方法演变而来。

1. 煮出糖化法

煮出糖化法是将糖化醪液的一部分分批地加热到沸点，然后与其余未煮沸的醪液混合，使全部醪液温度分阶段地升高到不同酶分解底物所要求的温度，最后达到糖化终了温度。煮出糖化法根据部分醪液煮沸的次数分为一次、二次和三次煮出糖化法。

2. 浸出糖化法

浸出糖化法的全部糖化醪液自始至终不经煮沸，它是纯粹利用酶的作用进行糖化的方法。其特点是将全部醪液从一定的温度开始，缓慢分阶段升温到糖化终了温度。

浸出糖化法常采用二段式糖化。第一段在63～65℃糖化20～40min，然后升温至76～78℃进行第二段糖化。

3. 双醪糖化法(复式糖化法)

将麦芽和谷类辅料分别在糖化锅和糊化锅中进行处理，然后并醪，并醪以后按煮出糖化法操作进行糖化的，即为双醪煮出糖化法；而按浸出糖化法进行糖化的，即为双醪浸出糖化法。

双醪煮出糖化法适合于用各类原料制造浅色麦芽汁，常用于酿制比尔森型啤酒。双醪浸出糖化法常用于酿制淡爽型啤酒和干啤酒。

4. 外加酶糖化法

在糖化锅和糊化锅内添加一定量的α-淀粉酶、蛋白质分解酶以及β-葡聚糖酶等，尤其在糊化锅内添加α-淀粉酶的较多。糖化过程中添加酶制剂，可加速淀粉糖化和蛋白质分解，并可节省麦芽，增加辅料用量，从而降低成本。

(六)糖化设备及其作用

糖化所需主要设备为糖化锅和糊化锅，两者的外形和构造大致相同。

麦芽在糖化锅下料糖化。辅料在糊化锅下料，单独进行糊化和液化后，再并醪到糖化锅中同麦芽一起糖化。另外，部分醪液的煮沸也在糊化锅内进行。

三、麦芽汁的过滤

糖化工序结束后，应在最短的时间内将糖化醪中从原料溶出的物质与不溶性的麦糟分离，以得到澄清的麦芽汁，并获得良好的浸出物收得率。

麦芽汁过滤分两步进行：首先用过滤方法提取糖化醪中的麦芽汁，此称为第一麦芽汁或过滤麦芽汁；然后利用热水洗出第一麦芽汁过滤后残留于麦糟中的麦芽汁，此称为第二麦芽汁或洗涤麦芽汁。

目前在生产上运用的麦芽汁过滤方法有过滤槽法、压滤机法和快速渗出槽法。过滤应趁热(75～78℃)进行，最早滤出的麦芽汁中含有较多的不溶性颗粒，应让其回流5～10min，待麦芽汁清亮时再放入储存槽或流入麦芽汁煮沸锅。

洗涤麦糟应用76～78℃温水，洗涤麦芽汁的残糖浓度控制在1.0%～1.5%。若制造高档啤酒，应适当提高残糖浓度，一般在1.5%以上，以保证啤酒的高质量。

四、麦芽汁的煮沸定型

糖化后的麦芽汁经过强烈的煮沸，并加入酒花制品，成为符合啤酒质量要求的定型麦芽汁。

(一)麦芽汁的煮沸

1. 麦芽汁煮沸的目的

(1)蒸发多余水分，使混合麦芽汁浓缩到规定的浓度。

(2)破坏全部酶的活性，稳定麦芽汁的组成成分。

(3)通过煮沸，消灭各种有害微生物，保证最终产品的质量。

(4)浸出酒花中的有效成分，赋予麦芽汁独特的苦味和香味，提高麦芽汁的生物和非生物稳定性。

(5)使高分子蛋白质变性和凝固析出，提高啤酒的非生物稳定性。

(6)降低麦芽汁的 pH 值。

(7)形成还原物质，对啤酒的泡沫性能、风味稳定性和非生物稳定性的提高有利。

(8)挥发出不良气味，提高麦芽汁的质量。

2. 麦芽汁煮沸的技术条件

(1)煮沸的时间　煮沸的时间是指将混合麦芽汁蒸发、浓缩到要求的定型麦芽汁浓度所需的时间。

常压煮沸，淡色啤酒(10%～12%)的煮沸时间一般控制在 60～120min，浓色啤酒的煮沸时间可适当延长一些，内加热或外加热煮沸时间为 60～80min。

(2)煮沸强度　煮沸强度是麦芽汁在煮沸时，每小时蒸发水分的百分率，按下式计算：

$$\text{煮沸强度}(\%/\text{h})=\frac{\text{混合麦芽汁量(L)}-\text{最终麦芽汁量(L)}}{\text{混合麦芽汁量(L)}\times\text{煮沸时间(h)}}\times 100\%$$

煮沸强度是影响蛋白质凝结的决定因素，对麦芽汁的透明度和可凝固性氮有显著影响。煮沸强度一般控制在 8(%/h)～10(%/h)，可凝固性氮的质量浓度达 1.5～2.0mg/100mL，即可满足工艺要求。

(3)pH 值　麦芽汁煮沸时的 pH 值通常为 5.2～5.6。此时有利于蛋白质及其与多酚类物质的凝结，但会稍稍降低酒花的利用率。pH 值的调节可通过加酸或生物酸化进行处理。

(二)酒花的添加

1. 酒花添加的目的

(1)赋予啤酒特有的香味。

(2)赋予啤酒爽快的苦味。

(3)增加啤酒的防腐能力。

(4)提高啤酒的非生物稳定性。

(5)防止煮沸时窜沫。

2. 酒花的添加方法

(1)二次添加法　初沸 5～10min 后加酒花 60%，煮沸结束前 30min 左右加酒花 40%。

(2)三次添加法　第一次加酒花在初沸 5～10min 后，加入总量的 20%左右，压泡，使麦芽汁多酚和蛋白质充分作用。第二次加酒花在煮沸 40min 左右，加入总量的 50%～60%，萃取 α-酸，促进异构化。第三次加酒花在煮沸结束前 5～10min，加剩余量，最好是香型花，萃取酒花油。

(3)四次添加法　一般在麦芽汁初沸 5～10min 后加酒花总量的 5%～10%；沸腾 30～40min 后，加酒花总量的 30%左右；煮沸 60～70min，加酒花总量的 30%～35%；煮沸结束前 5～10min 加剩余的酒花。

3. 酒花的添加量

传统的酒花添加量通常以每 100L 麦芽汁或啤酒所需添加的酒花克数表示。酒花的添加量可参考表 6-2。近年来，消费者开始喜欢淡爽型啤酒、超爽型啤酒、干啤、超干啤及味香的啤酒，所以国内外酒花添加量有下降的趋势。国际上多以酒花的 α-酸含量来确定酒花添加量。不少企业的酒花添加量已下降到 0.06%～0.1%。

表 6-2 不同类型啤酒的酒花添加量

啤酒类型	100L 麦芽汁的酒花添加量(g)	100L 啤酒的酒花添加量(g)
淡色啤酒(11%～14%)	170～340	190～380
浓色啤酒(11%～14%)	120～180	130～200
比尔森淡色啤酒(12%)	300～500	350～550
慕尼黑浓色啤酒(14%)	160～200	350～550
国产淡色啤酒(11%～12%)	160～240	180～260

五、麦芽汁的处理

麦芽汁煮沸定型后，在进入发酵以前还需要进行一系列处理，包括热凝固物的分离、冷凝固物的分离、麦芽汁的充氧与冷却等。

1. 热凝固物的分离

热凝固物又称煮沸凝固物或粗凝固物。麦芽汁冷却开始后，在 60℃以上的范围内，热凝固物仍继续析出。大量的热凝固物如带入发酵麦芽汁中，会影响酵母的正常发酵以及色泽、口味和稳定性等。麦芽汁中的热凝固物可采用回旋沉淀槽法、离心分离法或硅藻土过滤机法等进行分离。

2. 冷凝固物的分离

冷凝固物又称冷混浊物或细凝固物，是指麦芽汁在 60℃以下冷却时凝聚析出的混浊物质，25～35℃时析出最多。冷凝固物如保留在麦芽汁中，也会给啤酒发酵带来不良的影响。冷凝固物的分离方法通常采用锥形发酵罐分离法和浮选法。

3. 麦芽汁的充氧

麦芽汁中适度的溶解氧有利于酵母的生长和繁殖。麦芽汁的充氧大多选用文丘里管或气流混合器。一般使麦芽汁含氧达到 8～12mg/L 即可。

4. 麦芽汁冷却

麦芽汁冷却现均采用密闭法。首先利用回旋沉淀槽分离出热凝固物，然后用薄板冷却器进行冷却。

任务四 啤酒的发酵

啤酒酵母是啤酒生产的核心，麦芽汁经啤酒酵母发酵，转化成各种产物(如乙醇、高级醇、双乙酰、酯类、醛类、有机酸、含硫化合物等)，经过各种工艺控制，最后酿制成啤酒。

一、啤酒酵母的制备

(一)啤酒酵母的类型和种类

根据啤酒酵母的发酵类型和凝聚性的不同，可将啤酒酵母分为上面酵母与下面酵母，凝聚性酵母与粉状酵母。上面酵母与下面酵母的主要区别见表 6-3，凝聚性酵母与粉状酵母的主要区别见表6-4。

表6-3　上面酵母与下面酵母的主要区别

区别内容	上面酵母	下面酵母
细胞形态	多呈圆形，多数细胞集结在一起	多呈卵圆形，细胞较分散
发酵时的生理现象	发酵终了，大量酵母悬浮在液面	发酵终了，大部分酵母凝集而沉淀于器底
发酵温度	15～25℃	5～12℃
对棉籽糖的发酵	能将棉籽糖分解为蜜二糖和果糖，只能发酵1/3的果糖	能全部发酵棉籽糖
对蜜二糖的发酵	缺乏蜜二糖酶，不能发酵蜜二糖	含有蜜二糖酶，能发酵蜜二糖
37℃培养	能生长	不能生长
利用酒精生长	能	不能

表6-4　凝聚性酵母与粉状酵母的主要区别

区别内容	凝聚性酵母	粉状酵母
发酵情况	酵母易于凝集沉淀（下面酵母）或凝集后浮于液面（上面酵母）	不易凝集
发酵终了	很快凝集，沉淀致密，或浮于液面形成致密的厚层	长时间地悬浮在发酵液中，很难沉淀
发酵液澄清情况	较快澄清	不易澄清
发酵度	较低	较高

啤酒生产对啤酒酵母的要求是：发酵力高，凝聚力强，沉降缓慢而彻底，繁殖能力适当，有较高的生命活力，性能稳定，酿制出的啤酒风味好。

（二）酵母的选育

酵母选育的目的是为了得到性能优良的菌株。不同的菌株酿制出的啤酒风味不同。啤酒生产企业为保证正常生产和保持产品质量的一致性，必须保持酵母菌种的稳定和优良性能。

优良啤酒酵母应具备的特点为：能从麦芽汁中有效地摄取生长和代谢所需的营养物质。酵母繁殖速度快，双乙酰峰值低，还原速度快。代谢的产物能赋予啤酒良好的风味。发酵结束后能顺利地从发酵液中分离出来。

酵母菌种选育的方法有：①从生产菌种中选育。②在已有的菌种中选择。③诱变和杂交育种。

（三）啤酒酵母的扩大培养

1. 啤酒酵母扩大培养的目的

啤酒酵母扩培的目的是及时向生产中提供足够量的优良、强壮的酵母菌种，以保证正常生产的进行和获得良好的啤酒质量。

2. 啤酒酵母扩大培养的方法

（1）实验室扩大培养阶段（图6-2）。

（2）生产现场扩大培养阶段（图6-3）。

3. 扩培过程中的注意事项

（1）扩培过程中要求严格无菌操作，避免污染杂菌。每一步扩大后的残留液都应进行有无污染、变异的检查。

斜面原菌种 ⟶ 斜面活化 ⟶ 10mL液体试管 ⟶ 100mL培养瓶 ⟶

25℃，3～4d　25℃，24～36h　25℃，24h

1L培养瓶 ⟶ 5L培养瓶 ⟶ 25L卡氏罐

20℃,24～36h　16～18℃,24～36h　14～16℃，36～48h

图 6-2　酵母菌实验室扩大培养流程示例

25L卡氏罐 ⟶ 250L汉生罐 ⟶ 1500L培养罐 ⟶ 10000L培养罐 ⟶

12～14℃，2～3d　10～12℃，3d　9～11℃，3d

$20m^3$繁殖罐 ⟶ 零代酵母

8～9℃，7～8d

图 6-3　酵母菌生产现场扩大培养流程示例

(2)每扩大一次，温度都应有所降低，但降温幅度不宜太大。

(3)每次扩大培养的倍数为 5～10 倍。

二、啤酒发酵的过程与技术

啤酒的发酵是在啤酒酵母体内所含的一系列酶类的作用下，以麦芽汁所含的可发酵性营养物质为底物而进行的一系列生物化学反应。通过新陈代谢最终得到一定量的酵母菌体和乙醇、CO_2，以及少量的代谢副产物如高级醇、酯类、连二酮类、醛类、酸类和含硫化合物等发酵产物。这些发酵产物会影响啤酒的风味、泡沫性能、色泽、非生物稳定性等理化指标，并形成了啤酒的特点。啤酒发酵分主发酵(旺盛发酵)和后发酵两个阶段。在主发酵阶段，进行酵母的适当繁殖和大部分可发酵性糖的分解，同时形成主要的代谢产物乙醇和高级醇、醛类、双乙酰及其前驱物质等代谢副产物。后发酵阶段主要进行双乙酰的还原，使酒成熟，完成残糖的继续发酵和 CO_2 的饱和，使啤酒口味清爽，并可以促进啤酒的澄清。

(一)啤酒发酵过程的主要物质变化

1. 糖类的变化

在啤酒发酵过程中，可发酵糖约有 96％发酵为乙醇和 CO_2，是代谢的主产物；2.0％～2.5％的可发酵糖转化为其他发酵副产物；1.5％～2.0％的可发酵糖作为碳骨架合成新酵母细胞。发酵副产物主要有甘油、高级醇、羰基化合物、有机酸、酯类、硫化合物等。

2. 含氮物质的变化

在正常的发酵过程中，麦芽汁中的含氮物质约下降 1/3，主要是约 50％的氨基酸和低分子肽为酵母所同化。酵母分泌出的含氮物质的量较少，约为酵母同化氮的 1/3。啤酒中残存的含氮物质对啤酒的风味有重要影响。

3. 啤酒风味物质的形成

(1)高级醇类　高级醇(俗称杂醇油)是啤酒发酵代谢产物的主要成分，对啤酒风味有重要影响，超过一定含量时有明显的杂醇味。对于一般的啤酒，多量的高级醇是不受欢迎的。啤酒中的绝大多数高级醇是在主发酵期间酵母繁殖过程中形成的。

(2)酯类　啤酒中的酯含量很少，但对啤酒风味的影响很大，啤酒含有适量的酯，香味丰满协调，但酯含量过高，会使啤酒有不愉快的香味或异香味。酯类大都是在主发酵期间形成的。

(3)连二酮　连二酮是双乙酰和 2,3-戊二酮的总称，其中对啤酒风味起主要作用的是双乙酰。双乙酰被认为是衡量啤酒成熟与否的决定性的指标。双乙酰的味阈值为0.1～0.15mg/L，在啤酒中超过阈值会出现馊饭味。淡爽型成熟啤酒，双乙酰含量以控制在0.1mg/L以下为宜；高档成熟啤酒，双乙酰含量最好控制在0.05mg/L以下。

(4)硫化物　挥发性硫化物对啤酒风味有重要影响，其成分主要有硫化氢、二甲基硫、甲基和乙基硫醇、二氧化硫等。其中硫化氢、二甲基硫对啤酒风味的影响最大。啤酒中的挥发性硫化氢大都是在发酵过程中形成的。

(5)乙醛　乙醛是啤酒发酵过程中产生的主要醛类。当啤酒中乙醛浓度在10mg/L以上时，则有不成熟的口感和腐败性气味；当乙醛浓度超过25mg/L时，则有强烈的刺激性辛辣感。成熟啤酒的乙醛正常含量一般小于10mg/L。

(6)酸类　啤酒中的酸类约有100种，可分为不挥发酸、低挥发酸和挥发酸。啤酒中的酸类及其盐类决定啤酒的pH值和总酸含量。适量的酸赋予啤酒柔和、清爽的口感，同时为重要的缓冲物质，可控制啤酒的pH值。缺少酸类，啤酒口感呆滞、黏稠、不爽口；过量的酸会使啤酒口感粗糙、不柔和、不协调。

(二)发酵期间影响啤酒质量的主要因素

发酵期间影响啤酒质量的主要因素有：

(1)麦芽汁的成分及其含量；

(2)啤酒酵母的品种和菌株特性；

(3)投入发酵的酵母数量和质量状态，以及在整个发酵过程中酵母细胞的生活状况；

(4)发酵容器的几何形状、尺寸和材料，它会影响到发酵流态和酵母的分布、CO_2的排出；

(5)发酵工艺条件，如pH值、温度、溶氧水平、发酵时间等。

(三)发酵技术

1. 传统啤酒的发酵

传统的下面发酵分主发酵和后发酵两个阶段。主发酵一般在密闭或敞口的主发酵池(槽)中进行，后发酵在密闭的卧式发酵罐内进行。

主发酵阶段一般分为酵母繁殖期、起泡期、高泡期、落泡期和泡盖形成期。

(1)酵母繁殖期　麦芽汁添加酵母8～16h以后，液面上出现CO_2小气泡，逐渐形成白色、乳脂状的泡沫，酵母繁殖20h以后立即进入主发酵池，与增殖槽底部沉淀的杂质分离。

(2)起泡期　进入主发酵池4～5h后，在麦芽汁表面逐渐出现更多的泡沫，泡沫洁白细腻，厚而紧密，如花菜状，发酵液中有CO_2小气泡上涌，并将一些析出物带至液面。此时发酵液温度每天上升0.5～0.8℃，每天降糖0.3～0.5°P，维持时间1～2d，不需要人工降温。

(3)高泡期　发酵后2～3d，泡沫增高，形成隆起，高达25～30cm，并因发酵液内酒花树脂和蛋白质-单宁复合物开始析出而逐渐变为棕黄色，此时为发酵旺盛期，需要人工降温，但是不能太剧烈，以免酵母过早沉淀，影响发酵。高泡期一般维持2～3d，每天降糖1.5°P左右。

(4)落泡期　发酵5d以后，发酵力逐渐减弱，CO_2小气泡减少，泡沫回缩，酒内析出物增加，泡沫变为棕褐色。此时应控制液温，使其每天下降0.5℃左右，每天降糖0.5～0.8°P，落泡期维持2d左右。

(5)泡盖形成期　发酵7～8d后，泡沫回缩，形成泡盖，应即时撇去泡盖，以防沉入发酵液内。此时应大幅度降温，使酵母沉淀。此阶段可发酵性糖已大部分分解，每天降糖 0.2～0.4°P。

后发酵的工艺要求和操作有：

(1)下酒　将嫩啤酒输送到贮酒罐的操作称下酒。

(2)密封升压　下酒满桶后，正常情况下敞口发酵 2～3d，以排除啤酒中的生青味物质。然后封罐，罐内 CO_2 气压逐步上升，压力达到 50～80kPa 时保压，让酒中的 CO_2 逐步饱和。

(3)温度控制　后发酵多采用先高后低的贮酒温度。前期温度控制在 3～5℃，而后逐步降温至－1～1℃，降温速度视啤酒的不同类型而定。

(4)后发酵时间　淡色啤酒一般贮酒时间较长，浓色啤酒贮酒时间较短；原麦芽汁浓度高的啤酒较浓度低的啤酒贮酒期长；低温贮酒较高温贮酒的贮酒时间长。

(5)加入添加剂　为了改善啤酒的泡沫、风味和非生物稳定性，可在食品卫生标准允许的范围内加入适量的添加剂。这些添加剂多在贮酒、滤酒过程中或清酒罐内添加。

2. 大罐发酵技术

采用大容量发酵罐生产啤酒是啤酒工业的发展趋势。圆柱锥底发酵罐是大型啤酒发酵罐的一种，目前国内新建啤酒厂几乎全部采用圆柱锥底发酵罐进行发酵。圆柱锥底发酵罐一罐法发酵是指主、后发酵和贮酒成熟全部生产过程在一个罐内完成。其发酵工艺如下：

(1)酵母添加　锥形罐容量较大，麦芽汁一般需分几次陆续追加满罐。满罐时间一般为 12～24h，最好在 20h 以内。酵母的添加可采用在前一半批次的麦芽汁中添加酵母，以后批次的麦芽汁中不再添加酵母的方法，也有一次性添加酵母的。酵母接种量要比传统发酵法大些，接种温度一般控制在满罐时较拟定的主发酵温度低 2～3℃。添加到发酵罐的酵母应很快与麦芽汁混合均匀，一般采用边加麦芽汁边加酵母的方法。

(2)通风供氧　冷麦芽汁溶解氧的控制可根据酵母添加量和酵母繁殖情况而定，一般要求混合冷麦芽汁的溶解氧不低于 8mg/L。

(3)主发酵温度　各厂采用的主发酵温度是不一样的。多数厂采用低温(6～7℃)接种，前低温(9～10℃)后升温(12～13℃)的发酵工艺，主要是为了既不形成过多的代谢产物，又有利于加速双乙酰的还原。

(4)双乙酰的还原　双乙酰的还原是啤酒成熟和缩短酒龄的关键。酵母在接近完成主发酵时，其代谢过程已接近尾声，此时提高一段时间的发酵温度，有利于双乙酰的还原。双乙酰的还原温度一般控制在 10～14℃，使连二酮浓度降至 0.08mg/L 以下时，即开始降温。

(5)冷却降温　当双乙酰还原到要求指标时，酒液开始冷却降温。降至 5～6℃时，保持 24～48h，减压回收酵母。最后再降温至－1～0℃，贮酒 7～14d。

(6)罐压控制　发酵开始，采用无压发酵；CO_2 回收时，采用微压(0.01～0.02 MPa)；至发酵后期，外观发酵度达 70%以上时，封罐，逐渐升压至 0.07～0.08 MPa，可避免出现由于升温所造成的代谢副产物过多的现象，有利于双乙酰的还原，并使 CO_2 逐渐饱和。

3. 啤酒发酵的新技术

(1)连续化啤酒发酵：塔式连续发酵和多罐式连续发酵。

(2)固定化酵母啤酒发酵：吸附法和包埋法。

(3)高浓稀释酿造法。

任务五　啤酒的过滤、分离与灌装

一、啤酒的过滤与分离

啤酒发酵结束，需要经过机械过滤或离心分离，以去除啤酒中的少量酵母、微小的浑浊物质粒子、蛋白质等大分子物质以及细菌等，使啤酒澄清，改善啤酒的生物和非生物稳定性。啤酒经过滤会发生以下变化：色度降低，苦味质减少，CO_2 含量下降，含氧量增加，浓度也会有些变化，对啤酒的质量有一定影响。

（一）过滤

过滤方式有滤棉过滤、硅藻土过滤、微孔滤芯过滤和微孔薄膜过滤等几种。

过滤可分粗滤和精滤两步进行。可先用硅藻土过滤机或滤棉过滤机进行粗滤，或采用离心分离的办法，以除去啤酒中的较大颗粒物质和酵母，再用板式过滤机精滤。经粗滤和精滤的啤酒，澄清度较高，非生物稳定性较好。

对于澄清度要求极高的啤酒，可在粗滤和精滤之后，采用微孔滤芯过滤或微孔薄膜过滤，作为最后一道过滤工艺。

（二）离心分离

离心分离采用高速离心机进行，多采用锥形盘式啤酒离心分离机，转速达 7000r/min 左右。经离心分离的啤酒澄清度比较差，易产生冷混浊，进一步用板式过滤机精滤，可提高啤酒的澄清度。

二、啤酒的灌装

啤酒灌装是啤酒生产的最后一道工序，它对啤酒的质量和外观有直接影响。过滤好的啤酒从清酒罐分别装入瓶、罐或桶中，经过压盖、生物稳定性处理、贴标、装箱成为成品啤酒或直接作为成品啤酒出售。一般把经过巴氏灭菌处理的啤酒称为熟啤酒。习惯上把 60℃ 温度下经过 1min 处理所达到的杀菌效果称为 1 个巴氏杀菌单位，用 PU 表示。以 PU 为单位的杀菌效果$=\tau\times 1.393^{(t-60)}$［$\tau$ 为时间（min），t 为温度（℃）］，生产上一般控制在 15～30PU。把未经过巴氏灭菌处理的啤酒称为鲜啤酒。未经过巴氏灭菌，但经过无菌过滤等处理的啤酒则称为纯生啤酒。

啤酒灌装应符合以下要求：①灌装过程中应尽量避免与空气接触，防止因氧化作用而影响啤酒的风味稳定性和非生物稳定性；②灌装中应尽量减少酒中 CO_2 的损失，以保证啤酒口味和泡沫性能；③严格无菌操作，防止啤酒污染，确保啤酒符合卫生标准。

任务六 成品啤酒的稳定性及品质改善

一、啤酒的稳定性改善

啤酒的稳定性是生物稳定性、非生物稳定性和风味稳定性的统称。

(一)生物稳定性

啤酒的生物稳定性是指由于微生物污染而引起的啤酒感官及理化指标上的变化。

啤酒是麦芽汁通过啤酒酵母发酵并经过滤后得到的低度饮料酒,一般过滤后啤酒中仍含有少量的啤酒酵母、其他细菌、野生酵母等微生物,由于数量很少,啤酒外观是清亮透明的,如果放置一定时间后微生物重新繁殖到 10^4～10^5 个/mL 以上,则会使啤酒出现混浊沉淀,称为生物稳定性破坏。

不经过除菌处理的包装啤酒称鲜啤酒,其生物稳定性仅能保持 7～30d;经过除菌处理的啤酒,能保持长期的生物稳定性。

要提高啤酒的生物稳定性,可以采用巴氏杀菌法(低热杀菌法)和无菌过滤法。

(二)非生物稳定性

啤酒的非生物稳定性是指啤酒在生产、运输、贮存过程中,由外界非生物原因引起的浑浊、沉淀。

经过过滤澄清透明的啤酒并不是“真溶液”,而是胶体溶液,它含有糊精、β-葡聚糖、蛋白质和它的分解产物如多肽、多酚、酒花树脂及酵母等微生物,这些颗粒直径大于 $10^{-3}\mu m$ 的大分子物质即胶体物质,在氧、光线的作用下及振动和保存时会发生一系列变化,变得混浊,甚至产生沉淀-胶体混浊物。此混浊、沉淀物主要包括冷混浊物、冷冻混浊物、永久混浊物等。

冷混浊物在 0℃左右产生,在 20℃左右又复溶,一般认为是蛋白质-多酚结合物;冷冻混浊物在－5～－3℃出现,是以 β-葡聚糖为主体的沉淀;永久混浊物是蛋白质-多酚物质氧化形成的。

提高啤酒非生物稳定性的措施有:①重视和强化蛋白质的分解工艺;②减少多酚物质溶出,并有效沉淀麦皮中的多酚物质;③提高煮沸强度,合理添加酒花;④啤酒发酵结束后低温贮存;⑤避免氧对啤酒质量的影响。

(三)风味稳定性

啤酒的风味稳定性是指啤酒灌装后,在规定的保质期内啤酒的风味无显著变化。啤酒的风味成分是多种多样的,到目前为止,已确认存在的化合物有醇、酯、羟基、含硫化合物、酒花成分、有机酸、氨和胺等,达 200 种以上。风味即香气和口味,是人的视觉、嗅觉和味觉对啤酒的综合感受。

1. 啤酒中风味物质的来源

啤酒中风味物质的来源主要有以下几个方面:①原料如大麦、酒花等产生的物质;②在麦芽干燥、麦芽汁煮沸、啤酒的热杀菌等工艺中,热化学反应产生的物质;③由酵母发酵产生的物质;④由污染微生物产生的物质;⑤在产品保存过程中,受氧、日光等影响产生的物质等。在氧、光线、加热等条件下发生的聚合、分解等化学变化,会使啤酒中风味物质的种类和数量发生变化,从而引起啤酒风味的改变。

2. 啤酒中风味物质的分类

(1)啤酒中的连二酮类(双乙酰、2,3-戊二酮)及其前驱体。双乙酰的风味阈值为0.15mg/L,极易给啤酒带来馊饭味。

(2)发酵副产物如醛类、高级醇、有机酸等。乙醛的阈值为20～25mg/L,超过时产生酸的、使人恶心的气味。高级醇中异戊醇的阈值为10～15mg/L,异戊醇的阈值为60～65mg/L,超过时产生汗臭似的、不愉快的苦味,即所谓的杂醇油味。有机酸主要是脂肪酸,其中以醋酸为主。饮用时,若挥发酸超过100mg/mL,会使酸露头,酸刺激感强,表明啤酒已酸败。

(3)发酵副产物如硫化氢、二甲基硫(DMS)等。硫化氢的阈值为5～10μg/L,优良啤酒中只有1～5μg/L。二甲基硫的阈值为30～50μg/L,超过时,啤酒呈腐烂卷心菜味。控制麦芽中的DMS浓度低于2μg/L,就可使正常啤酒中的DMS浓度低于30μg/L。

(4)发酵副产物如诸多酯类。其中,已酸乙酯的阈值为0.37mg/L,乙酸乙酯的阈值为14 ～35mg/L,是啤酒的重要香气成分。

(5)酒花类物质,包括溶解物和挥发成分,其中香叶烯含量40μg/L,有明显的酒花香气,异α-酸能赋予啤酒苦味,通常检测的苦味物质在20BU左右。

3. 啤酒的风味稳定期

啤酒从包装出厂至品尝能保持啤酒新鲜、完美、纯正、柔和的风味,而没有因氧化而出现老化味的时间称风味稳定期。

当今啤酒的酿造技术,可使啤酒非生物稳定性保持6～12个月,个别可达2年。但风味稳定期还远远达不到如此长的时间。一般在一个月左右就能品尝到风味的恶化,最优质的啤酒也只能保持3～4个月。如不注意啤酒的风味稳定性,则在7～10d就会明显感受到啤酒风味的恶化。这种风味恶化,首先从酒花新鲜香味的减少和消失开始,接着会产生类似面包和焦糖的味道,继而产生纸板味。经研究认为这是风味物质不断氧化引起的,所以,"氧化味"也称"老化味"。

二、啤酒的品质改善

(一)色泽

淡色啤酒的色泽主要取决于原料麦芽和生产工艺;深色啤酒的色泽来源于麦芽,另外也需要部分着色麦芽和糖色;黑啤酒的色泽主要依靠焦香麦芽、黑麦芽或糖色所形成。

良好的啤酒色泽,不论深浅,均应光洁醒目。至于光洁醒目,除去色泽本身的因素外,还需要啤酒透明度的配合,如果啤酒发生混浊现象,其色泽的特点也就呈现不出来。

(二)口味

优良的啤酒应口味纯正、柔和,并具有特有的耐人寻味的芳香,使人饮后有清爽舒适的感觉。啤酒中的口味物质如下所述。

(1)啤酒中残存的含氮化合物(特别是肽和蛋白质)很容易浸润口舌、口腔、喉头,使之有湿润感。啤酒的浓醇性主要依赖于其中含氮化合物的量。当啤酒中的含氮量高于450mg/L时,就显得浓醇,含氮量在300～400mg/L之间就显得爽口,若低于300mg/L则会显得寡淡如水。

(2)高级醇是啤酒的口味物质之一,它能促使啤酒具有丰满的口味,并具有酒的协调性。高级醇含量过高是啤酒产生异杂味的主要原因之一。异戊醇和异丁醇混合物超量会产生酒杂醇油臭，也使啤酒具有不愉快的苦味。色醇和对羟基苯乙醇超过 8mg/L，会产生强烈的酚味，是啤酒中令人讨厌的杂味。

(3)醛类中的乙醛和糠醛对啤酒口味的影响较大，醛类是啤酒中不受欢迎的呈味物质，欧洲啤酒中醛含量稍高，醛类中乙醛占优势。在正常发酵中，乙醛在发酵啤酒中只有很低的积累量(3.5～15.5mg/L)。啤酒中乙醛的含量高于 10mg/L，则有不成熟口感，类似麦皮不愉快的苦味；高于 25mg/L，则有强烈的刺激性辛辣感(在上颚近咽部感受到)，也有郁闷性口感；高于 50mg/L，有无法下咽的刺激感。成熟优质啤酒的乙醛含量一般为 2.3～8mg/L，在啤酒中可以检测的乙醛含量范围一般在 15mg/L 以下。某些高级醇在瓶装酒存放过程中能被类黑素氧化成相应的醛，这种醛使啤酒产生一种不良的老化味。陈啤酒的纸板味是由 2-反-烯醛和 2-甲基糠醛等产生的。

(4)酸类物质是啤酒的主要呈味物质。啤酒中适量的酸使啤酒口感活泼、爽口。缺乏酸类，啤酒呆滞、黏稠、不爽口。而过量的酸使啤酒口感粗糙、不柔和、不协调，同时过量的酸也意味着啤酒发酵不正常，是污染产酸菌的标志。因此，各国对各种酒类均提出总酸的最高含量。我国 10.1～14.0°P 浅色啤酒的总酸指标为低于 2.6mL/100mL。

(5)连二酮类是啤酒是否成熟的标志。啤酒中双乙酰和戊二酮的气味是十分接近的，当双乙酰的含量高于 0.5mg/L 时，有明显的使人不愉快的刺激味，似馊米饭味；当双乙酰的含量高于 0.2mg/L 时，有似烧焦的麦芽味。在淡爽型啤酒中，当双乙酰的含量高于0.15mg/L时，即可分辨出不愉快的刺激味；而对于浓醇啤酒特别是深色啤酒，酒花香和麦芽香强烈时，即使双乙酰的含量超过 0.2mg/L，但由于双乙酰的刺激味被掩盖，也是可以接受的。我国规定双乙酰的风味界限值在 0.20mg/L 以下。现在，优质成品啤酒的双乙酰含量大都控制在 0.10mg/L 以下，有些企业控制在 0.05mg/L 以下。

(三)CO_2 及泡沫

啤酒中含有饱和溶解的 CO_2，这些 CO_2 是发酵过程产生的，部分是通过人工填充的，有利于啤酒的起泡性，饮用后能赋予人一种舒适的刺激感，即所谓的“杀口”。现在，一般成品啤酒的 CO_2 质量分数为 0.4%～0.65%。

啤酒区别于其他饮料的最大特征是倒入杯中具有长久不消的、洁白细腻的泡沫，啤酒泡沫被誉为“啤酒之花”。影响啤酒泡沫的成分有蛋白质(发泡蛋白)、苦味物质和多糖类，CO_2 是啤酒泡沫产生的重要条件，CO_2 含量充足可以使啤酒有良好的杀口力和丰富持久的泡沫。CO_2 在过饱和状态下溶于啤酒，当开启啤酒瓶盖时，由于瓶内压力的降低，溶于啤酒中的 CO_2 就会缓慢地释放出来，伴随着产生一定量的泡沫，在表面活性物质(蛋白质、苦味物质和多糖等)的存在下，泡沫维持一定的时间。优质啤酒的泡持性在 200s 以上。

啤酒泡沫是一项重要的啤酒质量指标，是消费者在接纳某品牌啤酒时首先要考虑的因素。按照欧洲酿酒协会的规定，衡量泡沫质量的指标有起泡性、泡持性、附着力和泡沫外观。

1. 起泡性

起泡性是指将啤酒倒入洁净的杯中时，形成泡沫的能力和高度。起泡正常的啤酒，泡沫高度应是酒的 1～2 倍，通常在 60～70mm 以上。

2. 泡持性

泡持性即泡沫的稳定性，是指啤酒注入杯中，自泡沫形成到泡沫崩溃所能持续的时间。良好的泡沫，往往在饮用完后仍未消失。优质啤酒的泡持性大多控制在 300s 以上，国家规定在 200s 以上。

3. 附着力

附着力通称啤酒挂杯情况，指泡沫附着于杯壁的能力。优良的啤酒，饮用完毕后，空酒杯的内壁应均匀布满残留的泡沫。残留愈多，说明啤酒泡沫的附着力愈好。

4. 泡沫外观

泡沫外观指泡沫的色泽和细洁程度。特别是对淡色啤酒来讲，要求泡沫洁白细腻。

(四)饮用温度

啤酒的饮用温度很有讲究，在适宜的温度下饮用，很多成分的作用可以互相协调平均，给人一种舒适的感觉。淡色啤酒适宜在较低温度下饮用(以 10～15℃比较合适)，浓色啤酒和黑啤酒适宜在稍高温度下饮用。太高的饮用温度，易使酒中的 CO_2 不足，缺乏杀口力，酒味就显得苦重而平淡，一些细致的酒味缺点也就容易暴露出来。当然，过低的饮用温度使人的感觉麻木，一些挥发性香味成分的作用就不易呈现出来。

项目小结

啤酒是以发芽的大麦或小麦为主要原料，以大米或其他谷物为辅助原料，经麦芽汁的制备，加酒花煮沸，由纯种酵母利用麦芽汁中的糖、氨基酸等可发酵性物质，经过一系列的代谢反应，产生乙醇、二氧化碳及其代谢副产物，从而得到的具有独特风味的含二氧化碳的低酒精度的饮料酒。啤酒营养丰富，酒精含量较低，故有“液体面包”的美称。

啤酒的品种很多，可根据生产方式、产品浓度、啤酒的色泽、啤酒的消费对象、啤酒的包装容器、啤酒发酵所用的酵母品种来进行分类。

啤酒生产的原料主要有大麦、水、酵母、酒花和辅料(如大米、玉米、小麦等)，这些原、辅料要经过处理，以利于啤酒酵母的生长繁殖和分解作用。

啤酒生产过程主要包括制麦、糖化、发酵、灌装四个部分。制麦过程可分为原料清选分级、浸麦、发芽、干燥、除根五个步骤。麦芽汁制备俗称糖化，是将固态的麦芽、非发芽谷物、酒花等加水制备成澄清透明的麦芽汁。啤酒发酵过程是啤酒酵母在一定的条件下，利用麦芽汁中的可发酵性物质而进行的正常生命活动，其代谢的产物就是所需的产品——啤酒。发酵过程中主要涉及糖类和含氮物质的转化，以及啤酒风味物质的形成等相关基本理论。啤酒经过发酵或后处理，口味已经成熟，二氧化碳已经饱和，酒液也逐渐澄清，再经机械处理，除去酒中悬浮的微粒，酒液达到澄清透明，即可进行灌装。

通过本项目的学习，让学生在知道我国啤酒工业发展现状的基础上，能够运用啤酒生产的新技术、新工艺和新方法，为今后的啤酒生产实际工作打下良好的基础。

问题探究

1. 什么是啤酒？啤酒应如何分类？
2. 啤酒酿造对大麦的质量要求有哪些？
3. 酒花的主要成分有哪些？各部分在啤酒酿造中的作用是什么？
4. 大麦发芽的目的是什么？影响发芽的因素有哪些？

5. 干燥麦芽处理的目的是什么？除根、冷却、磨光和贮存的具体方法和要求如何？

6. 为什么要进行糖化？糖化时麦芽中的酶(包括外加酶制剂)是怎样进行作用的？

7. 糖化时有哪些主要物质发生了变化？是怎样进行作用的？

8. 麦芽汁的煮沸与酒花添加的目的与作用如何？

9. 试述冷、热凝固物处理的目的、方法和原理。

10. 糖化生产的技术要求有哪些？

11. 啤酒发酵过程中麦芽汁中的糖类和含氮物质是如何转化的？

12. 啤酒不成熟的原因是什么？为什么把双乙酰的含量作为衡量啤酒是否成熟的质量指标？

13. 发酵过程中影响啤酒质量的因素有哪些？

14. 传统啤酒发酵过程分为哪几个时期？各时期有什么特点？

15. 什么是啤酒的生物稳定性、非生物稳定性？提高啤酒生物稳定性、非生物稳定性的具体措施有哪些？

16. 什么是啤酒的风味稳定性？包括哪些内容？

17. 啤酒的泡持性是什么？

实训一　协定法糖化试验

一、实训目的

协定法糖化试验是欧洲啤酒酿造协会(EBC)推荐的评价麦芽质量的标准方法，本实训用该法制备少量的麦芽汁，用来进行酵母菌的扩大培养，并借此评价所用麦芽的质量。

二、实训原理

利用麦芽所含的各种酶将麦芽中的淀粉分解为可发酵性糖，将蛋白质分解为氨基酸。糖化过程中各种酶的作用及其最适条件见表 6-1。

三、实训器材与试剂

1. 实验室糖化器。由恒温水浴锅和 500～600mL 的烧杯组成糖化仪器，用玻璃棒搅拌或用 100℃温度计作搅拌器。实验时杯内液面应始终低于水浴液面。

2. 白色滴板或瓷板、玻璃棒或温度计、滤纸、漏斗、电炉等。

3. 0.02mol/L 碘溶液：2.5g 碘和 5g 碘化钾溶于水中，稀释到 1000mL。

四、实训步骤

(一)操作步骤

1. 麦芽感官质量评价

取麦芽若干，从颜色、光泽、香味等方面评价麦芽的质量。啤酒麦芽的感官要求为：淡黄色，有光泽，具有麦芽香味，无异味，无霉粒。

2. 协定法糖化麦芽汁的制备

(1)取 50g 麦芽，用谷物粉碎机将其粉碎。

(2)在已知重量的糖化杯(500～600mL 烧杯或专用金属杯)中放入 50g 麦芽粉,加 200mL 46～47℃的水,于不断搅拌下在 45℃水浴中保温 30min。

(3)使醪液以每分钟升温 1℃的速度升温加热水浴,在 25min 内升至 70℃,此时于杯内加入 100mL 70℃的水。

(4)70℃保温 1h 后,在 10～15min 内急速冷却至室温。

(5)冲洗搅拌器;擦干糖化杯外壁,加水使其内容物准确质量为 450g。

(6)用玻璃棒搅动糖化醪,并注于干漏斗中进行过滤,漏斗内装有直径 20cm 的折叠滤纸,滤纸的边沿不得超出漏斗的上沿。

(7)收集约 100mL 滤液,将滤液返回重滤。30min 后,为加速过滤可用一玻璃棒稍稍搅碎麦糟层。将所有滤液收集于一干烧杯中。在进行各项实验前,需将滤液搅匀。

3. 糖化时间的测定

(1)在协定法糖化过程中,糖化醪温度达 70℃时记录时间,5min 后用玻璃棒或温度计取麦芽汁 1 滴,置于白滴板(或瓷板)上,再加碘液 1 滴,混合,观察颜色变化。

(2)每隔 5min 重复上述操作,直至碘液不变色(呈黄色)为止,记录此时间。

从糖化醪温度达到 70℃开始至糖化完全无蓝色反应时止,所需时间为糖化时间。报告以每 5min 计算,如少于 10min,10～15min,15～20min 等。

糖化时间的正常范围值为:浅色麦芽 15min 内;深色麦芽 35min 内。

4. 过滤速度的测定

以从麦芽汁返回重滤开始至全部麦芽汁过滤完为止所需的时间来计算,以快、正常和慢等来表示,1h 内完成过滤的为“正常”,过滤时间超过 1h 的为“慢”。

5. 气味的检查

糖化过程中注意糖化醪的气味。具有相应麦芽类型的气味规定为“正常”,因此对深色麦芽若有芳香味,应报以“正常”;若样品缺乏此味,则以“不正常”表示。其他异味亦应注明。

6. 透明度的检查

麦芽汁的透明度用透明、微雾、雾状和混浊表示。

7. 蛋白质凝固情况检查

强烈煮沸麦芽汁 5min,观察蛋白质凝固情况。在透亮麦芽汁中凝结有大块絮状蛋白质沉淀,记录为“好”;若蛋白质凝结呈细粒状,但麦芽汁仍透明清亮,则记录为“细小”;若虽有沉淀形成,但麦芽汁不清,可表示为“不完全”;若没有蛋白质凝固,则记录为“无”。

8. 其他理化指标的检查

麦芽汁的其他理化指标分析参见啤酒的分析方法。

(二)注意事项

1. 粉碎最好用 EBC 粉碎机,一般要求粗粒与细粒(包括细粉)的比例达 1∶2.5 以上。麦皮在麦芽汁过滤时形成自然过滤层,因而要求破而不碎。

2. 为了使麦皮破而不碎,最好稍加回潮后再进行粉碎。

3. 实验中所述的温度指糖化杯内的温度,若用水浴锅加热,则水浴的温度应适当调高些。

五、思考与练习

分析糖化工艺与麦芽中各种酶作用之间的相关性。

六、实训报告

根据实训过程完成实训报告。

实训二　啤酒酵母的计数与质量检测

一、实训目的

学会用血细胞计数板对酵母数量进行计数；

学会酵母菌种的质量鉴定方法，能测定啤酒酵母的性状。

二、实训原理

啤酒发酵时，必须接入一定数量的酵母细胞；在发酵过程中，为了跟踪发酵的进程，判断发酵是否正常，有必要测定悬浮酵母细胞的含量，酵母的计数常用血细胞计数板。

酵母的质量直接关系到啤酒的好坏。酵母活力强，发酵就旺盛；若酵母被污染或发生变异，酿制的啤酒就会变味。因此，不论是在酵母的扩大培养过程中，还是在发酵过程中，都必须对酵母质量进行跟踪调查，以防产生不正常的发酵现象，必要时应对酵母进行纯种分离，对分离到的单菌落再进行发酵性能的检查。

三、实训器材与试剂

1. 器材

显微镜、血细胞计数板、盖玻片、恒温水浴、温箱、高压蒸汽灭菌锅、带刻度的锥形离心管等。

2. 试剂

(1)0.025%美蓝(次甲基蓝)水溶液：0.025g 美蓝溶于 100mL 水中；

(2)pH 值为 4.5 的醋酸缓冲液：0.51g 硫酸钙、0.68g 硫酸钠、0.405g 冰醋酸溶于 100mL 水中。

3. 醋酸钾(钠)培养基

葡萄糖 0.06%，蛋白胨 0.25%，醋酸钾(钠)0.5%，琼脂 2%，pH 值为 7.0。

四、实训步骤

(一)计数

1. 取清洁的血细胞计数板一块，平放于桌面上，在计数室上方加盖专用盖玻片。

2. 取酵母菌液(除气发酵液)一小滴，滴至盖玻片的边缘，让菌液自然渗入计数室内，注意计数室内不能留有气泡。

3. 静置 5min，让酵母细胞稳定附着于计数室内。

4. 将计数板置于显微镜的载物台上，先用低倍镜找到计数板的方格网，并移至视野中间(寻找时可通过缩小光圈、降低聚光镜、开低电源电压等方式减少进光量，使视野稍偏暗)。

5. 找到计数室的位置(中间一个大方格)，并看清由双线包围的中方格(16 或 25 格)及由单线包围的小方格(共 400 格)。

6. 对计数室内的酵母细胞总数进行计数，必要时可在高倍镜下观察。

若酵母细胞过多，可采取以下方式：

(1)稀释后再计数；

(2)有代表性地选择左上、左下、右上、右下、中间 5 个中方格内的菌数，求得每个中格的平均值，然后乘以中方格数，即得每个大格内的细胞总数；

(3)在上述 5 个中方格中选择处于顶角的 4 个小方格，计数，计算 20 个小方格中的细胞总数再乘以 20，即得大格内的细胞总数。

7.计算

每毫升酵母细胞数＝大格中的细胞总数×10000×稀释倍数

8.细胞计数板的清洗

计数结束后，应立即用流水将血细胞计数板冲洗干净。若菌液变干，酵母细胞被固定在计数板上，则很难用流水冲洗干净，必须用优质脱脂棉湿润后轻轻擦洗，再用流水冲洗干净，晾干。

（二）质量检测

1.显微形态检查

载玻片上放一小滴蒸馏水，挑酵母培养物少许，盖上盖破片，在高倍镜下观察。优良健壮的酵母，应形态整齐均匀，表面平滑，细胞质透明均一。年幼健壮的酵母细胞内部充满细胞质；老熟的细胞出现液泡，呈灰色，折光性较强；衰老的细胞中液泡多，颗粒性贮藏物多，折光性强。

2.死亡率检查

方法同显微形态检查，可用水浸片法，也可用血细胞计数板法。酵母细胞用0.025%美蓝水溶液染色后，由于活细胞具有脱氢酶活力，可将蓝色的美蓝还原成无色的美白，因此染不上颜色，而死细胞则被染上蓝色。

一般新培养酵母的死亡率都在1%以下，生产上如果发现酵母的死亡率大于3%，应弃去并重新培养酵母菌种。

3.出芽率检查

出芽率是指出芽的酵母细胞数占总酵母细胞数的比例。随机选择5个视野，观察出芽酵母细胞所占的比例，取平均值。一般健壮的酵母在对数生长期的出芽率可达60%以上。

4.凝集性试验

对下面发酵来说，凝集性的好坏关系到发酵的成败。若凝集性太强，酵母沉降过快，发酵度就低；若凝集性太弱，发酵液中悬浮有过多的酵母细胞，会给后期的过滤造成很大的困难，使啤酒带有酵母味。

凝集性可通过本斯试验来确证。将1g酵母湿菌体与10mL pH值为4.5的醋酸缓冲液混合，20℃平衡20min，充分振荡使酵母悬浮，加至带刻度的锥形离心管内，每隔1min记录沉淀酵母的容量，连续记录20min。试验后，检查pH值是否保持稳定。

规定10min时的沉淀酵母量在1.0mL以上者为强凝集性，0.5mL以下者为弱凝集性。

5.死灭温度检测

死灭温度可以作为酵母菌种鉴别的一个重要指标。一般来说，培养酵母的死灭温度在52～53℃之间，而野生酵母或变异酵母的死灭温度往往较高。

温度试验范围一般为48～56℃，温度间隔为1℃或2℃，在已灭菌的麦芽汁试管中（内装5mL 12°P麦芽汁）接入已培养24h的酵母发酵液0.1mL，放于恒温水浴内，每一样品做3个平行试验，并在另一同样的试管中放入温度计，待温度计达到所需温度时开始计时，保持10min后，置冷水中冷却，25℃培养5～7d，不能发酵的温度即为死灭温度。

6.子囊孢子的产生试验

子囊孢子是酵母的有性孢子。酵母在营养丰富的培养基（如麦芽汁培养基）中培养时，一般只进行无性繁殖，但如果突然将酵母移到营养贫乏的培养基（如醋酸钾培养基）上，孢子就会被诱导出来，因此子囊孢子的产生试验也是酵母菌种鉴别的一个重要指标。一般说来，培养酵母无论怎么诱导都不能形成子囊孢子，而野生酵母较易形成子囊孢子，每一个子囊内一般可产生1～4个孢子。

将酵母菌体先在麦芽汁琼脂培养基上活化，然后移接到醋酸钾培养基上，25℃培养48h后挑取菌苔少许，制成水浸片，用显微镜检查子囊孢子的产生情况。

7.发酵性能测定

酵母的发酵度反映酵母对各种糖的利用情况，有些酵母不能利用麦芽三糖，发酵度就低；有些酵母甚至能利用麦芽四糖或异麦芽糖，发酵度就高。

将 150mL 麦芽汁盛放于 250mL 三角烧瓶中，灭菌，冷却后加入泥状酵母 1g，置 25℃ 温箱中发酵 3～4d，每隔 8h 摇动一次。发酵结束后，滤去酵母，蒸出乙醇，添加蒸馏水至原体积，测相对密度。

(三)注意事项

1. 血细胞计数板的计数室内刻度非常精细，清洗时切勿用试管刷或其他粗糙物品擦拭。

2. 加样前，应先放好盖玻片，让菌液自然吸入。如果先加菌液，则由于盖玻片较轻，可能会浮在菌液上，这样，计数室内的容积就不再是 0.0001mL 了。因此，为了使结果更加准确，最好不要用普通的薄盖玻片来替代。

3. 计数时，为避免重复或遗漏，对压在方格线上的细胞，应遵循数上不数下、数左不数右的原则(即凡压在上部或左面线上的细胞，都应计数；凡压在下部或右面线上的细胞，都应忽略不计)。对出芽细胞，如果子细胞大于母细胞的一半，则应算作两个细胞。

4. 检查酵母的死亡率时应计数 5 个以上的视野，分别记下蓝色的细胞数占总细胞数的比例。操作不能太慢，特别是在夏季，水滴容易干掉，酵母也容易死亡。

5. 检查出芽率时注意区分出芽与细胞之间的凝聚粘连。若细胞浓度高，可适当稀释以减少粘连。

6. 测定死灭温度时以试管内的温度为准，不能只测水浴锅的温度。

五、思考与练习

1. 怎样区分啤酒酿造酵母与野生酵母？

2. 在啤酒生产中是否可以采用混菌发酵，即用两种或两种以上的酵母菌株混合接入麦芽汁中进行发酵？为什么？

3. 计数时，若发现计数板不干净，怎样快速地清洗计数板？

六、实训报告

根据实训过程完成实训报告。

实训三　啤酒主发酵

一、实训目的

1. 学习啤酒主发酵的过程。

2. 掌握酵母发酵的规律。

二、实训原理

啤酒主发酵是利用酵母将麦芽汁发酵生成嫩啤酒的过程，常采用低温发酵工艺，在清洁卫生的条件下进行。主发酵过程分为酵母增殖期、起泡期、高泡期、落泡期及泡盖形成期五个时期。

啤酒主发酵是静置培养的典型代表，是将酵母接种至盛有麦芽汁的容器中，在一定温度下培养的过程。由于酵母是一种兼性厌氧微生物，可先利用麦芽汁中的溶解氧进行繁殖，然后进行厌氧发酵生成酒精。这种有酒精产生的静置培养比较容易进行，因为产生的酒精有抑制杂菌生长的能力，容许一定程度的粗放操作。由于培养基中糖的消耗，CO_2 与酒精的产生，相对密度不断下降，发酵进程可用糖度表来监视。若需分析其他指标，应从取样口取样测定。

三、实训器材与试剂

带冷却装置的发酵罐(100L)，若无发酵装置，可将玻璃缸(如 5L 标本缸)放于生化培养箱中进行微型静置发酵。

四、实训步骤

(一)操作步骤

将糖化后冷却至10℃左右的麦芽汁送入发酵罐，接入酵母菌种，然后充氧，以利于酵母生长，同时使酵母在麦芽汁中分散均匀，待麦芽汁中的溶解氧饱和后，让酵母进入繁殖期，约20h后，溶解氧被消耗，逐渐进入主发酵。具体步骤如下：

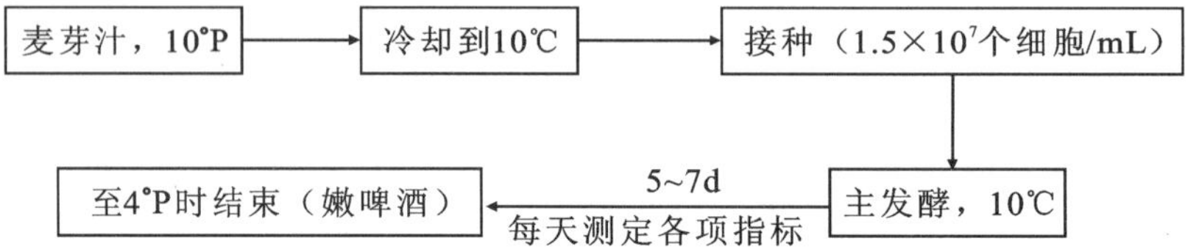

由于发酵罐密闭，很难看清发酵的整个过程，建议一个组在1000mL玻璃缸(浸动物标本的标本缸)中进行啤酒主发酵小型实验。具体方法如下：

1. 洗标本缸，缸口用8层纱布包扎后，进行高压灭菌。

2. 将糖化得到的麦芽汁调整到10°P，灭菌，冷却后摇动充氧，静置沉淀，将上清麦芽汁(600mL)以无菌操作方式倒入已灭菌的标本缸中。

3. 将50mL酵母菌种接入，在10℃生化培养箱中发酵，每天观察发酵的情况。

4. 主发酵，10℃，5～7d，至4°P时结束(嫩啤酒)。一般主发酵整个过程分为酵母繁殖期、起泡期、高泡期、落泡期和泡盖形成期五个时期。仔细观察各时期的区别。

主发酵测定项目包括：①糖度；②细胞浓度、出芽率、染色率；③酸度；④α-氨基氮；⑤还原糖；⑥酒精度；⑦pH值；⑧色度；⑨浸出物浓度；⑩双乙酰含量等。

接种后取样做第一次测定，以后每过12h或24h测1次，直至结束。全部数据叠画在1张方格纸上，纵坐标为各个指标，横坐标为时间。

5. 画出发酵周期中上述各个指标的变化曲线，并解释它们的变化，记下操作体会与注意要点。

(二)注意事项

除少数特殊的测定项目外，应将发酵液除气，再经过滤后，滤液用于分析。分析工作应尽快完成。

五、思考与练习

啤酒发酵为什么要在低温下进行？

六、实训报告

根据实训过程完成实训报告。

附：发酵液除气方法

方法1：将恒温至15～20℃的发酵液300mL加至1000mL三角瓶中，塞上橡皮塞，在恒温室内轻轻摇动后开塞放气(开始有“砰砰”声)，反复操作直至无气体逸出为止。用单层中速干滤纸过滤。

方法2：将恒温至15～20℃的发酵液300mL移入带排气塞的瓶中，置于超声波水槽中(或磁力搅拌器上)振动，一定时间后，用单层中速干滤纸过滤。

实训四　密度(比重)的测定

一、实训目的

1. 了解用密度(比重)瓶法测定密度的原理,掌握测定方法。
2. 监测发酵过程中浸出物浓度的变化。

二、实训原理

在一定温度下,各种物质都有其相应的密度。当物质纯度改变时,密度也随着改变,故测定密度可检验物质的纯度或溶液的浓度。如在啤酒发酵中,随着糖分的消耗、酒精和 CO_2 的产生,密度会逐渐下降,因此可通过测定发酵液的密度来了解发酵过程。

溶解于水中的固体物质称为固形物,以质量或体积百分浓度来表示。在啤酒发酵液中,固形物的含量常以蔗糖的质量(体积)百分比来表示。

麦芽汁和啤酒发酵液在 20℃的密度规定为在空气中 20℃样品与同体积 20℃水的质量之比值。因此,测定时必须严格控制密度瓶内液体的温度,最好能在 20℃的空调房间内测定。

三、实训器材与试剂

测定密度常用的是密度计和密度瓶。密度计使用方便,但精确度低;密度瓶精确度高,但测定很费时。密度瓶有多种形状,常用的规格为 25mL,比较好的一种是带有特制温度计并具有小支管磨口帽的密度瓶。

四、实训步骤

(一)操作步骤

1. 空瓶称量

将密度瓶洗干净后,吹干或低温烘干(可用少量酒精或乙醚洗涤),冷却至室温,精确称量至 0.1mg。

2. 蒸馏水称量

将煮沸并冷却至 15～18℃的蒸馏水装满密度瓶(注意瓶内不要留有气泡)。装上温度计,立即浸入(20±0.1)℃的恒温水浴(或生化培养箱)中,让瓶内温度计的指示上升至 20℃并保持 5min,取出密度瓶,用滤纸吸去溢出支管外的水,立即盖上小帽,室温下平衡温度后,擦干瓶壁上的水,精确称量至 0.1mg。

3. 样品称量

倒出蒸馏水,用少量除气样品洗涤 3 次后,加入冷却至 15～18℃的样品,按步骤 2 的方法测得样品质量。

4. 密度计算

$$样品密度=\frac{密度瓶和样品质量-空瓶质量}{密度瓶和蒸馏水质量-空瓶质量}$$

5. 查表

查阅密度-浸出物对照表(表 6-5)。

啤酒外观浓度和实际浓度的测定:

成品啤酒或发酵液中所含的浸出物的质量分数称为浓度。由于啤酒和发酵液中有一部分酒精,酒精比水轻,故采用密度瓶法测得的浓度要稍低于实际浓度,习惯上称为外观浓度。将酒精和 CO_2 除去后测得的浓度称为实际浓度(真正浓度)。实际浓度较为准确,并可以此来计算原麦芽汁的浓度。

(1)外观浓度的测定:同上。

(2)实际浓度的测定：在普通天平上用干燥的烧杯称取已除去 CO_2 的发酵液或啤酒样品 100.0g，置于 80℃水浴中蒸发酒精，蒸至原体积的 1/3 时，冷却，加蒸馏水至内容物为 100.0g，充分混匀，用密度瓶准确测定 20℃时的密度，查表求得实际浓度。加热过程中可能有蛋白质沉淀，测定密度时应摇匀；有时为简化操作，常将测定酒精时蒸馏下的残液加水至原质量，作测定实际浓度之用。该方法由于沸腾时间较长，对测定结果有一定影响。

我国国家标准规定，11°P 啤酒的实际浓度不低于 3.9%，12°P 啤酒的实际浓度不低于 4.0%。

(二)注意事项

1. 密度瓶易碎，请格外小心，特别是小帽。

表 6-5　密度-浸出物浓度对照表(部分)

密度	浸出物	密度	浸出物	密度	浸出物	密度	浸出物
1.000 0	0.000	1.013 0	3.331	1.026 0	6.572	1.039 0	9.751
1.001 0	0.257	1.014 0	3.573	1.027 0	6.819	1.040 0	9.993
1.002 0	0.514	1.015 0	3.826	1.028 0	7.066	1.041 0	10.234
1.003 0	0.770	1.016 0	4.077	1.029 0	7.312	1.042 0	10.475
1.004 0	1.026	1.017 0	4.329	1.030 0	7.558	1.043 0	10.716
1.005 0	1.283	1.018 0	4.580	1.031 0	7.803	1.044 0	10.995
1.006 0	1.539	1.019 0	4.830	1.032 0	8.048	1.045 0	11.195
1.007 0	1.795	1.020 0	5.08	1.033 0	8.293	1.046 0	11.435
1.008 0	2.053	1.021 0	5.330	1.034 0	8.537	1.047 0	11.673
1.009 0	2.305	1.022 0	5.580	1.035 0	8.781	1.048 0	11.912
1.0010 0	2.560	1.023 0	5.828	1.036 0	9.024	1.049 0	12.150
1.0011 0	2.814	1.024 0	6.077	1.037 0	9.267	1.050 0	12.387
1.0012 0	3.067	1.025 0	6.325	1.038 0	9.509	1.051 0	12.624

2. 要擦干密度瓶外壁，特别是连接处的水分。

3. 新的密度瓶应先用重铬酸洗液浸泡，然后分别用自来水和蒸馏水冲洗，用乙醇、乙醚洗涤后吹干，放于干燥器中备用。

五、思考与练习

若无 20℃恒温水浴，怎样尽可能测准密度？

六、实训报告

根据实训过程完成实训报告。

实训五　酒精度的测定及原麦芽汁浓度的计算

一、实训目的

掌握酒精含量的测定方法，监测啤酒质量。

二、实训原理

蒸馏是分离液体混合物的一种有效方法。其原理是基于发酵产物的沸点不同，将所需物质从液体混合物中分离出来。

啤酒发酵液中的酒精含量一般较低，好在酒精的沸点只有78℃，因此可用小火将发酵液或啤酒中的酒精蒸馏出来，收集馏出液，测定其密度。然后根据密度-酒精度对照表查得酒精含量。啤酒工业中，酒精度是指利用在20℃时酒精水溶液与同体积纯水的质量之比，求得相对密度(d_{20}^{20})，然后查表得出试样中的酒精的体积分数，以V/V的百分数表示。

三、实训器材与试剂

电炉、调压变压器、铁架台、500mL蒸馏烧瓶、蛇形冷凝管或冷却部分长度不短于400mm的直形冷凝管、300mL容量瓶。

四、实训步骤

(一)操作步骤

1. 酒精度的测定

(1)在已精确称量至0.05g的500mL蒸馏烧瓶中，用容量瓶量取100mL除气并经过滤的发酵液，用50mL蒸馏水分3次冲洗容量瓶，洗液并入蒸馏烧瓶中，并加玻璃珠数粒。

(2)按图6-4连接好蒸馏装置(冷凝器用铁架台夹紧)，冷凝器下端用300mL容量瓶(最好是原容量瓶)接收馏出液。若室温较高，为了防止酒精蒸发，可将容量瓶浸于冷水或冰水中(最好用容量瓶，也可先用量筒接取，然后洗入容量瓶中)。

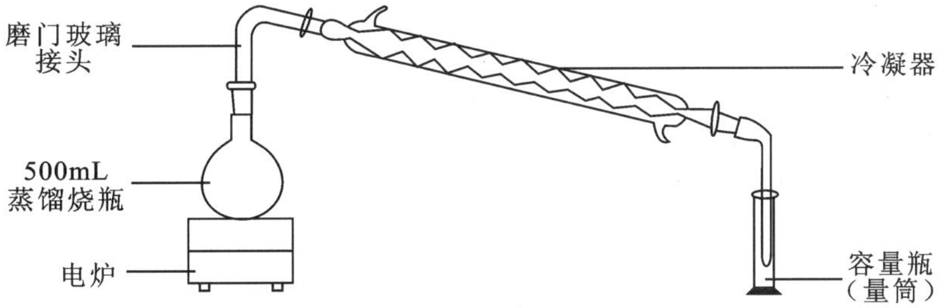

图6-4　酒精蒸馏装置示意图

(3)打开冷却水，插上电炉电源，开始蒸馏时用文火加热，沸腾后可稍加强火力(注意不可让沸腾后的泡沫流入冷凝器中，冷凝管出口水温不得超过20℃)，蒸馏至馏出液接近100mL(96mL左右)时停止加热；蒸馏时间应控制在30～60min。

(4)取下容量瓶，在20℃平衡一定时间后，加蒸馏水至100mL，混匀。

(5)用密度瓶法精确测定馏出液的密度。

(6)查密度-酒精度对照表(表6-6)，求得酒精含量。

表6-6　密度-酒精度对照表

密度	酒精度	密度	酒精度	密度	酒精度	密度	酒精度
1.000 0	0.000	0.997 0	1.620	0.994 0	3.320	0.991 0	5.130
0.999 9	0.055	0.996 9	1.675	0.993 9	3.375	0.990 9	5.190
0.999 8	0.110	0.996 8	1.730	0.993 8	3.435	0.990 8	5.255

续表 6-6

密度	酒精度	密度	酒精度	密度	酒精度	密度	酒精度
0.999 7	0.165	0.996 7	1.785	0.993 7	3.490	0.990 7	5.315
0.999 6	0.220	0.996 6	1.840	0.993 6	3.550	0.990 6	5.375
0.999 5	0.270	0.996 5	1.890	0.993 5	3.610	0.990 5	5.445
0.999 4	0.325	0.996 4	1.950	0.993 4	3.670	0.990 4	5.510
0.999 3	0.380	0.996 3	2.005	0.993 3	3.730	0.990 3	5.570
0.999 2	0.435	0.996 2	2.060	0.993 2	3.785	0.990 2	5.635
0.999 1	0.485	0.996 1	2.120	0.993 1	3.845	0.990 1	5.700
0.999 0	0.540	0.996 0	2.170	0.993 0	3.905	0.990 0	5.760
0.998 9	0.590	0.995 9	2.225	0.992 9	3.965	0.989 9	5.820
0.998 8	0.645	0.995 8	2.280	0.992 8	4.030	0.989 8	5.890
0.998 7	0.700	0.995 7	2.335	0.992 7	4.090	0.989 7	5.950
0.998 6	0.750	0.995 6	2.390	0.992 6	4.150	0.989 6	6.015
0.998 5	0.805	0.995 5	2.450	0.992 5	4.215	0.989 5	6.080
0.998 4	0.855	0.995 4	2.505	0.992 4	4.275	0.989 4	6.150
0.998 3	0.910	0.995 3	2.560	0.992 3	4.335	0.989 3	6.025
0.998 2	0.965	0.995 2	2.620	0.992 2	4.400	0.989 2	6.270
0.998 1	1.115	0.995 1	2.675	0.992 1	4.460	0.989 1	6.330
0.998 0	1.070	0.995 0	2.730	0.992 0	4.520	0.989 0	6.395
0.997 9	1.125	0.994 9	2.790	0.991 9	4.580	0.988 9	6.455
0.997 8	1.180	0.994 8	2.850	0.991 8	4.640	0.988 8	6.520
0.997 7	1.235	0.994 7	2.910	0.991 7	4.700	0.988 7	6.580
0.997 6	1.285	0.994 6	2.970	0.991 6	4.760	0.988 6	6.645
0.997 5	1.345	0.994 5	3.030	0.991 5	4.825	0.988 5	6.710
0.997 4	1.400	0.994 4	3.090	0.991 4	4.885	0.988 4	6.780
0.997 3	1.455	0.994 3	3.150	0.991 3	4.945	0.988 3	6.840
0.997 2	1.510	0.994 2	3.205	0.991 2	5.005	0.988 2	6.910
0.997 1	1.565	0.994 1	3.265	0.991 1	5.070	0.988 1	6.980

2. 啤酒实际浓度的测定

(1)将上述蒸去酒精的 500mL 蒸馏烧瓶冷却至室温。

(2)加蒸馏水将蒸馏残液调整至 100.0g。

(3)用密度瓶法测定蒸馏残液在 20℃时的密度。

(4)查密度-浸出物对照表,得出实际浓度。

3. 原麦芽汁浓度的计算

原麦芽汁浓度是指发酵之前的麦芽汁浓度。生产中为检查发酵是否正常，常根据啤酒的实际浓度来推算原麦芽汁浓度和发酵度。

根据巴林氏的研究，在完全发酵时，每 2.0665g 浸出物可生成 1g 酒精、0.9565g CO_2 和 0.11g 酵母。若测得啤酒的酒精含量(质量分数)为 A，实际浓度为 n，则 100g 啤酒发酵前含有浸出物的克数应为：$A\times 2.0665+n$，生成 Ag 酒精，即从原麦芽汁中减少 $A\times 1.0665$g 浸出物(CO_2 和酵母沉淀物)。要生成 100g 啤酒，需要原麦芽汁为：$(100+A\times 1.0665)$g。原麦芽汁浓度为：$P=\dfrac{A\times 2.0665+n}{100+A\times 1.0665}$。

我国国家标准规定，大于 10°P 的啤酒，其原麦芽汁浓度计算值与实际值之间的偏差不得大于 0.3°P(负偏差)；小于或等于 10°P 的啤酒，其允许的负偏差为 0.2°P。

若计算所得的原麦芽汁浓度与发酵之前的麦芽汁浓度相符，说明发酵正常；若计算所得的原麦芽汁浓度与发酵之前的麦芽汁浓度不符，说明发酵不正常，可能有野生酵母或细菌污染。

4. 发酵度的计算

麦芽汁经发酵后浸出物减少的百分数称为发酵度。发酵度随麦芽汁中可发酵糖与总糖的比例而变化。发酵度还因酵母菌种的不同而变化。发酵度常有两种表示方法：

(1)外观发酵度

$$外观发酵度=(P-m)/P\times 100\%$$

式中　P——原麦芽汁浓度；

m——啤酒的外观浓度。

(2)实际发酵度

$$实际发酵度=(P-n)/P\times 100\%$$

式中　n——啤酒的实际浓度。

浅色啤酒根据其实际发酵度可分为三个类型：低发酵度：50%左右，往往使啤酒保存性差；中发酵度：60%左右，较合适；高发酵度：65%左右，较合适。

(二)注意事项

1. 蒸馏时火力不要太旺，最好用调压器调节电压。
2. 测定实际浓度时，最好用 80℃水浴将酒精蒸去。

五、思考与练习

1. 是否可以在馏出液接近 90mL 时停止蒸馏?
2. 如果馏出液大于 100mL，会对结果产生怎样的影响?

六、实训报告

根据实训过程完成实训报告。

实训六　啤酒酸度和 pH 值的测定

一、实训目的

掌握酸度和 pH 值的测定方法，监测啤酒发酵的进程。

二、实训原理

总酸是指样品中能与强碱(NaOH)作用的所有物质的总量，在发酵工程操作中，一般用中和每升样品

（滴定至 pH=8.2）所消耗 1mol/L NaOH 的毫升数来表示，但在啤酒发酵液的测定过程中常用中和 100mL 除气发酵液所需的 1mol/L NaOH 的毫升数来表示。

一般说来，麦汁的 pH 值为 5.2～5.6，随着发酵的进行，二氧化碳和有机酸形成，起缓冲作用的磷酸盐减少，pH 值会逐步降低，到发酵结束时，pH 值降至 4.2～4.4。啤酒中含有 100 种以上的酸类，其中包括挥发性的（甲酸、乙酸）、低挥发性的（C3、C4、异 C4、异 C5、C6、C8、C10 等脂肪酸）和不挥发性的（乳酸、柠檬酸、琥珀酸、苹果酸以及氨基酸、核酸、酚酸等）酸类。生产原料、糖化方法及发酵条件、酵母菌种都会影响啤酒中酸的含量。适宜的 pH 值和适量的可滴定总酸，能赋予啤酒柔和清爽的口感；同时这些酸及其盐类也是啤酒中重要的缓冲物质，有利于各种酶充分发挥作用。

由于样品有多种弱酸盐和弱酸盐，有较大的缓冲能力，滴定终点 pH 值变化不很明显，再加上样品有色泽，用酚酞做指示剂的效果不是太好，最好采用电位滴定法。

三、实训器材与试剂

1. 器材

自动电位滴定仪或普通碱式滴定管，pH 计等。

2. 试剂

(1)0.1mol/L NaOH 标准溶液：需标定，精确至 0.0001mol/L。

(2)0.5%酚酞指示剂：称取 0.5g 酚酞溶于 95% 的中性酒精中（普通酒精常含有微量的酸，可用 0.1mol/L NaOH 溶液滴定至微红色即为中性酒精），定容至 100mL。

四、实训步骤

（一）操作步骤

1. 酸度测定

取发酵液约 60mL 于 100mL 烧杯中，置于 40℃恒温水浴中振荡 30min 以去除 CO_2，冷却至室温。

精确量取 50mL 发酵液，置于烧杯中，加入磁力搅拌棒，放于自动电位滴定仪上，插入 pH 探头，开启磁力搅拌器，逐滴滴入 0.1mol/L NaOH 标准溶液，直至 pH=8.2，记下耗去的 NaOH 毫升数。

若无自动电位滴定仪，可用下述酸碱滴定方法：

于 250mL 三角瓶中加 100mL 蒸馏水，加热煮沸 2min 以去除溶解的 CO_2，然后加入恒温处理过的发酵液 10mL，继续加热 1min，控制加热温度，使其在最后 30s 内再次沸腾。放置 5min 后，用自来水迅速冷却至室温，加入 0.5mL 酚酞指示剂，用 0.1mol/L NaOH 标准溶液滴定至微红色（不可过量）经摇动后不消失为止，记下消耗氢氧化钠溶液的体积(V)。

计算：

$$总酸(1mol/L\ NaOH 毫升数/100mL 样品)=2MV(电位滴定法)$$

$$总酸(1mol/L\ NaOH 毫升数/100mL 样品)=10MV(指示剂法)$$

式中　M——NaOH 的实际摩尔浓度，mol/L；

　　V——消耗的氢氧化钠溶液的体积，mL。

我国国家标准规定原麦汁浓度≥14.1°P 的淡色啤酒，其总酸应不大于 3.5mL/100mL；原麦汁浓度在 10.1～14.0°P 的淡色啤酒，其总酸应不大于 2.6mL/100mL；原麦汁浓度≤10.0°P 的淡色啤酒，其总酸应不大于 2.2mL/100mL。

2. pH 值测定

现以 pHS-3C 型精密 pH 计为例说明 pH 值的测定方法。

pHS-3C 型 pH 计是一种精密数字显示 pH 计，它采用 3 位半十进制 LED 数字显示，在使用前应将电极在蒸馏水中浸泡 24h。接通电源后，先预热 30min，然后进行标定。一般来说，仪器在连续使用时，每天要标定一次。

(1)选择开关旋至 pH 挡。

(2)调节温度补偿至室温。

(3)把斜率调节旋钮顺时针旋到底(即调到 100%位置)。

(4)将洗净、擦干的电极插入 pH=6.86 的缓冲液中,调节定位旋钮至 6.86。

(5)用蒸馏水清洗电极,擦干,再插入 pH=4.00 的标准缓冲液中,调节斜率至 pH=4.00。

(6)重复(4)和(5),直至不用再调节定位和斜率两旋钮为止。

(7)清洗电极,擦干,将电极插入发酵液中,摇动烧杯,使均匀接触,在显示屏中读出被测溶液的 pH 值。

(8)关闭电源,清洗电极,并将电极保护套套上,套内应放少量补充液以保持电极球泡的湿润,切忌浸泡于蒸馏水中。

(二)注意事项

1. 发酵液中的 CO_2 必须去除。

2. 0.1mol/L NaOH 必须经过标定,保留 4 位有效数字。

五、思考与练习

1. 酸碱滴定(指示剂法)测酸度时为什么要用水稀释?

2. 水的酸碱度对滴定结果有什么影响?

六、实训报告

根据实训过程完成实训报告。

实训七　啤酒 α-氨基氮含量的测定

一、实训目的

学习 α-氨基氮含量的测定方法,控制啤酒发酵进程,判断发酵是否正常。

二、实训原理

麦汁中有许多含氮物质,如氨基酸、肽类、蛋白质、嘌呤及嘧啶等,但酵母菌胞外蛋白酶活力微弱,蛋白分解能力很小,酵母增殖所需氮源主要依靠麦汁中的氨基酸。在正常的啤酒发酵过程中,麦汁中约有 50% 的氨基酸和低分子肽被酵母同化,另外,由于 pH 值和温度的降低,会引起一些凝固性蛋白质和多酚复合物的沉淀,在酵母细胞表面也吸附有少量蛋白质颗粒。同时,酵母细胞在代谢过程中也会分泌出一些含氮物质,其量约为同化氮的 1/3,衰老的酵母更有此分泌倾向。因此发酵结束后含氮物质的总量大约下降 1/3。一般说来,啤酒中的含氮物质有 3/4 来自麦汁,1/4 来自酵母分泌。

啤酒中的 α-氨基酸占氨基酸总量的绝大部分,α-氨基氮为 α-氨基酸分子上的氨基氮。α-氨基酸可被水合茚三酮(一种氧化剂)氧化脱羧成少一个碳原子的醛,并放出 NH_3 和 CO_2,而水合茚三酮本身被还原成还原型水合茚三酮。还原型水合茚三酮再与未还原的水合茚三酮及氨反应,生成蓝紫色缩合物,颜色深浅与游离 α-氨基氮含量成正比,可在 570nm 下比色测定。

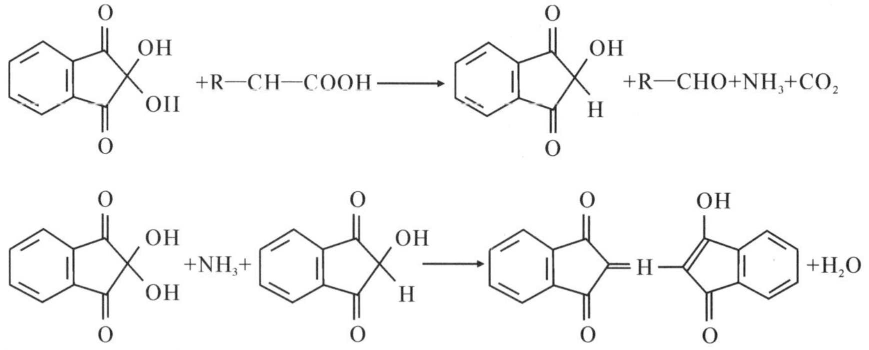

三、实训器材与试剂

1. 器材

分光光度计，电炉，比色管或带玻璃球的试管等。

2. 试剂

(1)显色剂：称取 10g 磷酸氢二钠($Na_2HPO_4 \cdot 12H_2O$)、6g 磷酸二氢钾(KH_2PO_4)、0.5g 水合茚三酮、0.3g 果糖，用水溶解并定容至 100mL(pH＝6.6～6.8)，棕色瓶低温保存，可用两周。

(2)碘酸钾稀释液：溶解 0.2g 碘酸钾于 60mL 水中，加 40mL 96%乙醇。

(3)标准甘氨酸贮备溶液：准确称取 0.1072g 甘氨酸，用水溶解并定容至 100mL。4℃冰箱保存，用时 100 倍稀释。

四、实训步骤

(一)操作步骤

1. 样品稀释

适当稀释样品至含 1～3μg α-氨基氮/mL(麦汁一般稀释 100 倍，啤酒 50 倍，应先除气并过滤)。

2. 测定

取 9 支 10mL 比色管(或试管)，其中 3 支吸入 2mL 甘氨酸标准溶液，另 3 支各吸入 2mL 试样稀释液，剩下 3 支吸入 2mL 蒸馏水。然后各加显色剂 1mL，盖玻塞(或玻璃球)，摇匀，在沸水浴中加热 16min。取出后迅速在 20℃冷水中冷却 20min，分别加 5mL 碘酸钾稀释液，摇匀。在 30min 内，以水样管为空白，在 570nm 波长下测定各管的吸光度(A)。

计算：

$$\alpha\text{-氨基氮(mg/L)}=\frac{\text{样品管平均}A}{\text{标准管平均}A}\times 2\times \text{稀释倍数}$$

式中 $\frac{\text{样品管平均}A}{\text{标准管平均}A}$——样品管与标准管之间的 α-氨基氮之比；

2——标准管的 α-氨基氮浓度，μg/mL，即(0.1072×14/75)×100。

结果以毫克氮/升表示，一般麦汁中的 α-氨基氮的含量约为 250mg/L，啤酒中的约为 150mg/L。

(二)注意事项

1. 必须严防任何外界痕量氨基酸的引入，所用比色管(试管)必须仔细洗涤，洗净后的手只能接触管壁外部，移液管不可用嘴吸。

2. 测定时加入果糖作为还原性发色剂，碘酸钾稀释液的作用是使茚三酮保持氧化态，以阻止进一步发生不希望的生色反应。

3. 若三个重复管中的吸光度差异较大，建议选取颜色最浅的一管来测定(或做对照)，因为颜色最浅的往往是污染最小的。

4. 对于深色麦汁或深色啤酒，应对吸光度作校正：取 2mL 样品稀释液，加 1mL 蒸馏水和 5mL 碘酸钾稀释液，在 570nm 波长下以空白做对照测吸光度，将此值从测定样品吸光度中减去。

5. 测得的 A 在 0.36 附近则较为精确。若 A 小于 0.1 或大于 1.0，应重新确定稀释倍数。

五、思考与练习

1. 啤酒色泽是否会对结果产生影响？

2. 稀释倍数对结果有什么影响？（提示：在用比色法测定物质含量时，一般应作标准曲线，在一定的浓度范围内，含量与吸光度成正比，因此，稀释度过高或过低，会对结果产生根大影响。）

六、实训报告

根据实训过程完成实训报告。

实训八　双乙酰含量的测定

一、实训目的

学习双乙酰含量的测定方法，监测啤酒质量。

二、实训原理

双乙酰（丁二酮）是一种赋予啤酒风味的重要物质，但含量过高，会使啤酒带有馊饭味。其风味阈值较低（0.1mg/L），因此，对淡爽型啤酒来说，双乙酰的含量应控制在 0.1mg/L，而对高档啤酒，其含量应控制在 0.05mg/L 以下。

双乙酰的测定方法有气相色谱法、极谱法和比色法等。邻苯二胺比色法是连二酮类都能发生显色反应的方法，所以，此法测得的值为双乙酰与 2,3-戊二酮的总量，结果偏高。但因啤酒中 2,3-戊二酮的量远较双乙酰低，且其味阈值（1mg/L）较双乙酰高，对啤酒风味没有太大的影响，再加上此法快速简便，因此是国家标准规定的方法。

用蒸汽将双乙酰从样品中蒸馏出来，加邻苯二胺，形成 2,3-二甲基喹喔啉，其盐酸盐在 335nm 波长下有一最大吸收峰，可进行定量测定。

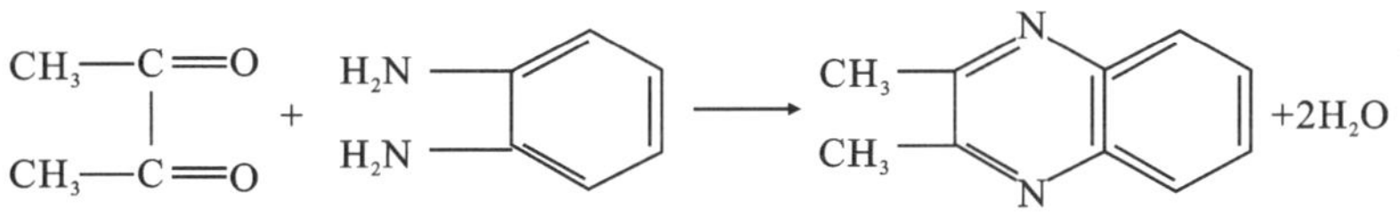

三、实训器材与试剂

1. 器材

紫外分光光度计（20mm 玻璃比色皿或 10mm 石英比色皿）和双乙酰蒸馏装置（图 6-5）。

2. 试剂

(1)4mol/L 盐酸。

(2)10g/L 邻苯二胺：精密称取分析纯邻苯二胺 100mg，溶于 4mol/L 盐酸中，并定容至 10.00mL，摇匀，贮于棕色瓶中，暗处保存，限当日使用。若配出来的试剂呈红色，则应重配。

(3)消泡剂：有机硅消泡剂或甘油聚醚。

(4)双乙酰标准溶液：精确称取 0.5000g 双乙酰，溶于 1000mL 蒸馏水中，用棕色瓶贮于冰箱内。临用前吸取 5.00mL 贮备液，稀释成 1000mL，此溶液的浓度为 0.25mg/mL。

四、实训步骤

（一）操作步骤

1. 按图 6-5 把双乙酰蒸馏器安装好，把夹套蒸馏器下端的排气夹子打开。

2. 将内装 2.5mL 重蒸水的容量瓶（或量筒）放于冷凝器下，使出口尖端浸没在水面下，外加冰水冷却。

3. 加热蒸汽发生器至沸，通蒸汽加热夹套，备用。

4. 于 100mL 量筒中加入 2～4 滴消泡剂，再注入 5℃左右的未除气啤酒 100mL。

5. 待夹套蒸馏器下端冒大气时，打开进样口瓶塞，将啤酒迅速注入蒸馏器内，再用约 10mL 蒸馏水冲洗量筒，同时倒入进样口迅速盖好进样口塞子，用水封口。

6. 待夹套蒸馏器下端再次冒大气时，将排气夹子夹住，开始蒸馏，到馏出液接近 25mL（蒸馏应在 3min 内完成）时取下容量瓶，待与室温平衡后用重蒸水定容至 25mL，摇匀。

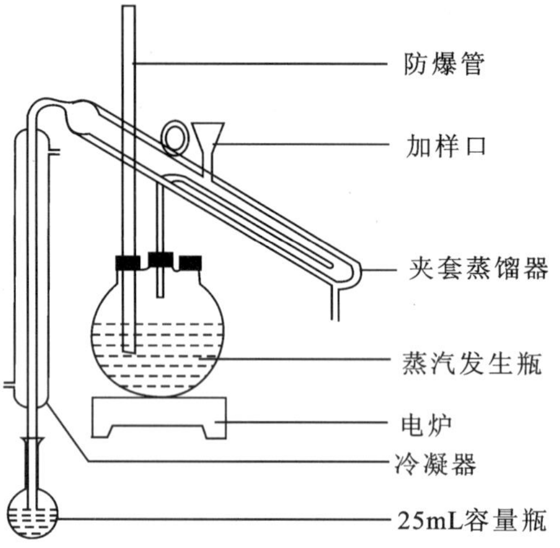

图 6-5　双乙酰蒸馏装置示意图

7. 分别吸取馏出液 10mL 于两支比色管中。一管作为样品管加入 0.5mL 邻苯二胺溶液，另一管不加，为空白管，充分摇匀后同时置于暗处放置 20～30min，然后于样品管中加 2mL 4mol/L 盐酸溶液，于空白管中加 2.5mL 4mol/L 盐酸溶液，混匀。

8. 在 335nm 波长处，用 20mm 玻璃比色皿（或 10mm 石英比色皿）以空白作对照测定样品吸光度 A_{335}（比色操作应在 20min 内完成）。

9. 计算

$$\text{联二酮含量(以双乙酰计,mg/L)} = A_{335} \times 1.2 \text{ (用 20mm 玻璃比色皿测定)}$$

或 $$\text{联二酮含量(以双乙酰计,mg/L)} = A_{335} \times 2.4 \text{ (用 10mm 石英比色皿测定)}$$

10. 清洗：在全部样品测定完毕后，先用热稀碱液清洗双乙酰蒸馏器，再用热水冲洗至中性。

若有标准双乙酰样品，也可用下述方法测定：

另取一比色管，加 9.9mL 10%乙醇和 0.1mL 双乙酰标准溶液，按上述方法测定样品吸光度，按下式计算：

$$\text{联二酮含量(以双乙酰计,mg/L)} = \text{样品管吸光度}/\text{标准管吸光度} \times 0.625$$

我国国家标准规定，优级啤酒的双乙酰含量应小于或等于 0.10mg/L；一级啤酒的双乙酰含量应小于或等于 0.15mg/L；二级啤酒的双乙酰含量应小于或等于 0.20mg/L。

（二）注意事项

1. 蒸馏时加入试样要迅速，勿使双乙酰损失。蒸馏要求在 3min 内完成。

2. 严格控制蒸汽量，勿使泡沫过高而导致蒸馏失败。

3. 显色反应在暗处进行，否则会导致结果偏高。

4. 在对多个酒样进行测定时，在两个样品蒸馏之间，仪器不需要清洗。

五、思考与练习

用 20mm 玻璃比色皿测定的结果与用 10mm 石英比色皿测定的结果是否正好相差 2 倍？试一试，解释原因。

六、实训报告

根据实训过程完成实训报告。

实训九　色度的测定

一、实训目的

了解用目视比色法测定啤酒色度的方法，监测发酵液的质量。

二、实训原理

色泽与啤酒的清亮程度有关，是啤酒的感官指标之一。啤酒依色泽可分为淡色、浓色和黑色等几种类型，每种类型又有深浅之分。一般将色度在5.0～14.0EBC(欧洲啤酒酿造协会的色度单位)的啤酒称为淡色啤酒，将色度在15.0～40.0EBC的啤酒称为浓色啤酒，色度在40.0EBC以上的啤酒称为黑色啤酒。淡色啤酒以浅黄色稍带绿色为好，给人以愉快的感觉。

麦汁的色度在发酵过程中会有所降低，部分是由于pH值的变化，使原溶解于麦汁中的色素物质重新析出，与蛋白质、酒花树脂等悬浮于液面泡盖中；部分是由于酵母对单宁物质的还原作用。

形成啤酒颜色的物质主要是类黑精、酒花色素、多酚、黄色素以及各种氧化物。浓黑啤酒中还有多量的焦糖。淡色啤酒的色素主要取决于原料麦芽和酿造工艺；深色啤酒的色泽主要来源于麦芽，另外也需添加部分着色麦芽或糖色；黑啤酒色泽的形成则主要依靠焦香麦芽、黑麦芽或糖色。

造成啤酒颜色过深的因素可能有：①麦芽的煮沸色度深；②糖化用水pH值偏高；③糖化、煮沸时间过长；④洗糟时间过长；⑤酒花添加量大、单宁多，酒花陈旧；⑥啤酒含氧量高；⑦啤酒中铁离子含量偏高。

对淡色啤酒来说，其颜色与稀碘液的颜色比较接近，因此其色度可用稀碘液的浓度来表示。色度的Brand单位就是指滴定到与啤酒颜色相同时100mL蒸馏水中需添加0.1mol/L标准碘液的毫升数。Brand法与EBC法色度单位的比较见表6-7。

表6-7　EBC法与Brand法色度单位的比较(部分)

EBC	Brand	EBC	Brand	EBC	Brand	EBC	Brand	EBC	Brand
2.0	0.11	5.2	0.31	6.6	0.40	8.0	0.49	9.6	0.60
2.5	0.14	5.4	0.32	6.8	0.41	8.2	0.51	10.0	0.62
3.0	0.17	5.6	0.34	7.0	0.43	8.4	0.52	12.0	0.78
3.5	0.21	5.8	0.35	7.2	0.44	8.6	0.53	14.0	0.93
4.0	0.23	6.0	0.36	7.4	0.45	9.0	0.56	16.0	1.1
4.5	0.27	6.2	0.37	7.6	0.47	9.2	0.58	18.0	1.3
5.0	0.30	6.4	0.39	7.8	0.48	9.4	0.59	20.0	1.4

淡色啤酒的色度最好在5～9.5EBC之间。要控制好啤酒的色度，应注意以下几点：

(1)选择麦汁煮沸色度低的优质麦芽，适当增加大米用量，使用新鲜酒花，选用软水，对暂时硬度高的水应预先处理；

(2)严格控制糖化、过滤、麦汁煮沸时间，冷却时间宜在60min左右；

(3)防止啤酒吸氧过多，严格控制瓶颈空气含量，巴氏灭菌时间不能太长。

三、实训器材与试剂

1. 100mL 比色管，白瓷板，吸管等。
2. 0.1mol/L 碘标准溶液：经硫代硫酸钠溶液标定，精确至 0.0001mol/L。

四、实训步骤

(一)操作步骤

1. 取 2 支比色管，一支中加入 100mL 蒸馏水，另一支中加入 100mL 除气发酵液(或麦汁、啤酒)，面向光亮处，立于白瓷板上。

2. 用 1mL 移液管吸取 1.00mL 碘液，逐滴滴入装水比色管中，并不断用玻棒搅拌均匀，直至从轴线方向观察其颜色与样品比色管相同为止，记下所消耗的碘液毫升数(准确至小数后第二位)V。

3. 计算样品的色度：

$$色度=10MV$$

式中 M——碘标准液的摩尔浓度，mol/L；

V——消耗的碘液毫升数，mL。

(二)注意事项

1. 若用 50mL 比色管，结果乘以 2。
2. 不同样品须在同等光强下测定，最好用日光灯或北部光线，不可在阳光下测定。
3. 麦汁应澄清，可经过滤或离心后测定。

五、思考与练习

1. 对色泽较深的麦汁，应怎样处理？
2. 是否可用分光光度计测定色度？
3. 试设计一个用分光光度计测定色度的实验。

六、实训报告

根据实训过程完成实训报告。

附 EBC 测定法

1. 哈同(Hartong)基堆溶液的配制

称取重铬酸钾($K_2Cr_2O_7$) 0.100g 和亚硝酰铁氰化钠($Na_2[Fe(CN)_5NO]\cdot 2H_2O$) 3.500g，用水溶解并定容至 1000mL，贮于棕色瓶中，暗处放置 24h 后使用。

2. 比色计的校正

哈同溶液在 40mm 比色皿中测定时的标准色度应为 15EBC，在 25mm 比色皿中测定时的标准色度应为 9.4EBC 。

3. 试样色度的测定

将除气后的试样注入 EBC 比色皿中，与比色计中的标准色盘比较，读出 EBC 色度值。

实训十 啤酒中苦味质含量的测定

一、实训目的

了解用分光光度计测定苦味质的方法，监测发酵液的质量。

二、实训原理

发酵液或啤酒中的苦味物质主要是异 α-酸，是由酒花中的 α-酸经 1，6 碳键断裂，1，5 碳成键后形成的。异 α-酸为黄色油状液体，在酸性条件下可被异辛烷萃取，在 275nm 波长下有最大吸收值，可用紫外分光光度计测定。

一般说来，在发酵过程中，有近 1/3 苦味物质因随酵母沉降或随泡盖上浮而损失掉。

三、实训器材与试剂

1. 器材

紫外分光光度计、离心机、回旋振荡器等。

2. 试剂

(1)6mol/L HCl：270mL HCl 用熏蒸水稀释至 500mL。

(2)异辛烷：光谱级，要求在 275nm 下的吸光度低于 0.005，否则应提纯后再用。提纯方法是：在异辛烷中加入 1%(*W*/*V*)氢氧化钠颗粒，静置过夜，而后在通风柜中蒸馏，注意防火。

四、实训步骤

(一)操作步骤

1. 取 10.00mL 10℃未经除气的啤酒(浑浊样品须先通过离心澄清)，放入 35mL 离心管中。
2. 加入 0.5mL 6 mol/L HCl 和 20mL 异辛烷，放入 2～3 个玻璃珠，盖上盖子，在 20℃回旋振荡器(130r/min)中振荡 15min(应呈乳状)。
3. 3000r/min 离心 10min。
4. 以异辛烷作对照，在 275nm 下用 1cm 石英比色杯测上层清液的吸光度 A_{275}。
5. 计算

$$苦味质 = A_{275} \times 50(BU)$$

(二)注意事项

1. 异辛烷提纯时，要在通风柜中蒸馏，注意放火，切勿蒸干。
2. 啤酒或发酵液应将气除尽。

五、思考与练习

对于浑浊样品，是否可通过过滤来澄清？

六、实训报告

根据实训过完实训报告。

项目七　白酒发酵技术

知识目标

1. 知道白酒的分类及特点。
2. 知道生产白酒的常用原料及其特点。
3. 能陈述白酒酒曲的制备工艺及操作要点。
4. 能陈述主要种类白酒的酿造工艺及操作要点。
5. 能陈述白酒贮存过程中的理化变化及白酒勾兑调味等后处理的方法。

技能目标

1. 能够完成白酒酿造各个操作环节并进行工艺控制。
2. 会选用白酒酿造中常见的设备。
3. 能够进行白酒质量的基本检验与鉴定（包括理化、感官、微生物检验）。
4. 会运用相关知识解决白酒酿造过程中的质量问题，会进行成本分析。
5. 能够制定白酒酿造的操作规范、整理改进措施。

思政目标

通过介绍有关中国酒文化的诗词和不可复制的茅台酒制备工艺，坚定学生的文化自信和民族自信，增加学生的人文积淀，培养学生的人文情怀和积极的人生态度。

背景资料

我国是世界上较早的酿酒国家之一，从大量的考古资料可知，距今6000余年的大汶口文化时期已经开始酿酒。白酒是以粮谷为主要原料，以大曲、小曲、麸曲、酶制剂及酵母等为糖化发酵剂，经蒸煮、糖化、发酵、蒸馏、陈酿、勾调而成的蒸馏酒，因能点燃又名烧酒。白酒和威士忌(Whisky)、白兰地(Brandy)、朗姆酒(Rum)、金酒(Gin)、伏特加(Vodka)并列为世界六大蒸馏酒，但白酒所用的制曲和制酒的原料、微生物体系、各种工艺、勾兑调味的复杂性，却是其他蒸馏酒无法比拟的。

白酒的种类繁多，分类方法也不完全统一，常见的分类方法有以下几种：

(一)按白酒香型分类

1979年全国第三届评酒会将评比的酒样分为酱香、清香、浓香、米香和其他香五种，称为全国白酒五大香型，嗣后其他香发展为芝麻香、兼香、凤型、豉香和特型五种。

1. 酱香型(茅香型)白酒

以贵州茅台酒为代表，采用超高温制曲、晾堂堆积、清蒸回酒等工艺，用石壁泥底窖发酵。该酒的主要特征是：酱香突出，幽雅细腻，酒体丰满醇厚，回味悠长。另外还有一个显著的特点是：隔夜尚香，饮后空杯香犹存，以“低而不淡、香而不艳”著称，酒体颜色允许微黄。

2. 浓香型(泸香型)白酒

以泸州老窖、五粮液为代表，采用混蒸续糟等工艺，陈年老窖或人工老窖发酵。该酒的主要特征是：窖香浓郁，绵甜甘洌，香味谐调，尾净余长，入口甜并有回甜（有“无甜不成泸”的说法）。

3．清香型（汾香型）白酒

以山西汾酒为代表，采用清蒸清渣等工艺及地缸发酵。该酒的主要特征是：清香纯正，醇甜柔和，自然谐调，余味爽净，可以概括为“清字当头，一净到底”。

4．米香型（蜜香型）白酒

以桂林三花酒为代表，以大米为原料，小曲为糖化发酵剂。该酒的主要特征是：蜜香清雅，入口柔绵，落口爽净，回味怡畅。

5．其他香型酒

凡不属于上述四类香型的白酒（兼有两种香型或两种以上香型的酒）均可归于此类，亦称复香型酒、混合香型酒，如西凤酒、董酒、四特酒等。它们大多采用上述四种香型白酒的某些工艺或其他特殊工艺酿制而成。

（二）按白酒用曲种类分类

1．大曲酒

大曲酒以小麦、大麦、豌豆等为原料制成的大曲为糖化发酵剂。一般酒质较好，但淀粉出酒率低，成本高，发酵周期较长。

2．小曲酒

小曲酒以大米等为原料制成的球形或块状的小曲为糖化发酵剂。大多采用半固态发酵法，淀粉出酒率较高，发酵周期较短。

3．麸曲酒

麸曲酒以纯粹培养的曲霉菌及酵母制成的麸曲和酒母为糖化发酵剂。发酵时间短，淀粉出酒率高。

此外，尚有大小曲混用的方式，但不普遍。

（三）按生产工艺分类

1.固态法白酒

固态法白酒是指以粮谷为原料，以大曲、小曲、麸曲等为糖化发酵剂，采用固态发酵法或半固态发酵法工艺所得的基酒，经陈酿、勾调而成的，不直接或间接添加食用酒精及非自身发酵产生的呈色呈香呈味物质，具有本品固有风格特征的白酒。

2.液态法白酒

液态法白酒是指以粮谷为原料，采用液态发酵法工艺所得的基酒，可添加谷物食用酿造酒精，不直接或间接添加非自身发酵产生的呈色呈香呈味物质，精制加工而成的白酒。

3.固液法白酒

固液法白酒是指以液态法白酒或以谷物食用酿造酒精为基酒，利用固态发酵酒醅或特制香醅串蒸或浸蒸，或直接与固态法白酒按一定比例调配而成，不直接或间接添加非自身发酵产生的呈色呈香呈味物质，具有本品固有风格特征的白酒。

（四）按酒度高低分类

1．高度白酒

酒度为41%～65%(V/V)。

2. 低度白酒

酒度一般为40%(V/V)以下。

2022年6月1日，《白酒工业术语》(GB/T 15109—2021)及《饮料酒术语和分类》(GB/T 17204—2021)两项国家标准正式实施。

新国标中明确了白酒必须以“粮谷”为主要原料。所谓“粮谷”，是指谷物和豆类的原粮和成品粮，谷物包括稻谷、小麦、玉米、高粱、大麦、青稞等，同时明确了粮谷的定义中不包括薯类。

固态法白酒、液态法白酒和固液法白酒均明确规定“不直接或间接添加非自身发酵产生的呈色呈香呈味物质”，即不能使用食品添加剂。新国标中将调香型白酒从“白酒”中剥离出来，归入配制酒。关于调香酒的定义，《白酒工业术语》中显示，调香酒是指以固态法白酒、液态法白酒、固液法白酒或食用酒精为酒基，添加食品添加剂调配而成，具有白酒风格的配制酒。

在新国标中，修改了浓香型白酒、清香型白酒、米香型白酒、凤香型白酒、豉香型白酒、芝麻香型白酒、特香型白酒、浓酱兼香型白酒、老白干香型、酱香型白酒等的术语定义；增加了兼香型白酒、董香型白酒、馥郁香型白酒等术语的定义。

任务一　白酒酿造原、辅料的选择

生产白酒的原料包括酿酒、制曲、制酒母的原料。从酿造理论和工艺来说，任何含可发酵性糖或含可转化为可发酵性糖的物质，都可以用来酿酒。但白酒发酵不是单纯的酒精发酵，原料除应富含淀粉或可发酵性糖外，还必须含适量的蛋白质、矿物质、维生素等，以供微生物生长繁殖和形成白酒的各种微量香气成分。并要求所用原料新鲜、无霉变、夹杂物少、颗粒饱满、来源丰富、运输方便。同时原料自身不含或少含影响白酒质量的不愉快气味和有害成分。目前，我国白酒行业一般将生产原料分为主要原料和辅助原料。

一、酿造白酒的主要原料

1. 高粱

高粱是我国白酒酿造最主要和广泛使用的原料。高粱按高粱穗颜色可分为白高粱、黄高粱、红高粱、黑高粱等；按品种和性质可分为糯高粱和粳高粱。糯高粱多为南方种植，其淀粉几乎完全是支链淀粉，并有吸水性强、容易糊化的特点；粳高粱多为北方种植，常称为饭高粱，其含有一定量的直链淀粉，结构较紧密，蛋白质的含量高于糯高粱。现在有多种杂交高粱已成为高产作物，被广泛应用。高粱的淀粉含量为60%左右，还含有单宁和色素。微量单宁的存在，在发酵过程中生成丁香醛、丁香酸等香味物质，所以一般认为高粱酒比较香。但单宁含量过多，能抑制微生物的生长，在酿酒中会妨碍糖化和发酵作用，给成品酒带来苦涩味。

2. 玉米

玉米又叫苞谷、苞米等，其淀粉含量一般在65%左右，同时含植酸较多，在发酵中可水解为环已六醇和磷酸，前者呈甜味，后者可促进甘油的生成，因而玉米酒较纯甜。玉米的脂肪主要集中在胚芽部分，胚芽的干物质中所含脂肪量可达30%～40%。脂肪在发酵过程中经氧化后生成脂肪酸，会造成酒醅升酸快，升酸幅度大。很多白酒厂用玉米酿酒时先分离胚芽，榨取玉米油，以利于白酒生产。

3. 大米

大米的淀粉含量为75%左右，蛋白质及脂肪含量较少，质地纯净，无皮壳，有利于缓慢的低温发酵。用大米酿的酒较纯净，并带有特殊的米香。但也因为大米无皮壳，蒸煮后软而发黏，如发酵温度控制不当，反而易使酒的杂味突出。

4. 小麦

小麦的淀粉含量为70%左右，富含面筋等营养成分，黏着力强，白酒行业多用小麦制曲。

5. 大麦

大麦的黏着性能差，皮壳较多，常与豌豆一起制曲。

二、酿造白酒的辅助原料

1. 麸皮

麸皮是辅助原料中最常用的。麸皮的淀粉含量为15%～20%，用麸皮制曲来培养根霉和曲霉时，可迅速消耗麸皮中的淀粉，不会导致有机酸或其他中间产物的积累，保证曲霉和根霉的迅速生长。同时，麸皮比较疏松，麸皮之间有一定的空隙，有利于菌丝的良好生长。此外，麸皮中还含有一定数量的淀粉酶、氧化酶、过氧化酶等。麸皮是制曲最好的辅助原料之一。

2. 填充料

白酒酿造过程中，为了调节酒醅的淀粉浓度和酸度，吸收酒精成分，保持一定的浆水，维持酒醅的疏松程度，保证发酵和蒸馏的顺利进行，需要加入一定数量的填充料。常用的填充料有稻壳、高粱壳、谷糠、玉米芯、酒糟等。在固态法白酒生产中，在配料时常配入大量的酒糟以调节淀粉浓度和酸度，并可以疏松醅料，同时还能给微生物一些营养物质。酒糟经过多次反复发酵，能增加芳香物质，对提高产品质量有利。

任务二　白酒酒曲的制备

酒曲是我国酿酒技术的重大发明，它是世界上最早的一种多种微生物的复合酶制剂。

一、白酒酒曲制备的目的

通过制曲，使酿酒微生物在制曲原料中得以生长繁殖，以利于提供给发酵糟醅有益菌种和多量的酶，起到糖化和发酵的作用。

二、大曲的制备

（一）大曲的特点

大曲也称麦曲，因其曲块较大，故名大曲，每块重2～3kg。大曲多呈砖状，也称砖曲，是酿制大曲酒的糖化发酵剂，是一种具有糖化力、液化力、蛋白质分解力和发酵力的微生物与酶的载体。其主要特点如下：

1. 制曲原料

制大曲的原料一般为小麦、大麦和豌豆，也可配合一些其他豆类、高粱等。要求原料颗粒饱满，无霉烂、虫蛀，无杂质，无怪异味，无农药污染等。

小麦常用于制大曲，因其含有丰富的碳水化合物及蛋白质，并含钾、铁、磷、硫、镁等微生物生长所必需的无机盐，可单独用作制曲，也可与其他原料配合制曲。

大麦一般与豌豆配合使用。因大麦皮多，性质疏松，黏性较缺乏，水分和热量也易散失，若单独使用，微生物不易繁殖充分；豌豆性质较黏糊，易结块，水分和热量不易散失，若单独使用，微生物不易繁殖，且当微生物繁殖后因粘连，不易降温，会造成烧曲。当大麦和豌豆以适当配比使用时，可避免上述问题。

也有的厂在制曲时加入少量高粱粉，使曲块中生长的微生物通过在有高粱粉的培养基驯养后，更能适应以高粱为原料的大曲酒生产。

常见酒类的制曲原料的配比见表7-1。

表7-1　制曲原料的配比　　单位：%

原料 / 酒名	小麦	大麦	豌豆	高粱	大曲粉	大米
宜宾五粮液	100					
泸州特曲酒	90～97			3～10		
绵竹剑南春	90	10				
洋河大曲酒	50	40	10			
古井贡酒	70	20	10			
贵州茅台	100					
山西汾酒		60	40			

2. 制曲用生料

大曲制备通常用生料，这样有利于保存原料中所含有的丰富的水解酶类，也有利于大曲在培菌过程中微生物的生长，有利于糖化作用。

3. 自然接种培养

传统的大曲制备强调踩曲季节，大多数曲酒厂传统上有制“伏曲”的习惯，《齐民要术》中也有“七月上寅日作曲”的说法。现在可四季制曲。

4. 糖化发酵力低

大曲的糖化发酵力低，因此酿酒周期长，产量低，但酒质好。

(二)大曲的种类

1. 按制曲温度分类

(1)高温曲　制曲品温为60～65℃，基本用于酿制酱香型酒。

(2)中温曲　制曲品温为45～59℃，用于酿制清香型和浓香型酒，但一般清香型大曲酒的制曲温度比浓香型的要低，多控制在45～48℃，不超过50℃，所以也把这一种曲称为次中温曲。

(3)低温曲　制曲品温在40℃以下，此温度是多数小曲的制作温度，大曲多不相承。

2. 从外形上分类

从外形上可将大曲分为平板曲和包包曲。

几种名酒大曲的外形和规格如表 7-2 所示。

表 7-2　几种名酒大曲的外形和规格

酒名	曲块外形	每块大小(cm)	每块重量(g)
宜宾五粮液	长方体,中间有凸起	27×17.4×5,凸起高 4	2715
泸州老窖	长方体	33×20×5	3200～3500
贵州茅台	长方体,中间有凸起	37×23×6.5	5000
山西汾酒	长方体	27×17×5	1867
古井贡酒	长方体,截去四角	26×12.9×5.9	1625
江苏洋河酒	长方体	26.5×16.5×3	1750

(三)高温曲的制备(酱香型酒用曲)

1. 工艺流程(图 7-1)

曲母、水 → 拌曲料；稻草、谷壳 → 堆积培养

小麦 → 润料 → 磨碎 → 拌曲料 → 踩曲 → 堆积培养 → 出房 → 贮存

图 7-1　高温曲制备工艺流程

2. 工艺操作

(1)原料　制曲原料用纯小麦,要求颗粒饱满,不虫蛀,不霉烂。加入 5%～10%的水拌匀,润料 3～4h,然后将麦粒磨碎,过 20 目筛,一般以磨成 50%半细粉、50%粗粉和麦皮,手摸不感糙手为好。

(2)拌料踩曲　加入 3%～5%曲母粉,制曲用水量为 40%～42%。拌和好的曲料用踩曲机压制成砖块,然后将其侧立晾干,1～2h 后入曲房培养。

(3)曲的堆积培养　进曲房堆放前,先铺 7cm 厚的稻草,然后将曲块侧立,横三竖三地交叉依次排放在稻草上,曲块之间塞稻草;放满一层后,铺上一层稻草,再往上堆放第二层,满四层为止,这样既为一行。一般每房可堆六行曲,留两行作翻曲用,实际放四行。最顶上一层均应盖草。为了减少曲块干皮现象、增加曲房温度,可在曲堆的盖草上均匀洒水 70～100 kg,以水不流入曲堆为准,然后将门窗关闭或留出少量气孔。

(4)翻曲　一般堆积培养 7d 后,由于微生物的大量繁殖,曲温逐渐上升,中间曲块品温可达 60～62℃,即进行第一次翻曲。翻曲主要是上下侧换,同时曲块间垫以干草,将湿草换掉。在此过程中,水分和热量大量逸散,曲温骤然下降到 50℃以下,1～2d 后温度很快回升,一般 7d 左右便接近第一次翻曲的温度,即进行第二次翻曲。

(5)成品曲　第二次翻曲后,经过 6～7d,品温开始平稳下降,曲块逐渐干燥,再经过 7～8d,可略开门窗换气。40d 后,曲温接近室温,曲块已基本干燥,水分约为 15%即可拆曲出房,另放入通风良好的曲仓。制成的曲根据其颜色可分为黄、白、黑三种,一般以具有菊花心、红心的金黄色曲为最好,此曲酱香味好。

(6)陈曲　成品曲经过贮存称陈曲。传统的酿酒方法强调用陈曲。因为陈曲可使制曲过程中进入的大量产酸多的细菌,在比较干燥的条件下死去大部分或失去繁殖能力,使曲相对来讲较纯,酿酒时酸度降低。同时,在贮存过程中,酶活力下降,在同等条件下,发酵温度

上升平缓，酿制出来的酒香味较好。

（四）中温曲的制备之一（浓香型酒用曲）

1. 工艺流程（图7-2）

小麦→发水→翻拌→堆积→粉碎→加水拌和→装箱→踩曲→晾汗→入室安曲→保温培菌→翻曲→打拢→出曲→入库贮存

图7-2 中温曲制备工艺流程（一）

2. 工艺操作

（1）原料处理　每100kg小麦加10kg 80℃热水发湿翻拌，打拢堆积，经过3～4h后，麦粒表面柔润收汗，内心带硬即为合适，然后对小麦进行粉碎。小麦的粉碎要求磨成“心烂皮不烂”的“梅花瓣”，即将小麦的皮磨成片状，心磨成粉状。

（2）拌料制曲坯　原料粉碎后，加水拌和，进行曲坯制备。一般全小麦原料制曲，加水量控制在原料重量的37%～40%，多种原料混合制曲时可控制在40%～45%。除夏季用凉水外，一般用40～60℃的热水。拌和前，制曲场地、用具须打扫干净，可在铁锅或水泥地面拌和。要求拌和均匀，无疙瘩、灰包，以用手捏成团不黏手为准。

拌和好的曲料立即堆在踩曲场上，再细致迅速地拌和1次，随即装入曲箱（曲模）进行踩曲。方法是：先用脚掌踩中心，再用脚踵沿四边踩，要踩紧、踩平、踩光，尤其是四角要踩紧，上面踩好后，反转过来再踩，不能掉边、掉角。一般每日每人能踩曲100～120块。

随着酿酒机械化的发展，近年来，国内用制曲机代替人工制曲的情况已逐渐普及。

（3）入室安曲、保温培养　踩好后将曲块从曲箱取出，排列于踩曲场一边，待曲块表面刚一收汗即端进曲室。安曲之前，在曲室的地面上撒一层新鲜稻壳，厚薄以不显出地面为度。安曲的方法是：将曲坯楞起，每四块为一斗，曲与曲之间相距两指宽（3～4cm），从里到外，一斗一斗纵横挨次排列，每平方米约可安曲26块。安满后，在曲与四壁的空隙处塞以稻草，在曲坯上加盖蒲草席，再在席上盖以15～30cm厚的稻草保温。最后按每100块曲坯洒7kg水的量进行洒水，原则上是踩曲用什么温度的水就洒什么温度的水，但冬季应洒90℃左右的热水，借以提高室温，洒毕，关闭门窗，保持室内的温、湿度。

在曲坯品温上升到40℃左右，曲坯表面已遍布白斑及菌丝时，应勤加检查。如表面水分已蒸发到一定程度，且已带硬，即可进行第一次翻曲。方法是底翻面，周围的翻到中间，中间的翻到周围，曲与曲间保持二指到二指半（4～4.5cm）的距离，全部并列楞置，叠砌2～3层，上层的曲坯对准下层两块曲坯之间的缝隙，每排曲层之间用曲竿或隔篾垫起，以使上、下层之间有一定的间隙并稳固曲堆。堆完后仍然按前述方法加盖稻草和蒲草席，并关闭门窗保温，但要求品温不超过55～60℃，随时用减薄盖草和开启门窗等方法调节温度。以后每隔1～2d翻1次曲，翻法如前，并可视曲坯的变硬程度而逐渐叠高。若发现曲心水分已大部分蒸发，因而品温逐渐下降时，可进行最后一次翻曲，即所谓的打拢（收堆、堆积）。翻法如前，只是将曲坯靠拢，不留空隙，并可叠至6～7层。

（4）成品曲　曲坯从入室到成熟（干燥）约需要30d，成熟后即可出曲，贮于干燥通风的曲房，新曲经过3个月以上的贮存可投入生产。成曲应有曲香，无霉酸气味，表皮越薄越好，表面和断面应布满白色菌丝，断面有黄色或红色斑点为好。

（五）中温曲的制备之二（清香型酒用曲）

1. 工艺流程（图7-3）

60%大麦+40%豌豆→混合粉碎→加水翻拌→踩曲→入曲房培养→长霉阶段→晾霉阶段
→起潮火阶段→大火阶段→后火阶段→养曲阶段→出曲房→贮存→成品曲

图 7-3　中温曲制备工艺流程(二)

2. 工艺操作

(1)原料粉碎　将60%大麦与40%豌豆配合好,混合,粉碎。要求通过20目筛的细粉冬季占20%,夏季占30%,通不过的粗粉冬季占80%,夏季占70%。

(2)踩曲　原料粉碎后,将加水拌和后的曲料制成曲坯,要求曲坯含水量为36%～39%。

(3)曲的培养　清香型中温大曲有三种,即清茬曲、后火曲、红心曲,酿制清香型酒时按比例混合使用这三种大曲。现以清茬曲为例讲述其培养过程。

①入房安曲阶段。曲坯入曲室时曲室温度应为15～20℃,夏季应更低。曲室地面铺撒稻壳或谷糠,曲坯侧放其上,排列成行,行距3～4cm,曲坯间距2～3cm,夏季排列空隙应大些,每层曲坯上放置苇秆或竹竿,上面再放一层曲坯,如此三层形成"品"字排列。

②长霉(上霉)阶段。入室的曲坯稍风干后即在曲坯上面及四周盖席子或麻袋保温,夏季蒸发快,可在上面洒些凉水,然后将曲室的门窗封闭,温度逐渐上升,一般经过1d左右开始"生衣",曲坯表面有白色霉菌菌丝斑点出现(夏季约需要36h,冬季约需要72h)时温度达到38～39℃。此时曲坯表面出现根霉菌丝和拟内孢霉的粉状霉点,还有比针头稍大一点的乳白色或乳黄色的酵母菌落。若品温上升到指定温度,而曲坯表面的霉尚未长好,则可缓缓揭开部分席片进行散热,但应注意保湿,适当延长数小时使长霉良好。

③晾霉阶段。曲坯品温升高到38～39℃时,打开曲室的门窗,以排除潮气和降低室温,并应把曲坯上层覆盖的保温材料揭去,将上、下层曲坯翻倒1次,拉开曲坯间排列的间距,以降低曲坯的水分和温度,达到控制曲坯表面微生物生长的目的;勿使菌丛过厚,令其表面干燥,使曲块固定成型,上述制曲操作称为"晾霉"。晾霉开始温度为28～32℃,不允许有较大的对流风,防止曲皮干裂。晾霉期为2～3d,每天翻曲1次,由三层增到四层,第二次增到五层曲块。

④起潮火阶段。在晾霉2～3d后,曲坯表面不黏手时即关闭门窗,进入潮火阶段。入房后第5～6d起曲坯开始升温,品温上升到36～38℃后进行翻曲,抽去苇秆,曲坯由五层增到六层,曲坯排列成"人"字形,每1～2d翻曲1次,此时每日放潮2次,昼夜窗户两封两启,品温两起两落,曲坯品温由38℃逐渐升到45～46℃,4～5d后即进入大火阶段,这时曲块已增高至七层。

⑤大火(高温)阶段。这阶段微生物的生长仍然旺盛,菌丝由曲坯表面向里生长,水分及热量由里向外散发,通过开闭门窗来调节曲坯品温,使之保持在44～46℃的高温(大火)条件下7～8d,不能超过48℃,不能低于28～30℃。在大火阶段,每天翻曲1次;大火阶段结束时基本有50%～70%的曲块已成熟。

⑥后火阶段。这阶段曲坯逐渐干燥,品温逐渐下降,由44～46℃逐渐下降到32～33℃,直至曲块不热为止,进入后火阶段。后火期一般为3～5d,曲心水分会继续蒸发干燥。

⑦养曲阶段。后火期后,还有10%～20%曲坯的曲心部位尚有余水,宜用微温火来蒸发。此时曲坯本身已不能发热,采用外温保持32℃,品温28～30℃,把曲心仅有的残余水分蒸发干净。

⑧出房。曲坯入室培养26～28d后，出曲室并叠放成堆，使曲块间距离为1cm左右，贮存备用。

三、小曲的制备

小曲一般是以米粉或米糠为原料，添加或不添加中草药，接种种曲或接种纯根霉和酵母培养而成，外形比大曲小得多，所以叫“小曲”，又名“酒药”、“白药”、“酒饼”等。

(一)小曲的特点

1. 培养方法及菌种

小曲的培养方法有自然培养和纯种培养，自然培养的小曲菌种以根霉为主，兼有毛霉、酵母等；纯种培养的小曲菌种为根霉和酵母。

2. 制曲原料

小曲的主要原料为米粉和米糠，也有加入其他原料的，如广东玉冰烧的曲饼以大米为主要原料，加入部分大豆。传统上还多用一些中草药，现代则多以无药小曲为主。如桂林酒曲丸过去添加十多种中草药，现只加一种桂林香草，但其质量却比原来更好。

3. 糖化发酵力

小曲的糖化发酵力比大曲强得多，因而酿酒时用曲量较少，酿酒发酵时间也较短。

(二)小曲的种类

小曲的种类和名称很多，按主要原料可分为粮曲(全部为米粉)与糠曲(全部为米糠或多量米糠、少量米粉)；按是否添加中草药可分为药小曲与无药小曲；按地区可分为四川邛崃米曲、汕头糠曲、桂林酒曲丸、厦门白曲等；按形状可分为酒曲丸、酒曲饼及散曲；按用途可分为甜酒曲与白酒曲。

(三)桂林酒曲丸的制备

1. 工艺流程(图7-4)

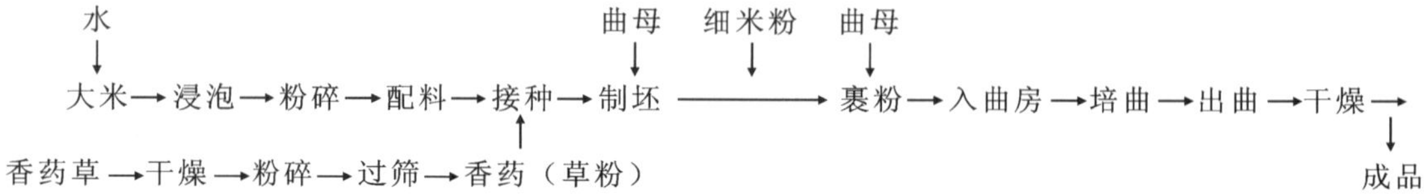

图7-4　桂林酒曲丸的制备工艺流程

2. 工艺操作

(1)原料配比　①大米粉，总用量20kg，其中酒药坯用米粉15kg，裹粉用细米粉5kg。②香药草粉，用量为13%(以酒药坯的米粉重量计)。香药草是桂林特产的草药，茎细小，稍有色，香味好，干燥后磨粉即成香药草粉。③曲母，指上次制药小曲时保留下来的一小部分酒药，用量为酒药坯的2%(以酒药坯的米粉重量计)。④水，60%左右(以酒药坯的米粉重量计)。

(2)浸米、粉碎　大米加水浸泡，夏季为2～3h，冬季为6h左右，浸后滤干，再用粉碎机粉碎为米粉，取出其中的1/4，用180目筛筛出约5kg细米粉作裹粉用。

(3)制坯　每批用米粉15kg，按配比添加香药草粉、曲母、水，混合均匀，制成饼团，然后在制饼架上压平，用刀切成约为2cm大小的粒状，以竹筛筛圆成酒药坯。

(4)裹粉　在约5kg细米粉中加入0.2kg曲母粉，混合均匀，作为裹粉。然后先撒小部分裹粉于簸箕中，并第一次洒水于酒药坯上。将酒药坯倒入簸箕中，用振动筛筛圆成型后再裹一层粉，再洒水，再裹，直到裹完裹粉为止，洒水量共约 0.5kg，裹粉完毕即为圆形的酒药坯。筛平，即可入曲房培养，入曲房前酒药坯的含水量为 46%。

(5)培曲　根据小曲微生物的生长过程，大约可分为三个阶段进行管理。

①前期。酒药坯入房后，室温宜保持在 28～31℃，培养 20h 左右，霉菌繁殖旺盛，当看到霉菌菌丝倒下、酒药坯表面起白泡时，可将药小曲坯上的覆盖物（空簸箕）揭开，这时的品温应在 33～34℃，最高不得超过 37℃。

②中期。24h 后，酵母开始大量繁殖，室温应控制在 28～30℃，品温不得超过 35℃，保持 24h。

③后期。培养 48h 后，品温逐渐下降，曲子成熟，即可出曲。

出曲后放入烘房烘干（40～50℃）或晒干，贮存备用。药小曲由曲房培养至成品烘干共需 5d 左右。

药小曲外观带白色或淡黄色，要求无黑色，质地疏松，具有酒药的特殊芳香。

(四)无药糠曲丸的制备

无药糠曲的制备是小曲制备的一大进步，打破了从前“无药不能制曲”的说法，且仍保持了小曲酒的正常出酒率，节约了粮食与中药材，降低了生产成本。无药糠曲的具体配方有多种，但培养的工艺操作大体相同。有的传统无药糠曲的配方为：米糠 87%～92%，碎米粉 5%～10%，曲母 3%；纯菌种培养无药糠曲的配方为：米糠 100kg，米粉 10～15kg，冷开水 70～75kg，根霉种子 4～5kg，酵母种子液 220～240mL。传统糠曲的制备过程如下：

先在拌料场将米糠、碎米粉、曲母按配料比例拌和均匀，掺水时，边掺边拌，拌和 3～4 次，要求无生粉、无疙瘩。拌和加水量一般为混合料每 100kg 加水 64～70kg。拌和好曲料后入曲盒踩紧、踩平，用切刀切成大小约 3.7cm^3 的粒状。曲团成型后进入曲房，由上而下、由边角向中央进行摆放，曲坯间保持不靠拢即可。培养过程中注意调节温度和湿度，培养 72～80h 即可烘曲得成品。

此外，根霉曲目前也应用广泛，它是采用纯培养技术，将根霉与酵母在麸皮上分开培养后再混合配制而成，与麸曲的培养相似。

四、麸曲的制备

1. 工艺流程（图 7-5）

原菌试管→斜面试管菌种→三角瓶菌种→种曲→机械通风制成曲（或→曲盒制成曲；→帘子制成曲）

图 7-5　麸曲制备的工艺流程

2. 工艺操作

(1)麸曲菌种　20 世纪 60 年代多用液化力较强的米曲霉 As. 3384 和黄曲霉 As. 3800，以及乌沙米曲霉 As. 3758、甘薯曲霉 As. 3324，20 世纪 70 年代使用糖化力更高且耐酸和耐高温的黑曲霉制曲，目前推广应用黑曲霉 As. 34309 及 UV-11。下面以 As. 34309、机械通风制成曲工艺为例进行介绍。

(2)斜面试管菌种培养　在 12°Bx 的米曲汁或麦芽汁中加入 1.5%～2.0%的琼脂，并加热熔化，调节 pH 值为 5.0～6.0，分装于试管内，用 98kPa 压力灭菌 20min 后放置成斜面，在 30℃恒温箱内培养 2～3d，镜检无杂菌即可接入原菌试管孢子，在 30～32℃的恒温箱内培养 4～5d，孢子生长致密即可用于扩大培养。

(3)三角瓶菌种培养　取定量麸皮，加水 90%～100%拌匀后用纱布包好，用 98kPa 压力蒸汽蒸 30min，取出冷却过筛后分装于 500mL 三角瓶中，每瓶 25～40g，厚 0.8～1.0cm，塞好棉塞，用牛皮纸包好，在 98kPa 压力下灭菌 15～20min，冷却到 30～32℃接种，每瓶接 1～2环试管菌种孢子，拌匀，堆积在瓶的一角使呈三角状，在 30～32℃恒温箱内保温培养。经过 10～12h 摇瓶一次，使瓶壁的凝结水被麸皮吸收，并将麸皮摊平。再过 4～8h 菌丝蔓延而将曲料连成饼即可扣瓶，扣瓶时应将瓶子轻轻振动倒置，使成饼的材料脱离瓶底而悬起，使其上下均能接触空气，以增加生长孢子的面积，并防止凝结水浸渍曲料；扣瓶后将瓶卧放，继续培养 1～2d。自接种起经 65～72h，种子的孢子已成熟。要求菌丝健壮、整齐，顶囊肥大，孢子稠密，均匀一致无白心。培养好的曲种立即使用，如不能立即使用，可将曲种取出，在 36～38℃下烘干，倒入无菌牛皮纸袋，封口，于冰箱中保存，时间最长不得超过 1 个月。

(4)种曲培养　培养种曲的方法按所使用的设备分为曲盒培养法、竹帘培养法和竹筛培养法等。现以曲盒培养法为例介绍：

①配料蒸煮。麸皮 100kg，配入含水量按 12%计算的新鲜酒糟约 15kg，若原料过细可酌情加入约 5%的谷糠。每 100kg 原料的加水量为 89%～90%，搅拌均匀，再用孔径为 3～4mm 的筛子筛一遍，然后堆积润料 1h，放入小甑锅或蒸笼中常压蒸 50～60min。

②散冷接种与堆积。将上述蒸好的料放在保温室内已灭菌的木槽中过筛，再翻拌冷至 38℃左右，接入原料量 0.15%～0.20%的三角瓶培养的种子。接种应先用少量原料与种子混匀，再撒在其余原料上，并翻拌 2～3 次，降温至 30～32℃，用原来包原料的布包起来，置于离地面 30cm 的木架上堆积保温。这时曲料水分为 50%～53%，酸度为 0.3～0.5，室温控制在 29℃左右，干、湿球温差为 1～2℃。堆积 3～4h，可松包翻拌一次，翻拌后的品温不得低于 30℃。再包好后经 3～4h 即可装盒，可将料摊平，厚度为 0.5～0.8cm，中心要比四边稍薄些，夏季可不经堆积直接装曲盒。曲盒在木架上摆成每摞为 6～8 盒的柱形，顶层曲盒应盖草帘或空曲盒。冬季摞与摞之间可紧挨，夏季则应留 2～4cm 的空隙。

③保温培养。装盒后品温控制在 30℃左右，室温为 28℃，干、湿球温差为 1～1.5℃。4h 后应倒盒 1 次，即上下调换曲盒位置，柱形不变。再过 3h 左右品温上升至 35℃左右时即可进行拉盒，即将盒拉开成“品”字形。盒上盖灭过菌的湿草帘，草帘含水不宜过多，严防有水滴入料内。这时品温控制在 35℃以下，在自装盒到拉盒的 7h 内，是菌丝蔓延期。

拉盒后 3～5h，曲料已连成饼状，可用灭过菌的玻璃棒划成 2cm 左右的小方块，但不宜划得过细，以免菌丝断裂过多而影响生长。自拉盒后的 24h 内，是曲霉菌生长子实体和孢子形成期，即为保潮阶段。品温可控制在 35～36℃，最高不超过 37℃，室温调节到 24～25℃，干、湿球温差为 0.5℃，每隔 3h 应倒盒 1 次。若品温上升过猛，可降低室温，并将曲盒之间的空隙加大，还可减少曲盒层数；如果湿度不够，可用冷开水喷雾或向地面洒水；若发现草帘干燥，应用冷开水浸湿后再盖上。保潮阶段应撤开草帘 1～2 次，以利 CO_2 及热量散发。

保潮阶段以后即为孢子成熟期，即排潮阶段。这时可揭去草帘，品温有下降趋势，须保持室温在 29～31℃，干、湿球温差为 1～2℃，品温保持在 36℃左右。此阶段为 14～16h，中间应倒盒 1 次。

④出房干燥。自接种后58～60h,即可出房干燥,干燥温度以不超过40℃为宜。成品曲水分为8%～15%,孢子发芽率在85%以上。

(5)机械通风成曲培养　机械通风制曲的设备主要有曲箱(或叫曲池)、通风设备和调温调湿装置等三部分。

①配料蒸料接种。麸皮85%,鲜酒糟或稻壳15%,加水量一般为原料量的70%～80%,加水后曲料含水量为45%～48%,冬低夏高,蒸料时间为圆汽后50min。熟料出甑散热至33～35℃接种,接种量为0.3%～0.5%。

②曲箱内培养。曲料与种曲混合均匀后即可装箱,要求疏松均匀,料层厚度根据生产经验确定,一般不超过25～35cm,装箱后的品温控制在30～31℃。装完箱后,表面上撒少许稻壳,进行培养。

③成熟麸曲。麸曲出箱后,放在阴凉通风处备用。成熟麸曲一般结块紧而富有弹性,菌丝稠密且内外一致,无烧心和干皮,没有孢子或孢子极少,曲香味浓,没有酸臭味及其他怪味。

通风制曲操作条件示例见表7-3。

表7-3　通风制曲操作条件示例

培养时间(h)	品温(℃)	室温(℃)	室内湿球温度(℃)	通风系统				
				风温(℃)	风相对湿度(%)	风压(Pa)	风源	操作要点
0～8	30～31	28～30	26～28	—	—	—	—	静止堆积培养,中间倒堆一次
8～14	36～38	26～28	26～27.5	26～28	90以上	200～1000	循环风	间歇通风
14～24	37～38	25～26	24.5～25.5	25～26	90～95	1000～2000	循环风为主,加部分新鲜风	连续通风
24～30	37～38	26	24.5～25	25～26	90～95	1900～2400		

任务三　白酒的制备

一、大曲酒的制备

(一)大曲酒制备的方法及特点

大曲酒制备的方法一般可分为清渣法、续渣法和两者兼有的清蒸混烧法三种。

1. 清渣法

清渣法最主要的特点是蒸、烧分开,其典型工艺为"清蒸二次清"。这种方法要求大曲的糖化力、发酵力较强,使淀粉利用较完全,原料粉碎的颗粒一般较粗。这种酿造方法的代表是山西的汾酒。

2. 续渣法

续渣法的特点是在蒸馏的同时对新料也进行一定的蒸煮,即蒸粮、蒸酒同时进行(也叫混蒸续渣法）。采用这种混蒸续渣法的优点有：①粮食原料本身含有的一些香味物质随着蒸酒而带入酒中，因而混蒸的粮糟酒比没有加粮食原料清蒸的红糟酒更醇香、味甜。②粮食原料粉吸收了母糟的部分酸和水分，为原料糊化创造了有利条件。③流酒完后继续蒸原料粮食，可去掉更多的挥发酸，降低了入窖酸度，为发酵创造了有利条件。

续渣法大曲酒生产由于窖和甑的容量情况不同，具体生产方式主要有两种：一种是以泸州老窖为代表的万年糟续渣法，另一种是以洋河大曲酒为代表的老五甑法。

3. 清蒸混烧法

清蒸混烧法是兼有清渣法和续渣法的一种方法，酿造的原料一般不经粉碎，或粉碎得较粗，另在混烧时又可少用填料。这种操作方法较复杂，有的酒厂还得多设一个蒸馏甑，用气量也相应增加，但由于先对原料清蒸一道，将原料中的一些杂味物质蒸发掉，而粮食带来的香味物质又能更好地混烧在白酒中，所以白酒质量得以提高。

（二）酱香型大曲酒的制备

酱香型大曲酒以贵州仁怀县茅台镇所产的茅台酒为代表，采用续渣法生产工艺，其酿酒采用高温曲，糙沙、对接、回沙、多轮次发酵，用曲量大，周期长。

1. 工艺流程（图 7-6）

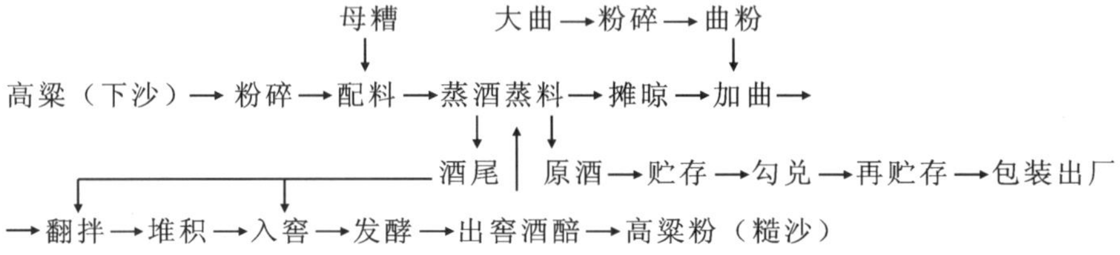

图 7-6　酱香型大曲酒制备工艺流程

2. 工艺操作

（1）投料　茅台酒生产中称原料高粱为沙，在每年的大生产周期中分两次投料，第一次投料称为下沙，第二次投料称为糙沙。第一次投料占总料量的 50%，要求整粒高粱与破碎粒高粱之比为 8∶2，第二次投料为剩下的 50%，要求整粒与破碎粒之比为 7∶3。

下沙时先将粉碎后的高粱泼上原料量 50%～52%的 90℃以上的热水（称发粮水），泼水时边泼边拌，使原料吸水均匀，然后加入 5%～7%的母糟拌匀，装甑进行混蒸。

（2）蒸粮、摊晾、补水，加酒尾、加曲粉　先在甑篦上撒一层稻壳，上甑采用见汽撒料，在 1h 内完成上甑任务，圆汽后蒸料 2～3h，约 70%的原料蒸熟即可出甑。出甑后在晾堂上摊晾，泼 85℃的热水（称量水），水量为原料量的 12%。发粮水和量水的总用量约为投料量的 56%～60%。当品温降到 32℃左右时，加入酒度为 30%（V/V）的尾酒，约为投料量的 2%，拌匀。加大曲粉，量为投料量的 10%左右，加入曲粉时应低撒拌匀，拌和后收堆进行堆积发酵。

（3）堆积、入窖发酵、蒸酒　堆积时间一般为 4～5d，当品温上升到 45～50℃时，可用手插入堆内取出酒醅，若具有香甜酒味，即可入窖发酵。发酵窖以碎石、条石窖为主，发酵时间一般为 30 ～33d，发酵品温变化在 35 ～48℃之间。以上即为下沙操作。

将糙沙高粱经粉碎、润料，加入等量的上述下沙酒醅进行混蒸，这种首次蒸得的酒叫生沙酒，不作原酒入库，而是全部泼回醅内再加曲入窖发酵，也叫“以酒养窖”。然后摊晾、加尾酒和曲粉，拌匀再堆积，再入窖发酵 1 个月。将糙沙酒醅取出蒸酒，量质接酒即得第一次原酒，入库贮存，此酒称为1次酒或糙沙酒，甜味好，但味冲，生涩味和酸味重。酒尾仍泼回醅子入窖发酵，这叫“回沙”。糙沙酒醅蒸酒后经摊晾，加大曲粉，拌匀堆积，再入窖发酵1个月，从此不再添加新料了。发酵后取出蒸酒即得第二次原酒，入库贮存，此酒叫2次酒或回沙酒，比1次酒香、醇和，略有涩味。

以后的几个轮次操作同2次酒操作一样，仅在加曲量上有所不同，一般1、2轮次多加，3、4、5轮次适当多加，7、8轮次酌情减少。各轮次总加曲量与总投料量之比约为1∶1。3、4、5次酒的香味浓，味醇厚，酒体丰满，没有什么邪杂味，出酒率也高，统称为大回酒。6次原酒的特点是：醇和，糊香好，味长，常称为小回酒。7次原酒醇和，有糊香，但味苦、糟味较大，因是最后一次取酒，故也称为丢糟酒。

经8次发酵取7次原酒，其酒糟即可作饲料或再综合利用。

(4)分型分等入库　7次酒分别入库贮存，再进行勾兑调配。

(三)浓香型大曲酒的制备

浓香型大曲酒以四川泸州的泸州老窖酒为代表，其工艺特点是：混蒸混烧、泥土老窖发酵、万年糟。将入窖前加高粱粉后的母糟称为粮糟，出窖时叫母糟；没有加高粱粉的母糟入窖发酵时叫红糟，出窖时叫面糟；称多次循环发酵的母糟为万年糟。

1. 工艺流程(图7-7)

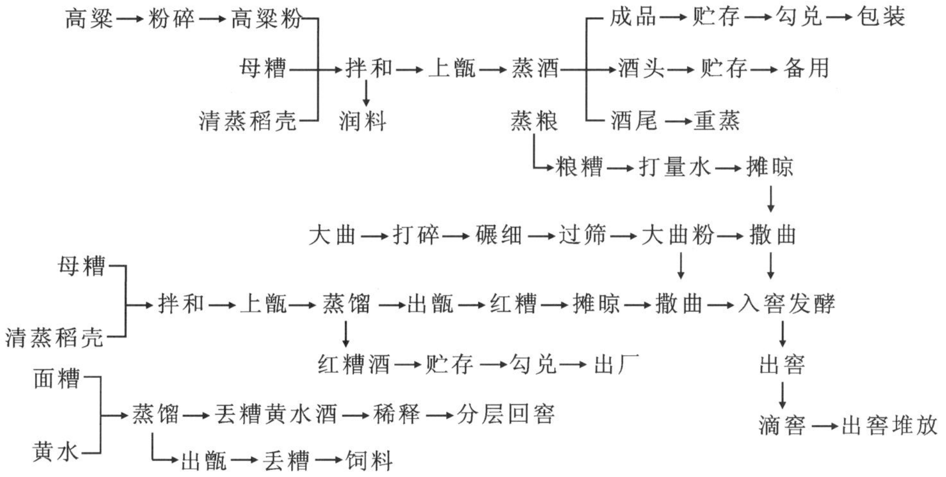

图7-7　浓香型大曲酒制备工艺流程

2. 工艺操作

(1)原辅料处理　原料高粱的粉碎以通过20目筛的量占85%左右为宜。大曲粉碎以通过20目筛的量占70%为宜。稻壳是利用蒸粮余气将其蒸熟，然后晾冷、晾干备用。

(2)开窖

①剥窖皮。将封窖的塑料薄膜去掉，用镰刀将窖皮划分为方块，取下窖皮泥，堆积在窖皮泥池中，可加少量黄水，以备下一排封窖用。

②取酒醅。先将面糟取出，运到堆糟坝(或晾堂上)堆成圆堆，拍紧，撒上一层稻壳，以减少酒精挥发，单独蒸酒后作丢糟处理。面糟取完后接着取红糟，另起一堆，拍紧，撒稻壳少许，此糟蒸酒后只加曲，不加新料，入窖发酵即为新的面糟。其余母糟同样取到堆糟坝一角，分开堆积，当取到出现黄水时即停止，并将已出窖的母糟刮平，拍紧，撒上一层稻壳。

③滴窖。停止取母糟后，即在窖中央或窖边挖一坑，深至窖底，随即将坑内黄水舀净。滴窖就是将母糟中的黄水尽量滴出，以降低母糟中的水分和酸度，以利于本排产酒和下排发酵。生产中，要做到“滴窖勤舀”，同时要注意通风排气工作。

(3)配料拌和　在蒸酒上甑前 40～45min，用耙梳在堆糟坝耙出约够一甑的母糟并刮平，倒入粮粉，随即拌和一次。拌毕再倒入稻壳，并连续拌两次。要求低翻快拌、拌散、拌匀、无疙瘩灰包。翻拌好后堆置 30～35min，此一堆积过程称为“润料”。

通过配料可控制入窖淀粉、水分、酸度，以维持正常发酵。

(4)蒸粮蒸酒、打量水

①装甑。装甑时不仅要做到轻、松、匀、探汽上甑、轻倒匀撒，还要掌握蒸汽量，做到不压汽、不跑汽、穿汽均匀。在装甑时要求边高中低，装甑时间一般为 35～45min。

②蒸酒蒸粮。先截去酒头约 0.5kg。断花时摘酒尾，酒尾可用于下一甑复蒸。蒸酒时蒸汽要匀、先小后大，控制流酒温度在 25℃左右，不超过 30℃，流酒速度一般在 3kg/min 左右，流酒时间 15～20min。断尾后加大火力蒸粮约 20min，以促进原料淀粉糊化并达到冲酸的目的，蒸粮要求原料柔熟不腻、内无生心、外无粘连。

③打量水。粮糟出甑后，立即拉平，加 80℃以上的热水，这一操作称为“打量水”，也叫热水泼浆或热浆泼量。打量水要撒开泼匀，不能冲在一起。打量水的方法不尽相同，有的打平水，即同一窖中各层粮糟加水量相同；也有打梯度水的，即上层加水多、下层加水少，这样的打法有调节水分均匀的作用，可防止产生淋浆。除装六、七甑的小窖外，一般窖底的一甑粮糟不打量水。量水的多少，以控制入窖水分在 53%～55%之间为好。

(5)摊晾下曲　摊晾也称扬冷。传统的摊晾操作是将打完量水的糟子撒在晾堂上，撒匀铺平，厚 3～4cm，进行人工翻拌，吹风冷却，整个操作要求迅速、细致，尽量避免杂菌污染，防止淀粉老化。一般夏季需要 40～60min，冬季需要 20min 左右。目前不少厂已改用晾糟机。将糟置于晾糟机上，均匀摊平，利用风机通风降温至下曲温度。

摊晾后的粮糟加入原料量 18%～20%的大曲粉，红糟因未加新料，用曲量可减少 1/3～1/2，同时根据季节调整用量，一般夏季少而冬季多。冬季的撒曲温度高出入窖温度 3～4℃，其他季节的撒曲温度可与入窖温度持平。撒曲后翻拌均匀，入窖发酵。

(6)入窖发酵　当糟子品温达到入窖要求时即可入窖。入窖时先在窖底撒大曲粉 1～1.5kg，促进生香。粮糟入窖后，适当踩紧、刮平，造成厌氧条件。粮糟入窖毕，撒上一层稻壳，再入面糟，扒平踩紧即可封窖发酵。入窖时，注意窖内粮糟不得高出地面，加入面糟后形成的窖帽也不得高出地面 50cm 以上，并要严格控制入窖条件，包括入窖温度、酸度、水分和淀粉浓度。发酵期多为 30d、45d、60d、90d 不等。

表 7-4 为不同季节的原料配比及入窖条件。

表 7-4　不同季节的原料配比及入窖条件

项目＼季节	旺季	淡季	平季
	1、2、3、4、5、12 月	7、8、9 月	6、10、11 月
地温(℃)	12℃以下	26℃以上	20～25℃
加稻壳(%)	20～22	17～19	19～21
打量水(%)	60～68	65～75	65～70
配母糟(%)	480	580	560

续表 7-4

项目	季节	旺季	淡季	平季
		1、2、3、4、5、12 月	7、8、9 月	6、10、11 月
入窖	温度(℃)	13℃或高于室温 1～2℃	低于地温 1～3℃	平地温或高于地温 1℃
	酸度	1.0～1.4	1.5～1.7	1.3～1.6
	淀粉(%)	16.0～17.0	15.0～16.0	15.0～17.0
	水分(%)	53.0～54.0	54.0～55.0	53.0～55.0
出窖	酸度	2.5～2.8	3.0～3.2	2.6～3.0
	淀粉(%)	6.0～7.5	7.5～9.0	7.0～8.5
	水分(%)	57.6～60.0	59.0～60.0	59.0～60.0

(四)清香型大曲酒的制备

清香型大曲酒的制备工艺以山西的汾酒为代表,即采用清蒸二次清、地缸、固态、分离发酵法。

1. 工艺流程(图 7-8)

高粱→粉碎→润糁→装甑蒸料→出甑加水→扬冷水加大曲→大渣入缸发酵→出缸拌糠→装甑蒸馏→大渣汾酒

└→出甑→扬冷水加大曲→二渣入缸再发酵→出缸拌糠→装甑再蒸馏→二渣汾酒┐

大渣汾酒┘ 勾兑→新汾酒

图 7-8　清香型大曲酒制备工艺流程

2. 工艺操作

(1)原料粉碎　将高粱粉碎成 4～8 瓣/粒,细粉不得超过 20%。大曲的破碎度:第一次发酵用大曲,要求破碎成绿豆到豌豆般大小,能通过 1.2mm 筛孔的细粉不超过 55%;第二次发酵用大曲,要求破碎成小米粒到绿豆般大小,能通过 1.2mm 筛孔的细粉为 70%～75%。

(2)润糁　粉碎后的高粱称红糁,在蒸料前用热水进行润糁,称高温润糁,是将粉碎后的高粱加入原料重量 55%～62%的热水。夏季水温为 75～80℃,冬季水温为 80～90℃。拌匀后,进行堆积润料 18～20h,并在面层进行覆盖。在堆积过程中,翻拌 2～3 次,使品温控制在冬季 42～45℃,夏季 47～52℃。如糁皮干燥,应补加原料量 2%～3%的水分。润糁后的质量要求为:润透、不淋浆、无异味、无疙瘩、手搓成面。

(3)蒸料　蒸料时先将甑桶底锅水煮沸,然后将 500kg 润料后的红糁均匀撒入,边上气边上料,待蒸汽上匀后,再用 60℃的热水 15kg 泼在表面上以促进糊化。在蒸煮初期,品温 98～99℃,加盖芦席,加大蒸汽,温度逐渐上升,到出甑时品温可达 105℃,需蒸足 80min(从装完甑算起)。红糁蒸煮后的质量要达到"熟而不黏、内无生心,有高粱糁香味,无异杂味"的标准。

(4)加水和晾渣　蒸熟后趁热取出红糁,堆成长方形,泼入原料量 28%～30%的冷水。立即翻拌,使红糁充分吸水,再进行通风晾渣,冬季要求降温至 20～30℃,夏季降至室温。

(5)入缸发酵　用陶瓷缸装酒醅发酵,也有的工厂用水泥发酵池,但需要以瓷砖或陶砖贴面,或以水泥磨光打蜡。大渣入缸温度一般为 10～16℃,入缸水分控制在 52%～53%。

入缸后缸顶用石板盖严，用经过清蒸的稻壳或小米壳封缸口，再加上稻壳保温。

①前期发酵：低温入缸是保证前期升温缓慢的前提。入缸温度过高，前期发酵升温迅速；入缸温度过低，前期发酵时间过长。入缸 3～4d 酒醅呈甜味是正常的，若 7d 后仍有甜味，乃是缸温偏低，表面在进行糖化，酒化进行不畅所致。应控制品温缓慢上升到 20～30℃，这时微生物生长繁殖、霉菌糖化较迅速，淀粉含量急剧下降，还原糖含量迅速增加，酒精开始形成，酸度也增加较快。发酵前期为 6～7d。

②中期发酵：一般入缸后第 7～17d 是中期发酵，为主发酵阶段，酒醅由甜变成微苦，最后变成苦涩，是发酵的良好标志。这个时期一定要保持一定的高温阶段。若发酵品温过早、过快下降，则会使发酵不完全，酒醅发暗、发硬、发粉，出酒率低，酒质较差。

③后期发酵：出缸前发酵的最后阶段，持续 11～12d，称后期发酵。这一阶段主要是生成酒的香味物质。若此阶段品温下降过快，酵母发酵过早停止，将会不利于酯化反应；若品温不下降，则酒精挥发损失过多，且有害杂菌继续繁殖生酸，便会产生各种有害物质。故后发酵期应控制温度缓落。随着发酵的进行，酒醅逐渐下沉，下沉愈多，产酒量愈高，一般可下沉全缸深度的 1/4。

(6)出缸蒸馏　发酵完毕取出酒醅，加入原料量 22%～25% 的辅料——糠(其中稻壳：小米壳＝3：1)，拌均匀装甑蒸馏。流酒温度一般控制在 25～30℃，每甑截酒头 1kg，流酒至酒度 30°P 下为尾酒。蒸尾酒时加大蒸汽量，以追尽酒醅的尾酒，酒头可回缸发酵；酒尾于下次蒸馏时，回入甑的底锅重新蒸馏。

(7)入缸再发酵　大渣再发酵为二渣，二渣的整个酿酒操作原则上和大渣相同。首先将蒸完酒的醅视干湿情况泼加 35℃的温水 25～30kg，即所谓“蒙头浆”。然后出甑，迅速扬冷到 30～38℃，加入大渣投料量 10% 的大曲，翻拌均匀，待品温降到规定温度即可入缸发酵。二渣发酵期亦为 28d。

二渣酒醅出缸后，加少量的小米壳，即可按大渣酒醅一样操作进行蒸馏。蒸出来的酒叫二渣汾酒，二渣酒糟则作饲料用。

二、小曲酒的制备

小曲酒酿造在我国南部、西南地区较为普遍，根据所用原料和生产工艺的不同，大致有两类：一类是在四川、云南、贵州等地区盛行的以高粱、玉米等为原料，采用小曲箱式固态培菌、配醅发酵、固态蒸馏生产的小曲酒；另一类是在广东、广西、福建等地区较为盛行的以大米为原料，采用小曲固态培菌糖化、半固态发酵、液态蒸馏生产的小曲酒。半固态发酵法又可分为先培菌糖化后发酵和边糖化边发酵两种传统工艺。

(一)先培菌糖化后发酵制备小曲酒工艺

广西桂林的三花酒是这种生产工艺的典型代表，它的特点是采用药小曲为糖化发酵剂，前期固态糖化，后期半固态发酵，再用液态蒸馏。发酵周期约 7d。此法具有用曲量少、品质纯正、出酒率高的优点。

1. 工艺流程(图 7-9)

大米→加水浸泡→蒸饭→摊晾→拌料→下缸培菌糖化→拌水发酵→蒸馏→陈酿→成品

图 7-9　先培菌糖化后发酵生产小曲酒工艺流程

2. 工艺操作

(1)蒸饭　原料大米用50～60℃温水浸泡1h,晾干后倒入甑内,扒平盖好进行加热蒸饭。蒸约20min,甑内蒸汽大上时,揭盖、搅松、扒平,再盖盖蒸煮,圆汽后蒸约20min至饭粒变色,开盖搅松,泼第一次水,水量为大米量的60%。盖好继续蒸15～20min,至饭粒熟后再泼第二次水,再搅松蒸至饭粒熟透为止。蒸熟的饭粒饱满,含水量为62%～63%。

(2)拌料加曲　蒸熟的米饭倒入拌料机中,将饭团搅散扬凉,再鼓风摊冷,至品温降至32～37℃,加入原料量0.8%～1.0%的药下曲拌匀。

(3)下缸培菌糖化　拌匀后的饭料倒入饭缸内,传统每缸装料15～20kg,饭厚10～13cm,冬厚夏薄。饭料中央挖一空洞,以便有足够的空气进行培菌和糖化。缸口盖上簸箕,培菌糖化。随着培菌时间的延长,根霉、酵母等微生物开始生长,代谢产生热量,品温逐渐上升,一般培菌达20～22h、品温在37℃为宜,并做好保温和降温工作,使品温最高不得超过42℃

(4)半固态发酵　下缸糖化总时间为22～24h,糖化率达70%～80%即可结合品温和室温投入原料量120%～125%的水,拌匀,使品温为36℃左右(冬季可拌加温水)。加水醅的含糖量应为9%～11%,总酸小于0.7,酒精含量2%～3%(容量)。加水拌匀后把醅转入醅缸,每个饭缸分装两个醅缸,用塑料布封口,并做好保温或降温工作,发酵6～7d。成熟酒醅的酒度为11%～12%,总酸为0.8～1.2,残糖在0.5%以下。

(5)蒸馏　成熟酒醅转入蒸馏锅或蒸馏釜,间隙蒸馏,掐头去尾。

(6)陈酿　蒸出的酒经鉴定,其色、香、味和理化指标合格后入库陈酿。传统的三花酒陈酿于冬暖夏凉、四季温度恒定的象鼻山岩洞中,容器是容量为500kg的瓦缸,用石灰拌纸筋封好缸口后贮存1年以上,再化验勾兑出厂。

(二)边糖化边发酵制备小曲酒工艺

豉味玉冰烧是这种生产工艺的典型代表,它的特点是:糖化与发酵是在同一瓦埕内、同一条件下同时进行,用曲量较大,用米酒浸泡肥猪肉的最后一道工序是形成典型香的关键,其蒸馏后的混合酒度为31%～32%,是我国白酒中酒度最低的。

1. 工艺流程(图7-10)

大米→蒸饭→摊晾→入埕发酵→蒸馏→肉埕陈酿→沉淀→压滤→包装→成品

图7-10　边糖化边发酵生产小曲酒工艺流程

2. 工艺操作

(1)蒸饭　蒸饭采用水泥锅。每锅先加清水110～115kg,装大米100kg,加盖蒸煮,煮沸时即可翻拌,并关蒸汽,使米饭吸水饱满,开小量蒸汽焖20min便可出饭。蒸饭要求饭粒熟透疏松、无白心。也可用连续蒸饭机连续蒸饭,效果更好。

(2)摊晾拌料　蒸熟的饭装入松饭机,打松后摊于饭床或用传送带鼓风摊晾冷却,使品温降至夏季35℃以下、冬季40℃左右后拌入曲粉,曲粉用量为大米的18%～22%,拌匀入埕发酵。

(3)入埕发酵　入埕前先将埕洗净,每埕装清水6.5～7kg,然后将拌了曲的米饭装入埕,每埕5kg(以大米量计),封闭埕口,入发酵房发酵。控制室温在26～36℃,注意品温的变化,尤其是发酵前期3d的品温应控制在30℃以下,不得超过40℃。夏季发酵15d,冬季发酵20d。

(4)蒸馏　发酵完毕,将酒醅转入蒸馏甑中蒸馏,掐头去尾,保证初馏酒的醇和,酒头、酒尾入下一锅进行复蒸。

(5)肉埕陈酿　将初馏酒装埕，每埕装酒 20kg、肥猪肉 2kg，浸泡 3 个月，把酒倒入大缸或大池中，自然沉淀 20d 以上。埕中剩余肥猪肉可加新酒再浸。

(6)压滤包装　待缸或池中酒液澄清后，取样化验及勾兑。认定合格后，除去液面油脂，将中间部分的澄清酒液泵入压滤机过滤后包装即为成品。

(三)固态发酵法制备小曲酒工艺

固态发酵法生产小曲酒，因为使用整粒原料生产，其工艺有独特之处，常在发酵前进行“润、泡、煮、焖、蒸”等操作。由于地区不同，工艺也都不一样。现以四川使用高粱生产小曲酒为代表进行介绍。

1. 工艺流程(图 7-11)

高粱→泡粮→初蒸→焖水→复蒸→摊晾→下曲→培菌糖化→配糟发酵→蒸酒→成品

图 7-11　四川使用高粱生产小曲酒工艺流程

2. 工艺操作

(1)泡粮　高粱用开水在甑内浸泡 6～10h，水位要高过粮面 20cm，水温保持在 80℃左右。泡粮后高粱含水量为 47%～50%，放掉浸泡水，吊干浸润 1～2h，入甑蒸粮。

(2)蒸粮　向甑锅内加水至甑箅下 10cm，撮粮入甑，装完扒平整，安上围边上盖，猛火蒸粮。圆汽后维持大火 10～15min，停火，向甑内加入 30～40℃的水，使水淹过粮面 6～7cm，甑箅上水温为 60～65℃，粮面水温为 94～95℃，焖水时间通常为 10min。待甑内高粱不顶手、软硬适度时，从甑锅沿放水孔放出焖水，再加盖开大火复蒸 1h 左右即可出甑，最后 10min 可敞盖蒸。

(3)摊晾下曲　出甑前铺好席，席上撒一薄层稻壳，熟粮均匀倒在摊席上，厚度为 6～7cm，按先后次序翻 2 次。待降至一定品温时(表 7-5)即可撒曲。用曲量为 0.2%～0.4%。

表 7-5　撒曲品温与室温的关系

室温(℃)	0～5	6～10	11～15	16～20	21～25	26～28	28 以上
撒曲品温(℃)	36～38	34～36	32～34	30～32	28～30	20	室温

(4)培菌糖化　先在箱底席上撒少许稻壳及曲粉，再将熟粮移入箱内，品温较高的装入箱边和箱角，品温较低的装入中部。然后摊平并撒上少许稻壳及曲粉，盖上箅席，保温培养 20～24h，待品温升至 31～32℃时应勤检查。当品温升至 34℃左右，粮粒香甜时，培菌结束。

(5)入桶发酵　由 50kg 高粱所制得的培菌糟可配入 120kg 酒糟和 20kg 谷壳，翻拌均匀，装入发酵桶内，上面压紧，再盖上一层酒糟，上铺箅席，最后以泥封顶，顶上插一竹筒送至醅中，其中吊一温度计，每日观察温度的变化和筒口出气情况，发酵 5～6d 即可出桶蒸馏。

(6)蒸馏　中馏酒的混合酒度在 60%以上，装甑及其他蒸馏操作同前。酒头与酒尾入下一甑复蒸，面醅、底醅蒸馏后即丢糟，其余酒醅蒸馏后作配糟用。

三、麸曲酒的制备

麸曲酒的制备通常采用麸曲、纯种酒母做糖化发酵剂，酿造方法目前已向液态法生产方向发展，也有用糖化酶代替麸曲，用活性干酵母代替纯种酒母来酿造的。

1. 工艺流程(图 7-12)

稻壳
↓
原料→粉碎→配料→蒸煮→扬冷→加曲、酒母→加水→入池发酵→酒醅
↑
白酒←蒸酒←酒醅
↓
丢糟

图 7-12　麸曲酒制备工艺流程

2. 工艺操作

(1)原料粉碎　薯干原料要求粉碎后能通过直径为 1.5～2.5mm 的筛孔，高粱、玉米原料也不应低于这个标准。设备用锤式粉碎机。

(2)配料　麸曲酒一般用水泥池、石窖或大缸发酵，一般粮醅比为 1∶(4～6)，填充料占原料量的 20%～30%。

(3)蒸煮　薯类原料蒸煮时间为常压下蒸煮 35～40min，粮谷原料常压下蒸煮 45～55min。要求达到熟而不黏、内无白心。

(4)凉渣，加曲、酒母，加浆　料温要求降到下列范围：气温在 5～10℃时，料温降到 30～32℃；气温在 10～15℃时，料温降到 25～28℃；气温高时，要求料温降到降不下为止。

加曲温度一般在 25～35℃，加曲量为原料量的 6%～10%。若用糖化酶代替，一般以每克淀粉加糖化酶 120～160 单位计算加入。

酒母可用活性干酵母代替，用量占投料量的 0.5%～1%。

加浆量可根据入池水分来决定。

(5)入池发酵　控制入池温度在 15～25℃，入池淀粉浓度为 14%～16%，入池 pH 值为 4.5～5.0，入池水分为 58%～62%。一般发酵时间为 3～5d，发酵品温最高不超过 36℃。酒度达 5%～6%(*V*/*V*)，酒醅残余淀粉在 5%左右，即可出池蒸馏。

(6)蒸酒　麸曲酒蒸馏与大曲酒蒸馏方法相同。

四、液态法白酒的制备

液态法白酒制备工艺具有生产周期短，出酒率高，劳动生产率高，对原料适应性强，除制曲外基本上不用辅料，便于实现机械化、连续化作业的优点。尤其是在总结出“液态除杂、固态增香、增己降乳、调香勾兑”等经验提高了液态法白酒质量之后，液态法白酒产量大增。

其工艺方法主要有全液态法、液固结合法两种类型。

(一)全液态法

全液态法俗称“一步法”，有时也称液体发酵法，目前大多用高粱、玉米为原料。该法从原料蒸煮、糖化、发酵直至蒸馏，基本上采用生产酒精的设备，大体上与酒精生产方法相近。用该法酿造的成品酒，其酯类在数量上仅为固态法白酒的 1/3 左右，总酸量仅为固态法白酒的 1/10 左右，而杂醇油含量高，一般为固态法白酒的两倍多，使醇酸和醇酯等微量成分之间的比例失调，导致酒质较差。

1. 以高粱为原料的液态法白酒制备

(1)工艺流程(图 7-13)

(2)工艺操作

①配料。原料中高粱占 83.5%，大麦占 15%，豌豆占 1.5%。原料∶水＝1∶4，其中冷

水∶酒糟水＝1∶1。

图 7-13　以高粱为原料的液态法白酒制备工艺流程

用辊式或锤式粉碎机将原料粉碎为能通过 40 目筛孔的量占 90％以上，然后将粉碎后的原料投入配料用的粉浆罐中，与预热至 50℃的水和酒糟水混合，酒糟水的使用可以将入池酸度调节为 0.5～0.7，以控制杂菌繁殖，有利于糖化、发酵及产酯。同时，酒糟水中的死菌体等也提供了部分氮源等成分。为降低物料的黏度，加入 1.25 万单位酶活力的 α-淀粉酶，搅匀后泵入蒸煮锅。

②蒸煮。以直接蒸汽升压，在 50kPa 和 80kPa 下各排气 3min，以排除不良气味，再在 100kPa 下保持 30min 后，压入糖化锅。

③糖化。将蒸煮醪冷却至约 60℃，加入原料量 11％～15％的麸曲，保温在 50～55℃，糖化 30min，使醪中的还原糖含量为 3％～4％，再冷却至 28℃左右，加入糖化醪 6％的酒母，1％的生香酵母，搅匀后泵入发酵罐。

④发酵。入罐发酵 48h，加入培养期为 9d、己酸含量为 1.5％～2％的己酸菌培养液。再发酵 3d，发酵期间的品温控制在 32～34℃。

⑤蒸馏。采用壶式或壶塔结合式等设备蒸馏的效果不理想，基本已淘汰。主要采用塔式蒸馏，在取得质量较好的酒基后，再串香或调香，勾兑成成品酒。

2. 以玉米为原料的液态法白酒制备

(1)工艺流程(图 7-14)

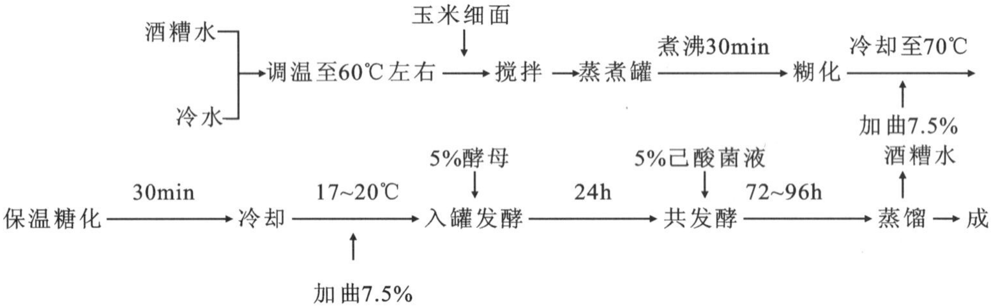

图 7-14　以玉米为原料的液态法白酒制备工艺流程

(2)工艺操作

①配料。粮∶水＝1∶4，其中冷水∶酒糟水＝3∶1。先将热酒糟水经冷水降温至 60℃左右，再加玉米面，并在搅拌机内混匀后流入蒸煮锅。

②蒸煮。打开锅内的加热蒸汽管，待装完料后闭盖煮沸，打开排气阀，在常压或低于 100kPa 的低压下蒸煮 30min，送入糖化锅。

③糖化。取一定量的水预先加入糖化锅内，使总的粮水比保持在 1∶(5～5.5)。在蒸煮醪进入糖化锅的同时，开动搅拌器，使醪、水混匀。待全部醪液入锅后，利用蛇管冷却器通冷水冷却至 70℃，添加原料量 7.5％的麸曲，在 65℃左右糖化 30min，然后继续冷却至 17～20℃，再加入 7.5％的麸曲混匀泵入发酵罐。

④发酵。加入醪液量5%的酒母发酵24h后，再加入醪液量5%的己酸菌培养液，共同发酵3～4d即可。

⑤蒸馏。方法同以高粱为原料的液态法白酒制备工艺中的蒸馏方式。

(二)液固结合法

液固结合法是近年来白酒生产推广的一项重要技术措施，它是指利用液态发酵法生产质量较好的酒精作为酒基，再采用固态发酵法制成的香醅进行串蒸或浸蒸，制得成品白酒。因此，良好的酒基及相应的香醅是该法制白酒的基础。

1. 酒基的制备

所谓酒基，就是液固结合法中为复蒸增香用的酒精。它在成品酒中所占的比例，因香醅的不同酿制方法与使用量而有一定差别，一般占85%以上。纯正的酒基，稍加增香即可制得较好的白酒；如果酒基质量很差，即使增香得法，也难以制出好的白酒。而酒基的生产一般是按酒精生产工艺制成95%以上的酒精，在这一生产过程中要求尽可能提高出酒率，并且排除影响白酒风味的邪杂气味，因此做好酒精生产工作是第一步。此外，酒基在制成白酒之前，还必须进一步除杂脱臭。常用的除杂脱臭方法有以下几种：

(1)氢氧化钠除杂　氢氧化钠的作用主要是用来中和酒基中的酸类、皂化酯类，使乙醛缩合沉淀。一般氢氧化钠用量为酒基的0.01%～0.02%。

(2)高锰酸钾氧化法　高锰酸钾可使酒基中的醛和不饱和物质氧化，也可除去酒基中的臭味，对提高酒基的质量有益。一般质量的酒基，高锰酸钾的用量为0.01%～0.015%，随着酒质的优劣，则需适当增减其用量。不能过量使用，否则将氧化酒精，且过多的锰离子存留酒中，对人体健康不利，同时影响酒的风味。

(3)活性炭吸附　活性炭有巨大的吸附表面，能够吸附酒基中的许多微量物质，改善酒质。活性炭用量必须恰当，用量少了达不到除杂脱臭的目的，用量多了会增加酒基的辛辣味。对稀释至55%左右的酒基，活性炭使用量一般在0.03%～0.05%。

对于质量稍差的酒基，也可用活性炭、高锰酸钾联合处理。

2. 香醅的制备

香醅的质量和风格是决定成品酒风味质量好坏的一个重要因素。香醅通常是取用部分粮食或薯干进行固体发酵制备，也可利用优质酒糟进行再发酵制成香醅。利用不同优质白酒的酒糟制成的香醅，其成品酒带有固有香型的香味成分，如以泸香型大曲酒糟制作香醅，生产的成品酒具有一定的泸香大曲酒风味；以大米白酒糟制作香醅，生产的成品酒带有米酒风味。具体生产何种香型酒，应以各地实际情况而定。

香醅制作实例一：取500kg高粱原料粉碎，与3000kg蒸酒后刚出甑的热醅及75kg谷糠拌匀，控制温度在50～60℃，堆积润料18～22h后，入甑蒸煮40～50min。出甑通风冷却至35℃左右，再加入黑曲90kg、生香酵母液30kg、酿酒酒母液90kg，加水拌匀。继续降温至入窖的要求温度，入窖发酵15～20d即为成熟香醅。

香醅制作实例二：将新鲜黄酒糟粉碎后拌入少量稻糠，并可加入0.01%～0.02%的陈皮、丁香等药材。重新封缸发酵成香醅。

此外，还有的采用大曲酒的丢糟，加入少许高粱糠，使淀粉含量为15%左右，再加入大曲或多种菌株培养的麸曲、酒母，进行长期发酵制成香醅；或用大曲或麸曲酒生产中蒸酒后的大渣或小渣，不加新粮，再加曲、酿酒酒母及生香酵母，进行堆积发酵一段时间，或不进行堆积发酵，而入窖发酵成香醅。

3. 复蒸增香

制备好了酒基和香醅，要得到成品酒，还需进行复蒸增香。目前复蒸增香的方法有串香法、浸蒸法及串浸结合法等，还可以和调香法结合起来。

(1)串香法　串香法有利用甑桶串蒸和塔式串蒸两种方式。

①利用甑桶串蒸。是在普通甑桶中，将经过处理或未经处理的、质量较优的酒基注入底锅，固体香醅装入甑桶而进行串蒸的一种方法。刚蒸出的串香白酒，口味比较粗糙，应贮存1个月后再装瓶。散装白酒也应有15d以上的贮存期。

②塔式串蒸。将纯净酒精泵入计量筒，加水或加一部分酒尾稀释至酒度为70°，送入加热釜。釜中有直接或间接加热的蒸汽管，使酒基汽化。酒气先进入脱臭塔，塔内置活性炭或优质木炭。木炭应除去其中未燃烧的木块，用水浸几天，并清蒸排杂，晒干后使用。

酒气由脱臭塔进入串香塔，通常将两个串香塔串联使用，每天换一次香醅，换香醅时关闭一个塔的阀门，另一个塔仍可串蒸。

从串香塔蒸出的酒气，经冷凝器进入贮槽。若成品酒香气单薄，可在香醅内加入少量芳香药材或国家食品卫生标准允许的酯类等芳香成分。

(2)浸蒸法　浸蒸法是用香醅加入已除杂脱臭并经稀释的酒基，混合后，进行浸渍，然后进行复蒸。一般蒸出的酒贮存1个月后即可装瓶出厂。

(3)串浸结合法　串香法香醅用量较大，酒香而稍烈；浸蒸法香醅用量少，酒味柔和而较淡。串浸结合法是将一部分香醅和酒基混合后入锅底浸香，另一部分香醅装入甑桶内串香蒸酒；或者分别进行串香、浸蒸，蒸酒后再根据酒质特点，按一定比例勾兑为成品。

此外，串浸结合法还可和调香法结合起来。即将白酒中具有某些主要香味成分的化学纯品，加入串香时的香醅或浸泡液中，进行共蒸，其效果比直接加入成品酒中要好。

五、低度白酒的制备

我国目前的低度白酒，主要是以优质固态法白酒为酒基，经过降度、除浊、勾兑调味而成。要求达到低而不混、低而不淡和低而不杂的质量标准。

1. 低度白酒制备基本流程(图7-15)

基础酒选择→稀释→除浊→勾兑→后熟→成品

（稀释 ↑ 水；勾兑 ↑ 调香、调味酒）

图7-15　低度白酒制备基本流程

2. 基础酒

所谓基础酒，就是选择适合于制备低度白酒的原酒(经贮存成为勾兑定型的半成品酒)。此基础酒可以是一种，也可以是几种，基本要求是发酵正常、邪杂味少、典型性强的中档次酒。

3. 除浊

高级脂肪酸乙酯(主要是棕榈酸乙酯、油酸乙酯、亚油酸乙酯)在高度白酒中的溶解度远远大于它们在低度白酒中的溶解度。制备低度白酒的中心环节就是如何防止高级脂肪酸乙酯溶解度降低导致浑浊现象的出现。其方法有蒸馏法、冷冻过滤法、生物透析法、吸附法等。目前在生产上有应用价值的主要是吸附法。即利用各种无机、有机多孔或有巨大比表面的介质，吸附经稀释后发生浑浊的白酒中的浑浊物质。

4. 降度用水

降度用水，因其直接进入成品酒中，所以除了要求达到饮用水标准外，对无机成分的要求也更高，应使用软水。因为水中钙、镁盐较多时，不但会引起沉淀，而且会产生苦味；铁离子浓度为 0.5～20ppm、铜离子浓度为 5～10ppm、锌离子浓度为 20ppm 时，具有苦味；过多的铁盐会呈涩味甚至铁腥味；氯离子浓度为 400～1400ppm 时呈碱味。

六、白酒的贮存与勾兑调味

(一)白酒的贮存

新蒸出来的白酒，一般都有暴辣、冲鼻、刺激性大等缺点。经过一段时间的贮存后，酒体会变得醇香、绵软，口味比较协调，这个变化过程称为自然老熟，也叫贮存或陈酿。

常见的贮存白酒的容器有陶器、皿料容器、金属容器、石料、水泥池等。在白酒的贮存过程中，白酒中的乙醇与水通过缔合作用可以使酒的口感变得柔和，新酒中一些低沸点物质(如硫化氢、硫醇、乙醛和丙烯醛以及游离氨等)得以自然挥发，排除了白酒的邪杂味，而使香味能够突出，起到了去杂增香的作用。同时白酒贮存中还会发生一些化学变化，如醇氧化为相应的醛或酸、乙醛与乙醇分子缩合形成乙缩醛、酯化反应等，使白酒变得更香。

不同香型的白酒有不同的贮存期。一般茅香型白酒的贮存期为 3 年，泸香型白酒的贮存期为 1 年，清香型白酒的贮存期也在 1 年以上。其次，即使是同一企业的同一产品的贮存期，也因不同等级而不同，一般名白酒的贮存期为 3 年，优质白酒的贮存期为 1 年，一般白酒的贮存期为 10d。

目前白酒企业也常采用一些物理方法处理白酒，以达到人工老熟。常见的方法有红外线人工老熟法、磁化老熟法、超声波处理法、微波处理法、紫外线处理法、声光催陈法、高频处理法等，对白酒老熟均有一定的效果。

(二)白酒的勾兑调味

在白酒的生产过程中，由于生产周期长，受各种客观因素的影响，不同季节、不同班组、不同窖池蒸馏出的白酒，其香味及特点都各有不同，质量也参差不齐。因此，白酒必须经过精心的勾兑调味，取长补短，缩小差异，稳定酒质，统一标准，协调香味，突出风格。

勾兑，主要是将酒中各种微量成分，以不同的比例兑加在一起，使其分子重新排布和缔合，进行协调平衡，烘托出基础酒的香气、口味和风格特点。调味，就是对基础酒进行的最后一道精加工或艺术加工，通过一项非常精细而又微妙的工作，用极少量的调味酒，弥补基础酒在香气和口味上的欠缺程度，使其优雅细腻，完全符合质量要求。所以，勾兑是调味的基础，也有人把勾兑比喻为“画龙”，把调味比喻为“点睛”。白酒的勾兑调味包括勾兑基础酒和调味两个基本的过程。

1. 勾兑基础酒

所谓基础酒，就是指勾兑好的酒，质量上要基本达到同等级酒的水平。在勾兑时要注意研究和应用各种酒的配比关系。

(1)各种糟酒之间的配比　各种糟酒有各自的独特点，如粮糟酒甜味重、香味淡，红糟酒香味较好但不长、醇甜差、酒尾燥辣。从微量成分来看，各种糟酒也有明显的区别，因此将它们按合理的比例混合才能使酒质全面，风格完善，酒体完美。如泸州特曲勾兑的比例为：双轮底酒 10%，粮糟酒 65%，红糟酒 20%，丢糟黄水酒 5%。

（2）老酒与一般酒的配比　一般说来，贮存 1 年以上的酒称为老酒，具有醇甜、清爽、陈味好的特点，但香味不浓；一般酒香味较浓，带燥辣。因此在勾兑基础酒时，一般要添加一定数量的老酒，取长补短。

（3）不同季节所产酒的配比　一年中因气温的变化，入窖粮糟温度的不一致，发酵条件的不同，所产的酒也存在差异，尤其是夏季和冬季所产的酒，各有各的特点和缺陷。在勾兑时，应注意它们的配合比例，研究它们之间的关系。

（4）老窖酒与新窖酒的配比　老窖酒香味正，新窖酒寡淡、味短。若以老窖酒为基础，适量加新窖酒，既可提高产量，又可稳定质量。

（5）不同发酵期所产酒的配比　发酵期长的酒相对于发酵期短的酒，味浓醇，但香气差，挥发性香味少。勾兑时，在发酵期长的酒中适量兑加部分发酵期短的酒，对提高酒的香气和喷头、突出酒的风格是十分有益的。

（6）好酒与差酒的配比　好酒和差酒勾兑可使酒质变好，差酒与差酒勾兑有时会变好，好酒和好酒勾兑可能会变坏，因此在勾兑中需要注意各种酒的配比关系。

2. 白酒的调味

基础酒经过具有特殊风味的调味酒调味后，才算定型，而所谓调味酒，就是采用独特工艺生产的具有各种特点的精华酒，在香气和口味上表现为特香、特甜、特醇、特暴辣等的特殊酒。常用的调味酒有：

（1）陈酒　在酒的贮存过程中，适当延长一些香味好、酒体纯正的酒的贮存期，使其有充分的时间进行酯化、氧化过程，可令酒尾柔和醇厚，具有特殊风味。

（2）窖边香糟酒及双轮底酒　其特点是窖香浓、味醇甜，进口喷香，暴辣，带涩，丰满有劲，回味长，能提高酒的放香程度，是窖香浓郁的重要保证。

（3）酒头 酒头中低沸点的香味物质多，在勾兑中可以提高白酒的放香效果。

（4）酒尾 酒尾中含有较多的高沸点香味物质，酯含量高，特别是高级醇和高级脂肪酸含量也高，能改善白酒的后味，使酒回味长且醇厚。

3. 白酒勾兑调味的方法

一般勾兑调味的方法主要有以下几步：

（1）新酒分级入库　勾兑前，先验收合格酒，即符合质量标准的等级酒，然后分级入库贮存。

（2）合并同类型酒　在贮存期，对香味特征、风格比较接近，入库时间接近的酒适当合并，并混合搅拌均匀。

（3）勾兑小样。

（4）正式勾兑　按小样勾兑的比例及先后顺序放大，进行大样正式勾兑。先勾好基础酒，再勾调味酒，搅拌均匀，与标准酒对照品尝。

近年来，很多大型企业将微机技术运用到勾兑调味工作中来。其原理一般是先用气相色谱仪对成品酒的香味成分进行分析，找出规律，建立软件输入计算机。然后将酒库中酒的分析数据输入微机，由微机得出各种不同微量成分的酒的配比数据，按此数据进行勾兑。其优点是减少了人为的误差，基础酒质量相对较稳定，易实现自动化，并可提高优质酒的百分率，但目前还不能完全代替人工。

项目小结

白酒是我国的传统酒类，其种类繁多，一般以香型分类居多，其中浓香型白酒、清香型白酒、酱香型白酒占的比例较大。传统白酒生产是以固态发酵法生产方式为主，生产原料以高粱为主，其次还有小麦、大麦、大米、玉米等，各种原料酿制的酒有各自的特点。生产中以曲为糖化发酵剂，曲可以是大曲，也可以是小曲，大曲又因生产的白酒香型不同，其制备工艺也有所不同，除了制曲原料的不同外，主要就是制曲品温的控制有高有低。

2022 年 6 月 1 日，《白酒工业术语》(GB/T 15109—2021)及《饮料酒术语和分类》(GB/T 17204—2021)两项国家标准正式实施。新国标明确了白酒必须以“粮谷”为主要原料。所谓“粮谷”，是指谷物和豆类的原粮和成品粮，谷物包括稻谷、小麦、玉米、高粱、大麦、青稞等，同时明确了粮谷的定义中不包括薯类。新国标中将调香型白酒从“白酒”中剥离出来，归入配制酒。

白酒的发酵主要是一个厌氧发酵过程，固态发酵法生产中，通常是在密闭的发酵窖、缸、池中进行发酵，为了控制发酵的过程，通常从原料配比，入窖、缸、池的温度及水分，以及加入的曲料量等几方面来控制发酵，同时注意发酵过程的管理。甑桶也是我国所独有的蒸馏设备，其能有效提取白酒糟中的成分。蒸馏后的白酒还需要经过贮存、勾兑调味才能作为成品酒。

随着对白酒研究的深入及生物技术的进步，白酒的生产逐渐有了用特定的菌种制曲及发酵的方式——麸曲的制备以及液态发酵白酒的生产，大大提高了白酒的产量，缩短了生产周期。但由于白酒的特点，这些又不完全等同于纯菌种糖化发酵，在液体白酒中，有了生香酵母的应用、串香法生产方式等，大大提高了白酒的质量。

随着生活水平的提高及人们对保健的认识，白酒的生产饮用开始走向低度化，这就有了低度白酒的生产。低度白酒生产最主要的两个问题就是白酒降度后如何解决其浑浊及风味变淡的问题，最常用的方式就是采用吸附法除浊及进行勾兑调味改善低度白酒的风味。

问题探究

1. 白酒按香型分为哪几类？代表酒是哪些？
2. 传统的薯干酒是否属于白酒？为什么？
3. 白酒酿制的主要原料有哪些？各主要原料酿制的酒有什么特点？
4. 白酒为什么要进行贮存和勾兑调味？
5. 白酒用小曲的主要特点有哪些？
6. 浓香型大曲酒酿造的工艺流程是什么？
7. 白酒降度后主要出现的问题是哪些？

实训　低度白酒的除浊处理

一、实训目的

通过实验，了解处理白酒降度浑浊的一般方法，懂得如何解决白酒降度后的浑浊问题，比较各种除浊处理的效果。

二、实训原理

白酒降度后，溶解于酒中的棕榈酸乙酯、油酸乙酯、亚油酸乙酯等的溶解度降低，温度低时溶解度更低而析出，引起酒液的浑浊。采用蒸馏法、冷冻过滤法、吸附法等都能降低这些物质的溶解度，使白酒降度时不析出。但这些方法又有各自的优缺点，实验中要认真加以比较。

三、实训器材与试剂

材料与试剂：60°高粱白酒，玉米淀粉，木薯淀粉，鸡蛋，活性炭，海藻酸钠，多孔性离子交换树脂。

仪器与器皿：大玻璃缸（最好是长柱状）1个，酒度表1支，蒸馏器1套，离子交换树脂柱1具，500mL量筒多个，冰箱，直尺，橡皮管，玻璃棒等。

四、实训步骤

1. 取4000mL60°高粱白酒于大玻璃缸中，一边加水一边搅拌，一边以酒度表测量，使之稀释至39°，记录下稀释过程中的变化。

2. 将39°的白酒分别装入500mL的量筒中，每个量筒的酒液数量精确至500mL，并编上编号，按表7-6所列方法处理。

表7-6　分装白酒的具体处理方法和结果

序号	处理方法	处理过程中的变化	结果
1	放入1500mL平底烧瓶中，再加水300mL，直立安装球形冷凝管蒸馏出酒精		
2	加入精制玉米淀粉2g搅匀，室内静置		
3	加入木薯淀粉2g搅匀，室内静置		
4	将2g玉米淀粉煮熟加入，搅匀，室内静置		
5	加入玉米淀粉2g搅匀，冰箱中0℃静置		
6	加入粉状活性炭搅匀，室内静置		
7	加入1%海藻酸钠2mL，静置1d，棉饼过滤，再加入0.5g活性炭，搅匀，静置后过滤		
8	直接用离子交换树脂反复过滤		
9	对照（直接静置）		

3. 静置过程中，经常观察沉降的速度；观察澄清层的透明度；沉降2d后，用直尺量出透明层和浑浊层的高度；观察透明层与浑浊层二相分明与否。

4. 用橡皮软管虹吸出2～6号及9号的上清液，分别放入另外的500mL的量筒中，将下部浑浊液加两倍水分别蒸馏，将蒸馏出的酒精并入原来虹吸出的透明清液中。

5. 将各号处理样品分别加水补充至原来的体积，用酒度表检查酒度，并品尝其味道。

五、思考与练习

以上各项处理的除浊效果和实用价值如何？

六、实训报告

把除浊处理过程中观察到的变化情况和处理结果填入表7-6，并完成实训报告。

项目八　葡萄酒发酵技术

知识目标

1. 知道葡萄酒的分类及特点。
2. 知道各种葡萄酒对原料的要求及常见的葡萄酒品种。
3. 能陈述葡萄酒酿造中酒精发酵、苹果酸-乳酸发酵的作用。
4. 能陈述主要种类葡萄酒的酿造工艺及操作要点。
5. 能陈述葡萄酒发酵过程中的理化变化及葡萄酒发酵后处理的方法。

技能目标

1. 能够完成葡萄酒酿造各个操作环节并进行工艺控制。
2. 会操作葡萄酒酿造中常见的设备。
3. 能够进行葡萄酒质量的基本检验与鉴定（包括理化、感官、微生物检验）。
4. 会运用相关知识解决葡萄酒酿造过程中的质量问题，会进行成本分析。
5. 能够制定葡萄酒酿造的操作规范、整理改进措施。

思政目标

通过介绍葡萄酒的起源及发展历程，引导学生拓宽国际视野，涵养家国情怀，汲取奋进力量，精益求精，追求卓越。

背景资料

根据国际葡萄与葡萄酒组织的规定(OIV,1996)，葡萄酒只能是由破碎或未破碎的新鲜葡萄浆果或葡萄汁经完全或部分酒精发酵后获得的饮料，其酒度不能低于8.5%(V/V)。但是，根据气候、土壤条件、葡萄品种和一些葡萄产区特殊的质量因素或传统，在一些特定的地区，葡萄酒的最低总酒度可降低到7.0%(V/V)。

一、葡萄酒的发展概况

据考古资料显示，最早栽培葡萄的地区是小亚细亚里海和黑海之间及其南岸地区。大约在7000年以前，南高加索、中亚细亚、叙利亚、伊拉克等地区就开始了葡萄的栽培。葡萄酒原产于公元前6000年—公元前5000年的亚洲西南小亚细亚地区。在公元前3000年传至波斯(今伊朗)、埃及等国。公元前6世纪，希腊人把小亚细亚原产的葡萄酒通过马赛港传入高卢(今法国)，并将葡萄栽培和葡萄酒酿造技术传给了高卢人。罗马人从希腊人那里学会葡萄栽培和葡萄酒酿造技术后，很快在意大利半岛全面推广，并迅速传遍法国、西班牙、北非以及德国莱茵河流域地区，形成很大的规模。15—16世纪，葡萄栽培和葡萄酒酿造技术传入南非、澳大利亚、新西兰、日本、朝鲜和美洲等地。现在南、北美洲均有葡萄酒生产，阿根廷、美国的加利福尼亚以及墨西哥均为世界闻名的葡萄酒产区。

我国引入欧亚种葡萄开始于汉武帝建元年间。汉武帝遣张骞出使西域(公元前138年—公元前119年),从大宛(中亚的塔什干地区)将葡萄引入。张骞引进葡萄的同时还招来了酿酒艺人,自此,我国开始有了葡萄酒。我国的葡萄酒虽然已有2000多年的漫长历史,但葡萄种植和葡萄酒生产始终为农村副业,产量不大,未受到足够的重视。我国葡萄酒生产的发展始于近代,特别是1892年,印尼华侨张弼士引进欧美葡萄品种170余种,在山东烟台建立了大面积的葡萄种植园,并成立张裕葡萄酿酒公司。

新中国成立后,尤其是20世纪80年代,我国的葡萄酒行业得到了迅猛发展,一批名优企业生产出享誉中外的名优葡萄酒,如天津中法合营葡萄酿酒有限公司生产的王朝白葡萄酒,中国长城葡萄酒有限公司生产的长城牌白葡萄酒,北京夜光杯葡萄酒厂生产的中国红葡萄酒,张裕葡萄酒公司生产的烟台红葡萄酒、张裕味美思和张裕金奖白兰地酒,通化葡萄酒公司生产的中国通化葡萄酒,中外合资华东葡萄酿酒有限公司生产的青岛意斯林和佳美布祖利等。目前我国葡萄酒厂已有近80家,年产万吨以上的有张裕、王朝、华夏、长城、新天酒业、柳河绿源、烟台威龙、烟台中粱。

葡萄酒是一种国际性饮料酒,产量在世界饮料酒中列第二位。由于葡萄酒的酒精含量低,营养价值高,所以它成为饮料酒中主要的发展品种之一。世界上许多国家如意大利、法国、西班牙等国的葡萄酒产量居世界前列。

二、葡萄酒与健康

研究证明,葡萄酒中含有600多种对人体有益的营养成分,其中包括糖、有机酸、氨基酸、维生素、多酚、无机盐等,这些成分都是人体所必需的,对于维持人体的正常生长、代谢是必不可少的。适量饮用葡萄酒,还能防治各种疾病,增强人体健康。在合理饮用范围内,葡萄酒能直接对周围神经系统发生作用,从而提高肌肉的紧张度。葡萄酒也可对运动中枢神经系统起作用,给人以舒适、欣快的感觉。葡萄酒中含有少量的铁,具有补血作用;葡萄酒中含有较多能使血管软化的肌醇及烟酸,红葡萄酒中含有使血管软化的多酚成分,葡萄酒中含有的21种氨基酸是医治心脏病的补助剂;60～100mL葡萄酒可以使正常胃液的量提高到120mL(包括1g游离盐酸)。葡萄酒有利于蛋白质的同化;红葡萄酒中的丹宁可以增加肠道肌肉系统中平滑肌纤维的收缩性,调整结肠的功能,对结肠炎有一定疗效;甜白葡萄酒含有山梨醇,有助于胆汁和胰腺的分泌,可以帮助消化,防治便秘。一些白葡萄酒的酒石酸钾和硫酸钾含量较高,可以利尿,防治水肿。

葡萄酒能提高血液中高密度脂蛋白的浓度,而高密度脂蛋白可以将血液中的胆固醇运入肝内并在那里进行胆固醇-胆酸转化,防止胆固醇沉积于血管内膜,从而防治动脉硬化。特别是葡萄酒中所含的酚类物质——白藜芦醇,是近年来研究的热点,它具有抗氧化、防衰老、扫除自由基、抗血栓、抗炎症、抗过敏、预防冠心病、防癌抗癌的作用。通过研究得知,葡萄果皮和红葡萄酒中白黎芦醇的含量最多。美国研究癌症的专家向人们提出防癌新建议:多吃葡萄;吃葡萄不吐葡萄皮。并且认为,通常的葡萄酒饮酒量已达到白黎芦醇的有效量。

三、葡萄酒的分类

葡萄酒的品种很多,因葡萄的栽培、葡萄酒生产工艺条件的不同,产品也各不相同。一般按酒的颜色、含糖多少、含不含CO_2及采用的酿造方法等来分类,国外也有以产地、原料名称来分类的。

1. 按葡萄酒的颜色分类

(1)红葡萄酒　以皮红肉白或皮肉皆红的葡萄为原料发酵而成，酒色呈自然深宝石红、宝石红、紫红或石榴红色。

(2)白葡萄酒　用白葡萄或皮红肉白的葡萄，经皮肉分离发酵而成。酒色近似无色或呈浅黄微绿、浅黄、淡黄、禾秆黄色。

(3)桃红葡萄酒　酒色介于红、白葡萄酒之间，主要有淡玫瑰红、桃红、浅红色。

2. 根据葡萄酒中的含糖量分类

(1)干葡萄酒　含糖量(以葡萄糖计)小于或等于4g/L。由于酒色不同，又分为干红葡萄酒、干白葡萄酒和干桃红葡萄酒。

(2)半干葡萄酒　含糖量为4～12g/L。

(3)半甜葡萄酒　含糖量为12.1～50g/L。

(4)甜葡萄酒　含糖量大于或等于50g/L。

3. 根据CO_2的含量分类

(1)静止葡萄酒　酒内溶解的CO_2含量极少，其气压小于或等于0.05MPa(20℃)。开瓶后不产生泡沫。国内生产的葡萄酒大多属于静止葡萄酒类型。

(2)起泡葡萄酒　由葡萄原酒加糖进行密闭二次发酵产生CO_2而制成，20℃时瓶内气压大于或等于0.35MPa，开瓶后会产生泡沫或泡珠。法国香槟省生产的这种葡萄酒叫香槟酒。

(3)加气葡萄酒　与起泡葡萄酒相似，但CO_2是用人工方法加进葡萄酒中的。20℃时瓶内气压为0.051～0.25MPa。

4. 按酿造方法分类

(1)天然葡萄酒　完全采用葡萄原汁发酵而不外加糖或酒精酿制而成。

(2)加强葡萄酒　凡葡萄发酵成酒后，添加白兰地或中性酒精来提高酒精含量的葡萄酒，称为加强干葡萄酒；在提高酒精含量的同时添加糖分来提高含糖量的葡萄酒，称为加强甜葡萄酒。

(3)加香葡萄酒　在葡萄酒中加入果汁、药草、甜味剂等制成。按其含糖量不同，有干酒和甜酒之分，如味美思、丁香葡萄酒、人参葡萄酒等。

任务一　葡萄酒生产原料的选择与处理

葡萄酒是以葡萄浆果为原料生产的。葡萄浆果的成熟度决定着葡萄酒的质量和种类，是影响葡萄酒生产的主要因素之一。在葡萄酒酿造过程中，会加入一些其他原、辅料进行调节处理，调节处理的好坏同样会影响葡萄酒的品质。

一、葡萄酒生产原料的选择

(一)葡萄的选择

1. 葡萄的成分

葡萄包括果梗与果实两部分，其质量百分比是果梗占4%～6%，果实占94%～96%。

(1)果梗 果梗含有木质素(6%～7%)、单宁(1%～3%)、树脂(1%～2%)、无机盐及少量的有机酸和糖。发酵前必须除梗，以免使产品带有严重的苦涩味，影响产品质量。

(2)果实 葡萄果实包括果皮、果核、果肉和果汁三部分。三者的质量百分比分别为6%～12%、2%～5%、83%～92%。

①果皮：果皮中含有单宁、色素和芳香成分等，它们对酿酒很重要。葡萄单宁是一种复杂的有机化合物，味苦而涩，与铁盐作用时生成蓝色物质，能和动物胶或其他蛋白质溶液生成不溶性的沉淀物，与醛类化合物生成不溶性的缩合产物，随着葡萄酒的老熟而被氧化。葡萄色素的化学成分非常复杂，往往因品种不同而有所区别。果皮的芳香成分能赋予葡萄酒特有的果实香味。不同的品种，香味不一样。

②果核：果核含有有害于葡萄酒风味的物质，如脂肪、树脂、单宁等，这些物质若带入发酵醪液中会影响产品质量。因此在破碎葡萄时，必须尽量避免将果核压碎。

③果肉和果汁(葡萄浆)：不同品种，其化学组成很不一样，如水分(65%～80%)、还原糖(15%～30%)、有机酸、含氮物、矿物质、果胶质等。因葡萄品种、果实大小、土壤气候、栽培方法、病虫害等原因，葡萄的含糖量有很大的差异。有机酸主要是酒石酸和苹果酸，还有少量的柠檬酸等。果胶质是一种多糖类的复杂化合物，含量因葡萄品种而异，且与葡萄的成熟度有关。少量果胶的存在，能增加酒的柔和味，含量多时，对葡萄酒的稳定性有影响。葡萄浆含氮物一部分以氨态氮存在(10%～20%)，易被酵母同化；其他部分以有机氮形式存在(氨基酸、胺类、蛋白质)，发酵时，在单宁与酒精的影响下，产生沉淀。其无机盐含量从发育到成熟期逐渐增加，主要有钾、钠、钙、铁、镁等，常与酒石酸及苹果酸形成各种盐类。

2. 酿酒用葡萄品种

葡萄大体可分成酿酒葡萄和食用葡萄两大类，其中供酿酒用的葡萄品种多达千种以上，多数为欧亚种。

(1)酿造红葡萄酒的优良品种 酿造红葡萄酒一般采用红色葡萄品种。我国使用的优良品种有：

①法国蓝。别名玛瑙红、蓝法兰西，原产奥地利。我国烟台、青岛、黄河故道等地均有种植。

②佳利酿。又名加里酿、法国红，原产西班牙。我国北京、天津、安徽、江苏、陕西、山东等地都有种植。可酿制红、白、桃红葡萄酒。

③赤霞珠。又名解百纳，原产法国，我国山东等地栽培较多，是酿造优质红葡萄酒的世界名种，适合酿造干红葡萄酒，也能酿制桃红葡萄酒。

此外，适于酿制红葡萄酒的优良品种还有蛇龙珠、品丽珠、味儿多、黑品乐、烟73、烟74、公酿1号等。

(2)酿造白葡萄酒的优良品种 酿造白葡萄酒选用白葡萄或红皮白肉葡萄品种。我国使用的优良品种有：

①灰比诺。又名李将军、灰晶诺，原产法国，我国济南、兴城、南京等地均有栽培，是酿造白葡萄酒和起泡葡萄酒的优良品种。

②龙眼。又名秋紫，是我国的古老品种，为华北地区主栽品种之一，西北、东北也有较大面积的栽培。这种葡萄即适于鲜食，又是酿酒的良种，用它酿造起泡葡萄酒、干白葡萄酒，呈淡黄色，有清香。也可酿造甜白葡萄酒。

③意斯林。又名贵人香，原产意大利和法国南部，我国烟台、北京、天津、江苏、陕西、山西、辽宁等地均有栽培。

此外，雷司令、长相思、琼瑶浆、白诗南等优良品种也适于酿制白葡萄酒。

（3）酿造桃红葡萄酒的优良品种　有玫瑰香、法国蓝、黑品乐、佳利酿、玛大罗等。

（二）其他原材料

1. 白砂糖（蔗糖）

配酒和葡萄汁改良需要使用白砂糖或绵白糖。白砂糖应符合国标优级或一级质量标准。

2. 食用酒精

配酒时要用到食用酒精，其质量必须达到国标一级质量标准，若为二级酒精则需要进行脱臭、精制。也可采用葡萄酒精原白兰地（葡萄皮渣经发酵和蒸馏而得）。

3. 酒石酸、柠檬酸

葡萄汁的增酸改良要用到酒石酸和柠檬酸。另外在配酒时，要用到柠檬酸以调节酒的滋味，并可防止铁破败病。

4. 二氧化硫（SO_2）

在葡萄酒酿造中，二氧化硫有着重要的作用，首先是选择性杀菌或抑菌作用，其次是澄清作用，此外还有促使果皮成分溶出、增酸和抗氧化等作用。

二氧化硫有三种应用形式：第一，直接燃烧硫黄生成二氧化硫，用此法来对贮酒室、发酵和贮酒容器进行杀菌。第二，使气体二氧化硫在加压或冷冻条件下形成液体，贮存于钢瓶中，可以直接使用，或间接将之溶于水中形成亚硫酸后再使用。第三，使用偏重亚硫酸钾（双黄养）固体，白色结晶，理论上含二氧化硫 57.6%，这种药剂目前在国内葡萄酒厂普遍使用。

5. 澄清剂

（1）葡萄酒澄清使用的澄清剂（又称下胶材料）　主要有明胶、鱼胶、蛋清、干酪素（酪蛋白）、皂土、单宁、血粉、硅藻土、果胶酶等。

（2）白葡萄汁澄清使用的澄清剂　主要有二氧化硫、果胶酶、皂土等。

二、葡萄酒原料的处理

（一）葡萄的处理

1. 采收

葡萄的采收包括三个阶段，即葡萄的采收、运输和葡萄酒厂的接收。在采收的整个过程中，必须尽量保证葡萄浆果完好无损，防止破损和污染。

2. 破碎

破碎是将葡萄浆果压破，以利于果汁的流出。破碎的目的是使果粒破裂，保证籽粒完整，使葡萄汁流出，便于压榨或发酵。在破碎过程中，应尽量避免撕碎果皮、压破种子和碾碎果梗，以降低杂质（葡萄汁中的悬浮物）的含量；葡萄及其浆、汁不得接触铁、铜等金属。在酿造白葡萄酒时，还应避免果汁与皮渣接触时间过长。

3. 除梗

除梗是将葡萄浆果与果梗分开并将后者除去。除梗一般在破碎后进行，且常常与破碎在同一破碎-除梗机中进行。在红葡萄酒的酿造过程中，葡萄破碎后，应尽快地除去葡萄果梗。果梗在葡萄汁中停留时间过长，会给酒带来一种青梗味，使酒液过涩、发苦。在白葡萄酒生产过程中，葡萄破碎后即行压榨，最后将果梗与果渣一并除去。

4. 压榨和渣汁的分离

在白葡萄酒生产中，破碎后的葡萄浆提取自流汁后，还必须经过压榨操作。在破碎过程中自流出来的葡萄汁叫自流汁。加压之后流出来的葡萄汁叫压榨汁。为了增加出汁率，压榨时一般采用2～3次压榨。

为了提高白葡萄酒的质量，通常对葡萄汁进行"前净化"的澄清处理。方法有添加SO_2静置澄清法、皂土澄清法、机械离心法及果胶酶法等。

在红葡萄酒酿造中，使用葡萄浆带皮发酵或用葡萄浆经热浸提、压榨取汁进行发酵。压榨则是从前发酵后的葡萄浆中制取初发酵酒。出池时先将自流原酒由排汁口放出，清理皮渣进行压榨，得压榨酒。

(二)SO_2 处理

SO_2处理就是在发酵基质中或葡萄酒中加入SO_2，以便发酵能顺利进行或有利于葡萄酒的贮藏。

1. SO_2的作用

(1)选择作用　SO_2是一种杀菌剂，它能控制各种发酵微生物的活动(繁殖、呼吸、发酵)。如果SO_2浓度足够高，则可杀死各种微生物。细菌最为敏感，在加入SO_2后，它们首先被杀死；其次是尖端酵母；葡萄酒酵母抗SO_2能力则较强。所以，可以通过SO_2的加入量选择不同的发酵微生物。

(2)澄清作用　SO_2能抑制发酵微生物的活动，推迟发酵开始的时间，从而有利于发酵基质中悬浮物的沉淀，这一作用可用于白葡萄酒酿造过程中葡萄汁的澄清。

(3)抗氧化和抗氧作用

①SO_2的抗氧化作用。破损葡萄原料和霉变葡萄原料的氧化分别是由酪氨酸酶和漆酶催化的，原料的氧化将严重影响葡萄酒的质量。而SO_2可以抑制氧化酶的作用，从而防止原料的氧化，这就是SO_2的抗氧化作用。因此，应在葡萄采收以后到酒精发酵开始以前正确使用SO_2，防止原料的氧化。

②SO_2的抗氧作用。如果对葡萄发酵基质进行SO_2处理，它所形成的亚硫酸盐比基质中的其他物质更容易与基质中的氧发生反应而被氧化为硫酸和硫酸盐，从而抑制或推迟葡萄酒各构成成分的氧化作用，这就是SO_2的抗氧作用。

(4)增酸作用　加入SO_2可以提高发酵基质的酸度。一方面，在基质中SO_2转化为酸，并且可杀死植物细胞，促进细胞中可溶酸性物质，特别是有机酸盐的溶解。另一方面，SO_2可以抑制以有机酸为发酵基质的细菌的活动，特别是乳酸菌的活动，从而抑制苹果酸-乳酸的发酵。

(5)溶解作用　在使用浓度较高的情况下，SO_2可促进浸渍作用，提高色素和酚类物质的溶解量。但在正常使用浓度下，SO_2的这一作用并不显著。

2. SO_2对葡萄酒成分和质量的影响

(1)有利影响　净化发酵基质，提高葡萄酒酒度；提高有机酸含量；降低挥发酸含量；增加色度；改善葡萄酒的味感质量：缓和霉味、泥土味、醋味及氧化味等；保持果香味。

(2)不利影响　使用不当或用量过高，可使葡萄酒具有怪味且对人产生毒害作用；在还原条件下，可形成具臭鸡蛋味的 H_2S，H_2S 可与乙醇化合产生硫醇；由于控制了降酸微生物的活动和抗氧作用，会推迟葡萄酒的成熟。

总之，由于 SO_2 的特殊作用和效应，它在葡萄酒的生产和贮藏中占有不可取代的地位。因此，正确使用 SO_2，能够使葡萄酒的酿造和贮藏顺利进行，提高葡萄酒的质量。

3. SO_2 的用量

SO_2 的用量取决于很多因素：

(1)发酵基质的含糖量　含糖量越高，结合 SO_2 的含量越高，从而会降低活性 SO_2 的含量。

(2)发酵基质的含酸量　含酸量越高，pH 值越低，活性 SO_2 含量越高。

(3)温度　温度越高，SO_2 越易与糖化合，而降低活性 SO_2 的含量。

(4)微生物的含量和活性　破碎和霉变的葡萄原料中，各种微生物的含量高且活性强，会降低活性 SO_2 的含量。

因此，温度越高，原料含酸量越低，含糖量越高，破碎、霉变越严重，在发酵基质中所加入的 SO_2 量应越高。如果生产的葡萄酒将用于蒸馏白兰地，则不对原料进行 SO_2 处理。常用的 SO_2 浓度见表 8-1。

表 8-1　红、白葡萄酒原料常用的 SO_2 浓度

原料状况	红葡萄酒中 SO_2 浓度*(mg/L)	白葡萄酒中 SO_2 浓度**(mg/L)
无破损、无霉变、成熟度中、含酸量高	30～50	60～80
无破损、无霉变、成熟度中、含酸量低	50～100	80～100
破损、霉变	80～150	100～120

注：* 按将生产出的葡萄酒计算；* * 按葡萄汁的量计算。

(三)原料的改良

由于各种条件的变化，有时葡萄浆果没有完全达到其成熟度，有时浆果受病虫害危害等，使酿酒原料的各种成分不符合要求，必须对原料进行改良。需要指出的是，原料的改良并不能完全抵消浆果本身的缺点所带来的后果。因此，要获得优质葡萄酒，必须首先保证浆果达到最佳成熟度，并在采收过程中保证浆果完好无损、无污染。

1. 浆果成熟度不够

浆果成熟度不够主要是由不良气候条件(低温、高湿)或采收过早造成的。这样的浆果有两个特点：含糖量低，含酸量高(主要是苹果酸含量)。

对于这类原料的改良主要有两个方面，即加蔗糖(白砂糖)或浓缩汁提高含糖量；直接中和或间接地利用生物方法降酸。

(1)提高含糖量　提高含糖量就是人为地提高原料的含糖量，从而提高葡萄酒的酒度。最常见的有添加蔗糖和添加浓缩葡萄汁两种方式。

①添加蔗糖。所用的糖必须是蔗糖，一般用 98%～99.5%的结晶白砂糖。从理论上讲，加入 17g/L 蔗糖可使酒度提高 1%，但在实践中由于发酵过程中的损耗(如挥发、蒸发等)，加入的糖量应稍大于 17g/L。

先将需添加的蔗糖在部分葡萄汁中溶解，然后加入发酵罐中，添加蔗糖以后，必须倒一次罐，以使所加入的糖均匀地分布在发酵汁中。

添加蔗糖的时间最好在发酵刚刚开始的时候，并且一次加完。此外，在控制发酵温度时应考虑加入的糖在发酵过程中所释放的热量。

②添加浓缩葡萄汁。将 SO_2 处理后的葡萄汁在部分真空的条件下加热浓缩，使其体积降至原体积的 1/5～1/4，这样获得的浓缩葡萄汁中各种物质的含量都是原来的 4～5 倍。虽然在制备过程中，部分酒石酸转化为酒石酸氢钾沉淀，但浓缩葡萄汁中的含酸量仍然较高。因此，为了防止葡萄酒中的酸度过高，可在进行浓缩以前对葡萄汁进行降酸处理。此外，浓缩汁中钾、钙、铁、铜等含量也较高。

在确定添加量时，必须先对浓缩葡萄汁的含糖量（潜在酒度）进行分析。

例如，已知浓缩葡萄汁的潜在酒度为 50%，5000L 发酵用葡萄汁的潜在酒度为 10%，葡萄酒要求酒度为 11.5%，则可以用图 8-1 的方法算出浓缩葡萄汁的添加量。

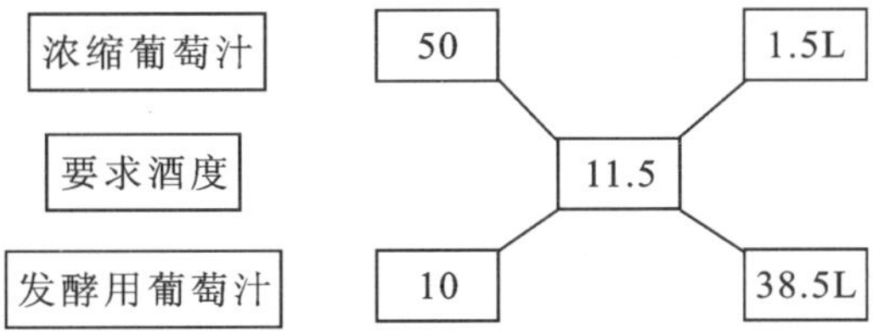

图 8-1　葡萄汁添加量的计算方法

即要在 38.5L 的发酵用葡萄汁中加入 1.5L 浓缩汁才能使葡萄酒达到 11.5% 的酒度。因此，在 5000L 发酵用葡萄汁中应加入浓缩葡萄汁的量为 1.5×5000/38.5＝194.8（L）。

添加浓缩葡萄汁的时间和方法与添加蔗糖相同。

（2）降低含酸量　降低葡萄汁或葡萄酒含酸量的方法主要有三种，即化学降酸、生物降酸和物理降酸。

①化学降酸。化学降酸就是用盐中和葡萄汁中过多的有机酸，从而降低葡萄汁和葡萄酒的酸度。常用的盐有酒石酸钾、碳酸钙、碳酸氢钾，其中以碳酸钙最有效，而且最便宜。

葡萄汁酸度过高，主要是由于苹果酸含量过高。但化学降酸的作用主要是除去酒石酸氢盐，并且会影响葡萄酒的质量和葡萄酒对病害的抗性。因此，必须慎重使用化学降酸。化学降酸最好在酒精发酵结束时进行。

②生物降酸。生物降酸是利用微生物分解苹果酸，从而达到降酸的目的。用于生物降酸的微生物有进行苹果酸-乳酸发酵的乳酸菌以及能将苹果酸分解为酒精和 CO_2 的裂殖酵母。

在适宜条件下，乳酸菌可通过对苹果酸-乳酸发酵将苹果酸分解为乳酸和 CO_2。这一发酵通常在酒精发酵结束后进行，可使酸度降低，pH 值增高，并使葡萄酒口味柔和。对于所有的干红葡萄酒，苹果酸-乳酸发酵是必需的发酵过程，而在大多数的干白葡萄酒和其他已含有较高残糖的葡萄酒中，则应避免这一发酵。

③物理降酸。物理降酸方法包括冷处理降酸和离子交换降酸。

当葡萄酒的温度降到 0℃ 以下时，酒石析出加快，因此，冷处理可使酒石充分析出，从而达到降酸的目的。目前，冷处理技术用于葡萄酒的降酸已在生产上广泛采用。

2. 浆果酸度过低

这类浆果的特点是在一定条件下，含糖量达到最大值，而有机酸含量则很低。对于这类浆果，应添加一些物质提高其含酸量。

（1）直接增酸　国际葡萄与葡萄酒组织规定，对葡萄汁的直接增酸只能用酒石酸，其用量不能超过 1.5g/L。在葡萄酒中，还可加入柠檬酸以提高酸度，但其添加量最好不要超过 0.5g/L。

(2)间接增酸

①加生葡萄浆果。未成熟的葡萄浆果中有机酸的含量很高（20～25gH_2SO_4/L），其有机酸盐可在 SO_2 的作用下溶解，能进一步提高酸度。

②正确使用 SO_2。对葡萄浆果正确进行 SO_2 处理，也可间接提高酸度。

(四)原料改良新工艺

1. 复盐法降酸

各种化学降酸剂所引起的降酸，主要是使酒石酸含量降低。而含酸量过高的葡萄原料，主要是苹果酸含量过高。如果需要降酸的幅度很大，则可采用复盐法降酸。

复盐法降酸的具体步骤如下：先用含有少量酒石酸-苹果酸-钙的复盐的 $CaCO_3$ 对葡萄汁进行降酸，以形成酒石酸-苹果酸钙复盐沉淀，并进行分离过滤，去除沉淀，再与剩余的葡萄汁混合，如果还有 Ca^{2+} 存在，则在混合过程中产生新的沉淀。

2. 选择性冷冻提取法

选择性冷冻提取法旨在提高酿造葡萄酒的葡萄汁的质量。选择性冷冻提取法的原理是，在冷冻和解冻过程中，成熟度不同的葡萄浆果的表现亦不相同，因为它们的比热、导热性、凝固热和溶解热等物理特性各不相同。因此，该方法就是将葡萄原料置于某一温度下，只使那些未成熟的浆果冻结，而那些成熟的浆果不冻结；然后立即压榨，从而获得成熟葡萄浆果的果汁，提高原料的质量。

3. 反渗透法

反渗透法是在压力的作用下，通过半透膜将离子或分子从混合液中分离出来的物理方法。其所施加的压力必须大于渗透压。含糖量过低的葡萄汁通过半透膜除去过多的水分就可以提高葡萄汁的含糖量，达到改良原料的目的。

任务二　葡萄酒的发酵

一、葡萄酒酵母的制备及发酵机制

(一)葡萄酒发酵中的微生物

葡萄酒发酵中最主要的微生物是酵母菌，乳酸菌在发酵中也起一定的作用。葡萄酒的发酵可在不添加外源纯培养酵母的情况下，由天然存在的酵母进行自然发酵而成，也可添加优良的纯培养酵母进行葡萄酒发酵。

1. 酵母

(1)天然酵母　葡萄酒发酵中的天然酵母主要来源于葡萄本身。在加工中，酵母被带到破碎除梗机、果汁分离机、压榨机、发酵罐、贮酒容器、输送管道等设备中，并扩散到葡萄酒厂各处。

从原料葡萄到葡萄酒的整个酿造过程中分离到的酵母，共有 25 个属约 150 个种，几乎遍及酵母的主要属种，直接参与葡萄酒酿造的酵母只是其中的一部分。

(2)纯培养酵母　为了确保正常顺利的发酵，获得质量上乘且稳定一致的葡萄酒产品，往往选择优良葡萄酒酵母菌种培养成酒母添加到发酵醪液中进行发酵。另外，为了达到分解苹果酸、消除残糖、产生香气、生产特种葡萄酒等目的，也可采用有特殊性能的酵母添加到发酵液中进行发酵。

2. 乳酸菌

引起苹果酸-乳酸发酵的乳酸细菌（MLB）分别属于明串珠菌、乳杆菌属、片球菌属和链球菌属，它们都能把存在于葡萄酒中天然的 L-苹果酸转变成 L-乳酸。由于葡萄酒中的 MLB 多为异型乳酸发酵细菌，所以，经苹果酸-乳酸发酵后，葡萄酒中的挥发酸含量都有不同程度的上升。

（二）葡萄酒酒母的制备

葡萄酒酵母的来源不同，其酒母制备的方法亦不相同。

1. 利用自然酵母制备葡萄酒酒母

在葡萄采收的前几天，选取清洁、无病的葡萄果实（约为待发酵体积的 2.5%），经破碎除梗后，分装在 A 和 B 两个容器中。注意，这部分葡萄果实不能压榨，因为酵母菌存在于果皮上。在容器 A 中装入 1/10 的葡萄原料，使之自然发酵或略微加热以便更快地触发酒精发酵。其余的葡萄原料（9/10）装入容器 B 中，并对之进行高浓度的 SO_2 处理（300mg/L）。当容器 A 发酵旺盛时，加入少量的 B 容器中的葡萄原料，原则是所加入的量不影响容器 A 的正常发酵，直到所有葡萄原料都在进行旺盛发酵时，就可作为酵母母液投入生产。

2. 利用人工选择酵母制备葡萄酒酒母

我国所利用的人工选择酵母一般为试管斜面培养的酵母菌。利用这类酵母菌制备葡萄酒酒母需经几次扩大培养。

其工艺流程如图 8-2 所示。

斜面试管菌种→麦芽汁斜面试管培养→液体试管培养→三角瓶培养→玻璃瓶培养→酒母罐培养→酒母

图 8-2　纯种酵母扩大培养工艺流程

3. 利用活性干酵母制备葡萄酒酒母

活性干酵母的使用虽然简单，但也不能直接投入葡萄汁中进行发酵，需要抓住复水活化、适应使用环境（尤其是对特殊用途的酵母）、防止污染这三个关键才能成功。正确的用法有以下两种：

（1）复水活化后直接使用　活性干酵母必须先使它们复水，恢复它们的活力，然后才可直接投入发酵使用。此法较简便，为工厂常用。做法是：往 35～42℃ 的温水（或含糖 5%～10% 的水溶液）中加入 10% 量的活性干酵母，小心混匀，静置使之复水活化，每隔 10min 轻轻搅拌一下，经 20～30min 酵母已经复水活化，可直接添加到加 SO_2 的葡萄汁中进行发酵。

（2）活化后扩大培养制成酒母使用　由于活性干酵母有潜在的发酵活性和生长繁殖能力，为了提高使用效果、减少活性干酵母的用量，也可在复水活化后再进行扩大培养，制成酒母使用。

将复水活化的酵母投入澄清的含 80～100mg/L SO_2 的葡萄汁中培养，扩大比为 5～10；当培养至酵母的对数生长期后，再次扩大 5～10 倍培养。为了防止污染，每次活化后酵母的扩大培养以不超过 3 级为宜。培养条件与一般的葡萄酒酒母相同。

（三）发酵机制

1. 酒精发酵

（1）酒精发酵的化学反应　酒精发酵是相当复杂的生物化学现象，有许多连续的反应和不少中间产物，而且需要一系列酶的作用。其过程包括：糖分子的裂解；丙酮酸的分解；乙醛还原为乙醇，同时伴随着甘油发酵。在酒精发酵过程中，除产生乙醇外，还产生很多其他的副产物。

（2）酒精发酵的主要副产物

①甘油。在葡萄酒中，其含量为6～10g/L。甘油具甜味，可使葡萄酒圆润。

②乙醛。乙醛可由丙酮酸脱羧产生，也可在发酵以外由乙醇氧化而产生。在葡萄酒中，乙醛的含量为20～60mg/L，有时可达300mg/L。

③醋酸。醋酸是构成葡萄酒挥发酸的主要物质，在正常发酵情况下，醋酸在葡萄酒中的含量为0.2～0.3g/L，它是由乙醛经氧化还原作用而形成的。葡萄酒中醋酸含量过高，就会具酸味。

④琥珀酸。在所有的葡萄酒中都存在琥珀酸，但其含量较低，一般为0.6～1.5g/L。

⑤乳酸。在葡萄酒中，其含量一般低于1g/L，主要来源于酒精发酵和苹果酸-乳酸发酵。

⑥高级醇。高级醇在葡萄酒中的含量很低，但它们是构成葡萄酒二类香气的主要物质。在葡萄酒中的高级醇有异丙醇、异戊醇等，主要是由氨基酸形成的。

⑦酯类。葡萄酒中含有有机酸和醇类，而有机酸和醇可以发生酯化反应，生成各种酯类化合物，这些酯类化合物是构成葡萄酒三类香气的主要物质。

此外，在酒精发酵过程中，还产生很多其他副产物，它们都是由酒精发酵的中间产物——丙酮酸所产生的，并具有不同的味感，如具辣味的甲酸，具烟味的延胡索酸，具酸白菜味的丙酸，具榛子味的乙酸酐，具巴旦杏仁味的3-羟丁酮等。

2. 苹果酸-乳酸发酵

苹果酸-乳酸发酵（Malolactic Fermentation，MLF）是在乳酸细菌的作用下将苹果酸分解成乳酸和二氧化碳的过程，这一发酵使新（生）葡萄酒的酸涩、粗糙等特点消失，进而变得柔软。经苹果酸-乳酸发酵后的红葡萄酒，酸度降低，果香、醇香变浓，质量提高。同时苹果酸-乳酸发酵还能增强葡萄酒的生物稳定性。因此，苹果酸-乳酸发酵是名副其实的生物降酸作用。

（1）苹果酸-乳酸发酵对葡萄酒质量的影响

①降酸作用。苹果酸-乳酸发酵是乳酸细菌以L-苹果酸为底物，在苹果酸-乳酸酶催化下转变成L-乳酸和CO_2的过程。二元酸向一元酸的转化使葡萄酒总酸下降，酸涩感降低。

②增加细菌学稳定性。苹果酸-乳酸发酵完成后，经过抑菌、除菌处理，使葡萄酒细菌学稳定性增加，从而可以避免在贮存过程中和装瓶后可能发生的再发酵。

③风味修饰。乳酸细菌能分解酒中的其他成分，生成乙酸、双乙酰、乙偶姻及其他C_4化合物，对酒的风味有修饰作用，并有利于葡萄酒风味复杂性的形成。

④乳酸细菌可能引起的病害　根据底物来源可将乳酸细菌病害分为五类：酒石酸发酵病（或泛浑病）；甘油发酵（可能生成丙烯醛）病（或苦败病）；葡萄酒中糖的乳酸发酵（或乳酸性酸败）病；微量的糖和戊糖的乳酸发酵病；发黏，伴随着苹果酸-乳酸发酵病。

(2)苹果酸-乳酸发酵的控制

①温度。温度常常是葡萄酒苹果酸-乳酸发酵的决定性因素。温度降低5℃就会使苹果酸-乳酸发酵推迟一周结束。葡萄酒的酒度越高,pH值越低,则温度的这一影响就更明星。

②pH值。pH值是控制细菌生长的最基本的因素之一。如果葡萄酒的pH值低于3,则几乎所有的细菌活动都很困难。因此,提高pH值有利于细菌的活动。对葡萄酒用碳酸钙进行轻微的降酸处理,常常有利于苹果酸-乳酸发酵的顺利进行。

③SO_2。对原料的SO_2处理是控制苹果酸-乳酸发酵的必要条件,而且SO_2的用量应足以防止乳酸病害,但又不能成为在酒精发酵结束后苹果酸-乳酸发酵的限制因素。为此,如果需要苹果酸-乳酸发酵,在SO_2的使用上必须做到:对原料的SO_2处理最多不能超过70mg/L;在酒精发酵结束后应绝对避免葡萄酒的SO_2处理。

④苹果酸-乳酸发酵结束时的控制。苹果酸-乳酸发酵的结束,并不会导致生活乳酸菌群体数量的下降。因此,在所有苹果酸消失后,应立即分离出葡萄酒,并在分离的同时加入SO_2(20～50mg/L),以杀死乳酸菌。

二、葡萄酒发酵控制

(一)发酵过程的物理现象

在发酵过程中有如下变化:"帽"的形成和由于CO_2气体释放所引起的发酵基质的膨胀;在发酵基质中温度升高;相对密度降低,最后接近水的相对密度;红葡萄酒颜色变浓;味道发生变化。

1. 温度升高

酒精发酵为放热反应,假设发酵基质的温度为20℃,那么潜在酒度为10%(即含糖量为170g/L)的基质经发酵后的温度将达到44℃左右。但在发酵过程中,由于多种因素的影响(如发酵速度、发酵容器内外的热交换等),很少能达到这一温度值。对于体积较小的发酵容器,升温的平均速度为:每生成1°酒精,温度升高1.3℃左右。

2. 升温对发酵的影响

在发酵过程中,温度过高会带来严重的后果。假设原料的潜在酒度为11.5%,要酿出酒度为13%的葡萄酒(需加糖量1.5%的潜在酒度),原料温度为20℃,则发酵后的温度约为:$20+(11.5+1.5)\times1.3=36.9$(℃)。这一温度太高,多数酵母菌的活动会受到严重影响,从而引起发酵的中止。发酵的中止会使葡萄酒具醋味、挥发酸含量升高、葡萄酒的质量降低。各类葡萄酒酒精发酵的温度范围见表8-2。

表8-2 葡萄酒酒精发酵的温度范围

葡萄酒种类	温度范围(℃)		
	最低	最佳	最高
红葡萄酒	25	26～30	32
白葡萄酒	16	18～20	22
桃红葡萄酒	16	18～20	22
甜型葡萄酒(加强葡萄酒)	18	20～22	25

发酵温度过高,还可带来其他后果,如白葡萄酒芳香浓度降低、葡萄酒上色;红葡萄酒酒

香破坏，具苦涩味或草味等。

3. 相对密度下降

在酒精发酵过程中，随着基质中的糖转化为酒精，相对密度逐渐下降至水的相对密度(1.000)，最后降至0.992～0.996。

(二)温度和相对密度的测定

1. 温度的测定

在发酵过程中测定温度时，最好用固定在一长柄上的温度计，以测定"帽"基部的温度。应避免在取样量筒中测定温度。发酵容器上下部之间的温度可相差4～5℃。

如果可能，最好每天早晨、中午和傍晚各测一次温度，以及时进行升温或降温。

2. 相对密度的测定

可用普通比重计在取样量筒中进行测定。测定相对密度时，应利用同时测得的温度进行校正。

3. 发酵过程记录

在发酵过程中的各种处理记录包括：

(1)原料　品种、体积、清洁状况、相对密度、总酸、品温。

(2)发酵过程　①装罐(开始和结束的时间)；②SO_2处理(浓度、用量和时间)；③加糖(用量、时间)；④倒罐(次数、持续的时间、性质)；⑤温度控制(升温或降温)；⑥出罐(时间，自流酒和压榨酒的体积、相对密度、温度、去向)。

(三)发酵的控制

1. 温度的控制

(1)温度过高(大于30℃)

①直接降温：

a. 喷淋冷却。将葡萄酒通入蛇形管中，用喷淋的方式进行冷却。如果发酵容器为金属容器，也可直接对发酵容器进行喷淋冷却。

b. 利用换热器冷却。利用冷水进行冷却，可以将换热器置于发酵容器内("帽"以下)，对发酵汁进行冷却。如果进行罐外冷却，则可利用板式换热器或双管换热器，冷水和发酵汁的流动方向相反。这样可以将发酵汁的温度降至低于冷却水2～3℃的水平上。

c. 不锈钢发酵罐冷却。可用喷淋冷却，也可用冷水通入全部或部分为两层的罐壁的夹层中进行冷却。在使用以上方式时，如果先将冷却水降温，则可提高降温效果。

d. 用冰进行冷却。将冰块装入塑料袋中，然后浸入发酵罐内进行冷却。

②间接降温：主要是通过推迟发酵来控制温度，如高浓度SO_2(0.30g/L)处理、加入酒精以及对葡萄汁进行离心处理等。但这些方式较难掌握，使用不当会带来严重后果。

(2)温度过低　在一些地区或较冷的年份，葡萄原料的品温只有10～12℃，在这种条件下，酵母菌的活动受到抑制。因此，必须进行升温处理才能使酒精发酵触发。

①直接升温。在设备中通入热水；将小部分发酵基质加热(应低于80℃)后再倒入发酵罐内，使罐内发酵基质的温度达到17～18℃，以利于酵母菌的活动。

②间接升温。为了加速发酵的触发，一方面减少SO_2的用量，另一方面可大量加入活力旺盛的酵母菌。

2. 倒罐

倒罐就是将发酵罐底部的葡萄汁泵送至发酵罐上部。倒罐的作用有：使发酵基质混合均匀；压帽，防止皮渣干燥，促进液相和固相之间的物质交换；使发酵基质通风，提供氧，有利于酵母菌的活动，并可避免 SO_2 还原为 H_2S。

一般情况下，在发酵过程中进行 3～4 次倒罐。第一次为封闭式倒罐，在 SO_2 处理后马上进行，倒罐量可为 1/5，以便发酵基质充分混合；第二次为开放式倒罐，在添加酵母时进行，倒罐量可为 1/20；在发酵顺利触发以后，再进行一次开放式倒罐，倒罐量可为 1/5，以使酵母菌均匀地分布在整个发酵罐内；最后，可根据发酵的进展情况进行一次倒罐（例如，如果发酵进行缓慢，可进行一次开放式倒罐，以加速发酵）。

三、红葡萄酒的生产工艺

红葡萄酒的酿造，是将红葡萄原料破碎后，使皮渣和葡萄汁混合发酵。在红葡萄酒的发酵过程中，将葡萄糖转化为酒精的发酵过程和固体物质的浸取过程同时进行。通过红葡萄酒的发酵过程，将红葡萄果浆变成红葡萄酒，并将葡萄果粒中的有机酸、维生素、微量元素及单宁、色素等多酚类化合物转移到葡萄原酒中。红葡萄原酒经过贮藏、澄清处理和稳定处理，即成为精美的红葡萄酒。

1. 红葡萄酒的生产工艺流程（图 8-3）

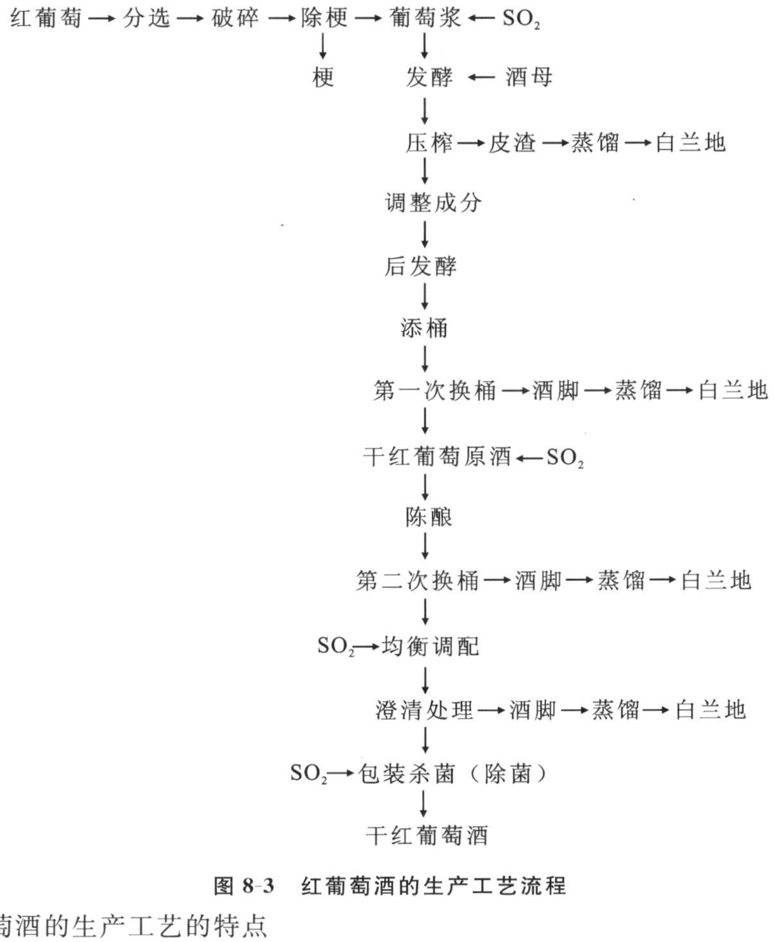

图 8-3　红葡萄酒的生产工艺流程

2. 红葡萄酒的生产工艺的特点

红葡萄酒的生产工艺有以下特点：

(1)有的酿酒工艺中，酒精发酵和色素、香味成分的浸提同时进行，有的则分别进行。

(2)为有效进行浸提作用，发酵温度要高于白葡萄酒的发酵温度；在发酵过程中要靠外界机械动力使果汁循环。

(3)由于发酵醪中有较多的单宁等酚类化合物，具有一定的抗氧化能力，故对酒的隔氧抗氧化措施要求不严格。甜红葡萄酒甚至要有轻度氧化，以获得浓馥的酒香和协调、醇厚的酒体。

(4)名贵的高档红葡萄酒一般要诱导苹果酸-乳酸发酵。

(5)发酵方法可分为果汁和皮渣共同发酵(如传统法、旋转罐法、CO_2浸渍法和连续发酵法)及纯汁发酵(如热浸提法)。

(6)发酵方式可分为开放式发酵和密闭式发酵两类，我国传统的红葡萄酒大多采用开放式发酵。近年来，红葡萄酒的新生产方法大都是密闭式发酵。

3. 红葡萄酒的传统发酵法

此法普遍应用于中小型企业和老企业。葡萄破碎后，酒精发酵、色素和香气成分浸提同时在果汁、皮渣中进行。待残糖降至5g/L以下时，压榨分离皮渣，进行后发酵。

(1)前发酵　前发酵容器多为开放式水泥池，近年来已逐渐被新型不锈钢发酵罐所取代。葡萄破碎后送入敞口发酵池，填充系数控制为80%，温度控制在25～30℃进行前发酵，直至残糖降至5g/L以下，一般需要4～6d。在前发酵期间，要将浮在葡萄汁表面的很厚的葡萄皮(称为“皮盖”或“酒盖”)压入葡萄酒醪中，并要使葡萄汁循环。在前发酵阶段，酵母对糖进行酒精发酵，降解了大部分的糖类，并完成了对色素和芳香物质的浸提。前发酵是决定葡萄酒质量的关键工艺阶段之一。

(2)压榨　出池时先将自流原酒由排汁口放出，放净后打开入孔清理皮渣并进行压榨，得压榨原酒。压榨设备常用的有卧式双压板压榨机、筐式螺旋压榨机、气囊压榨机、连续压榨机等。压榨所得的压榨原酒与自流原酒的成分差异较大，若酿制高档名贵葡萄酒，应分别贮存。

(3)后发酵　原酒进入后发酵容器后，补加SO_2 30～50mg/L，温度控制在18～25℃，进行后发酵。后发酵的原酒应避免与空气接触，即要进行隔氧发酵，并要加强卫生管理。正常后发酵时间为3～5d，但也可持续1个月左右。后发酵的目的是使残糖继续发酵、澄清和陈酿酒液。另外，有些红葡萄酒在压榨分离后诱发苹果酸-乳酸发酵，对改善口味有很大的好处。

4. 旋转罐法生产红葡萄酒

旋转罐法是采用可旋转的密闭发酵容器进行色素、香气成分的浸提和葡萄浆的酒精发酵。旋转发酵罐是当前比较先进的一种红葡萄酒发酵设备。利用罐的旋转，能有效地浸提葡萄皮中含有的单宁和花色素。由于在罐内密闭发酵，发酵时产生的CO_2使罐内保持一定的压力，起到了防止氧化的作用，同时减少了酒精及芳香物质的挥发。罐内装有冷却管，可以控制发酵温度，不仅能提高质量，还能缩短发酵时间。

(1)Seitz型旋转发酵罐生产工艺流程和说明　生产工艺流程如图8-4所示。葡萄破碎之后输入罐中，在罐中进行密闭、控温、隔氧，并在保持一定压力的条件下，浸提葡萄皮上的色素物质和芳香物质，当色素物质含量不再增加时，即压榨分离皮渣，将果汁输入另外的发酵罐中进行纯汁发酵。旋转罐转动方式正反交替，每次旋转 5min，转速 5r/min，间隔 25min。最佳浸提温度为 26～28℃，浸提时间依葡萄品种的不同而异，如玫瑰香为 30h，佳利酿等需 24h，以葡萄浆中花色素的含量不再增加作为排罐的依据。

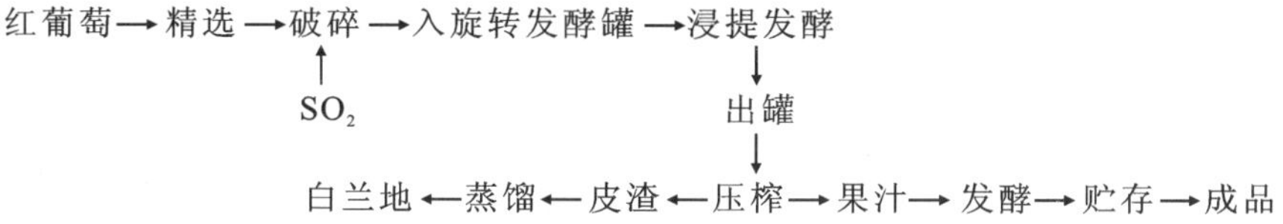

图 8-4　Seitz 型旋转罐生产红葡萄酒工艺流程

(2) Vaslin 型旋转发酵罐生产工艺和说明　葡萄破碎后输入罐中，在罐中进行色素物质和香气成分的浸提，同时进行酒精发酵，发酵温度为 18～25℃，当残糖降至 5g/L 时排罐压榨。发酵过程中，旋转罐每天旋转若干次，转速为 2～3r/min，转动方向、时间、间隔可自行调节。

5. CO_2 浸渍法生产红葡萄酒

CO_2 浸渍法（简称 CM 法）酿制红葡萄酒，是把整粒葡萄放到充满 CO_2 的密闭罐中进行浸渍，然后破碎、压榨，再按一般方法进行酒精发酵。CO_2 浸渍法不仅用于红葡萄酒的酿造，还用于桃红葡萄酒和一些原料酸度较高的白葡萄酒的酿造。

(1) CO_2 浸渍过程的生物化学变化　CO_2 浸渍的过程，其实质是葡萄果粒厌氧代谢的过程。浸渍时果粒内部发生了一系列生化变化，如乙醇和香味物质的生成、琥珀酸的生成、苹果酸的分解、蛋白质的分解，以及酚类化合物（色素、单宁等）的浸提等。浸渍过程中，一方面果粒受 CO_2 的作用进行厌氧代谢，另一方面葡萄汁在酵母的作用下进行了发酵作用。

(2) CO_2 浸渍法工艺说明　葡萄进厂称重后，将整粒葡萄置于预先充满 CO_2 的罐中，在放葡萄过程中继续充 CO_2，使其达到饱和状态。酿制红葡萄酒时，浸渍温度为 25℃，时间为 3～7d；酿制白葡萄酒时，浸渍温度为 20～25℃，时间为 24～28h。浸渍后进行压榨，所得葡萄汁加入 SO_2 50～100mg/L 后进行纯汁发酵。

6. 热浸提法生产红葡萄酒

此法通过加热果浆，充分提取果皮和果肉中的色素和香味物质，然后压榨分离皮渣，纯汁进行酒精发酵。热浸提法分为全果浆加热（全部果浆都经过热处理）、部分果浆加热（分离出一部分“冷汁”，40%～60%）和整粒加热三种方式。加热的工艺条件有两种：一是低温长时间（40～60℃，0.5～24h），另一种是高温短时间（60～80℃，50～30min）。

四、白葡萄酒的生产工艺

白葡萄酒选用白葡萄或红皮白肉葡萄为原料，经果汁分离、果汁澄清、控温发酵、贮存陈酿及后加工处理而成。按含糖量的多少，白葡萄酒可分为干白、半干白、半甜白、甜白葡萄酒。白葡萄酒酿造工艺的特点为：皮汁分离、果汁澄清、低温发酵、防止氧化。

1. 皮汁分离

白葡萄酒与红葡萄酒前加工工艺不同。白葡萄酒是原料葡萄经破碎（压榨）或皮汁分离，汁单独进行发酵。皮汁分离是酿造白葡萄酒的重要工序。自流汁和压榨汁的质量不同，应分别存放，作不同用途。

皮汁分离后需立即进行 SO_2 处理，每 100kg 葡萄加入 10～15g 偏重亚硫酸钾（相当于

50～75mg/kg SO_2)，以防果汁氧化。破碎后的葡萄浆应立即压榨分离出果汁，皮渣单独发酵蒸馏得白兰地。

2. 果汁澄清

葡萄汁澄清处理是酿造高级干白葡萄酒的关键工序之一。自流汁或经压榨的葡萄汁中含有果胶质、果肉等杂质而浑浊不清，应尽量将之减少到最低含量，以避免杂质发酵给酒带来异杂味。葡萄汁的澄清可采用 SO_2 低温静置澄清法、果胶酶澄清法、皂土澄清法和高速离心分离澄清法等几种方法。

3. 低温发酵

葡萄汁经澄清后，根据具体情况决定是否进行改良处理，之后再进行发酵。

白葡萄酒发酵多采用添加人工培育的优良酵母(或活性酵母)进行低温密闭发酵。低温发酵有利于保存葡萄中原果香的挥发性化合物和芳香物质。发酵分主发酵和后发酵两个阶段。主发酵温度一般控制在16～22℃，发酵期为15d左右。主发酵后残糖降低至5g/L以下，即可转入后发酵。后发酵温度一般控制在15℃以下，发酵期约1个月。在缓慢的后发酵中，葡萄酒香和味的形成更为完善，残糖继续下降至2g/L以下。

目前常采用的白葡萄酒发酵设备是密闭夹套冷却的钢罐，它发酵时降温比较方便。也有采用密闭外冷却后再回到发酵罐发酵的。此外还有采用其他方式冷却发酵液的。

4. 防止氧化

白葡萄酒中含有多种酚类化合物，在与空气接触时，很容易被氧化，生成棕色聚合物，使白葡萄酒的颜色变深，酒的新鲜感减少，甚至造成酒的氧化味，从而引起白葡萄酒外观和风味上的不良变化。

白葡萄酒的氧化现象存在于生产过程的每一个工序，如何掌握和控制氧化是十分重要的。

五、桃红葡萄酒的生产工艺

桃红葡萄酒是近年来国际上新发展起来的葡萄酒类型，其色泽和风味介于红葡萄酒和白葡萄酒之间，大多是干型、半干型或半甜型酒。桃红葡萄酒可通过色泽来定义。它的生产工艺既不同于红葡萄酒又不同于白葡萄酒，确切地说，是介于果渣浸提与无浸提之间。

目前桃红葡萄酒的生产方法有以下五种：①桃红色葡萄带皮发酵法；②红葡萄与白葡萄混合带皮发酵法；③冷浸法；④CO_2 浸渍法；⑤直接调配法。

任务三　葡萄酒的后处理

一、葡萄酒的贮存

由新鲜葡萄汁(浆)经发酵而制得的葡萄酒称为原酒。原酒不具备商品酒的质量水平，还需要经过一定时间的贮存(或称陈酿)和适当的工艺处理，使酒质逐渐完善，最后达到商品葡萄酒应有的品质。

(一)贮存的目的

1. 促进酒液的澄清和提高酒的稳定性

在发酵结束后，酒中尚存在一些不稳定的物质，如过剩的酒石酸盐、单宁、蛋白质和一些胶体物质，还带有少量的酵母及其他微生物，影响葡萄酒的澄清，并危害葡萄酒的稳定性。在贮存过程中，由于葡萄原酒中的物理、化学及生物学的特性均发生变化，蛋白质、单宁、酒石酸、酵母等沉淀析出，结合添桶、换桶、下胶、过滤等工艺操作达到澄清。

2. 促进酒的成熟

新葡萄酒由于各种变化尚未达到平衡、协调，酒体显得单调、生硬、粗糙、淡薄，经过一段时间的贮存，使幼龄酒中的各种风味物质（特别是单宁）之间达到和谐、平衡，酒体变得和谐、柔顺、细腻、醇厚，并表现出各种酒的典型风格，这就是葡萄酒的成熟。

（二）贮存条件

葡萄酒的贮存温度通常在15℃左右，因酒而异。一般干白葡萄酒的酒窖温度为8～11℃，干红葡萄酒的酒窖温度为12～15℃，新干白葡萄酒及酒龄在2年以上的老干红葡萄酒的酒窖温度为10～15℃，浓甜葡萄酒的酒窖温度为16～18℃。贮存湿度，以相对湿度85%为宜。贮存环境应空气清新，不积存CO_2，故须经常通风，通风操作宜在清晨进行。

每种葡萄酒都有合理的贮存期，一般白葡萄酒为1～3年；干白葡萄酒则更短，为6～10个月；红葡萄酒由于酒精含量较高，同时单宁和色素物质含量也较多，色泽较深，适合较长时间的贮存，一般为2～4年。有些生产工艺不同的特色酒，更适宜长期贮存，一般为5～10年。

（三）贮存中的管理

1. 隔绝空气、防止氧化

（1）罐内充惰性气体　在酒进入贮罐前，先在罐内充CO_2或N_2，将罐中的空气赶走；进酒结束后，用CO_2或N_2封罐，使罐压保持在0.01～0.02MPa。

（2）补加SO_2　发酵结束后葡萄酒进行贮存时，原来添加的SO_2大多已呈结合状态，而只有游离的SO_2才能起到各种应有的作用，故应适量补加，以达到防氧化、防腐和保持葡萄酒香味的目的。

2. 满桶

为了防止葡萄酒氧化和被外界的细菌污染，必须随时保持贮酒桶内的葡萄酒装满。而由于气温、蒸发等原因，桶中会出现酒液不满现象，故须添加同质同量的酒液，这一操作称为满桶，也称添桶。添桶的时间及次数以实际情况和效果而定。

3. 换桶

换桶是将酒从一个容器换入另一个容器，同时采取各种措施以保证酒液以最佳方式与其沉淀分离的操作。换桶绝非简单的转移，而是一种沉析过程，分离出来的沉渣称为酒泥（或酒脚）。换桶的目的是：

（1）调整酒内溶解氧的含量，逸出饱和的CO_2。

（2）分离酒脚，使桶（池）中澄清的酒和底部酵母、酒石等沉淀物质分离。

（3）调整SO_2的含量。SO_2的补加量视酒龄、成分、氧化程度、病害状况等因素而定，但一般不超过100mg/L。

换桶的次数，因酒的质量和酒龄及品种等因素而异。一般干红葡萄酒在发酵结束后8～10天进行第一次换桶，去除大部分酒脚。再经1～2个月，即当年的11～12月，进行第二次开放式换桶，使酒接触空气，以利于成熟。再过约3个月，即翌年春天，进行第三次密闭式的换桶，以免氧化过度。干白葡萄酒的换桶必须采用密闭的方式，以防止氧化、保持酒的原有果香。国外大部分佐餐酒在第一次换桶后即散装销售。

二、葡萄酒的澄清

若葡萄酒的贮存期很长，在出桶前已很澄清，则不必下胶；但一般酒均应在调配前于贮桶中进行下胶处理。下胶的材料有两大类：有机物如明胶、蛋清、鱼胶、干酪素、单宁、橡木锯屑、聚乙烯聚吡咯烷酮(PVPP)等；无机物如皂土、硅藻土等。较为常用的澄清方法为明胶-单宁法和皂土法。

(一)明胶-单宁法

1. 明胶及单宁的用量

干白葡萄酒的明胶添加量为1～10g/100L；单宁用量为明胶的30%～100%。单宁含量很高的红葡萄酒，单宁添加量为明胶的0～50%。

2. 下胶操作

按试验确定添加量，先将单宁溶解在少量葡萄酒中，用捣池的方法在半小时内加入酒池中。静置24h后，再将明胶用冷水浸泡12h，倒去冷水，加入一定量清水，在70～80℃下充分搅匀、溶化，加入酒池中。可用捣池、倒池的方式，将明胶溶液以流线状加入酒中；也可使用特殊的下胶泵，将需要处理的葡萄酒与明胶溶液混合；或使用装有搅拌器的混合槽进行混匀。经下胶后的葡萄酒，应静置约7d，再去除酒脚。

3. 影响下胶效果的因素

(1)温度。下胶宜在冬末春初、天气较冷时进行。

(2)必须先加单宁、后加明胶，否则沉淀不完全。

(3)若酒的酸度较高，会使酒中蛋白质的残留量增加，形成“下胶过量”的假象。

(4)富含树胶质及多缩己糖的酒，不易下胶澄清。在下胶前先进行过滤，或添加少量具有较强吸附力的硅藻土或皂土，以改善澄清状况。

(5)三价铁离子和铝离子及钠、钙、镁盐均对胶体的凝集有促进作用，所以在下胶前经通风的白葡萄酒，下胶后澄清较快、较完全，因为酒中的二价铁盐转化成了三价铁盐。

(6)凡污染了产CO_2的有害微生物的酒，会影响下胶效果，故可视污染程度，先往酒中加入50～100g/L的SO_2，以阻止细菌作用，然后再下胶。下胶后，立即进行严格的过滤。

(二)皂土法

烟台张裕酿酒公司使用皂土法澄清红葡萄酒，效果良好。皂土分两次添加：在调配前添加0.03%，调配后，在冷冻桶中再加0.01%，并进行一定时间的连续搅拌，促使酒石析出。

(三)添加橡木锯屑

有的国家将葡萄酒通过用酒精水溶液处理过的橡木锯屑吸附剂，并加热，以提高葡萄酒的澄清效果。吸附剂再生后可重复使用。

三、葡萄酒的调配

(一)准备工作

1. 选择原酒

为使各批产品的质量在色、香、味、格、卫(卫生)等方面尽量一致，须在调配前对原酒进行感官检验、理化分析及破败病的检查，再按原酒的质量状况分类使用。

2. 制定方案

按每种产品的标准、原酒质量及库存状况制订几个调配方案，并进行小样调配、品评及理化分析，选出符合产品质量要求的 1～2 个方案。

3. 配料准备

配料主要指食用酒精或白兰地、砂糖或糖浆、糖色、柠檬酸及调配用水等。

(1)食用酒精　每个国家根据本国的生产水平及生活质量，大多制订了食用酒精的标准。食用级酒精在用于葡萄酒的调配前，仍须进行必要的脱臭处理，以免酒精中的异味直接影响葡萄酒的风格。

(2)糖浆制备　将砂糖调制成糖浆是为了使其加速转化为葡萄糖和果糖。制糖浆的砂糖，须符合甲级标准。具体操作如下：在双层不锈钢化糖锅内先加入 20L 蒸馏水或软化水，再加入 100kg 白砂糖，立即搅拌并在夹层内通蒸汽加热至沸后，加入 20～30g 柠檬酸，继续加热 10min，使糖全部熔化。然后，加入 20L 蒸馏水或软化水煮沸后，定容至 100L，即每升糖浆中含糖 1kg。

(3)糖色制法　在炒糖色锅中加入蒸馏水或软化水 15kg、白砂糖 100kg。加热并不断地搅拌，以防焦化。待糖液全部沸腾后，加入 25g 柠檬酸。当品温达到 165～175℃时(不得高于 180℃)保温 2～2.5h。炒至糖液用搅拌板能拉成丝、于日光下呈紫红色糖丝时，即达到标准。再缓慢添加 80℃以上的蒸馏水或软化水，即可封火出锅。按上述操作，可炒出糖色液约 90L。

(4)配酒用水　用于制作糖浆或调配非全汁葡萄酒的水须为即制蒸馏水或即制离子交换软化水。

(二)物料用量计算

根据产品的质量标准，准确计算出食用酒精或原白兰地、糖、柠檬酸的用量以及加水量。

(三)调配操作

操作要点为：

(1)车间工人检查各种原酒合格后，按技术部门下达的配方，由专人进行物料用量计算，并将计算结果交技术部门复核后，备好各种物料。

(2)先将原酒泵入配酒桶，再加入其他物料。若调配红葡萄酒需要调色，则可添加适量调色葡萄酒或糖色。混合后充分搅拌均匀。

(3)调配好的酒，取样送质检部门作理化分析及感官检验，证明合格后进行下一道工序。

四、葡萄酒的热处理、冷处理及过滤

热处理和冷处理均有助于提高葡萄酒的风味，并能提高其生物和非生物稳定性。通常采用先热处理再冷处理的工艺，效果较好。

(一)热处理

通常在密闭容器内，将葡萄酒间接加热至 67℃，保持 10min；或加热到 70℃，保持 15min。有人认为，无论是干型葡萄酒还是甜型葡萄酒，均以 50～55℃热处理 25d 的效果最为理想；也有人试验证明，甜红葡萄酒的热处理温度以 55℃为最好。

(二)冷处理

1. 温度

冷至高于葡萄酒冰点 0.5～1℃，效果最好。葡萄酒的冰点与酒度和浸出物含量等有关，可根据试验数据查找出相对应的冰点。

2. 时间

通常在−7～−4℃下冷处理 5～6d，效果较好。

3. 注意事项

(1)应快速冷却。

(2)添加酒石晶种(酒石酸氢钾，其用量为 0.05g/L)，可加速结晶析出。

(3)在冷处理过程中，为防止酒中的溶解氧浓度增高，可在酒中溶入 CO_2 起保护作用。

冷处理对高档葡萄酒或桶贮期短又须在瓶内长期存放的酒是完全必要的。

(三)过滤

葡萄酒的过滤有粗滤和精滤之分，通常须在不同阶段进行如下三次过滤。

(1)第一次过滤　在下胶澄清或调配后，采用硅藻土过滤机进行粗滤。

(2)第二次过滤　葡萄酒经冷处理后，在低温下趁冷利用硅藻土过滤机过滤。在购买硅藻土时，一定要注意其不同的质量指标。

(3)第三次过滤　采用纸板过滤或超滤膜过滤。这是精滤，通常在葡萄酒装瓶前进行。

五、葡萄酒的其他后处理措施

其他的后处理方法还有很多，但基本原理不外乎物理的、化学的(无机化学及物理化学等)作用，各厂可根据产品的档次、品种及质量状况选择应用。

1. 葡萄酒离子交换处理

可去除葡萄酒中含量超标的 Fe^{2+}、Cu^{2+}、Ca^{2+}、Mg^{2+}、Pb^{2+}、H^{+} 等。各厂可根据产品要求选用相应的离子交换树脂。

2. 离心澄清

静酒可采用鼓式或自动出渣式离心机处理；起泡葡萄酒可用全封闭式离心机处理。离心机的转速通常为 4000～5000r/min；现代新型离心机的转速为 10000r/min 或更高。

3. 使用添加剂

为了保证产品的稳定性和澄清度，有的厂在酒中添加维生素 C、偏酒石酸、消旋酒石酸、阿拉伯树胶等制剂。使用的添加剂要符合国家标准。

有的国家对色泽过深或有异味的酒允许脱色、脱臭。如法国允许对色泽深的白葡萄酒进行脱色；德国允许对呈霉味或怪味等异味的葡萄汁和葡萄进行脱臭。常用的脱色、脱臭剂为食用级活性炭，其质量必须保证不影响葡萄酒的基本成分，不能有脱酸作用；用量可通过小试验确定。添加活性炭后，活性炭在酒中的悬浮时间较长，脱色、脱臭效果良好。应经常搅拌，以免活性炭粉末过早地沉淀。经 1～2 次脱色、脱臭后，再下胶、过滤，不能有微量的活性炭留在酒中。有的国家对马德拉化的酒用干酪素脱色。为了去掉酒中的花色苷，有的国家在葡萄酒过滤前添加少量的 PVPP。

4. 包装、杀菌

葡萄酒常以瓶装(玻璃瓶装、塑料瓶装、水晶瓶装)，国外还有采用复合膜袋装干、半干葡萄酒的。瓶塞有软木塞(一般用于高级葡萄酒和高级起泡葡萄酒的封口)、蘑菇塞(一般用于白兰地等酒的封口,用塑料或软木制成)和塑料塞(一般用于起泡葡萄酒的封口)三类。

有的酒酒度不高,如酒精体积分数为 10%~12%的甜葡萄酒,通常在装瓶后进行加热杀菌;也可采用无菌过滤后装瓶或加热杀菌后趁热灌装。可使用薄板热交换器,将酒液加热至 68~70℃,保持 2~3min。酒液温度不得超过 72℃,因为酒精的沸点是 78.3℃。

酒度在 16%以上、糖度又不太高(如 8%~16%)的葡萄酒,一般不必加热杀菌。

5. 瓶贮

瓶贮是指葡萄酒装瓶后至出厂的一段过程。它能使葡萄酒在瓶内进行陈酿,达到最佳的风味。葡萄酒在瓶中陈酿是在无氧状态(即还原状态)下进行的,因此瓶塞必须塞紧,不得漏气。

瓶贮期因葡萄酒的品种、酒质要求不同而异,至少 4~6 个月,有些高档酒的瓶贮期要求达 1~2 年。

项目小结

葡萄酒是以新鲜葡萄或葡萄汁为原料,经发酵酿造而成的一种低酒精度饮料酒。葡萄酒中含有乙醇、甘油、高级醇、有机酸、氨基酸、芳香物质、色素等各种有机和无机物质,风味鲜美,不仅是营养丰富的饮料,而且在适量饮用的条件下,还能防治各种疾病,增强体质。葡萄酒的类型很多,按酒的颜色分为红葡萄酒、白葡萄酒、桃红葡萄酒;按含糖多少分为干葡萄酒、半干葡萄酒、半甜葡萄酒和甜葡萄酒。

葡萄的品种及葡萄浆果的成熟度决定着葡萄酒的质量和种类。酿造红葡萄酒的品种有法国蓝、佳利酿、玫瑰香、赤霞珠、品丽珠等;酿造白葡萄酒的品种有龙眼、贵人香、雷司令、长相思等。根据葡萄成熟度的不同,可进行相应含糖量、酸度的改良。调整后,就可进行葡萄酒的发酵、酿造过程。

葡萄酒酿造主要是葡萄酒酵母发酵,其来源主要有天然葡萄酒酵母、优良葡萄酒酵母的选育和酵母菌株的改良,以及利用现代生物技术制备的活性干酵母的应用。葡萄酒酵母发酵的同时,伴随着苹果酸-乳酸发酵,对于红葡萄酒的酿造是有特别意义的。

红葡萄酒酿造一般采用带皮发酵,整个工艺过程包括主发酵、皮渣分离、后发酵、换桶、贮存、后处理等。除传统工艺外,现代的旋转罐法、CO_2 浸渍法、热浸渍法等均有运用。白葡萄酒及桃红葡萄酒的酿造与红葡萄酒的酿造是有一些区别的。

新葡萄酒需要贮藏一段时间才能稳定成熟,贮酒条件要求温度、湿度、通风、卫生等均达到规定要求。贮酒过程包括添桶、换桶、使用 SO_2 等,常采用下胶、过滤、冷热处理等方法进行澄清,然后进行调配、包装、杀菌、瓶贮,最终才能上市销售。

问题探究

1. 喝红葡萄酒有什么好处?
2. 红葡萄酒、白葡萄酒对原料分别有哪些要求?分别有哪些合适的品种?
3. 假若葡萄浆果的成熟度不够,生产葡萄酒时如何对原料进行改良?

4. SO_2 处理在葡萄酒酿造中的意义有哪些？

5. 苹果酸-乳酸发酵的意义是什么？如何控制？

6. 影响葡萄酒发酵的因素有哪些？

7. 干红和干白葡萄酒的酿造工艺有何不同？

8. 对葡萄酒进行澄清和稳定处理的方法各有哪些？

实训　红葡萄酒的酿造

一、实训目的

通过实验，能够进行红葡萄酒酿造中相关参数的检测及浸渍程度的控制，能够完成红葡萄酒酿造的整个操作过程，制备出红葡萄酒。

二、实训原理

在葡萄酵母的作用下，葡萄中的葡萄糖发酵生成酒精及 CO_2，同时产生甘油、乙醛、乙酸、乳酸和高级醇等副产物。红葡萄酒是带皮发酵，葡萄中的色素、多酚物质等溶入其中，再经陈酿、澄清过程中的酯化、氧化沉淀等作用，赋予红葡萄酒特殊的风味。

三、实训器材与试剂

材料与试剂：红色酿酒葡萄，$KHCO_3$，明胶，偏重亚硫酸钾，白砂糖，活性葡萄干酵母，酒石酸，鸡蛋，果胶酶。

仪器与器皿：糖度计，温度计，pH 值计，压帽柄，发酵罐（或玻璃发酵瓶），恒温培养箱，贮酒瓶等。

四、实训步骤

1. 成熟度控制：含糖量大于或等于 170g/L，剔除生青、腐烂的果实。

2. 手工去梗、轻微破碎。

3. 装瓶：装量不超过瓶容的 75%，同时按葡萄量加入 50～80mg/L 的 SO_2 搅匀。操作时，加入 10%偏重亚硫酸钾溶液，添加量为每升葡萄含有 0.1～0.15g 偏重亚硫酸钾，并加入 20mg/L 果胶酶（或按说明书操作）。取汁测糖度、酸度、相对密度、温度。

4. 浸渍发酵：取活化后的活性葡萄干酵母（按说明书操作）加入瓶内发酵，当有帽形成时加糖。按 18g/L 生成 1%酒精度加糖至生成 12%酒精度（V/V）。每天测 3 次相对密度、温度，并定期用压帽柄压"帽"，用恒温培养箱控温至 26～30℃。

5. 当相对密度降至 1.010～1.020 时（需 3～5d），出酒，同时压榨进行皮渣分离，混合，控温 18～20℃，继续发酵。

6. 当残糖低于 2g/L 时，酒精发酵结束，用 $KHCO_3$ 调整 pH 值至大于或等于 3.2，触发苹果酸-乳酸发酵，温度控制在 18～25℃，发酵 5～10d。每天监测各参数，做好记录。当相对密度降至 0.993～0.998 时，停止发酵。

7. 贮藏：满瓶，调整游离 SO_2 为 20～30mg/L。

8. 下胶与过滤：自然澄清半年（实验 20d）后，用明胶、蛋清下胶，通过下胶实验确定用量，然后用澄清板过滤。

9. 稳定性试验：检查酒的氧化、铁、铜、色素、微生物稳定性，若不稳定需要进行相应的处理。

10. 装瓶：将酒冷至其冰点以上 0.5℃左右，在相同温度条件下进行澄清、除菌过滤，并加入 5～10g/L SO_2，打塞，卧放贮存。

五、思考与练习

1. 如何确定红葡萄酒的皮渣分离时间？
2. 制定红葡萄酒的生产工艺流程，并详述操作规范。

六、实训报告

根据红葡萄酒酿造的工艺流程和实际操作完成实训报告。

项目九　黄酒发酵技术

知识目标

1. 知道黄酒的分类及基本特点。
2. 知道各种黄酒对原料的要求及其特点。
3. 能陈述几类主要黄酒的酿造工艺及操作要点。
4. 能陈述黄酒发酵过程中的理化变化及黄酒发酵后处理的方法。

技能目标

1. 能够完成黄酒酿造各个操作环节并进行工艺控制。
2. 会操作黄酒酿造中常见的设备。
3. 能够进行黄酒质量的基本检验与鉴定（包括理化、感官、微生物检验）。
4. 会运用相关知识解决黄酒酿造过程中的质量问题，会进行成本分析。
5. 能够制定黄酒酿造的操作规范、整理改进措施。
6.能够熟练查阅相关国家标准。

思政目标

通过介绍中国的“第五大发明”——酒曲的制备，鼓励学生传承和发扬优秀中华文明，增强民族自豪感和民族自信心。

背景资料

黄酒是我国特有的传统酿造酒，在世界三大酿造酒(黄酒、葡萄酒和啤酒)中占有重要的一席之地，酿酒技术独树一帜，是东方酿造界的典型代表和楷模。黄酒是以稻米、黍米、黑米、玉米、小麦等为主要原料，经过蒸料，拌以麦曲、米曲或酒药，进行糖化和发酵酿制而成的发酵原酒。黄酒没有经过蒸馏，酒精含量低于20%。黄酒中含有糖、氨基酸、维生素及多种浸出物，营养价值高。由于它的色泽多呈金黄色、黄褐色、棕黄色，故称“黄酒”；多数成品黄酒用煎煮法灭菌后用陶坛盛装封口，酒液在陶坛中越陈越香，故又称为老酒。

一、黄酒的发展概况

黄酒起源于大概6000年前的新石器时期，当时剩余的粮食堆积在潮湿的山洞里或地窖中发霉、发芽，霉变的粮食浸在水里，经过天然发酵成酒，这便是天然粮食酒。饮之，芬芳甘冽。这一阶段为自然发酵黄酒。又经历上千年的摸索，人们逐渐掌握了酿酒的一些技术，开始有意识地发酵黄酒。黄酒的传统酿造工艺是一门综合性技术，根据现代学科分类，它涉及食品学、营养学、化学和微生物学等多种学科知识。我们的祖先在几千年漫长的实践中逐步积累经验，不断完善，使之形成了极为纯熟的工艺技术。

中国传统酿造黄酒的主要工艺流程为：

浸米→蒸饭→晾饭→落缸发酵→开耙→坛发酵→煎酒→包装

直至近年来，黄酒的生产技术有了很大的提高，新原料、新菌种、新技术和新设备的融入为传统工艺的改革、新产品的开发创造了机遇，产品不断创新，酒质不断提高，呈现出多样化发展的趋势。

(1)原料多样化　除糯米黄酒外，还开发了粳米黄酒、籼米黄酒、黑米黄酒、高粱黄酒、荞麦黄酒、薯干黄酒、青稞黄酒等。

(2)酒曲纯种化　运用高科技手段，从传统酒药中分离出优良纯菌种，达到用曲少、出酒率高的效果。

(3)工艺科学化　采用自流供水、蒸汽供热、红外线消毒、流水线作业等科学工艺生产，酒质好，效率高。

(4)生产机械化　蒸饭、拌曲、压榨、过液、煎酒、灌装均采用机械完成，机械代替了传统的手工作业，减小了劳动强度，提高了产量和效益。

(5)品种多样化　随着人们生活水平的不断提高，不同消费人群有着不同的消费需求，因此黄酒市场也开发了多个品种，如低糖型黄酒、保健型黄酒等。

二、黄酒的分类

黄酒是以粮食为原料，经过酒药、酒曲或浆水中不同种类的霉菌、酵母、细菌等的共同作用而形成的一种低度酒。经过数千年的发展，黄酒家族的成员不断扩大，品种琳琅满目。

(一)按黄酒的含糖量划分

(1)干黄酒　总糖含量小于或等于15g/L。“干”表示酒中的含糖量少，糖分都发酵变成了酒精，故酒中的糖分含量最低。在绍兴地区，干黄酒的代表是“元红酒”。

(2)半干黄酒　总糖含量为15.1～40.0g/L。“半干”表示酒中的糖分未全部发酵成酒精，还保留了一些糖分。我国大多数出口酒均属此种类型。半干黄酒的代表是“花雕酒”。

(3)半甜黄酒　总糖含量为40.1～100g/L。酒香浓郁，酒度适中，味甘甜、醇厚，是黄酒中的珍品。但这种酒不宜久存。贮藏时间越长，色泽越深。半甜黄酒的代表是“善酿酒”。

(4)甜黄酒　总糖含量高于100g/L。多采用淋饭操作法，拌入酒药，搭窝先酿成甜酒酿，当糖化至一定程度时，加入40%～50%浓度的米白酒或糟烧酒，以抑制微生物的糖化发酵作用，酒中的糖分含量较高。由于加入了米白酒，酒度也较高。甜黄酒的代表是“封缸酒”(绍兴地区又称为“香雪酒”)。

(5)浓甜黄酒　总糖含量高于200g/L。这种酒具有甜、鲜、醇、厚的特色。它具有不加糖而甜，不着色而艳红，不调香而芬芳的特点，如四川泸州的“护国红”。

(6)加香黄酒　这是以黄酒为酒基，经浸泡(或复蒸)芳香动、植物或加入芳香动、植物的浸出液而制成的黄酒。消费市场主要集中在江浙和上海一带。

(二)按生产方法划分

(1)淋饭酒　是指蒸熟的米饭用冷水浇淋，急速冷却，然后拌入酒药粉末，搭窝，糖化，最后加水发酵成酒。这种酒口味较淡薄。大多数甜型黄酒常用此法生产，此法也是传统绍兴酒的生产方法之一。淋饭酒也可作为酿制摊饭酒的发酵剂，俗称“酒酿”，也叫“酒娘”。

(2)摊饭酒　又称“大饭酒”，是指将蒸熟的米饭摊在竹篦上，使米饭在空气中冷却，然后再加入麦曲、酒母(淋饭酒母)、浸米浆水等，混合后直接进行发酵而制备的酒。现在常常被称为绍兴酒。

(3)喂饭酒　指通过喂饭或发酵时将酿酒原料分成几批，一批做成酒母，在培养成熟阶段，陆续分批加入新原料，扩大培养连续发酵的作用，使发酵继续进行而制备的酒。按这种方法酿酒时，米饭不是一次性加入，而是分批加入。

(三)按酿造原料划分

按照主要酿造原料的不同可将黄酒划分为糯米黄酒、籼米黄酒、粳米黄酒、黍米黄酒、小麦黄酒、玉米黄酒、黑米黄酒、高粱黄酒、荞麦黄酒、薯干黄酒、青稞黄酒等。

(四)按酿酒用曲的种类划分

按照酿酒时选用曲的不同将黄酒划分为小曲黄酒、生麦曲黄酒、熟麦曲黄酒、纯种曲黄酒、红曲黄酒、黄衣红曲黄酒、乌衣红曲黄酒等。

(五)其他分类方法

在古代，最为常见的是按酒的产地来命名，如绍兴酒、金华酒、丹阳酒、九江封缸酒、山东兰陵酒等；还有的按酒的外观(如颜色、浊度等)来给酒命名，如清酒、浊酒、白酒、黄酒、红酒(红曲酿造的酒)；还有煮酒和非煮酒的区别；甚至还有根据销售对象来分的，如“路庄”(具体的如“京装”，清代销往北京的酒)；还有一些则是对酒的习惯称呼，如江西的“水酒”、陕西的“稠酒”、江南一带的“老白酒”等。除了液态的酒外，还有半固态的“酒娘”。这些称呼都带有一定的地方色彩。

三、黄酒的生产发酵特点

黄酒是我国特有的酒种，也是世界最古老的饮料酒之一。黄酒是用谷物为原料，应用霉菌、酵母和细菌等多种微生物共同作用生产的一种酿造酒。其生产发酵特点为：

(1)原料、品种、生产工艺的多样性；

(2)多种发酵状态；

(3)采用开放式的双边发酵；

(4)多菌种混合发酵；

(5)独特的接种方式和特有的保存方法；

(6)酒醅高浓度发酵及生成高浓度酒精；

(7)低温长期发酵；

(8)煎酒灭菌。

任务一　黄酒生产原、辅料的选择

黄酒是以谷物为原料，用麦曲或小曲做糖化发酵剂制成的酿造酒。在历史上，黄酒的生产原料在北方是粟(小米)，南方则普遍用稻米(尤其是糯米为最佳原料)。目前，黄酒生产主要集中于浙江、江苏、上海、福建、江西、广东和安徽等地，山东、陕西、大连等地也有生产。山东的即墨老酒是北方粟米黄酒的典型代表；福建的龙岩沉缸酒、福建老酒是红曲稻米黄酒的典型代表。

一、主要原料的选择

黄酒生产的主要原料是米类和水。米类主要为大米(糯米、粳米或籼米)，少数厂家用黍米(大黄米)或玉米等。我国南方都用大米,北方以前仅用黍米和粟米(小米),现在也开始使用糯米、粳米或玉米酿酒。有些厂还试用糯高粱米、青稞、小麦、黑米、甘薯等酿制黄酒。生产黄酒的辅助原料有用于制麦曲的小麦等。在黄酒生产中,米、曲、水分别被喻为"酒之肉""酒之骨""酒之血",这表明了米、曲、水对酿制黄酒的重要性。

(一)米类原料

黄酒的主要原料是大米,包括糯米、粳米和籼米,也有用黍米和玉米的。对米类原料的要求是:①淀粉含量高,蛋白质、脂肪含量低,以达到产酒多、酒气香、杂味少、酒质稳定的目的。②淀粉颗粒中支链淀粉比例高,以利于蒸煮糊化及糖化发酵,产酒多,糟粕少,酒液中残留的低聚糖较多,口味醇厚。③工艺性能好,吸水快而少,体积膨胀小。

1. 大米

(1)大米的种类

①糯米。糯米在北方也称江米,可分为粳糯和籼糯两类。粳糯米粒较短,一般呈椭圆形;籼糯米粒较长,一般呈长椭圆形或细长形。糯米所含的淀粉几乎都是支链淀粉,在蒸煮过程中很容易完全糊化,糖化发酵后酒中残留的糊精和低聚糖较多,酒味香醇,是传统的酿制黄酒的原料,也是最好的原料,尤其以粳糯的酿酒性能最优。现今的名优黄酒大多都是以糯米为原料酿造的,如绍兴酒即是以品质优良的粳糯酿制的。

②粳米。粳米粒形较宽,呈椭圆形,透明度高;直链淀粉含量为15%～23%;亩产量比糯米高。直链淀粉含量高的米粒,蒸饭时饭粒显得蓬松干燥,色暗,冷却后变硬,熟饭伸长度大;另外,浸米吸水及蒸饭糊化较为困难,在蒸煮时需要喷淋热水,使米粒充分吸水和糊化彻底,以确保糖化发酵的正常进行。粳米因直链淀粉含量较高,所以其糖化分解彻底,发酵正常而出酒率较高,酒质稳定。

③籼米。籼米米粒呈长椭圆形或细长形,直链淀粉含量较高,一般为23%～28%,有的高达35%。杂交晚籼米可用来酿制黄酒。杂交晚籼如军优2号、汕优6号等品种,直链淀粉含量为24%～25%,蒸煮后米饭黏湿而有光泽,但过熟会很快散裂分解。这类杂交晚籼既能保持米饭的蓬松性,又能保持冷却后的柔软性,其品质特性偏向粳米,较符合黄酒生产工艺的要求。一般早、中籼米的酿酒性能要差一些。

(2)大米的质量要求

黄酒酿造用米,应淀粉含量高,蛋白质、脂肪含量少;米粒大,千粒重为20～30g,洁白丰满、大小整齐,相对密度为1.40～1.42,夹杂物少,碎米少;精白度高;米质纯,糠秕等杂质少。另外,在生产时,最好使用吸水快、易糊化和糖化的软质米,应尽量使用新米,陈米对酒的质量有不利影响。

直链淀粉含量是评定大米蒸煮品质的重要指标,应尽量选用直链淀粉含量低、支链淀粉含量高的大米品种。大米的淀粉、蛋白质、脂肪含量及碎米率等除与大米品种有关外,还与大米的精白度有关。从酿酒工艺角度,应尽量除去糙米的外层和胚,应将大米精白(将糙米碾成白米,去除谷皮、糊粉层和胚的操作)。

2. 黍米和粟米

黍米,又称为大黄米,我国北方人喜爱的主食之一。黍米从颜色来区分大致分为黑色、白色、梨色(黄油色)三种。其中以大粒黑脐的黄色黍米酿酒品质最好,它俗称为龙眼黍米,是黍米中的糯性品种,蒸煮时容易糊化,出酒率较高。其他品种则米质较硬,蒸煮困难,出酒率较低。代表性的黍米黄酒有山东省的即墨黍米黄酒和兰陵美酒，以及辽宁省的大连黄酒等。

除黍米外，我国北方以前还曾用粟米酿造黄酒。粟米又称小米，主要产于华北和东北各省，虽播种面积较广，但亩产量很低。现由于供应不足，酒厂很少使用。

3. 玉米

近年来，国内有的厂家开始用玉米为原料酿制黄酒。玉米与大米相比，除淀粉含量稍低外，蛋白质和脂肪含量都超过大米，特别是脂肪含量丰富。淀粉中直链淀粉占 10%～15%，支链淀粉为 85%～90%；黄色玉米的淀粉含量比白色的高。玉米所含的蛋白质大多为醇溶性蛋白，p-球蛋白，这有利于酒的稳定。玉米所含脂肪多集中于胚芽中（胚芽干物质中脂肪含量高达 30%～40%），它给糖化、发酵和酒的风味带来不利的影响，因此，玉米必须脱胚，加工成玉米碴后才适于酿制黄酒。另外，与糯米、粳米相比，玉米淀粉结构致密坚硬，呈玻璃质的组织状态，糊化温度高，胶稠度硬，较难蒸煮糊化。因此，要十分重视对颗粒的粉碎度、浸泡时间和水温、蒸煮温度和时间的选择，防止因没有达到蒸煮糊化的要求而老化回生，或因水分过高、饭粒过烂而不利于发酵，导致糖化发酵不良和酒度低、酸度高的后果。

（二）水

黄酒中的水分含量达 80%以上，是黄酒的主要成分。黄酒生产的用水量很大，每生产 1t 黄酒需耗水 10～20t。用水环节包括制曲、浸米、洗涤、冷却、发酵和锅炉用水等。其中制曲、浸米和发酵用水为酿造用水，直接关系到黄酒质量。

酿造用水应基本符合我国生活饮用水的标准，某些项目还应符合酿造黄酒的专业要求：pH 值的理想值为 6.8～7.2，最高极限 6.5～7.8；总硬度理想要求 AA185[2～7DH（德国度）]，最高极限 AA185(12DH)；硝酸态氮理想要求 0～0.2mg/L 以下，最高极限 0.5mg/L；游离余氯量理想要求 0.1mg/L，最高极限 0.3mg/L；铁含量要求 0.5mg/L 以下；锰含量要求 0.1mg/L 以下等。当水中杂质超过规定标准时，应选择经济有效、简单方便的方法进行适当的改良和处理。

二、辅料的选择

小麦是制作麦曲的原料。小麦中含有丰富的淀粉和蛋白质，以及适量的无机盐等营养成分，并有较强的黏延性以及良好的疏松性，适宜霉菌等微生物的生长繁殖，使之产生具有较高活力的淀粉酶和蛋白酶等酶类，并能给黄酒带来一定的香味成分。小麦的蛋白质含量比大米高，大多为麸胶蛋白和谷蛋白，麸胶蛋白的氨基酸中以谷氨酸最多，它是黄酒鲜味的主要来源。制曲小麦应尽量选用皮层薄、胚乳粉状多的当年产的红色软质小麦。一般要求麦粒完整、饱满、均匀、无霉烂、无虫蛀、无农药污染。干燥适宜，外皮薄，呈淡红色，两端不带褐色的小麦为好，青色的和还未成熟的小麦都不适用。另外，还要求尽量不含秕粒、尘土和其他杂质，并要防止混入毒麦。

在制曲麦时，可在小麦中配 10%～20%的大麦，以改善曲块的透气性，促进好氧微生物的生长繁殖，提高麦曲的酶活力。

任务二　酒曲的制备

酿制黄酒用的酒曲(黄酒发酵的糖化发酵剂)有酒药、酒母、曲等几种。

一、酒药的制备

酒药又称小曲、酒饼、白药等,主要用于生产淋饭酒母或以淋饭法酿制甜黄酒(如丹阳封缸酒和九江封缸酒、福建沉缸酒、绍兴香雪酒等)。

酒药作为黄酒生产的糖化发酵剂,它含有的主要微生物有根霉、毛霉、酵母菌及少量的细菌和梨头霉等,其中以根霉和酵母菌最为重要。酒药具有药粒制造简单、储存使用方便、糖化发酵力强而用量少的优点。目前,酒药的制造方法有传统法和纯种法两种,酒药种类包括传统的白药(蓼曲)和药曲,以及纯种根霉曲等。

1. 白药(蓼曲)

白药是用新收获的早籼米粉、辣蓼草粉末和水为原料,用质量好的上一年酒药作种母接种,经过自然培育繁殖而制成的。其工艺流程如图 9-1 所示。

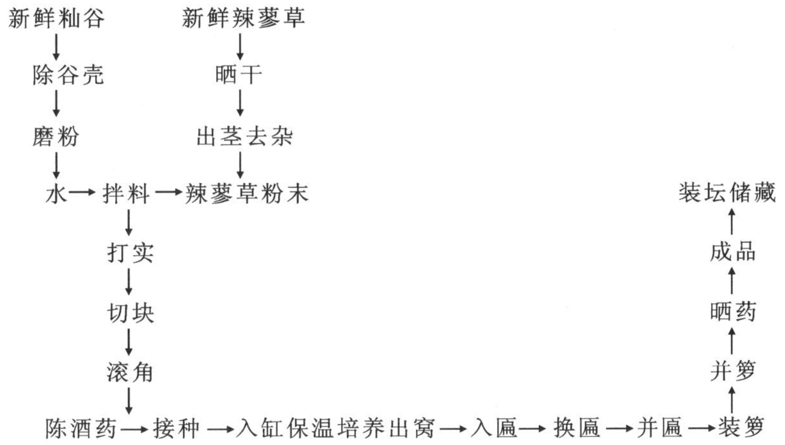

图 9-1　白药制造工艺流程

2. 药曲

在酒药生产中还有一种生产方式是添加中药,添加中药的酒药称为药曲。酒药中加入的中药对酿酒菌类的营养促进和杂菌的抑制都起到一定的作用,能使酿酒过程发酵正常并产生特殊香味。

3. 纯种根霉曲

传统酒药采取自然培养制造而成,除了培育较多的根霉和酵母菌外,其他多种菌(包括有益的和有害的)同时生长,故是多种微生物的共生体。而纯种根霉曲则是采用人工培育纯粹根霉菌和酵母菌制成的小曲。用它生产黄酒能节约粮食,减少杂菌污染,发酵产酸低,成品酒的质量均匀一致,口味清爽,还可提高 5%～10%的出酒率。

二、酒母的制备

酒母即“制酒之母”，是由少量酵母逐渐扩大培养形成的酵母醪液，以提供黄酒发酵所需的大量酵母(传统的绍兴酒发酵时，每毫升发酵醪液中酵母细胞数达 6 亿～8 亿个)。

黄酒的酒母根据培养方法不同可分为两类：一是传统的自然培养法，用酒药通过淋饭酒的制造自然繁殖培养酵母菌，这种酒母称为淋饭酒母，又叫“酒娘”，因米饭采用冷水淋冷的操作而得名。二是用纯粹黄酒酵母菌通过逐步扩大培养而成，称之为纯种培养酒母，常用于大罐发酵的黄酒生产的新工艺中，按制备方法的不同，又分为速酿酒母和高温糖化酒母。

1. 淋饭酒母生产工艺流程(图 9-2)

酒药 ↓（落缸搭窝）

米→浸米→蒸煮→淋水冷却→落缸搭窝→糖化→加曲冲缸→发酵、开耙→后发酵→酒母

麦曲 ↑（加曲冲缸）

图 9-2 淋饭酒母生产工艺流程

2. 淋饭酒母生产工艺操作

(1)配料　制备淋饭酒母常以每缸投料米量为基准，根据气候的不同有 100kg 和 125kg 两种，麦曲用量为原料米量的 15%～18%，酒药用量为原料米量的 0.15%～0.2%，控制饭水总重量为原料米量的 300%。

(2)浸米、蒸饭、淋水　在洁净的陶缸中装好清水，将米倾入，水量超过米面 5～6cm 为宜，浸渍时间根据气温不同控制在 42～48h。然后捞出冲洗，沥净浆水，常压蒸煮。要求饭粒松软，熟而不糊，内无白心。蒸饭完毕对热饭进行淋水，迅速降低饭温达到落缸要求，淋后的饭温一般要求在 31℃左右。

(3)落缸搭窝　将发酵缸洗刷干净并用沸水和石灰水泡洗，用时再用沸水泡缸一次，达到消毒灭菌的目的。将淋冷后的米饭沥去水分，放入大缸的操作称为落缸，米饭落缸温度一般控制在 27～30℃，并视气温而定，在寒冷的天气可高至 32℃。在米饭中拌入酒药粉末，翻拌均匀，并将米饭中央搭成“V”形或“U”形的“倒喇叭形”的凹圆窝，在米饭上面再撒些酒药粉末，这个操作称为搭窝。搭窝的目的是为了增加米饭和空气的接触，有利于好气性糖化菌的生长繁殖，并释放热量，故要求搭得较为疏松，以不塌陷为度。搭窝还能便于观察和检查糖液的发酵情况。

(4)糖化、加曲冲缸　搭窝后应及时做好保温工作以进行糖化。酒药中的糖化菌、酵母菌在米饭的适宜温度、湿度下迅速生长繁殖。根霉菌等糖化菌类分泌淀粉酶将淀粉分解成葡萄糖，使窝内逐渐积聚水解糖液，此时酵母菌得到营养和氧气也进行繁殖。一般经过 36～48h 糖化以后，饭粒软化，糖液满至酿窝的 4/5 高度，此时糖液浓度约 35°Bx，还原糖为 15%～25%，酒精含量在 3%以上，而酵母由于处在这种高浓度、高渗透压、低 pH 值的环境下，细胞浓度仅为 0.7 亿个/mL 左右，基本上镜检不出杂菌。这时酿窝已成熟，可以加入一定比例的麦曲和水进行冲缸，充分搅拌，酒醅由半固体状态转为液体状态，浓度得以稀释，渗透压有较大的下降，但醪液的 pH 值仍能维持在 4.0 以下，并补充了新鲜的溶解氧，强化了糖化能力，这一环境条件的变化，促使酵母菌迅速繁殖，24h 以后，酵母细胞浓度可升至 7 亿

～10亿个/mL，糖化和发酵作用得到大大的加强。冲缸时品温约下降10℃，应根据气温冷热情况及时做好适当保温工作，维持正常发酵。

(5)发酵、开耙　加曲冲缸之后，酵母大量繁殖并逐步开始旺盛的酒精发酵，使酒醪温度迅速上升，经8～15h品温达到一定值，米饭和部分曲漂浮于液面上形成泡盖，泡盖内温度更高。这时可用木耙进行搅拌，俗称开耙。第一次开耙的温度和时间的掌握尤为重要，应根据气温高低和保温条件灵活掌握。在第一次开耙以后，每隔3～5h进行第二、第三和第四次开耙，使醪液品温保持在26～30℃。

(6)后发酵　第一次开耙以后，酒精含量增长很快，冲缸48h后酒精含量可达10%以上，糖化发酵作用仍在进行。为了降低醪液品温，减少酒醪与空气的接触面，提高酒母质量，在落缸后第七天左右，即可将发酵醪灌入酒坛，在低温下进行后发酵(俗称灌坛养醅)。经过20～30d的后发酵，酒精含量达15%以上(此对酵母的驯化有一定的作用)，再经挑选，优良者可用来酿制摊饭黄酒。

三、曲的制备

黄酒曲随各地的习惯和制作方法不同而种类繁多，按生产原料分类有麦曲和米曲两类。

(一)麦曲

麦曲是以小麦为原料制成的，是比较重要的黄酒生产糖化剂。麦曲不仅广泛用于大米黄酒的生产，还用于黍米黄酒、玉米黄酒的生产。产地主要分布在浙江、江苏一带和北方地区。传统的麦曲采用自然培育微生物的方法制造，各地使用的麦曲主要是草包曲、块曲和挂曲等，属于自然培养的生麦曲，用这些曲酿成的酒，一般质量较好，但是也存在缺点，如糖化力较低、用曲量大；制曲时间受季节限制；淀粉出酒率和酒质不是很稳定；劳动强度大，不易实现机械化操作等。

麦曲中生长最多的是黄曲霉、米曲霉、根霉和毛霉，此外，尚有数量不多的黑曲霉、灰绿曲霉及青霉等，在一般的正常的麦曲中，主要是黄曲霉和米曲霉。黄曲霉和米曲霉是制造麦曲的重要糖化菌。麦曲制造多数已经采用了厚层通风制曲法，实现了机械化生产，改善了制曲的条件，提高了生产效率。

目前也有不少工厂采用纯粹培养的方法制造纯种麦曲，其不足之处是酶类及其代谢产物不够丰富多样，不能像自然培养麦曲那样赋予黄酒特有的风味。

下面仅以踏曲生产为例，介绍传统法麦曲生产工艺。

1. 踏曲制作工艺流程(图9-3)

小麦→润水→堆积→磨碎→加药汁拌和→入模→踏曲→入曲室培养→翻曲→堆曲→出曲→贮曲→成曲

图9-3　踏曲制作工艺流程

2. 踏曲制作工艺操作

(1)过筛轧碎　原料小麦经过筛除杂后，入轧麦机破碎成3～5片，使呈梅花形，麦皮破裂，胚乳内含物外露。

(2)加水拌曲　轧碎的麦粒放入拌曲箱中，加入20%～22%的清水，迅速拌匀。要避免白心或水块，防止产生黑曲或烂曲。拌曲时也可以加进少量的优质陈麦曲作种子，以稳定麦曲的质量。

(3)踩曲成型　为了便于堆积、运输，须将曲料在曲模木框中踩实成型，以压到不散为度，再用刀切成块状。

(4)入室堆曲　在预先打扫干净的曲室中铺上谷皮和竹簟，将曲块搬入室内，侧立成“丁”字形，叠为两层，再在上面散铺稻草保温。

(5)保温培养　堆曲完毕，关闭门窗，经3～5d培育，品温上升至50℃左右，麦粒表面菌丝繁殖旺盛，水分大量蒸发，此时，要及时做好降温工作，取掉保温覆盖物并适当开启门窗。为了确保麦曲质量，培菌过程中的最高品温可控制在50～55℃，继续培养20d左右，培养期中品温逐步下降，曲块随水分散失而变得坚硬，将其按“井”字形叠起，通风干燥后使用或入库贮存。

成品麦曲应该具有正常的曲香味，白色菌丝均匀密布，无霉味或生腥味，无霉烂夹心，含水量为14%～16%，糖化力较高，在30℃时每克曲每小时能产生700～1000mg葡萄糖。

(二)米曲

米曲是在整粒熟米饭上培养微生物而制成的(酒药则是在米粉生料上培养微生物而制成的)。黄酒生产中常用的米曲有红曲、乌衣红曲和黄衣红曲等几类。

1. 红曲

红曲是以大米为原料，配以曲种和上等醋，在一定的温度、湿度下培养而成的紫红色米曲，可分为库曲、轻曲和色曲三个品种。红曲中主要含有红曲霉和酵母菌等微生物。红曲除作糖化发酵剂用于酿酒外，还可用作食品着色剂，用于酿造红腐乳、配制酒类和中医药等方面。我国红曲的主要产地在福建、浙江、台湾等省，其中以福建古田县的红曲最为有名。红曲黄酒主要产于福建省和浙江南部地区，以福建产的糯米红曲黄酒和粳米红曲黄酒比较有名，福建老酒是红曲酒中之优品，它属于半甜黄酒，酒呈红褐色。红曲的纯种培养和机械制曲已取得了一定的成功，但目前主要还是采用传统法生产红曲。

2. 乌衣红曲

乌衣红曲以籼米为原料，接入黑曲霉及红糟(又名“糟娘”，是红曲霉和酵母菌的扩大培养产物)，经一定培养过程而制成。乌衣红曲中主要含有红曲霉、黑曲霉和酵母菌等微生物。乌衣红曲具有糖化发酵力强、耐高温、耐酸等特点，与红曲一样是我国黄酒酿造中特有的糖化发酵剂。用乌衣红曲酿酒的出酒率高，色泽鲜红，酒味醇厚，但苦涩味较重。乌衣红曲的制曲方法相当烦琐，管理复杂，不易实现机械化生产，故未能被各地酒厂所推广。目前，用乌衣红曲酿制黄酒仅局限在浙江南部和邻近的福建部分地区。

任务三　黄酒的制备

黄酒酿造工艺有传统工艺和新工艺之分，在传统生产工艺中主要有淋饭法、摊饭法和喂饭法三种生产方式。

黄酒酿造过程包括原料处理、糖化发酵剂制备、发酵、发酵之后的处理几个工艺阶段。

一、干黄酒的制备

麦曲类干型黄酒的制作方法主要有淋饭法、喂饭法和摊饭法等。

(一)原料处理

大米原料的处理包括米的精白、洗米、浸米、蒸煮和米饭冷却等过程。

1. 米的精白

大米用精米机精白。粳米和籼米的精白度应达标准一等，糯米则达到标准一等或特等二级，即要使精米率达 90%。

2. 洗米

洗米可用自动洗米机或回转圆筒式洗米机，有的厂还使用特殊泵（如固体泵），它兼有洗米和输送米的作用。洗米以洗到淋出的水无白浊为度。目前，国内有的是洗米和浸米同时进行，有的取消洗米而直接浸米。

3. 浸米

不同的黄酒，浸米时间、水温和要求各不相同。传统的摊饭酒酿造，浸米时间长达 16～20d，浸米水的酸度达 8g/L 以上，以便抽取浸糯米的浆水（称为酸浆水）配料，依靠酸浆水来抑制产酸细菌的繁殖。除此之外，大都根据水温高低、米质软硬、精白程度及米粒大小决定浸米时间，一般 1～3d 不等。浙江的淋饭酒、喂饭酒和新工艺大罐发酵酒的浸米时间都在 2～3d，最短的如福建老酒夏季只浸 5～6h。

浸米的程度一般要求米的颗粒保持完整，用手指捏米粒又能呈粉状为度，不可过度或不足。新工艺大罐发酵要求米浆水酸度大于 3g/L（以琥珀酸计），米浆水略稠，水面布满白色薄膜，浸米时间不少于 48h。

4. 蒸煮

无论是传统工艺还是新工艺酿酒，蒸饭的质量都要求达到：饭粒疏松不糊，透而不烂，没有团块；成熟度均匀一致，蒸煮没有短路死角，没有生米；蒸煮熟透，饭粒外硬内软，内无白心，充分吸足水分。

传统工艺酿酒多少年来一直沿用蒸桶（或称甑桶）间歇式蒸饭，每次蒸米约 40kg。此法劳动强度大，生产效率较低。现多使用卧式或立式连续蒸饭机，但目前仍有不少厂还在使用蒸桶蒸饭。一般对于糯米和精白度高的软质粳米，常压蒸煮 15～20min 就可以了；对于糊化温度较高的硬质粳米和籼米，要在蒸饭中途追加热水，以促使饭粒再次膨胀，同时适当延长蒸煮时间。用蒸桶蒸硬质粳米和籼米，须采用“双淋、双蒸”的蒸饭操作方法，以解决它们在蒸饭中易出现的米粒吸水不足、糊化不完全、白心生粒多等问题。

5. 米饭冷却　蒸熟后的米饭，必须经过冷却迅速地把品温降到适合于发酵微生物繁殖的温度。传统的冷却方法有淋饭冷却和摊饭冷却两种；卧式或立式蒸饭机则用机械鼓风等方法冷却。

(1)淋饭冷却法　淋饭冷却就是用清洁的冷水从米饭上面淋下，使米饭降温。做淋饭酒母和喂饭酒母都采用淋饭冷却法。用此法降低品温快速而方便，不论天气冷暖都可以灵活掌握，调节至所需要的品温。在淋饭冷却中，还可适当增加米饭的含水量和使热饭表面光滑，颗粒间能分离和通气，有利于拌入酒药和搭窝。

淋饭流出的部分温水可重复淋回饭中，经过温水复淋，使饭粒温度上下较均匀，里外较接近。冷水冷却后品温控制随拌曲（药）温度要求而定，一般为 30℃左右，如嘉兴黄酒的饭温为 26～32℃，福建沉缸酒的饭温为 32～34℃。淋饭后要沥去淋饭的余水，防止拖带水分过多而不利于酒药中的根霉菌的生长繁殖。

(2)摊饭冷却法　传统的摊饭冷却是把米饭摊在竹席上，用木耙翻拌，使米饭自然冷却。此冷却方式可避免米饭表面的浆质被淋水洗掉，是摊饭酒的酿造特色之一。这种自然冷却的传统方法占地面积大，冷却时间长，如遇卫生条件差和操作不当时易被有害微生物污染，且易出现淀粉的回生老化。

现在摊饭冷却已从自然冷却发展到鼓风冷却，即改用机械鼓风来迅速将米饭冷却。现在的卧式或立式蒸饭机都采用机械鼓风冷却，冷风从不锈钢的输送网带向上吹；也有风冷和水冷结合型的，即先鼓风冷却再适当用冷水淋洒冷却，且大都已实现了蒸饭和冷却的连续化。

（二）发酵

黄酒发酵是在霉菌、酵母菌及细菌等多种微生物的共同参与下进行的复杂的生物化学过程。发酵可分成前发酵（主发酵）和后发酵两个阶段，从黄酒风味的形成考虑，主发酵阶段的糖化和发酵作用，以及后发酵阶段的成熟都起着重要作用。另外，曲、酒药和酒母制备过程中形成的多种代谢产物也对黄酒风味的形成有一定的贡献。

1. 摊饭酒的发酵

摊饭酒中最具有代表性的是绍兴元红酒，工艺流程如图 9-4 所示。

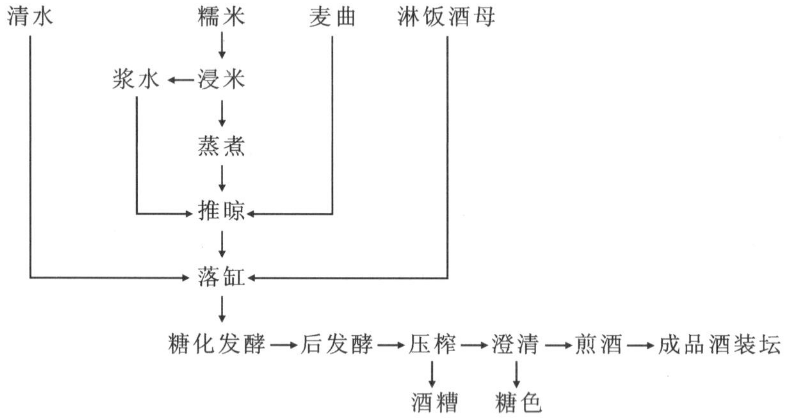

图 9-4　摊饭酒酿造工艺流程

摊饭酒的发酵特点：第一，酿酒通常在 11 月下旬至第二年 2 月初进行，强调使用“冬浆冬水”；后发酵时间长，温度低。第二，浸米时间长，采用浸米所得的酸浆水配料发酵。第三，用自然培养的生麦曲作糖化剂；用淋饭酒母作发酵剂。

2. 喂饭酒的喂饭式发酵

喂饭式发酵是将酿酒原料分成几批，第一批做成酒母，在培养成熟阶段陆续分批加入新原料，起扩大培养、连续发酵的作用，使发酵继续进行的一种酿酒方法，类同于近代酿造学上的递加法。嘉兴黄酒是喂饭式发酵的代表酒种，是典型的喂饭酒。其传统酿造工艺如图9-5所示。

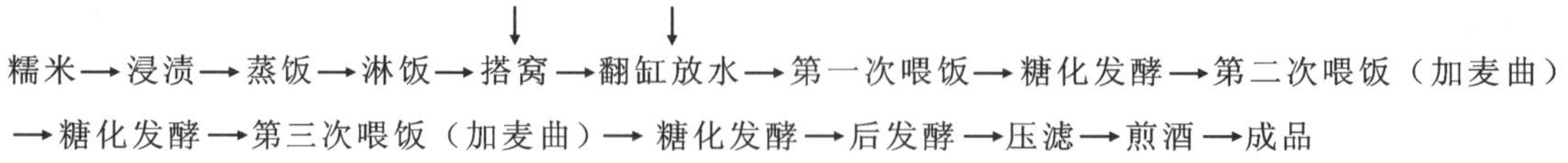

图 9-5　喂饭酒酿造工艺流程

喂饭酒的发酵特点:第一,喂饭次数可以是2次或3次,以3次最佳。第二,多次投料使主发酵时间延长,酒醅翻动剧烈,既适合用陶缸发酵,也适合大罐发酵生产和浓醪发酵的自动开耙。第三,糖化发酵剂为麦曲和酒药两类并用。其中酒药用量少、酒药内含量不高的酵母可在淋饭酒醅和多次喂饭中得到多次扩大培养,酵母不易老,发酵力始终很旺盛。第四,由于多次喂饭,酒醅中不会形成过高的糖分而影响酵母活力,可以生成较高浓度的酒精,出酒率较其他方法高,达27%左右。

3. 抑制式发酵和大接种量发酵

半甜型黄酒(如善酿酒、惠泉酒等)、甜型黄酒(如香雪酒、封缸酒等)要求保留较高的糖分和其他成分,它们是采用以酒代水配料的方法酿制的。酒精是酵母的代谢产物,但当酒精浓度超过5%以上时对酵母菌有抑制作用,酒精浓度愈高,抑制作用愈加明显,而在相同酒精浓度的条件下,淀粉糖化酶所受的抑制相对较小。配料时以酒代水,能对酵母产生一定的抑制作用,使发酵速度减缓,并使淀粉糖化形成的糖分残留一部分,这就是抑制式发酵原理。半甜型黄酒和甜型黄酒因采用抑制式发酵,故含有较多的糖分,另外虽酵母发酵受到抑制,但由于配入了芬芳浓郁的陈年酒,所以口味醇香甘甜,且具有特殊的芳香。

4. 新工艺大罐发酵

惠泉糯米黄酒是利用新工艺大罐发酵生产的。在发酵配料时配入原料米重120%的陈年糯米酒、4%的远年糟烧酒(或高纯度酒精)、18%的麦曲(用量较大,以加强糖化作用),以及经48h发酵的江苏老酒醅1/2罐,相当于酒母接种量达100%。这是典型的大接种量发酵。该酒主发酵4d,后发酵36d左右。

传统的黄酒生产是用大陶缸,容积不到1m^3,醅层深度1m左右。从20世纪60年代起,开始研究、采用大容器发酵,克服了陶缸培养量小、占地多、质量波动和劳动强度大等缺点,并为黄酒的机械化生产奠定了基础。

目前,国内大罐容积最大的已达45m^3,小的也有10m^{3}左右,醪液深度在4~5m以上,有的达10m,故大罐发酵是典型的深层发酵。大罐发酵用糖化发酵剂为麦曲(块曲、爆麦曲、纯种生麦曲)和纯种酒母,并适当添加少量酶制剂。由于容积大,不可能采用人工开耙,而是设法利用醪液自动翻动(自动开耙)来代替人工开耙。主发酵3~5d后,压入另一后发酵罐,在室温13~18℃静止进行后发酵。

(三)发酵条件控制

1. 酒母接种量

传统黄酒生产中,淋饭酒母用量为投料用米量的4%~5%,投料后的细胞数约为40×10^{6}个/mL。新工艺大罐发酵接种纯种酒母,接种量为10%左右,投料后的细胞数为(40~50)×10^{6}个/mL。两种工艺对酵母菌接种浓度的要求基本一致。

2. 发酵温度控制

(1)投料品温　淋饭酒投料品温为27~30℃,严冬季节可高至30℃。喂饭酒投料搭窝温度较高,为26~32℃,由于喂饭时的加料会使品温下降,所以投料品温高些也无妨。摊饭酒中,加浆水的糯米黄酒投料品温较低,一般为24~26℃,不超过28℃;不加浆水的粳米酒,投料品温可高些,为27~30℃。新工艺大罐发酵,投料品温为24~26℃。

(2)头耙品温　掌握头耙品温是发酵操作的关键之一。在绍兴酒的酿造中,把开头耙时品温较高酿成的酒称为热作酒,把开头耙时品温较低的酒称为冷作酒。热作酒开头耙时缸心品温（指饭面向下15～20cm处的品温，它比缸周边温度高10～20℃）为35～36℃；冷作酒开头耙的品温不超过30℃。绍兴地区以外，用麦曲、酒药酿制的黄酒一般称为仿绍酒，多为冷作酒，头耙品温多控制在32℃以下。新工艺大罐发酵黄酒的头耙品温一般低于32℃。

（3）主发酵品温控制　头耙后黄酒醪即进入主发酵阶段。热作酒头耙后品温降为22～26℃，头耙后经过3～4h温度升至30～32℃，开第二耙，耙后品温降为26～29℃；第三、第四耙的耙前品温控制在30℃以下，开耙时机多根据醪液的发酵速度和成熟程度决定。冷作酒头耙后品温为24～26℃（头耙前后温差4～6℃），经6～7h当温度近30℃时，开第二耙（前后温差2～3℃）；以后每隔4～5h分别开第三、第四耙（前后温差1～2℃）；第四耙以后每日捣耙2～3次。新工艺大罐发酵，当温度达33℃进行开耙冷却，通入无菌空气，以助自然对流翻腾；第二耙以后要全方位通气，同时需用外围冷却水冷却。

传统的发酵，经5～7d的主发酵后，发酵品温接近室温。新工艺大罐容积大，发酵后期要人工冷却降温，使最终品温控制在15～20℃。

（4）后发酵品温　传统工艺酿酒后发酵多在寒冷季节进行，后发酵品温随气温变化而变化。大罐发酵的后发酵品温要求控制在13～18℃，不得高于18℃。

3. 发酵时间

传统工艺黄酒发酵周期比较长，一般为1～2个月。如元红酒主发酵一般为5～7d，而后发酵期长达70d左右；加饭酒的发酵周期则达80～90d。大罐发酵黄酒主发酵期为3～5d，后发酵期为16～20d。

二、黍米黄酒的制备

与稻米黄酒相比，黍米黄酒的生产方法有较大的差别。下面以即墨老酒为例介绍黍米黄酒的生产工艺。即墨老酒的生产工艺流程如图9-6所示。

原料（黍米）→精选→洗涤→烫米→搅拌散热→浸渍→煮糜→摊晾散冷→拌曲、糖化→加酒母发酵→压榨→澄清→调配→灭菌→贮存→过滤→装瓶→灭菌→包装→成品

图9-6　即墨老酒的制备工艺流程

1. 黍米洗涤和烫米

每缸加入黍米50kg，添加清水65～75kg，用木楫充分搅拌淘洗，洗后用笊篱捞入淘米木斗中，沥尽洗米的余水，移入另一清洁缸内，加清水25kg，接着注入沸水50～60kg，并用木楫急速搅动，此操作过程即为烫米。烫米的目的是使黍米谷皮略微软化开裂，便于浸渍时水分渗透到黍米内部，但并不要求每粒黍米“大开花”，因为“大开花”时，谷皮里面的淀粉内容物流出，溶入浸米水中造成损失，所以烫米后约静止10min，即要搅拌散热至35～40℃，再加水浸渍。不能在烫米之后，直接把热的黍米放入冷水中，这样黍米将四分五裂。

2. 浸渍

冬季浸渍20～22h，春秋两季浸渍20h，夏季浸渍12h。为防止产生异味，除冬季外，一般在浸渍期间须换清水1～3次。

3. 煮糜

黍米在浸渍之后直接进行水煮的过程称为煮糜（煮熟的黍米俗称为糜）。煮糜是在大铁锅内先倾入黍米量2倍的清水，加热至沸腾，然后将浸好捞出的黍米渐次加入沸水锅中，并不停地搅拌、翻铲锅底及锅边。开始时先以猛火煮至呈黏性，再将火势压弱，加盖，文火慢

煮，进行焖糜，此间每隔15～20min再搅拌翻铲1次。从开锅下米到糜的煮熟出锅约需2h。有的厂现在已改用带有搅拌设备的蒸煮锅蒸煮。

4. 摊晾散冷

取出煮好的糜，摊置在浅形拌曲木槽(称为糜案)中摊散，吹风冷却，使品温降至60℃后拌曲、糖化。

5. 拌曲、糖化

糖化曲采用麦曲，多在夏季中伏天踏制并陈放1年以上，故又称陈伏曲。用曲量为黍米原料的7.5%。麦曲(块曲)使用时先粉碎成2～3cm见方的小块，在煮糜铁锅中焙炒20min，使部分有轻度焦化，然后粉碎成粉状，拌入糜中。糖化时间为1h。

6. 加酒母

糖化后的糜继续散冷至30℃左右时，拌入固体酒母，其用量为原料黍米的0.5%。

7. 发酵

在糜入缸前，先将发酵缸用开水杀菌，揩干。糜入缸后一般22h左右即可开头耙，再经8～12h开第二耙，其后发酵逐渐减弱。发酵时间约为7d。最终每1kg黍米可出1.7kg左右黄酒。

任务四　黄酒的后处理

一、黄酒的压榨、澄清与煎酒

1. 压榨和添加着色剂

发酵成熟的酒醅通过压榨把酒和糟粕分离。目前，黄酒压榨都采用板框式气膜压滤机，能达到酒液澄清、糟粕干、时间短的要求。

压榨出来的酒液颜色是淡黄色(米曲类黄酒除外)，按传统习惯必须添加着色剂，所用着色剂通常为糖色(或称酱色)，是由麦芽糖(饴糖)或红糖制成的一种类黑色的浓稠物。使用时要用热水或热酒稀释，用量随酒的品种不同而异，一般普通干黄酒每吨用量为3～4kg，甜黄酒和半甜黄酒可少加或不加。待澄清池已接收约70%的黄酒时开始加酱色。

2. 澄清

刚榨出来的生酒并不是很清澈，需静置澄清2～4d，以将生酒中少量微细悬浮固形物逐渐沉到酒池底部。但澄清时间不宜过长，特别是气温在20℃以上时更应注意，以防止酒变酸(俗称“失煎”)。经澄清后的酒液还需再进行一次过滤，以除去酒中部分极细小、相对密度较轻的悬浮粒子，使酒液变得清澈。过滤设备一般采用板框式棉饼压滤机。

3. 煎酒

煎酒又称灭菌，因过去采用把黄酒放在锡壶里煎热得名。各酒厂采用的灭菌温度一般为85～90℃。灭菌设备种类很多，传统上使用锡壶等，目前用得较多的是列管式热交换器和薄板式热交换器。

二、黄酒的贮存

经灭菌的黄酒要趁热灌入陶坛或大罐进行贮存。贮酒的过程就是黄酒老熟的过程，通常称为“陈酿”。在陈酿中，黄酒的主要变化是从口味辛辣变成醇厚柔和，其色泽会随贮存时间的增加而变深，其香气也会随贮存期的延长而变得愈加浓厚。

在贮酒方法上，传统上采用陶坛包装贮酒，现在多数厂还在沿用此方法。热酒装坛后用灭过菌的荷叶、箬壳等包扎好，再用泥头(现部分厂用石膏)封口后入库贮存。通常以3个或4个为一叠堆在仓库内。长期贮酒的仓库最好保持室温在5～20℃，每年天热时或适当时间翻堆1～2次。除用陶坛贮酒外，现在还有的用大容器贮酒，即采用容积大的碳钢罐(内涂防腐涂料)或不锈钢罐贮酒。此方法贮酒量大而方便，但其贮酒效果没有陶坛贮酒好，贮存的酒香味较少。在冷却操作方法上，当热酒灌入大罐后就用喷淋法使酒温迅速降至常温，不宜采取自然冷却，因其冷却所需时间长，会产生异味异气。

黄酒贮存时间的长短应根据不同酒种、陈化速度和销售情况而定。酒的老熟度主要以感官品尝来判断。普通黄酒的贮存时间约为1年，名优黄酒则要求陈酿3～5年，甚至更长。

经陈酿的黄酒，再经分装和灭菌后即为成品黄酒。黄酒分装可用瓶装、袋装或罐装。瓶装可用于高档黄酒和花色酒；袋装多用于普通黄酒；罐装则多用于高档黄酒。

项目小结

黄酒是以粮食为原料，经过酒药、酒曲或浆水中不同种类的霉菌、酵母、细菌等的共同作用形成的一种低度酒。黄酒根据酒的含糖量分为甜黄酒、半甜黄酒、干黄酒、半干黄酒、浓甜黄酒、加香黄酒；按生产方法可分为淋饭酒、摊饭酒、喂饭酒。酿制黄酒用的酒曲(黄酒发酵的糖化发酵剂)有酒药、酒母、曲等几种。

黄酒酿造工艺有传统工艺和新工艺之分，在传统生产工艺中主要有淋饭法、摊饭法和喂饭法三种生产方式。

黄酒酿造过程基本包括原料处理(精白、洗米、浸米、蒸煮和米饭冷却)、糖化发酵剂制备、发酵、发酵之后的处理几个工艺阶段。当然，各种特色的黄酒酿造工艺有所区别。发酵好的黄酒经过压滤、澄清与煎酒，再经陈酿、分装和灭菌后即为成品黄酒。

问题探究

1. 中国黄酒目前的生产现状如何？
2. 黄酒如何分类？
3. 黄酒的主要营养价值体现在哪些方面？
4. 生产黄酒用的原料有哪些？
5. 黄酒酿造用米有何质量要求？
6. 黄酒用曲如何分类？有何特点？
7. 制作酒药时为什么要添加辣蓼草？
8. 如何制作淋饭酒母？
9. 黄酒发酵的特点是什么？

实训　甜酒酿的酿制

一、实训目的

通过实验，能够掌握黄酒酿造的基本原理和工艺流程，能熟练操作相关仪器设备及进行工艺控制，制出符合标准的甜酒酿。

二、实训原理

以糯米(或大米)经甜酒药发酵制成的甜酒酿是我国的传统发酵食品。我国酿酒工业中的小曲酒和黄酒生产中的淋饭酒在某种程度上就是由甜酒酿发展而来的。甜酒酿是将糯米经过蒸煮糊化，利用酒药中的根霉和米曲霉等微生物将原料中糊化后的淀粉糖化，将蛋白质水解成氨基酸，然后酒药中的酵母菌利用糖化产物生长繁殖，并通过酵解途径将糖转化成酒精，从而赋予甜酒酿特有的香气、风味和丰富的营养。随着发酵时间的延长，甜酒酿中的糖分逐渐转化成酒精，因而糖度下降，酒度提高，故适时结束发酵是保持甜酒酿口味的关键。

三、实训器与试剂

1. 材料：糯米、酒药。

2. 仪器和器具：手提高压灭菌锅，不锈钢丝碗，滤布，烧杯，不锈钢锅。

四、实训步骤

1. 洗米蒸饭

将糯米淘洗干净，用水浸泡 4h，捞起放于置有滤布的钢丝碗中，于高压锅内蒸熟(约 0.1MPa，9min)，使饭“熟而不糊”。

2. 淋水降温

用清洁冷水淋洗蒸熟的糯米饭，使其降温至 35℃左右，同时使饭粒松散。

3. 落缸搭窝

将酒药均匀拌入饭内，并在洗干净的烧杯内洒少许酒药，然后将饭松散放入烧杯内，搭成凹形圆窝，面上撒少许酒药粉。盖上培养皿盖。

4. 保温发酵

于 30℃进行发酵，待发酵 2d 后，当窝内甜液达饭堆高度的 2/3 时，进行搅拌，再发酵 1d 左右即可。

五、思考与练习

1. 制作甜酒酿的关键操作是什么？

2. 发酵期间为什么要进行搅拌？

六、实训报告

1. 发酵期间每天观察、记录发酵现象。

2. 对产品进行感官评定，写出品尝体会。

3. 完成实训报告。

模块三　调味品发酵技术平台

项目十　味精发酵技术

知识目标

1. 知道味精的定义及性质。
2. 知道味精原、辅料的检测、处理方法。
3. 能陈述谷氨酸的发酵过程及操作要点。
4. 能陈述味精提取的方法。

技能目标

1. 能够完成味精发酵的各个操作环节并进行工艺控制。
2. 会操作味精发酵中常见的设备。
3. 能够进行味精质量的基本检验与鉴定（包括理化、感官、微生物检验）。
4. 会运用相关知识解决味精发酵过程中的质量问题，会进行成本分析。
5. 能够制定味精发酵的操作规范、整理改进措施。

思政目标

以味精发酵原料的合理利用为例，分析“以粗代精、以废代好、以野代家”的原则，降低生产成本，节约资源，引导学生形成节约意识和环境保护意识。

背景资料

一、味精的主要性质

L-谷氨酸钠的一水化合物俗称味精，它有强烈的肉类鲜味，将其添加在食品中可使食品风味增强，鲜味增加，是食品的鲜味调味品。

谷氨酸是中枢神经系统中一种最重要的兴奋性神经递质，主要分布于大脑皮质、海马、小脑和纹状体，在学习、记忆、神经元可塑性及大脑发育等方面均起重要作用。此外，谷氨酸对心肌能量代谢和心肌保护起着重要作用。

(一)物理性质

1. 旋光性

L-谷氨酸钠为右旋，在20℃、2mol/L盐酸介质中的比旋光度为+25.16。

2. 溶解度

谷氨酸钠溶于水和酒精溶液，在水中的溶解度随温度的升高而增大，在酒精中的溶解度随酒精浓度的升高而降低。

(二)化学性质

谷氨酸钠具有一个羧基(—COOH)、一个羧基钠(—COONa)、一个氨基($—NH_2$)，所以呈中性。其化学性质主要表现如下：

(1)与酸作用生成谷氨酸。

(2)与碱反应生成谷氨酸二钠。

(3)加热进行脱水反应，生成焦谷氨酸钠。

二、味精行业概况

20 世纪 80 年代初，全国有 150 余家味精生产企业，目前有 30 余家企业，2010 年我国的味精产量已达到 190 万吨。比较有影响力的企业为沈阳红梅味精股份有限公司、河南莲花味精股份有限公司、山东菱花集团公司、江苏菊花味精集团有限公司、广州奥桑味精食品有限公司、杭州丰汇发酵有限公司、广州肇庆星湖味精股份有限公司等。虽然市场的激烈竞争导致味精价格逐年下降，但技术进步使得成本大幅度降低，行业利润率水平并不低，加之消费需求多年保持 7%～8%以上的增长，吸引了一些上市公司、民营企业进入味精行业，如丰原公司、荣华公司、梅花公司等。同时，味精企业也出现了多元化的发展势头，生产多种氨基酸的公司有河南莲花味精股份有限公司、江苏菊花味精集团有限公司和广州肇庆星湖味精股份有限公司。

三、味精的安全性

任何食品的食用都要适量，并非多多益善，过量的食用，自然于健康无益。1987 年 2 月 16—25 日，在荷兰海牙召开的联合国粮农组织和世界卫生组织食品添加剂专家联合委员会第 19 次会议，对味精各种毒理性实验的综合评价结果做出了结论，即味精作为风味增强剂，食用是安全的，宣布取消对味精的食用限量，确认了味精是一种安全可靠的食品添加剂。就营养价值而言，味精是谷氨酸的单钠盐，谷氨酸是构成蛋白质的氨基酸之一，是人体和动物的重要营养物质，具有特殊的生理作用。1975 年美国《营养和食品工艺学词典》记载，在空腹时食用味精 25mg/kg 体重，25～35min 后就发生头痛、出汗、恶心、体软、口渴、面颊潮红、腹部疼痛等症状，但这些症状一般在数小时之内就会消失，所以在空腹时不要吃味精。谷氨酸及谷氨酸钠的分解物质中含有很强的变异原物质，如果将植物油与味精混在一起，加热约 20min，变异原物质会进一步增加，因此在烹调时味精不宜在高温的炒菜过程中添加，而应在烹调终了时加入作调味用。

味精代谢过程：味精进入胃后，受胃酸作用生成谷氨酸。谷氨酸被人体吸收后，参与体内许多代谢反应，并与其他氨基酸一起共同构成人体组织的蛋白质。人体中的谷氨酸能与血液中的氨结合形成谷氨酰胺，从而解除组织代谢过程中所产生的氨的毒害作用。

过量食用味精可造成体内钠潴留，血管变细，血压升高。建议每道菜的味精添加量不应超过 0.5mg。

关于食用味精的安全性问题，国际第 14 届食品添加物专门委员会曾作过如下结论：味精作为食品添加物是极其安全的，除婴儿外，普通人一日允许摄取量为 120mg/kg 体重。

四、味精发酵的工艺流程

图 10-1 所示为味精生产的总工艺流程。

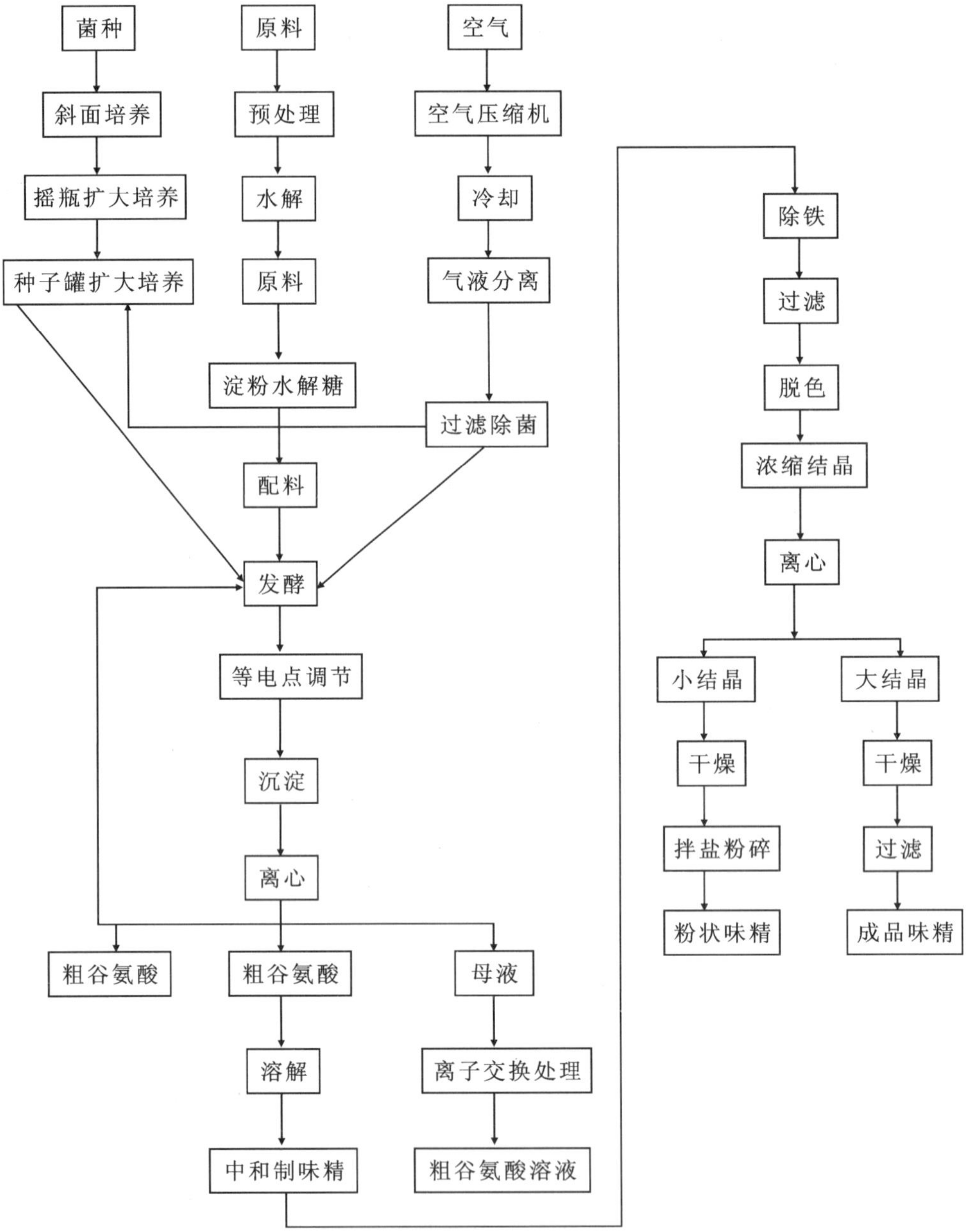

图 10-1　味精生产的总工艺流程图

五、谷氨酸发酵机制

(一)谷氨酸生物合成途径

谷氨酸的生物合成途径大致是：葡萄糖经糖酵解(EMP 途径)和己糖磷酸支路(HMP 途径)生成丙酮酸，再氧化成乙酰辅酶 A(乙酰-CoA)，然后进入三羧酸循环，生成 α-酮戊二酸。α-酮戊二酸在谷氨酸脱氢酶的催化及有 NH_4^+ 存在的条件下，生成谷氨酸。即谷氨酸的生物合成途径包括 EMP、HMP、TCA 循环、DCA 循环和 CO_2 固定作用等。

由葡萄糖生物合成谷氨酸的代谢途径如图 10-2 所示。

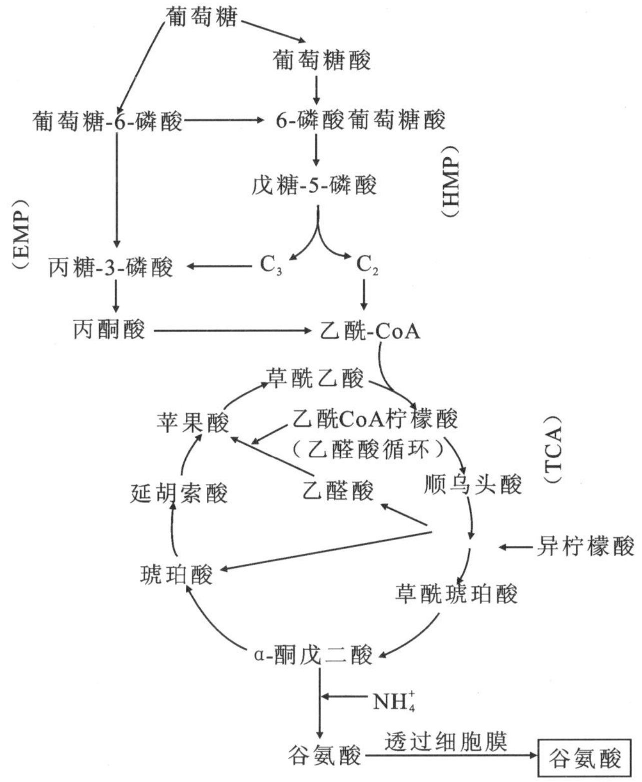

图 10-2　葡萄糖生物合成谷氨酸的代谢途径

在理想的发酵情况下，反应按下式进行：

$$C_6H_{12}O_6 + NH_3 + 1.5O_2 \longrightarrow C_5H_9O_4N + CO_2 + 3H_2O$$

1mol 葡萄糖可以生成 1mol 谷氨酸，理论收率为 81.7%。四碳二羧酸是 100%通过 CO_2 固定反应供给。

倘若 CO_2 固定反应完全不起作用，丙酮酸在丙酮酸脱氢酶的催化作用下，脱氢脱羧全部氧化成乙酰-CoA，通过乙醛酸循环供给四碳二羧酸。反应式如下：

$$3C_6H_{12}O_6 \longrightarrow 6CH_3COCOOH \longrightarrow 6CH_3COOH + 6CO_2$$

$$6CH_3COOH + 2NH_3 + 3O_2 \longrightarrow 2C_5H_9O_4N + 2CO_2 + 6H_2O$$

理论收率仅为 54.4%。

实际谷氨酸发酵时，因控制的好坏，加之形成菌体、微量副产物和生物合成消费的能量等，消耗了一部分糖，所以实际收率处于中间值。换言之，当以葡萄糖为碳源时，CO_2 固定反应与乙醛酸循环的比率对谷氨酸产率有影响，乙醛酸循环活性越高，谷氨酸生成收率越低。

(二)谷氨酸生物合成的代谢调节机制

1. 糖代谢(EMP 途径和 HMP 途径)的调节

谷氨酸棒杆菌和黄色短杆菌中均存在 EMP 和 HMP 这两条途径。

(1)能荷的调节　糖代谢的调节主要受能荷的控制，即受细胞内能量水平的控制。

(2)生物素对糖代谢速率的调节　生物素对糖代谢的影响，主要是影响糖降解速率，而不是影响EMP与HMP途径的比率。

生物素对CO_2固定反应也有影响。研究表明，生物素是丙酮酸羧化酶的辅酶，参与CO_2固定反应。据有关资料报道，当生物素过量(100μg/L以上)时，CO_2固定反应可提高30%。

乙醛酸循环的关键酶——异柠檬酸裂解酶受葡萄糖、琥珀酸的阻遏，为醋酸所诱导。以葡萄糖为原料发酵生成谷氨酸时，通过控制生物素亚适量，几乎看不到异柠檬酸裂解酶的活性。另外，该酶受琥珀酸阻遏，生物素亚适量时因琥珀酸氧化能力降低而积累的琥珀酸就会反馈抑制该酶的活性，并阻遏该酶的合成，乙醛酸循环基本上是封闭的，代谢流向异柠檬酸→α-酮戊二酸→谷氨酸的方向高效率地移动。

2. TCA循环的调节

顺乌头酸和ATP对柠檬酸合成酶有抑制作用，草酰乙酸和乙酰-CoA分别对其抑制有拮抗作用；异柠檬酸脱氢酶受乙醛酸和草酰乙酸的协同反馈抑制；氟乙酸是乌头酸酶的专一抑制剂；α-酮戊二酸脱氢酶的活力很弱，使糖代谢流进入TCA循环后受阻在α-酮戊二酸处，在有NH_4^+存在的条件下，由谷氨酸脱氢酶催化还原氨基化生成谷氨酸。

3. DCA循环的调节

在谷氨酸发酵中，DCA循环一方面可以作为TCA循环有缺陷时四碳二羧酸的补充，另一方面会使谷氨酸对的糖转化率减少。TCA循环的中间产物比抑制异柠檬酸脱氢酶更强烈地抑制异柠檬酸裂解酶；当菌体内异柠檬酸浓度低时，异柠檬酸代谢进入TCA循环比进入DCA循环更容易。

4. CO_2固定反应的调节

草酰乙酸的补充是通过CO_2固定反应来完成的。固定反应酶为磷酸烯醇式丙酮酸羧化酶和苹果酸酶。

5. NH_4^+的导入调节

NH_4^+的导入调节有三种方式：①α-酮戊二酸还原氨基化生成谷氨酸；②由天冬氨酸或丙氨酸通过氨基转移作用将氨基转给α-酮戊二酸而生成；③谷氨酸合成酶途径。但是谷氨酸产生菌中天冬氨酸转氨酶(GOT)和丙氨酸转氨酶(GPT)的活力很低，转氨途径并不重要。

异柠檬酸脱氢酶不仅催化α-酮戊二酸的生成，提供合成谷氨酸的前体物，还为谷氨酸脱氢酶提供了所必需的辅酶NADPH＋H^+。

谷氨酸合成酶对NH_4^+的亲和力比谷氨酸脱氢酶强得多，当环境中NH_4^+的浓度很低时，可由谷氨酸合成酶途径合成谷氨酸。细胞内谷氨酸浓度很高时，反馈抑制谷氨酸脱氢酶活性，但不抑制谷氨酸合成酶，所以该酶在谷氨酸发酵中的作用值得重视。

(三)细胞膜通透性的调节

细菌细胞的谷氨酸排出控制机制如图10-3所示。

在谷氨酸发酵生产中，细胞膜的谷氨酸通透性尤为重要。如果能够改变细胞膜的通透性，使谷氨酸不断地排到细胞外面，就会大量生成谷氨酸。研究表明，谷氨酸的分泌是由细胞膜控制的，或者更确切地说，细胞膜的谷氨酸通透性受细胞膜中的磷脂含量控制。

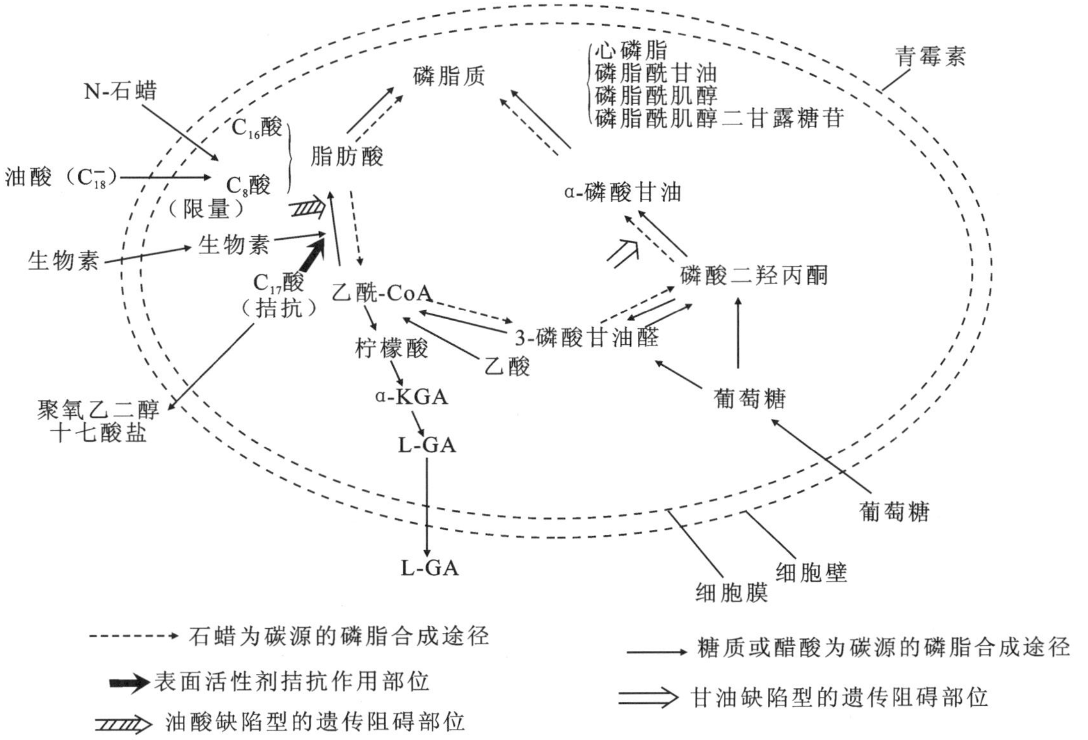

图 10-3 细菌细胞的谷氨酸排出控制机制

1. 控制细胞膜的形成，控制磷脂的合成，导致形成磷脂合成不足的不完全的细胞膜

(1)生物素缺陷型 使用生物素缺陷型菌株进行谷氨酸发酵时，必须限制发酵培养基中生物素的浓度。生物素是不饱和脂肪酸合成过程中所需的乙酰-CoA 的辅酶。生物素缺陷型菌种因不能合成生物素，从而抑制了不饱和脂肪酸的合成。而不饱和脂肪酸是磷脂的组成成分之一。因此，磷脂的合成量也相应减少，这就会导致细胞膜结构不完整。当磷脂合成量减少到正常量的 50%左右时，细胞变形，谷氨酸向膜外漏出，积累于发酵液中。

(2)添加表面活性剂或饱和脂肪酸 使用生物素过量的糖蜜原料发酵生产谷氨酸时，通过添加表面活性剂(如吐温 60)或是高级饱和脂肪酸(G16～18)及其亲水聚醇酯类，同样能清除渗透障碍物，积累谷氨酸。

(3)油酸缺陷型 使用油酸缺陷型菌株进行谷氨酸发酵时，必须限制发酸培养基中油酸的浓度。

(4)甘油缺陷型 使用甘油缺陷型菌株进行谷氨酸发酵时，必须限制发酵培养基中甘油的浓度。

2. 控制细胞壁的形成，形成不完全的细胞壁，进而导致形成不完全的细胞膜

例如，在发酵对数生长期的早期添加青霉素或头孢霉素 C 等抗生素。在生长的哪个阶段添加青霉素是影响产酸的关键。必须要在增殖过程的适当时期添加，并且必须在添加后再进行一定的增殖。

任务一　味精生产原料的预处理

味精生产的主要原料有淀粉、甘蔗糖蜜、甜菜糖蜜、醋酸、乙醇、正烷烃（液体石蜡）等。国内多数厂家以淀粉为原料生产谷氨酸，少数厂家以糖蜜为原料生产谷氨酸，这些原料在使用前一般都需进行预处理。

一、糖蜜的预处理

糖蜜的预处理包括澄清处理和脱钙处理，以及脱除生物素的处理。

1. 糖蜜的澄清处理

糖蜜中由于含有大量的灰分和胶体，需进行澄清处理，一般有硫酸处理法和石灰处理法两种方法。

2. 糖蜜的脱钙处理

糖蜜中含有较多的钙盐，影响谷氨酸的结晶提取以及所提的谷氨酸的纯度，故需要进行脱钙处理。目前常用 Na_2SO_3（纯碱）作为钙盐沉淀剂进行处理。

3. 糖蜜中生物素的脱除处理

糖蜜中所含生物素量远远超过了谷氨酸生产菌发酵生产谷氨酸时所需要的生物素量（亚适量），即所谓生物素过剩。而生物素过高，会导致光长菌体、不生产谷氨酸的后果，因此需要进行生物素的脱除处理。目前有活性炭处理法、水解-活性炭处理法、树脂处理法、亚硝酸处理法、γ 射线法等。

二、淀粉糖的制备

以淀粉为原料的谷氨酸生产工艺是最成熟、最典型的一种氨基酸生产工艺，但是绝大多数的谷氨酸生产菌都不能直接利用淀粉，因此，以淀粉为原料进行谷氨酸生产时，必须将淀粉质原料水解成葡萄糖后才能使用。可用来制成淀粉水解糖的原料很多，主要有薯类、玉米、小麦、大米等，我国主要以甘薯淀粉或大米制备水解糖。

淀粉水解的方法有酸解法、酶解法、酸酶（或酶酸）结合法三种。

三、培养基配制

（一）培养基配制的成分

与其他发酵工业一样，谷氨酸发酵培养基包括碳源、氮源、无机盐、微量元素、生长因子及水等。

1. 碳源

培养基中的糖浓度对谷氨酸发酵有很大影响。在一定的范围内，谷氨酸产量随糖浓度的增加而增加，但是糖浓度过高，由于渗透压增大，对菌体生长和发酵均不利，当工艺条件配合不当时，谷氨酸对糖的转化率低。同时培养基浓度大，氧溶解的阻力大，影响供氧效率。目前国内谷氨酸发酵糖浓度为 125～150g/L，产酸 55～70g/L，采用一次高糖发酵工艺（糖浓度 170～190g/L），产酸可达 80g/L。但由于渗透压大，影响菌体生长，使发酵周期延长，产酸不易稳定。为了降低培养基中的糖浓度而又提高产酸水平，就必须采取生产低浓度糖的流动糖发酵工艺。同时，淀粉水解糖的质量对谷氨酸发酵的影响也很大。

2. 氮源

氮源是合成菌体蛋白质、核酸等含氮物质和合成谷氨酸氨基的来源。同时，在发酵过程中一部分氨用于调节 pH 值，形成谷氨酸铵盐。因此，谷氨酸发酵需要的碳氮比为 100∶(15～30)。碳氮比在 100∶11 以上时才开始累积谷氨酸。在实际生产中，采用尿素或氨水作氮源时，由于一部分氨用于调节 pH 值，一部分分解而溢出，使实际用量很大，培养基中的糖浓度为 140g/L，总用尿素量为 38.5g/L，碳氮比为 100∶32.8。

氮源有无机氮和有机氮。无机氮有尿素、液氨、氨水、碳酸氢铵、硫酸铵、氯化铵和硝酸铵等。菌体利用无机氮比较迅速，利用有机氮较缓慢。铵盐、尿素、氨水等比硝基氮优越，因为硝基氮需先经过还原才能被利用。一般要根据菌种和发酵特点合理地选择氮源。采用不同的氮源，其添加方法不同，如尿素、液氮等可采取流加方法。

常用的无机氮有以下几种：

(1)尿素　尿素的用量和添加量是根据菌种的特点决定的，如 ASI.299 菌株的脲酶活力比较弱，耐尿能力强，初尿用量较多，可用 20g/L，流加次数少、流加量多。T6-13 菌种的脲酶活力强，初尿用量少，为 4～8g/L，流加尿应以少量多次流加为宜。

(2)液氨　含氨量为 99%～99.8%。也可用氨水，含氨量为 20%～25%。

(3)碳酸氢铵　含氨量为 17.6%。

谷氨酸发酵的有机氮源常用玉米浆、麸皮水解液、米糠水解液、豆饼水解液和糖蜜等。有机氮丰富有利于长菌，谷氨酸发酵对有机氮的需要量不多。

3. 无机盐

无机盐的主要功能是构成菌体成分，作为酶的组成部分，是酶的激活剂或抑制剂，调节培养基的渗透压，调节 pH 值和氧化还原电位等。一般微生物所需要的无机盐为硫酸盐，磷酸盐，氯化物和含钾、钠、镁、铁的化合物。还需要一些微量元素，如铜、锰、锌、钴、钼、碘、溴等。微生物对无机盐的需要量很少。

(1)磷酸盐　微生物对磷的需要量一般为 0.005～0.01mol/L。

(2)硫酸镁　一般革兰氏阳性菌对 Mg^{2+} 的最低要求量是 25ppm，革兰氏阴性菌的要求为 4～5ppm。$MgSO_4$ 中含 Mg^{2+} 9.87%，发酵培养基配用 0.25～1g/L，Mg^{2+} 的浓度为 25～90ppm。

(3)钾盐　当培养基中配用 1g/L $K_2HPO_4 \cdot 3H_2O$ 时，其钾浓度约为 0.38g/L。如果采用 $Na_2HPO_4 \cdot 12H_2O$ 时，应配用 0.3～0.6g/L KCl，钾浓度为 0.35～0.7g/L。

4. 微量元素

例如锰是某些酶的激活剂，羟化反应必须要有锰，如谷氨酸生物途径。草酸、琥珀酸脱羟生成 α-酮戊二酸是在 Mn^{2+} 存在下完成的，一般培养基配用 $MnSO_4 \cdot 4H_2O$ 2ppm。铁是细胞色素氧化酶，又是若干酶的激活剂。必须指出，某些金属离子，特别是汞离子和铜离子，具有明显的毒性，抑制菌体生长和影响谷氨酸的合成，因此，必须避免将有害离子加入培养基中。

5. 生长因子

目前以糖质原料为碳源的谷氨酸产生菌均为生物素缺陷型，以生物素为生长因子。有些菌株还以硫胺素为生长因子，有些变异株油酸缺陷型还以油酸为生长因子。

(1)生物素　生物素的作用主要是影响谷氨酸产生菌细胞膜的谷氨酸通透性，同时也影响菌体的代谢途径。谷氨酸发酵最适的生物素浓度随菌种不同、碳源种类和浓度以及供氧条件不同而异，一般为5μg/L左右。如果生物素过量，就会大量繁殖而不产或少产谷氨酸，而产乳酸或琥珀酸，在生产中表现为长菌快、耗糖快、pH值低、尿素消耗多。若生物素不足，菌体生长不好，谷氨酸产量也低，就会表现为长菌慢、耗糖慢、发酵周期长。当供氧不足时，生物素过量，发酵向乳酸发酵转换。供氧充足，生物素过量，糖代谢倾向于完全氧化。

(2)维生素 B_1(硫胺素)　维生素 B_1 对某些谷氨酸菌种的发酵有促进作用。

(二)谷氨酸发酵培养基的配制

发酵培养基中的各种成分的配比，由于菌种、设备和工艺不同，以及原料来源、质量不同而有所差异。几种不同谷氨酸生产菌对各种营养成分的要求具体见表10-1。

表10-1　不同谷氨酸生产菌配方

成分和pH值	菌株			
	AS-1299	AS-1542	B9	D110
糖(%)	12.5	12.5	10	15
玉米浆(%)	0.5～0.7	0.5～0.7	—	0.3
磷酸氢二钠(%)	0.17	0.17	0.16	0.35
硫酸镁(%)	0.06～0.07	0.07	0.06	—
Fe^{2+}、Mn^{2+}(%)	—	—	—	—
初尿(%)	1.8～2.0	1.0	1.0	3.4
流加尿素(%)	1～1.2	1.8～2.2	1.8～2.2	—
pH值	7.0	7.0	6.8	6.7

谷氨酸发酵培养基(以淀粉水解糖为主要碳源的培养基，5000L发酵罐为例)的灭菌条件如下：实罐灭菌条件是105～110℃，灭菌5min。连续灭菌条件是连消塔灭菌温度为110～115℃，维持罐温度在105～110℃，持续约6min。培养基灭菌后冷却至30℃左右，即可接入种子进行发酵了。

任务二　谷氨酸菌种的制备

一、谷氨酸产生菌的选育

谷氨酸产生菌的选育，对于提高谷氨酸的产量和质量都有极其重要的意义。主要有以下五种方法：

(一)自然选育

在生产过程中，不经过人工处理，利用菌种的自发突变，从而选育出优良菌种的过程，叫作自然选育。菌种的自发突变往往存在两种可能性：一种是菌种衰退，生产性能下降；另一种是代谢更加旺盛，生产性能提高。具有实践经验和善于观察的工作人员，能利用自发突变而出现的菌种性状的变化选育出优良菌种。例如，在谷氨酸发酵过程中，人们从被噬菌体污染的发酵液中分离出了抗噬菌体的菌种。

(二)诱变选育

诱变选育是指用人工的方法处理微生物,使它们发生突变,再从中筛选出符合要求的突变菌株,供生产和科学实验用。诱变选育与其他育种方法相比,具有操作简便、速度快和收效大的优点,至今仍是一种重要的、广泛应用的微生物育种方法。诱变选育包括出发菌种选择、诱变处理和筛选突变株三个部分。诱变剂有物理诱变剂(如紫外线、X 射线、γ 射线、快中子)、化学诱变剂(如亚硝酸、硫酸二乙酯、氮芥)等。

(三)杂交育种

杂交育种一般是指人为利用真核微生物的有性生殖或准性生殖,或原核微生物的接合、F 因子转导、转导和转化等过程,促使两个具不同遗传性状的菌株发生基因重组,以获得性能优良的生产菌株。

原生质体融合是通过人工方法,使遗传性状不同的两个细胞的原生质体发生融合,并产生重组子的过程,亦可称为“细胞融合”。原生质体融合后,两亲株的基因组之间有机会发生多次交换,产生多种多样的基因组合,从而得到多种类型的重组子,而且参与融合的亲株数不限于两个,可以多至三四个。这些都是常规杂交育种不可能达到的。

(四)代谢控制选育

1. 切断或减弱支路代谢

(1)选育减弱 α-酮戊二酸进一步氧化能力的突变株　从谷氨酸生物合成的代谢途径可以看出,减弱 α-酮戊二酸脱氢酶复合体的活性,可以使代谢流向谷氨酸,从而使谷氨酸得到积累。

(2)选育减弱 HMP 途径后段酶活性的突变株　可通过选育莽草酸缺陷型或添加芳香族氨基酸能促进生长的突变株以及抗嘌呤、嘧啶类似物或核苷酸类抗生素,如德夸菌素、狭霉素 C 抗性突变株来实现。

(3)选育不分解利用谷氨酸的突变株　可通过选育以谷氨酸为唯一碳源、菌体不长或生长微弱的突变株来实现。

(4)选育减弱乙醛酸循环的突变株　可通过选育琥珀酸敏感型突变株、不分解利用乙酸突变株、异柠檬酸裂解酶活力降低菌株来实现。

(5)阻止谷氨酸进一步代谢　由于细胞还可以以谷氨酸为前体继续向下合成谷氨酰胺等,为此,要避免谷氨酸被菌体利用,还需要切断谷氨酸向下的代谢途径。

2. 解除菌体自身的反馈调节

(1)选育耐高渗透压突变株　可通过选育耐高糖、耐高谷氨酸及耐高糖和高谷氨酸突变株来实现。

(2)选育解除谷氨酸对谷氨酸脱氢酶反馈调节的突变株　可通过选育酮基丙二酸抗性、谷氨酸结构类似物抗性(如谷氨酸氧肟酸盐)、谷氨酰胺抗性突变株来实现。

3. 增加前体物的合成

(1)选育强化三羧酸循环中从柠檬酸到 α-酮戊二酸代谢的突变株　可通过选育柠檬酸合成酶活力强突变株及抗氟乙酸、氟化钠、重氮丝氨酸、氟柠檬酸等突变株来实现。

(2)选育强化 CO_2 固定反应的突变株　可通过选育以琥珀酸或苹果酸为唯一碳源、生长良好的突变株,氟丙酮酸敏感突变株以及丙酮酸或天冬氨酸缺陷突变株来实现。

4. 提高细胞膜的渗透性

(1)选育抗 Vp 类衍生物突变株　选育抗 Vp 类衍生物，如香豆素、卢丁等突变株，都能遗传性地改变细胞膜的渗透性。

(2)选育溶菌酶敏感突变株。

(3)选育二氨基庚二酸缺陷突变株。

(4)选育温度敏感突变株　当控制培养温度为最适生长温度时，菌体正常生长；当温度提高到一定程度时，菌体便停止生长而大量产酸。

5. 强化能量代谢

谷氨酸高产菌的两个显著特点是：α-酮戊二酸继续向下氧化的能力微弱和乙醛酸循环微弱，使能量代谢受阻，TCA 循环前一阶段的代谢减慢。强化能量代谢可弥补上述两点不足，使 TCA 循环前一段代谢加强，谷氨酸合成的速度加快。

(1)选育呼吸链抑制剂抗性突变株　如可选育丙二酸、氧化丙二酸、氰化钾、氰化钠抗性突变株来实现。

(2)选育 ADP 磷酸化抑制剂抗性突变株　如可选育 2,4-二硝基酚、羟胺、砷、胍等抗性突变株来实现。

(3)选育抑制能量代谢的抗生素的抗性突变株　如可选育缬氨霉素、寡霉素等抗性突变株来实现。

6. 其他遗传标记

据报道，选育异亮氨酸缺陷、蛋氨酸缺陷、苯丙氨酸缺陷、AEC 抗性、AHV 抗性、棕榈酰谷氨酸敏感等突变株，都可不同程度地提高谷氨酸的产酸率。

(1)优先合成　谷氨酸比天冬氨酸优先合成，谷氨酸合成过量后，会抑制和阻遏自身的合成途径，使代谢转向合成天冬氨酸。

(2)谷氨酸脱氢酶(GDH)的调节　谷氨酸对谷氨酸脱氢酶存在着反馈阻遏和反馈抑制的作用。

(3)柠檬酸合成酶的调节　柠檬酸合成酶受能荷调节、谷氨酸的反馈阻遏和顺乌头酸的反馈抑制。

(4)异柠檬酸脱氢酶的调节　细胞内 α-酮戊二酸的量与异柠檬酸的量需维持平衡。当 α-酮戊二酸过量时，将对异柠檬酸脱氢酶发生反馈抑制作用，停止合成 α-酮戊二酸。

(5)α-酮戊二酸脱氢酶在谷氨酸产生菌中先天性地丧失或微弱。

(6)磷酸烯醇式丙酮酸羧化酶受天冬氨酸的反馈抑制，受谷氨酸和天冬氨酸的反馈阻遏。

(五)基因工程选育

谷氨酸生产菌的基因克隆系统采用“鸟枪”法，即利用一种或几种限制性内切酶将某一菌株的 DNA 分子切割成相当于一个或者大于一个基因的片段，然后将这些片段一一与载体连接，制成重组 DNA 分子，转化到另一菌株中进行体内无性繁殖，最后对所有带有重组 DNA 分子的细菌(组成基因文库)进行培养和选择，从中挑出含有目的基因的转化分子。

当然，以上各种方法并不孤立存在，而是相互交叉、相互联系的。特别是一些交叉学科技术(如重离子束、离子注入和航天航空空间技术)应用于菌种的选育中，促进了生产的发展。

二、菌种的活化、扩培

(一)谷氨酸发酵常用的菌种

目前用于谷氨酸发酵的代表菌株有谷氨酸棒杆菌、黄色短杆菌、乳糖发酵短杆菌、嗜氨小杆菌和硫殖短杆菌。早期使用的菌株有北京棒杆菌 AS1-299、钝齿棒杆菌 AS-1542、钝齿棒杆菌 B9、黄色短杆菌 T6-13 等，20 世纪 80 年代以后有沈阳味精厂经分离得到的棒杆菌 S-941、黑龙江轻工所以 AS-1299 为出发菌株经诱变得到的适合于甜菜糖蜜发酵的菌株 D110、天津轻工学院以 AS-1299 为出发菌株诱变得到的突变株 WTH、复旦大学以 T6-13 为出发菌株经诱变选育出的黄色短杆菌 FM84-415 等。多数菌株是通过一定的育种手段得到的生产菌种，因此，在使用和保藏管理时需要特别注意，防止污染和退化。

(二)菌种的扩大培养

通常谷氨酸发酵的接种量为 1%，工业生产上一般采用两级扩大培养的方法来获得所需的菌量。菌种扩大培养的工艺流程如图 10-4 所示。

保藏菌株→斜面活化——32℃培养24h→摇瓶种子培养——（1000mL三角瓶，装液量180~200mL）30~32℃培养10~12h，接种量0.2%~0.5%→种子罐——32~34℃通风搅拌，培养6~8h→发酵罐

图 10-4　菌种扩大培养的工艺流程

1. 斜面培养

斜面培养的谷氨酸产生菌主要是棒状杆菌属、短杆菌属、小杆菌属及节杆菌属的细菌。除节杆菌属外，其他三属中有许多菌种适用于糖质原料的谷氨酸发酵。

(1)斜面培养基组成　葡萄糖 0.1%(传代和保藏斜面不加葡萄糖)，蛋白胨 1.0%，牛肉膏 1.0%，NaCl 0.5%，琼脂 2.0%～2.5%，pH 值为 7.0～7.2，121℃灭菌 20min。

(2)培养条件　一般 30～32℃培养 18～24h。每批斜面菌种培养完成后，仔细观察菌苔的生长情况、颜色和边缘等特征，确认合格，即可放入冰箱保存备用。

斜面菌种的培养是生产过程中的重要环节，必须严格操作，防止菌种和噬菌体的污染。

生产中使用的斜面菌种不宜多次转接，应只转接三代，以免菌种退化。因此，要经常进行菌种的分离纯化，不断提供新的斜面菌种供生产用。

2. 一级种子培养

一级种子培养的目的在于培养大量活力强的菌体，其组成以少含糖分、多含有机氮为主，培养条件从有利于长菌考虑。

(1)培养基组成　葡萄糖 2.5%，尿素 0.5%，硫酸镁 0.04%，磷酸氢二钾 0.1%，玉米浆 2.5%～3.3%，硫酸亚铁 2ppm，硫酸锰 2ppm。

(2)培养条件　1000mL 三角瓶中装 200mL 培养基，8 层纱布封口，0.1MPa 灭菌 30min，冷却后接种，接种量为一支斜面接一瓶。30～32℃摇床培养 12h，如用旋转式摇床，转速为 170～190r/min；如用往复摇床，冲程 7.6cm，频率为 97 次/min。

(3)一级种子质量要求　种龄：12h；pH 值：6.4±0.1；Δ_{OD}(560nm 光密度净增值)：大于 0.5；*RG*(残糖)：0.5%以下；噬菌体检查：无；镜检：菌体生长均匀，粗壮，排列整齐，革兰氏阳性反应。

一级种子储存于 4℃的冰箱内待用。有的工厂一级种子不用三角瓶摇瓶培养，而是培

养大型斜面为一级种子使用。

3. 二级种子培养

为了得到发酵需要的足够数量的菌体，在一级种子培养的基础上扩大到种子罐的二级种子培养。种子罐容积的大小取决于发酵罐大小和种量的比例。

(1)培养基组成　氨基酸生产没有固定的种子培养基配方，需根据菌种需求、工艺条件、原料来源等进行优化。氮源有流加等不同的添加方式。

实例：葡萄糖 2.5%，玉米浆 2.5%，KH_2PO_4 0.15%，$MgSO_4 \cdot 7H_2O$ 0.07%，尿素 0.5%，糖蜜 1.25%，纯生物素 0.0188ppm，$FeSO_4$、$MnSO_4$ 各 2ppm，调节 pH 值为 7.0，实消，121℃灭菌 10min。

(2)培养条件　接种量：0.03%～0.5%（根据工厂的条件而定）；培养温度：32～34℃；搅拌速度：一般是 150～300r/min；通气比：0.15～0.35$m^3/(m^3 \cdot min)$；培养时间：根据工艺、营养成分及浓度而定，一般为 8～9h，也有的为 12～14h；培养 pH 值：一般控制在 6.8～8.0，用流加液氨调节。

(3)质量要求　种龄 8.0h 以上；pH 值 7.0～7.2；净增 Δ_{OD}(650)大于 0.5；残糖 10～15g/L；无噬菌体污染；镜检要求菌体生长均匀、粗壮，排列整齐，革兰氏阳性反应，二级种子培养结束时还要求活菌数为每毫升含细胞 10^8～10^9 个。

(4)流加液氨培养工艺的优点　可提高培养液的菌体浓度；采用尿素作氮源，pH 值波动幅度较大，而采用流加液氨，可控制 pH 值波动幅度，适宜菌种生长。

三、噬菌体的检测

菌种活化、扩培的每一步都必须做噬菌体的检测，确保无噬菌体污染。噬菌体污染的检查方法有双层平板法、单层平板法、载玻片快速法、液体培养检查法、平板交叉划线法、增殖检查法、快速检测法等，可根据实际情况选择。

任务三　谷氨酸发酵准备及过程控制

谷氨酸发酵是有氧发酵，发酵罐由罐体、蒸汽管道、空气管道、加料出料管道等组成，在发酵之前，必须先对发酵罐进行空消，进料后进行实消。

一、发酵罐的空消、实消操作

具体操作见项目四的实训“实罐灭菌”。

二、谷氨酸接种、发酵及控制

(一)接种操作要点

1. 一级种子接入种子罐的操作

(1)金属种瓶　用不锈钢特制的种子瓶主要由瓶体、带螺纹的瓶盖以及耐高温的软管组成，软管用纱布包扎好，置于灭菌锅内 121℃灭菌 30min。

在无菌条件下进行并瓶操作，塞上橡胶塞，并拧紧瓶盖，贮于 4℃冰箱内备用。

(2)接种操作　采取必要措施尽可能防止操作区域的空气流动，并对操作空间进行必要的消毒。接种时，点燃火球灼烧种子罐的接种管口，并让火焰笼罩接种管口，稍微打开接种阀门，使种子罐内无菌空气以微弱气流从接种管口排出。在火焰上解开金属种瓶的纱布，迅速将软管套在种子罐的接种管上，并用铁丝固定，然后移开火焰。开尽接种阀门，同时调节种子罐进气阀门的开度，使种子罐压力升高至0.10～0.15MPa，由于金属种瓶已与种子罐连通，两者压力达到平衡。接着，关闭进气阀门，打开排气阀门排气，于是种子罐压力降低，在金属种瓶与种子罐内形成气压差，从而把一级种子压进种子罐。当种子罐压力降低至0.03～0.05MPa时，若一级种子没有完全压进种子罐，应立即关闭排气阀门，重复上述操作，使一级种子全部进入种子罐。接种完毕，立即调节进气阀门和排气阀门，使罐压升高至0.10MPa左右，然后调小接种阀门的开度，拔出软管，让种子罐内气流将残留在接种管的种子液吹出，便可关闭接种阀门，启动种子罐搅拌进行培养。

2. 二级种子接入发酵罐的操作

(1)移种管道的灭菌　接种前，依次打开分布管上的蒸汽阀、分布管进种阀、分布管出种阀、分布管各阀门上的小边阀、分布管的排污阀、种子罐出料阀下面的小边阀、发酵罐接种阀的小边阀，进蒸汽灭菌30min。灭菌过程中，确保各排气口充分排气，消除死角。

(2)移种　管道灭菌完毕，先关闭各排气口，然后关闭分布管上的蒸汽阀，打开发酵罐的接种阀，让发酵罐内的无菌空气进入移种管。同时，关闭种子罐排气阀、培养进气阀，打开移种加压阀，使种子罐压力升高至0.15～0.20MPa，然后打开种子罐出料阀，使二级种子被种子罐内无菌空气压进发酵罐。移种过程中，调节发酵罐进气阀、排气阀，使发酵罐压力恒定在0.03MPa，确保种子罐与发酵罐之间保持一定的压力差，从而保证较快的移种速度。移种完毕，首先关闭发酵罐的接种阀，打开接种阀上的小边阀，让气流吹尽管道残留种子液后，关闭种子罐移种加压阀、出料阀，打开排气阀排气。同时，按照接种前管道灭菌操作步骤，对移种管道灭菌10min。

(二)谷氨酸发酵及控制原理

谷氨酸产生菌之所以能够在菌体外大量积累谷氨酸，是由于菌体的代谢调节异常化。这种代谢异常化的菌种对环境因素的变化是很敏感的，谷氨酸发酵是建立在容易变动的动态代谢平衡上，受多方面的环境条件支配。所以有了好的菌种而没有适合的环境条件和操作工艺，也不可能大量积累谷氨酸。在适宜的培养条件下，谷氨酸产生菌能够将60%以上的糖转化成谷氨酸，而只有少量的副产物。与此相反，如果培养条件不适宜，则谷氨酸产量很少，仅得到大量的菌体或由谷氨酸发酵转换成乳酸、琥珀酸、丙氨酸、谷氨酰胺等产物。

1. 培养基的控制

培养基是菌体生长和代谢的基质，其组成对菌体的生长和代谢起着重要的作用。谷氨酸的发酵大致可分为两个阶段——长菌阶段和产酸阶段，这两个阶段对营养的要求是不同的。在长菌阶段，要求营养相对均衡。对生物素缺陷型菌种来说，生物素含量相对充裕，风量要求较小，以求在短期内得到大量高活性的产酸型菌体。而在产酸阶段，要求生物素消耗完，供给氨的速度要与代谢速度相匹配，因此两个阶段的控制要求不同。

(1)碳源　我国一般以淀粉质材料作为发酵原料，只有极少数厂家以糖蜜为碳源。生产的第一步是将所含淀粉水解成葡萄糖，并以此为发酵的碳源。培养基中的糖含量与谷氨酸发酵有密切关系。在一定的范围内谷氨酸产量随糖含量的增加而增加，但是，糖含量过高，渗透压变得过大，对菌体的生长不利，谷氨酸对糖的转化率也低。糖含量的多少主要依菌种特性来定，同时，还要与其他工艺条件相配合。

(2)氮源　氮源是菌体蛋白质等含氮物质和谷氨酸中氮的来源。要根据菌种和发酵特点合理选择氮源。采用不同的氮源，其使用方法也不同，如采用液氨、尿素作为氮源，应采用流加方法。液氨作用快，对 pH 值影响大，以采用连续流加为好；尿素使用方便，但发酵液的 pH 值响应较慢，同时，pH 值的响应程度还受到菌种脲酶活性、搅拌转速、罐压及风量的影响。多因素的影响造成了 pH 值的波动较大，对菌体的后期（产酸期）活性影响较大。目前生产过程基本上都使用液氨，一般不使用有机氮（玉米浆更多的是作为生物素源）。

(3)生物素　在生物素缺陷型的谷氨酸发酵中，生物素在发酵中起着细胞膜通透的开关作用，对发酵影响极大。如过量，则只长菌，不产酸；如不足，则菌体生长缓慢，甚至不长。菌体从培养液中摄取生物素的速度很快，远远超过菌体繁殖所需的生物素量。因此，培养液中残存的生物素量很少，在培养过程中菌体内的生物素含量由丰富转向贫乏，从而达到亚适量，保证谷氨酸的积累。有人通过乳糖发酵短杆菌试验发现，菌体内生物素从 20μg/g 干菌体降到 0.5μg/g 干菌体时，菌体就停止了增长，继续培养就在体外积累谷氨酸。在生物素限量的条件下，排出的谷氨酸量占总氨基酸量的 92%左右；在生物素丰富的条件下，排出的谷氨酸量仅占总氨基酸量的 12%左右。在以糖蜜为原料的发酵过程中，由于糖蜜中富含生物素，形成了事实上的生物素过量，因此，必须在发酵前期的对数生长后期流加青霉素或表面活性剂等，破坏菌体细胞壁的形成，打开膜通道。

2. 温度对发酵的影响

谷氨酸发酵前期的长菌阶段和种子培养应在菌体生长的最适温度下进行，如果温度过高，菌种容易衰老，在发酵上表现为吸光度增长低，pH 值高，耗糖慢，发酵周期长，谷氨酸产量低，严重时甚至会抑制菌体的生长繁殖。遇到这种情况，应及时降低温度，采取小通风、少量多次的方式流加尿素，必要时可补加生物素，补加菌种。在发酵中期和后期，菌体生长已基本停止，为了形成大量谷氨酸，需要适当提高温度，以促进谷氨酸的产生。根据菌种的特点，一般可采用二级或三级温度管理方式，即发酵前期长菌阶段温度控制在 30～32℃，发酵中期和后期温度控制在 30～37℃。

3. pH 值对发酵的影响

pH 值对微生物的生长和代谢产物的积累都有很大影响。谷氨酸产生菌的最适 pH 值为 6.5～8.0，各个不同的菌种又略有不同。谷氨酸发酵在中性和微碱性条件下（pH 值 7.0～8.0）积累谷氨酸，在酸性条件下（pH 值 5.0～5.8）则容易形成谷氨酰胺。

在谷氨酸发酵过程中，菌体对培养基营养成分的利用和代谢产物的形成，使培养液的 pH 值不断发生变化。pH 值的变化规律，反映了发酵过程中菌体代谢的内在规律，也是发酵调控的主要依据。在以尿素为氮源的发酵过程中，尿素被菌体脲酶分解，释放出氨，使 pH 值升高，脲酶活性高的菌种，流加尿素后，pH 值响应时间短，pH 值上升剧烈，一旦 pH 值超过 8.5，则会对菌体活性产生抑制，使发酵延缓，因此，尿素流加要少量多次。氨被菌体同化利用以及糖被利用生成有机酸等中间代谢产物，又使 pH 值下降；谷氨酸的形成耗用大量的氨，也使 pH 值下降，因此，需要不断补充氮源和调节 pH 值。当流加尿素后，尿素被菌体脲酶分解放出氨，使 pH 值升高，氨被利用和代谢产物形成使 pH 值下降，这样反复进行，直至发酵结束。因此，pH 值的变化被认为是谷氨酸发酵的综合指标。pH 值变化的情况还受菌种的特性、培养基的组成及工艺条件等的影响。所用菌种不同，所含酶系的活性也不同。培养基中糖、氮的种类和配比不同，通风、搅拌强度、调节 pH 值的方法不同，pH 值的变化也就不同。这些条件一定时，在正常的发酵情况下，其 pH 值的变化具有一定的规律性。

4. 通风和搅拌对发酵的影响

谷氨酸产生菌是兼性好氧菌，供氧过大或过小对菌体生长和谷氨酸积累都有很大的影响。发酵的不同阶段对氧的要求不同，一般在菌体生长繁殖期比谷氨酸生成期对溶解氧要求低一些。发酵罐中的溶解氧水平主要由搅拌转速、通风量和罐压三者协同决定。

5. 泡沫对发酵的影响

泡沫是发酵过程中必然会出现的现象，泡沫与发酵液的特性（如组分、黏度等）相关，也与发酵控制参数（如罐压、搅拌、风量等）相关。正常的发酵，泡沫可完全处在控制之下。泡沫的失控，往往有异常情况发生。因此，在发酵过程中如何避免泡沫的过多产生是需要重视的问题。

（三）发酵过程的控制

1. 温度控制

谷氨酸发酵前期（0～12h）是菌体生长繁殖阶段，在此阶段主要是微生物利用培养基中的营养物质来合成蛋白质、核酸等物质供菌体繁殖所用，而控制这些合成反应的最适温度均在 30～32℃。发酵中后期（12h 以后）菌体生长进入稳定期，此时菌体繁殖速度变慢，谷氨酸合成过程加速进行，催化合成谷氨酸的谷氨酸脱氢酶的最适温度均比菌体生长繁殖的温度要高，因而发酵中期适当提高罐温有利于产酸，中期温度可适当提高至 34～37℃。

2. pH 值控制

谷氨酸发酵在中性和微碱性条件下（pH 值 7.0～8.0）积累谷氨酸，在酸性条件下（pH 值 5.0～5.8）则易形成谷氨酰胺和 N-乙酰谷氨酰胺，发酵前期 pH 值偏高对生长不利，糖耗慢、发酵周期延长；反之，pH 值偏低则菌体生长旺盛，糖耗快，不利于谷氨酸合成。但是，前期 pH 值偏高（pH 值 7.5～8.0）对抑制杂菌有利，故控制发酵前期的 pH 值在 7.5 左右为宜。由于谷氨酸脱氢酶的最适 pH 值为 7.0～7.2，氨基转移酶的最适 pH 值为 7.2～7.4，因此控制发酵中后期的 pH 值为 7.2 左右。

生产上控制 pH 值的方法一般有流加尿素和流加氨水两种。一般采用少量多次流加尿素，可以使 pH 值较稳定，对发酵比较有利；氨水应采用连续流加，因氨水作用快，对 pH 值的影响大。国内普遍采用前一种方法。流加尿素的数量和时间主要根据 pH 值变化、菌体生长情况、糖耗情况和发酵阶段等因素来决定。例如，当菌体生长和糖耗均缓慢时，要少量多次地流加尿素，避免 pH 值过高而影响菌体生长；菌体生长和糖耗均快时，流加尿素可多些，使 pH 值适当高些，以抑制生长；发酵后期，残糖少，接近放罐时，应尽量少加或不加尿素，以免造成浪费和增加氨基酸提取的困难。现在已实现用电子计算机自动控制 pH 值。

3. 通风与搅拌控制

通风与搅拌对谷氨酸发酵大有影响。通风搅拌过量时，糖耗慢，pH 值趋碱性，前期菌体生长缓慢，后期氧化剧烈，α-酮戊二酸增产，谷氨酸减产；通风搅拌不足时，糖耗加快，pH 值趋于酸性，尿素随加随耗，菌体大量生长繁殖，乳酸增产，谷氨酸减产。因此，为了获得谷氨酸发酵的高产，通风搅拌必须配合适当，才能使发酵产酸正常进行。

谷氨酸发酵过程中，发酵前期以低通风量为宜，K_d 值（氧的溶解系数）为（4～6）$\times 10^{-6}$ mol/（mL·min·MPa），而产酸期 K_d 值为（1.5～1.8）$\times 10^{-5}$mol/（mL·min·MPa）。

4. 流加糖控制

流加糖工艺的关键技术在于开始流加的时机的选择及流加过程中的流加速度、流加期间残糖的含量、流加糖量占总投糖的比例的确定。

适当的流加时机对产酸影响很大，过早加糖可能刺激菌体生长，从而增加生长的耗糖量，也会产生底物对合成的抑制；流加过晚，不能保证生产菌在活性很强的时候有足够又不过多的合成和代谢底物，因而掌握开始流加的时机非常重要。开始流加的时机应以残糖量、耗糖速度、菌体的活力和转型情况为依据。通过耗氧及需氧情况的计算，认为发酵残糖在5.0%～2.0%时是流加糖最佳的时机。在流加过程中，流加速度主要根据残糖量控制，根据经验，残糖控制在2.0%～1.0%、流加糖占总投糖的60%～70%时，产酸和转化率较为理想。

流加方式中，连续流加比间歇流加控制效果要好，这可以避免一次大量流加而引起菌体的代谢受到环境突然改变的影响。

谷氨酸发酵流加糖的控制要点为：

(1)流加糖浓度在45%～50%之间，糖色泽不增加，糖不被分解，蒸发过程中损失尽量减小，蒸发温度不宜过高，时间不宜过长，避免产生焦糖和色素，浓缩前后的糖 *DE* 值(或 *DX* 值)与透光率 *T* 差距不能过大。

(2)流加糖消毒灭菌温度不宜过高，而且要迅速降温至30～45℃，保压备用。

(3)流加过程中残糖不宜忽高忽低。根据糖耗速率控制流加数量，保持残糖稳定。

5. 泡沫控制

目前，谷氨酸发酵常用的消泡剂有花生油、豆油、菜油、玉米油、棉籽油、泡敌(聚环氧丙烷甘油醚)和硅酮等。天然油脂类的消泡剂用量较大，一般为发酵液的0.1%～0.2%(*V*/*V*)，泡敌的用量为0.02%～0.03%(*V*/*V*)。

谷氨酸菌能够在菌体外大量积累谷氨酸，是由于菌体的代谢调节处于异常状态，也就是说，谷氨酸发酵是建立在容易变动的代谢平衡上的，是受多种发酵条件支配的。因此，在谷氨酸发酵中，应根据菌种特性控制好生物素、磷、NH_4^+、pH值、氧传递率、排气中二氧化碳和氧含量、氧化还原电位以及温度等，从而控制好菌体增殖与产物形成、能量代谢与产物合成、副产物与主产物的合成关系，使菌体最大限度地利用糖合成主产物。为了实现发酵过程工艺条件最佳化，可采用电子计算机进行资料收集、数据解析、程序控制。可收集准确的数据，如搅拌转速、装液量、冷却水入口温度和流量、通风量、发酵温度、pH值、溶解氧、氧化还原电位等，还可准确地取样。要求控制操作者进行检测并及时处理比增殖速度、比产物形成速度、比营养吸收速度、氧的消耗速度等数据，使操作条件最优化。

(四)异常现象及处理

1. 污染杂菌和感染噬菌体引起的发酵异常

(1)污染杂菌　污染杂菌后，*OD* 值增长快，糖耗也快，且发酵液泡沫增多，但谷氨酸生成量少。

处理：如果发酵前期发现杂菌污染，可将培养基重新灭菌，并酌加培养基成分，重新接种后再发酵。如果发酵中期发现染菌，而pH值、*OD* 值和糖耗等尚属正常，此时可加大风量，按常规继续发酵。如果发酵后期染菌，一般对发酵影响不大。

(2)感染噬菌体　感染噬菌体后，*OD* 值不上升甚至下跌，因此发酵液pH值上升且变得黏稠，泡沫也会增多。发酵液中很少有谷氨酸蓄积。

处理：如果发酵前期发现感染噬菌体，可将培养基重新灭菌，或采用并罐法。如果发酵中期发现感染噬菌体，将培养基在70℃加热10min杀死噬菌体，补料补种，重新发酵。如果发酵后期感染噬菌体，一般对发酵影响不大。

2. 种子质量差引起的发酵异常

将种龄过长或活力弱的种子接入发酵罐后，在发酵中、后期，糖耗就变得缓慢，pH值不下降、波动不活跃，谷氨酸生成量少。

处理：停止搅拌或减小通风量，追加生物素、磷盐和镁盐。

3. 培养基配比差错引起的发酵异常

(1)生物素　生物素是谷氨酸生产菌不可缺少的生长因子。生物素不足，长菌慢，糖耗慢，菌体生长不足。生物素过量，葡萄糖的消耗被用于菌体增殖。

(2)磷酸盐　磷在微生物细胞中含量较高，它是合成核酸、核蛋白、磷脂、各种核苷酸和辅酶的重要元素。如果培养基中不加或少加磷酸盐，则菌体生长缓慢，糖耗慢，最终菌体生长不足。如磷盐过多，糖的降解都通过EMP和TCA，菌体增殖快。

4. 发酵条件控制不当引起的发酵异常

通风量：发酵前期通风量不足，影响不大；中后期供氧不足，则谷氨酸生成少。

温度：发酵前期、中期温度过高，细胞易衰老；温度过低，发酵周期长。

pH值：发酵前期pH值偏高对生长不利，糖耗慢、发酵周期延长；pH值偏低则菌体生长旺盛，糖耗快，不利于谷氨酸合成。

表10-2所示为谷氨酸异常发酵现象及其处理措施。

表10-2　谷氨酸异常发酵现象及其处理措施

序号	异常现象	可能原因	处理措施
1	菌体生长缓慢或不长	(1)感染噬菌体； (2)培养基贫乏； (3)菌种老化； (4)前期风量过大，或初尿过多，抑制生长	(1)按感染噬菌体处理； (2)补料，并停止搅拌； (3)换种、补种； (4)停止搅拌、小通风
2	中后期耗糖慢、产酸低	(1)菌种老化； (2)前期风量过大后期无力； (3)种子或发酵前期温度过高； (4)生物素不足	(1)略减风量，如残糖高可补种，或并罐发酵； (2)略减风量，如残糖高可补种，或并罐发酵； (3)略减风量，如残糖高可补种，或并罐发酵； (4)补料
3	14h后*OD*值继上升	(1)生物素过量； (2)染菌	(1)提高风量，提高温度； (2)按染菌处理

续表 10-2

序号	异常现象	可能原因	处理措施
4	耗糖快，pH 值偏低，产酸低	(1)培养基丰富，生物素过量； (2)pH 值低，流尿不及时； (3)通风不足，空气短路，搅拌转速低； (4)感染杂菌	(1)提高风量，提高 pH 值； (2)及时流尿，提高 pH 值； (3)提高风量，提高 pH 值； (4)按染菌处理
5	发酵液变红色	生物素充足，风量不足	提高风量
6	谷氨酸生成后又下跌	(1)pH 值偏低，NH_4^+过量，谷氨酸转变为谷酰胺； (2)大量下跌，可能染菌	(1)及时流尿，提高 pH 值； (2)按染菌处理
7	泡沫太多	(1)水解糖质量不好； (2)染菌	(1)改进水解糖质量； (2)按染菌处理

(五)发酵终点判断

放罐：达到放罐标准后，及时放罐。

放罐标准：残糖在 1%以下且糖耗缓慢(小于 0.15%/h)或残糖小于 0.5%。

任务四　味精的提取及精制

一、谷氨酸发酵液的除菌体

味精厂从发酵液中提取谷氨酸时，一般受设备条件限制，并不先除菌体，而是直接从含有菌体和蛋白质的发酵液及其浓缩物中提取谷氨酸。但菌体存在于发酵液中不利于谷氨酸的结晶分离。有条件的工厂如能将发酵液中的菌体预先分离，就会降低发酵液的黏度和杂质含量，有利于谷氨酸发酵液的浓缩纯化和结晶，提高产品收率和纯度。

发酵液中除了发酵产物外，还含有大量的菌体、菌丝体。将菌体与发酵液分离的方法有离心分离和过滤两种。工业用离心机分两类，即沉降式离心机与离心过滤机。沉降式离心机只有两种基本形式：管式与碟式。而离心过滤机有多种形式：分批式操作、自动间歇式和连续操作式等。由于细菌和酵母这类发酵产生菌细胞体形小，在深层发酵液中多呈分散的悬浮状态，因此，工业发酵上对于这类菌体和发酵液的分离多采用碟式或管式的沉降离心机。将发酵液经碟式或管式高速离心机离心分离，可将菌体等固形物与清液分开。

二、谷氨酸的提取

从发酵液中提取谷氨酸的方法有等电点法、离子交换法、等电点-离子交换法、连续等电点法、金属盐沉淀法、盐酸盐法和电渗析法等，以及将上述某些方法结合使用的方法，其中较普遍的是等电点法和离子交换法。

(一)等电点法提取谷氨酸

等电点法提取谷氨酸，是将发酵液直接加酸调 pH 值至等电点，使谷氨酸溶解度最小而呈过饱和状态结晶析出，再加以分离即得到谷氨酸。等电点工艺有多种类型：直接常温等电点法；带菌体冷冻低温一次等电点法；除菌体常温等电点法；浓缩、水解等电点法；低温浓缩等电点法；谷氨酸发酵液连续等电点法等。

1. 谷氨酸发酵液的组分

(1)L-型谷氨酸，一般以谷氨酸铵盐($C_5H_8O_4N \cdot NH_4$)的形式存在。

(2)无机盐(K^+、Na^+、NH_4^+、Mg^{2+}、Ca^{2+}、SO_4^{2-}等)、残糖、色素、尿素以及消泡用的花生油、豆油或合成消泡剂等。

(3)大量菌体、蛋白质等固形物质悬浮在发酵液中，湿菌体占发酵液的2%～5%。

(4)少量发酵副产物，如乳酸、α-酮戊二酸和琥珀酸、天冬氨酸、丙氨酸、缬氨酸、脯氨酸、异亮氨酸、亮氨酸、谷氨酰胺等，各种氨基酸的含量为10%。

(5)0.6%～0.8%的铵离子、1%的残糖。

(6)核苷酸类物质及其降解产物，如发酵液中含腺嘌呤0.02%～0.05%，尿嘧啶占发酵液的0.01%～0.03%。

2. 原理

谷氨酸分子中含有两个酸性羧基和一个碱性氨基，其解离方式取决于溶液的pH值，在不同pH值的溶液中，以阳离子、两性离子和阴离子等几种不同的离子状态存在。谷氨酸在水中的等电点为3.2左右，此时，谷氨酸的溶解度最小。味精生产中正是利用了这一特性提取谷氨酸。

(1)谷氨酸结晶的性质　谷氨酸结晶属斜方晶系离子晶体，具有多晶型性质。在不同的条件下，可以得到α型谷氨酸结晶和β型谷氨酸结晶。α型结晶的晶轴长短接近，晶体粗壮，呈颗粒状，且颗粒大、质量高，易沉淀分离，是一种理想的结晶。β型结晶的晶轴长短不一，呈针状或鳞片状，晶粒微细、纯度低、质量轻，不易沉淀析出。因此，在操作中要控制结晶条件，以利于形成α型结晶。

(2)影响晶型的因素　影响谷氨酸晶体晶型的因素有发酵液中谷氨酸的含量、结晶析出温度、残糖浓度等。在室温自然冷却条件下，随谷氨酸含量的升高，β型谷氨酸结晶增多，水分增多，分离困难。当结晶析出的温度超过30℃时，β型谷氨酸结晶增加。因此，在采用等电点法提取谷氨酸时，必须把发酵液温度降到30℃以下，避免形成β型结晶。发酵液中残糖浓度高，β型结晶增加，残糖越低，越有利于形成α型结晶。

3. 影响谷氨酸结晶的主要因素

控制生成α型结晶的条件有：

(1)控制加酸速度，加酸不能太快，避免生成大量晶核。

(2)谷氨酸晶粒形成温度在25～30℃之间，温度不要太低，也不要高于30℃。

(3)添加α型晶种。

(4)搅拌转速要求适当，一般为30～35r/min。

(5)发酵液产酸愈高，溶液的过饱和率愈大，结晶生成速度愈快，结晶愈好。反之，发酵液中残糖高，胶体物质多，菌体多，均妨碍谷氨酸的结晶与沉降。

(6)发酵液中有其他氨基酸时，如天冬氨酸、苯甲氨酸等，能促进α型结晶的生成。

此外，钙盐、镁盐等杂质对谷氨酸结晶的影响也较大。据报道，谷氨酸发酵液中Ca^{2+}含量每100mL达到0.34g时，就会影响谷氨酸的结晶析出。

综上所述，等电点法提取谷氨酸，其收率与晶体生成情况有很大关系。要控制 α 晶体生成，必须注意三个方面：一是发酵液纯度高，要求谷氨酸残糖比值高，胶体物质少，提取前能除去菌体最好；二是发酵液要及时处理，保证新鲜不腐败，不染菌，并要加强等电点时罐的清洁、消毒、灭菌工作；三是加酸调节 pH 值至等电点的操作必须服从结晶规律，严格遵守温度、pH 值均匀缓慢下降，必要的育晶养晶时间，低速搅拌均匀和终端温度越低越好的条件。

4. 等电点法提取谷氨酸的工艺流程

等电点法提取谷氨酸的工艺流程如图 10-5 所示。

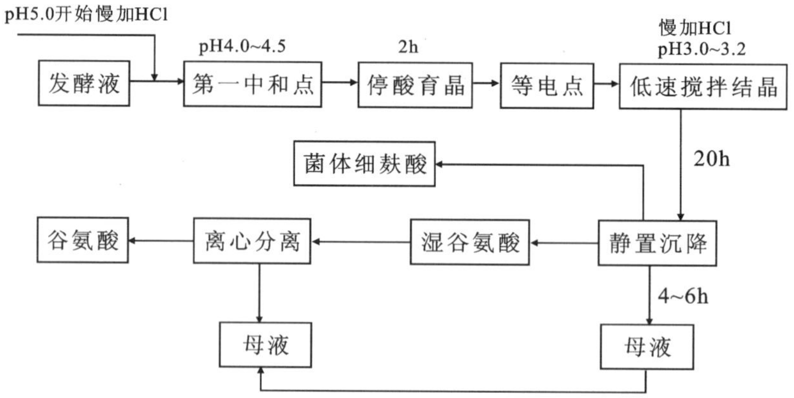

图 10-5　等电点法提取谷氨酸的工艺流程

等电点法提取谷氨酸，设备、工艺均较简单，操作方便。但是，由于发酵液中含有残糖和其他胶体物质，影响谷氨酸结晶析出，在母液中还留有相当一部分谷氨酸。一般常温等电点母液约含谷氨酸 1.8%，低温等电点母液含谷氨酸 1.2%～1.3%，这些谷氨酸还必须采用其他方法进行提取。因此，等电点法往往还要与其他方法配合使用，大多数工厂是采用等电点-离子交换法，总提取率可达 90%。

(二)离子交换法提取谷氨酸

1. 原理

利用离子交换树脂吸附发酵液中的谷氨酸，然后再进行洗脱，以使发酵液中妨碍谷氨酸结晶的残糖及糖的聚合物、蛋白质、色素等非离子性杂质得以分离。

2. 工艺流程

离子交换法提取谷氨酸的流程如下：

(1)上柱。

(2)树脂处理　离子交换柱水洗→(反洗、正洗)→5.4% HCl 再生→水洗。

(3)树脂再交换　将母液、漏液(倒水中)、低流分进行树脂再交换处理。

(三)等电点-离子交换法提取谷氨酸

等电点-离子交换法提取谷氨酸的工艺流程如图 10-6 所示。

三、味精的精制

(一)谷氨酸的中和

1. 谷氨酸一钠的等电点

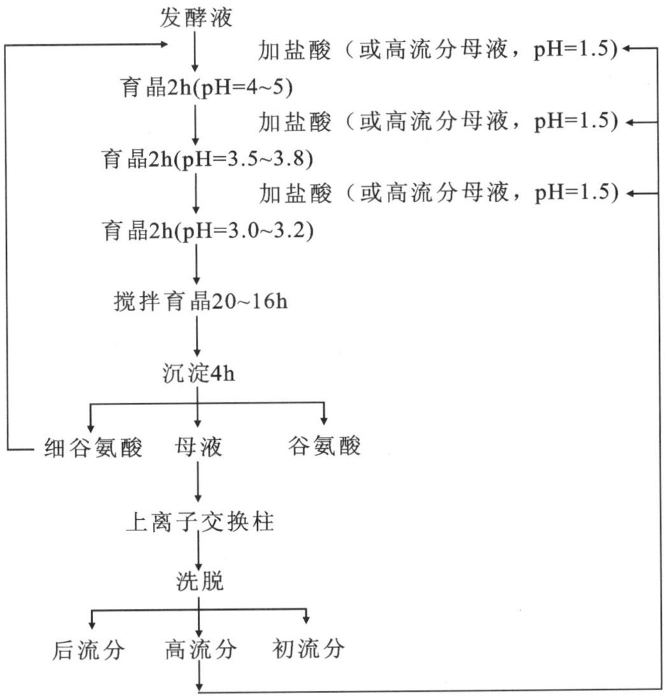

图 10-6　等电点-离子交换法提取谷氨酸的工艺流程

谷氨酸中和反应的 pH 值应控制在谷氨酸第二等电点，即 pH 值等于 6.96。当 pH 值高时，生成的谷氨酸二钠增多，而谷氨酸二钠没有鲜味。将谷氨酸溶于水中，加热、加碱进行中和。随着碱的不断加入，溶液的 pH 值逐步升高，谷氨酸的电离平衡发生移动，当绝大多数的谷氨酸都变成阴离子形式时，即为中和生成谷氨酸一钠的等电点。

2. 操作

中和剂可用氢氧化钠，也可用纯碱，一般不用液碱，因为液碱中含杂质氯化钠较多，最后会影响结晶味精成品的质量。

谷氨酸中和时，先把谷氨酸加入水中，制成饱和溶液，然后加碱中和。注意加碱速度要缓慢，用 pH 值试纸测其 pH 值。边加碱边搅拌。中和温度控制在 65℃左右。

在中和时，要控制投料比适当，即湿谷氨酸与水之比为 1∶2，湿谷氨酸与纯碱之比为 1∶(0.3～0.4)。中和温度夏天为 60℃，冬天为 65℃。中和液浓度为 21～23°Bé。中和反应控制 pH 值为 6.7～7.0。若 pH 值超过 7.0，溶液中谷氨酸二价阴离子逐渐增多，易生成谷氨酸二钠。

(二)中和液的除铁与脱色

1. 除铁

由于生产原料不纯、生产设备腐蚀及生产工艺等原因，使中和液中的铁、锌离子超标，必须将其除去。目前除铁、锌离子的方法主要有硫化钠法和树脂法两种。

(1)硫化钠法　硫化钠可与 Fe^{2+}、Zn^{2+} 反应生成硫化铁和硫化锌沉淀而将其除去。

使用的硫化钠要求呈橙黄色或微黄色，杂质少。硫化钠的用量要适当，并且在使用前应先配成 13～15°Bé 溶液。

(2)树脂法　树脂除铁(或锌)是利用弱酸性阳离子交换树脂，吸附铁(或锌)得以除去。用此法除铁(或锌)，不但解决了硫化钠除铁(或锌)引起的环境污染问题，改善了操作条件，而且提高了味精质量，是一种较为理想的除铁(或锌)方法。

2. 脱色

在味精生产过程中，由于各种成分的化学变化产生了一些有色物质，如焦糖、氨基糖、单宁铁等。因此，中和液需进行脱色处理。脱色方法有物理吸附和化学脱色两种。

(1)物理吸附　采用活性炭脱色。

(2)化学脱色　有离子交换树脂脱色法。

中和液中的一些杂质，其相对分子质量较大，在交换过程中扩散速度慢，因此，脱色时流速要适当慢些。温度控制在40～50℃进行脱色较合适。

(三)中和液的浓缩与结晶

谷氨酸钠在水中的溶解度很大，要想生成大量的结晶，必须除去大量的水分，使溶液达到过饱和状态而析出结晶。

1. 浓缩方法

一是降低溶液的温度，使溶质的溶解度减小，达到过饱和状态；二是在温度不变的条件下，蒸发掉溶液中的一部分水，使溶液的浓度升高，达到过饱和状态。中和液的浓缩不宜在高温下进行，因为谷氨酸一钠在高温下容易环化，生成焦谷氨酸钠。

味精生产的浓缩过程普遍采用减压浓缩工艺，主要设备有减压蒸发式结晶罐。浓缩时的工艺条件，一般控制真空度在80kPa以上，料液的温度控制在70℃以下。浓缩时，真空度越高，料液的沸点就越低，这样既可加快浓缩，又可避免谷氨酸一钠的脱水环化。总之，中和液的浓缩以真空度高、料液温度低、操作时间短为宜。

2. 谷氨酸一钠的结晶析出

结晶操作的基本过程可分为浓缩、起晶、整晶、育晶、放罐等几个阶段。结晶味精的晶体要求颗粒大小均匀、透明、光洁。制作结晶味精所用的中和液要求杂质含量少，透光度在90%以上。

四、味精干燥、包装和成品的质量分析

经过离心分离后的晶体必须进行干燥处理。目前，采用的干燥方法有箱式烘房干燥、真空箱式干燥、气流干燥、传送带式干燥、振动床式干燥。

结晶味精要求颗粒大小均匀，因此干燥好的晶体要经过振动筛分，除去过大或过小的晶粒，使晶粒大小更加均匀。筛分时能通过10目而不能通过24目的晶粒称为粗晶，能通过14目而不能通过28目的晶粒称为细晶。味精的包装在大部分工厂均为手工操作，生产效率低。机械化包装将逐步取代手工包装。

谷氨酸钠的分子结构中含有一个不对称碳原子，具有光学活性，能使偏振光面旋转一定角度，所以，可以用旋光仪测定样品的旋光度，将旋光度换算成谷氨酸钠的含量。

项目小结

本项目阐述了味精的性质、食用安全性，以及味精生产的四个工艺阶段：原料的预处理

及淀粉水解糖的制备；谷氨酸菌种制备；谷氨酸的发酵；谷氨酸提取、精制成味精。

味精生产是以碳水化合物为原料，经过微生物发酵生成谷氨酸，与碳酸钠或氢氧化钠发生中和反应，生成谷氨酸单钠盐，其溶液经过除杂、浓缩、结晶及分离后，得到较纯的谷氨酸一钠晶体的过程。

问题探究

1. 简述味精的性质、生理作用及安全性。
2. 简述淀粉制备葡萄糖的酶解法过程。
3. 谷氨酸种子扩大培养的过程有哪些？其中一级、二级种子的质量要求是什么？
4. 简述谷氨酸的生物合成途径。
5. 如何控制调节细胞膜的通透性？
6. 谷氨酸发酵过程中有哪些控制因素？如何控制？
7. 简述谷氨酸的中和流程。
8. 简述味精结晶的操作过程。

实训　味精的制备

一、实训目的

1. 学习淀粉酶解糖液制备方法。
2. 学会谷氨酸发酵菌种制备、发酵控制。
3. 学习谷氨酸等电点提取味精。

二、实训原理

本实训采用双酶法将淀粉水解为葡萄糖，首先利用 α-淀粉酶将淀粉液化，转化为糊精及低聚糖，使淀粉可溶性增加；接着利用糖化酶将糊精及低聚糖进一步水解，转变为葡萄糖。

本实训选择生物素缺陷型菌种 S119 进行二级种子扩培，再进行谷氨酸发酵。

生物合成谷氨酸是由葡萄糖在谷氨酸产生菌的作用下通过糖酵解途径（EMP）、磷酸己糖途径（HMP）、三羧酸循环（TCA）、乙醛酸循环、CO_2 固定反应等进行的。谷氨酸的生物合成途径大致是：葡萄糖经糖酵解（EMP 途径）和己糖磷酸支路（HMP 途径）生成丙酮酸，再氧化成乙酰辅酶 A（乙酰-CoA），然后进入三羧酸循环，生成 α-酮戊二酸。α-酮戊二酸在谷氨酸脱氢酶的催化及有 NH_4^+ 存在的条件下，生成谷氨酸。谷氨酸产生菌需要生长因子——生物素。当生物素缺乏时，菌种生长十分缓慢；当生物素过量时，则转为乳酸发酵。因此，一般将生物素控制在亚适量条件下，才能得到高产量的谷氨酸。

在发酵过程中，氧、温度、pH 值和磷酸盐等的调节和控制如下：①氧。谷氨酸产生菌是好氧菌，通风和搅拌不仅会影响菌种对氮源和碳源的利用率，而且会影响发酵周期和谷氨酸的合成量。尤其是发酵后期，加大通气量有利于谷氨酸的合成。②温度。菌种生长的最适温度为 30～32℃。当菌体生长到稳定期，适当提高温度有利于产酸，因此，在发酵后期，可将温度提高到 34～37℃。③pH 值。谷氨酸产生菌发酵的最适 pH 值为 7.0～8.0。但在发酵过程中，随着营养物质的利用、代谢产物的积累，培养液的 pH 值会不断变化。如随着氮源的利用，放出氨，pH 值会上升；当糖被利用生成有机酸时，pH 值会下降。④磷酸盐。它是谷氨酸发酵过程中必需的，但浓度不能过高，否则会转向缬氨酸发酵。发酵结束后，常用等电点、离子交换树脂法等进行提取。

三、实训器材与试剂

1. 实训材料

大米粉、α-淀粉酶(2000μ/g)、糖化酶(50000μ/g)、碘液、$CaCl_2$、葡萄糖、尿素、硫酸镁、磷酸氢二钾、玉米浆、硫酸亚铁、硫酸锰、盐酸、谷氨酸产生菌 S119。

2. 仪器设备

恒温水浴槽、真空泵、抽滤瓶及布氏漏斗、比色板、分光光度计、显微镜、摇床、旋转式蒸发器。

四、实训步骤

(一)淀粉糖的制备

1. 液化

称取 30g 大米粉于三角瓶中，加水至 100mL，用纯碱调节 pH 值至 6.2～6.4，再加入适量的氯化钙。使钙离子浓度达到 0.01mol/L，并加入一定量的液化酶(控制 5～8μ/g 淀粉)，搅拌均匀后加热至 85～90℃，保温 10min 左右，用碘液检验，达到所需的液化程度后升温到 100℃，灭酶 5～10min。

2. 碘液检验方法

在洁净的比色板上滴入 1～2 滴碘液，再滴加 1～2 滴待检的液化液，若反应液呈橙黄色或棕红色即液化完全。

3. 糖化

将上述液化液冷却至 60℃，用 10%柠檬酸调节 pH 值至 4.0～4.5，按 100μ/g 淀粉的量加入糖化酶，并于 55～60℃保温糖化至糖化完全。糖化结束后升温至 100℃，灭酶 5min。

4. 糖化终点的判断

在 150mm×15mm 试管中加入 10～15mL 无水乙醇，加糖化液 1～2 滴，摇匀后若无白色沉淀形成表明已达到糖化终点。

5. 过滤

将糖化液趁热用布氏漏斗进行抽滤，所得滤液即为水解糖液。

(二)谷氨酸发酵

1. 一级种子培养基配制

按下列培养基配方配 1000mL 一级种子培养基。按 20%装液量分装后，于 121℃灭菌 30min 冷却备用。

葡萄糖 2.5%	尿素 0.5%	$MgSO_4$ 0.04%
K_2HPO_4 0.1%	玉米浆 2.5%～3.5%	$FeSO_4$、$MnSO_4$ 各 20ppm、pH=7.0

2. 一级种子培养

将斜面菌种接入已灭菌冷却的种子培养基中(250mL 三角瓶内接入 1～2 环)于(32±1)℃、250r. p. m 条件下培养 12h。

一级种子质量要求为：种龄 12h，pH 值 6.4±0.1；*OD* 值净增 0.5 以上；无菌检查阴性，无噬菌体。

3. 二级种子培养基配制

按下列培养基配方配制 1000mL 二级种子培养基，并按 20%装液量分装于三角瓶中后，于 121℃灭菌 30min 冷却备用。

水解糖 2.5%	玉米浆 2.5%～3.5%	K_2HPO_4 0.15%
$MgSO_4$ 0.04%	尿素 0.4%	$FeSO_4$、$MnSO_4$ 各 2ppm、pH=6.8～7.0

4. 二级种子培养

在已灭菌的二级种子培养基中，按 0.5%～1.0% 接入上述已培养好的一级种子，于(32±1)℃、250r.p.m 条件下培养 7～8h。

二级种子质量要求为：种龄 7～8h，pH 值 6.8～7.2；*OD* 值净增 0.5 左右；无菌检查阴性，无噬菌体；残糖消耗 1%左右；镜检：生长旺盛，排列整齐。

5. 发酵培养基配制

按下列培养基配方制发酵培养基：水解糖 10%、甘蔗糖蜜 0.18%～0.22%、玉米浆 0.10%～0.15%、Na_2HPO_4 0.17%、KCl 0.12%、$MgSO_4$ 0.04%，并按 20%装液量分装于 250mL 三角瓶中，用 NaOH(5%)溶液调 pH 值为 7.20，于 110℃灭菌 20min，冷却备用。

6. 发酵

按 8%～10%的接种量在发酵培养基中接入合格的二级种子，于(35±1)℃、250 r.p.m 条件下发酵 35h，发酵过程中：①从第 4h 后开始用无菌注射器补入尿素，尿素流加按 pH 值进行控制，即 8h 前 pH 值为 7.0～7.6；8h 后 pH 值为 7.2～7.3；20～24h，pH 值为 7.0～7.1；24～35h，pH 值 6.5～6.6。尿素流加总量为 4%。②从第 10h 开始每隔 4h 补糖 1 次，每次补入 1%的水解糖液，在发酵 26h 前补入 4%的水解糖液。

7. 镜检及谷氨酸测定

在 8h 及 24h 时分别各取样 1 次进行镜检，经单染后观察菌体形态，发酵结束后，用华勃氏呼吸器测定发酵液中谷氨酸的含量。

(三)味精制备

(1)先测定发酵液的体积、pH 值、谷氨酸含量和温度，开动搅拌。若发酵液温度高，应先将发酵液冷却到 25～30℃，消除泡沫后再开始调 pH 值。用盐酸调到 pH 值等于 5.0(视发酵液的谷氨酸含量高低而定)，此时以前即使加酸速度稍快，影响也不大。

(2)当 pH 值达到 4.5 时，应放慢加酸速度，在此期间应注意观察晶核形成的情况，若观察到有晶核形成，应停止加酸，搅拌育晶 2～4h。若发酵不正常，产酸低于 4%，虽调 pH 值到 4.0，仍无晶核出现，遇到这种情况，可适当将 pH 值降至 3.5～3.8。

(3)搅拌 2h，以利于晶核形成，或者适当加一点晶种刺激起晶。

(4)搅拌育晶 2h 后，继续缓慢加酸，耗时 4～6h，调 pH 值至 3.0～3.2，停酸复查 pH 值，搅拌 2h 后开大冷却水降温，使温度尽可能降低。

(5)到等电点 pH 值后，继续搅拌 16h 以上，停止搅拌后静置沉淀 4h，关闭冷却水，吸去上层菌液，至近谷氨酸层面时，用真空将谷氨酸表层之菌体和细谷氨酸抽到另一容器里回收。取出底部谷氨酸，离心甩干。

(6)在不锈钢桶内加入清水及活性炭升温到 65℃，开动搅拌(60r/min)，投入谷氨酸。

(7)缓慢、逐步加入碳酸钠中和到 pH 值为 6.4(试纸)，调整中和液浓度至 21～23°Bé；加热至 65℃，继续搅拌。

(8)将澄清的脱色液(18～20°Bé，35℃)加入旋转式蒸发器(加料量不超过容积的 1/2)，真空度要求在 80kPa 以上，T<70℃，浓缩至 34～34.5°Bé(80℃)，升温到 80℃放料。放料后冷却，搅拌 2～3h 后开冷却水降温，降温到室温+15℃。

(9)抽滤分离，鼓风干燥箱(T<60℃)干燥，即可得到味精原粉。

五、思考与练习

1. 试述液化时添加 $CaCl_2$ 的作用。
2. 用糖量仪或采用斐林热滴定法测定水解液中的糖浓度，并计算该法水解淀粉产生葡萄糖的收率。
3. 试述生长型及产酸型菌体的形态特征及其差异。
4. 计算谷氨酸的转化率。

六、实训与报告

根据味精制备的实际操作完成实训报告。

项目十一　酱油发酵技术

知识目标

1. 知道酱油的定义及其产业发展状况。
2. 知道酱油的营养价值及功能。
3. 知道酱油的等级及分类。
4. 能复述酱油原料的选择及处理。
5. 能复述酱油发酵微生物及种曲制备。
6. 能复述固态低盐法和高盐稀态法酿制酱油的工艺流程及操作要点。
7. 能复述浸出提油工艺流程、操作要点及酱油的配制加工。

技能目标

1. 能够完成酱油的生产操作及工艺控制。
2. 会操作酱油酿造中常见的设备。
3. 具备酱油质量的基本检验与鉴定能力。
4. 学会运用相关知识解决酱油酿造过程中常见的质量问题。
5. 能够制定酱油生产的操作规范、整理改进措施。

思政目标

通过介绍我国酱油酿造技术的悠久历史，比较日本先进的发酵工艺，激励学生弘扬传统，学以致用，厚德精技，赶超先进水平，为我国食品工业的发展做贡献。

背景资料

酱油又称“清酱”或“酱汁”，是以植物蛋白及碳水化合物为主要原料，经过微生物酶的作用，发酵水解生成多种氨基酸及各种糖类，并以这些物质为基础，再经过复杂的生物化学变化，形成具有特殊色泽、香气、滋味和体态的调味液。

一、酱油的历史起源

酱油的生产历史悠久，据史料记载，最早起源于我国的西周。以大豆、小麦生产豆酱油始于公元前1世纪左右，酱油在历史上名称很多，有清酱、酱汁、豆酱、淋油、晒油、豉油等。中国是发酵食品生产历史最长的国家之一，也是最早发明酱油的国家。日本首次出现“酱油”一词是在1597年的《易林本节用集》中。日本最早的酱叫“金山寺酱”，相传是1250年由信州的禅僧觉心把在中国金山寺学到的制酱技术带到了日本。现在，日本、韩国等国家也生产酱油。

二、酱油的产业发展状况

从全国范围来看，调味品业的增长每年都在20%以上，酱油市场的增长则在10%以上。

1975 年我国的酱油产量不足 100 万吨，20 世纪 70 年代末达 175 万吨，80 年代末为 200 万吨，90 年代末猛增到 450 万吨，2006 年酱油产量达到 500 万吨左右，2009 年为 600 万吨左右。现在国际市场上日本酱油仍唱主角，我国台湾酱油的销量逐渐超过日本酱油，而大陆酱油也正奋起直追，销量节节上升，有希望在不久的将来超过日本和中国台湾。

目前我国的酱油生产企业达到 2000～3000 家，其中包括了一些低档次的小作坊企业，仍以天然古法酿造为主。国内酱油大厂多集中在南方。我国酱油市场现已形成四分天下的格局，即：以广东海天、致美斋为主的粤产酱油，以上海淘大、家乐、老蔡为主的沪产酱油，以雀巢美极、龟甲万、李锦记、加加、和田宽为主的外资酱油，以北京金狮、石家庄珍极、天津天立、福州民天、湖南双凤等区域性酱油为主的地产酱油。

从酱油产业的生存空间来看，酱油是应用最广泛、最普遍的调味品。因此，酱油行业是一种长青产业。随着科学技术的发展，酱油生产的机械化程度有了很大的提高。工艺上固态低盐发酵法已经被普遍采用，稀态发酵法和固稀发酵法也有了长足的进步。设备的机械化、自动化，加上工艺的进步和生产管理的加强，使酱油的品种和质量基本上满足了广大消费者的需求，但在产量方面还有进一步的增长空间。因为现在内地人均年消费量仅为 3kg 多一点，仅为其他习惯吃酱油的东方国家和地区消费量的 30%～50%，所以，酱油的产量还有很大的提升空间。

三、酱油的营养成分及功能作用

（一）酱油的营养成分

酱油是以大豆、小麦等原料，经过原料预处理、制曲、发酵、浸出淋油及加热配制等工艺生产出来的调味品，营养极其丰富，主要营养成分包括氨基酸、可溶性蛋白质、糖类、酸类等，现将主要营养成分介绍如下。

1. 氨基酸

氨基酸是酱油中最重要的营养成分，其含量高低反映了酱油质量的优劣。氨基酸是蛋白质分解而来的产物，酱油中的氨基酸有 18 种，包括了人体 8 种必需氨基酸，它们对人体有着极其重要的生理功能。

2. 还原糖

还原糖也是酱油的一种主要营养成分，它是构成机体的一种重要物质，并参与细胞的许多重要生命过程。一些糖与蛋白质能合成糖蛋白，与脂肪形成糖脂，这些都是具有重要生理功能的物质。

3. 总酸

总酸也是酱油的一个重要组成成分，包括乳酸、醋酸、琥珀酸、柠檬酸等多种有机酸，对增加酱油风味有着一定的影响。

4. 食盐

食盐也是酱油的主要成分之一，酱油中的食盐含量一般为 18g/100mL 左右，它赋予酱油咸味，可以补充人体内流失的盐分。

5. 其他

酱油除了上述的主要成分外，还含有钙、铁等微量元素，可有效地维持机体的生理平衡。

由此可见，酱油不但有良好的风味和滋味，而且营养丰富，是人们烹饪首选的调味品。

(二)酱油的功能作用

酱油的保健功能主要有以下几个方面：

(1)抗氧化作用；

(2)抗肿瘤作用；

(3)降血压作用；

(4)防衰老作用；

(5)杀菌作用。

此外，酱油还可增加食物的香味，使其色泽更加好看，从而增进食欲。

四、酱油的种类和等级

(一)酱油的种类

酱油是我国传统的调味品，其生产工艺不同，品种有异。现将酱油的主要分类介绍如下。

1. 根据酿造酱油的国家标准(GB 18186—2000)和配制酱油的行业标准(SB 10336—2000)分类

(1)酿造酱油　酿造酱油是以大豆、脱脂大豆、小麦或麸皮为主要原料，经微生物发酵制成的具有特殊色、香、味的液体调味品，可供调味及复制用。酿造酱油按发酵工艺分为三类：高盐发酵酱油、低盐发酵酱油和无盐发酵酱油。

①高盐发酵酱油：指原料经蒸煮、曲霉菌制曲后与盐水混合成稀醪，再经发酵制成的酱油，供调味及复制用。高盐发酵酱油可细分为高盐固态发酵酱油、高盐固稀发酵酱油和高盐稀态发酵酱油。

②低盐发酵酱油：以脱脂大豆及麦麸为原料，经蒸煮、曲霉菌制曲后与盐水混合成稀醪，再经发酵制成的酱油，通常用于调味及复制。低盐发酵酱油可细分为：固态低盐发酵酱油和低盐固稀发酵酱油。

③无盐发酵酱油：指原料在生产过程中不添加食盐，采用固态发酵工艺进行酿制而成的调味汁液。

(2)配制酱油　配制酱油指以酿造酱油为基料，添加其他调味品或辅助原料进行加工再制的产品。其体态有液态和固态两种，均供调味用。

①液态再制酱油：指各种酿造型调味汁液的直接配制品或经简易再加工的复制品。

②固态再制酱油：指以酿造酱油为基料，经加热或以其他方式浓缩并加入适量填充料制成的产品。稀释后用于调味。可分为酱油膏、酱油粉、酱油块。

2. 商业流通中的酱油品种

在商业流通中，有的按生产方法分类，有的按添加风味物质分类，还有的按形态分类。现将常见种类介绍如下：

(1)抽油　即通常所说的酱油。古法提取酱油，以有蜂眼的管子插入酱缸中，酱油渗入管内，抽取而出。第一次抽取的质量最好，称头抽；第二次抽取的称二抽，质量次之；第三次抽取的称三抽，质量最差。

(2)生抽　是一种不用焦糖增色的酱油，以精选的黄豆(7 份)和面粉(3 份)为原料，用曲霉制曲，经暴晒、发酵成熟后提取而成，并以提取次数的先后分为特级、一级和二级。其成品色泽较一般酱油浅，风味基本相同，用法亦基本相同，多用于色泽要求较浅的菜肴。

（3）老抽　是在生抽中加入用红糖熬制成的焦糖，再经加热搅拌、冷却、澄清而制成的浓色酱油。按生抽的级别相应分为特级、一级、二级。其风味、使用方法与酱油基本相同，尤其适用于色泽要求较深的菜肴。

（4）复制红酱油　是在酱油中加入红糖、八角、山柰、草果等调味品，用微火熬制，冷却后加入味精制成的酱油。可用于冷菜及面食调味。

（5）白酱油　是未调酱色或酱色较浅的酱油。风味与普通酱油相同，只是色泽呈浅黄色或无色。多用于要求保持原料原色的菜肴，如白蒸、白煮、白拌等。原料主要（90%以上）或全部是小麦，很少或不用蛋白质原料。

（6）甜酱油　是以黄豆制成酱醅，配加红糖、饴糖、食盐、香料、酒曲酿造而成的酱油，色泽酱红，质地黏稠，香气浓郁，咸甜兼备，鲜美可口。用法同普通酱油，尤以浇拌凉菜为宜。

（7）美极鲜酱油　是用大豆、面粉、食盐、糖色、鲜贝等加工制成的浅褐色酱油，其味极鲜，多用于清蒸、白煮、白焯等菜肴的浇蘸佐食，或用于凉拌菜肴。

（8）辣酱油　是在酱油中加入辣椒、生姜、丁香、砂糖、红枣、鲜果及上等药材，经加热、浸泡、熬煎、过滤而成的复合调味料。多用于蘸食及调拌冷菜。在西餐中较多使用。

（9）加料酱油　此类酱油是在酿造过程中加入动物或植物性原料，制成具有特殊风味的酱油，如蟹子酱油、五香酱油等。

3．按照食用方法分类

酱油按照食用方法可以分为烹调酱油和餐桌酱油。烹调酱油是指不直接食用，适用于烹调加工的酱油；餐桌酱油是指既直接食用，又用于烹调加工的酱油。

（二）酱油的等级

酱油也是有级别划分的，按国家标准，根据感官特性及氨基酸态氮、总氮、可溶性无盐固形物的含量等理化指标可划分为特级、一级、二级、三级酱油。

任务一　酱油原料的选择及处理

一、酱油原料的选择

目前我国大部分酱油酿造企业已普遍采用大豆脱脂后的豆粕或豆饼作为主要的蛋白质原料，以麸皮、小麦或面粉等作为淀粉质原料，再加食盐和水生产酱油。实践证明，采用不同的原、辅料将会使产品具有不同的风味，因此，合理选择原、辅料是保证产品质量的前提。

（一）原料选择原则

原料质量的优劣决定着酱油产品的质量。原料选择可依据以下原则：蛋白质含量较高，碳水化合物适量，有利于制曲和发酵；无毒、无异味，酿制出的酱油质量好；资源丰富，价格低廉；容易收集，便于运输和保管；因地制宜，就地取材，有利于原料的综合利用。

（二）原料选择

1．蛋白质原料

蛋白质原料作为酱油生产的主要原料，对于酱油的质量至关重要。目前我国大部分酱油生产企业普遍采用豆饼或豆粕等脱脂大豆作为主要的蛋白质原料，但也有使用大豆或其他蛋白质原料的。

(1)大豆　大豆是黄豆、青豆及黑豆的统称。大豆营养丰富，物质含量一般为水分7%～12%、粗蛋白质35%～40%、粗脂肪12%～20%、碳水化合物21%～31%、纤维素4.3%～5.2%、灰分3.3%～5.4%。

(2)豆粕　豆粕是大豆先经适当的热处理(一般低于100℃)，调节其水分到11.5%～14.0%，再经过轧坯机轧扁，然后加入有机溶剂浸泡或喷淋，提取其中的油脂，然后用烘干法等除去豆粕中的溶剂而得到。豆粕中的物质含量一般为水分7%～10%、粗脂肪0.5%～1.5%、粗蛋白质46%～51%、碳水化合物19%～22%、灰分4%左右。

(3)豆饼　豆饼是大豆用压榨法提取油脂后的产物。豆饼中的物质含量一般为水分3%～12%、粗蛋白质42%～48%、粗脂肪3%～7%、碳水化合物18%～32%、灰分5%～6.5%。

(4)豌豆、蚕豆和绿豆　豌豆，也称小寒豆、淮豆或麦豆。蚕豆，也称胡豆、罗汉豆、佛豆或寒豆，种子富含蛋白质和淀粉，江浙地区常作为酱油原料。绿豆，豆科，一年生草本植物，栽种较广。

(5)其他蛋白质原料　酿造酱酒的原料蛋白质含量高，脂肪含量少，没有异味，不含有毒成分。如含有毒物质，应先经处理后再使用。常用的有花生饼、菜籽饼、芝麻饼等各种油料作物的饼粕和玉米浆干、豆渣等，鱼粉或蚕蛹等也可用于制酱油。

2. 淀粉质原料

酿造酱油用淀粉质原料，传统上以小麦和面粉为主，多年的生产实践表明，小麦和麸皮是比较理想的淀粉质原料，也可因地制宜选用其他淀粉质原料。

(1)小麦　小麦是世界上分布最广、种植面积最大的主要粮食作物之一，因品种、产地等不同而外形及成分各有差异。酿造酱油，应选用红皮及软质小麦。一般小麦除含70%淀粉外，还含有2%～3%的糊精、2%～4%的蔗糖、葡萄糖和果糖、10%～14%的蛋白质(其中麸胶蛋白质和谷蛋白质丰富，麸胶蛋白质中的氨基酸以谷氨酸最多，是产生酱油鲜味的主要因素之一)。

(2)麸皮　又称麦皮，是小麦制面粉时的副产品。除一般成分外，还含多种维生素，钙、铁等无机盐，营养成分适于促进米曲霉的生长和产酶，既有利于制曲，又有利于淋油，能提高酱油的原料利用率和出品率。麸皮粗淀粉中多缩戊糖含量高达20%～24%，它与蛋白质的水解产物氨基酸相结合，产生酱油色素；另外，麸皮本身还含有α-淀粉酶和β-淀粉酶。

(3)米糠和米糠饼　米糠是碾米后的副产品，米糠饼则是米糠榨油后的饼渣。两者均含有丰富的粗淀粉。

(4)其他淀粉质原料　凡是含有淀粉而又无毒、无怪味的谷物，如玉米、甘薯、碎米、小米等均可作为生产酱油的淀粉质原料。

酿造酱油所用的淀粉质和蛋白质原料中还含有许多微生物所必需的脂肪、无机盐、维生素、氨基酸等营养物质，这些物质对酿制成的酱油亦有一定的影响。

3. 食盐

食盐是生产酱油的重要原料之一，它使酱油具有适当的咸味，并且与氨基酸共同呈鲜味，增加酱油的风味。食盐还有杀菌防腐作用，在一定程度上减少杂菌污染，同时可防止成品酱油的腐败。

4. 水

凡是符合卫生标准能供饮用的水均可使用。目前来讲自来水比较理想。

5. 酱油生产的添加剂

(1)防腐剂　酱油生产中常用的防腐剂有苯甲酸、苯甲酸钠、山梨酸、山梨酸钾、尼泊金酯、脱氢酸钠等。

(2)鲜味剂　酱油生产中常用的鲜味剂有谷氨酸钠(味精)、5′-鸟苷酸二钠、呈味核苷酸二钠(5′-鸟苷酸二钠和5′-肌苷酸二钠)。

(3)甜味剂　甜味不但能满足人们的喜好，还能改进食品的适口性和某些食用性质。酱油生产中常用的甜味剂有甜蜜素、甘草、山梨糖醇等。

(4)着色剂　常用的食品着色剂有60种左右，按来源的不同可分为天然的和人工合成的两类。酱油生产中常用的着色剂有酱色(焦糖色)、酱油红1号、酱油红2号等。

(5)酶制剂　酱油、酱类生产中常用的酶制剂有蛋白酶(米曲霉)、α-淀粉酶等。

(6)增稠剂　增稠剂是一种能改善食品物理性质，增加食品黏稠性，赋予食品以柔滑适口性，具有稳定的乳化状态和悬浊状态的物质。酱油常用的增稠剂有黄原胶、变性淀粉等。

二、酱油原料的处理

原料的处理是生产酱油的重要环节，处理是否得当直接影响到制曲的难易、成曲的质量、酱醪的成熟度、淋油的速度和出油的多少，同时也影响着酱油的质量和原料的利用率。

原料处理包括两个方面：一是通过机械作用将原料粉碎成为小颗粒或粉末状；二是经过充分润水和蒸煮，使原料中的蛋白质适度变性、淀粉充分糊化，以利于米曲霉的生长繁殖和酶类的分解作用。另外，通过加热可以杀灭附在原料上的杂菌，以排除制曲过程中对米曲霉生长的干扰。

原料的处理因设备、原料、工艺而不同，但原则上应做到颗粒细而均匀，润水充分，蒸煮压力和时间适当，脱压和冷却迅速。

(一)豆饼(豆粕)轧碎

豆饼坚硬而块大，必须予以轧碎。豆粕颗粒虽不太大，但如果不符合要求，也要适当进行破碎。轧碎为豆饼(豆粕)润水、蒸熟创造条件，使原料充分地润水、蒸熟，达到蛋白质的一次变性，从而增加米曲霉生长繁殖及分泌酶的总面积，提高酶的活力。豆饼(豆粕)轧碎程度以细而均匀为宜，颗粒大小为2～3mm，粉末量小于20%。

(二)加水及润水

1. 润水的目的

润水的目的：使原料中的蛋白质含有适量的水分，以便在蒸料时受热均匀，迅速达到蛋白质的一次变性；使原料中的淀粉吸水膨胀，易于糊化，以便溶解出米曲霉生长所需要的营养物质；供给米曲霉生长繁殖所需要的水分。

2. 加水量的确定

加水量必须结合原料含水量、原料配比、蒸料方法及生产季节、地区等因素综合确定。实践证明，以豆粕数量计算加水量在80%～100%较合适。但加水量的多少主要以曲料水分为准，一般冬季掌握在47%～48%，春季、秋季要求为48%～49%，夏季以49%～51%为宜。

3. 加水与润水的方法

(1)豆饼(豆粕)的浸泡　为缩短润水时间,大多加入热水或温水。目前常用的方法有三种:第一种方法是将豆粕及麸皮送入螺旋输送机(绞龙)内,一边加水,一边拌和,使其均匀地吸收水分。第二种方法是直接利用旋转式加压蒸锅,即将豆粕及麸皮装入锅内后,一边旋转蒸锅,一边喷水入锅内,使曲料润水。第三种方法是在投料及吸料时,尽可能使豆粕及麸皮混合均匀,再在螺旋输送机内边输送边加水,使湿料在下锅时含水量已经比较均匀。

(2)大豆浸泡　将洗净的大豆放在缸或桶内,加水浸泡,也可直接放在加压蒸锅内浸泡。浸泡水温与浸泡时间关系很大,一般都用冷水浸泡。浸泡时间夏季为4～5h,春、秋季为8～10h,冬季为15～16h。浸泡程度为豆粒表面无皱纹,豆内无白心,容易压成两瓣。

(三)蒸料

1. 蒸煮的目的

一是蒸煮使原料中的蛋白质完成适度的变性,便于被米曲霉发育生长所利用,并为以后的酶分解提供基础。二是蒸煮使原料中的淀粉吸水膨胀而糊化,并产生少量糖类,这些成分是米曲霉生长繁殖适合的营养物,而且易于被酶所分解。三是蒸煮能消灭附在原料上的微生物,以提高制曲的安全性,给米曲霉正常生长发育创造有利条件。

2. 蒸煮的要求

达到一熟、二软、三疏松、四不粘手、五无夹心、六有熟料固有的色泽和香气。

3. 蒸料方法

常采用旋转式蒸煮锅蒸料和FM式连续蒸料方法。旋转式蒸煮锅的容量一般为5～$6m^3$,在蒸料时转锅可不断地做360°的旋转运动。新式的转锅附有减压冷却装置。水力喷射器配有离心水泵,利用高速水流从喷嘴喷出,在蒸料出料时,锅内形成减压,水分在低压下蒸发吸收热量,使曲料冷却。转锅的上端设有投料出料口,锅身的下面设有接种和输送机,可直接送入曲池。加压蒸汽由原料的上、下两面导入,罐内蒸汽压力为0.17MPa,蒸料时间为3min。

4. 熟料的质量标准

(1)感官特性　①外观:黄褐色,色泽不能过深;②香气:具有豆香味,无煳味及其他不良气味;③手感:松散、柔软、有弹性、无硬心、无浮水、不黏。

(2)理化标准　①水分(入曲池取样)在45%～50%为宜;②蛋白消化率在80%以上。

(四)其他原料的处理

由于地区和条件的不同,还有许多蛋白质原料和淀粉质原料被用来酿制酱油,因为原料性质不同,其处理方法也各不相同。

(1)用小麦、大麦或高粱做原料时,一般要先经过焙炒,使淀粉糊化,增加色泽与香气,同时杀灭附在原料上的微生物。焙炒后含水量显著减少,便于粉碎,能增加辅料的吸水能力。也可直接将原料轧碎,与豆饼、豆粕原料混合拌匀(或分先后润水)后再进行蒸煮。

(2)以其他油料作物榨油后的饼粕类作为代用原料时,其处理方法基本上与豆饼相同。

(3)用米糠时,使用方法与麸皮相同,若用榨油后的米糠饼,要先经过粉碎。

(4)以面粉或麦粉为原料时,除老法生产直接将生粉拌入制曲外,一般可采用酶法液化糖化,将淀粉水解成糖液后参与发酵,不需经过蒸料、制曲工艺操作。

任务二 酱油制曲

一、酱油发酵用微生物

(一)曲霉菌

在传统的酱油酿造中，都是利用野生菌进行自然培养。随着生物技术的发展，现在基本上都采用纯种培养，并通过育种手段开发新的菌源。为提高产品的质量，近几年来已开始应用多种曲霉菌进行制曲。目前国内应用的曲霉菌主要有米曲霉、黄曲霉、黑曲霉等。我国的酱油生产以米曲霉为主，常用菌株是沪酿 3042、中科 3350 黄曲霉等。

(二)酵母菌

酵母菌在酱油酿造中有极为重要的作用，对酱油香气和风味的形成影响很大。从酱醪中分离出的酵母菌有 3 科 7 属 23 个种。其中与酱油发酵关系密切的有鲁氏酵母、酱醪结合酵母、球拟酵母等。

1. 鲁氏酵母

鲁氏酵母是酱油酿造的主要酵母菌，在酱醪中占酵母菌总数的 45%。此种酵母菌在酱油发酵前期生长繁殖，是发酵型酵母，发酵葡萄糖、麦芽糖等成分生成乙醇、甘油、琥珀酸及其他微量成分，并与嗜盐片球菌联合作用生成糠曲，使酱油具有特殊的香气。

2. 酱醪结合酵母

酱醪结合酵母在固体斜面培养基上培养，菌落呈黄褐色、有光泽、边缘有平行的小沟，在麦芽汁中长时间培养，能形成沉淀及酵母环。此酵母菌能发酵葡萄糖、麦芽糖及果糖，不能发酵乳糖。

3. 球拟酵母

球拟酵母是酯香型酵母，主要在发酵后期起作用。易变球拟酵母生长适宜温度为 25～30℃，35℃生长减弱；生长最适 pH 值为 4～4.5；食盐浓度在 12%以下时生长良好，食盐浓度为 18%时能生长，但需要维生素 B_1、肌醇、胆碱等做促生因子；无盐条件下，能发酵麦芽糖及乳糖，食盐浓度为 18%时，只能发酵麦芽糖。

(三)乳酸菌

乳酸菌所进行的乳酸发酵，在酱油酿造中起重要作用。由于乳酸菌生长速度快，从而抑制了其他杂菌的生长繁殖。与酱油风味有密切关系的乳酸菌有嗜盐片球菌、酱油四联球菌、植质乳杆菌。

1. 嗜盐片球菌

嗜盐片球菌也称嗜盐足球菌，生长最适温度为 30～35℃，生长 pH 值范围是 5.5～9.0，最适 pH 值范围是 7.0～7.2，在 18%的食盐浓度中繁殖良好，培养基食盐浓度达到 24%～26%时仍可生长。它能发酵葡萄糖生产乳酸。当醪液 pH 值下降至 5 以下时，片球菌就不能生殖，这也就是不会发生因乳酸菌的繁殖而引起产酸过多的原因。

2. 酱油四联球菌

酱油四联球菌不生成吲哚、氨、硫化氢及其他气体。生长适宜温度为 30～35℃，生长 pH 值范围为 6.0～8.0，最适 pH 值为 7.0～7.2。当食盐浓度达 20%时生长受到抑制，食盐浓度高达 24%～26%时仍能生长。

3. 植质乳杆菌

适用于酱油生产的植质乳杆菌有沪酿 108 植质乳杆菌，在乳糖或葡萄糖中加 10%食盐的培养基上生长良好。沪酿 108 植质乳杆菌发酵葡萄糖能产乳酸 5%左右，不产气，还能发酵乳糖、D-核糖、D-果糖、D-甘露糖、麦芽糖等 21 种糖，不能分解纤维素，不还原硝酸盐。微好氧到厌氧，生长适宜温度为 30～35℃。固态低盐发酵后期，添加沪酿 108 植质乳杆菌和沪酿 214 蒙奇球拟酵母，使它们协同作用，可以改善酱油的风味。

二、酱油种曲的制备

酱油酿造所用的种曲，是曲菌经过纯粹培养，并使之产生大量繁殖力强的孢子，接种于制曲原料上而得到的大量繁殖力强的曲子。种曲就是种子，优良的种曲能使曲菌充分繁殖，这不仅影响酱油种曲的质量，而且影响酱油的成熟速度和成品的质量。因此，对种曲制备的要求十分严格，以保证曲菌的纯粹和具有良好的性能。

种曲制备工艺流程如图 11-1 所示。

扩大培养纯种 ↓

麸皮、面粉和水混合→蒸料→过筛→摊冷→接种→装盘→第一次翻曲加水→第二次翻曲→去掉纱布→种曲

图 11-1　种曲制备工艺流程

(一)纯种三角瓶扩大培养

1. 原料配比

麸皮 80g、面粉 20g、水 80mL。

2. 混合

将上述原料混合均匀，并用筛子将粗粒筛去。

3. 装瓶

一般采用容量为 250mL 或 300mL 的三角瓶。此瓶先塞好棉花塞，以 150～160℃干热灭菌，然后将料装入，此瓶厚度以 1cm 左右为准。

4. 灭菌

蒸汽加压灭菌，0.1MPa 下维持 30min。灭菌后趁热把曲料摇松。

5. 接种及培养

待冷却后，在无菌接种室或无菌接种橱内接入试管原菌。摇匀后置于 30℃恒温箱内，培养 18h 左右，三角瓶内曲料已稍发白结饼，摇瓶一次，将结块摇碎。继续置于 30℃恒温箱内培养，再过 4h 左右，又发白结饼，再摇瓶一次。经过 2d 培养后，把三角瓶轻轻地倒置过来(也可不倒置)，继续培养 1d，全部长满绿色孢子，即可使用。若需放置较长时间，则应置于冰箱中备用。

(二)种曲的制备

1. 制备种曲前的灭菌工作

种曲的质量要求，主要是达到米曲霉分生孢子多，纯度高而尽量避免杂菌污染。除在原料处理、操作方面要注意外，制种曲前应对种曲室、制种曲用的工具及各个环节进行严格灭菌。

2. 种曲制备原料及其配比

(1)麸皮 80kg、面粉(或甘薯干粉)20kg、水 70kg 左右。

(2)麸皮 85kg、面粉 15kg、水 90kg。

(3)麸皮 100kg、水 95～100kg。

(4)酱渣：麸皮＝(30～50)：100(水补充到熟料水分占 50%～54%)。

3. 原料处理

先将麸皮与辅料用拌和机搅拌均匀，再加水充分拌和。为防止杂菌污染，可在冷开水中添加按总原料计 0.3%的食用级冰醋酸或 0.5%～1.0%醋酸钠拌匀。蒸料时先开启蒸汽，排尽冷凝水，然后分层进料。注意原料必须撒于冒蒸汽处，撒料要求松散，切忌将原料压实而堵塞蒸汽口，导致原料不均匀。进料完毕，全部冒气后加盖蒸煮。常压蒸煮冒气后维持 1h，焖 30min；或采用加压蒸煮，0.1MPa 维持 30min 出锅。然后过筛，移入拌和台上摊开，适当翻拌，使之快速冷却。

4. 种曲制备过程

待曲料冷却到 40℃左右后，接入三角瓶扩大培养纯种(三角瓶纯种用量为总料的 0.5%～1.0%)，翻拌均匀，使米曲霉分生孢子广泛分布于曲料上。操作方法有竹匾制种曲法、木盘制种曲法、铝盘制种曲法及通风曲箱制种曲法，现常用的是通风曲箱制种曲法，此法采用小型加盖通风制曲箱。曲料装池(装箱)的厚度一般为 30cm 左右，为了保持均匀而良好的通风，必须做到堆积疏松且平整。如果接种后料层温度较高，或者上下品温不一致，应及时开启通风机调节温度至 32℃左右。在曲料上、中、下及面层各插温度计 1 支。静置培养 6h 左右开始升温，升至 37℃左右通风降温。以后根据情况连续通风，使料层温度在 35℃左右。温度的调节可采取循环通风或以换气的方式控制，使上层与下层的温差尽量减少。在制曲过程中，自接种后 11～12h，品温上升迅速，此时曲料由于米曲霉生长菌丝而结块，通风阻力随着生长时间而逐渐增加，品温出现下低面高的现象，温差也逐渐增大，虽已通风数小时，而品温仍有超过 35℃的趋势。此时，应立即用翻曲机进行第一次翻曲，使曲料疏松，减少通风阻力，保持正常温度。以后再隔 4～5h，根据品温上升情况及曲料收缩裂缝等现象，进行第二次翻曲，翻松曲料，消除裂缝，以防漏风。以后继续保持品温 35℃左右。若两次翻曲后由于曲料再次收缩产生裂缝，风从裂缝漏出，品温悬殊，则可采用铲曲措施。培养 18h 后孢子已开始产生，至 22～26h 曲已着生淡黄绿色孢子，即可出曲。

任务三　酱油发酵

由于原料不同，工艺不同，酱油的风味及品质也千差万别。酿造酱油的生产工艺主要有固态低盐法、高盐稀态法、固态分酿法、先固后稀浸出法、天然晒露法、液体曲酶法和生物工程酿制酱油新工艺。固态低盐发酵法的发酵周期为 2 周至 1 个月，没有经过高温水解，无水解臭，具有酱油固有的风味，至今仍为我国酱油生产的主要方法。固态分酿法和先固后稀浸出法是在固态低盐发酵法的基础上发展起来的新工艺，发酵周期为 1～2 个月，可使酱油风味有明显改善。高盐稀态发酵法还可分为日本生产工艺和我国传统工艺改进法两大类，该法发酵周期为 3～6 个月，酱油产品氨基酸态氮生产率高，酱油风味好。天然晒露法属传统酿造法，以瓦缸为发酵容器，日晒夜露，产量很少，且酱油久储有沉淀，细菌数偏高，难以实现生产过程机械化。现将广泛采用的固态低盐法发酵和高盐稀态法发酵介绍如下。

一、固态低盐法发酵

固态低盐法发酵工艺因为蛋白利用率较高，操作简便，设备简单，发酵周期较短，产品风味一般，可生产普通酱油而被大多数酱油生产企业采用，是目前大、中、小型酿造厂普遍采用的一种工艺。

(一)工艺流程

固态低盐法发酵酱油生产工艺流程如图 11-2 所示。

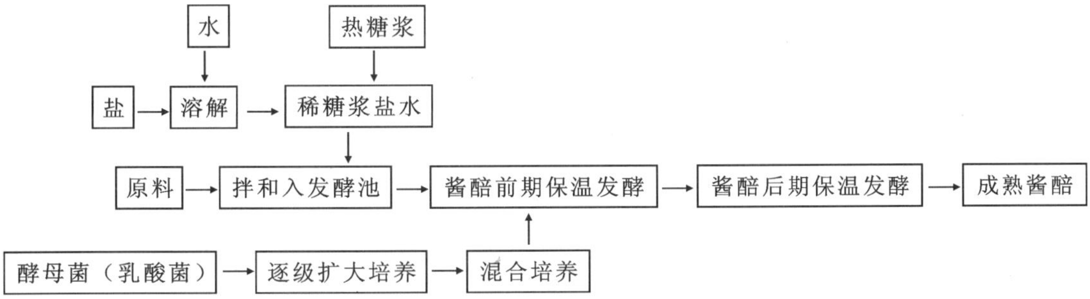

图 11-2　固态低盐法发酵酱油生产工艺流程

(二)生产工艺操作要点

1. 盐水调制

盐水调制是用食盐加水或低级酱油溶解调制成所需要的浓度。一般以淀粉为全部原料制曲时，其盐水浓度要求在 12～13°Bé；以淀粉质原料采用液化、糖化工艺时，则按照下述的"稀糖浆盐水配制"来掌握。

盐水(或稀糖浆盐水)用量为制曲原料的 150%，酱醅含水分在 57%左右。一般的经验数据是每 100kg 水加盐 1.5kg 左右即为 1°Bé。波美度应以 20℃为准，超过或不足应予以校正。

配制盐水的数量也可根据下式计算：

$$盐水量=\frac{曲重\times(酱醅要求的水分百分比-曲的水分百分比)}{(1-盐水百分比)-酱醅要求的水分百分比}$$

2. 稀糖浆盐水配制

若制曲中将大部分淀粉原料制成糖浆直接参与发酵，则需要配制稀糖浆盐水。稀糖浆中含有糖分及糖渣，不能从浓度折算盐度，需要通过化验方能确切了解糖浆中的含盐量。本工艺要求食盐浓度为 14～15g/100mL，用量与常用盐水相等。

3. 酵母菌和乳酸菌菌液的制备

酵母菌和乳酸菌经选定后，必须分别经过逐级扩大培养，一般每次扩大 10 倍，使之得到大量繁殖和纯粹的菌体，再经混合培养，最后接种于酱醅中。

逐级培养的步骤是：斜面试管原菌→100mL 小三角瓶→1000mL 大三角瓶→10L 卡氏罐→100L 种子罐→1000L 发酵罐。

4. 制醅

先将准备好的盐水或稀糖浆盐水加热到 50～55℃(可根据入池后发酵的品温要求，适当掌握盐水或稀糖浆盐水的温度)，再将成曲捣碎，在绞龙输送过程中拌入盐水或稀糖浆盐水，进入发酵池，开始时，往距池底20cm左右的成曲拌入少量盐水或稀糖浆盐水，然后慢慢增加，最后把剩余的盐水浇于酱醅面层，待全部吸入料后盖上食品用的聚乙烯薄膜，四周用食盐封边，发酵池上加盖木板。

5. 前期保温发酵

成曲料加入盐水或稀糖浆盐水入池后，品温要求在40～45℃之间，如果低于40℃，需采取保温措施，使品温达到并保持此温度，使酱醅迅速分解。每天定时定点检测温度。入池后需淋浇1次，在前期分解阶段一般可再淋浇2～3次。所谓淋浇，就是用水泵抽取积累在发酵池底下的酱汁，浇于酱醅面层。如果酱醅温度不足，可在放出的酱汁内通入蒸汽，加热至适当的温度。前期保温发酵时间为15d。

6. 后期降温发酵

前期发酵完毕，水解已基本完成，此时利用淋浇的方法，将制备好的酵母菌和乳酸菌液淋浇于酱醅面层，并补充食盐，使总的酱醅含盐量在15%以上，并使其均匀地淋浇在酱醅内。菌液加入后酱醅呈半固体状态，品温要求降至30～35℃，并保持温度进行酒精发酵及后熟作用，第二天及第三天再分别淋浇1次，既使菌体分布均匀，又能供给充足的空气使品温一致。后发酵时间为15d。

二、高盐稀态法发酵

高盐稀态法发酵工艺先进，酿造的酱油具有酱香醇厚、酯香浓郁、滋味鲜美、回味无穷的优良品质。高盐稀态法发酵工艺酿造酱油是酱油生产发展的趋势。

（一）工艺流程

生产工艺（图11-3）中最关键的是低温制曲和酱醪发酵过程，它们关系着酱油品质的优劣和风味的好坏。其中，低温制曲有利于提高氨基酸生成率和原料利用率。酱醪发酵过程是形成香气风味物质的关键，期间参与的微生物众多，发生着许多缓慢的生化反应，酱醪中含有几十种氨基酸和几十种风味物质，使产品具有色香味俱全的特点。

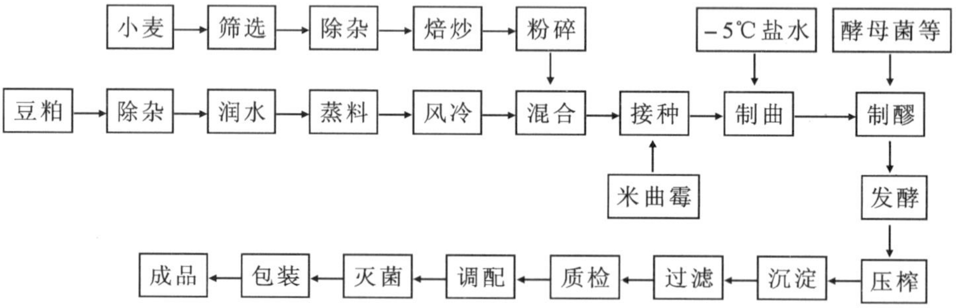

图11-3 高盐稀态法发酵酱油生产工艺流程

（二）生产工艺操作要点

高盐稀态法发酵工艺通过原料焙炒蒸煮、低温制曲、酱醅发酵、压榨、过滤、调配等多工序制成色、香、味俱全的高档酿造酱油。在原料配制上，采用豆粕和焙炒粉碎小麦，以1∶1或6∶4的比例来蒸料制曲。在制曲上，采用机械通风制曲，温度易控制，保证米曲霉在低温状态下繁殖生长，使成曲的酶活力达到最高。发酵状态好的成曲与20°Bé盐水混合成稀醪状态，长时间低温或恒温发酵，在发酵过程中添加耐盐性呈味球拟酵母和鲁氏酵母，众多微生物缓和作用产生酯香，形成独特的酱香气味，这正是高盐稀态法发酵工艺的核心之处。在制曲上，采用机械压榨设备取油，比固态低盐的自然浸淋方式出油率高，取出的酱油为滤生酱油，其质量经检测后按产品等级标准进行配兑。经配兑的酱油加热后静置沉淀，已澄清的酱油必须经 80～100℃加热灭菌 30min 后，才能装瓶。

1. 制曲

低温制曲水分蒸发慢，有利于霉菌生长，促使其分泌各种酶类而不被温度所破坏，同时又减少淀粉原料过度消耗。米曲霉产生的蛋白酶主要是肽酶和谷氨酰胺酶，它们都是在制曲 30h 后，温度不超过 30℃，pH 值为中性条件下形成的。因此，控制好制曲温度对提高成曲的活力及氨基酸生成率至关重要。

2. 搅拌

搅拌是发酵过程中的一个重要环节。拌曲盐水温度控制在 5～7℃，不可过高，以免造成酶活钝化以致失活。拌曲盐水浓度为 18～20°Bé。盐度过高，蛋白酶对蛋白质的分解速度下降；盐度过低，易造成酸细菌的大量繁殖，抑制中、碱性蛋白酶的作用。发酵过程中，一般拌曲盐水量是原料的 1.8～2.0 倍。采用拌盐水机搅拌盐水，集粉碎、加盐水、搅和为一体。要求盐水和成曲搅拌均匀，使每一部分都能和盐水充分接触，不得有过湿、过干现象，并使成曲大、小块状全部成为粉状颗粒。

3. 灭菌

通过加热，可以杀灭酱油中的微生物，防止生霉、变质，延长贮存时间，此外，还有调和酱油的香气和风味，改善口感，增加色泽，除去悬浮物等多种作用。用分段加热法可减少物料换热温差，高温区受热时间少于 8s，可大量降低氨基酸等有效成分的不良转化，避免物料焦化。灭菌温度一般控制在 80～100℃。

任务四　浸出提油及成品配制

一、浸提工艺流程

从成熟酱醅中提取酱油的方法，因发酵工艺和生产规模而不同，并不断有所改进，由古代采用撇油法逐渐发展为抽油法、压榨法直至现在的渗滤法。固态低盐法发酵工艺推广以后，普遍采用浸出法提取酱油(图 11-4)。

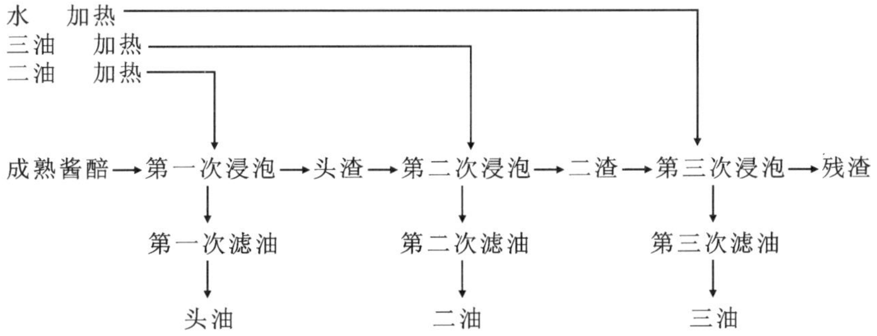

图 11-4　酱油浸提工艺流程

酱油浸出工序主要包括两个过程：第一，发酵过程中生成的酱油成分自酱醅颗粒向浸提液转移溶出的过程。该过程主要与温度、时间和浸出液性质等因素有关。第二，将溶有酱油成分的浸出液（酱油半成品）与固体酱渣分离的过程。这个过程与酱醅厚度、黏度、温度及过滤层的疏松程度有关。

二、浸提操作

（一）移醅法浸提操作

（1）淋油前的准备　将浸泡酱醅的首次浸提液加热到预定温度。

（2）浸泡　①移醅，一般情况下，醅层厚度多在 40～50cm，如果酱醅发黏还可酌情减薄。②正确加入浸提液。③浸提温度以 80～90℃为宜，以保证浸泡过程中温度维持在 65℃以上。④淋头油的酱醅浸泡时间一般为 20h 左右。淋二油的浸泡时间可相应递减为 8～12h。淋三油的浸泡时间还可以缩短。

（3）浸出　酱醅成熟后即可加入二油。二油应先加热至 70～80℃，利用水泵直接加入。经过 2h，酱醅慢慢地上浮，然后逐步散开。浸泡时间一般在 20h 左右。浸泡期间，品温不宜低于 55℃，一般在 60℃以上。适当提高温度与延长浸泡时间，对酱油色泽的加深有着显著的作用。

（4）滤油　在滤油过程中，头油是产品，二油套头油，三油套二油，热水拔三油，如此循环使用。一般头油的滤出速度最快，二油、三油的滤出速度逐渐缓慢。待头油放完后（不宜放得太干），关闭阀门，再加入 70～90℃的三油，浸泡 8～12h，滤出二油（备下批浸泡用）。再加入热水（为防止出渣时太热，也可加入自来水），浸泡 2h 左右，滤出三油，作为下批套二油之用。影响滤油速度的因素除了酱醅发黏、料层过厚外，还与拌曲盐水的多少、浸泡油的温度和盐度有关。通常以酱渣中残留食盐或可溶性无盐固形物的数量多少作为衡量浸出工序操作好坏的指标。以豆粕（饼）和麸皮为 3∶2 的原料配比为例，酱渣（干基）中盐或可溶性无盐固形物含量均不得高于 1%。

由于设备周转关系，有些酿造厂已采用连续滤油法，浸泡的方式是一样的，但当头油将要滤完，酱渣刚露出液面时，即加入 75℃左右的三油，浸泡 1h，滤出二油，待二油即将滤完，酱渣刚露出液面时，再加入自来水，放出三油。从头油到放完三油总共时间仅 8h 左右。

（5）出渣　滤油结束，发酵容器内剩余的酱渣，用人工或机械出渣，输送至酱渣场上储放，供作饲料。

（二）浸出酱油的其他方法

（1）用竹子编成的长形圆底桶插在酱醅缸中部，然后从筒中取出酱油。

（2）使用木制杠杆压榨机，酱醅用布袋装好，置于压榨箱内，加压石块，压榨酱油。

（3）采用大型压滤机加压过滤提取。

三、配制加工

1. 配制加工的工艺流程

配制加工的工艺流程如图 11-5 所示。

2. 操作步骤

配制前必须了解各批酱油的数量、批号、生产日期以及质量情况，事先分析化验各项成分含量，以便计算各批配制用量。各批酱油的质量是不完全一致的，为了符合各种品种的规

助鲜剂和甜味剂
↓
防腐剂→生酱油→加热→配制→澄清→质量鉴定→各级产品

图 11-5　配制加工的工艺流程

格，尚需进行适当的配制，符合感官、理化和卫生三方面指标，才能使产品达标出厂。

酱油的理化指标有多项，一般以氨基氮、全氮和氨基酸生成率来计算。例如二级酱油的标准为氨基氮 0.6g/100mL、全氮 1.20g/100mL、氨基酸生成率 50%。如果生产的酱油氨基酸生成率低于 50%，则不计算全氮而按氨基氮配制；如果氨基酸生成率高于 50%，则可不计算氨基氮而以全氮含量计算、配制。

项目小结

酱油是以植物蛋白及碳水化合物为主要原料，经过微生物酶的作用，发酵水解生成多种氨基酸及各种糖类，并以这些物质为基础，再经过复杂的生物化学变化，形成的具有特殊色泽、香气、滋味和体态的调味液。

酱油生产原料主要有以大豆、豆粕等为代表的蛋白质原料，以小麦、麸皮等为代表的淀粉质原料，水，食盐，防腐剂等。原料的处理是生产酱油的重要环节，处理是否得当直接影响到酱油的品质。

酿造酱油的微生物主要有曲霉菌、酵母菌、乳酸菌，其中的淀粉酶、蛋白酶等将原料中的大分子物质降解为小分子糖类、氨基酸等物质，构成酱油的成分及风味物质。

酿造酱油的生产工艺以固态低盐法发酵和高盐稀态法发酵应用最广。固态低盐法发酵是指原料在发酵阶段采用低盐度、小水量固态制醅工艺，分解熟成后再稀释浸取调味汁液的方法，是目前大、中、小型酿造厂普遍采用的一种工艺。高盐稀态法发酵是指原料在发酵阶段采用高盐度、多水量稀态制醪工艺，分解熟成后直接制取或适量稀释滤出调味汁液的方法，运用这种工艺生产出的产品氨基态氮生产率高，酱油风味好。

无论是酿造酱油还是配制酱油，其生产均须符合《食品安全国家标准 酱油》(GB 2717—2018)的要求。该标准规定了酱油的指标要求、食品添加剂、生产加工过程的卫生要求、包装、标识、贮存及运输的要求和检验方法。

问题探究

1. 简述酱油的定义及其分类。
2. 生产酱油的主要原料有哪些？
3. 酱油生产中为什么要添加食盐？
4. 应用于酱油生产的主要微生物有哪些？
5. 怎样制好酱油生产用的种曲？
6. 固态低盐法发酵的关键技术有哪些？

实训　酱油氨基氮含量的测定

一、实训目的

1. 鉴定酱油中氨基氮的含量是否符合酱油的质量标准。
2. 复习滴定操作法及酸度计的使用。

二、实训原理

利用中和滴定的原理测定酸度，利用氨基酸的两性作用，加入甲醛以固定氨基的碱性，使羧基显示出酸性，用氢氧化钠标准溶液滴定定量，以酸度计指示终点。在测定酱油中的氨基氮含量的同时，也可将其总酸含量测出。

三、实训器材与试剂

仪器：酸度计；磁力搅拌器；10mL 微量滴定管等。

试剂：甲醛（36%，中性）；氢氧化钠标准滴定溶液（0.050mol/L）。

材料：酱油。

四、实训步骤

1. 总酸含量测定

吸取 5.00mL 样品，置于 100mL 容量瓶中，加水至刻度，混匀后吸收 20.00mL 溶液置于 150mL 烧杯中，加 60mL 水，开动磁力搅拌器，平稳后插入电极，用氢氧化钠标准溶液（0.050mol/L）滴定至酸度计指示 pH=8.2，记下消耗氢氧化钠标准滴定溶液（0.050mol/L）的毫升数 V_4，以 80mL 水代替样品作空白实验，记录空白值 V_0。

2. 氨基氮含量测定

在测完总酸的样品中加入 5.0mL 甲醛溶液，混匀。再用满管的氢氧化钠标准溶液（0.050mol/L）继续滴定至 pH=9.2，记下加入甲醛后消耗氢氧化钠标准滴定溶液（0.050mol/L）的毫升数 V_1。

同时取 80mL 水，先用氢氧化钠溶液（0.050mol/L）调节至 pH=8.2，再加入 5.0mL 甲醛溶液，用满管氢氧化钠标准滴定溶液（0.050mol/L）滴定至 pH=9.2，做试剂空白试验，记下消耗氢氧化钠标准滴定溶液的毫升数 V_2。

五、结果处理

1. 总酸含量计算

$$X_1=\frac{(V_4-V_0)\times c_1\times 0.09}{5.00\times V_3/100}\times 100$$

式中　X_1——样品中总酸（以乳酸计）的含量，g/100mL；

V_0——空白试验消耗氢氧化钠标准滴定溶液的体积，mL；

V_4——测定用样品稀释液消耗氢氧化钠标准滴定溶液的体积，mL；

V_3——样品稀释液取用量，mL；

c_1——氢氧化钠标准滴定溶液的浓度，mol/L；

0.09——与 1mL 1mol/L 的氢氧化钠标准溶液相当的乳酸的质量，g。

2. 氨基氮含量计算

$$X_2=\frac{(V_1-V_2)\times c_1\times 0.014}{5\times V_3/100}\times 100$$

式中　X_2——样品中氨基氮的含量，g/100mL；

V_1——测定用样品稀释液加入甲醛后消耗氢氧化钠标准滴定溶液的体积，mL；

V_2——试剂空白试验加入甲醛后消耗氢氧化钠标准滴定溶液的体积，mL；

V_3——样品稀释液取用量，mL；

c_1——氢氧化钠标准滴定溶液的浓度，mol/L；

0.014——与1mL 1mol/L氢氧化钠溶液相当的氮的质量，g。

六、实训报告

根据滴定实验的实际操作完成实训报告。

项目十二　食醋发酵技术

知识目标

1. 知道食醋的概念并了解其营养价值、分类及特点。
2. 掌握食醋的生产机理，生产的主要类型、工艺流程。
3. 掌握食醋原、辅料的选择及处理。
4. 掌握固态法食醋的特点、生产原理、工艺流程及操作。

技能目标

1. 能够完成食醋生产操作及工艺控制。
2. 具备食醋质量的基本检验与鉴定能力。
3. 学会运用相关知识解决食醋生产过程中常见的质量问题。
4. 能够制定食醋生产的操作规范、整理改进措施。

思政目标

通过介绍食醋发酵工艺，结合国家的“碳中和”“碳达峰”规划及相关案例分析，激发学生的使命感和责任担当。

背景资料

食醋是一种国际性的重要调味品。食醋是用各种原料发酵后产生的酸味调味剂。酿醋主要以大米或高粱为原料。适当的酵母可使含碳水化合物（糖、淀粉）的液体转化成酒精和二氧化碳，酒精再受醋酸杆菌的作用与空气中的氧结合即生成醋酸和水。所以说，酿醋的过程就是使酒精进一步氧化成醋酸的过程。

一、食醋及其营养价值

食醋是我国传统的酸性调味品。醋的酿造在我国具有悠久的历史。有许多科学工作者认为我国酿醋的历史应当与酒同源，我国古籍上的“醯”“酢”等文字，是我国醋在古代的名称和起源的根据。《论语·公冶长》云：“孰谓维生高直，或乞醯焉，乞诸其邻而与之。”在《孔氏传》中也有这样的记载：“盐咸梅酸羹须醋以和之。”其大意均为欲得美味佳肴，必须用醋作调料。从这些记载中不难看出，食醋作为我国的酸味调料，可能起源于公元前16世纪左右。

食醋以酸味纯正、香味浓郁、色泽鲜明者为佳。食醋的主要成分为乙酸、高级醇类等。现用食醋主要有“米醋”“熏醋”“糖醋”“酒醋”“白醋”等，根据产地品种的不同，食醋中所含醋酸的量也不同，一般在5%～8%之间。食醋酸味强度的高低主要是其中所含醋酸量的大小所决定。例如山西老陈醋的酸味较浓，而镇江香醋的酸味酸中带柔，酸而不烈。

食醋中除了含有醋酸以外，还含有对身体有益的其他一些营养成分，如乳酸、葡萄糖酸、琥珀酸、氨基酸、糖、钙、磷、铁、维生素 B_2 等。酿造醋含有丰富的营养成分，具有独特的药理作用。

食醋具有相当强大的杀菌、抑菌能力。食醋有杀死白喉杆菌和流行性脑脊髓膜炎、麻疹、腮腺炎病毒的效力；食醋对食源性病菌有抑菌和杀菌作用，可作为生凉菜的食用消毒剂；食醋能抑制血糖浓度的快速变化，可控制餐后的高血糖；食醋能促进体内钠的排泄，改善钠的代谢异常，从而抑制体内盐分过剩所引起的血压升高。黑醋可以抑制肠管吸收脂质，抑制脂肪动员，抑制肝脏脂质的合成及末梢组织脂质利用的升高，具有限制肥胖的作用；米醋能减少过氧化脂质的量，加速皮肤的新陈代谢，减少乌斑、皮肤松弛和皱纹，具有抗氧化、抗衰老、美容的作用；陈醋有强烈的破坏和分解亚硝酸盐的作用，并能抑制嗜碱性细菌的生长和繁殖，因而食用陈醋可起到防癌的功效。此外，食醋还具有预防骨质疏松症、抗疲劳、促进食物消化等作用。

二、食醋的种类及生产工艺

（一）食醋的种类

食醋由于酿制原料和工艺条件不同，风味各异，分类方法较多。现将主要分类方法介绍如下：

1. 按生产方式分类

（1）酿造食醋　以粮食、果实等含有淀粉、糖类、酒精的原料单独或混合使用，经过微生物酿造而成的一种酸性调味品。

（2）配制食醋　以酿造食醋为主体，与冰乙酸（食品级）、食品添加剂等混合配制而成的调味食醋。

2. 按原料分类

生产食醋的原料有大米、小麦、高粱、小米、麸皮、含糖分的果类、野生植物及中药材等代用原料等。

（1）谷物醋　我国和日本生庐的食醋多以谷物为原料，如以高粱为原料的山西老陈醋、喀左陈醋；以麸皮为原料的四川麸醋；以糯米为原料的镇江香醋；以大米为原料的江浙玫瑰米醋、天津独流醋；以大麦、小麦为原料的正阳伏陈醋；以香糟为原料的糟醋；以发芽米的提取物为原料的米芽醋；以小麦种子中胚芽为原料的小麦胚芽醋；以麦芽为原料的麦芽醋；以薏苡仁为原料的薏苡仁醋等。

（2）果醋　果醋主要有苹果醋、葡萄醋、凤梨醋、柑橘果醋、山楂醋、沙棘醋等。

（3）蔬菜醋　蔬菜醋主要有马铃薯醋、鸡腿菇醋、洋葱醋等。

（4）糖醋　糖醋主要有砂糖醋、饴糖醋、蜂蜜醋、低聚糖醋、壳聚糖醋等。

（5）酒醋　食醋的生产也可直接以含有初级酒精的物质为原料，主要有蒸馏白醋、葡萄酒醋、啤酒醋、酒糟醋等。

凡是淀粉、糖质、酒类或含有这三类成分的物质，均可作为酿醋原料，经糖化、酒化或醋化阶段的酿醋工艺流程，最终制得食醋产品。

3. 按酿造用曲分类

（1）麸曲醋　以麸曲和谷糠为原料，人工培养纯粹曲霉菌制成麸曲作糖化剂，以纯培养的酒精酵母作发酵剂酿制的食醋称为麸曲醋。

（2）老法曲醋　以大麦、小麦、豌豆为原料，以野生菌自然培养获取菌种而制成的糖化曲酿制的食醋称为老法曲醋。

4. 按风味分类

（1）陈醋　陈醋为酿成后存放较久的醋，醋味醇厚，酯香味较浓。

（2）熏醋　是指以高粱为主料，麸皮、谷糠为辅料，采用固体发酵工艺生产，利用烟道余热将陶瓷缸中成熟醋醅保温熏醅而制得的食醋。

（3）甜醋　在食醋中人工添加食糖等甜味剂而制得的醋为甜醋。

（4）麻辣食醋　将辣椒、花椒、干姜、丁香、小茴香等经处理后按比例与食醋调配。

5. 按原料处理方法分类

按粮食原料的处理方法不同可分为生料醋和熟料醋。粮食原料不经过蒸煮糊化处理，直接用来制醋，所得的为生料醋；经过蒸煮糊化处理的原料酿制的食醋为熟料醋。

此外，食醋按发酵方式分为固态发酵醋、液态发酵醋、固稀发酵醋三类；按用途分为烹调醋、佐餐醋、保健醋和饮料醋；按颜色分为浓色醋、淡色醋和白醋；按产品形态分为液态醋和粉末醋；按产地命名有山西老陈醋、镇江香醋、四川保宁醋、上海香醋等。

（二）生产工艺

我国目前各具特色的食醋生产工艺有60多种。食醋发酵可分为糖化、酒精发酵及醋酸发酵三大生物化学工程，这三大工程既可为液态、固态，也可为液固同用的，但均属于复式发酵，即糖化和酒精发酵同时进行。这与西方国家普遍采用的单式发酵是不一样的，这也是东西方酿造技术上的根本区别所在。

1. 固态法食醋生产工艺

食醋的整个生产工艺过程在固态下进行的叫固态发酵。这种方法制醋需拌入较多的疏松材料，如砻糠、小米壳、高粱壳及麸皮等，使醋醅疏松，能容纳一定量的空气。此法制得的醋香气浓郁、口味醇厚，色泽也好。我国采用此法制得的比较典型的产品有山西老陈醋、镇江香醋等。以甘薯干或碎米酿醋为例，其工艺流程如图12-1所示。

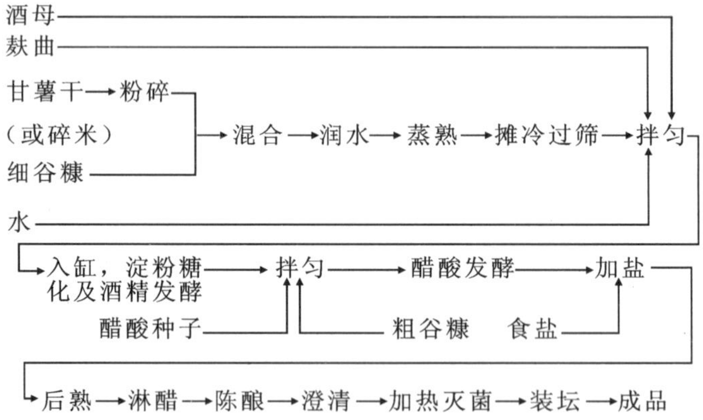

图12-1　甘薯干或碎米固态法制醋工艺流程

2. 半固态法食醋生产工艺

半固态法亦称酵法液化通风回流制醋法，也称先液后固制醋法。即糖化及酒精发酵在液体状态下进行，而醋酸发酵是在固体状态下进行。此方法的特点是利用固态与液态发酵的优点，使得各种酶及微生物能够在较为理想的条件下作用底物。这样能够提高产醋率，而且产品质量优于液态法酿制的醋。半固态法利用醋汁回流代替了固态的倒醅操作，从而降低了劳动强度，提高了生产效率。以碎米酿醋为例，其工艺流程如图 12-2 所示。

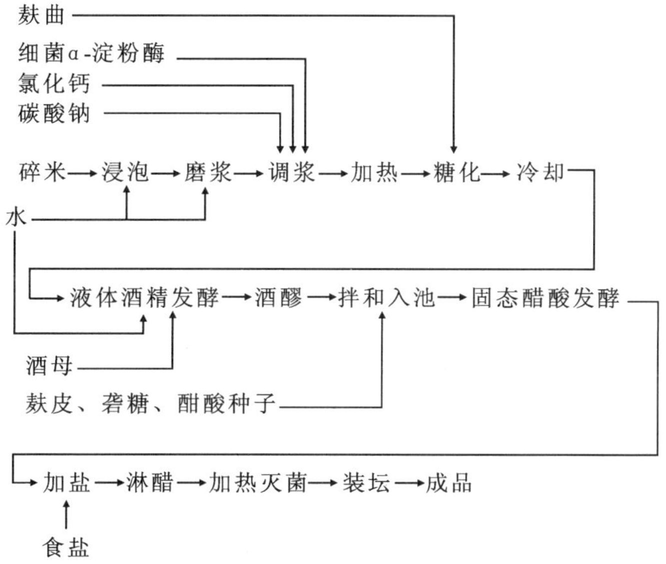

图 12-2　碎米半固态法制醋工艺流程

3. 液态法食醋生产工艺

液态法酿醋工艺的主要特征是醋酸发酵是在液态条件下进行的。此法的特点有：①不需辅助原料和填充料。既可大量节约麸的皮、谷糠等，又能使生产环境及场地的利用得到改善。②改善产品卫生质量。如深层发酵工艺的整个生产过程是在密闭条件下进行操作，减少了被杂菌污染的机会。③降低劳动强度，提高劳动生产率，有利于实现管道输送、仪表控制，提高机械化程度。④生产周期比固态发酵工艺短。除表面发酵法外，其他液态发酵工艺较固态发酵工艺短。一般固态发酵工艺需要 1 个月左右，而液态发酵工艺有的只需 6～7d。⑤深层发酵工艺生产的食醋，其风味、色泽及体态较固态发酵工艺生产的食醋要差一些。这与辅料的应用与否有一定的关系。⑥设备投资大。

液态法食醋的生产方法主要分为表面发酵法、淋浇发酵法和深层发酵法。

(1)表面发酵法生产工艺　其工艺流程如图 12-3 所示。

大米→浸泡→洗净→沥干→煮熟→发化（培菌）→加水→入缸发酵→成熟→压榨→配制→灭菌→包装→成品

图 12-3　大米液态表面发酵法制醋工艺流程

(2)淋浇发酵法生产工艺　淋浇发酵法又称为液体回流发酵法，因为此法生产周期短，所以生产出的食醋称为速酿醋。淋浇发酵是在发酵塔中进行的，此法也属于固定化菌体连续发酵工艺的一种。淋浇发酵法的基本原理是让稀酒液淋浇于负载有醋酸菌的物料上，自上而下流过，空气自下而上流通使酒精很快被氧化成醋酸。一次淋浇若不能使酒精全部转化为醋酸，可经几次回流。

根据所用原料不同，淋浇发酵法有两种工艺：一是以酒精或白酒为原料，二是以淀粉质为原料。前者工艺简便，后者进行液化、糖化和酒精发酵制成酒液。图 12-4 以淀粉质原料为例进行介绍。

(3)深层发酵生产工艺　深层发酵法是在醋酸发酵阶段采用深层发酵罐进行发酵。它

α-淀粉酶 ↓ 升温50℃

淀粉质原料 → 粉碎 → 入罐 → 加水拌和 → 升温50℃ → 升温90℃ → 液化 → 降温 → 糖化 → 冷却 → 酒精发酵 → 板框过滤 → 醋酸发酵 → 调配成分 → 杀菌 → 成品

（麸曲 ↑ 糖化；酵母 ↑ 酒精发酵；醋酸菌 ↑ 醋酸发酵）

图 12-4　淀粉质原料液态淋浇发酵法制醋工艺流程

可使发酵周期缩短，劳动生产率高，占地面积小，不用填充料，生产机械化程度高，但风味差。此法是酿造工业发展的方向。其工艺流程如图 12-5 所示。

α-淀粉酶 ↓ 调浆

淀粉质原料 → 调浆 → 液化 → 糖化 → 灭菌 → 降温 → 酒精发酵 → 醋酸发酵 → 灭菌 → 过滤 → 配制 → 成品

（酵母液 ↑ 酒精发酵；醋酸 ↑ 醋酸发酵）

图 12-5　淀粉质原料液态深层发酵法制醋工艺流程

任务一　食醋原、辅料的选择与处理

一、食醋原、辅料的选择

根据制醋工艺要求以及在工艺过程中所起的作用，制醋用料可分为主料、制曲用料、辅料、酶制剂及添加剂五大类。由于食醋的种类繁多、风味各异，所以其原料的搭配是多种多样的。总之，应根据食醋的风味、生产工艺等来选择特定品牌的食醋原料。

（一）主料

主料是指能借微生物酶的作用而成为食醋主要成分的一类物质。食醋生产选用原料以淀粉含量高的为佳。食醋主料包括粮食、含糖物质及含酒精物质三类，如谷物、薯类、果蔬、糖蜜、酒类及野生植物等。

1. 大米

大米是籼米、粳米、糯米的统称。大米的化学组成（质量分数）：水分 13.4%，蛋白质 7.8%，脂肪类 2.5%，淀粉 74%，纤维素 1.0%，矿物质 1.3%。

2. 高粱

高粱籽粒经加工后制成高粱米，副产品有高粱壳、高粱糠。高粱的化学组成（质量分数）：水分 10%～13%，蛋白质 10%～13%，脂肪 3%，淀粉 70%，纤维素 3%～4%，矿物质 1.5%～2.0%。

3. 小米（粟）

小米有黏小米及普通小米之分；种皮有黄色及白色之别。小米的化学组成（质量分数）：水分 7.9%，蛋白质 9.7%，脂肪 3.3%，淀粉 76%，纤维素 1.7%，矿物质 1.4%。

4. 玉米

玉米别名玉蜀黍、苞米、珍珠米等，其化学组成（质量分数）：水分 15%，蛋白质 9.9%，脂肪类 4.4%，淀粉 67.2%，纤维素 2.2%，矿物质 1.3%。

5. 麸皮

麸皮又称麦麸，是小麦制粉的副产品。麸皮的化学组成（质量分数）：水分约12%，粗淀粉55%，粗蛋白14%，粗脂肪4%，粗纤维8.0%，灰分5.0%，硫胺素9.37μg/g，核黄素2.80μg/g，钙2.4%，铁0.21%，钾1%，磷0.88%。麸皮粗淀粉中多缩戊糖的含量高达20%～24%。

6. 含糖果实或果汁

根据果品资源的特点，可选择合适的工艺和方法进行果醋系列产品的研究与开发，已开发的可作为生产果醋的果品资源主要有苹果、山楂、水蜜桃、猕猴桃、杏、柑橘、野生酸枣、沙棘、葡萄、鸭梨等。

7. 蔬菜类

现在主要有南瓜食醋。此外，黄瓜、芹菜、番茄等也可用于制作蔬菜醋。

8. 含酒精原料

含酒精成分的可用于制作食醋的原料有酒精、酒糟等。

（二）制曲用料

1. 麦麸

小麦一般由种皮（13%）、胚（2%）和胚乳（85%）构成。麦麸则以种皮为主，胚乳部分多少附着一些，麦麸中种皮与胚乳的比率随制粉时出粉率的变化而不同，出粉率越高，则麦麸中的种皮部分也越多。

2. 大曲

制造大曲所用的原料有小麦、大麦和豌豆等，这些原料都含有淀粉、蛋白质及其他营养成分，可供微生物生长繁殖和生成各种酶之用，同时形成产品风味物质及其前体。

3. 小曲

小曲是以生米粉（或米糠）为原料，添加辣蓼草粉，有的添加中草药（药曲），利用添加曲母粉（优质陈曲作种曲）的方法，加适量水，制成的米粉曲。

（三）辅料

酿造食醋除需用主料外，还需辅料，其中一部分用来提供微生物活动所需的营养物质或增加食醋中的某种成分，以提高食醋的质量。辅料直接或间接地与产品的色、香、味的形成有密切关系。同时，某些辅料还可改善发酵过程的物理结构状态，使发酵醅疏松，通气良好，并可调节发酵过程中的糖分或酒精浓度以及含水量。一般使用较多的辅料是谷糠、米糠、麦麸或豆粕等。

另外有一部分辅料主要是用作固态发酵或速酿过程的疏松剂（载体性质），构成微生物的载体，促进微生物的增殖及代谢，因此也常称之为填充料。其本身的化学成分以纤维素为主，可供一般微生物利用的成分很少。固态发酵制醋中，疏松剂起到疏松醋酸，积存和流通空气的作用，如醋醅中加入稻壳、高粱壳、小米壳能起疏松作用，以利于醋酸菌好氧发酵。

（四）酶制剂

食醋工业使用酶制剂的目的，主要是代替操作繁杂的制曲过程或弥补曲中酶活力不足的缺陷，提高曲的使用效果。制醋过程中使用曲的最重要的目的，是获得高活力的淀粉酶。目前曲中霉菌的糖化力较高，但液化力相对较低，因此，可以添加适量α-淀粉酶制剂以弥补其不足。目前我国食醋生产工业中常用的酶制剂有淀粉酶、糖化酶及酸性蛋白酶，但食醋风味不足是酶法的最大缺点。

（五）添加剂

添加剂一般是指加入少量后，能增进食醋的色、香、味，赋予食醋以特殊风味或增加食醋固形物，改善食醋体态的物质，包括食盐、甜味剂、增色剂、调味料、防腐剂。

此外，酿造用水与食醋质量有一定的关系，酿造用水（如酸碱度、硬度、卫生指标等）应符合国家的相关要求。

二、食醋原料的选择原则

原料的选择应遵循以下原则：

(1)原料价格低廉，可降低生产成本。

(2)原料内碳水化合物含量多，蛋白质含量适当，且适合微生物的需要、易于吸收利用。

(3)资源丰富，容易收集，原料产地离工厂要近，便于运输和节省费用。

(4)容易贮藏，最好选择经干燥后的含水分极少的原料。

(5)无霉烂变质，符合卫生标准。

三、食醋原、辅料的处理

原料处理是食醋酿造的第一道工序，也是生产过程中比较重要的一环，其目的是为糖化酶作用创造条件，使淀粉易于受糖化酶的作用水解成可发酵性糖。原料处理的好坏直接影响糖化和发酵质量，最后也会影响食醋的产率和质量。

制醋所用原料多为植物原料，在收割、采集和贮运过程中往往会混有泥沙、金属之类杂物，如不去除干净，将会损坏机械设备，堵塞管道、阀门和泵，造成生产上的损失。对那些霉变的原料，也应加以剔除，以免严重降低食醋的产量和质量。对带皮壳的原料，由于皮壳在发酵中会降低设备利用率，堵塞管线，妨碍酒精、醋酸发酵，而皮壳本身不能被一般微生物所利用，故常在粉碎之前，先将皮壳去净。

在投入生产之前，含淀粉的原料应经过一定的处理，处理方法如下：

1. 筛选

谷物原料多采用分选机处理。分选机将原料中的尘土与轻的夹杂物吹出，并经过几层筛子把谷粒筛选出来，这样可以将谷物基本处理干净。

鲜薯类的处理一般是采用洗涤的方法，以除去附着于薯类表皮上的泥土。在洗涤薯类时，多采用搅拌棒式洗涤机。

2. 粉碎和水磨

制醋所用的粮食原料通常呈粒状，外有皮层包裹，为了扩大原料同微生物“酶”的接触面积，充分利用有效成分，应先进行粉碎，然后再进行蒸煮糖化。酶法液化工艺中原料的粉碎方法则是进行水磨，水磨的目的和粉碎一样，是为了扩大原料的表面积，使之糖化完全。

3. 原料蒸煮

在原料蒸煮过程中，由于植物细胞壁的破坏，细胞内含的还原糖会游离出来。另外，由于植物细胞组织中的淀粉酶在50～60℃温度间的强烈作用，使得原料的糖分上升，所以蒸煮过程不仅是淀粉糊化的过程，还有糖化作用。

酿醋所用的淀粉质原料，除生料发酵法不蒸煮原料外，其余各法均须经过原料蒸煮阶段。

任务二　食醋糖化剂和发酵剂的选择及成醋机理

一、糖化剂和发酵剂的选择

(一)糖化剂的选择

用淀粉质原料酿制食醋,必须经过糖化、酒精发酵、醋酸发酵三个生化阶段。把淀粉转变成可发酵性糖所用的催化剂称为糖化剂。食醋生产常用的糖化剂有以下六种类型。

1. 大曲(块曲)

大曲是以根霉、毛霉、曲霉、酵母为主,并含有大量野生菌的糖化曲。其优点是便于保管和运输,酿成的食醋风味好,但淀粉利用率较低,生产周期长,现在我国几种主要名特食醋的生产仍多采用大曲。

2. 麸曲(散曲以黑曲霉、黄曲霉为主)

麸曲为国内酿醋厂所普遍采用的糖化剂。其糖化力强,出醋率高,采用人工纯培养,操作简便。麸曲的生产成本低,对各种原料适应性强,制曲周期也短。

3. 小曲(药曲或酒药)

小曲主要是根霉及酵母,利用根霉在生长过程中所产生的淀粉酶来进行糖化作用。小曲便于运输和保管,但这类曲对原料的选择性强,适用于糯米、大米、高粱等原料。

4. 红曲

红曲是我国特产之一,红曲霉培养在米饭上能分泌出红色素与黄色素,而且有较强的糖化酶活力,被广泛应用于增色及红曲醋、乌衣红曲醋的酿造。

5. 液体曲

液体曲一般以曲霉菌为主,经发酵罐内深层培养,得到一种液态的含 α-淀粉酶及糖化酶的曲子,可代替固体曲用于酿醋。液体曲生产的机械化程度高,技术要求也高。

6. 糖化酶

糖化酶的应用不仅可以缩短生产周期,而且能够降低生产成本,减少环境污染。

(二)发酵剂的选择

发酵剂是指将可发酵性糖转化为酒精及各种风味物质所用的微生物。目前我国食醋上常用的酵母菌基本上与酒精、白酒、黄酒生产所用的酵母菌相同。从分类系统来讲,淀粉质原料酒精发酵常用的菌种为真酵母属中的啤酒酵母及其变种,主要介绍如下。

1. 拉斯 2 号(Rasse Ⅱ)酵母

拉斯 2 号酵母又名德国 2 号酵母(柏林酿造研究所菌株),能发酵葡萄糖、蔗糖、麦芽糖,不发酵乳糖。营养丰富时,细胞贮藏有较多的肝糖,营养缺乏时则有明显的空泡存在。该菌在玉米醪中发酵特别旺盛,适用于淀粉质原料发酵生产酒醋类,但在发酵中易产生泡沫。

2. 拉斯 12 号(Rasse Ⅻ)酵母

拉斯 12 号酵母又名德国 12 号酵母,能发酵葡萄糖、果糖、蔗糖、麦芽糖、半乳糖和 1/3 棉籽糖,不发酵乳糖,常用于酒精、白酒、食醋的生产。

3. K 字酵母

K 字酵母是从日本引进的菌种,细胞呈卵圆形,较小,生长迅速,适用于高粱、大米、薯干原料生产酒精、食醋。

4. 南阳五号酵母(1300)

南阳五号酵母能发酵麦芽糖、蔗糖、1/3 棉籽糖，不发酵乳糖、菊糖、蜜二糖，耐酒精 13%以下。

5. 南阳混合酵母(1308)

南阳混合酵母能发酵葡萄糖、蔗糖、麦芽糖、1/3 棉籽糖，不发酵乳糖、菊糖、蜜二糖。

二、食醋成醋机理

食醋的酿造包括淀粉分解、酒精发酵和醋酸发酵三个主要过程，这三个过程都离不开不同种类微生物酶的作用。如曲霉中的糖化型淀粉酶使淀粉水解为糖类，蛋白酶使蛋白质分解为各种氨基酸；酵母菌分泌的酒化酶使糖分解为酒精；醋酸菌中的氧化酶将酒精氧化成醋酸。整个食醋的发酵过程就是这些微生物酶互相协同作用，产生一系列生物化学变化的过程。

(一)淀粉糖化

淀粉是制醋主料的主要成分，对产品的质量有着关键性影响。食醋原料经过蒸煮，其细胞组织中的淀粉发生糊化和溶化，处于溶胶状态，但还是不能直接被酵母菌利用。因此，必须首先把淀粉转化为可发酵性糖类，然后才能由酵母菌将糖发酵成为酒精。

糖化曲是酿造过程中糖化和发酵的原动力，其酶系主要是淀粉酶、蛋白水解酶、植物组织破坏酶、转移葡萄糖苷酶、果胶酶、纤维素酶等，通过它们的共同作用，使大分子物质转变为小分子物质，为进一步发酵奠定基础并提供醋体的风味。如使淀粉分解生成一部分可发酵性糖即葡萄糖和麦芽糖，再由酵母生成酒精。另一部分糖分则残留于醋醅内，作为食醋中部分色、香、味的基础。淀粉经蛋白酶的作用逐步变成各种氨基酸，醋中氨基氮的含量增加。氨基酸显示多种味道，食醋中的多种游离氨基酸影响着食醋的呈味，显示出食醋各自的特征，如谷氨酸和天冬氨酸含量增加，鲜味增强；甘氨酸、丙氨酸和色氨酸构成食醋中的甜味。

(二)酒精发酵

酵母菌发酵属于厌气性发酵，进行着无氧呼吸，发生复杂的生化反应。从发酵工艺来讲，一般糖化与酒精发酵是同时进行的，即双边发酵。既有发酵醪中的淀粉、糊精被糖化酶作用，水解生成糖类物质的反应；又有发酵醪中的蛋白质在蛋白酶的作用下，水解生成小分子的蛋白胨、肽和各种氨基酸的反应，这些水解产物一部分被酵母细胞吸收合成菌体，另一部分则发酵生成了酒精和二氧化碳，还会产生副产物杂醇油、甘油等。

酵母将糖转变成酒精和二氧化碳，其反应式如下：

$$C_6H_{12}O_6 \longrightarrow 2C_2H_5OH + 2CO_2 + 112.9\text{kJ}$$

其发酵过程同酒类发酵一样。在发酵时间上，连续发酵较间歇发酵短，因为连续发酵一开始即处于主发酵状态，所以制醋工业可以考虑采用连续发酵工艺。

(三)醋酸发酵

醋酸发酵是依靠醋酸菌的作用，将酒精氧化生成醋酸。实际上醋酸杆菌不仅能将乙醇氧化成醋酸，而且还能氧化一系列的其他化合物。醋酸菌能氧化醇类和糖类，如把丙醇氧化为丙酮酸，并再进一步氧化成琥珀酸和乳酸等。脂肪转变成甘油，糖类转变成甘露醇，在醋酸菌作用下生成二酮果糖等，这些成分都构成醋的香味。不同醋酸菌的发酵产物不同，除了生成醋酸外，还能生成羟基酸，如羟基乙酸、羟基丙二酸、酒石酸、草酸、琥珀酸、己二酸、庚酸、甘露糖酸和葡萄糖酸等。醇类又与这些酸类发生酯化反应生成不同的酯类，构成食醋中香气的成分。所以有机酸种类越多，其酯类的香味就越浓。

醋酸发酵机理如下：

1. 乙醇氧化为醋酸

(1)先由乙醇在乙醇脱氢酶的催化下氧化成乙醛。其反应式如下：

$$CH_3CH_2OH+[O]\xrightarrow{\text{乙醇脱氢酶}}CH_3CHO+H_2O$$

(2)再由乙醛通过吸水形成水化乙醛，接着由乙醛脱氢酶氧化成乙酸。反应式如下：

$$CH_3CHO+H_2O\longrightarrow CH_3CH(OH)_2$$

$$CH_3CH(OH)_2+[O]\xrightarrow{\text{乙醛脱氢酶}}CH_3COOH+H_2O$$

理论上 100g 酒精能生成纯醋酸 130.4g，在实际生产过程中只能生成 100g 醋酸。

2. 己糖-磷酸途径

己糖-磷酸途径生成的5-磷酸核酮糖在5-磷酸解酮酶的作用下，裂解为3-磷酸甘油醛和乙酰磷酸，其中乙酰磷酸在乙酸激酶的催化下转变为醋酸，而3-磷酸甘油醛通过糖酵解途径变成丙酮酸，然后还原成乳酸。反应式如下：

$$\underset{\text{5-磷酸核酮糖}}{CH_2OHCO(CHOH)_2CH_2OP}+H_3PO_4\xrightarrow{\text{5-磷酸解酮酶}}\underset{\text{3-磷酸甘油醛}}{CHOCHOHCH_2OP}+\underset{\text{乙酰磷酸}}{CH_3COOP}$$

$$\underset{\text{乙酰磷酸}}{CH_3COOP}\xrightarrow[\text{ADP}\ \rightarrow\ \text{ATP}]{\text{乙酸激酶}}\underset{\text{醋酸}}{CH_3COOH}$$

$$\underset{\text{3-磷酸甘油醛}}{CHOCHOHCH_2OP}\xrightarrow{\text{糖酵解}}\underset{\text{丙酮酸}}{CH_3COCOOH}\xrightarrow{\text{NADH}_2\ \rightarrow\ \text{NAD}}\underset{\text{乳酸}}{CH_3CHOHCOOH}$$

3. 醋酸菌的过氧化反应

由于醋酸菌含有乙酰辅酶 A 合成酶，因此它能将醋酸氧化为二氧化碳和水。其反应式为：

$$CH_3COOH+O_2\longrightarrow CO_2+H_2O$$

所以在食醋生产过程中发现酸度不再上升，酒精氧化将完时，即加入食盐，抑制醋酸菌繁殖与发酵，以防醋酸分解。

4. 其他反应

醋酸发酵中主要的细菌是醋酸菌，具有氧化酒精生成醋酸的能力。此外，弱氧化醋酸菌能将D-葡萄糖氧化成葡萄糖酸、D-5-酮基葡萄糖酸，再经还原生成D-酒石酸。弱氧化醋酸菌、醋酸杆菌、纹膜醋酸杆菌可将酵母菌利用糖分生成的甘油氧化成二羟丙酮。

原料中少量的脂肪成分在霉菌中解脂酶的作用下生成各种脂肪酸，这些脂肪酸和醇反应生成不同的酯类。原料中的蛋白质经蛋白酶水解成各种氨基酸，如果食醋中含有多种氨基酸，口味就浓醇，也增加了醋酸的纯香味。

(四)食醋的陈酿后熟作用

风味和芳香物质对于食醋的质量至关重要，而色、香、味的形成是十分错综复杂的，除了在发酵过程中形成的风味外，还与陈酿后熟有关。在陈酿期间发生了一系列的化学变化，如美拉德反应使食醋色泽加深，氧化反应产生醛类物质，酯化反应生成风味酯等。所以食醋生产中经常采用陈酿的方法来弥补发酵过程中风味成分不能充分形成的缺陷。凡优质的酿造醋，一般均需要较长时间的陈酿贮存。例如，山西老陈醋发酵完毕时风味一般，而经过夏季日晒、冬季捞冰，长期陈酿后，品质大为改善，色泽黑紫，质地浓稠，酸味醇厚，并具有特殊的醋香味。固体麸曲醋也同样如此，产品经 1～3 个月的贮存陈酿后，风味显著提高。

陈酿期包括醋醅陈酿和醋液陈酿。陈酿过程为：一是醋醅陈酿，即将加盐后熟的醋醅移入缸内砸实，上盖食盐 1 层，用泥封顶，放置 1 个月，中间倒醅 1～2 次；二是生醋经日晒夜露，浓缩陈酿数月；三是将醋成品灌装后封坛陈酿。在陈酿过程中，食醋发生一系列的化学、物理变化，这些生化反应多数是非常缓慢的，陈酿期一般为 3～6 个月，有的甚至长达 1 年。实际上在陈酿过程中，醋中的酯香类物质不断增加，乙酸与水分子的缔合度增加，使口感柔和，香味浓郁。

任务三　固态法食醋的制备

我国的传统食醋大多采用固态法生产，即醋酸发酵时物料呈固态的酿醋工艺。以粮食为原料，加入小曲、块曲、麸曲、酒母等为发酵剂，再加入稻壳为疏松剂酿造食醋。

采用固态发酵工艺酿制的食醋，色、香、味、体俱佳，通常呈琥珀色或红棕色，具有浓郁的醇香和酯香，酸味柔和，回味醇厚，体浓澄清。

固态发酵食醋由于其工艺的可变动性，只需稍经调整、变更或延伸，就可派生出无数的独特创新工艺。工艺的创新造就了丰富多彩的优秀食醋品牌。目前国内知名品牌的食醋多采用此种工艺酿制而得，如镇江香醋、山西老陈醋、四川保宁醋和福建红曲醋等。

一、大曲醋的制备

大曲醋以高粱为原料、以大曲为糖化发酵剂。现在我国几种主要名特食醋的生产仍多采用大曲。原料、生产工艺等的不同使得不同的品牌具有不同的特色。现以山西老陈醋为例讲述大曲醋的制备。

(一)大曲醋的原料及配比

大曲醋的原料及配比见表 12-1。

表 12-1　大曲醋的原料及配比

原料名称	高粱	大曲	麸皮	谷糠	食盐	水			香辛料
						润料	闷料	后水	
数量(kg)	100	62.5	70	100	8	60	210	60	0.15

注：香辛料包括花椒、大料、桂皮、丁香、生姜等。

(二)大曲醋的生产工艺

图 12-6 所示为山西老陈醋的酿造工艺流程。

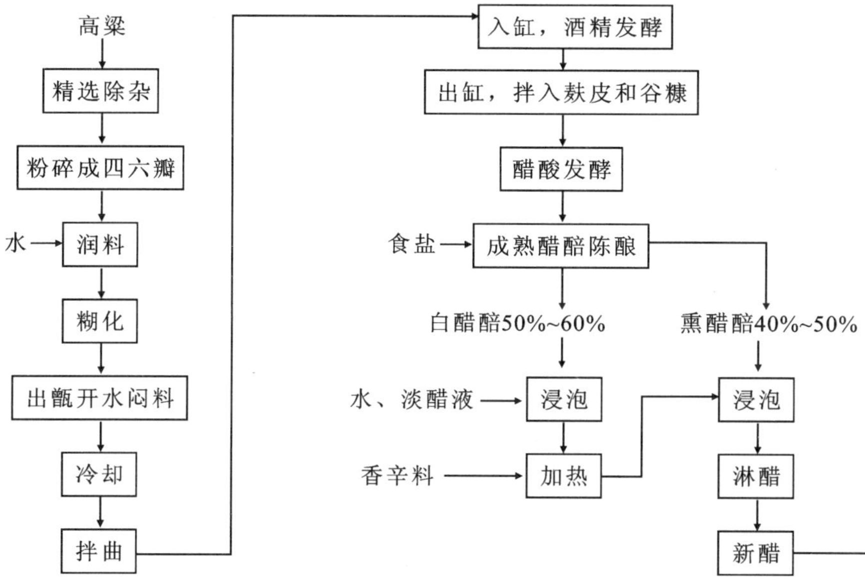

图 12-6 山西老陈醋的酿造工艺流程

(三)大曲(块曲)的制备

大曲生产工艺如图 12-7 所示，其操作过程同酒类大曲制备。

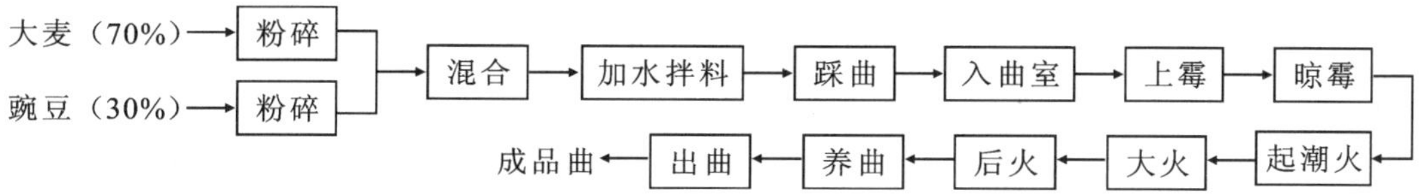

图 12-7 大曲生产工艺流程

(四)大曲醋生产工艺操作要点

1. 原料处理

(1)选料 除去霉坏、变质、有邪杂味的原料，并测定原料的淀粉、水分含量。

(2)原料粉碎 高粱粉碎成四六瓣，细粉不超过 1/4，最好不要带面粉。

(3)润料 加高粱重量 50%～60%的水进行润料。冬天最好用 80℃以上的水润料。把原料铺在凉场上，先把原料挖成边沿高、中间凹状，然后把备好的润料水洒入其中，再用木锨从内圈四周把高粱糁和润料水慢慢混合，翻拌均匀，放入木槽内或缸中，静止润料 8～12h。做到夏季不发热，冬季不受冻，让原料充分润透，含水 60%～65%，手捻高粱糁为粉状，无硬心和白心。

(4)蒸煮糊化 蒸料前检查甑桶是否清理干净，甑锅内的水是否加足，把甑箅放好放平，铺上笼布，再铺一层谷糠。开始时火要烧旺，待锅沸腾后上料。从润料池内或缸内取出高粱糁翻拌均匀，先在甑底轻轻地撒上一层，待上气后往冒气处撒料，一层一层上料，要保持料平、均匀。待料上完，盖上麻袋开始计时，蒸 2h，停火再闷 30min。气压保持在 1.5～2.5MPa。

(5)闷料 将蒸好的高粱糁趁热取出，直接放入闷料槽内或缸中，按高粱糁和开水比为 1∶1.5(质量比)的比例混合搅拌，均匀打碎。静置，闷料 20min，高粱糁充分吸水膨胀后，进行冷却。

(6)冷却 把闷好的高粱糁摊到凉场上，越薄越好，在冷却过程中要不停地用木锨翻倒，并随时打碎块状物，要求冷却的速度越快越好，防止细菌感染，影响整个发酵。

2. 拌曲

提前2h将大曲和水按1∶1（质量比）的比例闷上，翻拌均匀备用。待高粱糁冷却到28～30℃时开始拌曲，将曲均匀地撒到冷却好的高粱上，先把曲料收成丘形，再翻拌2次打碎块状物，使曲和蒸熟的原料充分混匀。

3. 酒精发酵

将拌好曲的料送到酒精缸中。先在酒精缸中加水40kg，再加入主料50kg。发酵室温度控制在20～25℃，料温为28～32℃，原料入缸后第2天开始打耙，每天上、下午各打耙1次，开口发酵3d后搅拌均匀并擦净缸口和缸边，用塑料布扎紧缸口，再静止发酵15d。

4. 醋酸发酵

(1)拌醋醅　把发酵好的酒精缸打开，先把麸皮和谷糠放于搅拌槽内，翻拌均匀后再把酒精液倒在其上，再次翻拌均匀，酒精液、麸皮、谷糠比例为13∶6∶7。然后移入醋酸发酵缸内，每缸放两批料，把缸里的料收成锅底形备用。

(2)拌好醋醅的质量要求　水分60%～64%；酒精体积分数4.5%～5%。

(3)接火　取已发酵的、醅温达到38～45℃的醅子10%作为火种接到拌好的醋醅缸内，用手将火醅和新拌的醋醅翻拌几下，同时把四周的凉醋醅盖在上边，收成丘形，盖上草盖，保温发酵。待12～14h后，料温上升到38～43℃时要进行抽醅，再和凉醅酌情抽搅一次。如发现有的缸料温高，有的缸料温低时要进行调醅，使当天的醋酸发酵缸在24h内都能有适宜温度，而且温度比较均匀，为给下批醅子接火打下基础。

(4)移火　接火经24h培养后称为火醅，醅温达到38～42℃就可以移火，取火醅10%按上法给下批醅子进行接火。移走火的醅子，根据温度高低进行抽醅，如温度高则抽得深一些，温度低则抽得浅一些，尽量采取一些措施使缸内的醋醅升温快且均匀。

(5)翻醅　翻醅时要做到有虚有实，虚实并举，注意调醅。争取3d内90%的醋醅都能达到38～45℃。根据醅温情况，掌握灵活的翻醅方法。即料温高的翻重一些，料温低的翻轻一些，醅温高的要和醅温低的互相调整一下，争取所有的发酵醋醅温度均匀一致，以免有的成熟快，有的成熟慢，影响成熟醋醅的质量和风味。

接火后第3～4天醋酸发酵进入旺盛期，料温可超过45℃，而且80%～90%的醅子都能有适宜的温度，当醋酸发酵9～10d时料温自然下降，说明酒精氧化成醋酸已基本完成。

(6)成熟醋醅的陈酿　把成熟的醋醅移到大缸内装满踩实，表面少盖些细面盐用塑料布封严，密闭陈酿10～15d后再转入下道工序。

(7)成熟醋醅的质量要求　水分：62%～64%；酸度：(4.5～5)g/100g(以醋酸计)；残糖：0.2%以下；基本上无酒精残留。

5. 熏醅

把陈酿好的醋醅40%入熏缸熏制，每天按顺序翻1次，熏火要均匀，保证所熏的醅子闻不到焦煳味，而且色泽又黑又亮。熏醅可以增加醋的色泽和醋的熏香味，这是山西老陈醋色、香、味的主要来源。熏醅的质量要求为：水分：55%～60%；酸度：(5～5.5)g/100g(以醋酸计)。

6. 淋醋

把成熟陈酿后的白醋醅和熏醋醅按规定的比例分别装入白淋池和熏淋池。淋醋要做到浸到、闷到、煮到、细淋、淋净，醋稍量要达到当天淋醋量的4倍，头稍、二稍、三稍要分清，还要做到出品率高。

对醋糟含酸的要求为：白醋槽：0.1g/100g（以醋酸计）；熏醋槽：0.2g/100g（以醋酸计）。

老陈醋半成品的要求为：总酸：5g/100mL（以醋酸计）；浓度：7～8°Bé；色泽：红棕色、清亮、不发乌、不混浊；味道：酸、香、绵、微甜、微鲜、不涩不苦；出品率：每100kg高粱出600kg醋（醋酸浓度50g/L）。

7. 老陈醋半成品陈酿

把淋出的半成品老陈醋打入陈酿缸内，经夏季日晒、冬季捞冰及半年以上陈酿时间，使半成品醋的挥发酸挥发、水分蒸发，即为成品醋。其浓度、酸度、香气等方面都会有大幅度提高。

二、小曲醋的制备

小曲醋以大米、糯米为原料，以小曲为糖化发酵剂。不同品牌的小曲醋有各自的特色，现以以糯米为原料的镇江香醋为例讲述小曲醋的制备。

(一)小曲醋的原料

糯米500kg，小曲2kg，麦曲30kg，麸皮850kg，砻糠（稻壳）470kg。此外，生产1000kg一级香醋耗用辅助材料为：炒米色135kg（折成大米40kg左右），食盐20kg，糖6kg。

(二)小曲醋的生产工艺

小曲醋的生产工艺流程如图12-8所示。

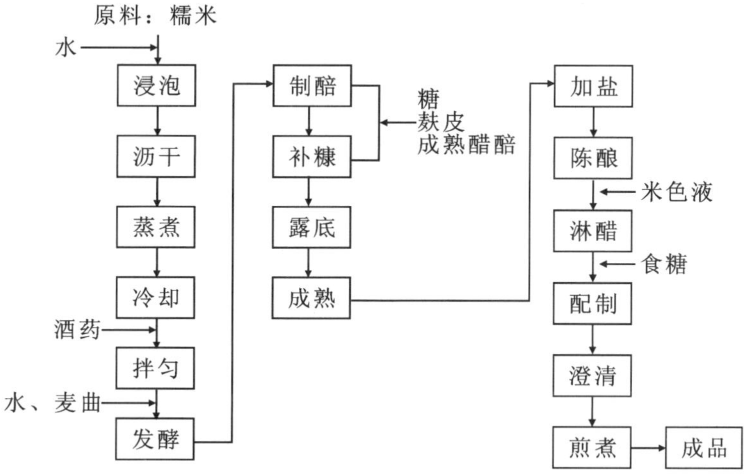

图12-8 镇江香醋的生产工艺

(三)小曲的制备

小曲的制备过程同酒类小曲的制备过程。

(四)小曲醋生产工艺操作要点

1. 原料处理

要求米粒圆整粒大。投料时每次将500kg糯米置于浸泡池中，加入清水浸泡。一般冬季浸泡24h，夏季浸泡15h，要求米粒浸透无白心。然后捞起放入米箩内，以清水冲去白浆，淋到出现清水为止，再适当沥干。将已沥干的糯米蒸至熟透，取出用凉水淋饭冷却，冬季冷至 30℃，夏季冷至 25℃。均匀拌入小曲 2kg，置于缸内，用草盖将缸口盖好，以减少杂菌污染和保持料温。

2. 酒精发酵

低温糖化发酵，料温保持 31～32℃。冬季用稻草裹扎，夏季将草盖掀开散热。经过 60～72h 后，饭粒从缸底浮起，糖化液增多，此时已有酒精及 CO_2 气泡产生，糖分为 30%～35%，酒精体积分数为 4%～5%。

在拌小曲 4d 后，添加水和麦曲。加水量为糯米的 140%，麦曲量为 6%，即 30kg。控制料温在 26～28℃，这被称为"后发酵"。此时，应注意及时开耙，一般在加水后 24h 开头耙，以后 3d 中每天开耙 1～2 次，以降低温度。发酵时间自加入小曲算起，总共为 10～13d。

经过上述工艺，每 50kg 糯米，冬季产酒醪 165kg，酒精体积分数为 13%～14%，酸度为 0.5%以下；夏季产酒醪 150kg，酒精体积分数为 10%以上，酸度为 0.8%以下。

3. 醋酸发酵

(1)拌料接种　制醅采用固态分层发酵法。以前用大缸作为发酵容器，缸容量 350～400kg，现在以发酵池代之，1 池相当于 15 缸的容量。取 165kg 酒醪盛入大缸，加 85kg 麸皮拌成半固态；取发酵优良的成熟醋醅 2～3kg，再加少许砻糠和水(冬季用温水)，用手充分搓拌均匀，放置缸内醅面中心处。每缸上盖 5kg 左右砻糠，不必加盖，任其发酵，时间为 3～5d。

(2)倒缸翻醅　次日将上面覆盖的砻糠揭开，并将上面发热的醅料与下部表层未发热的醅料及砻糠充分拌和，移入另一缸，称为"过杓"。1 缸料醅分 10 层逐次过完，过杓料温 43～46℃，一般经 24h，再添加砻糠并向下翻拌。每次加砻糠约 4kg，根据实际情况补加一些温水。这样经过 10～12d，醋醅全部制成，原来半缸酒醅变成全缸醋醅，每缸共加砻糠 47.5kg，先前装酒醪的缸已全部过杓完毕，变成空缸，称为"露底"。

(3)露底　过杓完毕，醋酸发酵到达最高潮，此时需天天翻缸，即将一缸内全部醋醅翻倒入另一缸，此也叫露底。露底需掌握温度变化，使面上温度不超过 45℃，每天 1 次，连续 7d。此时发酵温度逐步下降，酸度达到高峰，发现酸度不再上升时，立即密封陈酿。

4. 陈酿

(1)封缸　醋醅成熟后，立即每缸加盐 2kg，然后并缸，10 缸并成 7～8 缸，并将醋醅压实，缸口用塑料布盖实，布面沿缸口用食盐覆盖压紧，使不透气。过去用泥土、醋醋和 20%盐水或盐卤混合物调制成泥浆密封缸面。

(2)伏醅　醋醅封缸 1 周后换缸 1 次，进行翻缸，并重新封缸。封缸时间总共 3 个月左右。技术改进后只需换缸 1 次，整个陈酿期为 20～30d。陈酿时间愈长，风味愈好。

5. 淋醋

取陈酿结束的醋醅置于淋醋缸中，根据缸的容积大小决定投料数量，一般装醅 80%，再按比例加入炒米色[优质大米经适当炒制后溶于热水即为炒米色，用于增加镇江香(陈)醋的色泽和香气]和水，浸泡数小时，然后淋醋。

醋汁由缸底的管子流至地下缸，第一次淋出的醋汁品质最好。淋毕，再加水浸泡数小时，淋出的醋汁可作为第一次淋醋的水用。第二次淋毕，再加水泡之，第三次淋出的醋汁作为第二次淋醋的水用。如此循环浸泡，每缸淋醋 3 次。

6. 灭菌及配制成品

将第一次淋出的醋汁加入食糖进行调配，澄清后，加热煮沸，趁热装入贮存容器，密封存放。每500kg糯米可产一级香醋1750kg。

三、新型醋的制备

我国目前的新型制醋工艺有酶法液化通风回流制醋、生料制醋浇淋法制醋、液态深层发酵制醋和新固态发酵法制醋。在这些制醋工艺中，为了稳定风味、改善产品质量、提高原料出品率，已经开始不同程度地应用酶制剂。在这些工艺的原料处理中已采用α-淀粉酶来液化淀粉质原料；用纯粹曲霉菌来培养糖化曲，并采用技术措施来提高糖化酶、酸性蛋白酶等酶的含量等。下面主要介绍酶法液化通风回流制醋法。

（一）酶法液化通风回流制醋生产工艺

酶法液化通风回流制醋新工艺利用自然通风和醋汁回流代替倒醅，在发酵池靠近底层处设假底，并开设通风洞，让空气自然进入，运用固态醋醅的疏松度使全部醋醅都能均匀发酵。该工艺利用醋汁与醋醅的温度差调节发酵温度，保证发酵正常进行，同时运用酶法将原料液化处理，以提高原料的利用率。其工艺流程如图12-9所示。

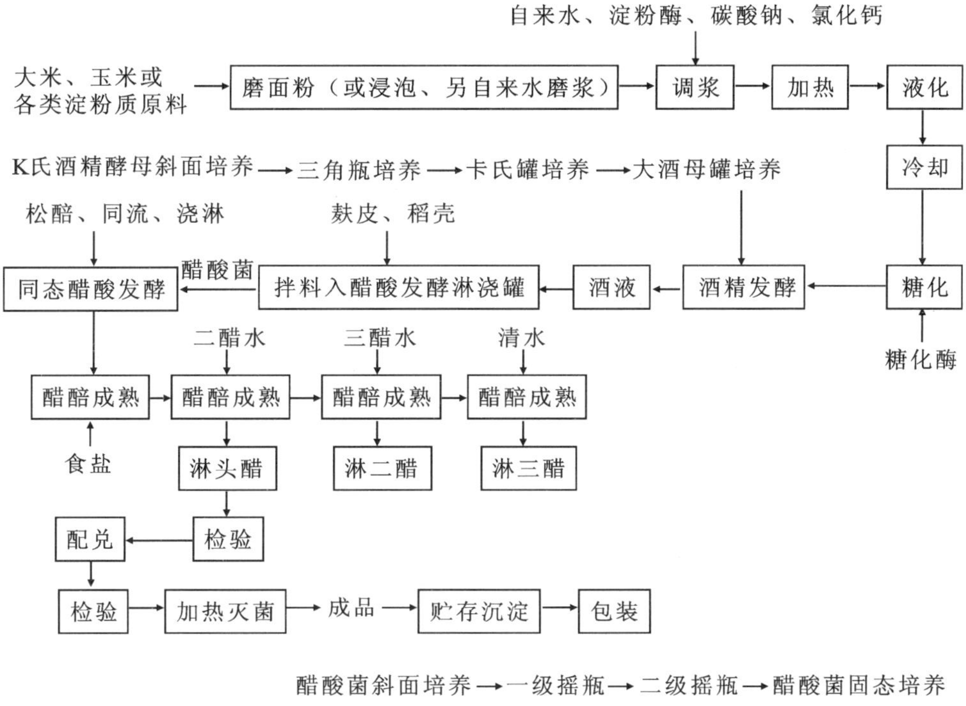

图12-9　酶法液化通风回流制醋工艺流程

（二）工艺操作要点

与传统工艺相比，此法主要的工艺操作特色介绍如下：

1. 添加酶制剂

在淀粉液化、糖化中添加淀粉酶。在淀粉液化时，添加主料质量3‰的α-淀粉酶。淀粉液化后，需再添加一定量的糖化剂——糖化酶，将液化产物糊精进一步水解为$C_6H_{12}O_6$等可发酵性糖类。

2. 回流淋浇

在醋酸发酵过程中，松醅后醋醅发酵升温达40℃时要及时回流，即由缸底放出汁液淋浇在醅面上，使品温降至36～38℃。因为醋酸菌生长能产生热量，使品温不断上升，这时回流可降低品温。若品温上升过高，则可加大回流量或增加回流次数，使品温不超过40℃。发酵后期品温可以控制在35～37℃。回流淋浇应根据季节变化和料温升降情况而定，每天淋浇6～7次。每罐醋醅回流150～170次即可成熟，时间在25d左右。

（三）酶法液化通风回流制醋工艺的特点

（1）与旧工艺相比，酶法液化通风回流制醋新工艺具有降低劳动强度，减少工序，节约能源，改善卫生条件等优点。

（2）用酶量小，省工省时，节约了大量的麸皮，可直接降低生产成本，淀粉利用率明显提高，产品质量稳定。

（3）采用酶法制醋工艺，废除了技术较严的制曲工艺，可避免因成曲的质量不稳定造成的损失。

项目小结

食醋以大米或高粱等为原料，原料中碳水化合物经糖化、发酵转化成酒精和二氧化碳，酒精再受某种细菌的作用与空气中的氧结合生成醋酸和水。

在原料选择方面，由于食醋的种类繁多、风味各异，所以原料的搭配也是多种多样的，可分为主料、制曲用料、辅料、酶制剂及添加剂五大类。

我国食醋的发酵可分为糖化、酒精发酵及醋酸发酵三大生物化学工程，这三大工程都离不开各种微生物酶的作用，即整个食醋的发酵过程就是这些微生物酶互相协同作用，产生一系列生物化学变化的过程。所以糖化剂、发酵剂对酿醋十分重要。

我国食醋的生产工艺主要有固态法发酵、液态法发酵、固稀法发酵，均属于复式发酵，即糖化和酒精发酵同时进行。这与西方国家普遍采用的单式发酵是不一样的，也是东西方酿造技术上的根本区别所在。我国的传统食醋大多采用固态法生产，此种食醋的色、香、味、体俱佳，具有浓郁的醇香和酯香，酸味柔和，回味醇厚，体浓澄清。固态发酵食醋由于其工艺的可变动性，只需稍经调整、变更就可派生出新工艺。工艺的创新造就了丰富多彩的优秀食醋品牌，如国内知名品牌的镇江香醋、山西老陈醋、四川保宁醋和福建红曲醋等。

无论是酿造食醋还是配制食醋，其生产均须符合《食品安全国家标准 食醋》（GB 2719—2018）的要求。该标准规定了食醋的指标要求、食品添加剂、生产加工过程的卫生要求和检验方法。

问题探究

1. 简述食醋的定义及其分类。
2. 食醋都有什么食用方法？对身体有什么益处？
3. 酿造食醋的原料有哪些？与产品制作工艺或终产品有何关系？
4. 请比较几种常用糖化剂的不同特点。
5. 请说明酿醋的几个关键的生物化学作用的原料、使用的菌剂或微生物、产物。
6. 请比较大曲醋和小曲醋的工艺特点。

实训　醋酸菌的分离纯化

一、实训目的

1. 选出更具优良性能的高产醋酸菌株。
2. 了解醋酸菌的培养条件和培养时间。
3. 掌握稀释平板分离醋酸菌的基本操作技术，巩固微生物的接种技术。

二、实训原理

从混杂的微生物群体中获得只含有某一种或某一株微生物的过程称为微生物的分离与纯化。平板分离法普遍用于微生物的分离与纯化，其基本原理是平板划线接种可以将菌落分开，再挑取单个菌落而获得纯培养。需要说明的是从微生物群体中经分离生长在平板上的单个菌落不一定是纯培养，需要将菌落外观特征和显微镜检验、菌种定性试验相结合来确定醋酸菌的纯培养。

三、实训器材与试剂

1. 菌源：食醋生产车间不同阶段的发酵液。
2. 培养基：葡萄糖 1g，酒精 2mL，碳酸钙（$CaCO_3$）1.5g，酵母膏 1g，琼脂 2.5g，水 100mL。pH 值调至 6.8（各种成分先加热溶解后再将酒精加热）。
3. 仪器：无菌玻璃涂棒、无菌吸管、接种环、培养皿、显微镜等。

四、实训步骤

1. 采样

取食醋生产车间不同发酵阶段发酵正常的醋醪各 20mL。

2. 富集培养

将醋醪加入到 100mL 增殖培养基中，30℃培养 48h 得增殖培养液。

3. 醋酸菌分离纯化

准确吸取增殖培养液上清液 1mL，加无菌水 9mL 进行稀释，10 倍等梯度稀释至稀释液浓度为 10^{-7}，取 10^{-5}、10^{-6}、10^{-7} 浓度梯度稀释液各 0.2mL，涂布于分离培养基平板上，每个梯度做两个平行，涂布后 30℃倒置培养 48h。挑取变色圈明显、菌落丰厚、边缘整齐、长势旺盛的单菌落，接种于斜面培养基中，30℃恒温培养 24h，进行一次纯化。将一次纯化后的菌落划线接种于分离培养基，按上述操作进行二次分离纯化，挑取健壮菌落接种于斜面保藏培养基中，4℃冷藏备用。

4. 醋酸菌定性试验

将纯化菌株接种于基础培养基中，30℃培养 48h。取 5mL 除去菌体的培养液，用 0.1mol/L 氢氧化钠中和后加入 5%氯化铁 5～7 滴，加热至沸腾。形成红褐色沉淀者为产醋酸细菌。

5. 醋酸菌初筛

经定性试验确定为醋酸菌的菌株，于基础培养基上仔细划线接种，以确保出现单个菌落及变色圈，30℃培养 48h。变色圈直径与醋酸菌落直径的比值（HC 值）为醋酸菌产酸能力大小的直观指标，一般而言 HC 值大，则产酸量高；HC 值小，则产酸量低。根据 HC 值选择优势醋酸菌供筛菌株。

6. 醋酸菌复筛

进行单因素试验，分别考察初筛菌株产酸速率、耐高温性、耐酒精度、耐底酸度等主要生产性能，比较并选择各个因素中生产性能较优的菌株，综合考虑所有生产性能，选择优势醋酸菌。

五、思考与练习

经过一次分离的醋酸菌是否皆为纯种？若不纯，采用哪种分离方法最合适？

六、实训报告

根据醋酸菌的分离提取及鉴定过程的实际操作完成实训报告。

项目十三　其他调味品发酵技术

知识目标

1. 知道腐乳、豆豉的分类及特点。
2. 熟悉腐乳、豆豉、豆瓣酱的工艺流程。
3. 能陈述豆腐坯的制备原理。
4. 能陈述主要种类的腐乳、豆豉的酿造工艺及操作要点。

技能目标

1. 能够完成腐乳、豆豉、豆瓣酱酿造的各个操作环节并进行工艺控制。
2. 能进行腐乳、豆豉、豆瓣酱的自然发酵酿制。
3. 能够进行腐乳、豆豉、豆瓣酱质量的基本检验与鉴定（包括理化、感官、微生物检验）。
4. 会运用相关知识解决腐乳、豆豉、豆瓣酱酿造过程中的质量问题，会进行成本分析。

思政目标

通过介绍微生物的自然发酵中有益菌、有害菌的筛选，微生物互生、共生、拮抗等特性，引导学生用辩证思维分析问题和理解微生物的“双刃剑”特性，充分理解“民以食为天，食以安为先”的核心要义。

背景资料

腐乳是一类以霉菌为主要菌种的大豆发酵食品，是我国著名的具民族特色的发酵调味品之一。据史料记载，早在公元五世纪魏代古书上即有腐乳生产工艺的记载：“干豆腐加盐成熟后为腐乳”。到了明代有更多关于腐乳的加工制作的记载，例如明代李日华的《蓬栊夜话》，就记有“黟（移）县人喜于夏秋间腐，令变色生毛随拭之，俟稍干”。王士桢的《食宪鸿秘》也有记载：“豆腐（指腐乳）如法，豆腐压极干，或绵纸裹，入灰收干。切方块，排列蒸笼内。每格排好装完上笼盖。春二三月，秋九十月，架放透风处，五六日生白毛，毛色渐变黑，或青红色，取出用纸逐块拭其毛，保勿触损其皮。”腐乳以其细腻的品质、鲜香可口的风味、丰富的营养而深受广大群众的喜爱。腐乳含蛋白质14%以上，脂肪5%以上，碳水化合物6%以上，每100克热量为544kJ，并含有较多的B族维生素，尤其是维生素B_{12}，红腐乳每100克含0.7mg，青腐乳每100克含1.88～9.8mg。

豆豉是始创于我国的一种传统发酵食品，原名“幽菽”。据《中国化学史》解释，“幽菽”是以大豆煮熟后，经密闭发酵而成的意思，后更名为豆豉。又据汉刘熙《释名·释饮食》中说：“豉，嗜也，五味调和，须之而成，乃可甘嗜，故齐人谓豉，声同豉也。”说明豆豉在当时就是重要的调味食品。有记载表明，汉代的豆豉生产就已相当发达。1972年在湖南长沙发掘的马王堆西汉墓中发现的殉葬品包括豆豉姜，这也说明公元前豆豉已是人们喜爱的食品。豆豉保留了大豆原有的营养成分，去除了大豆中对人体不利的胰蛋白酶抑制物质、植物血凝素，并因微生物的作用产生一定量的核黄素和维生素 B_{12}，营养物经酶解更容易被人体吸收利用，促进食欲，促进消化，适合于有胃肠吸收障碍的病人、消化能力减退的老人和消化不良的儿童食用。据分析，每 100g 干豆豉中含蛋白质 39.3g，脂肪 8.2g，糖 21.4g，钙 182mg，磷 198mg，铁 5.5mg，硫胺素 0.13mg，核黄素 0.23mg，烟酸 3.2mg，维生素 B_{12} 0.24mg。

酱类是以麦子和豆类为主要原料，经过微生物发酵而制成的一种半固体黏稠状的调味品。在古书记载中，"酱"是醢和醢的总称。最初出现的酱是以肉类为原料制成的。以兽肉为原料制作的一般称为肉酱或肉醢；用鱼肉制作的称为鱼酱或鱼醢。以后逐步出现了以谷物及豆类为原料制作的麦酱、面酱、榆子酱、豆酱等植物性酱类，并且得到迅速发展。尤其是以大豆为原料的豆酱，衍生出酱油，从而使酱与酱油结下极深的亲缘关系。酱类品种很多，主要有豆酱（黄酱）及面酱（甜面酱）两类。豆酱是以大豆或蚕豆为主要原料所做的酱，以大豆为原料的称大豆酱，以蚕豆为原料的称蚕豆酱。而蚕豆酱中蚕豆往往以成形的豆瓣存在，所以又叫豆瓣酱。在制备豆瓣酱时加入辣椒，故又出现了豆瓣辣酱这一特殊种类。

任务一　腐乳的制备

一、腐乳的分类及地方名优腐乳

（一）腐乳的分类

根据加工工艺不同，《中华人民共和国行业标准　腐乳分类》（SB/T 10171—1993）将腐乳分为红腐乳、青腐乳、白腐乳和酱腐乳。

1. 红腐乳

红腐乳是在腐乳后期发酵的汤料中配以红曲酿制而成的腐乳。其表面呈鲜艳的红色或紫色，断面为淡黄色。在酿制过程中因添加不同的调味辅料，使其呈现不同的风味特色。主要种类有普通型红腐乳、辣味型红腐乳、甜香型红腐乳、香料型红腐乳、咸鲜型红腐乳。

2. 青腐乳

青腐乳是在腐乳后期发酵过程中以低度食盐水作汤料酿制而成的腐乳。其表里颜色基本一致，呈豆青色，具有刺激性臭味。在酿制过程中因添加不同的调味辅料，使其呈现不同的风味特色，主要有普通型青腐乳、辣味型青腐乳。

3. 白腐乳

白腐乳是在腐乳后期发酵的汤料中不添加任何着色剂酿制而成的一类腐乳。其表里颜色一致，均呈淡黄色或灰黄色，鲜味突出，酒香浓郁。在酿制过程中因添加不同的调味辅料，使其呈现不同的风味特色。主要种类有普通型白腐乳、辣味型白腐乳、甜香型白腐乳、香料型白腐乳、咸鲜型白腐乳。

4. 酱腐乳

酱腐乳又称腌制腐乳，是在腐乳后期发酵过程中以酱曲（大豆酱曲、蚕豆酱曲、面酱曲）为主要辅料酿制而成的腐乳。其表里颜色基本一致，具有自然生成的酱褐色或棕褐色，酱香浓郁、质地细腻。在酿制过程中因添加不同的调味辅料，使其呈现出不同的风味特色。主要种类有普通型酱腐乳、辣味型酱腐乳、甜香型酱腐乳、香料型酱腐乳、咸鲜型酱腐乳。

(二)几种地方名优腐乳

1. 桂林腐乳

桂林腐乳早在多年前就已享有盛誉，曾作为“土贡”年年入朝，被誉为“桂林三宝”的第一宝。20世纪初，桂林腐乳的生产已达到了一定的生产规模，其中以“天一栈”和“陈元枝”腐乳较为出名。

在桂林腐乳的生产中，一般除加食盐、酒、鲜椒外，另采用当地特产八角、公丁香、桂枝等天然香料，使腐乳更具有清香馥郁、回味悠长的特色风味。产品颜色淡黄，表里一致，质地细腻，气香味鲜，咸淡适宜，无杂质异味，块形整齐均匀。

2. 广州白辣腐乳

白辣腐乳是广州地区生产的一种特色产品，色泽金黄，风味独特，具有质地细腻、口味鲜美、咸辣适口的特色。在该腐乳的生产中，除必要的食盐、白酒、辣椒等配料外，不添加其他香辛料。

3. 王致和臭豆腐乳

王致和臭豆腐乳的特点是色泽清淡，外包一薄层絮状长毛菌丝，质地柔软而块形完整不碎，口味细腻而后味绵长，虽有一股独特的硫化合物的浓烈臭气，但能增进食欲和助消化，所以脍炙人口，畅销各地市场。

4. 克东腐乳

克东腐乳是用小球菌发酵的腐乳，其特点是质地柔软、色泽鲜艳、味道芳香、后味绵长，食之能增进食欲。它是由黑龙江省克东县克东豆腐乳厂生产的，其风味独具一格，享有较高的声誉。

克东腐乳的加工特点是采用低盐高温和小球菌发酵。克东腐乳的辅料除食盐、白酒、曲外，还有白芷、良姜、干草、贡桂等中药。

5. 海会寺白菜豆腐乳

海会寺白菜豆腐乳是四川省的传统名特产品，由四川蒲江县人罗克之于1932年创制，是花色腐乳辣味型的一个特殊品种，每块腐乳的外层用特别腌制的白菜叶包裹，不但突出了腌制白菜的鲜美味道，而且具有独特的辛辣滋味，鲜辣融为一体，兼有腐乳和腌菜的特征，外观红褐油润，内心呈杏黄色，以其酥软可口、细腻无渣及麻、辣、鲜、香调和而著称。

二、腐乳原、辅料的选择

酿造腐乳的常用原、辅料主要有以下几种：

(一)蛋白质原料

腐乳的蛋白质原料有大豆、冷榨豆饼、豆粕三种。

1. 大豆

大豆是酿造腐乳的最好原料，因大豆未经提油处理，所以制成的腐乳柔、糯、细，口感好。

2. 冷榨豆饼

冷榨豆饼是大豆经低温榨油后的豆饼。其中脂肪含量已显著减少，而蛋白质、糖分等所占比例相对增加。由于在榨油过程中受到温度等理化因素的影响，其中蛋白质已部分变性。因此，用冷榨豆饼制造的腐乳在质量和产量上都受到一定的影响。

3. 豆粕

大豆经软化轧片处理，用溶剂萃取脱脂的产物称为豆粕。用来制作腐乳的豆粕要求采用低温（80℃以下）真空脱除溶剂的方法，以便使豆粕中保留较高比例的水溶性蛋白质，以提高原料的利用率和品质。

（二）水

制腐乳的水可就地取材，但对水的质量有一定的要求：一是要符合饮用水的质量标准；二是要求水的硬度愈小愈好，因为硬度大的水会使蛋白质沉降，影响豆腐的得率。

（三）凝固剂

凝固剂是能使大豆蛋白质凝聚的物质，在腐乳的制造中常用的有盐卤、石膏和葡萄糖酸内脂。

1. 盐卤

历来豆腐点花大多应用盐卤，一般认为用盐卤做的豆腐香气和口味好。盐卤的主要成分为 $MgCl_2$，约占 29%，其次是 NaCl、$MgSO_4$、KBr 等物质，是海水制盐后的下脚料，通常为 25～27°Bé（也有冻块状），加入豆浆中作凝固剂时需稀释至 16°Bé。

2. 石膏

石膏的主要成分是硫酸钙。用石膏作凝固剂，须先将石膏炒熔，再磨成细粉，粒度越细，凝固效果越好。在使用时，还要将石膏粉加水制成悬浮液。

3. 葡萄糖酸内脂

葡萄糖酸内脂是一种新的凝固剂，它的特性是不易沉淀，容易和豆浆混合。它溶在豆浆中会慢慢转变为葡萄糖酸，使蛋白质呈酸凝固。在温度达 66℃时，所转变的葡萄糖酸即可使豆浆凝固，而且保水性好，产品质地细嫩而有弹性，产率也高。

（四）食盐

腐乳腌坯时需要适量的食盐。食盐在腐乳的腌制过程中有多种作用，如使产品具有咸味，与氨基酸结合增加鲜味，还能抑制某些微生物生长，防止腐乳变质。对食盐的质量要求是干燥且含杂质少，以免影响产品质量。

（五）调味料

调味料的主要作用是改变腐乳的风味，增加花色品种。

1. 黄酒

在腐乳酿造过程中加入适量的黄酒，可增加香气成分和特殊风味，提高腐乳的档次。

2. 红曲

酿造腐乳时，添加红曲色素（能溶于酒精中）可把腐乳坯表面染成鲜红色。

3. 面曲

面曲即面糕曲，腐乳酿造时使用面曲是给后期发酵增加酶源，使成品中糖分含量增加。

4. 糟米

糟米也称酒酿糟，是制糟方的主要辅料。糟方腐乳外形美观、饱满，风味别致，糟香扑鼻，促进食欲。

5. 甜味剂

腐乳中使用的甜味剂主要是蔗糖、葡萄糖和果糖等。还有一类，它们不是糖类，但具有甜味，可作甜味剂，常用的有糖精钠、甘草、甜叶菊苷等。

6. 其他辅料

其他外加辅料品种很多，主要是香辛料，使用最广的有胡椒、花椒、八角、茴香、小茴香、甘草、陈皮、丁香、桂皮、高良姜、五香粉、咖喱料、辣椒、姜等。使用香辛料，主要是利用香辛料中所含的芳香油和刺激性辛辣成分，目的是抑制和矫正食物的不良气味，提高腐乳的风味，并增进食欲，促进消化，还具有防腐杀菌和抗氧化作用。此外还有玫瑰花、桂花、虾料、香菇、鸡血和人参等，它们都可以用于各种风味和特色腐乳的制作，虽用量不多，但对其质量要求高。腐乳中加入各种辅料后，腐乳各具特色。

三、腐乳风味形成机理

(一)腐乳的色

腐乳的颜色来自两个方面。在腐乳的生产过程中添加的辅料赋予了腐乳成品的颜色。比如添加红曲的，由于其中色素的作用而使腐乳表面颜色呈现红色。酱腐乳则是在生产过程中添加了酱曲或酱类，成品的颜色由于酱类的影响而变成了棕褐色。

除人为添加的辅料影响腐乳成品的颜色外，发酵作用也会使腐乳颜色有较大的改变。腐乳主原料大豆中含有一种可溶于水的黄酮类色素，在磨浆的时候，黄酮类色素便会溶于水中，在点浆时，加凝固剂于豆浆中使蛋白质凝结时，黄酮类物质主要进入浆水中，因此滤出的豆腐水是黄色的，称之为黄浆水，而形成的豆腐基本上是白色的。所谓黄酮类色素，就是黄酮与异黄酮的衍生物。黄酮与异黄酮都是无色的，但其羟基化合物则呈黄色。豆腐生产中，总会有小部分黄酮类色素留存在豆腐中。在较长的后期发酵过程中，在毛霉(或根霉)以及细菌的氧化酶催化下，黄酮类色素也逐渐被氧化，因而成熟的腐乳就呈现黄白色或金黄色。毛霉的氧化酶随着毛霉的生长时间逐渐积累，数量越来越多。生产实践证明，如果要使成熟的腐乳具有金黄色泽，应在前发酵阶段让毛霉(或根霉)老熟一些。

青腐乳的颜色为豆青色或灰青色，这是硫的金属化合物形成的。如硫化钠就是豆青色的。青腐乳上的黑斑点也是硫化氢与金属化合而产生的，特别是当硫化氢过分集中产生时，就会出现高浓度的金属硫化物，黑色会愈加明显。

(二)腐乳的香

腐乳的香气主要是在发酵后期产生的，香气的形成主要有两个途径：一是生产中所添加的辅料对风味的影响很大；另一个是参与发酵的各种微生物，如霉菌、细菌、酵母的协同作用，形成了多种醇类、有机酸、酯类、醛类、酮类等，它们与人为添加的香辛料一起构成了极为特殊的香气。

(三)腐乳的味

腐乳的味也是在后期产生的，味的形成也是来自两个渠道：一是生产中所添加的辅料，如咸味、甜味、辣味、香辛料味等，是人为添加食盐、糖类、辣椒和香辛料等物质的结果。另一个则来自参加发酵的各微生物的协同作用。腐乳的鲜味主要来源于氨基酸和核苷酸类物质的钠盐，氨基酸主要由豆腐坯的蛋白质经曲霉、毛霉等蛋白酶的作用水解而成，肌苷酸由霉菌、细菌、酵母菌体中的核酸经有关核酸酶水解后生成。由淀粉酶水解成的葡萄糖、麦芽糖形成腐乳的甜味。发酵过程中生成的乳酸和琥珀酸会增加一些酸味。

红腐乳的氨基酸含量最高，因此红腐乳的鲜味醇正，而青腐乳中谷氨酸含量低而丙氨酸含量高，所以青腐乳的鲜甜味道是由丙氨酸决定的，丙氨酸具有甜味而且浓度高时有酯香味。青腐乳的臭味是一种独特的味道。

(四)腐乳的体

合格的腐乳首先要保持一定的形块，在完整的形块里面是细腻、柔糯的质地，这两者要兼顾到，首先就要求在腐乳的前期发酵过程中，毛霉生长良好，菌丝生长均匀，不老不嫩，能形成坚韧的菌膜，将豆腐坯完整地包住，在较长的后期发酵过程中豆腐坯不碎不烂，直到产品成熟，块形保持完好。在前期菌丝生长过程中，就有蛋白酶产生，这些酶在后期发酵中将蛋白质分解成氨基酸，为了保持腐乳一定的形态，就要求腐乳在发酵过程中氨基酸的生成率要控制在一定的范围内。因为氨基酸生成率过高，腐乳中的蛋白质就会分解过多，固形物分解也多，造成腐乳失去骨架，变得很软，不易成形，不能保持一定的形态。相反，氨基酸生成率过低，腐乳中的蛋白质水解过少，固形物分解也少，就会造成腐乳成品虽然体态保持完好，但会偏硬、粗糙、不细腻，风味也很差。因此腐乳的前期培菌阶段是一个十分重要的阶段，既要掌握毛霉的生长情况，又要控制这些菌丝在后期发酵中的作用。由细菌发酵的腐乳由于没有菌丝体的包裹，成熟后外形不呈块状，但质地非常细腻、柔糯。

四、豆腐坯的制备

豆腐坯的制备原料是大豆、豆粕或冷榨豆饼，通过浸泡、磨浆、滤浆，使原料中的蛋白质溶解到最大程度，然后将豆浆加热，并添加适当的中性盐类，把豆浆中蛋白质的溶解度降低到最小限度，形成蛋白质网络结构凝固下来，再经压榨成为豆腐。豆腐经过划块就成了豆腐坯。

(一)工艺流程

豆腐坯的制备工艺流程如图 13-1 所示。

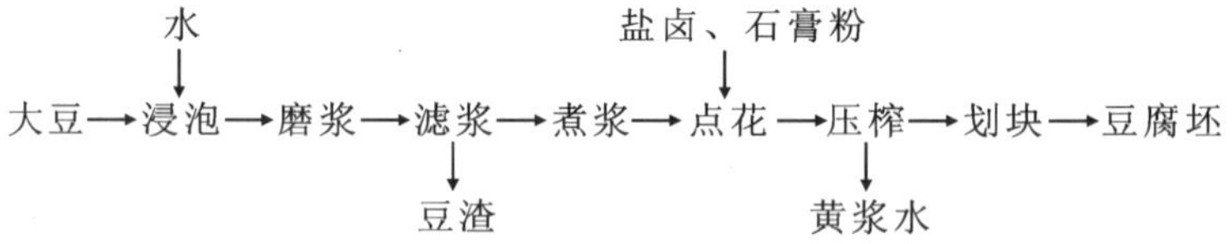

图 13-1　豆腐坯的制备工艺流程

(二)工艺操作

1. 大豆浸泡

(1)加水量　从生产实践看，泡豆的加水量以大豆的吸水量为基准，豆粒吸水膨胀后的体积约为干豆体积的 2 倍，重量为干豆量的 2.25 倍，实际泡豆的用水量要大于它的吸水量，要求大豆吸水膨胀后仍淹没在水内。泡豆水的用量一般控制 1∶3.5 左右。

(2)水质　用软水泡豆，泡豆时间短，并有利于提取大豆蛋白。

(3)泡豆时间和水温　根据大豆的性质和季节气温的变化，一般春秋季水温在 15～25℃，浸泡 8～12h；冬季水温在 0～15℃，浸泡 12～16h；夏季气温 30℃以上泡 4～6h。根据经验，泡豆水表面有少量气泡，豆瓣(子叶)合面中有稍许淡黄色凹膛表示泡豆成熟。

(4)泡豆水中加碱　在泡豆水中加碱，可调节泡豆水的 pH 值，使大豆中部分非水溶性蛋白转变为水溶性蛋白，有助于提高大豆蛋白溶解度，从而提高豆腐坯的质量和出品率，尤其对陈大豆效果更好。加碱还能抑制微生物繁殖和酶作用，缩短泡豆时间，降低有效成分的消耗，也有助于减少豆腥味。生产中加纯碱(碳酸钠)量一般为干大豆的 0.2%～0.3%，泡豆水的 pH 值为 10～12。

2. 磨浆

磨浆是提取大豆蛋白的一道工序，即将浸泡好的大豆磨细成糊的过程。过去采用石磨，近年来采用钢板磨，现在许多工厂采用砂轮磨。

(1)磨浆细度　细度要适宜，合理的颗粒粒度应在 15μ 左右，手感无颗粒。

(2)磨浆加水量　水可以携带大豆进磨，可以发挥降温冷却作用，防止磨与豆粒摩擦产生热量，引起蛋白质变性，且可以使磨细的蛋白溶出成为良好的胶体溶液。一般加水量应为浸泡好大豆重的 2～2.7 倍，同时注意加水的水温不宜过高。

磨成的豆糊应洁白、细腻，面有光泽，形呈片状，稀稠合适，前后均匀。

3. 滤浆

滤浆是利用离心机或滤浆机将豆浆与豆渣分离，又称括浆、甩浆或吊浆。滤浆应达到“一不混、二滤净、第三浓度要稳定”三点要求，即渣不能混入豆浆，要充分地把豆糊中的蛋白质洗脱下来滤到豆浆中去，豆浆总量稳定，不能过多过少、过浓过稀。一般每 100kg 大豆可得头浆 475kg 左右，以后分四次洗涤豆渣，洗涤的淡浆水可套用。具体做法是：豆糊分离出来的是头浆，第二次洗涤分离的为二浆，依次为三浆、四浆，四浆套三浆，三浆套二浆，二浆与头浆合并为豆浆。头浆分离的豆渣最好复磨一次。每次加水 80kg 左右(第一次水温 80～90℃，以后每次水温 60～70℃)，稀释过滤。100kg 大豆可滤出豆浆 1000kg 左右，豆浆含水量为 90% 左右，蛋白质为 1.5%左右，脂肪为 0.4%左右，粗纤维为 5% 左右，碳水化合物为 6%左右。

4. 煮浆

煮浆的作用是使豆浆中的蛋白质适度变性，达到凝固效果，同时对豆浆加热起到杀菌和灭酶的效果，清除生理有害因子和大豆异味，包括对皂角素、植物血凝素、胰蛋白酶抑制素等的清除，提高蛋白质的消化率。

一般采用常压煮浆。把滤出的豆浆打入煮浆桶内，约占桶容量的 70%，要求快速煮沸到 100℃，豆浆加热温度控制在 96～100℃保持 5min。煮浆到 94℃时便可发生起泡现象，易溢出，造成假沸现象，应予以防止。生产上常采用加入油脚或加入硅有机消泡剂 0.005%来降低豆浆的表面张力而消泡。但消泡剂对豆腐有变松和变粗作用，应严格控制用量。

5. 点浆和蹲脑

点浆也称点花，是向煮熟的豆浆中加入凝固剂，使大豆蛋白凝聚而形成豆花。点浆不宜太快，也不宜太慢，需掌握如下三个环节(以盐卤为例)：

(1)点浆温度控制在 82℃左右最为适宜，当煮沸过筛的豆浆冷却到 85℃时即开始下卤(点花)。

(2)点浆时豆浆的 pH 值应调节到 6.8～7.0。

(3)盐卤可加水冲淡成 15～16°Bé 使用(100kg 大豆制成的豆浆需要 28°Bé 浓盐卤 10kg)。

点浆的方法是将盐卤以细流缓缓滴入热浆中，一边滴，一边缓缓搅动豆浆，使容器内豆浆上下翻动旋转。下卤流量要均匀一致，并注意观察豆花的凝聚状态。在即将成豆腐脑时搅动适度减慢，至全部形成凝胶状态时方可停止。然后再把淡卤轻轻地甩在豆腐脑面上，使豆腐脑表面凝固得更好。从浆至全部凝固成型，一般应控制在 5min 左右。

豆浆点花结束后需静置一段时间，俗称“蹲脑”。因点浆凝固操作结束后，蛋白质联结仍在进行，组织结构也在形成之中，需经过一段时间才能凝固完全，结构才能稳固。一般蹲脑时间为 20～30min（视豆浆凝固效果而定）。在此期间，尚需注意保温。

6. 压榨

压榨也称制坯。点浆完毕，待豆腐脑组织全部下沉后，即可上厢压榨。目前压榨设备有传统的杠杆式木制压榨床、电动液压制坯机以及履带式制坯机。上厢压榨是制坯的关键。

当在预放有四方布的厢内盛足豆腐脑时，将厢外多余的包布向内折叠，将四周包住，包布应松紧一致。上厢完毕，其上放榨板一块，并缓慢加压，此时应防止榨厢倒斜。榨出适量黄泔水后，陆续加大压榨力度，直到厢内黄泔水基本不往外流淌为止。

一般豆腐坯的水分应控制在春秋季 70%～72%，冬季 71%～73 %。小白方水分控制在 76%～78%，最高可达 80%，青方一般在 75%～76%。压成的豆腐坯要厚薄均匀，软而有弹性，色泽正常，无气泡及麻皮现象。压榨完毕的豆腐坯品温一般在 60～70℃之间，这样可以防止微生物污染，要求杂菌数在 500 个/g 以下，然后及时进行划块工序。

7. 划块

将压榨好的豆腐坯迅速取下，用切块机按品种规格要求切成小块。品种规格各地区不同。例如，上海地区生产的红方、油方、糟方及醉方腐乳市销规格有两种：一种是 4.8cm×4.8cm×1.8cm，称为大红方、大油方、大糟方及大醉方；另一种是 4.1cm×4.1cm×1.6cm，称为小红方、小油方、小糟方及小醉方。又如江苏南京地区生产的红方、油方、糟方及醉方腐乳市销规格也有两种：一种是 3.5cm×3.5cm×1.5cm，称为小红方、小油方、小糟方及小醉方；另一种是 4.5cm×4.5cm×2cm，称为大红方、大油方、大糟方及大醉方。

划块有热划、冷划两种方法。压榨出来的整板豆腐坯品温在 60～70℃之间，如果趁热划块，则划块时要适当放大，使划成的豆腐坯冷却后的大小符合规格；冷划是待豆腐坯冷却、水分散发、体积已缩小后，再按原定的规格大小划块。

豆腐坯制成后立即接种，并进行培养。

五、腐乳的发酵

腐乳发酵包括前期培菌（发酵）和后期发酵两个阶段。前期培菌是在白坯上培养毛霉或根霉，让菌丝生长繁殖，分泌酶系，形成韧而细的皮膜；后期发酵时先将毛坯盐腌，再根据不同品种的要求予以配料、装坛、贮藏，形成色、味优美的腐乳成品。

（一）工艺流程

腐乳发酵的工艺流程如图 13-2 所示。

毛霉或根霉扩大培养→菌液配制
↓
豆腐坯→入笼格→接种→培养→调温→养花→凉花→搓毛
→腌坯→装坛→后熟→成品
↑　　↑
盐　各种配料

图 13-2　腐乳发酵的工艺流程

（二）工艺操作

1. 前期培菌

（1）菌种的准备　在传统的自然接种（在立冬以后立春前后）发酵生产中，腐乳中的微生物主要是毛霉，另外还有米曲霉、青霉、根霉及少量的酵母和细菌。目前腐乳生产已采用毛霉纯种培养人工接种。用于制作腐乳的菌种很多，如江浙地区使用的腐乳毛霉(Mucor sufu)、江苏的鲁氏毛霉(M. rouxianus)、四川的五通桥毛霉(M. Wutungchial. AS325)、北京的雅致毛霉(AS3. 278)，还有的用总状毛霉(M. racemosus)、米根霉(RHizopus oryzae)、华根霉(R. chinensis)等，以及细菌型腐乳中的克东腐乳菌种微球菌(Micrococcus)、武汉腐乳中的菌种枯草杆菌(Bacillus subtilis)等。在夏季高温，人们采用较耐高温的根霉，这样就解决了全年生产的问题。但由于毛霉的菌落高，能包住豆腐块以保持豆腐坯的形状，菌种不产生毒素，菌丝茂密，呈柔软棉絮状，具有繁殖快、抗杂菌能力强、生长温度范围大、能分泌大量的蛋白酶和一些脂肪酶等优点，所以大多使用毛霉，

纯种毛霉菌的斜面培养过程：培养基：麦芽糖(饴糖，用水稀释到7～8°Bé)100mL，蛋白胨1.5g，琼脂2～2.5g，调pH值至5～5.5，待培养基融化后，分装试管，包扎就绪，以0.1MPa压力灭菌30min，取出摆成斜面，空白培养(28～30℃)48～72h，证明无杂菌存在，即可接种纯菌种，28～30℃恒温培养48～72h，备用。

扩大的种子培养过程：培养基：小麦麸皮25g，水35mL，拌匀后，装入800mL的克氏瓶，0.1MPa灭菌45min，待凉后，即可接种，然后于28～30℃培养48～72h。培养好的种子，外观白色，菌丝粗壮、紧密，瓶内长满菌丝，无倒毛现象，底板菌丝均匀，无杂菌斑点出现，开启瓶塞有清香味。

孢子悬浮液制备过程为：将培养好的种子瓶加入适量的灭菌冷水，做成菌液，通过灭菌滤布即成菌种(孢子)悬浮液。通常50kg大豆制成的豆腐坯需用一个种子瓶做成的菌悬浮液(1000mL)。

(2)装格接种　先用蒸汽对木框竹底盘笼格灭菌，灭菌结束、待品温降至35℃时，向笼格底部及四周喷洒新配制的接种孢子悬浮液，随即装格。装格操作是：把豆腐坯一一竖放在笼格内，整齐排列成行，每块间留2～2.5cm的空隙。装完一只笼格，立即用配制好的菌悬液喷洒在豆腐坯上。接种力求均匀、全面，让每块豆腐坯前后左右和顶上都蘸上菌悬液。一般每100kg大豆制得的豆腐坯，用克氏瓶菌种1瓶。

(3)培养　培养毛霉时室温控制在20～24℃，接种后8～10h孢子开始发芽，14h开始生长，22h生长旺盛，白坯表面已可以看到散点式的霉花，温度易升高。此时进行第一次翻格以调节上下温差和补充空气，温度控制在30℃以内。培养到28h后已达生长最旺阶段，需进行第二次翻格。到第36h菌丝生长成熟，白色菌丝已包围住豆腐坯时搭格养花，使毛霉散热排湿，散发霉气味，同时使毛霉菌充分分泌蛋白酶，延缓菌丝老化。养花时间为30～40h，品温控制在25～27℃。然后扯开笼格让热量和水分散失，使坯迅速冷却，霉气也随同散发出去，此操作在工艺行称为凉花，也称凉毛坯，使毛坯温度冷却到20℃以下即可搓毛腌制。

2. 后期发酵

后期发酵包括腌坯、配料装坛和陈酿。

(1)搓毛　把在笼格内冷却到20℃以下的皮坯块互相依连的菌丝分开，用手指轻轻在每块表面揩涂一遍，弄倒毛头，使豆腐坯上形成一层皮衣，做到坯与坯之间合拢，拆开不粘连，以利于腌坯。

(2)腌坯　腌坯的容器有大缸、竹箩或腌坯池。腌坯的大缸应先洗净擦干。腌坯的操作：在离缸底18～20cm处铺放圆形木板一块，中心有直径约15cm的孔，把豆腐毛坯放在木

板上沿缸壁外周逐渐排至中心，每圈相互排紧。在排列时，未长菌丝的一面应靠边，勿朝下，防止成品变形。

在排毛坯的过程中，先在底部木板上撒上薄层食盐，再按分层加盐的办法将盐撒到坯上，并逐层增加，最后在缸面铺上较厚的盐层。食盐的用量是按每万块（每块尺寸为4.1cm×4.1cm×1.6cm）计，春秋季节为60kg，冬季为57.5kg，夏季为62.5～65kg。腌坯3～4d后要压坯，即加入食盐水（或好的毛花卤，即腌坯后的盐水），超过腌坯面，使上层增加咸度。腌坯时间冬季为13d，春秋季为11d，夏季为8d。腌坯结束，抽出盐水，放置过夜，使豆腐坯干燥收缩，以利配料。

（3）配料装坛（瓶）　配料与装坛是腐乳后熟的关键。腐乳的品种很多，各地区主要是依据豆腐坯的厚薄以及配料的不同而制成不同的品种。

配料前先把缸内腌坯取出，每块搓开，再点块计数，装入洗净的干燥坛内，并根据不同品种给予不同配料。现以小红方、小油方、小糟方、小醉方、青方及小白方为例说明腐乳的生产方法。

①小红方。每万块（每块尺寸为4.1cm×4.1cm×1.6cm）用酒总量为100kg，酒精体积分数为15%～16%，面曲2.8kg，红曲4.5kg，糖精15g。一般每坛为280块，每万块可盛36坛。

a. 染坯红曲卤配制：红曲1.5kg，面曲0.6kg，黄酒6.25kg，浸泡2～3d，磨碎至细腻成浆后再加入黄酒18kg，搅匀备用。

b. 装坛红曲卤配制：红曲3kg，面曲1.2kg，黄酒12.5kg，浸泡2～3d，磨碎至细腻成浆后再加入黄酒57.8kg，糖精15g（用热开水溶化），搅匀备用。

小红方装坛方法是：腌坯事先在染坯红曲卤中染红，每块搓开，要求六面染到，不留白点。染好后装入坛内，然后将装坛红曲卤灌入至液面超出腐乳约1cm。每坛再按顺序加入面曲150g，荷叶1～2张，封面食盐150g，最后加封面土烧酒150g。

②小油方。每万块（每块尺寸为4.1cm×4.1cm×1.6cm）用酒总量为110kg，腌坯装坛后灌酒卤超过腐乳1cm，然后每坛面上加砂糖250g，顺序加荷叶1～2张，封面食盐150g，封面再加土烧酒150g。油方灌卤全部为混合酒（酒精体积分数在16%左右）。糖精50g，用热开水溶化后再混合在混合酒内。

③小糟方。每万块（每块尺寸为4.1cm×4.1cm×1.6cm）用酒总量为95kg（包括糟米中加酒），均为混合酒，酒精体积分数为14%左右，糟米折合糯米为20kg，即每坛平均放0.5kg糟米。小糟方的装坛方法是装一层腌坯加一小碗糟酒，每坛面上加封面食盐150g，但不加封面酒。

④小醉方。每万块（每块尺寸为4.1cm×4.1cm×1.6cm）用酒总量105kg，腌坯装块后，先加花椒一小撮（十多粒），全部用黄酒灌卤，灌至超出腐乳面1cm，按顺序加荷叶1～2张，封面食盐150g，封面土烧酒150g。

⑤青方。青方（每块尺寸为4.2cm×4.2cm×1.8cm）是一种季节性销售商品，一般在春夏季生产。

青方腐乳要求水分为75%～76%，腌坯后含氯化物在14%以下。装坛时使用的灌卤液为8～8.5°Bé卤液，是由冷开水450kg（每万块）、黄浆水75kg再加毛花卤及盐水配制而成的。青方卤要当天配料当天使用，灌卤至封口为止，每坛加封面土烧酒50g。

⑥小白方。小白方(每块尺寸为3.1cm×3.1cm×1.8cm)也是一种季节性销售商品，一般在秋季和冬季生产，冬季供应。豆腐坯要求水分约为82%。毛坯直接在坛内腌坯4d，每坛装350块，腌坯用盐0.6kg，灌卤盐水和新鲜毛花卤加冷开水配成8～8.5°Bé，灌至坛口为宜。每坛加封面黄酒0.25kg。卤的配制一般是毛花卤，鲜味好，但容易使腐乳色青、带臭味，如盐水多则腐乳亦呈白色，但鲜味较差。

(4)包装与贮藏　腐乳按品种配料装入坛内后，擦净坛口，加盖，再用水泥或猪血封口；也可用猪血拌和石灰粉末，搅拌成糊状物，刷纸盖一层。最后在上面用竹壳封口包扎。

腐乳的后期发酵主要是在贮藏期间进行。腐乳的贮藏成熟期因品种不一、配料不一而有所区别。在常温情况下，一般6个月可以成熟。青方与小白方因含水量大、氯化物少、酒精度少，所以成熟快，但保质期短。青方1～2个月成熟，小白方30～45d成熟，不宜久藏。

(5)成品　腐乳贮藏到一定时间，当感官鉴定舌觉细腻而柔糯，理化检验符合标准要求时，即为成熟产品。因各种产品各具特色，各地质量标准要求亦不同，各生产单位可按实际情况制订产品质量标准。

任务二　豆豉的制备

一、豆豉的种类

豆豉在我国浙江、福建、四川、湖南、湖北、江苏、江西及北方地区广泛食用。日本及东亚国家食用豆豉更为广泛。豆豉生产主要是以大豆为原料，全部制曲，固态或淹水发酵，发酵时添加不同的辛香料调味。由于制曲主要微生物及发酵加水量等工艺不同，形成了具有不同风味的各种豆豉。豆豉种类繁多，尚无统一的划分标准。一般有下列几种分类法：

(一)根据制曲时参与的微生物种类划分

1. 霉菌型豆豉

参与制曲的主要微生物是霉菌。根据霉菌种类的不同，霉菌型豆豉又有米曲霉型豆豉、根霉型豆豉、毛霉型豆豉等。曲霉酿造豆豉是我国最早、最常用的方法，毛霉型豆豉在全国同类产品中产量最大，也最具有特色。

2. 细菌型豆豉

参与制曲的主要微生物是枯草芽孢杆菌和小球菌等。在细菌型豆豉的制备过程中制曲和发酵时的水分含量都比较高。

(二)根据发酵时使用食盐与否分

1. 咸豆豉

有盐发酵豆豉为咸豆豉，食用方便，非常适宜作菜肴。

2. 淡豆豉

无盐发酵豆豉为淡豆豉，它具有特别的风味，特别适宜作调料，也用于药品的制作。

(三)根据产品的性状划分

1. 干豆豉

干豆豉多产于南方，因发酵时加入的水分较少，成品为松散完整的颗粒，油润光亮。

2. 湿豆豉

湿豆豉多产于北方及一般家庭制作，因发酵时加入的水分或调味液较多，成品含水量较高，豆豉柔软，相互粘连。

3. 水豆豉

水豆豉是制曲后采用过饱和的浆液，让曲在淹水条件下较长时间发酵而制得的。其成品为浸渍状的颗粒。

4. 团块豆豉

团块豆豉是以豆泥做成团块，制曲和发酵同时进行，并配以适当的烟熏。成品为团块，风味独特，有豆豉味和烟熏味，以刀切碎经蒸炒后食用。

二、豆豉的一般生产过程

（一）工艺流程

豆豉生产的工艺流程如图 13-3 所示。

菌种（→接种）；辅料（→混合）

大豆→浸泡→蒸煮→冷却→接种→培养→大豆曲→洗霉→混合→翻拌→入池或入坛→后熟→成品

图 13-3　豆豉生产的工艺流程

（二）工艺操作

1. 原料选择

以大豆为原料，黑豆、黄豆、褐豆均可，以黑豆为佳。应选择成熟充分，颗粒饱满均匀，新鲜，粒径大小基本一致，含蛋白质高，无虫蚀、无霉烂变质及杂质少的大豆。

2. 浸泡

称取大豆入池，加水淹没，水超过豆面 30cm 左右，水温在 40℃以下，浸泡 2～5h（视气温情况灵活掌握），中间要换水 1 次。以浸至豆粒 90% 以上无皱纹，含水量在 45%左右为宜。

3. 蒸煮

古时候大豆都用水煮，后改为蒸，至今民间小量制作仍大都用水煮豆。蒸豆用常压蒸煮 4h 左右，工业生产量较大，大都采用旋转式高压蒸煮罐，0.1MPa 压力蒸 1h 即可。蒸好的熟豆有豆香味，用手指捻压豆粒能成薄片且易粉碎，测定蛋白质已达到一次变性，含水量在 45%左右，即为适度。

4. 制曲

(1)曲霉制曲

①天然制曲：因米曲霉是中温型微生物，天然制曲时常在温暖季节进行。大豆经蒸煮出锅后，冷却到 35℃，移入曲室，装入竹簸箕内，厚约 2cm（四周厚，中间薄）；在 25～35℃培养，最高不超过 37℃。入室 24h 品温上升，豆豉稍有结块；48h 左右菌丝满布，豆粒结块，品温可达 37℃，进行第一次翻曲，用手搓散豆粒，并互换竹簸箕上下位置使温度均匀，翻曲后品温下降至 32℃左右。再过 48h 品温又回升到 35～37℃，开窗通风降温，保持品温在 33℃左右。以后曲料又结块，且出现嫩黄绿色孢子，进行第二次翻曲。以后保持品温在 28～30℃，6～7d 出曲。成曲豆粒有皱纹，孢子呈暗黄绿色，用手一搓可看到孢子飞扬，掰开豆粒内部大都可见菌丝。水分含量在 21%左右。

天然制曲受季节气温的限制，不能常年生产，制曲周期较长，制约了豆豉生产的发展。近年来采用酿造酱油的优良菌株泸酿 3.042 接种制豆豉曲，制曲周期 3d，可以常年生产。

②纯种制曲：多采用泸酿 3.042 米曲霉。大豆经煮熟出锅，冷却至 35℃，接入泸酿 3.042 种曲 0.3%、大豆量 5%的面粉拌匀入室，装入竹簸箕中，厚 5cm 左右。拌和的方法：先分出一半的种曲和大豆拌和，另一半与面粉拌和，再将拌过曲的面粉与大豆拌和。保持室温 25℃，品温 25～35℃，湿度 90%以上；22h 左右可见白色菌丝布满豆粒，曲料结块；品温上升至 35℃左右，进行第一次翻曲，搓散豆粒使之松散，有利于分生孢子的形成，并不时调换上下竹簸箕位置，使品温均匀一致；72h 豆粒布满菌丝和黄绿色孢子，即可出曲。

(2)毛霉制曲

①天然制曲：大豆经蒸煮出锅，冷却至 30～35℃，入曲室上簸箕或晒席，厚度 3～4cm，冬季入房，室温 2～6℃，品温 5～12℃。制曲周期因气候变化而异，一般 15～22d。入室 3～4d 豆豉可见白色霉点；8～12d 菌丝生长整齐，且有少量褐色孢子生成；16～20d 毛霉转老，菌丝由白色转为浅灰色，质地紧密、直立，高度 0.3～0.5cm，同时紧贴豆粒表层有暗绿色菌体生成，即可出曲。每 100kg 原料可得成曲 125～135kg。

自然毛霉制曲中毛霉适宜的生长温度为 15℃，高于 20℃或低于 10℃，毛霉的生长都要受到抑制，所以一般在冬季生产。其制曲周期长不利于生产的发展。四川省成都市调味品研究所从自然豆豉曲中分离出纯种毛霉，经过耐热驯化，定名为 M. R. C-1 号菌种，具有在 25～27℃温度下生长迅速，菌丝旺盛，适应性强，蛋白酶、糖化酶等主要酶系活力高的特点，制成曲质量好，不受季节性限制，可以常年生产。制曲周期由 15～21d 缩短到 3～4d，制成品的感官、理化和卫生指标均能达到优质毛霉型豆豉的质量标准。

②纯种制曲：大豆蒸煮出锅，冷却至 30℃，接种纯种毛霉种曲 0.5%，拌匀后入室，装入已杀菌的簸箕内，厚 3～5cm，保持品温 23～27℃培养。入室 24h 左右，豆粒表面有白色菌点；36h 豆粒布满菌丝，略有曲香；48h 后毛霉生长旺盛，菌丝直立，并由白色转为浅灰色，此期间温度极易升高，应采用开启门窗翻曲等措施降低温度，使品温不超过 31℃。3d 后毛霉生长减弱，菌素部分倒毛，孢子大量生成，把曲染成灰色即可出曲。筛取部分成熟的毛霉孢子，用 40℃以下的温度烘干，备作下批豆豉曲制作的菌种，可省去种曲的制备。

(3)细菌制曲　水豆豉及一般家庭制作豆豉大都采用细菌制曲，多在寒露之后春分之前制曲。家庭小量制作时，大豆水煮，捞出沥干，趁热用麻袋包裹，保温密闭培养，3～4d 后豆粒布满黏液，可牵拉成丝，并有特殊的豆豉味即可出曲。

较大量的水豆豉制曲时，常采用豆汁和熟豆制曲。豆汁制曲是把煮豆后过滤出的豆汁放于敞口大缸中，在室温下静置陈酣 2～3d，待略有豆豉味产生时搅动 1 次，再静置培养 2～3d，豉味浓厚并微有氨气散出，以筷子挑之悬丝长挂，即成豉汁。

熟豆制曲时在竹箩中进行，箩底垫以 10cm 厚的新鲜扁蒲草。在扁蒲草上铺上 10～15cm 厚的熟豆，表面再盖 10cm 左右厚度的扁蒲草，入培养室培养。培养 2～3d 后翻拌 1 次，再继续培养 3～4d，培养成熟。成熟的豆豉曲表面有厚厚一层黏液包裹，并有浓厚的豆豉香味。因为竹箩体积大，制曲入箩的豆也不多，豆粒含水量又大，制曲过程中温度不易升得过高，只能在室温下徘徊。室温为 20℃左右时，制曲时间需要 6～7d。若一批接着一批生产，可利用上批生产的豉汁为菌母，进行人工接种培养，接种量为 1%，这样可大大缩短培养时间。

5. 制醅发酵

豆豉制曲方法不同，产品种类繁多，制醅操作也随之而异，分别介绍如下。

(1)米曲霉干豆豉

①水洗：目的在于洗去豆豉表面附着的孢子、菌丝和部分酶系，可以避免产品有苦涩味，同时能使产品保持颗粒完整、油润光亮的外形和特殊的风味。

将成曲倒入盛有温水的池(桶)中，洗去表面的分生孢子和菌丝，然后捞出装入筐中用水冲洗至成曲表面无菌丝和孢子，且脱皮甚少。整个水洗过程控制在10min左右，避免因时间过长豆豉曲吸水过多而造成发酵后豆粒容易溃烂。水洗后成曲水分为33%～35%。

②堆积吸水：水洗后将豆曲沥干、堆积，并向豆曲间断洒水，调整豆曲含水量在45%左右。

③升温加盐：豆曲调整好水分后，加盖塑料薄膜保温。经过6～7h的堆积，品温上升至55℃，可见豆曲重新出现菌丝，具有特殊的清香气味，此时，即可迅速拌入食盐。

④发酵：成曲升温后加入18%的食盐，立即装入罐中至八成满。装时层层压实，盖上塑料薄膜及盖面盐，密封放置在室内或室外常温处发酵，4～6个月即可成熟。

⑤晾豉：将发酵成熟的豆豉分装在容器中，放置在阴凉通风处晾干至水分在30%以下即为成品。

(2)米曲霉调味湿豆豉

①晾晒扬孢：将成曲置于阳光下晾晒，使水分减少便于扬去孢子，避免产品有苦涩味。在晾晒过程中紫外线照射可以消灭成曲中的有害微生物，有利于制醅发酵。

②与食盐、香料等混匀，加入晒干去衣的成曲拌匀，装入缸中置于阳光下，待食盐溶化，豉醅稀稠适度即可装坛。

③原料配比：大豆100kg，西瓜瓤汁125kg，食盐25kg，陈皮丝、生姜、茴香适量。

④发酵：豉醅装坛后密封置室外阳光下发酵40～50d即可成熟。成品即西瓜豆豉。以其他果汁或番茄汁代替西瓜瓤汁即为果汁豆豉、番茄汁豆豉。

(3)毛霉型豆豉

①拌料：将成曲倒入拌料池内，打散加入定量食盐、水，拌匀后浸焖1d，然后加入白酒、酒酿、香料等拌匀。

②发酵：将拌匀后的醅料装坛或装入浮水罐中，装时层层压实至八成满，压平，盖塑料薄膜及老面盐后密封。用浮水罐装的不加老面盐，加上倒覆盖，罐沿加水，保持不干涸，每7～10d换1次水，以保持清洁。用浮水罐发酵的成品最佳。装罐后置常温处发酵10～12个月即可成熟。

③原料配比：大豆100kg，食盐18kg，白酒3kg(体积分数为50%以上)，酒酿4kg，水6～10kg(调整醅含水量在45%左右)。

(4)细菌型水豆豉　先洗净浮水坛，准备好原料。老姜洗净刮除粗皮，快刀切细至米粒大小的酱粒。花椒去除籽和柄，选择干净。选个头较小、肉质结构紧密的胭脂萝卜晒萎、洗净，快刀切成豆大的萝卜粒。按20kg黄豆的豆豉曲、40kg豉汁、15kg萝卜粒、2kg姜粒、8kg食盐、50g花椒的比例配料。将食盐投入豉汁，搅动使全部溶解，再按豆豉曲、花椒、姜粒、萝卜粒的顺序一一投入搅匀，入浮水坛。入坛后盖上坛盖，掺足浮水，密闭发酵1个月以上则为成熟的水豆豉。

(5)团块豆豉　团块豆豉的制曲和发酵同时进行。方法是：大豆经浸泡蒸煮后，熟豆趁热放于石臼中捣制或用粉碎机粉碎成豆泥，同时加入香料及以干豆子计6%～8%的食盐拌和均匀。把豆泥捏制成卵圆形的团块，每块湿重约250g，整齐地排列在篾制的篓内，篓底垫上一层薄薄的稻草，装好后表面再盖一薄层稻草。

把装好团块的篾篓移入培菌室，控制室温在25℃左右，保持室内湿度90%以上，培养4～5d时团块面就可以形成浆液层，长出散点状的菌斑，这时便逐渐开启门窗通风以降低湿度，使面团表面逐渐干燥，使菌从内部深入，再经过5～6d培菌结束。

在培菌过程中pH值较低，霉菌和酵母在团块表面生长占优势，随着培养时间的延长，pH值逐渐升高，霉菌生长受到抑制，细菌取代了霉菌，成为占优势的种群，在团块内部的发酵基本上是由细菌所控制的。

通过培菌发酵的豆豉团块，再经过烟熏更有利于贮放和显著提升香味。烟熏的方法是：将豆豉团块整齐排列在稀孔篾箦上，架于烟塘之上。塘内以锯末或木柴生烟，尤以生柏桠升烟更为理想，间歇熏烟可以使水分缓缓蒸发，水分析出，吸收交替过程可以把烟气成分带入团块内部，有利于熏心，同时低温烟中苯并芘的含量低，可以避免致癌物质导入成品。最好每日熏烟3次，每次熏90min，共熏3～4d。掌握"见烟不见火，闷火"的原则，把熏烟温度控制在350℃以下。经过烟熏的团块豆豉可以敞放保存3～4个月，质量不会改变。团块豆豉在食用前应洗净烟尘，切细成小块，煎炒或蒸煮作为菜肴。

任务三　豆瓣酱的制备

以大豆或蚕豆为主要原料所做的酱为豆酱，以大豆为原料者称为大豆酱，以蚕豆为原料者称为蚕豆酱，而蚕豆酱中蚕豆往往以成形的豆瓣存在，所以又称为豆瓣酱。豆瓣酱中因多喜欢加入辣椒，而称为豆瓣辣酱。

一、豆瓣曲的制备

(一)蚕豆选择

蚕豆也称佛豆、胡豆。制酱用的蚕豆，应选用颗粒饱满、充分成熟且无虫蚀及霉变者。酿造蚕豆酱必须用去皮壳后的蚕豆瓣，也称蚕豆肉或蚕豆米。

(二)蚕豆去皮

蚕豆去皮有湿法去皮和干法去皮两种方法。

1. 湿法去皮

蚕豆湿法去皮的步骤包括蚕豆的浸泡、蚕豆的脱壳和皮屑豆肉的分选。首先将蚕豆中的杂质瘪粒去除，淘洗干净，再用清水浸泡至内无白心、外无皱纹，且有发芽状态，即达到适度的浸泡。工厂生产蚕豆酱采用橡皮双辊筒扎豆机扎下皮壳，然后用漂浮法分离出豆肉与皮屑，不能漂浮出的皮屑、铁豆及杂物，用人工精选除去，得到洁白的豆瓣。

2. 干法去皮

干法去皮是用石磨或钢磨磨碎豆粒，用风扇扬去皮壳，再用筛分选出较大的豆瓣，选出整齐而较大的用来制作豆瓣酱，细粒、皮、粉末用以酿造酱油或作饲料。或是用锤式粉碎机和干法比重击石机为主体的联合去皮装置，将蚕豆的皮蜕下。

（三）制曲操作

民间酿制豆瓣辣酱制豆瓣曲，常在夏、秋时节，采用自然接种开放培养制曲。将湿法去皮的豆瓣稍加晾干至表面收汗，放入匾内摊平，厚 3～4cm，面覆盖以黄荆、橡树等的新鲜枝叶，使之既能透气又能防止水分过度蒸发。置于室内，室温 25～35℃，培养 2d 左右翻曲 1 次，以调节上下层湿度，更换新鲜空气和分散入侵的菌种。翻曲后依旧摊平静置培养，霉菌、细菌、酵母在其中迅速繁殖，米曲霉和黄曲霉是占优势的菌种。随着时间的推移，水分逐渐蒸发，原生豆瓣上曲霉孢子大量形成，豆瓣表面覆盖一层黄绿色的孢子，曲成熟。成熟的豆瓣曲再经数天的日晒夜露，使之受到干湿、冷热交替的物理作用，有利于制酱发酵时吸水迅速、均匀和豆瓣酥软。晒干的豆瓣曲若当时不用，可以存放较长时间。

工厂制豆瓣曲大多采用人工接种、厚层通风制曲。有采用生瓣制曲者，也有采用熟瓣制曲者。熟料厚层通风制曲的方法是：干法去皮的豆瓣先用 10～15℃冷水浸泡，达到无白心和硬心层，含水量达到 47%～50%，体积增加至 2～2.5 倍。湿法去皮的豆瓣则不再浸泡。豆瓣用旋转式蒸煮锅蒸煮，蒸煮压力为 120～150kPa，蒸煮时间为 20～30min。蒸煮要求：豆肉中心刚开花，用手指轻捏易成粉，不带水珠，口尝无生腥味。将蒸熟的豆瓣迅速冷却至 40℃左右，接种入 0.1%～0.2%的沪酿 3.042 米曲霉和 As3.324 甘薯曲霉的混合麸曲菌种。菌种先与占豆瓣肉干重 5%的面粉拌和，再和豆瓣拌和接种，接种后转入通风池中，厚约 30cm，中间稍薄。正常天气，豆瓣入池 10 多个小时，随着微生物生长繁殖的呼吸热积累，品温逐渐上升，采用间隙通风或连续循环通风，保持豆瓣品温在 30～34℃。当菌丝密集，形成结块时，翻曲 1 次，并捣散曲块，如曲产生裂缝时引起漏风，必须铲曲填缝。曲霉孢子进入老熟期，品温逐渐下降，经 72～96h，曲块呈黄绿色即可出曲。生料通风制曲与熟料通风制曲基本相同，只是生料通风制曲时间比熟料通风制曲时间长。

二、辣椒的贮藏与辣椒酱的制备

辣椒的品种很多，有牛角辣椒、朝天辣椒、灯笼辣椒等，酿制豆瓣辣酱选用业已成熟、颜色鲜红、肉质肥厚、辣味适中、稍带甜味的牛角辣椒最多。辣椒是秋季收获的农产品，上市有一定的季节性，收获时应抓紧机会收购，最好把制酱时间也安排在辣椒的收获季节。收购的辣椒不用时需贮藏，贮藏方法有下列几种：

（一）磨细贮藏

清选鲜红辣椒（除去虫蛀、腐烂的及杂物），洗净、沥干后摘除蒂柄，立即磨细过筛。放入缸或大池中加入 20%左右的食盐，充分搅拌使食盐溶化，上以无毒塑料薄膜盖严，贮藏备用。

（二）腌制贮藏及辣椒酱制备

鲜红辣椒洗净去蒂柄，按每 100kg 辣椒 15kg 食盐的比例，一层辣椒一层食盐，腌于缸或水泥池中，层层压实赶出空气。2～3d 卤汁渗出，抽取卤汁浇于面层，并用食盐 5%封面，盐面之上铺竹席压重石，实行厌气贮藏。腌贮期间经常检查，加强卫生管理。若遇水分散失则补加淡盐水。腌制数年不会变质，颜色仍然鲜红，并且香气更浓厚。临用前取出磨细，为了不带粗皮和籽粒，通常需磨 3～4 遍。磨细的糊状物含水约 60%，装入缸中备用。

（三）晒干贮藏及辣椒酱制备

收购鲜辣椒晒干或直接收购干辣椒，要求水分含量在 10%以下，压榨成捆，保存于干燥冷凉的仓库中，使用前去蒂磨成细粉，按每 100kg 辣椒粉 400kg18°Bé 的盐水比例，加入盐水浸泡，初 12h 将温度升至 42～45℃，以后则利用自然温度浸泡 5～6d，并经搅拌，让其吸水膨胀改善风味。

三、豆瓣辣酱的发酵

常见豆瓣辣酱的发酵方法有自然晒露发酵、稀醪加辣保温发酵和固态低盐加辣发酵三种。

(一)自然晒露发酵

1. 工艺流程(图 13-4)

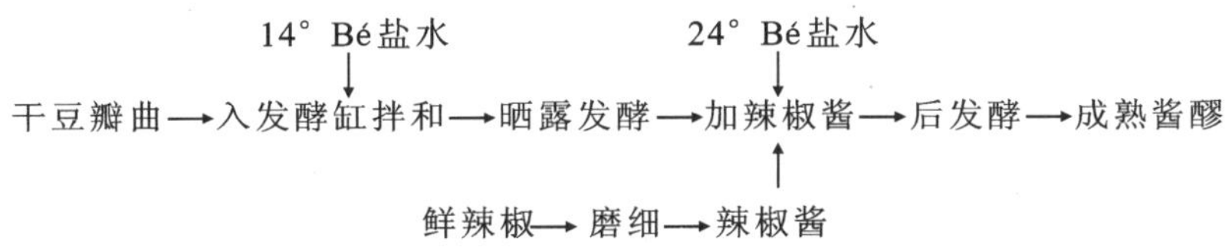

图 13-4 自然晒露发酵工艺流程

2. 配合比

干豆瓣曲 100kg，14°Bé 盐水 110kg，24°Bé 盐水 170kg，鲜辣椒酱 170kg。

3. 操作方法

干豆瓣曲放入缸中，加 14°Bé 盐水浸泡，使豆瓣曲吸水达到饱和，还稍有剩余的盐水留在缸底，晒露 20～30d，每天翻拌 1 次，豆瓣颜色变深，质地逐渐酥软。待鲜辣椒上市时购辣椒磨成酱加入，同时添加 24°Bé 盐水。拌匀进行后熟发酵。初则每日翻拌 1 次，后则 1 个星期翻拌 1 次。除刮风下雨加盖篾制尖顶斗篷外，平时都采用日晒夜露，经 6～8 个月后熟作用，酱醪成熟。

(二)稀醪加辣保温发酵

1. 工艺流程(图 13-5)

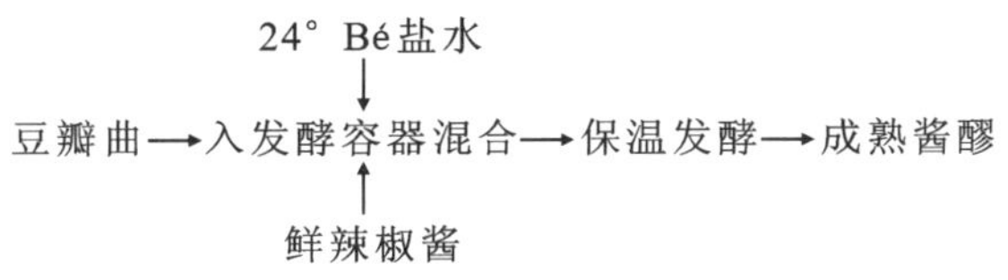

图 13-5 稀醪加辣保温发酵工艺流程

2. 配合比

豆瓣曲 100kg，24°Bé 盐水 106kg，辣椒酱(内含 2%～3%红曲)63kg。

3. 操作方法

按比例将刚出曲室的豆瓣曲、盐水、辣椒酱一起投入发酵缸中，混合成均一的酱醪，升温至 42～45℃，保温 12h。然后依靠酱醪自然升温(若升温不足，可酌情加热)，使酱醪达到 55～58℃，保持此温度发酵 12d。此间每天翻拌 2 次。最后将温度升高到 60～70℃，保持 36h。第 14d 后让其自然冷却至常温，即得成熟酱醪。

(三)固态低盐加辣发酵

1. 工艺流程(图 13-6)

辣椒酱　18° Bé食盐水→加热→热盐水

↓　　　　　　　　　　　　↓

豆瓣曲→拌和→入发酵缸→保温发酵→加盐水→后发酵→成熟酱醪

图 13-6　固态低盐加辣发酵工艺流程

2. 配合比

豆瓣曲 100kg，辣椒酱（内含食盐 20%）75kg，18°Bé 盐水 140kg，水 30kg。

3. 操作方法

先将水投入辣椒酱中，把辣椒酱稀释后加热至 60℃，再将豆瓣曲和辣椒酱一起通过制醅机拌和均匀，落入缸中。务必使入缸酱醅品温达到 40～45℃。入缸结束用铲压平酱醅表面，使热不易散发，再盖清洁白布一块，布上加 2cm 厚的盖面细盐。视气温情况以 60～65℃温水水浴间歇升温，使酱醅温度维持在 40～45℃之间发酵 8d。8d 后，取出盖面细盐，揭开白布，加入 18°Bé 热盐水拌和均匀，后发酵 5～6d。后发酵期间每天搅拌 2 次，后发酵结束得到成熟的酱醪。

四、成品的精制

普通豆瓣辣酱不需配制。为了满足不同消费者的需要可结合各地原料和消费习惯，因地制宜选配一些辅料精制成各种花色品种的豆瓣辣酱。

（一）精制豆瓣辣酱辅料的调制

1. 香油的制备

将菜籽油、黄豆油、花生油、芝麻油等用直火加热到一定温度，待油面泡沫散去，加入备好的大葱、老姜。待大葱、老姜水分炸干，油色转白即可停火冷却。待冷却到 100℃左右加入花椒，几分钟后再加鲜辣椒酱略为熬煮。其配料比例是每 100kg 油加大葱、老姜各 2kg，花椒 50g，鲜辣椒酱 20kg。待油呈红色，香气扑鼻，即起锅过滤，滤出的香油及辣椒酱分别贮存备用。有的仅以花椒和紫草制香油，但风味单调。

2. 香料的制备

根据不同消费者的需要，在豆瓣辣酱中还可配制不同的香料。常用的有山柰、八角、小茴、丁香、陈皮、花椒、胡椒、桂皮等。注意各种香料要保证有好的质量。将各种香料干燥后磨成细末，混匀，保存备用。

（二）消毒

把配制好的豆瓣辣酱用直火或蒸汽加热升温至 80℃，维持 10min。在加热过程中应不断搅拌避免焦煳。通入蒸汽加热还应防止凝结水对酱醪的过度稀释而造成产品过于稀薄，影响质量。

项目小结

腐乳、豆豉、豆瓣酱是常见的发酵性调味品，其制备由来已久。

腐乳的品种主要有红腐乳、白腐乳、酱腐乳和青腐乳。腐乳的制备主要包括制坯和发酵两个阶段。腐乳制坯是为了让原料中的蛋白质最大限度地溶解并凝固下来，即成为豆腐。其中，磨浆、煮浆、点浆是操作的关键。腐乳发酵从微生物上讲有毛霉发酵和根霉发酵之分，从生产方式上讲有自然培养发酵和纯种接种发酵之分。发酵后期是腐乳风味形成的主要阶段，而腐乳发酵后期配料的不同赋予了腐乳不同的风味。

豆豉主要有毛霉型、米曲霉型和细菌型三种。毛霉型和米曲霉型豆豉可以是自然培养制曲，也可以是纯种接种制曲。一般米曲霉型豆豉制曲时会加入一些面粉，而毛霉型豆豉制曲时不加，再经过不同的配料和发酵形成各种风味的豆豉。水豆豉是细菌型豆豉，通常是在淹水状态下发酵，其制曲包括豆汁培菌和熟豆培菌。团块豆豉是制曲和发酵同时进行的，它最大的特点在于豆子要先制成豆泥，以及培菌发酵后需烟熏。

豆瓣酱通常以蚕豆为原料，且蚕豆往往以成形的豆瓣存在。蚕豆去皮有湿法去皮和干法去皮两种方法。豆瓣曲可以是自然接种，也可以是人工接种泸酿 3.042。豆瓣酱中常常加入辣椒，辣椒一般需先制成酱。豆瓣曲和辣椒酱再经发酵、调制，可得到多种风味的豆瓣酱。

问题探究

1. 腐乳、豆豉各有哪些种类？
2. 豆腐的制备主要有哪几个阶段？
3. 豆腐制备各阶段的主要控制条件有哪些？
4. 米曲霉型豆豉制曲时熟大豆上裹上生面粉有什么作用？
5. 制辣椒酱的辣椒应如何贮藏和处理？
6. 蚕豆如何去皮？
7. 简述熟料厚层通风制豆瓣曲的方法和步骤？

实训一　毛霉的分离和腐乳的制备

一、实训目的

通过实训，学会毛霉分离培养的方法和腐乳的制备方法，巩固接种操作，学会腐乳的毛霉培养和后期发酵的操作、管理技术。

二、实训原理

用自然培养法培养毛霉，并利用逐级扩大培养的方式制得毛霉菌作为腐乳制备的菌种。豆腐坯上接种毛霉，经过繁殖培养，分泌蛋白酶、淀粉酶等酶系，再经过长时间的发酵，与发酵配料中的成分协同作用，形成腐乳特有的香味。

三、实训器材与试剂

材料：豆腐、麦芽糖、蛋白胨、琼脂、盐酸、麸皮、辣椒粉、花椒粉、五香粉。

仪器：塑料托盘、熟料小支架、纱布、菜刀、案板、恒温箱、接种箱、高压灭菌锅、试管、冰箱、三角瓶、玻璃瓶。

四、实训步骤

1. 自然培养法培养毛霉

先将所有用具(塑料托盘、熟料小支架、纱布、菜刀、案板)蒸煮消毒,煮后再将纱布晾干。托盘内放入支架,支架上再铺两层纱布。将豆腐(北豆腐一盒,北豆腐含水较低,易培养出毛霉)切成4.1cm×4.1cm×1.6cm的豆腐块,整齐平铺在纱布上,每块之间间隔约1cm。上面再盖上一个托盘。最后将其放到15～18℃的环境中培养。2～3d后便可见有的豆腐块长出毛霉菌丝,有的豆腐块长出许多杂菌。将长有杂菌的豆腐块挑取出来,消毒灭菌后扔掉。长毛霉的豆腐块留着备用。

2. 纯种培养毛霉

(1)斜面试管培养基　麦芽糖(饴糖)15g,蛋白胨1.5g,琼脂2g,加入水100mL溶解,用0.1mol/L盐酸或10%氢氧化钠调节pH值为6。分装入试管,包扎,以0.1MPa(121℃)灭菌30min,取出摆成斜面,28～30℃空白培养48～72h。

(2)接种毛霉　在无菌操作台上,将第一步培养出来的豆腐块上的毛霉用点接法接种到斜面培养基上,28～30℃条件下培养48～72h,便可见长出的毛霉。待其生长充分后放入冰箱的冷藏室(4～6℃)中保存备用。

3. 扩大培养

(1)制备三角瓶菌种培养基　麸皮50g,蛋白胨0.5g,水50mL,将蛋白胨溶于水中,然后与麸皮拌匀,装入三角瓶中,250mL三角瓶装25g培养料,封口包扎。

(2)灭菌　高压灭菌,0.1MPa灭菌20～30min。灭菌种趁热摇散,冷却。

(3)接种　在超净工作台上将一小块试管菌种接入三角瓶菌种培养基上。在25～28℃环境中培养,2～3d后瓶内长满菌丝并产生大量孢子。此菌种留着备用。

(4)制备孢子悬浮液　每个三角瓶中加入冷开水200mL,用消过毒的玻璃棒将菌丝打碎,充分摇匀,用纱布过滤,滤渣再加200mL冷开水洗涤1次,过滤,两次滤液混合,制成孢子悬浮液。

4. 制备腐乳

(1)制豆腐坯　方法见实训步骤1。

(2)人工接种培养　用喷洒壶喷洒接种,使豆腐坯的五面均匀喷洒到菌悬液。也可用豆腐坯浸沾菌液,浸后立即取出,防止水分浸入坯内增大含水量,影响毛霉生长。

将接种后的豆腐坯放在15～18℃环境中培养,2～3d后即可见豆腐坯上长满了白色的毛霉。

5. 腌坯及后期发酵

当菌丝开始变成淡黄色,并有大量灰褐色孢子形成时,可揭开盖子,放到窗边通风处,使其停止发霉,促进毛霉产生蛋白酶,8h后马上腌制。方法是:先将相互依连的菌丝分开,后用手抹倒,使其包住豆腐坯,再将其放入玻璃瓶中腌制,采用分层加盐法腌制,用盐量分层加大,最后撒一层盖面细盐。腌坯要求NaCl含量为12%～14%,腌坯后3～4d要压坯,即再加入食盐水,高过坯面1cm,腌制3～4d。腌坯结束后,打开瓶盖,用已消毒的吸管吸出所有盐水,用纱布盖住瓶口放置过夜,使盐坯干燥收缩。

我们选用小辣方配制腐乳的汤料,学生还可自行选择。最后装入瓶内,瓶盖边缘用宽胶带围粘两圈密封。瓶上贴标签,注明日期。

五、思考与练习

如何使腐乳坯的毛霉生长均匀一致?

六、实训报告

把实训的过程写成实训报告。

实训二　风味泡菜的制作

一、实训目的

通过实验观察泡菜发酵过程中的变化，了解泡菜发酵的工艺过程。

二、实训原理

泡菜与盐水密闭在容器中，主要进行乳酸发酵产生乳酸。

三、实训器材与试剂

大白菜、萝卜、胡萝卜、甘蓝、芹菜、豇豆（又名豆角、长豆角、角豆、带豆等）、菜豆（又名四季豆）、扁豆、刀豆（芸豆、玉豆等）、宝塔菜（又名草石蚕、螺丝菜、地梨地环等）、青辣椒等蔬菜，食盐，黄酒或烧酒，花椒，姜，尖红辣椒；泡菜坛、菜刀。

四、实训步骤

（一）操作步骤

1. 原料处理

根据蔬菜上市季节和食者爱好，选择鲜嫩、清脆的蔬菜。为了使泡菜的风味更好，可适当选择和调配蔬菜原料的种类，最好多用几种蔬菜。菠菜、油菜等，菜叶又薄又软，且不宜于生吃；大葱、洋葱等产品会给其他蔬菜的风味以不良影响；大头菜等肉质粗老的菜，泡制后不清脆。这些蔬菜都不宜采用。

新鲜蔬菜经过充分洗涤后，除去质地粗老、有病虫害的部分。萝卜、胡萝卜、洋姜、莴笋和黄瓜等蔬菜，切成厚约 0.5cm、长约 5cm 的薄片或细条。莴笋在切成薄片或细条以前，还应先削去表皮；大白菜、甘蓝、扁豆、青辣椒、菜豆等，切成碎块或长条；豇豆、芹菜等，切成 5cm 长的段；小青辣椒、宝塔菜、藠头等，可以整个、整头进行泡制；鲜大辣椒，须用竹针扎 4～6 个眼。处理好的菜放在簸箩内，置于通风的地方，晾去洗菜时附在菜上的水，并把菜的表皮晾到略显萎蔫的程度，需 2～3h。如果附在菜面的水晾不干，泡菜上的水就容易生霉而变质。

2. 菜卤的配制

制作泡菜时，首先要把盐水准备妥当。盐水的配方是每 100kg 水，加食盐 8kg。配制的盐水必须煮沸，杀死水中的杂菌，不致引起蔬菜腐败变黄。然后冷却、澄清，取用上清液。热水泡菜，容易变质，切勿采用。盐水冷却后，注入泡菜坛内。盐水必须合乎标准，盐量较多，乳酸菌的活动受到抑制，不易酸化；盐量较少，则泡出的菜就会太酸，甚至导致蔬菜败坏。为了增强泡菜的脆性，可以在食盐水中加入少量的钙盐，如氯化钙等，按 0.5‰的比例加入。

为了增进泡菜的品质和风味，再把各种辅料装入坛内。使用辅料的多少，没有严格的规定，在种类、数量上，都可以根据食者口味随意调配。一般的配方是：每 100kg 盐水中可加花椒 50g、尖红辣椒 3kg、黄酒（或烧酒）3kg、姜 3kg。老的生姜要切成厚度 3～4mm 的薄片，幼嫩的姜可不必切碎，或切得较大一些。还可以加入香辛料，各种香辛料最好先磨成粉并用布包好，置于坛内一同浸泡。

3. 入坛泡制

泡菜坛子在使用前洗涤干净，沥干后将准备好的原料装入坛内，同时可以将香辛料包放入，装满坛内空间的 3/4 左右，用竹片或其他工具将菜压住，以免原料浮于盐水之上。装好后将配制好的盐水注入坛内，使盐水将菜淹没。在水槽中加入冷却的开水或者盐水，扣上扣碗，将坛子置于阴凉处。

4. 发酵

根据坛内微生物的变化情况和乳酸生成情况可分为初期发酵、中期发酵和后期发酵三个阶段。

初期发酵：新鲜原料浸泡于盐水中，原料中的可溶性营养物质扩散至盐水中，同时食盐也渗透到原料组织中去。这个时期耐盐性较弱的微生物和耐盐性较强的微生物同时活动，除乳酸菌外还有酵母和其他细菌，如大肠杆菌等，占优势的是大肠杆菌群。大肠杆菌将糖类转化为乳酸、琥珀酸、乙醇、二氧化碳等，在初期发酵会有大量的气体产生并不断从坛内经水槽逸出。初期生成的乳酸含量不高，一般在0.4%左右。

中期发酵：在初期发酵阶段，由于乳酸的积累，大肠杆菌等对酸性环境敏感的微生物因不适应环境而死亡。占优势的微生物为正型乳酸菌群，将糖转化为乳酸，不产生气体，因此，在中期发酵时气体数量减少。由于大量的乳酸生成，大肠杆菌、腐败细菌及丁酸细菌等均不能生存，但乳酸菌和酵母仍可以活动。

后期发酵：在此期间只有耐酸性特别强的乳酸菌能继续活动，乳酸的积累量可达到1%以上，但乳酸积累达到1.2% 时，所有的乳酸菌也逐渐停止活动。

中期发酵阶段的泡菜品质最佳，其乳酸含量在0.6%左右时风味最好。

5.再制作

制成的泡菜吃完以后，留在泡菜坛内的菜卤由于存在着大量的乳酸菌，只要菜卤表面没有霉膜或腐败变质，就可以继续用来制作泡菜。蔬菜在这种菜卤内，发酵期限可以较第一次缩短，一般蔬菜泡2～3d就可以吃（而且，菜卤用的次数越多，泡出的菜就越醇厚鲜香）。每次再制作时，要把已经泡成的菜捞净，再将经选择、整理和晾晒的新鲜蔬菜装入坛中。每次泡新菜，应适当补加一些盐和其他辅料。

制成后的泡菜的感官指标：具有新鲜蔬菜固有的色泽，香气浓郁、组织细嫩、质地清脆，稍有甜味和鲜味；理化指标：食盐2%～4%，总酸0.4%～0.8%。

（二）注意事项

1.泡菜不能长期贮藏，因此不宜大量制作，要根据消费需要，勤泡少泡，随吃随泡。即使只做3～5d的贮藏，最好也要在泡菜发酵期满的时候立即把菜坛移到温度低的地方或冷藏室中。同时，应做到随吃随取，已经取出的菜不能再泡在坛里。

2.为了缩短发酵周期，以利于乳酸的生长繁殖，最初配制的盐水中可按用水量加 2% 的食醋作为底酸。

3.制作泡菜或从坛内取泡菜时，必须严格注意清洁，防止油脂类物质进入。如果有油脂类物质进入坛中，泡菜易被腐败性细菌分解而变臭。如果坛未装满或未隔绝空气，则易生霉花，霉花是泡菜中的主要有害微生物，能消耗乳酸而引起腐败菌的生长。挽救的方法是注入少许烧酒和鲜姜片，即有防治的效果，使泡菜仍可使用。每次揭盖取菜时要防止水槽内的水滴入坛内。可以在水槽内加入15%～20%的食盐水。泡菜坛槽内的水应随时添加，并定期换洗。

五、思考与练习

在泡菜的制作过程中应注意哪些方面？

六、实训报告

根据实训过程完成实训报告。

模块四　乳制品发酵技术平台

项目十四　酸乳发酵技术

知识目标

1. 知道酸乳的定义、分类及营养价值。
2. 知道发酵剂的制备方法。
3. 能陈述凝固型酸乳和搅拌型酸乳的生产工艺及操作要点。
4. 能陈述酸乳生产中常见的质量问题及其解决办法。
5. 能陈述乳酸菌饮料的生产工艺及操作要点。

技能目标

1. 能够完成酸乳发酵剂的分离、鉴别、活化与制备。
2. 能够完成酸乳生产中的各个操作环节并进行工艺控制。
3. 会运用相关知识解决酸乳生产过程中的质量问题，会进行成本分析。

思政目标

通过介绍三聚氰胺毒奶粉事件、“皮鞋酸奶”事件、同仁堂的“修合无人见，存心有天知”自律理念，增强学生诚信做人、做事的观念，树立食品安全和质量意识。

背景资料

一、酸乳及其种类

(一)酸乳

酸乳是一种经细菌发酵产酸而成的酸凝固产品，是人们最了解的，也是最受欢迎的一种发酵乳。联合国粮食与农业组织(FAO)、世界卫生组织(WHO)与国际乳业联合会(IDF)于1977年给酸乳做出如下定义：酸乳，即在添加(或不添加)乳粉(或脱脂乳粉)的乳中(杀菌乳或浓缩乳)，由于保加利亚乳杆菌和嗜热链球菌的作用进行乳酸发酵制成的凝乳状产品，成品中必须含有大量的、相应的活性乳酸菌。简单地说，酸乳就是以新鲜牛乳或乳粉为原料，经乳酸菌保温发酵而制成的产品。其中可任意添加各种风味的食品添加剂或果肉，使其具有各种口味。酸乳所用原料通常是牛乳，也可以是经过部分脱脂处理过的牛乳。为了增加成品的营养或改进其组织状态，可以添加某些乳粉、乳清粉和蒸发浓缩乳等乳成分来进行原料乳的标准化工艺制作。

（二）酸乳的分类

1. GB 19302—2010 的分类

2010 年 3 月，我国发布了新标准《发酵乳》(GB 19302—2010)，该标准代替了《酸乳卫生标准》(GB 19302—2003)以及《酸牛乳》(GB 2746—1999)中的部分指标，于 2010 年 12 月 1 日正式实施。该标准将此类产品分为发酵乳(fermented milk)和风味发酵乳(flavored fermented milk)两类。

(1)发酵乳　发酵乳是指以生牛(羊)乳或乳粉为原料，经杀菌、发酵后制成的 pH 值降低的产品。发酵乳包括酸乳、干酪和发酵奶油等品种。酸乳(yoghurt)是指以生牛(羊)乳或乳粉为原料，经杀菌、接种嗜热链球菌和保加利亚乳杆菌(德氏乳杆菌保加利亚亚种)发酵制成的产品。

(2)风味发酵乳　风味发酵乳是指以 80%以上生牛(羊)乳或乳粉为原料，添加其他原料，经杀菌、发酵后 pH 值降低，发酵前或后添加或不添加食品添加剂、营养强化剂、果蔬、谷物等制成的产品。风味发酵乳包括风味酸乳等品种。风味酸乳是指以 80%以上生牛(羊)乳或乳粉为原料，添加其他原料，经杀菌、接种嗜热链球菌和保加利亚乳杆菌(德氏乳杆菌保加利亚亚种)，发酵前或后添加或不添加食品添加剂、营养强化剂、果蔬、谷物等制成的产品。

2. 按成品的组织状态分类

(1)凝固型酸乳　其发酵过程在包装容器中进行，从而使成品因发酵而保留其凝固状态。

(2)搅拌型酸乳　发酵后的凝乳在灌装前搅拌成黏稠状组织状态。

二、酸乳的营养价值

酸乳的营养价值与其原料直接相关，酸乳具有其原料乳所提供的所有营养价值，也与其特有的加工方法(控制发酵)和所含活菌紧密相关，使酸乳具有其独特的营养价值。

（一）与原料乳有关的营养价值

1. 极高生理价值的蛋白质

由于在发酵过程中，乳酸菌产生蛋白质水解酶，使原料乳中部分蛋白质水解，这使酸乳与一般乳相比含有更多的肽和丰富的、比例更合理的人体必需氨基酸，从而使酸乳中的蛋白质更易被机体合成细胞时所利用，具有更好的生化可利用性。

2. 更多易于吸收的钙质

通常酸乳中的乳固体含量大于牛乳中的，故含有较多的钙质。事实上，酸乳是钙含量最高的食品。发酵后，原料乳中的钙被转化为水溶形式，更易被人体吸收利用。一般酸乳中含钙量为(140～165)mg/100g。

3. 含有丰富的维生素

酸乳中主要含有 B 族维生素和少量脂溶性维生素。

酸乳中维生素的含量主要取决于原料乳，其所用菌株种类也影响维生素含量，如 B 族维生素就是乳酸菌生长与增殖的产物。

（二）酸乳所特有的营养价值

1. 减轻乳糖不耐受症

人体内的乳糖酶活力在刚出生时最强，断乳后开始下降。成年时，人体内的乳糖酶活力仅是其刚出生时的10%。有些人体肠道内乳糖酶的活力太小以至无法消化乳糖。当他们喝牛乳时会有腹痛、痉挛、肠鸣的症状，有时会腹泻。

牛乳经发酵制成酸乳时，一部分乳糖水解成半乳糖和葡萄糖，后者再被转化成乳酸。因此，酸乳中的乳糖含量与牛乳相比相对较少。另外，根据国际乳品联合会1984年的研究结果，酸乳中的活菌直接或间接地具有乳糖酶活性，因此摄入酸乳可以减轻喝牛乳时出现的乳糖不耐受症。

2. 调节人体肠道中的微生物菌群平衡

酸乳中的乳酸菌可以活着到达大肠。乳酸菌虽无法在肠道中长期存活，但在摄入酸乳后的几个小时内的作用仍是不容置疑的。也就是说当乳酸菌经过消化道时仍起着抗菌和防腐作用。

事实上，现已证明酸乳中的菌株产生许多抗菌物质，从而抑制多种致病菌在人体内的增殖。同时，酸乳中的乳酸菌也在肠道中营造了一种不利于一些致病菌增殖的环境，从而协调人体肠道中微生物菌群的平衡，改善消化过渡时间。

3. 胆固醇水平

大量进食酸乳可以降低人体胆固醇水平，但少量摄入酸乳的影响结果则很难判断。酸乳中的其他组成（如钙或乳糖）也可能参与影响人体内胆固醇含量。有一点可以确定：进食酸乳并不增加血液中的胆固醇含量。

4. 酸乳与白内障

一项对240位老人的跟踪研究表明：酸乳可以预防白内障的形成（Birloueg-Aragon等，1993年）。与牛乳相比，人体对酸乳中游离半乳糖的吸收慢，但代谢更有效。酸乳中游离的半乳糖能激活空肠中或肝中的半乳糖激酶。这种由酸乳引起的对半乳糖代谢的酶化作用可能是减少白内障形成的一个因素。

任务一　酸乳发酵剂的制备

酸乳发酵剂是一种能够促进乳的酸化过程，含有高浓度乳酸菌的产品。对于酸乳加工来说，质量优良的发酵剂是不可缺少的。发酵剂在酸乳生产中发挥着重要的作用：①发酵剂分解乳糖产生乳酸；②产生挥发性的物质，如丁二酮、乙醛等，从而使酸乳具有典型的风味；③具有一定的降解脂肪、蛋白质的作用，从而使酸乳更利于消化吸收；④酸化过程抑制了致病菌的生长。

一、酸乳生产中常用的发酵剂菌种及其共生作用

（一）常用菌种

国家标准GB 19302—2010中提出，酸乳发酵菌种为保加利亚乳杆菌、嗜热链球菌及其他由国务院卫生行政部门批准使用的菌种。标准同时规定，酸乳成品中的活性特征菌数必须大于或等于10^6 cfu/g。

1. 保加利亚乳杆菌

保加利亚乳杆菌又名德氏乳杆菌保加利亚亚种。菌体呈杆状，有时呈丝状、链状排列，

长 4～6μm，宽 0.8～0.9μm。最适生长温度为 35～42℃。其在酸乳生产中的作用为：

(1)产酸能力强：在牛乳中生成 1.8%的酸，比嗜热链球菌强。所以，在混合菌种中，球菌与杆菌的比例为 1∶1 或 2∶1，杆菌永远不允许占优势，否则酸度太强。

(2)能分解牛乳蛋白质生成氨基酸，特别是生成的缬氨酸能促进嗜热链球菌的生长。

(3)对原料乳中的抗生素有明显的抑制作用。如每毫升牛乳中含有 0.3～0.6IU 的青霉素，其活性即可受到抑制。

(4)保加利亚乳杆菌的发酵类型为同型乳酸发酵(产生 90%以上的酸及少量的其他产物)。

2. 嗜热链球菌

嗜热链球菌呈球形或卵圆形，直径 0.6～1μm，以双球状或链状排列。最适生长温度为 40～45℃。其在酸乳生产中的作用为：

(1)产酸能力：在牛乳中生成 0.7%～0.8%的酸，个别菌种可达到 1.0%。

(2)有些菌种在牛乳中能够生成黏性物质，能增加牛乳的黏度，常用于凝固型酸乳或高黏度搅拌型酸乳的生产。

(3)能分泌脲酶：脲酶水解牛乳中的尿素产生 CO_2，CO_2 对保加利亚乳杆菌的生长具有促进作用。

(4)对抗生素非常敏感，如每毫升牛乳中含有 0.01IU 的青霉素即可受到抑制。

(5)嗜热链球菌的发酵类型为同型乳酸发酵(产生 90%以上的酸及少量的其他产物)。

(二)发酵剂菌种的共生作用

酸乳加工中常用的发酵剂是保加利亚乳杆菌与嗜热链球菌的混合菌种。这种混合菌种在 40～50℃乳中发酵 2～3h 即可达到所需的凝乳状态与酸度，而上述任何一种单一菌株的发酵时间都在 10h 以上，其原因是保加利亚乳杆菌与嗜热链球菌之间存在共生现象。

保加利亚乳杆菌在发酵的初期分解乳中的酪蛋白而形成氨基酸(主要是缬氨酸)和多肽，促进了嗜热链球菌的生长，随着嗜热链球菌的增加，乳酸度也随之增加。乳酸度的增加又抑制了嗜热链球菌的生长。在嗜热链球菌生长过程中乳脲活动产生 CO_2，刺激保加利亚乳杆菌生长。伴随着 CO_2 的产生，脲释放出氨作为微弱的缓冲剂。

在发酵的初期嗜热链球菌生长快，发酵 1h 后与保加利亚乳杆菌的比例为(3～4)∶1。在随后的阶段，嗜热链球菌的生长由于乳酸的抑制作用缓慢下来，保加利亚乳杆菌的数量也逐渐与嗜热链球菌的数量相近。大多数酸乳中球菌和杆菌的比例为 1∶1 或 2∶1。

(三)其他菌种

在现代酸乳生产中，除以上两种菌种外，还添加其他菌种，其中最常见的是嗜酸乳杆菌和双歧杆菌。但这些菌种本身不参与发酵过程，其作用是调整肠道菌群平衡，抑制肠道不良微生物的增殖。

二、发酵剂的类型

乳品厂使用的发酵剂大致分为两类，即单一发酵剂和混合发酵剂。

(一)单一发酵剂

一般是将每一种菌株单独活化，加工时再将各菌株混合在一起。其优点是：容易继代，且易于保持保加利亚乳杆菌和嗜热链球菌的比例；容易更换菌株；根据酸乳加工的类型不同，容易调整保加利亚乳杆菌和嗜热链球菌的比例；选择性的接种到酸乳中是可能的，如在果料酸乳加工中，可先接种球菌，1.5h后再接种杆菌；通过单一活化不同菌株，菌株间的共生作用减弱了，从而减慢了酸的生成；单一菌株在冷藏条件下易于保持性状，液态母发酵剂可以数周活化1次。

(二)混合发酵剂

混合发酵剂一般是指保加利亚乳杆菌和嗜热链球菌按1∶1或1∶2比例混合的酸乳发酵剂，且两种菌比例的改变越小越好。

三、发酵剂的制备及鉴别

(一)商品发酵剂

国内外许多乳品研究中心、高校、菌种保藏机构或者发酵剂制造商的专业研发人员经过大量的研究和开发工作生产了专门适合于某一产品(如酸乳、酸奶油、干酪和其他发酵乳制品等)的特殊发酵剂。乳品厂一般都是从这些专门的研究机构或制造商中购买已经混合好的发酵剂，称为商品发酵剂。商品发酵剂有各种各样的形式：

1. 液态发酵剂

发酵剂菌种可用几种不同的生长培养基以液体形式保存(培养基一般为活化培养基或发酵加工所用的培养基)。

液态发酵剂的优点为：使用前能给予评估和检查；依据实验和已知的方法能指导酸乳加工；价格便宜。

液态发酵剂的缺点为：每批与每批之间的质量不够稳定；在加工厂还得再扩大培养，费原料、费时、费工；保存期短，乳酸菌含量较低；接种量较大。目前已很少使用这种商品发酵剂。

2. 冷冻干燥发酵剂

冷冻干燥发酵剂是通过冷冻干燥培养到最大乳酸菌数的液体发酵剂而制得的。冷冻干燥能最大限度地减少对乳酸菌的破坏。

冷冻干燥法是一种适用范围很广的菌种保存方法，发酵剂利用冷冻干燥技术不仅为了保存菌种，更主要的是为了加工大量直投式或间接加工所需的发酵剂，以满足乳品工业的加工需求。

冷冻干燥发酵剂也有几种形式：①深冻浓缩发酵剂：为培养生产发酵剂。②粉状的、冻干的、浓缩发酵剂：为培养生产发酵剂。③易溶的、深冻、超浓缩发酵剂(直投式发酵剂)：不需要任何进一步的繁殖，直接用于生产。

目前，冷冻干燥发酵剂已广泛应用于酸乳的加工。冷冻干燥发酵剂具有以下优点：

(1)冷冻干燥发酵剂经低温处理，保存时间长。

(2)冷冻干燥发酵剂一般为小型铝箔包装，适合长途运输和贮存，使用方便，灵活性大。

(3)冷冻干燥发酵剂可不经过活化培养，直接投入加工，从而能减少污染，对噬菌体有较好的控制能力，并且可节约劳动力和加工成本。

(4)冷冻干燥发酵剂性质均一，产量和品质稳定。

(5)日产量高。

(6)菌种保存过程中不易发生变异。

(二)发酵剂的制备

除直投式发酵剂可不经过活化培养，直接投入加工外，其余各种形式的发酵剂，无论是液态发酵剂还是冷冻干燥发酵剂，都需要进行活化培养繁殖成自己的生产发酵剂。液态发酵剂需先培养繁殖成母发酵剂，进而繁殖成中间发酵剂和生产发酵剂(图 14-1)；冷冻干燥发酵剂也需培养繁殖成生产发酵剂(图 14-2)，此项工艺称为发酵剂的制备。发酵剂的制备是乳品厂最有难度也是最主要的工艺之一。因为现代化乳品厂的加工量很大，发酵剂制作的失败会导致重大的经济损失。因此，厂家必须慎重选择发酵剂的生产工艺和设备。发酵剂的制作要求极高的卫生条件，要把可能传染的酵母菌、霉菌、噬菌体的污染危险减低到最低限度。对设备的清洗系统也必须仔细地设计，以防清洗剂和消毒剂与发酵剂接触而污染发酵剂。

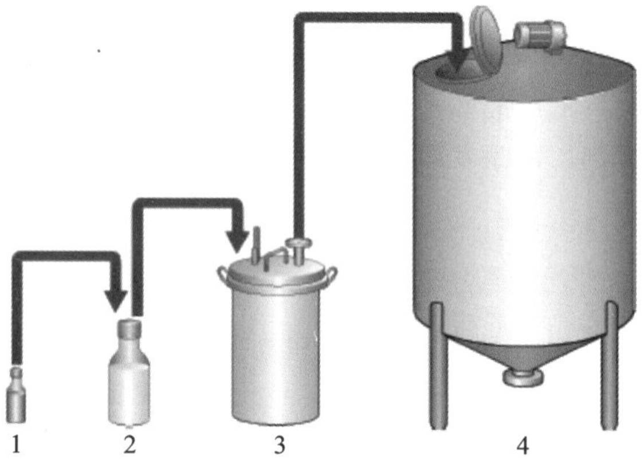

图 14-1　发酵剂的制作步骤

1—商品菌种；2—母发酵剂；3—中间发酵剂；4—生产发酵剂

图 14-2　用冻干菌种制作生产发酵剂

发酵剂制备的一般工艺流程如图 14-3 所示。

1. 培养基的选择

(1)母发酵剂、中间发酵剂的培养基制备　母发酵剂、中间发酵剂的培养基一般用高质量无抗生素残留的脱脂乳粉(因游离脂肪酸的存在可抑制发酵剂菌种的增殖)制备，培养基干物质含量为10%～12%。一般用带无菌棉塞或耐热硅胶塞的试管或三角瓶作为盛装培养基的容器，用蒸汽高压灭菌(121℃，10～15min)。用于母发酵剂的培养基在使用之前应

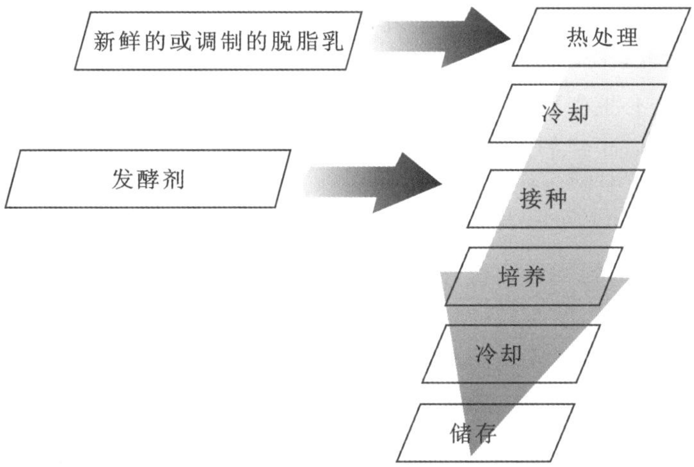

图 14-3　发酵剂制备的一般工艺流程

在 30℃下培养 2d，以检查其灭菌程度。

(2)工作发酵剂培养基的制备　工作发酵剂培养基一般用无抗生素优质原料乳(或脱脂乳粉)来制备，灭菌条件是 90℃保持 30min。

2. 发酵剂的活化和扩大培养

(1)商品发酵剂的活化　商品发酵剂(乳酸菌纯培养物)由于保存温度与保存时间的影响，在刚使用时应反复活化几次才能恢复其活力。活化过程必须严格按照无菌操作程序进行。所用吸管应在 160℃烘箱中最少灭菌 2h。

活化工艺流程为：复原脱脂乳→灭菌→冷却到 43℃→接种→42℃培养至凝乳状→冷却至 4℃→冰箱保存。

(2)母发酵剂和中间发酵剂的制备　母发酵剂和中间发酵剂的制备须在严格的卫生条件下进行，制作间最好有经过过滤(除尘、除菌等)的正压空气，操作前要用 400～800mg/L 的次氯酸钠溶液喷雾消毒，每次接种时容器口端最好用 200mg/L 的次氯酸钠溶液浸湿的干净纱布擦拭消毒，防止杂菌(特别是噬菌体)的污染。

母发酵剂 1 次制备后可存于 0～6℃冰箱中保存。对于混合菌种，每周活化 1 次即可。母发酵剂在活化过程中可能会带来杂菌或噬菌体的污染，应定期更换，一般最长不超过 1 个月。

(3)工作发酵剂的制备　工作发酵剂室最好与加工车间隔离，要有良好的卫生条件，最好有换气设备。为防止来自环境中的微生物污染，每天要喷 200mg/L 的次氯酸钠溶液，工作人员在操作前也要用 100～150mg/L 的次氯酸钠溶液洗手消毒。

母发酵剂、中间发酵剂和工作发酵剂的制备工艺流程与商品发酵剂活化流程相同，只是培养基、杀菌条件和容器设备不同。

(三)发酵剂活力的影响因素及质量控制

1. 影响发酵剂菌种活力的主要因素

(1)天然抑制物　牛乳中存在不同的抑菌因子，主要功能是增强牛犊的抗感染与抵抗疾病的能力。这些物质包括乳抑菌素、凝聚素、溶菌酶和 LPS 系统。但乳中存在的抑菌物质一般对热不稳定，加热后即被破坏。

(2)抗生素残留　患乳腺炎等疾病的乳牛常用青霉素、链霉素等抗生素药物治疗，在一定时间内(一般 3～5d，个别在 1 周以上)乳中会残留一定的抗生素。用于加工酸乳的所有乳品原料中都不允许有抗生素残留。

乳品工厂一般用做小样的方法，通过发酵来判断原料乳中是否有抗生素残留，但费时较长，约 2h。目前有用抗生素检测试剂盒检测的，时间较短，但价格较高。

(3)噬菌体　噬菌体污染是导致酸乳发酵不完全的因素之一。制备发酵剂以及生产过程中都易被噬菌体污染，轻则造成菌体数量降低，产酸缓慢，凝乳不良；重时杆、球菌几乎全部死亡，导致发酵失败。生产车间环境卫生差，空气不洁净，随意排放原料乳或发酵的酸乳，设备清洗不良等，是发生噬菌体污染的主要原因。

(4)清洗剂和杀菌剂的残留　清洗剂和杀菌剂是乳品厂用来清洗和杀菌的化学物品。这些化合物(碱洗剂、碘灭菌剂、季铵类化合物、两性电解质等)的残留会影响发酵剂菌种的活力。清洗剂和杀菌剂在发酵剂加工用乳中的污染来自于人为工作的失误或 CIP 系统循环的失控。因此，清洗程序的设定应保证除去加工发酵剂罐内可能残留的化学制品溶液。

2. 发酵剂的质量控制

发酵剂在发酵乳加工中的作用取决于发酵剂的纯度和活力，其质量控制有如下方法：

(1)感官检查　对于液态发酵剂，首先检查其组织状态、色泽及有无乳清分离等，其次检查凝乳的硬度，然后品尝酸味与风味，看其有无苦味和异味等。

(2)理化、微生物学检查

①检查形态与菌种比例。使用革兰氏染色或 Newman's 染色方法染色发酵剂涂片，并用高倍光学显微镜观察乳酸菌形态正常与否以及杆菌与球菌的比例等。

②检查污染程度。纯度可用催化酶试验检测：乳酸菌催化酶试验应呈阴性，阳性反应是污染所致。

阳性大肠菌群试验检测粪便污染情况；乳酸菌发酵剂中不许出现酵母或霉菌；检测噬菌体的污染情况。

③活力检查：使用前在化验室对发酵剂的活力进行检查，从发酵剂的酸生成状况或色素还原来进行判断。好的酸乳发酵剂活力一般在 0.8%以上。

常用的测定活力的方法有：酸度测定——在灭菌冷却后的脱脂乳中加入 3%的发酵剂，并在 37.8℃的恒温箱内培养 3.5h，然后测定其酸度，若滴定乳酸度达 0.8%以上，则认为活力良好；刃天青还原试验——在 9mL 脱脂乳中加入 1mL 发酵剂和 1mL0.005%刃天青溶液，在 36.7℃的恒温箱中培养 35min 以上，如完全褪色则表示活力良好。

(3)设备和容器检查　定期进行发酵剂加工设备和容器涂抹检验，以判定清洗效果和车间的卫生状况。

任务二　凝固型酸乳的制备

凝固型酸乳的制备工艺流程如图 14-4 所示。

一、凝固型酸乳原料的选择和预处理

1. 原料乳的质量要求

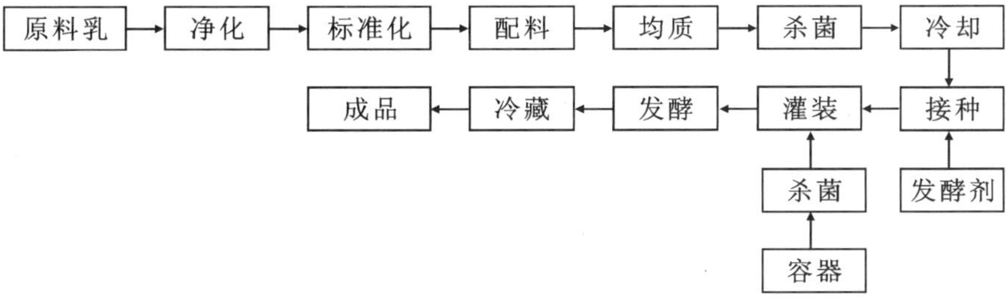

图 14-4 凝固型酸乳的制备工艺流程

用于加工酸乳的原料乳必须是高质量的，要求酸度在 18°T 以下，杂菌数不高于500000 cfu/mL，乳中全乳固体不得低于 11.5%，不得含有抗生素。

2. 酸乳加工中使用的其他原辅料

(1)脱脂乳粉　用作发酵乳的脱脂乳粉要求质量高、无抗生素和防腐剂。脱脂乳粉可提高干物质含量，改善产品组织状态，促进乳酸菌产酸。添加量一般为 1%～1.5%。

(2)稳定剂　在酸乳加工中，通常添加稳定剂。常用的稳定剂有明胶、果胶、CMC-Na和琼脂等，其添加量应控制在 0.1%～0.5%。

(3)糖及果料　在酸乳加工中，常添加 6%～9%的蔗糖或葡萄糖。在搅拌型酸乳中常常使用果料及调香物质，如果酱等。在凝固型酸乳中很少使用果料。

3. 原料乳的净化

原料乳需进行净化，目的是除去乳中的机械杂质并减少微生物的数量，可采用离心净乳机进行。

4. 乳的标准化

目前乳品工厂对原料乳进行标准化，一般是通过直接加混原料组成、浓缩原料乳和重组原料乳三种途径。

(1)直接加混原料组成　通过在原料乳中直接加混全脂或脱脂乳粉或强化原料乳中的乳成分(如加入乳清粉、酪蛋白粉、奶油、浓缩乳等)来达到原料乳标准化的目的。

(2)浓缩原料乳　原料乳通常通过蒸发浓缩、反渗透浓缩或超滤浓缩的方法进行浓缩。

(3)重组原料乳　由于奶源条件的限制，以脱脂乳粉、全脂乳粉、无水奶油等为原料，根据所需原料乳的化学组成，用水来配制成标准原料乳。

二、凝固型酸乳的发酵

1. 均质

均质处理可使原料充分混匀，有利于提高酸乳的稳定性和黏稠度，使酸乳质地细腻，口感良好。均质所采用的压力一般为 20～25MPa。

2. 杀菌

杀菌的目的在于杀灭原料乳中的杂菌，确保乳酸菌的正常生长和繁殖，钝化原料乳中对发酵菌有抑制作用的天然抑制物；使牛乳中的乳清蛋白变性，以达到改善组织状态、提高黏稠度和防止成品中乳清析出的目的。杀菌条件一般为：90～95℃，5min。

3. 冷却、接种

杀菌后的乳应马上冷却到 45℃左右，以便接种发酵剂。接种量根据菌种活力、发酵方法、加工时间的安排和混合菌种配比而定。一般加工发酵剂，其产酸活力在0.7%～1.0%之间，此时接种量应为2%～4%。加入的发酵剂应事先在无菌操作条件下搅拌成均匀细腻的状态，不应有大凝块，以免影响成品质量。发酵剂活力弱或接种量太少会造成酸乳的凝固性下降。

4. 灌装

可根据市场需要选择玻璃瓶或塑料杯等容器进行灌装，在灌装前需对容器进行清洗和蒸汽灭菌。对一些灌装容器上残留的洗涤剂（如氢氧化钠）和消毒剂（如氯化物）须清洗干净，以免影响菌种活力，确保酸乳的正常发酵和凝固。

5. 发酵

用保加利亚乳杆菌与嗜热链球菌的混合发酵剂时，温度保持在41～42℃，培养时间3～4h（2%～4%的接种量）。达到凝固状态时即可终止发酵。

发酵终点可按以下方法来判断：

(1)滴定酸度达到70°T以上；

(2)pH值低于4.6；

(3)奶变黏稠，凝固。

发酵时应注意避免振动，否则会影响组织状态；发酵温度应恒定，避免温度波动；掌握好发酵时间，防止酸度不够或过度以及乳清析出。

6. 冷藏、后熟

发酵好的凝固酸乳应立即移入0～4℃的冷库中，迅速抑制乳酸菌的生长，以免继续发酵而造成酸度升高。在冷藏期间，酸度仍会有所上升，同时风味成分双乙酰含量会增加。试验表明，冷藏24h，双乙酰含量达到最高，超过24h又会减少。因此，发酵凝固后须在0～4℃储藏24h后再出售，通常把该冷藏过程称为后熟，一般最长冷藏期为7～14d。

三、凝固型酸乳质量的控制

酸乳加工中，由于各种原因，常会出现一些质量问题，下面简要介绍问题的发生原因和控制措施。

（一）凝固性差

酸乳有时会出现凝固性差或不凝固现象，黏性很差，出现乳清分离。

1. 原料乳质量

当乳中含有抗生素、防腐剂时，会抑制乳酸菌的生长，从而导致发酵不力、凝固性差。试验证明，原料乳中含微量青霉素（0.01IU/mL）时，对乳酸菌便有明显的抑制作用。乳腺炎乳由于其白细胞含量较高，对乳酸菌也有不同的噬菌作用。此外，原料乳掺假，特别是掺碱，使发酵所产的酸被中和，而不能积累达到凝乳要求的pH值，从而使乳不凝固或凝固不好。牛乳中掺水，会使乳的总干物质降低，也会影响酸乳的凝固性。

因此，必须把好原料验收关，杜绝使用含有抗生素、农药、防腐剂，以及掺碱或掺水的牛乳加工酸乳。

2. 发酵温度和时间

发酵温度依所采用乳酸菌种类的不同而异。若发酵温度低于或高于乳酸菌最适生长温度，则乳酸菌活力下降，凝乳能力降低，使酸乳凝固性降低。发酵时间短，也会造成酸乳凝固性降低。此外,发酵室温度不稳定也是造成酸乳凝固性降低的原因之一。因此,在实际加工中,应尽可能保持发酵室的温度恒定,并控制发酵温度和时间。

3. 噬菌体污染

噬菌体污染是造成发酵缓慢、凝固不完全的原因之一。由于噬菌体对菌的选择作用,可采用经常更换发酵剂的方法加以控制。此外,两种以上菌种混合使用也可减少噬菌体危害。

4. 发酵剂活力

发酵剂活力弱或接种量太少会造成酸乳的凝固性下降。对一些灌装容器上残留的洗涤剂(如氢氧化钠)和消毒剂(如氯化物)须清洗干净,以免影响菌种活力,确保酸乳的正常发酵和凝固。

5. 加糖量

加工酸乳时,加入适当的蔗糖可使产品产生良好的风味,凝块细腻光滑,提高黏度,并有利于乳酸菌产酸量的提高。若加量过大,会产生高渗透压,抑制乳酸菌的生长繁殖,造成乳酸菌脱水死亡,相应活力下降,使牛乳不能很好地凝固。试验证明,6.5%的加糖量可使产品的口味最佳,也不影响乳酸菌的生长。

(二)乳清析出

乳清析出是加工酸乳时常见的质量问题,其主要原因有以下几种:

1. 原料乳热处理不当

热处理温度偏低或时间不够,就不能使大量乳清蛋白变性,而变性乳清蛋白可与酪蛋白形成复合物,能容纳更多的水分,并且具有最小的脱水收缩作用。据研究,要保证酸乳吸收大量水分和不发生脱水收缩作用,至少要使75%的乳清蛋白变性,这就要求85℃、20~30min或90℃、5~10min的热处理。UHT加热(135~150℃,2~4s)处理虽能达到灭菌效果,但不能使75%的乳清蛋白变性,所以酸乳加工不宜用UHT加热处理。

2. 发酵时间

若发酵时间过长,乳酸菌继续生长繁殖,产酸量不断增加。酸性的过度增强破坏了原来已形成的胶体结构,使其容纳的水分游离出来形成乳清上浮。发酵时间过短,乳蛋白质的胶体结构还未充分形成,不能包裹乳中原有的水分,也会形成乳清析出。因此,应在发酵时抽样检查,发现牛乳已完全凝固,就应立即停止发酵。

3. 其他因素

原料乳中总干物质含量低、酸乳凝胶机械振动、乳中钙盐不足、发酵剂添加量过大等也会造成乳清析出,在加工时应加以注意。乳中添加适量的$CaCl_2$既可减少乳清析出,又可赋予酸乳一定的硬度。

酸乳搅拌速度过快、过度搅拌或泵送造成空气混入产品,都将造成乳清分离现象。此外,酸乳发酵过度、冷却温度不适及干物质含量不足也会造成乳清分离现象。因此,应选择合适的搅拌器搅拌并注意降低搅拌温度。同时可选用适当的稳定剂,以提高酸乳的黏度,防止乳清分离,其用量为0.1%~0.5%。

(三)风味不良

正常酸乳应有发酵乳纯正的风味,但在加工过程中常出现以下不良风味。

1. 无芳香味

无芳香味主要是由菌种选择及操作不当所引起。正常的酸乳加工应保证两种以上的菌种混合使用并选择适宜的比例。任何一方占优势均会导致产香不足，风味变劣。高温短时发酵和固体含量不足也是造成芳香味不足的因素。芳香味主要来自发酵剂分解柠檬酸产生的了二酮等物质，所以原料乳中应保证足够的柠檬酸含量。

2. 酸乳的不洁味

不洁味主要由发酵剂或发酵过程中污染杂菌引起。被丁酸菌污染可使产品带刺鼻怪味；被酵母菌污染不仅产生不良风味，还会影响酸乳的组织状态，使酸乳产生气泡。因此，要严格保证卫生条件。

3. 酸乳的酸甜度

酸乳过酸、过甜均会影响风味。发酵过度、冷藏时温度偏高和加糖量较低等会使酸乳偏酸；而发酵不足或加糖过高又会导致酸乳偏甜。因此，应尽量避免发酵过度现象，并应在0～4℃条件下冷藏，防止温度过高，严格控制加糖量。

4. 原料乳的异味

牛体臭味、氧化臭味及由于过度热处理或添加了风味不良的炼乳或乳粉等也是造成其风味不良的原因之一。

(四)表面霉菌生长

酸乳储藏时间过长或温度过高时，往往在表面会出现霉菌。白色霉菌不易被注意。这种酸乳被人误食后，轻者有腹胀感觉，重者引起腹痛下泻。因此要严格保证卫生条件并根据市场情况控制好储藏时间和储藏温度。

(五)口感差

优质酸乳柔嫩、细滑，清香可口。采用高酸度的乳或劣质的乳粉加工的酸乳口感粗糙，有沙状感。因此，加工酸乳时，应采用新鲜牛乳或优质乳粉，并采取均质处理，使乳中蛋白质颗粒细微化，达到改善口感的目的。

(六)沙状组织

有的酸乳在组织外观上有许多沙状颗粒存在，不细腻。沙状结构的产生有多种原因。在制作酸乳时，应选择适宜的发酵温度，避免原料乳受热过度，减少乳粉用量，避免干物质过多和较高温度下的搅拌。

任务三　搅拌型酸乳的制备

搅拌型酸乳的生产工艺流程如图14-5所示。

一、搅拌型酸乳原料的选择和预处理

搅拌型酸乳原料的选择和预处理与凝固型酸乳相同。

二、搅拌型酸乳的发酵

搅拌型酸乳的加工工艺及技术要求基本与凝固型酸乳相同，其不同点主要是搅拌型酸乳多了一道搅拌工艺，这也是搅拌型酸乳的特点。根据加工过程中是否添加果蔬料或果酱，搅拌型酸乳可分为天然搅拌型酸乳和加料搅拌型酸乳。下面只对与凝固型酸乳的不同点加以说明。

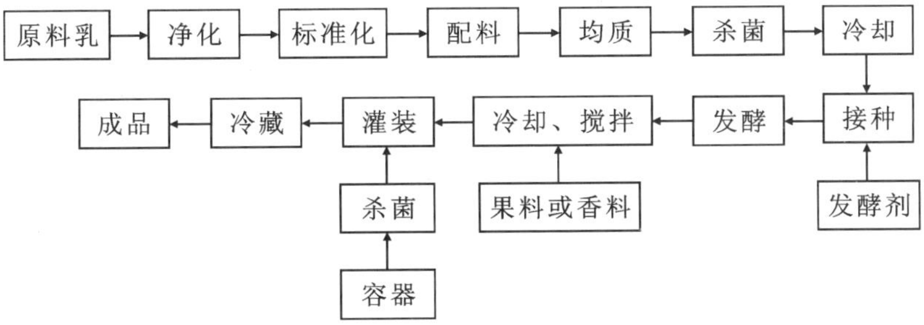

图 14-5　搅拌型酸乳的生产工艺流程

(一)发酵

搅拌型酸乳的发酵是在发酵罐中进行的，应控制好发酵罐的温度，避免波动。发酵罐上部和下部温差不要超过 1.5℃。

(二)冷却

搅拌型酸乳冷却的目的是快速抑制乳酸菌的生长和酶的活性，以防止发酵过程产酸过度及搅拌时脱水。冷却在酸乳完全凝固(pH 值 4.6～4.7)后开始，冷却过程应稳定进行，冷却过快将造成凝块收缩迅速，导致乳清分离；冷却过慢则会造成产品过酸和添加果料的脱色。搅拌型酸乳的冷却可采用片式冷却器、管式冷却器、表面刮板式热交换器、冷却罐等设备进行。

(三)搅拌

搅拌是指通过机械力破碎凝胶体，使凝胶体的粒子直径达到 0.01～0.4mm，并使酸乳的硬度和黏度及组织状态发生变化。在搅拌型酸乳的加工中，这是一道重要的工序。

1. 搅拌的方法

机械搅拌使用宽叶片搅拌器，搅拌过程中应注意既不可过于激烈，又不可搅拌过长时间。搅拌时应注意凝胶体的温度、pH 值及固体含量等。通常搅拌开始时用低速，以后用较快的速度。

2. 搅拌时的质量控制

(1)温度　搅拌的最适温度为 0～7℃，但在实际加工中使 40℃的发酵乳降到 0～7℃不太容易，所以搅拌时的温度以 20～25℃为宜。

(2)pH 值　酸乳的搅拌应在凝胶体的 pH 值达 4.7 以下时进行，若在 pH 值为 4.7 以上时搅拌，则会因酸乳凝固不完全、黏性不足而影响其质量。

(3)干物质　较高的乳干物质含量对防止搅拌型酸乳出现乳清分离现象能起到较好的作用。

(四)混合、灌装

果蔬、果酱和各种类型的调香物质等可在酸乳自缓冲罐到包装机的输送过程中加入，这种方法可通过一台变速的计量泵连续加入到酸乳中。在果料处理中，杀菌是十分重要的，对带固体颗粒的水果或浆果进行巴氏杀菌，其杀菌温度应控制在能抑制一切有生长能力的细菌，而又不影响果料的风味和质地的范围内。

(五)冷却、后熟

将灌装好的酸乳置于 0～7℃冷库中冷藏 24h 进行后熟，进一步促使芳香物质的产生和黏稠度的改善。

项目小结

酸乳是以新鲜牛乳或乳粉为原料，经保加利亚乳杆菌和嗜热链球菌发酵制成的产品。根据酸乳的组织状态，酸乳可分为凝固型酸乳和搅拌型酸乳两类。酸乳具有其独特的营养价值：酸乳中的蛋白质更易被机体合成细胞时所利用，具有更好的生化可利用性；含有更多易于吸收的钙质和丰富的维生素；同时，酸乳可减轻乳糖不耐受症，调节人体肠道中的微生物菌群平衡以及降低胆固醇水平等。

发酵剂的制备是乳品厂最主要的工艺之一。发酵剂是一种能够促进乳的酸化过程，含有高浓度乳酸菌的产品。对于酸乳加工来说，质量优良的发酵剂是不可缺少的。发酵剂在酸乳生产中具有分解乳糖产生乳酸的作用，同时产生丁二酮、乙醛等挥发性的物质，使酸乳具有典型的风味。酸乳加工中常用的发酵剂是保加利亚乳杆菌与嗜热链球菌的混合菌种，这种混合菌种在40～50℃乳中发酵2～3h即可达到所需的凝乳状态与酸度。常用的商品发酵剂主要有液态发酵剂和冷冻干燥发酵剂两种形式。液态发酵剂需在乳品厂进一步活化培养成母发酵剂、中间发酵剂和生产发酵剂，要求有极高的卫生条件，费时、费工、费力。而冷冻干燥发酵剂不需要任何进一步的繁殖，可直接用于生产，目前正越来越广泛地应用于酸乳生产中。

凝固型酸乳的生产工艺包括原料乳的净化、乳的标准化、配料、均质、杀菌、冷却、接种、灌装、发酵、冷藏、后熟等工艺步骤，其特点为发酵过程在包装容器中进行，从而使成品因发酵而保留其凝固状态。搅拌型酸乳的生产工艺与凝固型酸乳的生产工艺大致相同，所不同的是先接种发酵，后灌装。

问题探究

1. 什么是酸乳？酸乳可以分为哪几类？
2. 酸乳的营养价值有哪些？
3. 什么是发酵剂？酸乳生产中发酵剂的作用有哪些？
4. 如何选择酸乳发酵剂？酸乳生产中常用的发酵剂菌种是什么？
5. 什么是酸乳发酵剂菌种的共生作用？为什么会产生共生作用？
6. 什么是商品发酵剂？商品发酵剂的类型有哪些？各有什么优缺点？
7. 如何制备工作发酵剂？
8. 论述凝固型酸乳和搅拌型酸乳的生产工艺流程及操作要点。

实训一　凝固型酸乳的制备

一、实训目的

1. 熟悉酸乳的制作原理。

2. 学会酸乳的制作方法。

二、实训原理

酸乳是以牛乳为主要原料，接入一定量的乳酸菌，经发酵后而制成的一种乳制品饮料。当乳酸菌在牛乳中生长繁殖和产酸至一定程度时，pH 值下降，使乳酪蛋白在其等电点附近发生凝集，这种凝乳状酸乳称为凝固型酸乳。

三、实训器材与试剂

鲜牛乳、乳粉、蔗糖、菌种(或市售酸乳)、天平、烧杯、玻璃棒、牛乳瓶、恒温水浴锅、恒温培养箱、冰箱、不锈钢锅。

四、实训步骤

1. 工艺流程

蔗糖、脱脂乳粉
↓
原料鲜乳→配料→预热→均质→杀菌→冷却→接种→分装→发酵→冷却→后熟

2. 操作步骤

(1)原料乳的复原　用鲜乳或乳粉制作 10%～12%的复原乳。鲜乳或乳粉要求质量高、无抗生素和防腐剂。

(2)配料　将原料乳(或复原乳)加热到 50℃左右，加入 6%～9%的白砂糖和 0.1%～0.5%的稳定剂，混合均匀。

(3)均质　用均质机在 8～10MPa 压力下对乳进行均质。

(4)灭菌　将乳加热至 90～95℃，保温 5min。经灭菌处理后的原料乳迅速冷却到 43～45℃，待接种。

(5)接种　加入工作发酵剂，接种量为 2%～3%。发酵剂需搅拌均匀后再加入，加入发酵剂的同时进行搅拌，充分搅拌均匀

(6)分装　将接种后的乳装入销售容器后封口。

(7)发酵　将装有含乳酸菌的牛乳的容器置于恒温箱中进行发酵，恒温箱的温度保持在 40～43℃，时间为 3～4h。

(8)后熟　酸乳在形成凝块后应在 4～7℃下保持 24h 以上，以获得酸乳的特有风味和较好口感。

(9)冷藏　经冷却处理的酸奶贮藏在 2～5℃，最好是－1～0℃的冷藏室保存。

(10)品味　酸乳应有凝块，质地细腻，酸甜适中，清新爽口，若有不良异味，则很可能是酸乳污染了杂菌。

五、实训报告

根据实训过程完成实训报告。

实训二　乳酸菌饮料的制备

一、实训目的

学会发酵型乳酸菌饮料的制作方法。

二、实训原理

乳酸菌饮料是一种发酵型的酸性含乳饮料，通常以牛乳或乳粉、植物蛋白乳（粉）、果蔬汁或糖类为原料，添加或不添加食品添加剂与辅料，经杀菌、冷却、接种乳酸菌发酵剂培养发酵，然后经稀释，添加稳定剂、甜味剂、酸味剂等混合后，均质、灭菌（或不灭菌）、灌装而成。

乳酸菌饮料因其加工处理的方法不同，一般分为酸乳型和果蔬型两大类；同时又可分为活性乳酸菌饮料（未经后杀菌）和非活性乳酸菌饮料（经后杀菌）。

其工艺流程如下：

柠檬酸、稳定剂、水→杀菌→冷却 ↓

原料乳、果汁、蔬菜汁→混合→杀菌→冷却→发酵罐内发酵→发酵乳→冷却、搅拌→混合调配

↑ 果汁、糖溶液

→预热→均质→杀菌→冷却→灌装→成品

沉淀是乳酸菌饮料最常见的质量问题。乳蛋白中80%为酪蛋白，其等电点为4.6。通过乳酸菌发酵，并添加果汁或加入酸味剂而使饮料的pH值在3.8～4.2，此时，酪蛋白处于高度不稳定状态。此外，在加入果汁、酸味剂时，若酸浓度过大，加酸时混合液温度过高或加酸速度过快及搅拌不匀等均会引起局部过分酸化而发生分层和沉淀。为使酪蛋白胶粒在饮料中呈悬浮状态，不发生沉淀，应注意以下几点：

(1)均质。通过机械的力量将附聚成串并形成网状结构的酪蛋白胶粒强制性地分散成细小的酪蛋白胶粒的过程，称之为均质。均质可使酪蛋白粒子微细化，抑制粒子沉淀并提高料液黏度，增强稳定效果。均质压力通常选择在20～25MPa，均质温度保持在51～54.5℃，尤其在53℃时效果最好。

(2)稳定剂。常添加亲水性和乳化性较高的稳定剂。稳定剂不仅能提高饮料的黏度，防止蛋白质粒子因重力作用下沉，更重要的是它本身是一种亲水性高分子化合物，在酸性条件下与酪蛋白形成保护胶体，防止凝集沉淀。此外，由于牛乳中含有较多的钙，在pH值降到酪蛋白的等电点以下时以游离钙状态存在，Ca^{2+}与酪蛋白之间易发生凝集而沉淀，故添加适当的磷酸盐使其与Ca^{2+}形成螯合物，起到稳定作用。

三、实训器材与试剂

器材：电炉、烧杯、玻棒、温度计、混合机、均质机、灌装封口机；

试剂：酸乳、白砂糖、果胶、CMC-Na、柠檬酸、香精。

四、实训步骤

（一）操作步骤

1.产品配方

乳酸菌饮料配方：酸乳30%、糖10%、果胶0.18%、CMC-Na0.23%、柠檬酸0.1%、香精0.05%、磷酸二氢钠0.05%，定容到100%。

2.操作过程

(1)混合调配：先将白砂糖与稳定剂、乳化剂、螯合剂等一起拌和均匀，加入70～80℃的热水中充分溶解，经杀菌、冷却后，同果汁、酸味剂一起与发酵乳混合并搅拌，最后加入香精等。

在乳酸菌饮料中最常使用的稳定剂是纯果胶或其与其他稳定剂的复合物。通常果胶对酪蛋白颗粒具有最佳的稳定性，这是因为果胶是一种聚半乳糖醛酸，它的分子链在pH值为中性和酸性时带负电荷，因此，当将果胶加入到酸乳中时，它会附着于酪蛋白颗粒的表面，使酪蛋白颗粒带负电荷。由于同性电荷互相排斥，可避免酪蛋白颗粒间相互聚合成大颗粒而产生沉淀。考虑到果胶分子在使用过程中的降解趋势

以及它在 pH=4 时稳定性最佳，建议杀菌前将乳酸菌饮料的 pH 值调整到 3.8～4.2。

(2)均质：均质处理是防止乳酸菌饮料沉淀的一种有效的物理方法。通常用胶体磨或均质机进行均质，使其液滴微细化，提高料液黏度，抑制粒子的沉淀，并增强稳定剂的稳定效果。乳酸菌饮料较适宜的均质压力为 20～25MPa，温度为 53℃左右。

(3)后杀菌：发酵调配后的杀菌目的是延长饮料的保存期。经合理杀菌、无菌灌装后的饮料，其保存期可达 3～6 个月。由于乳酸菌饮料属于高酸食品，故采用高温短时巴氏杀菌即可得到商业无菌。也可采用更高的杀菌条件，如 95～105℃、30s 或 110℃、4s。生产厂家可根据自己的实际情况，对以上杀菌制度作相应的调整。对塑料瓶包装的产品来说，一般灌装后采用 95～98℃、20～30min 的条件杀菌，然后进行冷却。

(4)果蔬预处理：在制作果蔬乳酸菌饮料时，要首先对果蔬进行加热处理，以起到灭酶作用。通常将果蔬在沸水中放置 6～8min，经灭酶后打浆或取汁，再与杀菌后的原料乳混合。

(5)灌装、封口。

3. 稳定性检测

采用离心比色测定法，取制备的饮料 5mL 装入 10mL 离心管中，在 2000r /min 转速下离心 10min，用分光光度计在 750nm 波长下，用 1mL 比色皿测定样品的吸光度，记为 $A_{后}$，再与离心前样品吸光度 $A_{前}$ 比较。稳定性较好的饮料的吸光度之比($H=A_{后}/A_{前}$)为 80%～95%。若比值低于此值，则表明饮料的稳定性较差。

(二)注意事项

1. 白砂糖与果胶、CMC-Na 等干混后，溶解。
2. 添加柠檬酸的温度要低，稀释后喷洒，快速搅拌。
3. 操作均质机时不能断水。

五、思考与练习

1. 饮料制作过程中为什么要加入稳定剂？
2. 均质的目的是什么？

六、实训报告

根据实训过程完成实训报告。

项目十五　干酪制备技术

知识目标

1. 知道干酪的分类及基本特点。
2. 知道各种干酪对原料的要求及特点。
3. 能陈述干酪制备中主要风味的形成过程。
4. 能陈述主要种类干酪的制备工艺及操作要点。

技能目标

1. 能够完成干酪制备各个操作环节并进行工艺控制。
2. 会操作干酪制备中常见的设备及排除运行故障。
3. 能够进行干酪质量的基本检验（包括理化、感官、微生物检验）。
4. 会运用相关知识发现并解决干酪制备过程中的质量问题，进行成本控制。
5. 能够执行干酪制备的操作规范、整理改进措施。
6.能够熟练查阅相关国家及国际标准。

思政目标

通过介绍屠呦呦发现青蒿素获得诺贝尔奖的事例，激励学生形成基于实践的科研精神、吃苦耐劳和坚持不懈的科学精神。

背景资料

干酪俗称奶酪，是由牛乳经发酵制成的一种营养价值很高的食品，是最古老的加工食品之一。大约公元前3000年，远古的苏美尔人记载了将近20种软质干酪，这是历史上对于干酪的首次记载，欧洲和埃及也发现了大约公元前3000年的制造干酪的设备遗迹。我国远在汉代就有关于干酪的记载。后魏贾思勰著《齐民要术》一书对干酪的发酵剂制作、干燥保藏以及发酵剂的正确使用等的记载，要比国外同类记载早1200多年。我国维吾尔族、蒙古族、藏族等少数民族中广为流传的奶豆腐、乳扇、奶疙瘩、扣碗酪都是指营养丰富的干酪。乳制品工业是食品工业的重要组成部分，在我国已成为增长最为强劲的食品工业之一。干酪则是乳制品中附加值最高的产品，随着我国经济的进一步发展，其市场前景非常广阔，潜力巨大。

一、干酪的定义、分类、成分和营养价值

(一)干酪的定义

联合国粮农组织和世界卫生组织(FAO/WHO)制定了国际上通用的干酪定义：干酪是以牛乳、稀奶油、部分脱脂乳、酪乳或这些产品的混合物与原料，经凝乳并分离出乳清而制得的新鲜或发酵成熟的乳制品。

在我国最新的食品安全国家标准《干酪》(GB 5420—2010)中是这样定义干酪的：干酪指成熟或未成熟的软质、半硬质、硬质或特硬质，可有涂层的乳制品，其中乳清蛋白与酪蛋白的比例不超过牛乳中的相应比例。

干酪由下述方法获得：

(1)在凝乳酶或其他适当的凝乳剂的作用下，使乳、脱脂乳、部分脱脂乳、稀奶油、乳清稀奶油、酪乳中一种或几种原料的蛋白质凝固或部分凝固，排出凝块中的部分乳清而得到。这个过程是乳蛋白质(特别是酪蛋白部分)的浓缩过程，即干酪中蛋白质的含量显著高于所用原料中蛋白质的含量。

(2)加工工艺中包含乳和(或)乳制品中蛋白质的凝固过程，并赋予成品与上述“(1)”所描述产品类似的物理、化学和感官特性。

(二)干酪的分类

目前世界上已出现了几百种不同的干酪，人们很难按其实际意义进行分类。

(1)依照目前国际最普遍的方法，干酪被分为天然干酪、融化干酪和干酪食品。

天然干酪是以乳、稀奶油、部分脱脂乳、酪乳或它们的混合物为原料，添加乳酸菌发酵，添加凝乳酶使之凝固后，切块、加温搅拌、排除乳清，再经过压榨成型、盐渍工序制得的新鲜或成熟的产品。天然干酪允许添加部分天然香辛料。

融化干酪是把一种或一种以上的天然干酪粉碎、加热融化，添加(或不添加)食品卫生标准允许的添加剂，使之乳化而制成的产品，含乳固体40%以上，允许添加稀奶油、奶油或乳脂以调整脂肪含量。为了增加香味和滋味，添加香料、调味料及其他食品时，必须控制在乳固体总量的1/6以内。不得添加脱脂乳粉、全脂乳粉、乳糖、干酪素以及不是来自乳中的脂肪、蛋白质及碳水化合物。

干酪食品是用一种或一种以上的天然干酪或融化干酪，添加(或不添加)食品卫生标准允许的添加剂，经粉碎、混合、加热融化而制成的产品。产品中的干酪数量占50%以上。添加不是来自乳中的脂肪、蛋白质、碳水化合物时，不得超过产品的10%。

(2)按照干酪的硬度将干酪分为硬质、半硬质、软质三大类，其中普通硬质干酪最受人们欢迎，其产量约占干酪总产量的90%以上。世界上主要干酪的含水量如下：软质干酪：40%～60%；半硬质干酪：36%～40%；硬质干酪：25%～36%；特硬干酪：25%以下；融化干酪：40%以下。

(3)按照凝乳方法的不同，干酪也可分为酸凝干酪和酶凝干酪。

酸凝干酪一般是指在30～32℃条件下，使用酸进行凝乳，而不添加凝乳酶的干酪。通常是使用乳酸菌发酵剂产酸，但也有直接添加葡萄糖酸内酯来酸化的做法。

酶凝干酪是只使用凝乳酶，而不添加乳酸菌发酵剂的干酪。因为没有乳酸发酵的过程，干酪的pH值比较高，而且，在用于烹饪和油炸时不易熔化。同时，由于酸度低，为了保证这类干酪的质量和食品安全，对卫生状况和冷藏条件的要求也更加严格。

(4)按照是否成熟可分为成熟干酪和未成熟干酪。

成熟干酪是指生产后不能马上使(食)用，应在一定温度下储存一定时间，以通过生化和物理变化产生该类干酪特性的干酪。

未成熟干酪(包括新鲜干酪)是指生产后不久即可使(食)用的干酪。

（三）干酪的成分

干酪含有丰富的蛋白质、脂肪、氨基酸、维生素、矿物质等成分，是一类营养价值很高的发酵乳制品，其组成见表 15-1。

表 15-1　干酪的组成（每 100g 中的含量）

干酪名称	类型	水分（%）	热量（cal）	蛋白质（g）	脂肪（g）	钙（mg）	磷（mg）	维生素			
								A（IU）	B_1（mg）	B_2（mg）	烟酸（mg）
契达干酪	硬质（细菌发酵）	37.0	398	25.0	32.0	750	478	1310	0.03	0.46	0.1
法国羊乳干酪	半硬（霉菌发酵）	40.0	368	21.5	30.5	315	184	1240	0.03	0.61	0.2
法国浓味干酪	软质（霉菌成熟）	52.2	299	17.5	24.7	105	339	1010	0.04	0.75	0.8
农家干酪	软质（新鲜不成熟）	79.0	86	17.0	0.3	90	175	10	0.03	0.28	0.1

（1）水分　不同种类干酪含水量不同，干酪中的水分含量与干酪的形体及组织状态关系密切，直接影响干酪的发酵速度。水分多时，酶的作用迅速，发酵时间短，成品易形成有刺激性的风味；水分少时，则发酵时间长，成品产生酯的风味。

（2）脂肪　干酪中脂肪的含量一般占干酪总固形物的 45%以上。原料乳的脂肪含量对干酪的收率、组织状态、产品质量会产生影响。在干酪的成熟过程中，脂肪的分解生成物是干酪风味形成的重要成分。脂肪可使干酪保持其特有的组织状态，呈现独特的口感、风味。

（3）蛋白质　干酪中的蛋白质含量为 20%～35%，由于在成熟过程中发生一系列蛋白的预消化作用，因此其实际消化率为 96.2%～97.5%，而全脂牛乳的消化率只有 91.9%。干酪中的蛋白质经过发酵后，由于凝乳酶及微生物中蛋白酶的分解作用，形成胨、肽、氨基酸等，所以很容易被人体消化吸收。干酪中所含有的必需氨基酸与其他动物性蛋白质相比质优而量多。

（4）白蛋白、球蛋白　高温加热乳制造的干酪中含有较多的白蛋白和球蛋白，干酪容易形成软质凝块，不被酸或凝乳酶凝固，但在酪蛋白形成凝块时，其中一部分被机械地包含在凝块中。

（5）乳糖　大部分乳糖转移到乳清中。残存在干酪凝块中的部分乳糖可促进乳酸发酵，产生乳酸抑制杂菌繁殖，提高添加菌的活力，促进干酪成熟。

（6）无机物　干酪中富含钙、磷等矿物质，每 100g 干酪含钙 800mg，是牛乳的 6～8 倍。钙可以促进凝乳酶的凝乳作用，也是形成骨骼和牙齿的主要成分。

（7）维生素　大多数的干酪富含维生素 A、胡萝卜素、维生素 B_2、维生素 B_{12} 和叶酸等。每 100g 干酪中约含有维生素 A 1200 国际单位，可满足成人日需求量的 30%～40%。

（四）干酪的营养价值

正因为干酪富含多种营养成分，又容易消化吸收，而且不易致肥，因此被营养学家奉为理想的食品，誉之为“奶黄金”、乳业皇冠上的“珍珠”。法国人甚至说：“吃饭没有干酪，等于美女少了一只眼睛。”科学研究证明，多吃干酪可促进儿童和青少年的生长发育，抗龋齿，防止妇女和老人骨质疏松，保护视力，养颜护肤，并有利于维持人体肠道内正常菌群的平衡和稳定，增强消化功能，防止腹泻和便秘。美国全国癌症研究所进行的一次调查表明，爱吃干酪的人很少患结肠癌和直肠癌。此外，干酪中乳糖含量很低，适于乳糖不耐受和糖尿病患者食用。近年来，人们开始研制与开发钙强化型、低脂肪型、低盐型等类型的干酪；还有的向干酪中添加膳食纤维、N-乙酰基葡萄糖胺、低聚糖、酪蛋白磷酸肽（CPP）等重要的具有良好保健功能的成分，使得干酪能促进肠道内优良菌群的生长繁殖，增强对钙、磷等矿物质的吸收，并且具有降低血液内胆固醇及防癌、抗癌等效果。

二、著名干酪品种

1. 农家干酪（Cottage Cheese）

农家干酪又称酪农干酪，是一种以脱脂乳或浓缩脱脂乳为原料的不经成熟发酵的新鲜软质干酪，通常在干酪颗粒表面裹以稀奶油。成品水分含量在80%以下（通常为70%～72%）。干酪风味淡泊，带有舒爽的酸味，是一种佐餐干酪，常用作配制色拉。世界上以美国的农家干酪产量最大。

2. 契达干酪（Cheddar Cheese）

契达干酪及其类似产品是世界上生产最广泛的干酪品种，原产于英国的契达村，以牛乳为原料，属细菌成熟的硬质干酪，因现在美国大量生产，故又称美国干酪。成品含水39%以下，脂肪32%，蛋白质25%，食盐1.4%～1.8%。其香味浓郁，色泽呈白色或淡黄色，质地均匀，组织细腻，具有该干酪特有的纹理图案。

3. 高达干酪（Gouda Cheese）

高达干酪可能是最知名的圆孔干酪类型的代表，是以全脂牛乳为原料制作的经细菌成熟的半硬质类型干酪，原产于荷兰的高达村，也叫荷兰干酪。成熟的高达干酪味道淡甜，口感风味良好，组织均匀。其成品水分在45%以下（通常为37%左右），脂肪26%～30.5%，蛋白质25%～26%，食盐1.5%～2%。鲜嫩的高达干酪往往包有红色的蜡衣，成熟的则通常是黄色的，而熏高达干酪一般为黑色或褐色，有麝香的余韵。

4. 荷兰圆形干酪（Edam Cheese）

荷兰圆形干酪原产于荷兰北部的伊顿市，为世界“荷兰”型干酪的代表品种，是以全脂牛乳或全脂牛乳与脱脂牛乳等量混合而生产的经细菌成熟的硬质干酪，成熟期达6个月以上。成品含水35%～38%，脂肪26.5%～29.5%，蛋白质27%～28%，食盐1.6%～2.0%。

5. 法国浓味干酪（Camembert Cheese）

法国浓味干酪原产于法国的卡曼贝尔村，是著名的品种之一，属于表面霉菌成熟的软质干酪，内部呈黄色，根据不同的成熟度，干酪呈蜡状或稀奶油状。成品口感细腻，咸味适中，具有浓郁的芳香风味。成品中含水分43%～54%，食盐2.6%。

6. 法国羊乳干酪（Roquefort Cheese）

法国羊乳干酪原产于法国的洛克伏尔（Roquefort）村，是以绵羊乳为原料制成的半硬质干酪，属霉菌成熟的青纹干酪。美国、加拿大、英国、意大利等国也生产与此相类似的干酪。成品含水38.5%～41.0%，脂肪22.2%，蛋白质21.1%，食盐1.1%。

7. 德拉佩斯特干酪（Trappist Cheese）

德拉佩斯特干酪原产于南斯拉夫，也称修道院干酪，以新鲜全脂牛乳制造，有时也可混入少量绵羊乳或山羊乳，是以细菌成熟的半硬质干酪。成品内部呈淡黄色，风味温和。含水分45.9%，脂肪26.1%，蛋白质23.3%，食盐1.3%～2.5%。

8. 砖状干酪(Brick Cheese)

砖状干酪起源于美国，是以牛乳为原料的经细菌成熟的半硬质干酪。成品内部有许多圆形或不规则形状的孔眼，含水44%以下，脂肪31%，蛋白质20%～23%，食盐1.8%～2.0%。

9. 瑞士干酪(Swiss Cheese)

瑞士干酪是以牛乳为原料，经细菌（嗜热链球菌、保加利亚乳杆菌、薛氏丙酸杆菌）发酵成熟的一种硬质干酪。成品富有弹性，稍带甜味，是一种大型的干酪。由于丙酸菌作用，成熟期间产生大量CO_2，在干酪内部形成许多孔眼。成品含水41%以下，脂肪27.5%，蛋白质27.4%，食盐1.0%～1.6%。在美国产量很大，另外在丹麦、瑞典都有生产。

10. 稀奶油干酪(Cream Cheese)

稀奶油干酪是以稀奶油或稀奶油与牛乳混合制成的浓郁、醇厚的新鲜非成熟的软质干酪。成品中添加食盐、天然稳定剂和调味料等。一般含水48%～52%，脂肪33%以上，蛋白质10%，食盐0.5%～1.2%。可以用来涂布面包或配制色拉和三明治等，主要产于英国、美国等国家。

11. 里科塔干酪(Ricotta Cheese)

里科塔干酪是意大利生产的乳清干酪，也称白蛋白干酪，分为新鲜和干燥两种。前者制作时加入全脂乳，成品含水68%～73%，脂肪4%～10%，蛋白质16%，碳水化合物3%左右，食盐1.2%；后者制作时加入脱脂乳，成品含水60%，脂肪5.2%，蛋白质18.7%，碳水化合物4%，食盐1.5%。

12. 比利时干酪(Limburger Cheese)

比利时干酪具有特殊的芳香味，是一种细菌表面成熟的软质干酪。成品水分含量在50%以下，脂肪26.5%～29.5%，蛋白质20%～24%，食盐1.6%～3.2%。

13. 夸克干酪(Quark 或 Quarg)

夸克干酪是介于酸乳和干酪之间的一种不经成熟的酸脂肪凝块干酪，是新鲜干酪家族中非常重要的一员，起源于德国，德国人和法国人年均消费量超过9kg。夸克干酪的蛋白质含量较酸乳高100%，乳糖的含量低50%，产品口感滑润细腻，可以与水果制品和调味品混合，成为营养丰富的甜食或餐饮配料，同时可以成为益生乳酸菌的载体。

14. 帕尔玛干酪(Parmesan Cheese)

帕尔玛干酪产于意大利帕尔玛市，是经细菌成熟的特硬质干酪。一般为两次成熟，需要3年左右的时间进行成熟。这种干酪保存性好，一般含水25%～30%，脂肪26%～28%，蛋白质36%～38%。

任务一　干酪发酵剂的制备

发酵剂在干酪加工中起着非常重要的作用：发酵乳糖产生乳酸促进凝块的形成；使凝块收缩和容易排除乳清；成熟中给酶的作用提供适当的pH条件；防止在制造过程和成熟期间杂菌的污染；发酵柠檬酸形成干酪特有的风味物质；发酵剂中的某些微生物可以产生相应的

分解酶分解蛋白质、脂肪等物质，从而提高制品的营养价值、消化率，并且还可形成制品特有的芳香风味；由于丙酸发酵，使乳酸菌产生的乳酸还原，产生丙酸和二氧化碳气体，在某些硬质干酪中产生特殊的孔眼特征，改进产品的组织状态。

发酵剂的三个特性是最重要的：生产乳酸的能力；降解蛋白的能力；产生二氧化碳的能力。

一、干酪发酵剂的种类

1. 细菌发酵剂

细菌发酵剂以乳酸菌为主，主要产酸和风味物质，有乳酸链球菌、乳脂链球菌、干酪乳杆菌、丁二酮链球菌、嗜酸乳杆菌、保加利亚乳杆菌以及噬柠檬酸明串珠菌等。有时为了使干酪形成特有的组织状态，还要使用丙酸菌。

2. 霉菌发酵剂

霉菌发酵剂主要是指对脂肪分解能力较强的卡门培尔干酪青霉、干酪青霉、娄地青霉等。某些酵母，如解脂假丝酵母等也在一些干酪中得到应用。

二、干酪发酵剂的组成

1. 单菌种发酵剂

单菌种发酵剂只含一种菌种，如乳酸链球菌、乳酪链球菌等。

2. 混合菌种发酵剂

混合菌种发酵剂指由两种或两种以上的产酸和产芳香物质，形成特殊组织状态的菌种，根据制品的不同，侧重按一定比例组成的干酪发酵剂。干酪的生产中多采用这一类发酵剂。其优点是能够形成乳酸菌的活性平衡，较好地满足制品发酵成熟的要求，全部菌种不能同时被噬菌体污染，从而减少其危害程度；缺点是每次活化培养很难保证原来菌种的组成比例，由于菌相的变化，培养后较难长期保存，每天的活力有一定的差异。

三、干酪发酵剂的制备方法

1. 乳酸菌发酵剂的制备方法

培养条件为：21～23℃培养 12～16h（酸度达 0.75%～0.80%）。

2. 霉菌发酵剂的制备方法

取面包除去表皮，切成小立方体，盛于三角瓶中，加适量水并进行高压灭菌处理，加少量乳酸。将霉菌悬浮于无菌水中，再喷洒于灭菌面包上，置于 21～25℃的恒温箱中经 8～12d 培养。取出，约 30℃条件下干燥 10d，或在室温下进行真空干燥。最后研成粉末，经筛选后，盛于容器中保存。

四、皱胃酶及其代用酶

皱胃酶是最常用的凝乳酶，由于凝乳酶的来源及成本等原因，其代用酶也被应用于干酪的实际生产当中。

1. 皱胃酶的特性

皱胃酶的等电点为 4.45～4.65，凝乳的最适 pH 值为 4.8 左右，最适温度为 40～41℃；

在弱碱(pH 值为 9)、强酸、热、超声波的作用下易失活。制造干酪时的凝固温度通常为 30～35℃，时间为 20～40min。

2. 影响皱胃酶凝乳的因素

(1)pH 值的影响　pH 值降低，皱胃酶活性增高，但使酪蛋白胶束的稳定性降低，导致皱胃酶的作用时间缩短，凝块较硬。

(2)钙离子的影响　酪蛋白所含的胶质磷酸钙是凝块形成所必需的成分。增加乳中的钙离子可缩短皱胃酶的凝乳时间，并使凝块变硬。

(3)温度的影响　40～42℃条件下作用最快，在 15℃以下或 65℃以上则不发生作用。

(4)牛乳加热的影响　牛乳若先加热至 42℃以上，再冷却到凝乳所需的正常温度后，添加皱胃酶，则凝乳时间延长，凝块变软，此被称为滞后现象，其主要原因是乳在 42℃以上加热处理时，酪蛋白胶粒中磷酸盐和钙被游离出来。

3. 皱胃酶活力的测定

皱胃酶的活力单位(RU)是指 1g(或 1mL)皱胃酶在一定温度(35℃)下、一定时间(40min)内所能凝固牛乳的毫升数。

一般的测定方法是将 100mL 脱脂乳，调整酸度为 0.18%，用水浴加热至 35℃，添加 1%的皱胃酶食盐水溶液 10mL，迅速搅拌均匀，准确记录开始加入酶液直到凝乳时所需的时间(s)，此时间也称皱胃酶的绝对强度。

计算公式为：

$$\text{皱胃酶活力}=\frac{\text{供试乳数量}}{\text{皱胃酶数量}}\times\frac{2400(\text{s})}{\text{凝乳时间}(\text{s})}$$

4. 皱胃酶的代用凝乳酶

由于成本等原因，很多代用凝乳酶应用到干酪生产当中，按其来源可分为动物性凝乳酶、植物性凝乳酶、微生物凝乳酶以及基因工程凝乳酶等。

(1)动物性凝乳酶　主要是胃蛋白酶，其蛋白分解力强，用其制作的干酪略带苦味，不宜单独使用。猪的胃蛋白酶比牛的胃蛋白酶更接近皱胃酶，用它来制作契达干酪，其成品与用皱胃酶制作的相同。

(2)植物性凝乳酶

①无花果蛋白分解酶：存在于无花果汁液中，可结晶分离，制作契达干酪时，凝乳与成熟效果较好；但是由于它的蛋白分解力较强，所以脂肪损失多，收率低，且略带轻微的苦味。

②木瓜蛋白分解酶：其对牛乳的凝乳作用比蛋白分解力强，但制成的干酪带有一定的苦味。

③凤梨酶：凤梨酶是从凤梨的果实或叶中提取的，具有凝乳作用。

任务二　干酪的制备

一、天然干酪的制备

(一)工艺流程

天然干酪的制备工艺流程如图 15-1 所示。

原料乳→净乳→标准化→杀菌→冷却→添加发酵剂→调整酸度→加氯化钙→加色素→加凝乳酶→凝块切割→搅拌→加温→排出乳清→成型压榨→盐渍→成熟→上色挂蜡→贮藏

图 15-1　天然干酪的制备工艺流程

(二)工艺操作

1. 原料乳的要求

生产干酪的原料，必须是健康奶畜分泌的新鲜优质乳。感官检查合格后，测定酸度(牛乳 18°T，羊乳 10～14°T)或做酒精试验。必要时进行青霉素及其他抗生素试验。不得使用近期内注射过抗生素的奶畜所分泌的乳。

2. 净乳

用离心除菌机进行净乳处理，可以除去大量杂质(将乳中 90％的细菌除去，尤其是芽孢菌)。通常不用均质，原因是均质导致结合水(水分)能力的大大提升，致使很难生产硬质和半硬质类型的干酪。

3. 标准化

干酪原料乳中的含脂率取决于干酪中所需要的脂肪含量，而脂肪含量必须与乳中的酪蛋白保持一定的比例关系。为了使每批产品的组成一致，必须先将原料乳进行标准化。也就是调整原料乳中的含脂率和酪蛋白的比例，使其比值符合产品要求。含脂率按成品要求，通常控制酪蛋白与脂肪的比值(C/F)为 0.7。

4. 杀菌

杀菌的目的是消灭乳中的致病菌和有害菌并破坏有害酶类，使干酪质量稳定。加热杀菌使部分白蛋白凝固，留存于干酪中，可以增加干酪的产量。杀菌质量的高低直接影响产品质量。如果温度过高，时间过长，则受热变性的蛋白质增多，破坏乳中盐类离子的平衡，进而影响皱胃酶的凝乳效果，且收缩作用变弱，往往形成水分过多的干酪。故杀菌方法多采用 63℃、30min 的保温杀菌或 71～75℃、15s 的高温短时间杀菌(HTST)。

5. 添加发酵剂

通过添加发酵剂，使乳糖分解产生乳酸来保藏干酪，以及使发酵菌对乳蛋白和乳脂肪的分解成熟。将杀菌乳冷却到 30℃左右，倒入干酪槽中，添加 1％～2％的工业发酵剂(一般用乳油链球菌和乳酸链球菌的混合发酵剂)，充分搅拌 3～5min，在加入之前，发酵剂本身应充分搅拌，必须没有小凝结块。为了促进凝固和正常成熟，加入发酵剂后应进行短时间的发酵，以保证充足的乳酸菌数量，此过程称为预酸化。经过 1h 发酵后，其酸度达 20～24°T 时即可。发酵剂的添加量应根据原料乳的情况、发酵时间、干酪达到的酸度和水分来反复试验，以确定较合适的加入量。

6. 加入添加剂

为了抑制原料乳中的杂菌，提高加工过程中凝块的质量，在生产干酪的原料中需要添加下列几种添加剂：

(1)氯化钙　当原料乳的质量不够理想时，往往会出现凝块松散，切割后产生大量细粒，致使部分蛋白质流失，脂肪损失大，并且凝块收缩能力很差。在凝块加工过程中，凝块颗粒中剩留的乳清也较多，发酵后可能使干酪变酸。为了改进干酪质量，可以在每 100kg 原料乳中加 5～20g 的氯化钙(可预先配成 10％的溶液)，以调节盐类平衡，促进凝块的形成。但不得过多，加入过量的氯化钙会促使形成太硬的凝块，难以切割。

(2)硝酸盐　干酪原料乳中含有丁酸菌或产气菌时，就会产生异常发酵。这时可以使用硝酸盐(硝酸钠或硝酸钾)来抑制这些细菌，但其用量应参照牛乳的成分和生产工艺等精确计算，不宜过多使用硝酸盐。因为过多地使用硝酸盐也将抑制发酵剂中细菌的生长，可能影响干酪的成熟。通常最大的允许添加量为每100kg乳中加20g硝酸盐。

(3)CO_2　通过人工手段加入CO_2可降低牛乳的pH值，通常可降低0.1～0.3个单位，这会导致凝乳时间的缩短。在使用少量凝乳酶的情况下，也能取得同样的凝乳时间。此法可节省一半的凝乳酶，而没有任何负效应。

(4)盐酸　为使干酪成品质量一致，可用1mol/L的盐酸调整酸度，一般调整酸度至0.21%左右。

7. 添加色素

牛乳的色泽随季节和所喂饲料而异。为使成品色泽一致，也就是使牛乳干酪或羊乳干酪均带微黄色，需在原料乳中加适量色素。

通常用胭脂橙浸出液或粉末，用量随季节、市场需要而定，通常为每1000kg原料乳加30～60g浸出液。

加入方法为：先将色素用6倍灭菌水稀释，随即加入杀菌后的原料中，充分搅拌，混合均匀。

8. 添加凝乳酶

牛乳的凝结是干酪制造工艺中最重要的环节。一般使用皱胃酶或胃酶或胃蛋白酶来凝结，而以前者制作的干酪品质优良。根据活力测定值计算凝乳酶的用量。用1%的食盐水将酶配成2%的溶液，并在28～32℃下保温30min，然后加入到乳中，搅拌2～3min后加盖，静止。

活力为(1∶10000)～(1∶15000)的液体凝乳酶的使用剂量为在每100kg乳中可用30mL。凝结过程取决于温度、酸度、效价和钙离子浓度。生产过程中，在确定添加量后，保持35℃以下，经30～40min后，凝结成半固体状态，凝结稍软，表面平滑无气孔。

注意：①不要使原料乳产生气泡；②沿边徐徐加入；③搅拌时间不能太长(2～3min)。

9. 凝乳的形成

添加凝乳酶后在32℃条件下静置30min左右，即可使乳凝固，形成凝乳。

10. 凝块切割

凝块切割的目的是缩短乳清从凝块中流出的距离，并增加表面积，从而促进凝块的收缩脱水作用。静止凝乳时间一般为30min左右，乳凝固后，凝块达到适当硬度时，用干酪刀(刃与刃的间距为0.79～1.27cm)切成7～10mm^3的小立方体。切割时先用水平干酪刀，再用垂直干酪刀。生产含水量高的干酪时，切割可较粗；生产含水量低的干酪时，切割温度要高，可切得较细。

切割时间的确定有两种方法：

(1)用食指斜插入凝块中约3cm，当手指向上抬起时，如裂纹整齐，指上无小片凝块残留且乳清透明，即可开始切割。

(2)自加入凝乳酶至开始凝固的时间乘以2.5即为开始切割的时间。

11. 凝块搅拌和加热

为了促进干酪颗粒中的乳清排放，凝块切割后要对凝块进行搅拌及加热。

(1)通过加热,产酸细菌的生长受到抑制,这样使得乳酸的生成量符合要求。

(2)加热除了对细菌有影响以外,还能促进凝块的收缩并伴以乳清析出(脱水收缩)。通常加热温度越高,排出的水分越多,干酪越硬。

凝块切割后,用干酪耙或干酪搅拌器轻轻搅拌。边搅拌边升温,初始时每 3～5min 升高 1℃,当温度升至 35℃时,则每隔 3min 升高 1℃。当温度达到 38～42℃时停止加热,并维持此时的温度。在整个升温过程中应不停地搅拌,以促进凝块的收缩和乳清的渗出,防止凝块沉淀和相互粘连。经加热后的凝块,体积缩小为原来的一半。加热温度提高和切割较细时,可加速乳清的排出而使干酪制品含水量降低。加热过快,会使凝块表面结成硬膜,使颗粒内外硬度不一致而影响乳清排出,从而降低干酪品质。

升温和搅拌是干酪制作工艺中的重要过程,它关系到生产的成败和成品质量的好坏。

12. 乳清排出

在搅拌升温的后期,乳清酸度达 0.17%～0.18%时,干酪粒已收缩到适当的硬度,体积通常收缩至原来的一半(豆粒大小),基本上已将乳清全部排除。排放时防止凝块损失。当酸度未达到而过早排出乳清,会影响干酪的成熟;而酸度过高又会使产品过硬,带有酸味。

简单检验干酪粒硬度的方法为:用手握一把干酪粒,尽力压出水分后放开手掌,如干酪粒富有弹性,搓开仍能重新分散,表示干酪粒已达适当硬度。

乳清排除后,将干酪粒堆积在干酪槽的一端或专用的堆积槽中,上面用带孔木板或不锈钢板压 5～10min,压出乳清使其成块,这一过程即为堆积。乳清由干酪槽底部通过金属网排出。此时应将干酪粒堆积在干酪槽的两侧,促进乳清的进一步排出,此操作也应按干酪的品种不同采取不同的方法。

排出的乳清中脂肪含量一般约为 0.3%,蛋白质含量为 0.9%。若脂肪含量在 0.4%以上,证明操作不理想,应将乳清回收,作为副产物进行综合加工利用。

13. 成型压榨

压榨的目的是:协助最终乳清排出;提供组织状态;使干酪成型;在以后的长时间成熟阶段提供干酪表面的坚硬外皮。

操作方法为:将排出乳清后的干酪凝块均匀地放在压榨槽中,用压板或干酪压榨机把凝块颗粒压成饼状凝块,使乳清进一步排出。再将凝块分成相等大小的小块,装入专门的模具,用压榨机械压制成型。必须防止空气混入干酪中。加压的温度为 10～15℃,时间为 6～10h。

14. 加盐

(1)加盐的目的　改进干酪的风味、组织和外观;排除内部乳清或水分,增加干酪硬度;限制乳酸菌的活力,调节乳酸的生成和干酪的成熟度;防止和抑制杂菌的繁殖。

加盐量应按成品的含盐量确定,一般在 1%～3%范围内。

(2)加盐的方法

①干盐法:在成型压榨前,将食盐撒布在干酪粒中,并在干酪槽中混合均匀。这种方法使干酪的含水量增高,质地柔软,但乳清中含盐量高,不利于以后对乳清的处理。亦可将食盐涂布在压榨成型后的干酪表面。这种方法可以阻止眼孔的形成,但费工,不易掌握量。

②湿盐法:将压榨后的生干酪浸于盐水池中腌渍。盐水浓度:第 1～2d 保持在 17%～18%,以后保持在 20%～23%。为了防止干酪内部产生气体,盐水的温度应保持在 8℃左

右，腌渍时间一般为4d。

③混合法：将干盐法和湿盐法混合使用。

为了防止各种微生物的生长繁殖，可将盐水煮沸或添加有防腐作用的添加剂。

15. 发酵成熟

将生鲜干酪置于一定的温度和湿度条件下，经一定时间，在有益微生物（发酵剂）和酶的作用下，干酪发生一系列的微生物学、生物化学和物理方面变化的过程，称为成熟。目前认为干酪成熟是以乳酸发酵、丙酸发酵为基础，并与温度、湿度和微生物的种类等有密切关系。

成熟的目的是为了改善干酪的组织状态和营养价值，增加干酪的特有风味。

干酪发酵成熟的要求是：贮存温度为10～15℃，相对湿度为65%～80%（软质干酪达90%）。一般成熟时间为1～4个月，而硬质干酪长达6～8个月。降低成熟温度，会延长所需要的成熟时间，但产品风味较好。

加速干酪成熟的方法为：传统方法是加入蛋白酶、肽酶和脂肪酶；现在的方法是加入脂质体包裹的酶类、基因工程修饰的乳酸苗等，还可通过提高成熟温度来加速干酪成熟。

16. 上色挂蜡

成熟后的干酪，为了防止水分的损失、避免外界的污染、抑制霉菌的生长和保持良好的外形等，需要对干酪进行包装。硬质干酪通常涂挂有色素的石蜡，如我国生产的荷兰硬质干酪就是用红色石蜡涂色；而半硬干酪和软质干酪常用塑料薄膜包装，再装入纸盒或铝箔中。

17. 贮藏

贮藏的目的是创造一个尽可能控制干酪成熟循环的外部环境。

在贮藏室中，不同类型的干酪要求不同的温度和相对湿度。多数成品应在温度为5℃、相对湿度为80%～90%的条件下贮存。

(三)干酪的收得率

干酪的收得率受原料的成分和成品含水量以及加工技术等因素的影响。加工工艺操作过程在杀菌温度、凝乳、切割和加温搅拌方法等的影响下，会使乳中部分干物质流失于乳清中，并使干酪的含水量不一致。此外，成熟过程中，水分的蒸发和包装处理方法等也影响收得率。

理论上计算收得率的公式如下：

$$\text{收得率}=\frac{[(0.93\times\text{脂肪含量})+(\text{酪蛋白量}-0.1)]\times1.09}{1.00-\text{成品含水量}}$$

(四)干酪的缺陷及其产生原因

1. 物理性缺陷

(1)质地干燥　较高温度下“热烫”引起。

(2)组织疏松　凝乳中存在裂隙。

(3)多脂性　脂肪过量存在于凝乳块表面。

(4)斑纹　操作不当引起。

2. 化学性缺陷

(1)金属性黑变　铁、铅等金属与干酪成分生成黑色硫化物。

(2)桃红或赤变　色素与干酪中的硝酸盐结合而生成更浓的有色化合物。

3. 微生物性缺陷

(1)酸度过高　预发酵速度过快。

(2)干酪液化　液化酪蛋白的微生物引起。

(3)发酵产气　微生物引起干酪产生大量气体。

(4)苦味生成　酵母或非发酵剂菌都可引起。

(5)恶臭　厌气性芽孢杆菌分解蛋白质生成硫化氢、硫醇、亚胺等。

(6)酸败　微生物分解乳糖或脂肪等生成丁酸。

二、融化干酪的制备

融化干酪的特点为:①可以将各种不同组织和不同成熟程度的干酪制成质量一致的产品;②由于在加工过程中进行加热杀菌,食用安全、卫生,并且具有良好的保存特性;③产品采用良好的材料密封包装,贮藏中重量损失少;④集各种干酪为一体,组织和风味独特;⑤大小、重量、包装能随意选择,并可以添加各种风味物质和营养强化成分,能较好地满足消费者的需求。

(一)工艺流程

融化干酪的制备工艺流程如图 15-2 所示。

原料选择→原料预处理→切割→粉碎→加水→加乳化剂→加色素→加热融化→浇灌包装→静置冷却→成熟→出厂

图 15-2　融化干酪的制备工艺流程

(二)工艺操作

1. 原料干酪的选择

选择细菌成熟的硬质干酪,如荷兰干酪、契达干酪和荷兰圆形干酪等。

2. 原料干酪的预处理

预处理车间要与正式生产车间分开,预处理包括除掉干酪的包装材料,削去表皮,清拭表面等。

3. 切碎与粉碎

将原料干酪切成块状,用混合机混合,然后用粉碎机粉碎成 4～5cm 的面条状,最后用磨碎机处理。

4. 融化、乳化

在融化干酪蒸煮锅内加入原料干酪重 5%～10%的水(成品含水量为 40%～55%),加热达到 50℃左右,加入 1%～3%的乳化剂(磷酸钠、柠檬酸钠、偏磷酸钠和酒石酸钠等),升温至 60～70℃,保温 20～30min,使其完全融化。用柠檬酸调 pH 值为 5.6～5.8,不得低于 5.3。

乳化剂中,磷酸盐能提高干酪的保水性,可以形成光滑的组织状态;柠檬酸钠有保持颜色和风味的作用。进行乳化操作时,应加快釜内的搅拌器的转数,使乳化更完全。

在此过程中应保证杀菌的温度,一般为 60～70℃、20～30min,或 80～120℃、30s 等。乳化终了时,应检测水分、pH 值、风味等,然后抽真空进行脱气。

乳化后应趁热进行充填包装。必须选择与乳化机能力相适应的包装机。包装材料多使用玻璃纸或涂塑性蜡玻璃纸、铝箔、偏氯乙烯薄膜等。

(三)融化干酪的缺陷,产生原因及防止办法

1. 过硬或过软

(1)产生原因　过硬是由于原料干酪成熟度低，酪蛋白的分解量少，补加水分少和 pH 值过低，以及脂肪含量不足，熔融乳化不完全，乳化剂的配比不当等造成的。过软是由于原料干酪的成熟度、加水量、脂肪含量过度及 pH 值过高而产生的。

(2)防止办法　配料时以原料干酪的平均成熟度在 4～5 个月为好，成品含水量为 40%～45%。使用乳化剂时，调整 pH 值为 5.6～6.0。

2. 脂肪分离

(1)产生原因　干酪表面有明显的油珠渗出，这与乳化时的温度和时间有关。原料干酪成熟过度，脂肪含量高，或者是水分不足、pH 值低时脂肪也容易分离。

(2)防止办法　可在加工过程中提高乳化温度，延长乳化时间，添加低成熟度的干酪，增加水分和 pH 值等。

3. 砂状结晶

98%的砂状结晶是以磷酸三钙为主的混合磷酸盐。

(1)产生原因　添加粉末乳化剂时分布不均匀，乳化时间短等；当原料干酪的成熟度过高或蛋白质分解过度时，易产生难溶的氨基酸结晶。

(2)防止办法　乳化剂全部溶解后再使用，乳化时间要充分，乳化时搅拌要均匀，添加成熟度低的干酪等。

4. 膨胀和产生气孔

(1)产生原因　刚加工之后产生气孔，是由乳化不足引起的；保藏中产生的气孔及膨胀，是由于污染了酪酸菌等产气菌。

(2)防止办法　应尽可能使用高质量干酪作为原料，提高乳化温度，注意灭菌手段。

5. 异味

(1)产生原因　原料干酪质量差，加工工艺控制不严，保藏措施不当。

(2)防止办法　在加工过程中，要保证不使用质量差的原料干酪，正确掌握工艺操作方法，成品在冷藏条件下保藏。

项目小结

干酪是以牛乳、稀奶油、部分脱脂乳、酪乳或这些产品的混合物为原料，经凝乳并分离出乳清而制得的新鲜或发酵成熟的乳制品。干酪可被分为天然干酪、融化干酪和干酪食品；按照干酪的硬度将干酪分为硬质、半硬质、软质三大类。干酪含有丰富的蛋白质、脂肪、氨基酸、维生素、矿物质等成分，是一类营养价值很高的发酵乳制品。

天然干酪的制备工艺流程为：原料乳→净乳→标准化→杀菌→冷却→添加发酵剂→调整酸度→加氯化钙→加色素→加凝乳酶→凝块切割→搅拌→加温→排出乳清→成型压榨→盐渍→成熟→上色挂蜡→贮藏。

随着社会及科技的发展，我国也将与世界一同迎来干酪及干酪技术的新发展。

问题探究

1. 什么是干酪？国际上对干酪是怎么分类的？
2. 试举出三种世界著名干酪并描述其特点。
3. 试述干酪的营养组成。
4. 什么是干酪发酵剂？细菌发酵剂的主要菌种有哪些？
5. 论述天然干酪的生产工艺流程及工艺要点。
6. 干酪发酵剂的作用是什么？在制备和使用中应注意哪些问题？
7. 干酪生产中压榨的目的是什么？
8. 简述融化干酪的特点。
9. 简述融化干酪的工艺流程及操作要点。
10. 融化干酪的缺陷及其防止办法有哪些？

实训　干酪的制备

一、实训目的

学会干酪的制作工艺。

二、实训器材与试剂

1. 配料

牛奶7.5L，干酪发酵剂75mL，$CaCl_2$(33%)2.25mL，凝乳酶(1/10000)65滴，盐水18%～19%。

2. 器具

干酪刀、干酪容器(可将锅放入水浴锅内代替)、干酪模具(1kg干酪用)、温度计、不锈钢直尺、勺子、不锈钢滤网、混合机、离心机、发酵罐、干酪槽。

干酪制作过程中所用工具必须先用热碱水清洗，再用200mg/kg的次氯酸钠溶液浸泡，使用前用清水冲净。

三、实训步骤

1. 工艺流程

原料乳的验收→过滤、离心净化→标准化→巴氏杀菌→冷却→加发酵剂→加添加剂→加凝乳酶→凝乳→搅拌→切割→排乳清→洗涤→压榨→盐腌→成熟→检验→出品

2. 操作要点

(1)热处理　原料乳在65℃条件下消毒30min(或72℃、15s)，迅速冷却至最佳发酵温度30℃。

(2)干酪容器的装填　在30℃水浴条件下将乳倾注在干酪容器中，并使干酪容器始终处于30℃水浴条件下。

(3)加入发酵剂　加入活化好的发酵剂并搅拌。购买的粉末状干酪发酵剂必须经活化后才能使用，干酪发酵剂是嗜中温发酵剂，活化条件为22℃、18h，活化后发酵剂的酸度应为0.8%左右。

(4)加入$CaCl_2$　加入发酵剂后再加入2.25mL的$CaCl_2$溶液并搅拌。$CaCl_2$要事先配成33%的溶液，添加量为100L原料乳中添加30mL。

(5)加入凝乳酶　加入发酵剂30min后，加入65滴凝乳酶。在滴入过程中不断搅动，加完65滴后停止搅动。

(6)凝乳块搅拌和切割　使乳在水浴中再静置30min后，检验凝乳块是否形成。如果凝乳成功就可以开始切割，否则应再等一段时间，直至凝乳块形成。开始时顺着容器壁切下去，然后再向凝乳块中间切下去，接着向不同方向切，切割时动作要轻，切割过程在大约10min内完成，直到0.5～1cm^3小凝乳块形成。

(7)乳清分离　切割后开始小心搅动，同时从干酪槽中去除乳清，直到物料体积变为最初的1/2。

(8)凝乳块洗涤　洗涤是为了降低乳酸浓度，并获得合适的搅拌温度。洗涤持续20min。如果时间过长，就会有过多的乳糖和凝乳酶留在凝乳块中的危险。乳清分离后，在不断搅动的情况下，加入60～65℃经过煮沸的热水，直至凝乳块的温度为33℃，使物料体积还原为原来的容量，然后再持续搅动10min后盖干酪槽，将其放入36℃水浴中静置30min。

(9)干酪压滤器装填　用手将凝乳块装入干酪模具，使凝乳块达到模具高度的2倍，然后合上模具。

(10)压榨成型　通常一次装好一个1kg的模具，将模具放在干酪压榨机上，持续压榨0.5h，将干酪从模具中取出，翻转，再放回模具中，继续压榨3.5h。压榨时保证干酪上压强为1kg/cm^2。

(11)盐腌　压榨成型后，将干酪从压滤器中取出，放入18%～20%、13～14℃的盐水中浸泡24h。

(12)成熟　放在温度为12℃、湿度为85%的发酵间中的木制隔板上，持续成熟4周以上。发酵开始时约1周内每日翻转干酪1次，并进行整理。1～2周后用专用树脂涂抹，以防表面龟裂。

四、思考与练习

干酪的缺陷有哪些？如何防止？

五、实训报告

1. 发酵期间每天观察、记录发酵现象。
2. 对产品进行感官评定，写出体会。
3. 完成实训报告。

模块五　现代发酵技术平台

项目十六　酶制剂发酵技术

知识目标

1. 知道酶制剂的基本概念及分类。
2. 知道酶制剂发酵生产的基本过程及控制要点。
3. 能陈述淀粉酶类发酵生产的流程及操作要点。
4. 能陈述蛋白酶类发酵生产的流程及操作要点。

技能目标

1. 能够完成酶制剂发酵生产的各个操作环节并进行工艺控制。
2. 能测定酶制剂的活力、比活等指标。
3. 会运用相关知识解决酶制剂发酵过程中的质量问题，会进行成本分析。

思政目标

通过介绍袁隆平院士“一稻济世，万家粮足”的事迹，引导学生树立责任与担当意识，把功勋写在中国大地上，写在世界大地上，做一粒好种子，开自己的花，结自己的果。

背景资料

一、酶制剂发展概况

酶是由细胞产生的具有催化作用的蛋白质。从生物(包括动物、植物、微生物)中提取的具有生物催化能力的酶，辅以其他成分，制成的用于加速加工过程和提高产品质量的制品，称为酶制剂。

在古代，我们的祖先不知道酶是何物，却凭借经验的积累把它运用到相当完美的程度。从有记载的资料得知，4000年前的夏禹时代酿酒已盛行。公元10世纪左右，已能用豆类做酱。豆酱是在霉菌蛋白酶的作用下豆类蛋白水解所得的产品。约3000年前，利用麦曲含有的淀粉酶将淀粉降解为麦芽糖，制造了饴糖。用曲治疗消化障碍症也是我国最早发现的。曲富含酶和维生素，至今仍是常用的健胃药。利用微生物来进行酶生产是从19世纪日本人高峰让吉用曲霉通过固体培养生产他卡淀粉酶用作消化剂开始的。20世纪20年代，法国人Bildin和Effront在德国设厂，用枯草杆菌生产α-淀粉酶，用于棉布退浆，为微生物酶的工业生产奠定了基础。20 世纪 30 年代，微生物蛋白酶开始在食品和制革工业上应用。20 世纪 40 年代末，日本学者用深层发酵法生产 α-淀粉酶，是微生物酶大规模工业化生产的开始。20 世纪 50 年代，日本学者发现几种类型的霉菌蛋白酶，特别是酸性蛋白酶，并发明了从链霉素发酵液中回收蛋白酶的方法；20 世纪 60 年代，用酶法生产葡萄糖获得成功，促进了淀粉酶的工业化生产；20 世纪 70 年代，建立了固定化葡萄糖异构酶工业，并将固定化青霉素酰化酶与固定化天冬氨酸酶应用于生产。随着科学技术的进步，微生物酶制剂的种类愈来愈多，其中最主要的水解酶类是淀粉酶、糖化酶、蛋白酶、葡萄糖异构酶和果胶酶等，广泛应用于食品、纺织、制革、医药、日用化工和三废治理等各个方面。利用酶反应代替化学反应可以简化工艺和设备，提高产品质量，降低原料消耗，改善劳动条件，节约能源，减少环境污染等。除此之外，随着现代生物工程技术的发展，酶在疾病的诊断与治疗、分析检测、去除细胞壁、切割生物大分子和生物大分子的连接方面都获得广泛的应用。

二、酶制剂的分类

1. 从形态上分类

从形态上可以将酶制剂分为固体酶制剂和液体酶制剂。

2. 按酶制剂在应用领域上的分类

按酶制剂的应用领域，可将酶制剂分为用于工业生产上作为催化剂的工业酶制剂，如 α-淀粉酶、青霉素酰化酶、富马酸酶等；用于饲料中提高动物消化率的酶制剂，又称为饲料酶制剂；用于食品生产加工的酶制剂，又称为食品酶制剂；用于临床检测的诊断酶制剂；用于化学分析的分析酶制剂；用作药物的药物酶制剂；用于洗涤剂的洗涤酶制剂等。

3. 按酶的来源不同分类

按酶的来源不同，可将酶制剂分为植物酶制剂、动物酶制剂和微生物酶制剂。

4. 按酶生产加工方法的不同分类

针对应用的需要，可将酶制剂分为游离酶制剂、固定化酶制剂、酶试纸、酶电极等。

5. 按酶制剂的组成成分分类

根据酶制剂中所含酶种类的多少可将酶制剂分为单一酶制剂和复合酶制剂。

复合酶制剂以一种或几种单一酶制剂为主体，加上其他单一酶制剂混合而成，或由一种或几种微生物发酵获得。复合酶制剂可利用各种酶的协同作用降解各种底物，最大限度地达到酶制剂的作用。

6. 按酶的含量分类

根据酶制剂中酶的浓度，可将酶制剂分为普通酶制剂和浓缩酶制剂。普通酶制剂具有价格低、效果好等优点。浓缩酶制剂颜色较深，具有成本较低、用量少的特点。

三、微生物发酵酶的合成调控机制

酶的生物合成受基因和代谢的双重调节控制。从 DNA 的分子水平看，酶的合成像蛋白质合成一样受基因控制，由基因决定形成酶分子的化学结构；但从酶的角度来看，仅有某种基因不能保证大量产生某种酶，酶的合成还受代谢物（酶反应的底物、产物或类似物）的控制和调节。当有诱导物存在时，酶的生成量可以几倍乃至几百倍地增加。相反，某些酶反应的产物，特别是终产物，又能产生阻遏作用，使酶的合成数量减少。按照操纵子学说，细胞中的操纵子由操纵基因和邻近的几个结构基因组成。结构基因能转录遗传信息，合成相应的信使 RNA(mRNA)，进而再翻译合成特定的酶。操纵基因能够控制结构基因的作用。细胞中还有一种调节基因，能够产生阻抑蛋白，阻抑蛋白与阻遏物结合，由于变构效应，与操纵基因的亲和力变大，使 RNA 聚合酶不能到达结构基因的位置，DNA 不能转录，mRNA 不能合成，因此，酶的合成受到阻遏。诱导物也能和阻抑蛋白结合，使其结构发生改变，减少与操纵基因的亲和力，使操纵基因恢复自由，进而结构基因进行转录，合成 mRNA，再转译合成特定的酶。

四、酶制剂发酵生产的一般工艺流程

微生物发酵法生产酶制剂主要采用固体发酵法和液体发酵法两种方式。虽然不同酶制剂在具体生产过程中因采用的菌种、使用的设备、生产条件不同而导致生产工艺有所不同，但其生产的基本工艺流程大致相似，如图 16-1 所示。

五、酶的发酵生产控制

(一)酶发酵生产的培养基

酶发酵生产的培养基与其他发酵产品的培养基一样，都包括碳源、氮源、无机盐和生长因子。在酶制剂的生产过程中常加入产酶促进剂，即加入少量的某种物质能显著增加酶产量。在酶的发酵生产中，对于诱导酶来说，在培养基中添加适量诱导物，也可使产酶量显著提高。产酶诱导物通常是酶作用的底物或底物类似物，如常用的产酶诱导物有吐温-80、植酸钙镁、洗净剂 Ls、聚乙烯醇、乙二胺四乙酸(EDTA)等。

(二)温度的影响及控制

温度是影响细胞生长繁殖和发酵产酶的重要因素之一。酶发酵生产的培养温度随菌种不同而不同。细胞发酵产酶的最适温度与最适生长温度亦不同。

在酶生产过程中，为了有利于菌体的生长和酶的合成，可采用阶段控制温度，即在生长期控制生长的最适温度，在酶的合成期采用生产的最适温度，但由于微生物合成酶的模式不同，所以应根据合成模式来控制适宜的温度。一般在较低的温度条件下，可提高酶的稳定性，延长细胞产酶时间。例如，用酱油曲霉生产蛋白酶，在 28℃条件下发酵的蛋白酶产量比在 40℃条件下高 2～4 倍；在 20℃条件下发酵的蛋白酶产量会更高。但并不是温度越低越好，若温度过低，生化反应速度很慢，反而降低酶的产量，延长发酵周期。故必须进行试验，以确定最佳产酶温度。

在酶生产中，为了有利于菌体生长和酶的合成，也有进行变温发酵的。例如生产枯草杆菌 Asl. 398 中性蛋白酶时，培养温度必须从 31℃逐渐升温至 40℃，然后再降温至 31℃进行培养，蛋白酶产量比不变温者高 66%。据报道，酶生产时的温度对酶活力的稳定性有影响。例如生产嗜热芽孢杆菌淀粉酶时，在 55℃培养所产生的酶的稳定性比在 35℃培养所产生的要好。

酶生产的培养温度随菌种不同而不同，同一种微生物，在不同的温度下，可产生不同的酶，同一种酶也可由不同的微生物产生。例如利用芽孢杆菌进行蛋白酶生产常采用 30～37℃，而霉菌、放线菌的蛋白酶生产以 28～30℃为佳。在 20℃生长的低温细菌，在低温下形成蛋白酶最多；嗜热微生物在 50℃左右蛋白酶产量最大。又如生产枯草杆菌的 α-淀粉酶

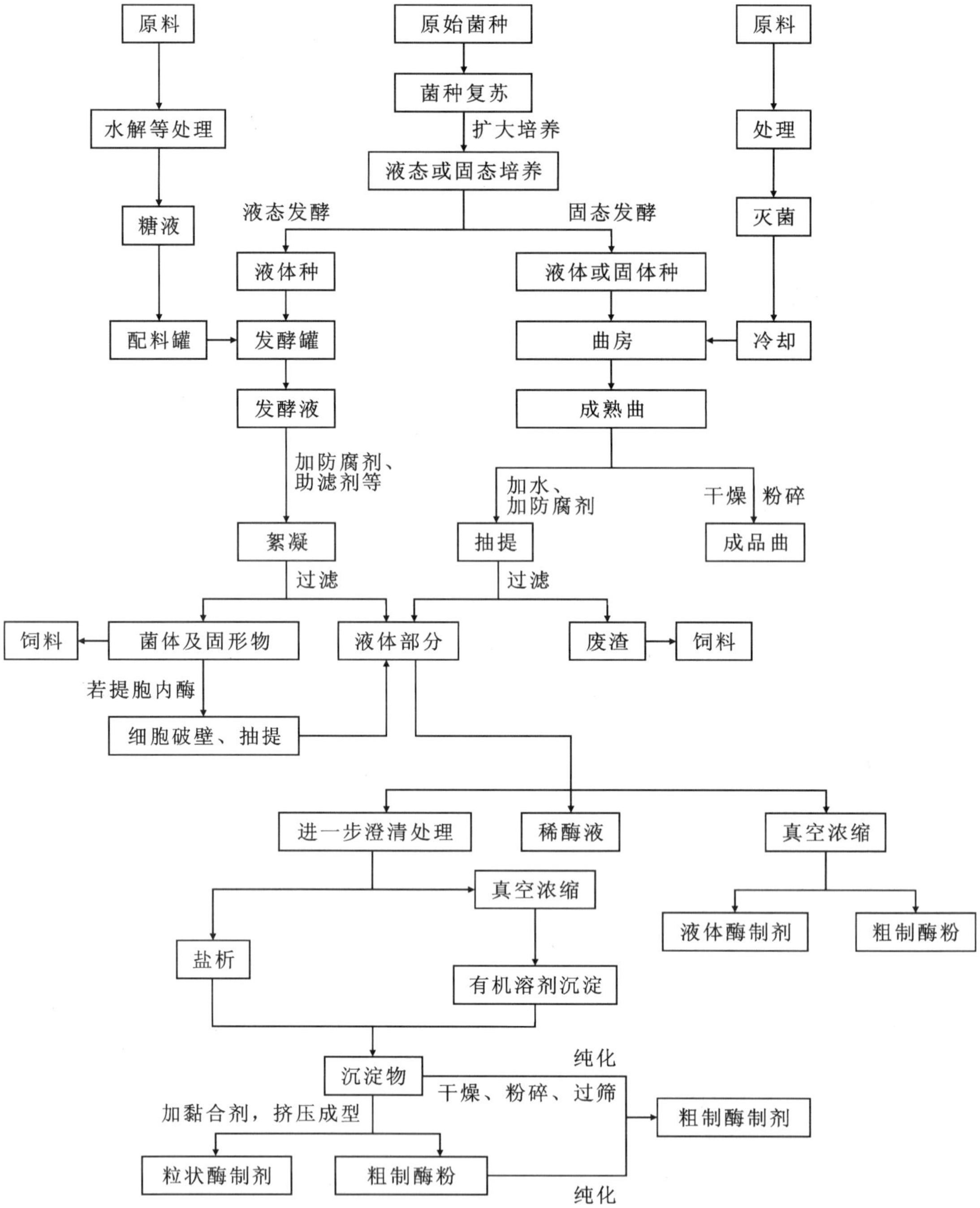

图 16-1　酶制剂生产的基本工艺流程

时，培养温度以 35～37℃最为合适；霉菌的 α-淀粉酶生产（深层培养），最适温度为 30℃左右。

（三）pH 值对酶生产的影响及控制

酶生产的适宜 pH 值通常与酶反应的最适 pH 值相接近。但酶反应的最适 pH 值对某些酶来说可能是最不稳定的。在这种情况下，酶反应的最适 pH 值与酶生产的合适 pH 值差距较大。如黑曲霉 3.350 酸性蛋白酶反应的最适 pH 值为 2.5～3.0，而在 pH 值为 6 左右培养时酸性蛋白酶产量较高。

由于酶生产受培养基 pH 值的影响，故可利用培养基 pH 值来控制酶活性。例如利用黑曲霉生产糖化酶时，除糖化酶外还有 α-淀粉酶和葡萄糖苷转移酶存在。当 pH 值在中性时，糖化酶的活性低，其他两种酶的活性高；当 pH 值为酸性时，糖化酶的活性高，其他两种酶的活性低。其他两种酶特别是葡萄糖苷转移酶，因为它的存在严重影响葡萄糖收率，在糖化酶生产时是必须除去的，因此将培养基 pH 值调节到酸性就可以使这种酶的活性降低，如 pH 值达到 2～2.5 则有利于这种酶的消除。

培养基的 pH 值和碳氮比密切相关，因此微生物生产酶类的 pH 值也和碳氮比有关。例如米曲霉在碳氮比高的培养基中培养，产酸较多，pH 值下降，有利于酸性蛋白酶的生成；在碳氮比低的培养基中培养，则 pH 值升高，有利于中性和碱性蛋白酶的生成。由此可见，在酶生产过程中通过培养基的碳氮比来控制 pH 值，从而控制酶产量是很重要的。

酶生产的 pH 值控制，一般根据酶生产所需求的 pH 值确定培养基的碳氮比和初始 pH 值，在一定通气搅拌条件的配合下，使培养过程的 pH 值变化至适合酶生产的要求。但是，也有在培养基中添加缓冲剂使其具有缓冲能力以维持一定 pH 值的；也有在培养过程中当培养液 pH 值过高时添加糖或淀粉来调节，pH 值过低时用通氨或加大通气量来调节的。此外，也有的用补料来控制培养基的碳氮比与 pH 值。

（四）溶氧对酶生产的影响

酶生产所用的菌体一般都是需氧微生物，培养时都需要通风搅拌，但培养基中溶氧的浓度因菌种而异。一般，通气量少对霉菌的孢子萌发和菌丝生长有利，对酶生产不利。例如米曲霉的淀粉酶生产，培养前期降低通气量则促进菌体生长而使酶产量减少；通气量大则促进产酶而对菌体生长不利。又如，以栖土曲霉生产中性蛋白酶，风量大时菌丝生长较差，但酶产量是风量小时的 7 倍。然而并不是利用霉菌进行酶生产时产酶期的需氧量都比菌体生长期大，也有氧浓度过大而抑制酶生产的现象。例如黑曲霉的淀粉酶生产，酶生产时菌的需氧量为生长旺盛时菌的需氧量的 36%～40%。

利用细菌进行酶生产时，一般培养后期的通气搅拌程度应比前期剧烈，但也有例外的情况，例如枯草杆菌的 α-淀粉酶生产，在对数生长期末降低通气量可促进 α-淀粉酶生产。

据报道，利用霉菌进行固体培养生产蛋白酶时，CO_2 对孢子萌发与产酶有促进作用，因此在孢子发芽与产酶时通入的空气中掺入 CO_2 有利于提高酶的产量。在枯草杆菌的 α-淀粉酶生产中，CO_2 对细胞繁殖与产酶均有影响，当通入的空气中含 CO_2 8%时，α-淀粉酶活性提高 3 倍。

如培养液浓度高，通气搅拌也要加强，以利于提高溶氧。淀粉质原料用 α-淀粉酶处理后，培养液黏度降低，有利于氧的传递，通气量可比不处理时减少。例如以黑曲霉生产糖化酶时，使用 α-淀粉酶处理，当玉米粉浓度为 20%时，其通气量比未用 α-淀粉酶处理的 15%的玉米粉浓度的通气量减少 56%。

六、酶的提取技术

（一）酶的提取方法

1. 盐析法

盐析常用的中性盐有 $MgSO_4$、$(NH_4)_2SO_4$、Na_2SO_4 和 $NaHSO_4$，其盐析蛋白酶的能力因蛋白酶种类不同而不同，一般以含有阴离子的中性盐盐析效果较好。但是由于 $(NH_4)_2SO_4$ 的溶解度在低温也相当高，故在生产上普遍使用 $(NH_4)_2SO_4$。

2. 有机溶剂沉淀法

有机溶剂沉淀蛋白质的机理目前还不是十分清楚。各种有机溶剂沉淀蛋白质的能力因蛋白质种类而异。乙醇沉淀蛋白质的能力虽不是最强的，但因挥发损失相对较少，价格也较便宜，所以工业上常以它作为沉淀剂。有机溶剂沉淀蛋白质的能力受溶解盐类、温度和 pH 值等因素的影响，有机溶剂也会使培养液中的多糖类杂质沉淀，因此用此法提取酶时必须考察这些环境因素。

酶的提取方法还有单宁沉淀法、吸附法等，此外还有酶的精制技术等。

(二)酶的提取过程

1. 发酵液预处理

如果目的酶是孢外酶，可在发酵液中加入适当的絮凝剂或凝固剂并进行搅拌，然后通过分离（如用离心沉降分离机、转鼓真空吸滤机和板框过滤机等）除去絮凝物或凝固物，以取得澄清的酶液。如果目的酶是胞内酶，应先把发酵液中的菌体分离出来，并使其破碎，将目的酶抽提至液相中，以取得澄清酶液。

2. 酶的沉淀或吸附

用合适的沉淀方法，如盐析法、有机溶剂沉淀法、单宁沉淀法等使酶沉淀，或者用白土或活性氧化铝吸附酶，再进行解吸，以达到分离酶的目的。

3. 酶的干燥

收集沉淀的酶进行干燥磨粉，并加入适当的稳定剂、填充剂等制成酶制剂；或在酶液中加入适当的稳定剂、填充剂，直接进行喷雾干燥。

任务一　淀粉酶类的生产

淀粉酶属于水解酶类，是催化淀粉、糖原、糊精中糖苷水解的一类酶的统称。此类酶广泛存在于动、植物和微生物中，几乎所有动、植物和微生物都含有淀粉酶。它是研究较多、生产最早、产量最大和应用最广泛的一类酶。

按照水解淀粉的方式不同，主要的淀粉酶有 α-淀粉酶、β-淀粉酶、葡萄糖淀粉酶、脱支酶、环糊精葡萄糖基转移酶等。

一、α-淀粉酶的生产

α-淀粉酶可由微生物发酵产生，也可从植物和动物中提取。目前，工业生产上都以微生物发酵法大规模地生产 α-淀粉酶。有实用价值的 α-淀粉酶产生菌有枯草杆菌、地衣芽孢杆菌、嗜热脂肪芽孢杆菌、凝聚芽孢杆菌、淀粉液化芽孢杆菌、嗜碱芽孢杆菌、米曲霉、黑曲霉、拟内孢霉等。不同菌株所产 α-淀粉酶在耐热、耐酸碱、耐盐等方面各有差别。其中，最适反应温度在 60℃以上的命名为中温型 α-淀粉酶；最适反应温度在 90℃以上的命名为高温 α-淀粉酶；最适反应 pH 值小于或等于 5 的为酸性 α-淀粉酶；最适反应 pH 值大于或等于 9 的为碱性 α-淀粉酶。

α-淀粉酶可以用固体培养，也可用液体深层培养法生产。

(一)固体培养枯草杆菌 JD-32 生产法

1. 工艺流程

枯草杆菌 JD-32 生产 α-淀粉酶工艺流程如图 16-2 所示。

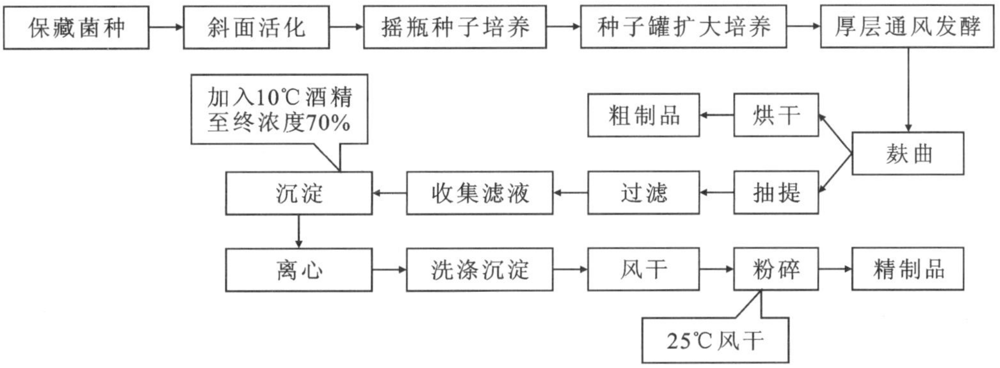

图 16-2　枯草杆菌 JD-32 生产 α-淀粉酶工艺流程

2. 操作要点

(1)培养基的配制。

(2)培养方法　斜面培养：从保藏斜面上挑取一环菌体接种到试管斜面培养基上，在 35℃培养 48h。种子培养：从活化斜面上挑取一环菌体接种到摇瓶种子培养基中，35℃摇瓶培养一段时间后，用发酵罐扩大培养。厚层通风发酵：发酵培养基冷却到 38～40℃接入 0.5%种子，在厚层通风培养室内 38～41℃培养 20h 左右出曲风干。

(3)提取　麸曲用 1%食盐水浸泡 3h(用量 3～4 倍)，然后过滤，调节滤液 pH 值至 5.5～6.0，加入 10℃的酒精使终浓度为 70%，沉淀经离心、浓酒精洗涤脱水后，25℃下风干、粉碎即为成品。

(二)液体深层培养枯草杆菌 B. S. 209 诱变菌株 B. S. 796 生产法

目前，我国液体深层发酵生产 α-淀粉酶的菌株主要是枯草杆菌 B. F. 7658 的突变菌株，如 B. S. 209、B. S. 8a5、B. S. 86315、B. S. K22、B. S. 796 等。下面以 B. S. 209 诱变菌株 B. S. 796 生产法为例进行介绍。

1. 工艺流程

枯草杆菌 B. S. 796 生产 α-淀粉酶工艺流程如图 16-3 所示。

2. 操作要点

(1)摇瓶种子培养　500mL 三角瓶内装发酵培养基 50mL，其组成为麦芽糖 6%、豆粕水解液 6%、$Na_2HPO_4 \cdot 12H_2O$ 0.8%、$(NH_4)_2SO_4$ 0.4%、$CaCl_2$ 0.2%、NH_4Cl 0.15%，pH 值 6.5～7.0，接种后置旋转式摇床上，(37±1)℃下培养 28h 左右备用。

(2)种子罐扩大培养　采用 130L 夹套标准式培养罐，转速 360r/min，37℃培养 12～14h。

(3)1.5m^3 发酵罐发酵　1.5m^3 夹套发酵罐装液量为 600～700L。罐培养基的配置与培养条件如下：

麦芽糖液的制备：取玉米粉或甘薯加水 2～2.5 份，调 pH 值至 6.2，加 $CaCl_2$ 0.1%，升温至 80℃，添加 α-淀粉酶 5～10U/g 原料，液化后速在高压 1～2kg/cm^2 下糊化 30min，冷却

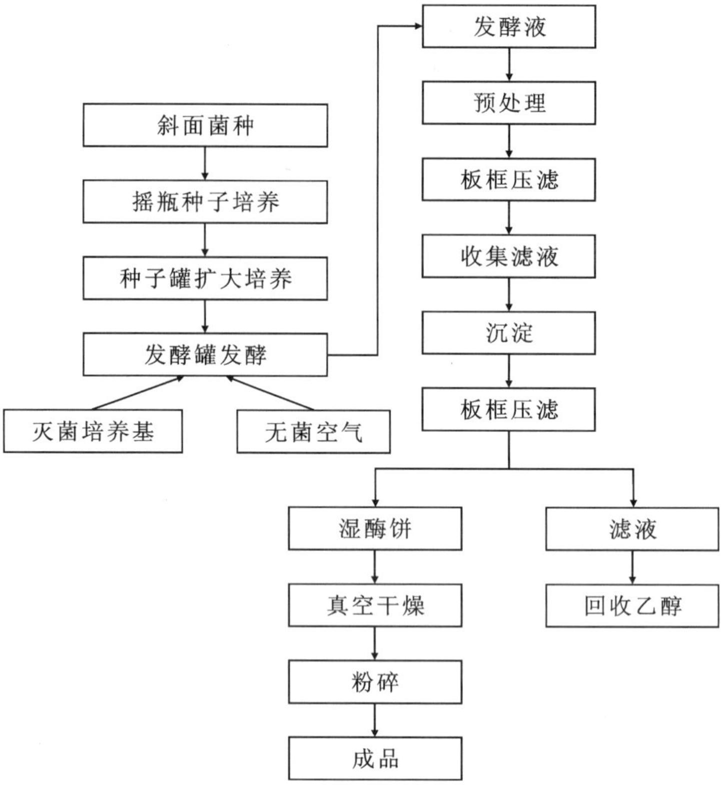

图 16-3　枯草杆菌 B. S. 796 生产 α-淀粉酶工艺流程

至 55～60℃，pH 值为 5.0 时添加细菌异淀粉酶 20～50U/g 原料和植物 β-淀粉酶 100～200U/g 原料，糖化 4～6h，加热至 90℃。趁热过滤即为麦芽糖液。

豆粕水解液的制备：取豆粕粉加水 10 份浸泡 2h，然后在 $1kg/cm^2$ 下蒸煮 30min，冷却至 55℃，调 pH 值至 7.5，加蛋白酶 50～100U/g 原料，作用 2h，过滤后浓缩至蛋白质含量为 50%，即得豆粕水解液。

罐培养基的配制：用上述麦芽糖液配置成含麦芽糖 6%的溶液、豆粕水解液 6%～7%、$Na_2HPO_4 \cdot 12H_2O$ 0.8%、$(NH_4)_2SO_4$ 0.4%、$CaCl_2$ 0.2%、NH_4Cl 0.15%、豆油 1kg、深井水 500L，调 pH 值至 6.5～7.0。

罐培养基经消毒灭菌，冷却后接入 3%～5%的种子培养成熟液。培养条件为：温度(37±1)℃；罐压 $0.5kg/cm^2$；风量 1～20h 为 1：0.48，20h 后为 1：0.67；培养时间 28～36h。

(4)提取

发酵结束后，于发酵罐内添加凝聚剂，pH 值为 6.3～6.5，升温至 40～45℃后放入絮凝剂，维持一定时间进行预处理后，泵入板框压滤机进行过滤，水洗，合并洗液(或经浓缩)放入沉淀缸内加入一定量淀粉，边搅拌边加入酒精，沉淀，湿酶经真空干燥，即为成品酶。

二、β-淀粉酶的生产

β-淀粉酶广泛存在于植物(大麦、小麦、山芋和大豆类)及微生物中。该酶很早以前就被作为糖化剂用在酿酒、制糖工业中，1924 年由 Kuhn 命名，但微生物的 β-淀粉酶直到 1974 年才被发现。

(一)β-淀粉酶的性质

β-淀粉酶(E. C. 3. 2. 1. 2)是淀粉酶类中的一种,又称淀粉 1,4-麦芽糖苷酶。该酶水解淀粉时,不能作用于淀粉分子内部,只能从 α-1,4 糖苷键的非还原性末端顺次切下麦芽糖单位,同时麦芽糖还原性末端 C1 上羟基构型发生转位反应,变成 β-麦芽糖,因此被称为 β-淀粉酶。

一些植物的 β-淀粉酶作用的最适 pH 值为 5.0～6.0;微生物 β-淀粉酶作用的最适 pH 值为6.0～7.0。植物的 β-淀粉酶 pH 值稳定范围为 5.0～8.0,微生物的为 4.0～9.0。β-淀粉酶对热的稳定性因酶源不同而有差别。一些植物酶在 60～65℃很快失活;微生物酶耐热性更差,通常在 40～50℃反应为宜。Ca^{2+} 对 β-淀粉酶有降低稳定性的作用,这与其对 α-淀粉酶有提高稳定性的效果相反,利用这一差别,可在 70℃、pH 值为 6.0～7.0,有 Ca^{2+} 存在时,使 β-淀粉酶失活,以纯化 α-淀粉酶。

(二)β-淀粉酶的生产实例

目前,β-淀粉酶的研究还不及 α-淀粉酶那样深入。对于 β-淀粉酶的生产,以前主要从植物中提取,自从 1974 年发现微生物能产生 β-淀粉酶以来,对来源于微生物中的 β-淀粉酶的研究也比较活跃,并且在工业生产中得到应用。

由于植物 β-淀粉酶的生产成本比较高,微生物来源的 β-淀粉酶就越来越受到关注。目前对产 β-淀粉酶的菌种研究较多的是芽孢杆菌属的多黏芽孢杆菌、巨大芽孢杆菌、蜡状芽孢杆菌、环状芽孢杆菌和链霉菌等。

下面以吸水链霉菌生产 β-淀粉酶为例加以介绍。

1. 工艺流程

吸水链霉菌生产 β-淀粉酶工艺流程如图 16-4 所示。

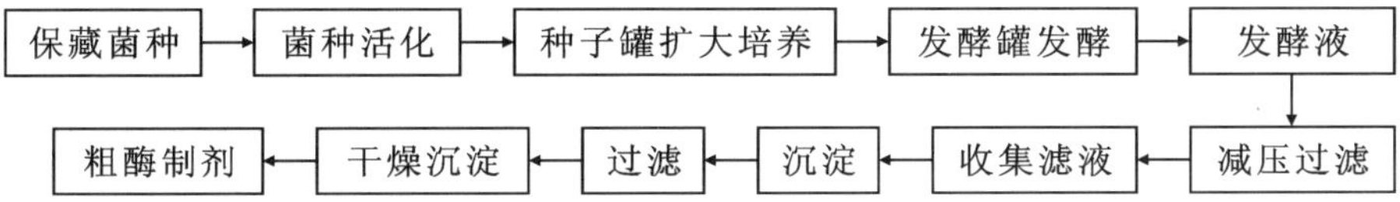

图 16-4　吸水链霉菌生产 β-淀粉酶的工艺流程

2. 操作要点

(1)培养基的配制　种子培养基、发酵培养基。

(2)培养方法　将菌种接于 9L 种子培养基中,于 28℃通气并搅拌培养 24h,接入发酵罐培养。在 600L 发酵罐中加入 300L 发酵培养基,于 121℃灭菌 30min,然后使其冷却,接种子罐培养的种子,于 28℃通气并搅拌培养 85h。

(3)提取　发酵终了,将发酵液在温度为 40℃下减压过滤,使其体积为原来的 1/5。然后在浓缩液中加入 2 倍体积冷乙醇,使 β-淀粉酶沉淀,干燥沉淀物即为粗酶制剂,酶活性一般可达40000U/g。

三、葡萄糖淀粉酶的生产

(一)葡萄糖淀粉酶的性质

葡萄糖淀粉酶系统名称为 α-1,4-葡聚糖葡萄糖水解酶(E. C. 3. 2. 1. 3),大量用作淀粉的糖化剂，所以习惯上称之为糖化酶。糖化酶是最重要的工业酶制剂之一，广泛应用于酒精、白酒、抗生素、氨基酸、有机酸、甘油、淀粉等工业中，是我国目前生产量最大的酶制剂产品。由于酿酒酵母只能用葡萄糖或麦芽糖，不能用淀粉，因此要用糖化酶将淀粉转化成葡萄糖。

糖化酶是一种外切型淀粉酶，该酶的底物专一性很低。它除了能从淀粉分子的非还原性末端切开 α-1，4 糖苷键以外，也能切开 α-1，3 糖苷键和 α-1，6 糖苷键，只是水解速度不同，产物均为葡萄糖。像β-淀粉酶一样，它能使水解下来的葡萄糖发生构型变化，形成β-D-葡萄糖。

糖化酶是一种糖蛋白。其糖化反应的最适温度和 pH 值由于酶源不同而存在差别。曲霉最适温度为 55～60℃，最适 pH 值为 3.5～5.0；根霉最适温度为 55～60℃，最适 pH 值为 5.4～5.5；拟内孢霉最适温度为 50℃，最适 pH 值为 4.8～5.0。

（二）葡萄糖淀粉酶的生产实例

最初的糖化酶工业生产是用根霉属的固体培养和液体培养方式，也有的用拟内孢霉属的液体培养方式，但是以上菌种培养液里所产酶单位较少，不宜于工业生产。现在工业上主要采用黑曲霉的液体深层培养法，所产的糖化酶耐酸、耐热，产量也高，是我国糖化酶主要的生产方法。

1. 根霉固体培养法

下面以河内根霉 3.042 固体培养生产法为例介绍葡萄糖淀粉酶的生产工艺。

（1）工艺流程如图 16-5 所示。

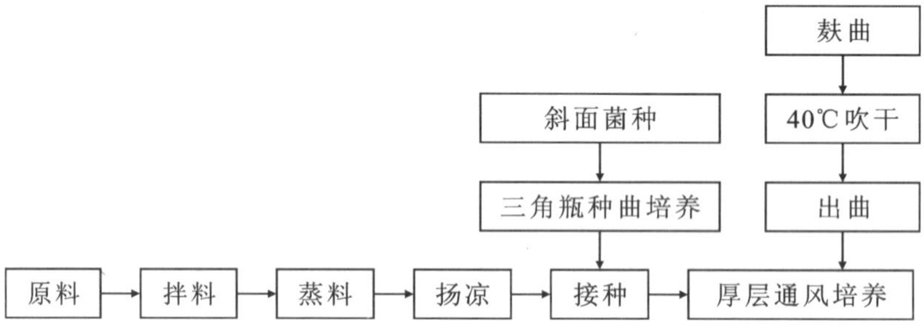

图 16-5 河内根霉 3.042 固体培养生产糖化酶的工艺流程

（2）操作要点

①菌种。菌种用 8°Brix 麦芽汁琼脂培养基保存，25～30℃培养 5～7d 后，待菌丝布满，并形成孢子，呈灰黑色时即可置于 5℃左右的冰箱内保藏，2～3 个月移植 1 次；室温保藏则两个月移植 1 次。

②种曲制备。500mL 三角瓶，装料 40g(麸皮和青糠的质量比为 8∶2，混合物加水 1∶1.6 拌匀)，121℃灭菌 45min，接种试管孢子 2～3 环后 30℃培养 2d，待菌丝长满，生成孢子后即可应用或置于冰箱内保存。

③通风制曲。麸皮(或加米糠 20%)加硫酸铵 2.5%，加水 1.6 倍，蒸熟扬凉，保持含水量为 70%左右，接入种曲 0.2%，在 30℃左右装入通风曲箱，料厚 17～25cm，箱底铺湿草帘，用以保湿，保温 30℃，6～8h，中间间歇通风数次，待孢子发芽呼吸旺盛，品温上升到 35℃以上时，开始间歇通入预热 30℃的空气吹散热气以保持品温在 30～32℃，曲房干湿球温差不宜超过 1℃，经 40 余小时，孢子布满麸曲，酶活已达高峰(7000U/g 左右)，于是通入 40℃热

空气吹干，在水分低于15%以下时，麸曲可以长期保藏。这种麸曲以每克淀粉使用300～350U糖化酶为标准，在pH值为4.8～5.0、温度为55℃条件下糖化40～48h，每克麸曲可糖化20g淀粉。

2. 黑曲霉液体深层培养法

下面以黑曲霉AS. 3.4309变种UV-11为例介绍液体深层培养法生产糖化酶的工艺。

(1)工艺流程如图16-6所示。

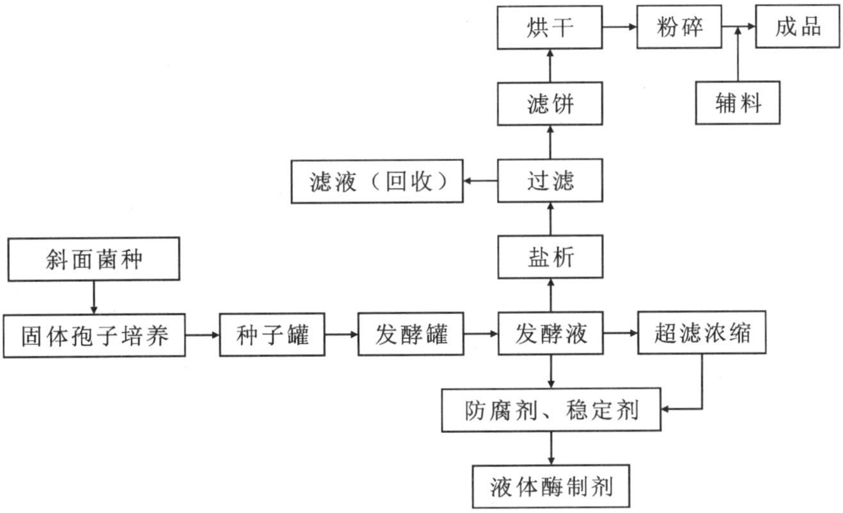

图16-6 黑曲霉AS. 3.4309变种UV-11液体深层培养法生产糖化酶的工艺流程

(2)操作要点

①种子制备。a. 固体孢子培养。在茄形瓶中加10g麸皮和10mL水，搅拌均匀后灭菌30min，冷却后接入一环斜面菌种，于31℃培养6～7d备用。b. 种子罐培养。玉米粉6%，黄豆饼粉2%，麸皮2%，在31℃下通风培养32h，通风量为0.5vvm。当pH值下降到3.8，酶活在500U/g左右，镜检菌丝生长正常，无杂菌污染时即可接入二级种子罐或发酵罐。

②发酵。培养基配比为：玉米粉12%，黄豆饼粉4%，麸皮1%，α-淀粉酶添加量为100U/g(淀粉)，pH值调至4.5以下。于30～32℃下通风培养90～110h。通风量1～12h为0.5vvm，12～24h为0.8vvm，24～84h为1vvm，84h后为0.8vvm。培养84h后每隔8h测定pH值、还原糖、酶活，并镜检菌体形态。当pH值降至3.4，还原糖降至1.8%以下，酶活上升至13600U/g以上时，即可放罐。

③提取。按硫酸铵盐析工艺提取糖化酶制剂。硫酸铵加量为55%，盐析静置12h，过滤，湿酶在40℃以下烘干称重，测定糖化酶活力，调至成品规定活力。调制时加入适量膨润土，吸附夹杂的糖苷转移酶，可提高产品质量。

④液体酶制剂的制备。液体酶制剂是将发酵液加入苯甲酸钠作防腐剂而制成，或是经超滤浓缩1倍后加防腐剂、稳定剂等(如异抗坏血酸、山梨醇)而制成。液体酶制剂由于减少了提取工艺，降低了成本，故其价格便宜。但酶活保存时间较短，如何能长时间保存液体酶制剂的活力还有待进一步研究。

任务二　蛋白酶类的生产

蛋白酶是水解蛋白质和肽链的一类酶的总称。它广泛存在于动物内脏、植物茎叶、果实和微生物中，但唯有微生物蛋白酶具有生产价值。微生物蛋白酶多以生产菌的最适 pH 值为依据，分为酸性蛋白酶、中性蛋白酶和碱性蛋白酶。

一、酸性蛋白酶

（一）酸性蛋白酶的性质

酸性蛋白酶广泛存在于霉菌、酵母菌和担子菌中，细菌中极少发现，其最适 pH 值为 3～4，相对分子质量为 30000～40000，等电点低（pH 值 3～5）。大多数酶在其活性中心含有两个天冬氨酸残基。酶蛋白中酸性氨基酸含量高，而碱性氨基酸含量低。

酸性蛋白酶在许多方面与动物胃蛋白酶和凝乳蛋白酶相似。酸性蛋白酶在 pH 值为 2～6 范围内稳定。若在 pH 值为 7，40℃处理 30min 立即失活。斋藤曲霉酸性蛋白酶的最适 pH 值为 2～3，在 pH 值为 4.0 的培养液中稳定，但在 pH 值为 2.7 时，30℃可引起严重的失活。从溶液中游离氨基氮的增加，可以看出酶的失活是由于自溶，pH 值为 6～7，酶发生变性失活，添加 2mol/L NaCl 可以增加酶的稳定性。紫微青霉酸性蛋白酶的最适 pH 值为 2.6，而稳定 pH 值为 4.9。

一般霉菌酸性蛋白酶在 50℃以上颇不稳定，斋藤曲霉酸性蛋白酶在 pH 值为 5.5、温度为 50℃条件下，黑曲霉 3.350 的酶在 pH 值为 2.5、60℃处理 20min 可引起完全失活。但是紫微青霉酸性蛋白酶在 60℃、杜邦青霉 K1014 酸性蛋白酶在 60℃经历 1h 也不致失活，后者在 pH 值为 4.5 时的最适温度为 75～80℃。大孢子黑曲霉（A. niger var. macrosporus DBD-0406）酸性蛋白酶 A 的最适温度为 70℃。有些酸性蛋白酶不耐低温，冰冻干燥时也会引起失活。许多酸性蛋白酶分子中含有 5%～10%多糖，对酶稳定有益。

（二）酸性蛋白酶的生产菌种

酸性蛋白酶在 1954 年首先由吉田在黑曲霉中发现。许多真菌酸性蛋白酶生产菌种已经提纯并进行了鉴定。商品酸性蛋白酶的生产菌种主要有黑曲霉、黑曲霉大孢子变种、斋藤曲霉、根霉、杜邦青霉、血红色陀螺孔霉和微小毛霉（凝乳酶）等少数菌株。

（三）酸性蛋白酶的生产实例

国内最先投产的酸性蛋白酶是采用黑曲霉 3.350 液体深层培养法进行生产的，在毛皮软化制革、羊毛染色、医药和啤酒澄清方面有广泛用途。下面介绍其生产工艺技术。

1. 工艺流程

酸性蛋白酶的生产工艺流程如图 16-7 所示。

2. 操作要点

（1）种子培养　将菌种接于 500L 种子罐培养基中，于（31±1）℃、230r/min 下通风培养 26h，通风量为 0.3vvm。

（2）发酵　5000L 不锈钢发酵罐装 3000L 培养基，于（31±1）℃、180r/min 下通风培养，控制通风量 0～24h 为 1∶0.25vvm；24～48h 为 1∶0.5vvm；48h 至结束为 1∶1.0vvm，平均 1∶0.6vvm 左右。发酵 72h，酶活力一般达 2500～3200U/g。

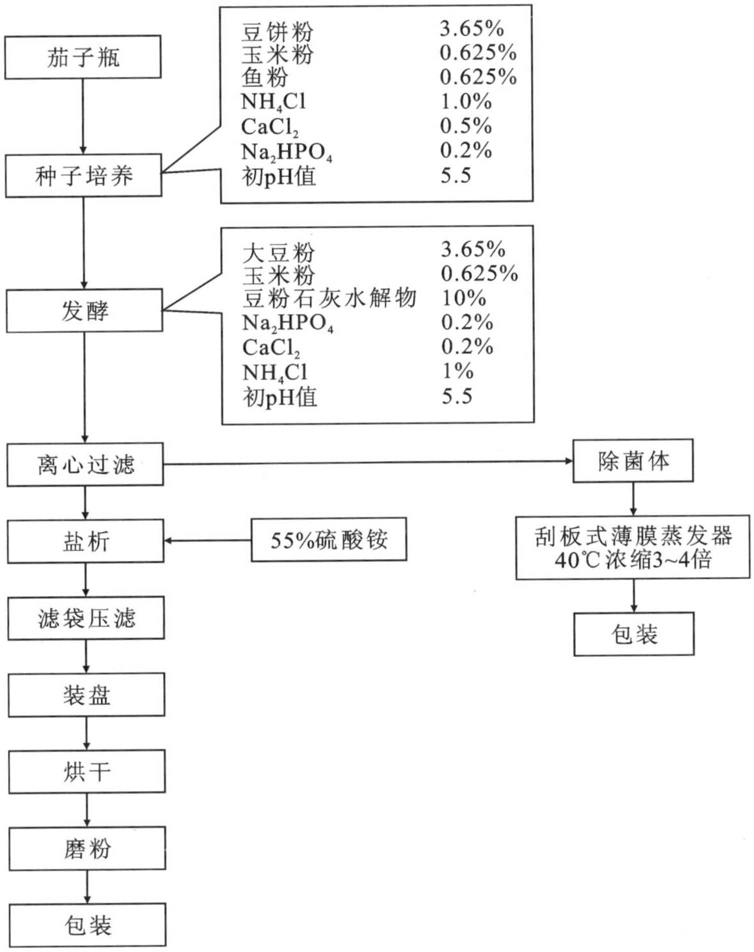

图 16-7　酸性蛋白酶的生产工艺流程

(3)酶的提取　工业用的粗制品酶采用盐析法提取：将培养物滤去菌体，用盐酸调节至pH 值为 4.0 以下，加入硫酸铵至终浓度为 55%，静置过夜，倾去上清液，沉淀压滤去母液，于 40℃烘干后磨粉。盐析工艺收率 94%以上，干燥后收率 60%以上，酶活力为 200000 U/g。也可将发酵液滤除菌体后，使用刮板式薄膜蒸发器 40℃浓缩 3～4 倍，直接作为商品。

(4)酶的纯化　供医药和食品工业使用的酶通常要进一步纯化。纯化方法有以下两种：

①离子交换法。将所得的粗酶加水浸泡(pH 值 3.0)、过滤或直接将上述发酵液离心滤除菌体后，用 55%硫酸铵盐析后压滤，再将酶泥溶于 0.005mol/L pH 值为 2.5 的乳酸缓冲液中，用通用两性 1 号离子交换树脂进行脱色(收率 93%)，用真空薄膜刮板蒸发器于 40℃浓缩至 2 倍以上(收率 90%)，再用 732 阳离子、701 阳离子树脂混合床脱盐(收率 90%)，最后进行喷雾干燥或冷冻干燥、磨粉即成。成品为淡黄至乳白色粉末，酶活力为 400000～600000U/g。

②单宁酸沉淀法。在搅拌下向发酵滤液(pH 值 5.5 左右)加入 10%单宁酸，使单宁酸的终浓度为 1%左右，静置 1h，离心收集酶与单宁酸的复合物。再向此复合物中加入 10%聚乙二醇(相对分子质量为 6000)，使聚乙二醇用量相当于原酶液的 0.3%～0.5%，不断搅拌，离心去除单宁聚乙二醇聚合物，经此酶液可以浓缩 10 倍，总收率 90%以上。向浓缩酶

液加入糖用活性炭3%（pH值4.5左右）脱色，得到浅黄脱色酶液，酶回收率为90%～95%，脱色酶液或用酒精在低温下沉淀，或用硫酸铵盐析制成浅色酶粉，其活性可达400000～600000U/g，总收率70%以上。

二、中性蛋白酶

（一）中性蛋白酶的性质

大多数中性蛋白酶是含锌离子的金属酶，相对分子质量为35000～40000，等电点为pH值8～9，是微生物蛋白酶中最不稳定的酶，很易自溶，即使在低温冰冻干燥，也会造成相对分子质量的明显减少。

（二）中性蛋白酶的生产菌种

中性蛋白酶是最早用于工业生产的蛋白酶。不少微生物的中性蛋白酶已经纯化，并对其进行了详细研究。商品中性蛋白酶的生产菌种主要是枯草杆菌、耐热解蛋白芽孢杆菌、寄生曲霉、米曲霉、栖土曲霉、灰色链霉菌等。

（三）中性蛋白酶的生产实例

我国生产中性蛋白酶的菌种主要是枯草杆菌AS114、AS1.398、AS172，栖土曲霉3.94等。下面以枯草杆菌AS 1.398液体深层培养法为例介绍中性蛋白酶的生产技术。

1. 生产工艺

中性蛋白酶的生产工艺流程如图16-8所示。

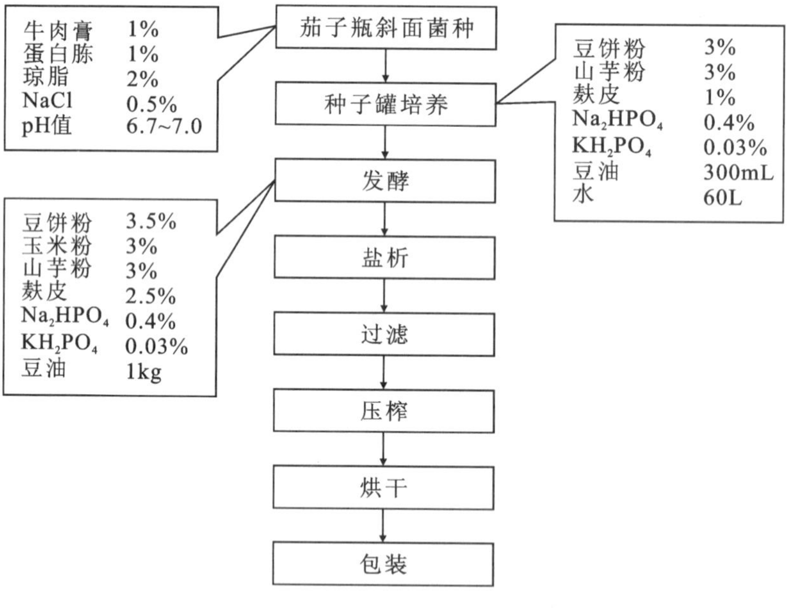

图16-8　中性蛋白酶的生产工艺流程

2. 操作要点

（1）菌种选育　制好培养基接种后，30℃下培养26h，0～5℃冰箱保存。AS 1.398的变异株AS 1.398-14-11-14，产酶能力比母株提高19%，且较稳定。

（2）种子罐培养　种子罐内径400mm，高850mm，容积150L，装料70L，搅拌速度320 r/min。培养基在9800Pa灭菌30min。培养温度29～31℃（低温季节30～32℃），通风量保持在1∶0.5 vvm，自然pH值。培养10h后镜检菌形，凡菌体瘦细、短而均匀者为优，酶活力在400～600U/g较为合适。

(3)发酵罐发酵　发酵罐内径200mm，高2800mm，搅拌转速220r/min，投料量1200L，接种量6%～8%，培养温度按前期升温法培养，即在5～8h内，每小时升温2℃，9～12h，每小时降温2℃，第12h后保持30～32℃。通风量为0～12h 1∶0.6vvm；12～20h 1∶0.7vvm；20h后为1∶0.8vvm，搅拌转速320r/min。发酵26～28h，酶活力6000～7000U/g，pH值5.5左右，总糖约为1.5%，残糖为0.5%以下。

(4)酶的提炼与产品标准化　向发酵液加入$CaCl_2$ 0.4%，pH值6.0～7.0，搅拌30min，压滤去杂质，清液用薄膜蒸发器在35～40℃、真空度9.6×10^4～9.9×10^4Pa下浓缩至原体积的1/2以下，再加工业硫酸铵至浓度42%，盐析12～16h，除去上清液后，加硅藻土2%，经离心分离或压滤，取出酶泥，绞碾成细条，置真空度9.6×10^4～9.9×10^4Pa下，35℃干燥之后，磨粉即为成品。成品酶活力为100000U/g左右。总收率约55%，1t发酵液可得到酶粉约16kg。

原酶粉常需添加填料，以制得酶活均一的酶制剂。填料应选用不损害酶的活性、不吸湿，又不影响使用的材料。$CaCO_3$、淀粉、乳糖、明胶、硅藻土、Na_2SO_4、NaCl、MgO、$NaHCO_3$等均是工业上常用的填料。

蛋白酶作药用时，需将粗酶纯化，其工艺流程如图16-9所示。操作要点如下：粗酶加水(1∶10)浸提，再加浓度为70%的$CaCl_2$溶液20%(体积分数)及25%$(NH_4)_2SO_4$(mg/L)作为净化助滤剂，过滤后得到澄清酶液，再加35%$(NH_4)_2SO_4$盐析酶，过滤收集酶泥溶解于0.02mol/L pH值为7.2的磷酸盐缓冲液中，通过葡聚糖凝胶G-25脱盐。柱体为1cm×10cm，柱中凝胶先用0.02mol/L pH值为7.2的磷酸盐缓冲液平衡，然后在柱顶注酶，通过的酶量为床体积的20%，流毕用0.02mol/L pH值为7.2的磷酸盐缓冲液洗脱，收集无盐酶液冷冻干燥即可。按此工艺由粗酶到部分纯化酶的收率为50%以上，每克酶的活性提高22倍，达到1200000U/g，酶的比活可提高4倍。粗酶液中的酶蛋白也可在5℃用丙酮沉淀后以70%丙酮反复洗涤脱盐，收率50%左右。将粗酶盐析分段，酶的比活可增加15～20倍。

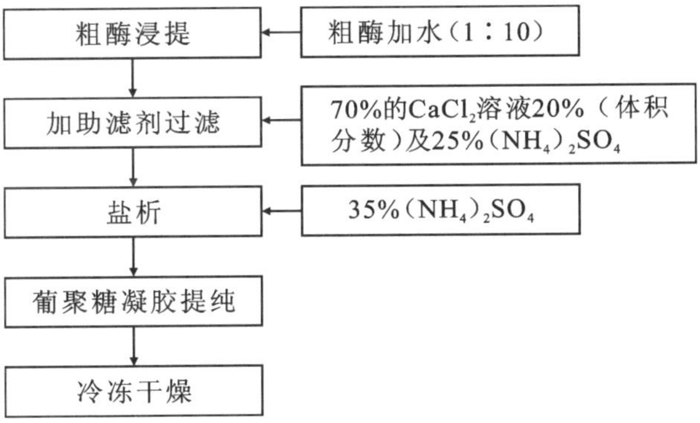

图16-9　蛋白酶的纯化工艺流程

(5)液体酶的制备　将发酵液过滤后，用刮板薄膜蒸发器在35～40℃、真空度约85000Pa下浓缩3倍后，在酶的稳定pH值(6.5～7.0)下，添加15%NaCl和2%乙醇，置密闭容器内(以减少氧化引起的失活)，低温下可保存数月。

三、碱性蛋白酶

（一）碱性蛋白酶的性质

多数碱性蛋白酶在 pH 值 7～11 范围内有活性。在以酪蛋白为底物时的最适 pH 值以 9.5～10.5 为多。这种酶除水解肽键外，还具有水解酯键、酰胺键和转酯及转肽的能力。

多数碱性蛋白酶不耐热，若在 50～60℃加热 10～15min，几乎其中一半的酶的活性会下降 50%，只有费氏链霉菌与立德链霉菌等的碱性蛋白酶，经 70℃处理 30min，酶活性仅损失 10%～15%。

（二）碱性蛋白酶的生产实例

地衣芽孢杆菌 2709 液体深层培养法生产的碱性蛋白酶是国内最早（1971 年）投产的碱性蛋白酶，也是产量最大的一类蛋白酶，其产量占商品酶制剂总量的 20%以上。此酶主要用于加酶洗涤剂制造及制革和丝绸脱胶。

1. 工艺流程

碱性蛋白酶的生产工艺流程如图 16-10 所示。

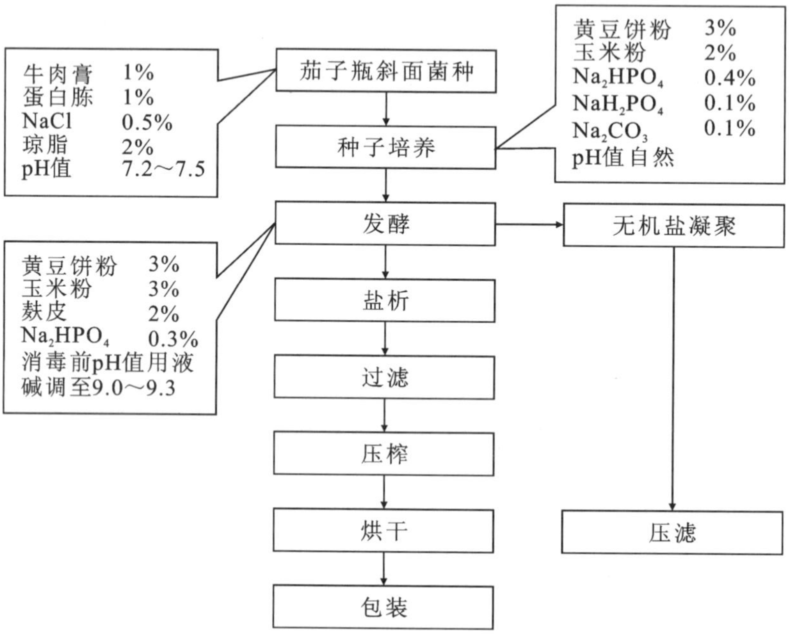

图 16-10 碱性蛋白酶的生产工艺流程

2. 操作要点

（1）菌种培养　制培养基，接试管斜面菌种，于 37℃培养 24h 后储藏于 5℃冰箱内备用。

（2）种子培养　种子培养是将斜面种子接入茄子瓶（培养基和培养条件与斜面相同）培养后制成悬液，接入种子罐培养液中。种子罐（1000L）装 500 L 种子培养基，在 36℃下，通风量 1∶0.7vvm，搅拌速度为 250r/min 下培养 18～20h。

（3）发酵　10000L 发酵罐装培养基 5000L，在 36℃下通风（前期 1∶1.5vvm，后期1∶0.2 vvm）搅拌 40h 左右，酶活力为 8000～10000U/g。

（4）提取　地衣芽孢杆菌菌体细小，发酵液黏度大，直接采用常规离心或板框过滤的方法进行固液分离是十分困难的，而且也得不到澄清滤液。目前，国内工厂都采用无机盐凝聚的方法或直接将发酵液进行盐析。前者即向发酵液中加入一定量的无机盐，使菌体及杂蛋白聚集成大一些的颗粒，再进行压滤。此法虽能除去菌体，但过滤速度仍较慢，且色泽较深。后者即直接将发酵液进行盐析，得到酶、菌体、杂蛋白混合体系。

为解决上述问题，可采用絮凝法来处理发酵液，其做法是：向发酵液中加入碱式氯化铝，使终浓度为1.5%，然后用碱将发酵液pH值调节到8.5左右，再加入聚丙烯酰胺，使终浓度为80mg/mL，50r/min搅拌7min后，静置一段时间，然后在一定真空度下抽滤，向滤液中加入硫酸钠，使终浓度为55%，静止24h后，倾去上清液，加硅藻土2%，压滤后干燥，磨粉，即为成品酶。

絮凝法的优点是过滤速度快，滤液澄清，经盐析后所得到的酶活力有所提高，色泽比无机盐法制得的酶粉浅得多。

项目小结

酶是由细胞产生的具有催化作用的蛋白质。从生物中提取的具有生物催化能力的酶，辅以其他成分，制成的用于加速加工过程和提高产品质量的制品，称为酶制剂。酶制剂的生产技术包括提取分离法、生物合成法（微生物发酵法）、化学合成法，其中微生物发酵法是应用最多的酶制剂生产技术。酶制剂的发酵生产同其他发酵产品一样，需要经过菌种选育、扩培，培养基的配制、灭菌，发酵过程各种参数（温度、pH值、溶解氧等）的控制，分离提取等步骤，最终精制成酶制剂产品。

本项目介绍了淀粉酶类（α-淀粉酶、β-淀粉酶、糖化酶）、蛋白酶类（酸性蛋白酶、中性蛋白酶、碱性蛋白酶）的生产工艺流程、菌种制备及发酵过程控制、提取等的操作要点。

问题探究

1. 酶制剂的定义是什么，怎么分类？
2. 酶制剂生产的一般工艺流程主要由哪些步骤组成？
3. 简述微生物发酵产酶培养基的主要组成及其作用。
4. 简述微生物发酵产酶过程中工艺条件的控制。
5. 简述β-淀粉酶的生产过程及操作要点。

实训　蛋白酶的活力测定

一、实训目的

掌握蛋白酶活力测定的原理和方法。

二、实训原理

福林试剂（磷钨酸与磷钼酸的混合物）在碱性情况下极不稳定，可被酚类化合物还原而呈蓝色反应（钨蓝和钼蓝的混合物）。由于蛋白质分子中有含酚基的氨基酸（如酪氨酸、色氨酸和苯丙氨酸等），因此可利用这个原理测定蛋白酶活力的强弱。以酪蛋白为作用底物，在一定 pH 值和温度下同酶液反应，经一段时间后加入三氯乙酸，终止酶的反应，并使残余的酪蛋白质沉淀，同水解产物分开。经过滤后取过滤液（含蛋白质水解产物的三氯乙酸溶液），用 Na_2CO_3 碱化，再加入福林试剂使之发色。蓝色反应的强弱与过滤液中蛋白质水解产物的量成正比，而蛋白质水解产物的量又同酶活力成正比。因此，根据蓝色反应的强弱可以计算出蛋白酶的活力。

三、实训器材与试剂

1. 器材

分析天平（感量 0.1mg），581-G 型光电比色计或 72 型分光光度计，水浴锅，移液管等。

2. 试剂

福林试剂（Folin 试剂），0.4mol/L 碳酸钠溶液，0.4mol/L 三氯乙酸（TCA）溶液，pH 值为 7.2 的磷酸盐缓冲液，2%酪蛋白溶液，100μg/mL 酪氨酸溶液。

四、实训步骤

1. 标准曲线的绘制

（1）按表 16-1 配制各种不同浓度的酪氨酸溶液。

表 16-1　配制各种不同浓度的酪氨酸溶液

试剂	管号					
	1	2	3	4	5	6
蒸馏水（mL）	10	8	6	4	2	0
酪氨酸（mL）	0	2	4	6	8	10
酪氨酸最终浓度（μg/mL）	0	20	40	60	80	100

（2）测定步骤　取 6 支试管编号，按表 16-1 分别吸取不同浓度酪氨酸 1mL，各加入 0.4mol/L 碳酸钠 5mL，再各加入已稀释的福林试剂 1mL。摇匀，置于水浴锅中。40℃保温发色 20min，在 581-G 型光电比色计上分别测定吸光度（A_i），或用 72 型分光光度计进行测定（波长 660nm）。一般测 3 次，取平均值。将 1～6 号管所测得的吸光度（A_i）减去 1 号管（蒸馏水空白试验）所测得的吸光度（A_i）为净吸光度数。

以吸光度为横坐标、酪氨酸的浓度为纵坐标，绘制标准曲线。

2. 样品稀释液的制备

称取酶粉 0.100g，加入 pH 值为 7.2 的磷酸盐缓冲液定容至 100mL，吸取此液 5mL，再用缓冲液稀释至 25mL，即成 5000 倍的酶粉稀释液。

3. 样品测定

取试管 3 支，编号 1、2、3，每管内加入样品稀释液 1mL，置于 40℃水浴中预热 2min，再各加入经同样预热的酪蛋白 1mL，精确保温 10min，立即再各加入 0.4mol/L 三氯乙酸 2mL，以终止反应，继续置于水浴中保温 20min，使残余蛋白质沉淀后离心或过滤。然后另取试管 3 支，编号 1、2、3，每管内加入滤液 1mL，再加 0.4mol/L 碳酸钠 5mL、已稀释的福林试剂 1mL，摇匀，40℃保温发色 20min 后进行吸光度测定。空白试验也取试管 3 支，编号（1）（2）（3），测定吸光度，方法同上，只是在加酪蛋白之前先加 0.4mol/L 三氯乙酸 2mL，使酶失活，再加入酪蛋白。

4. 结果分析与计算

在 40℃下每分钟水解酪蛋白产生 1μg 酪氨酸定义为 1 个蛋白酶活力单位。

$$样品中酶活力单位=\frac{M}{10}\times 4\times N\times \frac{1}{1-W}$$

式中　M——由样品测得吸光度，查标准曲线得相当的酪氨酸微克数；

4——4mL，反应液取出1mL测定（即4倍）；

N——酶液稀释的倍数；

10——反应10min；

W——样品水分百分含量。

五、注意事项

以上介绍的方法适用于测定中性蛋白酶（pH值为7.2）。若要测定酸性蛋白酶或碱性蛋白酶，则把配制酪蛋白溶液和稀释酶液用的pH值缓冲液换成相应pH值缓冲液即可。

实验用试剂的配制：

（1）福林试剂　于2000mL磨口回流装置内加入钨酸钠（$Na_2WO_4 \cdot 2H_2O$）100g、钼酸钠（$Na_2MoO_4 \cdot 2H_2O$）25g、蒸馏水700mL、85%磷酸50mL、浓盐酸100mL，文火回流10h。取下冷凝器，加入硫酸锂（Li_2SO_4）50g、蒸馏水50mL，混匀，加入几滴液体溴，煮沸15min，以驱逐残溴及除去颜色，溶液应呈黄色而非绿色。若溶液仍有绿色，需要再加几滴溴液，煮沸除去之。冷却后，定容至1000mL，用细菌漏斗过滤，置于棕色瓶中保存。使用此溶液时加2倍蒸馏水稀释，即成已稀释的福林试剂。

（2）pH值7.2磷酸盐缓冲液　称取磷酸二氢钠（$NaH_2PO_4 \cdot 2H_2O$）31.2g，定容至1000mL，即成0.2mol/L溶液（A液）。称取磷酸氢二钠（$Na_2HPO_4 \cdot 12H_2O$）71.63g，定容至1000mL，即成0.2mol/L溶液（B液）。取A液28mL和B液72mL，再用蒸馏水稀释1倍，即成0.1mol/L pH值为7.2的磷酸盐缓冲液。

六、实训报告

根据实训步骤完成实训报告。

项目十七　有机酸发酵技术

知识目标

1. 知道柠檬酸、乳酸和葡萄糖酸的生物合成途径。
2. 知道柠檬酸、乳酸和葡萄糖酸的生产菌种、原料、发酵工艺和提取方法。

技能目标

能够完成柠檬酸、乳酸和葡萄糖酸生产中的各个操作环节并进行工艺控制。

思政目标

通过介绍我国微生物学家汤飞凡的生平事迹，尤其是其以身试毒发现衣原体的过程，引导学生弘扬科学精神，厚植家国情怀，增强学生的民族自豪感和自信心。

背景资料

有机酸发酵是生物体内的基本代谢过程，有机酸是微生物的初级代谢产物，有机酸发酵工业是生物工程领域中的一个重要且较为成熟的分支，在世界经济发展中占有一定的地位。用微生物发酵法生产有机酸，以代替从水果和蔬菜等植物中提取有机酸，是近年来由于社会及市场的需要而开发出的方法。由于食品、医药、化学合成等工业的发展，有机酸的需求骤增，发酵生产有机酸逐渐发展成为近代重要的工业领域。

我国是世界上最早利用和发酵生产有机酸的国家之一，近 40 年来，有机酸工业从无到有，出现了蓬勃发展的趋势。柠檬酸和乳酸系列产品已进入国际市场，在质量及产量两方面皆具有较强的市场竞争能力；苹果酸和衣康酸已进入市场开发和大规模生产阶段；葡萄糖酸的发酵生产已进入成熟阶段；其他新型有机酸产品的研究开发正受到国家和相关企业的高度重视，新产品和新用途将会层出不穷。表 17-1 是一些常用发酵法生产的有机酸的来源和用途。

表 17-1　一些常用发酵法生产的有机酸的来源和用途

有机酸名称	来源	用途
柠檬酸	黑曲霉、酵母等	食品工业和化学工业的酸味剂、增溶剂、缓冲剂、抗氧化剂、除腥脱臭剂、螯合剂、纤维媒染剂、助染剂等
乳酸	德氏乳杆菌、赖氏乳杆菌、米根菌等	食品工业的酸味剂、防腐剂、还原剂、制革辅料等
醋酸	奇异醋杆菌、过氧化醋杆菌、攀膜醋杆菌、恶臭醋杆菌、中氧化醋杆菌、醋化醋杆菌、弱氧化醋杆菌、年黑醋杆菌等	重要的化工原料，广泛用于化工、食品等行业

续表 17-1

有机酸名称	来源	用途
葡萄糖酸	黑曲霉、葡萄酸杆菌、乳氧化葡萄酸杆菌、产黄青霉等	用于药物、除锈剂、塑化剂、酸化剂等
衣糠酸	土曲霉、衣糠酸霉、假丝酵母等	用作合成树脂、合成纤维、塑料、橡胶、离子交换树脂、表面活性剂和高分子螯合成剂等的添加剂和单体原料
苹果酸	黄曲霉、米曲霉、寄生曲霉、华根霉、无根根霉、短乳杆菌、产氨短杆菌等	用于酸味剂、添加剂、药物、日用化工及化学辅料等

任务一　柠檬酸的发酵生产

一、柠檬酸的性质及用途

(一)柠檬酸的性质

柠檬酸(citric acid)又名枸橼酸，学名 α-羟丙基烷三羧酸，分子式如下：

$$\begin{array}{c} \qquad\quad CH_2COOH \\ OH-\!\!\!\!+\!\!\!\!-COOH \\ \qquad\quad CH_2COOH \end{array}$$

柠檬酸为无色半透明晶体或白色颗粒或白色结晶性粉末，无臭、味极酸。柠檬酸在水中的溶解度为 147g(20℃)，在干燥空气中易风化；柠檬酸易溶于水和乙醇，微溶于乙醚，不溶于苯、甲苯、二硫化碳、四氯化碳和脂肪酸。柠檬酸结晶形态因结晶条件不同而异，商品柠檬酸通常有无水柠檬酸和一水柠檬酸。

(二)柠檬酸的用途

由于柠檬酸的酸性、风味及与金属离子形成复合物的能力，在工业中有广泛的用途。据统计，目前 75%的柠檬酸用于食品及饮料工业，10%用于制药行业，15%用于其他行业。柠檬酸在食品工业上被广泛地用作酸味剂、增溶剂、缓冲剂、抗氧化剂、螯合剂等，在药物中可用于泡腾剂、抗凝剂和抗氧化剂等。

二、柠檬酸产生菌

柠檬酸是好氧(或兼性好氧)生物体内代谢枢纽三羧酸循环的成员之一，在这些生物体中自然是广泛存在。微生物中能向体外分泌和在环境中累积柠檬酸的也很多，但在工业生产上有价值的只有几种曲霉和几种酵母，其中黑曲霉是现代工业上最有竞争力的菌种。

(一)黑曲霉

1. 形态特征

在察氏琼脂上长成局限菌落，室温下培养 10～14d 直径可达 2.5～3cm，由致密或中度疏松的白色或微黄色菌丝组成，菌丝大部分在培养基内，有着生长密集的直立孢子梗。典型菌落为炭黑色，但有时也为深褐黑色。

2. 黑曲霉柠檬酸高产菌的生理特征

(1)能耐高浓度的柠檬酸(15%以上),但不能利用和分解柠檬酸。

(2)能耐高浓度的葡萄糖,能产生和分泌大量的酸性 α 淀粉酶和酸性糖化酶。其 α-淀粉酶在 pH 值 2.0 仍能保持原活力的 80%以上,在 pH 值 2.5、温度 40℃下作用 30min 尚不失活;其糖化酶最适作用 pH 值为 4.0～4.6,最适温度为 60～65℃。在柠檬酸发酵条件下,当培养 pH 值下降至 2.0 以下时,仍能保持大部分活力。

(3)能抗微量金属离子,尤其能抗较高浓度的 Mn^{2+}、Zn^{2+} 和 Cu^{2+}。

(4)在液体深层发酵培养时,能形成大量的细小菌球体,菌球体直径 0.1mm,菌球量达 104 个/mL 以上。

(二)菌种扩大培养

黑曲霉柠檬酸发酵的接种物是黑曲霉的分生孢子,扩大培养的目的乃是获得大量高质量的分生孢子(简称孢子或干孢子),所以这一过程又称为“干孢子生产”。毫无疑问,接种物质量的好坏是发酵生产成功与否的关键。对孢子的质量要求是:形态整齐均一,无杂菌混入,发芽率高,发芽后生长速率适当,产酸活力高,无退化现象。

1. 工艺流程

目前国内柠檬酸发酵的菌种扩大培养普遍采用图 17-1 所示的流程。

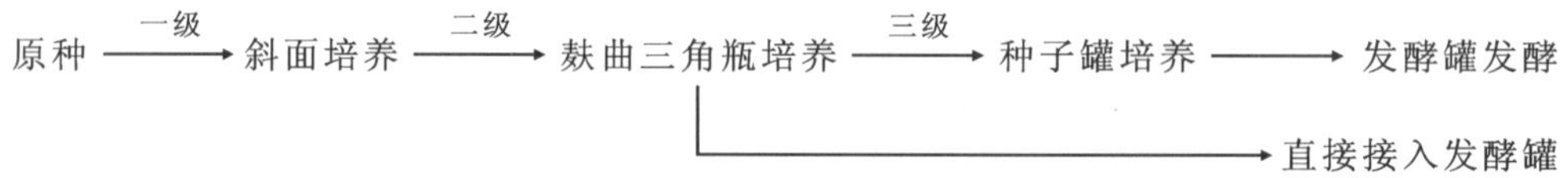

图 17-1　柠檬酸发酵菌种扩大培养流程

2. 菌种的扩大培养

(1)斜面培养　菌种的斜面培养必须有利于菌种的生长和孢子的着生,而且不产酸,并要求菌种要纯,不得混有任何杂菌及耐酸的其他霉菌和酵母菌。培养条件应有利于菌种的繁殖和孢子生长,培养基以多含碳源、少含氮源为原则。

常用的培养基有察氏-多氏琼脂培养基、察氏琼脂培养基、蔗糖合成琼脂培养基、麦芽汁琼脂培养基和米曲汁琼脂培养基等。培养基营养不得过于丰富,否则会影响孢子的着生和质量。

生产中使用的斜面孢子菌种不宜多次转种,一般只传 1～3 代,以免由于菌种的自然变异而退化。要经常进行菌种的分离纯化,不断提供新鲜优良的斜面孢子用于生产。

(2)麸曲三角瓶培养　取新鲜麸皮,用 60 目筛子筛去细粉,以减少淀粉含量。按麸皮∶水＝1∶(1.0～1.3)比例加入水,拌匀至无干粉又无结团现象。拌匀后,分别装入 1000mL 或 2000mL 三角瓶中,每 1000mL 三角瓶装湿麸皮约 40g,2000mL 三角瓶装湿麸皮约 100g。或用水洗麸皮表面,挤去水分,用手抓至有水而不下滴为宜,按适当量装瓶。用 8 层纱布封扎瓶口,在 0.1MPa 表压下灭菌 40～60min,趁热摇散,冷却至 35℃,培养 1d。未发现异常气味或染菌即可使用。

在无菌室中,于无菌操作条件下,每 1 个三角瓶中接入 1～2 环已活化好的斜面菌种孢子,或 2mL 斜面菌种的孢子悬浮液,于 30～32℃下培养 16～20h 后,白色小菌落已盖满曲层表面,这时应摇瓶 1 次,使培养基疏松、铺平,继续培养。再经 4～6h,即约培养 24h 后,可看到培养基结成块状,白色菌丝生长旺盛,但未产生孢子。培养基品温控制在(35±1)℃,每隔 12～24h 摇瓶 1 次，孢子长出后停止。摇瓶时必须充分摇匀，使结块的培养基疏散。铺平后，继续培养。待长出的黑色孢子布满丰盛后，即可使用。

此麸曲可直接作为种子罐种子，也可以作为二级种子，再扩大培养，扩大量为 200 倍，即 1 瓶麸曲可接种 200 只相同的三角瓶。

(3)孢子悬浮液的制备及种子罐扩大培养　将上述符合质量要求的三角瓶麸曲，在无菌操作下，每瓶加入 500～600mL 无菌水，摇匀，在火焰下并瓶或并入接种罐中。发酵罐容积不同，所用麸曲孢子量不同。一般 5000L 种子罐接入 20 瓶三角瓶麸曲。

三、黑曲霉柠檬酸的发酵机理

(一)柠檬酸的合成途径

目前柠檬酸主要是采用黑曲霉发酵生产，对黑曲霉中的柠檬酸合成途径普遍认为是：葡萄糖经 EMP、HMP 途径降解生成丙酮酸，丙酮酸一方面氧化脱羧生成乙酰 CoA，另一方面经 CO_2 固定反应生成草酰乙酸，草酰乙酸与乙酰 CoA 缩合生成柠檬酸。黑曲霉可以由糖类、乙醇和醋酸等发酵产生柠檬酸，这是一个非常复杂的生理生化过程。

(二)柠檬酸合成的代谢调节

柠檬酸生物合成调节包括：糖酵解及丙酮酸的代谢调节、TCA 循环的调节。

1. 糖酵解及丙酮酸的代谢调节

(1)在正常情况下，柠檬酸、ATP 对磷酸果糖激酶有抑制作用，而无机磷、铵离子对该酶则有激活作用，特别是还能解除柠檬酸、ATP 对磷酸果糖激酶的抑制作用。

(2)比较底物锰充足、锰缺乏时分批培养物的最大活力时发现，锰缺乏时黑曲霉的组成(合成)代谢受损伤，这与柠檬酸的积累有关。

(3)丙酮酸激酶是 EMP 途径的第二个调节点，在某些真菌中得到证实，但黑曲霉未被证实。

2. TCA 循环的调节

(1)Mn^{2+} 缺乏→抑制蛋白合成→铵根离子浓度的增大与有一条呼吸活动强的不产生 ATP 的侧呼吸链解除了对磷酸果糖激酶的代谢调节，促进 EMP 途径畅通。

(2)丙酮酸羧化酶是组成型酶，不被调节控制。丙酮酸氧化脱羧生成乙酰 CoA 和 CO_2 的固定两个反应的平衡，以及柠檬酸合成酶不被调节，增强了合成柠檬酸的能力。

(3)顺乌头酸水合酶在催化时建立了以下平衡：柠檬酸∶顺乌头酸∶异柠檬酸＝90∶3∶7，同时控制 Fe^{2+} 含量，顺乌头酸酶活力降低，使柠檬酸累积。

(4)随着柠檬酸的累积，pH 值降低到一定程度时，顺乌头酸酶和异柠檬酸脱氢酶失活，更有利于柠檬酸的累积及排出细胞外。

四、柠檬酸的发酵原料与工艺

(一)发酵原料

从广义上讲，凡是能通过微生物代谢而产生柠檬酸的物质，都可作为柠檬酸发酵的原料。目前已知的这些物质有糖类和正烷烃。

糖类物质在自然界的分布十分广泛，属于可再生原料。正烷烃的资源也很丰富。因此，柠檬酸发酵的原料品种多、资源广。但工业上选择原料要从多方面综合考虑，例如经济合理、技术可行、货源广、易购、易运、易贮、不易霉变、可利用物质含量高、综合利用价值高、无毒、无害、无抑制微生物生长的物质、对产品卫生安全可靠、三废负荷少等。因此，柠檬酸发酵原料既有广泛性，又有局限性。目前可使用的原料见表 17-2。

表 17-2　柠檬酸发酵可使用的原料

类别	原料名称
1. 糖类	
薯类	甘薯、木薯、马铃薯、甘薯干、木薯干、马铃薯干、薯渣
谷类	玉米、小麦或小麦面粉、大米
淀粉	各种谷类、薯类等加工成的淀粉
砂糖	白砂糖、赤砂糖、糖蜜
淀粉糖	由淀粉水解而得到的各种单糖、双糖、饴糖、葡萄糖母液
2. 正烷烃	
液体石蜡	10～20 碳链的石油馏出物
3. 其他	
果实下脚料	葡萄、菠萝、柑橘、苹果等果实加工的残渣、残汁
粮食加工下脚料	各种粮食加工的下脚料

(二)发酵工艺

柠檬酸发酵工艺的发展可以分为三个阶段：20 世纪 20 年代为第一阶段，由青霉和曲霉表面发酵生产。第二阶段开始于 20 世纪 30 年代，曲霉的深层发酵逐渐得到发展。第三阶段是 20 世纪 50 年代至今，以黑曲霉深层发酵为主，并行着表面和固体发酵工艺。虽然目前在柠檬酸的(半)连续发酵、固定化细胞发酵、酵母或细菌发酵等方面都有所研究和报道，但均未获得突破性进展，在经济上有竞争力的仍是上述三种基本方法。

我国柠檬酸的正式工业化生产采用深层发酵工艺。由于原料选用不同而采用因地制宜、讲究实效的原则。本节主要以薯类原料生产柠檬酸的深层发酵为例进行介绍。

柠檬酸的发酵工艺如图 17-2 所示。

1. 碳氮比

薯类原料由于产地等客观条件不同，其组织中各种物质的含量各异，尤其以蛋白质含量相差较大，一般甘薯干中蛋白质含量为 6%～7%，用这种薯干发酵，用现有生产菌种不需要调节含氮量，而西北产区的甘薯干中蛋白质含量高达 8%～9%，超出现菌种所需。木薯干中蛋白质含量仅为 1.7%～2.6%，需用玉米粉、米糠、麸皮等有机氮源和适量的无机氮源来补充。

2. 温度

据报道，黑曲霉发酵柠檬酸温度控制在 28～30℃时，柠檬酸产酸率最高，发酵速度也最快；超过 35℃时，虽初期产酸率较高，但最终产酸率低于 15%。

为了节约降温能耗，我国在选育薯干发酵菌种时，有意地提高驯育温度，故可在(37±1)℃的条件下发酵。超过 42℃时影响发酵，且生成较多杂酸。

3. pH 值

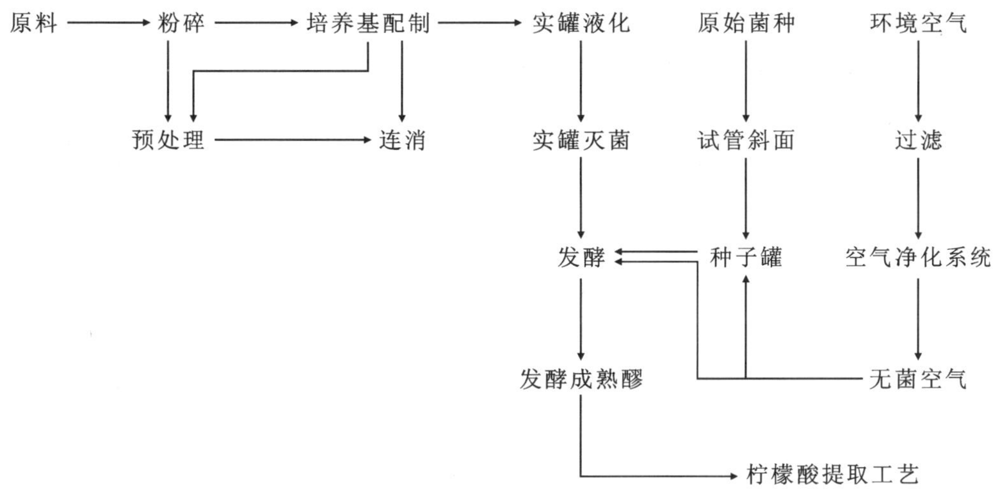

图 17-2　柠檬酸的发酵工艺

在薯干粉的柠檬酸发酵中，初始 pH 值不加调节，为自然 pH 值，约为 5.5。当接入菌种后，菌种生长繁殖，消耗氮源和铵离子，使培养基的 pH 值下降。前期下降较快，活力强的菌种培养 12h，pH 值可以降至 2.5～3.0，24h 可以降至 2.2～2.3。这时候会有少量的柠檬酸产生，但由于发酵醪液固形物较多，原料成分复杂，其中金属离子含量较多，缓冲作用大，再加上柠檬酸是三个羧基的有机酸，氢离子是逐步释放的，所以有时培养 48h 才使 pH 值降至 2.0 以下。这样有充足的时间让酸性糖化酶作用，使原料中的淀粉糖化较彻底，进而转化为大量的柠檬酸。当柠檬酸产量和残糖含量之和等于或接近起始还原糖时，就可以提高通风量，迅速进入产酸期，使 pH 值迅速降至 2.0 以下，保证柠檬酸发酵的正常进行。

4. 控制生物量

正常的发酵液中生物量应控制在 12～20g/L，过高的生物量会影响氧的溶解，增加发酵罐搅拌功率，且消耗大量葡萄糖(一般认为每增加 1g 生物量，要消耗 1g 以上的葡萄糖)。薯干粗粮发酵，因本身含有大量的纤维素，所以生物量要达到 22g/L。如果生物量过高，则柠檬酸的生成速度迅速下降。当生物量过低时，虽然溶氧较高，但柠檬酸的合成也较缓慢。以菌球体形式生长的菌体，可限制生物体大量繁殖。

5. 严防缺氧

柠檬酸发酵是典型的好氧发酵，对氧十分敏感。当发酵进入产酸期时仅仅几分钟的缺氧时间，就会对发酵造成严重影响，甚至导致完全失败。

缺氧、供氧不足或溶氧不良都会使菌体发生异常变化，产酸大幅度下降，有时发酵液会产生黄色荧光色素。

6. 通风量

柠檬酸发酵的通风量相对来说并不大。通风量过大，菌体过早进入衰老期，不利于 CO_2 的固定，且动力浪费多。氧的溶解与搅拌转速、罐压成正比关系；与温度和培养基黏度成反比关系。

五、柠檬酸的提取工艺

柠檬酸成熟发酵醪中除了含有主要产品柠檬酸之外，尚含有残糖、菌体、蛋白质、色素和胶体物质、无机盐、有机杂酸，以及原料带入的各种杂质。因此，提取工艺是提高产品收率、控制产品质量和提高经济效益的关键环节之一。

柠檬酸的提取工艺有钙盐法、萃取法、离子交换法和电渗析法等，其中钙盐法在我国比较普遍。我国的柠檬酸提取工艺如图 17-3 所示。

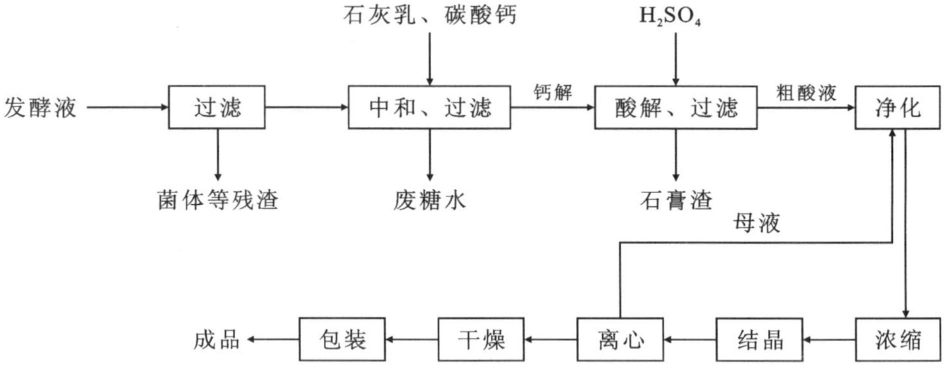

图 17-3　柠檬酸的提取工艺

发酵液经加热处理后，滤去菌体等残渣，在中和桶中加入 $CaCO_3$ 或石灰乳中和，使柠檬酸以钙盐形式沉淀下来，废糖水和可溶杂质则过滤除去。柠檬酸钙在酸解槽中加入 H_2SO_4 酸解，使柠檬酸游离出来，形成的硫酸钙（石膏渣）被滤除，作为副产品利用。这里得到的粗柠檬酸溶液通过脱色和离子交换净化，除去色素和胶体杂质，以及无机杂质离子。净化后的柠檬酸溶液浓缩后结晶出来，离心分离晶体，母液则重新净化后浓缩、结晶。柠檬酸晶体经干燥和检验后包装出厂。

任务二　乳酸的发酵生产

一、乳酸的性质与用途

（一）乳酸的结构

乳酸分子中含有一个不对称碳原子，因此具有旋光性。L-乳酸为右旋性，D-乳酸为左旋性，DL-乳酸为消旋性。乳酸的相对分子质量为 90.08，相对密度在 25℃时约为 1.206，结构式如下：

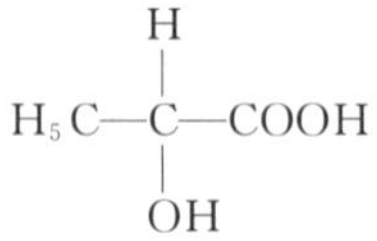

（二）乳酸的理化性质

乳酸在水中完全可以与水互溶，很不容易结晶出来。浓溶液（60%以上）已经有很强的吸湿性，所以商品乳酸通常为 60%的溶液。药典级乳酸含量为 85%～90%，食品级含量为 80%以上，都是无色或微黄色黏性液体。乳酸还可以完全溶于酒精和乙醚。

（三）乳酸的用途

乳酸是一种古老而重要的有机酸，乳酸、乳酸盐及其衍生物均广泛应用于食品、医药、饲料、化工等领域。

乳酸的酸性柔和且稳定，有助于增添食品的风味，在食品工业上广泛用作酸味剂、防腐剂和还原剂，还可用于清凉饲料、糖果、糕点的生产，以及鱼、肉、蔬菜的加工和保藏。与柠檬酸、苹果酸等食用酸相比，乳酸具有很强的竞争力。

乳酸，特别是 L-乳酸，对人和畜无害，而且具有很强的杀菌作用，其杀菌能力是柠檬酸、酒石酸、琥珀酸的几倍。因而，乳酸可直接用作手术室、病房、实验室、车间等场所的消毒剂。

二、乳酸的发酵机理

乳酸菌一般不能直接发酵淀粉质原料，淀粉质原料必须先经水解，转化为糖质原料后才能被乳酸菌发酵，糖化与发酵也可以同时进行。糖质原料（葡萄糖、麦芽糖、半乳糖、蔗糖、戊糖等）和短链糊精可由不同的乳酸菌直接发酵生产乳酸。按发酵过程中生成产物的不同，可将乳酸发酵分为同型乳酸发酵和异型乳酸发酵两大类。

（一）同型乳酸发酵

同型乳酸发酵是葡萄糖经 EMP 途径降解为丙酮酸，丙酮酸在乳酸脱氢酶的催化下还原为乳酸：

$$\text{葡萄糖}\xrightarrow{\text{EMP 途径}}2\ \text{丙酮酸}\xrightarrow{\text{乳酸脱氢酶}}2\ \text{乳酸}+2ATP$$

在此发酵过程中，1mol 葡萄糖可以生成 2mol 乳酸，理论转化率为 100%。但由于发酵过程中微生物有其他生理活动存在，实际转化率不可能达到 100%，一般认为转化率在 80% 以上者即视为同型乳酸发酵。工业上采用德氏乳杆菌的转化率可达 96%以上。

（二）异型乳酸发酵

某些乳酸细菌利用 HMP 途径，分解葡萄糖为 5-磷酸核酮糖，再经差向异构酶作用变成 5-磷酸木酮糖，然后经磷酸酮解酶催化裂解反应，生成 3-磷酸甘油醛和乙酰磷酸。磷酸酮解酶是异型乳酸发酵的关键酶。乙酰磷酸进一步还原为乙醇，同时放出磷酸。而 3-磷酸甘油醛经 EMP 途径后半部分转化为乳酸，同时产生两分子 ATP。扣除发酵时激活葡萄糖消耗的 1 分子 ATP，净得 1 分子 ATP。因此葡萄糖进行异型乳酸发酵，其产能水平是同型乳酸发酵的一半。异型乳酸发酵产物除乳酸外还有乙醇、CO_2 和 ATP。

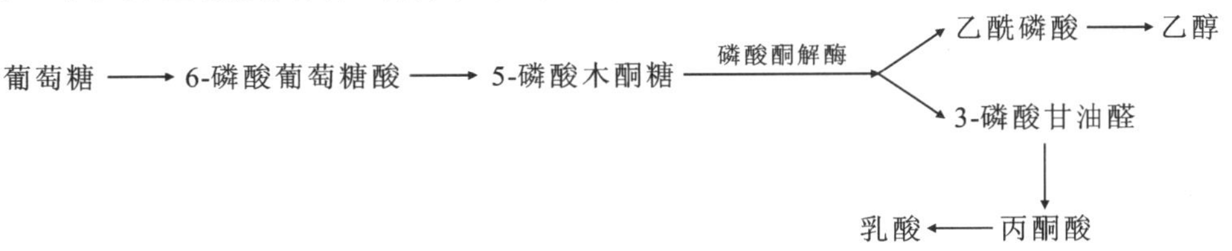

其发酵总反应为：

$$C_6H_{12}O_6+ADP+Pi\longrightarrow CH_3CHOHCOOH+CH_3CH_2OH+CO_2+ATP$$

此过程中，1mol 已糖生成 1mol 乙酸、1mol 二氧化碳和 1mol 乳酸。乳酸对糖的转化率只有 50%。因此，异型乳酸发酵的副产物较多，这是纯乳酸发酵或乳酸盐工业所不希望的。发酵类型是同型还是异型的，除了主要取决于菌种特性之外，还与发酵条件有关。同型发酵在条件变化时可转为异型发酵。

三、乳酸生产菌种

自然界中可产生乳酸的微生物很多，因为分解糖类产生乳酸对于生物来说是一种获得能量的最原始手段之一，但产乳酸能力强，可以应用到工业上的只有霉菌中的根霉和细胞中的乳酸菌类。

乳酸生产对菌种的要求是：产酸迅速，副产物少，营养要求简单，耐高温。这样可以避免杂菌污染，加速发酵进程，提高产率，便于后续提取工艺操作。

工业生产上除生产发酵食品如干酪、香肠、腌泡菜等需要一些异型发酵菌外，单纯生产乳酸大都采用同型发酵菌。

（一）乳酸菌类

1. 德氏乳杆菌（*Lactobacillus delbrueckii*）

细胞呈杆状，单个或短链，革兰氏阳性，不运动，能利用麦芽糖、蔗糖、葡萄糖、果糖、半乳糖、糊精等碳源，发酵产生 D-乳酸，少数菌株产生 DL-乳酸。在不加中和剂的情况下，最高生成乳酸浓度可达 16g/L。最适生长温度为 45℃，在 50℃仍能旺盛发育并产酸，最高耐受温度为 55℃。

在琼脂平板上菌落小，扁平，呈锯齿形。在明胶平板上菌落呈灰色，环状。在琼脂斜面上菌落呈半透明灰色条纹状。

2. 赖氏乳杆菌（*Lactobacillus leichmannii*）

细胞呈杆状，单个或短链，细胞呈现两个或更多的深着色颗粒，不运动，革兰氏阳性。能利用葡萄糖、蔗糖、果糖、麦芽糖和海藻糖产酸。利用半乳糖和甘露糖生成微量酸。不发酵乳糖、棉籽糖、阿拉伯糖、鼠李糖、糊精和菊芋糖。如不加中和剂，在发酵液中可产生 13g/L 的 D-乳酸。最适生长温度为 36℃。

在琼脂平板上菌落小，明显带有白色中心。在琼脂斜面上呈灰色条纹局限菌落，穿刺培养也能良好生长。明胶穿刺不液化，硝酸盐还原试验阴性。

3. 植物乳杆菌（*Lactobacillus plantarum*）

细胞呈杆状，单个或短链。末端变圆。在适于生长的条件下呈短杆状，不利条件下延长。革兰氏阳性，不运动。

多数菌株能利用葡萄糖、果糖、甘露糖、半乳糖、阿拉伯糖、蔗糖、麦芽糖、乳糖、棉籽糖产酸，较小程度上利用山梨醇、甘露醇、糊精、甘油、木糖产酸。通常不发酵鼠李糖、淀粉和菊芋糖。在己糖发酵中产 DL-乳酸及少量乙醇和 CO_2。发酵戊糖产醋酸和乳酸。不中和时产酸量达 12g/L。

在琼脂斜面上生长不旺盛，明胶酵母膏葡萄糖穿刺呈丝状生长。不液化明胶，石蕊牛乳中产酸、固化。一般不还原硝酸盐。最适生长温度为 30℃，最高生长温度为 40℃。

（二）米根霉（*Rhizopus oryzae*）

菌落疏松或稠密，最初为白色，后变为灰褐至黑褐色，匍匐枝爬行，无色。假根发达，指状或根状分枝，呈褐色。最适发育温度为 37℃，41℃亦能生长，有淀粉糖化能力。发酵生产乳酸最适温度为 30℃，可利用无机氮源，如尿素、硝酸铵、硫酸铵等。其发酵产 L-乳酸。

四、乳酸的发酵原料

乳酸菌能直接利用己糖和低聚糖作为碳源，进行乳酸发酵。也可以利用由淀粉或淀粉质原料制成的淀粉糖进行乳酸发酵。除了糖作为碳源为主要原料外，乳酸细菌的生长和发酵还需要复杂的外来营养物。必须提供各种氨基酸、维生素、核酸等营养因子。工业上考虑经济性，在乳酸发酵液中添加含有所需营养成分的天然廉价辅助原料，如麦根、麸皮、玉米浆等。米根霉能分泌大量的淀粉酶、糖化酶，可以直接利用淀粉、淀粉质原料进行L-乳酸发酵。

（一）乳酸生产原料

目前都采用糖类原料进行乳酸发酵，即含有己糖或低聚糖的物质，如蔗糖、水解糖、糖蜜及淀粉质原料、乳汁、芦粟汁、木材造纸的亚硫酸废液、菊粉等。这些原料有的只需要补充含必需营养成分的辅料，即可直接进行乳酸发酵；有的则需要经过水解预处理，方能用于乳酸发酵。

1．蔗糖

用于乳酸发酵的蔗糖多是甘蔗粗糖，主要是考虑原料的成本。

2．糖蜜

糖蜜是制糖工业的副产品，呈褐色黏稠液体，其中含有500～550g/L可发酵糖，精制糖蜜含糖更高。

3．淀粉质原料

目前国内普遍采用的乳酸生产原料是淀粉质原料，常用的有大米、小麦、玉米、马铃薯、红薯、木薯等。

4．淀粉水解糖

目前工业生产中采用“双酶法”制取水解糖，即采用耐高温的具有高活力的α-淀粉酶和糖化酶联合作用制取水解糖。由淀粉制取的水解糖因成分较单纯，需补加一些辅料以满足乳酸菌的营养要求。

5．菊粉原料

菊芋，植株也称为野向日葵，块茎称主菊芋，俗称洋姜。其中含有的淀粉状物质——菊粉和果聚糖都易于水解成果糖。菊粉的含氮物质中有98%是可溶性氮，其中60%为氨基酸，很适宜作乳酸菌的营养物质。菊粉水解液稀释后加少量KH_2PO_4和$(NH_4)_2SO_4$即可供赖氏乳杆菌发酵。

（二）乳酸生产的辅助原料

乳酸菌缺乏合成某些氨基酸、维生素的能力，故在合成培养基上不易生长。为了正常生长，它们除了需要碳源外，还需要氮源、部分氨基酸和一些维生素生长促进因子及微量元素。例如，德氏乳杆菌需要精氨酸、半胱氨酸、谷氨酸、亮氨酸、苯丙氨酸等氨基酸，并需要维生素B_2、烟酸、叶酸等维生素，另外还需要钠、钾、磷等无机元素。工业生产上，采用添加含有所需营养成分的天然廉价原料，如麦根、麸皮、米糠、玉米浆、毛发水解物、酵母自溶物等。

（三）原料的预处理

以淀粉、淀粉质为主要原料大规模生产乳酸的方法，已被世界各国广泛采用。从降低生产成本考虑，近几年来我国各乳酸厂普遍采用玉米、大米、红薯等淀粉含量高的原料进行乳酸生产。

如前所述，乳酸细菌缺乏产生淀粉酶、蛋白酶等水解酶的能力，不能直接利用淀粉进行乳酸发酵。因此在接入乳酸细菌进行发酵之前，必须先将原料中的淀粉分解成己糖或低聚糖等可发酵性糖。乳酸发酵的预处理与柠檬酸发酵原料的预处理类似。

五、乳酸的发酵工艺

（一）水解糖发酵工艺

1. 原料的糖化

淀粉在水解过程中可能伴有单糖结合成双糖或三糖的复合反应，也有单糖分解成羟甲基糖醛等非糖物质的分解反应。这些副反应的产物，如龙胆二糖、有色物质是乳酸菌的非发酵性物质，会导致产率降低、分离困难、产品质量降低等不良后果。因此，合理控制水解条件，尽可能减少副反应发生，是糖化工艺所要控制的关键。

发酵用水解糖液的基本要求是：糖液洗净，呈淡黄色或杏黄色，有一定的透光度（色度），少含糊精，糖液不变质等。常用糖化法的有酸解法、酶解法和酸酶结合法。

2. 接种物的制备

种子培养基与发酵培养基相同，即：葡萄糖（水解糖）150，麦根 3.75，$(NH_4)_2HPO_4$ 2.5，$CaCO_3$ 100。

种子培养基与发酵培养基皆不必灭菌。接入三角瓶内培养合格的德氏乳杆菌，开动搅拌机，在 50℃左右培养 24h。

3. 发酵规程

发酵罐洗净后进行培养基的配制。培养基中的 $CaCO_3$ 是中和剂，可以分批添加，这样可以节约发酵罐容积，提高填充系数。培养基不必灭菌，直接接入种子培养物 8%，保持（50±1）℃发酵。如果采用分批添加 $CaCO_3$ 的工艺，应注意不要使 pH 值降低到 5.0 以下，否则会影响发酵速度。一般情况下乳酸发酵不会出现染菌，因为 50℃的高温已远高于一般微生物的生长发育温度。发酵时罐口敞开，让 CO_2 自由逃逸。当残糖降到 1g/L 时就视为发酵已经完成。由于初糖浓度较高，发酵需要 5～6d。

（二）淀粉并行发酵工艺

并行发酵工艺是指糖化与发酵同时进行的一种工艺。该法的优点是不需要先行提取淀粉或先行制糖，可减少设备投资。由于乳酸发酵温度接近于糖化酶的最适作用温度（55～60℃），所以适合与糖化发酵同时进行。根据工业上的经验，这种发酵工艺污染杂菌的机会极少，发酵容器可以敞开而不必担心杂菌污染。原料主要是大米和薯干粉。以下以大米发酵为例加以说明。

大米不需要粉碎，但要先进行糊化。将大米与糠和水按照 10∶1∶12.5 的比例送入糊化罐，搅拌均匀后直接通入蒸汽，在 100kPa 表压下维持 30min。对于糊化醪的要求是：大米充分膨胀，无夹生米。糊化结束，降下罐压，放出多余蒸汽，夹套冷水冷却，使糊化醪温度降到 60℃以下，放到发酵池。向池中加入一定量的温水，通入压缩空气，使料液翻匀。加乳酸调至 pH 值为 4.8～5.0。温度在 50～52℃时，加入糖化酶和菌种培养物。

由于乳酸不能耐很高的酸度，因此发酵过程中不能使 pH 值降到 4 以下。发酵开始后约 6h，要开始加 $CaCO_3$ 进行中和。当总残糖降至 1g/L 以下时，表明发酵已经结束，总发酵时间约 70h。这时往池中加入生石灰，中和过量的乳酸，使料液 pH 值上升到 11～12。

（三）根霉发酵工艺

利用根霉发酵可以制得纯 L-乳酸。它与细菌发酵相比，具有发酵快、菌体生长营养要求简单、可以使用无机氮源、产生色素少、发酵液含杂质较少的优点。另外，根霉菌丝易于与发酵液分离，所以产品纯度高。

1. 米根霉种菌的制备

将湿面包或麸皮培养基放入三角瓶内，在120℃灭菌30min后冷却到30℃，接种斜面上成熟的孢子培养4d。当孢子充分长出后，加无菌水制成孢子悬浮液作为种子。

2. 表面发酵液

在浅盘中装入灭菌过的培养液，接入根霉孢子，并加入单独灭菌的$CaCO_3$。氮源蛋白胨比尿素的效果要好。在30℃下培养14～16d，乳酸对糖的转化率可达62%～67%。在培养液中加入10mg/L锌盐可以使菌体量和乳酸产量都增加。

3. 深层发酵法

深层发酵法与表面发酵法相比，发酵速度快，产率高。米曲霉孢子的培养与表面发酵法相同。为了缩短发酵时间，在发芽前需要预培养孢子，使其预先发芽。发酵培养基在生产罐内灭菌后，加入单独灭菌的$CaCO_3$，在30℃通风搅拌培养35h，乳酸对糖的转化率可达75%。

与细菌发酵相比，根霉发酵需要增加培菌、培养基灭菌和发酵通风等操作，发酵转化率低也是一大缺点，但是菌种改良和工艺的改进仍然有很大潜力。

六、产品的提取和精制

乳酸工业生产因原料和工艺的不同，提取工艺差别较大。但就其精制手段来说不外乎吸附、重结晶、离子交换、萃取、蒸馏等方法，其中还包括过滤和离心等分离手段。上述各种步骤可以以不同次序进行，也可以重复或交叉进行，使产品达到最终纯度和浓度。

由于受柠檬酸的影响，日本1956年以粗淀粉为原料生产乳酸，采用乳酸钙前结晶技术，此方法一直沿用至今。该工艺流程如下：

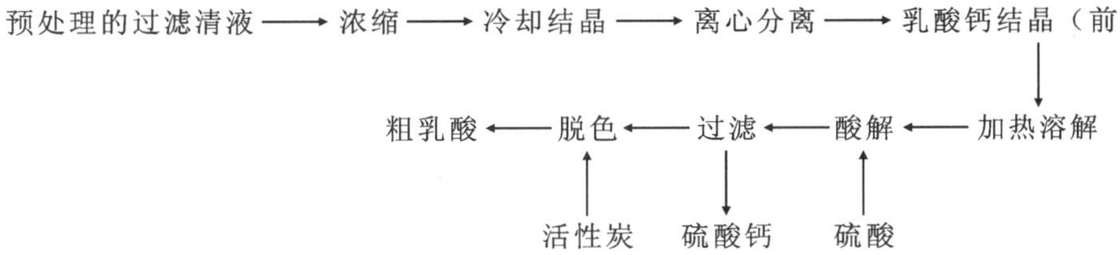

发酵结束后将料液升温至90～100℃，同时加石灰乳调pH值至9.5～10，静置后过滤除沉淀。上清液经脱色、浓缩、冷却结晶成乳酸钙粗品。再加水升温将乳酸钙晶体溶解，加入硫酸酸解，去硫酸钙沉淀后的溶液经活性炭脱色、蒸发浓缩和离子交换、溶剂萃取、电渗析等方式得到食用或医用级乳酸。

任务三　葡萄糖酸的发酵生产

一、葡萄糖酸的性质及应用

葡萄糖酸又名右旋葡萄糖酸、D-葡萄糖酸、葡糖酸等。目前葡萄糖酸的制备方法主要有电解法、化学催化氧化法和发酵法三种。

D-葡萄糖酸的分子式为$C_6H_{12}O_7$，相对分子质量为196.16。结晶D-葡萄糖酸的熔点为131℃，口感微酸性，易溶于水，微溶于醇，不溶于乙醚和其他有机溶剂。由于制备固体D-葡萄糖酸结晶较困难，因此商品D-葡萄糖酸通常是以50%的葡萄糖酸溶液出售。结晶品多用于科研工作。其溶液通常为琥珀色，具有微酸臭味，可在不锈钢桶中储存。

葡萄糖酸是有机酸，它在人体内可以代谢成为丙酮酸而进入TCA循环，因此葡萄糖酸是安全、可靠的。此外，葡萄糖酸的腐蚀性极小，酸味爽口，能与某些二价或三价金属离子形成水溶性络合物，因此它在医疗和工业上的用途很广。

葡萄糖酸在医药、建筑、化妆品、纺织等工业中都有应用。食品工业上常用来制作果酱等。葡萄糖酸水溶液可形成葡萄糖酸内酯，可作为凝固剂、膨松剂和酸味剂等用于食品中。

二、葡萄糖酸的发酵机理与微生物

（一）发酵机理

能进行葡萄糖酸发酵的黑曲霉不具有糖化酶活力，只能发酵葡萄糖，而不能使α-淀粉酶液化后的可溶性淀粉发酵生成葡萄糖酸。个别菌种，也能利用蔗糖进行发酵。

真菌中葡萄糖的转化历程相当简单。首先是葡萄糖氧化酶催化，将葡萄糖（环式）氧化成葡萄糖酸-δ-内酯，后者可自发水解成葡萄糖酸。生成的过氧化氢被真菌的过氧化氢酶分解，整个过程如下所示：

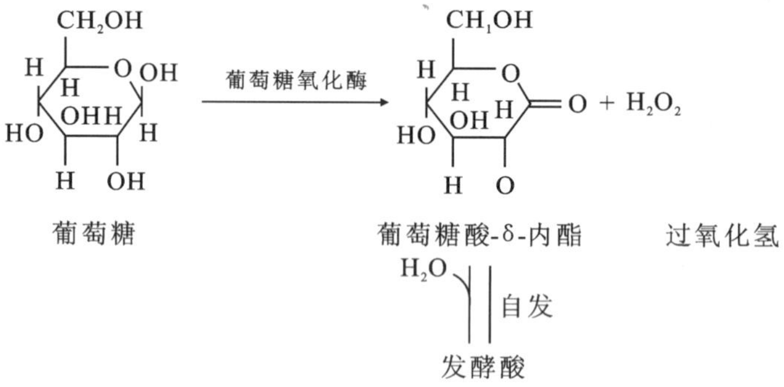

（二）发酵微生物

能发酵葡萄糖产生葡萄糖酸的微生物极多，除了曲霉和醋酸菌（葡萄糖酸杆菌）外，还有很多种青霉（尤其是产黄青霉）、数种假单胞菌（如卵状假单胞菌、荧光假单胞菌等）。但用于工业上的只有醋酸菌和黑曲霉，其中黑曲霉是目前工业上最有竞争力的。

三、葡萄糖酸的发酵工艺

葡萄糖酸的发酵工艺有多种，根据所用中和剂（NaOH和$CaCO_3$）的不同分为钠盐发酵工艺和钙盐发酵工艺，根据菌种不同分为真菌发酵工艺和细菌发酵工艺，另外还有固定化细胞发酵法等。

（一）黑曲霉葡萄糖酸钠发酵工艺

这是现代最普遍的葡萄糖酸生产工艺，具有发酵速度快、适宜糖浓度高、发酵易于控制、产品容易提取等优点。这种工艺可以生产工业级葡萄糖酸钠、工业级或药典级葡萄糖和结晶葡萄糖钠。

1. 培养基的配制

葡萄糖酸发酵采用的糖浓度很高，采用一次性投料法时，糖浓度为240～300g/L。原料用工业葡萄糖或淀粉水解糖。发酵培养基中营养物需要量很少。培养基组成如下：

葡萄糖（水解糖）250，玉米浆4，磷酸氢铵0.4，磷酸二氢钾0.2，尿素0.1，硫酸镁0.2。

培养基的灭菌可以连续或间歇进行。为了提高灭菌效果，要先用硫酸调节pH值至4.5。灭菌后冷却至34℃，送入发酵罐，并用NaOH调节pH值至6.5。发酵罐在进料之前要单独灭菌。

2. 发酵过程

发酵培养基制备好后，接入经过预培养的菌丝悬浮液10%（V/V），以后的发酵可以采用回收的菌丝体接种。开动搅拌器并通气，在接种预培养菌丝液的情况下，一般有3～5h的迟滞期，此时葡萄糖氧化酶活力还在继续增长，耗氧速率低于旺盛发酵期，因此刚开始时的通气量和搅拌转速可以较低，然后逐渐升高。接种回用菌丝体则无迟滞期。

在旺盛发酵期内，需要大量供氧，因此葡萄糖酸钠发酵动力消耗很大。发酵过程中，要自动流加50%NaOH溶液使发酵液的pH值维持在6.0～6.5之内，这可以由pH电极配合自动控制系统来实现。发酵温度维持在32～34℃。整个发酵过程约需20h，而回用菌丝的发酵约需18h。当残糖降至1g/L时，可以认为发酵已经结束。

菌体的分离可以采用不同的方法。快速分离方法有离心和过滤。为了回收菌丝体，分离时就要尽量避免污染。慢速分离可以采用沉降法。发酵结束后，停止通气和搅拌，静置30min，让菌体沉降下来。但这种方法沉降不完全，回用菌丝体时连同菌体转接的发酵液很多，达原体积的15%～20%。

（二）黑曲霉葡萄糖酸钙发酵工艺

这是20世纪30年代发展起来的发酵工艺，现在常用于直接生产药用钙盐。这种发酵工艺类似于前述的钠盐发酵工艺，只是中和剂不同。由于受葡萄糖酸钙溶解度的限制，发酵培养基的糖浓度不能太高，一般不得超过150g/L，因为葡萄糖酸钙在20～30℃下的正常溶解度只有40g/L。

生产上采用的典型发酵培养基组成为：葡萄糖（水解糖）110～150，磷酸氢铵0.4，磷酸二氢钾0.2，硫酸镁0.2，碳酸钙26（单独灭菌）。

发酵在通气搅拌式发酵罐内进行，培养基在罐内配制好后于90℃灭菌20～30min。因为发酵速度很快，可以在24h内完成，所以对灭菌的要求不是很严格，但为了回用菌丝体，还是要尽量避免污染。发酵液冷却到30℃以后，可以接种预培养的菌丝悬浮液，也可以接种回收菌丝体。起动搅拌和通气，维持在30℃进行发酵。$CaCO_3$粉浆单独灭菌后，根据产酸速率的快慢流加到发酵罐内，以维持pH值在3.5以上。分批添加$CaCO_3$的目的是避免一次加入使体系中固相物太多，增加搅拌动力消耗和降低溶氧效率。为了避免葡萄糖酸钙出现沉淀，只能进行部分中和。$CaCO_3$的添加量只能占全中和量的2/3，因此这种发酵生产的也只是酸盐混合液。

（三）细菌发酵工艺

自从1929年May等用霉菌试验成功生产葡萄糖酸以来，细菌的生产方法就逐渐被取代了。用葡萄糖醋杆菌或其他醋酸菌，在深底木槽中用含葡萄糖15%的培养基，温度30～34℃，通气搅拌培养48～60h，转化率可达90%～95%。发酵时可以不控制pH值。

相比而言，霉菌发酵的优点较多，其中关键的是发酵速度快、糖浓度高、单位设备体积的生产能力大(约是细菌发酵的6倍),因此霉菌发酵是人们偏爱的方法。

虽然葡萄糖酸工业上已基本不采用细菌发酵,但在食品和饮料的发酵中仍有一定的作用。所谓红茶菌饮料就是酵母和醋酸菌的协同作用,将加了糖的红茶转化为醋酸和葡萄糖酸饮料,据说对人体健康很有裨益。

四、产品的提取和精制

葡萄糖酸类产品的提取工艺因发酵工艺(主要是中和剂)的不同及所需产品的不同而不同。常见的葡萄糖酸类产品有葡萄糖酸、一水葡萄糖酸、葡萄糖酸-δ-内酯、葡萄糖酸钠、葡萄糖酸钙等。对于工业上某些用途来说(如除锈和洗涤),酸盐混合液也可使用。

(一)葡萄糖酸钙结晶

葡萄糖酸钙主要作为药用。需要生产这种产品时,发酵时的中和剂用 $CaCO_3$。由于在中性条件下,葡萄糖酸钙的溶解度较小(约40g/L),$CaCO_3$ 的添加量只能占总中和当量的2/3左右。

发酵结束后,滤除菌体等杂质,然后在升温和搅拌条件下加入石灰乳,使钙的总当量数达到酸当量数的98%。该溶液在100℃下浓缩至过饱和,约含葡萄糖酸钙200g/L。冷却至20℃后,静置24h让结晶自然析出,或加入晶种促进结晶形成,葡萄糖酸针状晶体聚集成典型的花椰菜形,离心分离,用少量乙醇洗涤晶体,然后在转鼓干燥器(或其他干燥器)中,于80℃下减压干燥成成品。结晶时分离出的母液经活性炭纯化可以同样结晶提取。

(二)葡萄糖酸结晶

上述葡萄糖酸钙溶液在浓缩后,尚未结晶之前,用等当量的硫酸酸化,并过滤除去 $CaSO_4$ 结晶后,可得到葡萄糖酸溶液。

现在更常用的葡萄糖酸生产方法是葡萄糖酸钠发酵法。发酵液可以用 NaOH 全中和或部分中和。发酵结束之后,滤除菌体等杂质,经过活性炭色(根据产品要求而定)和H型阳离子交换柱后,可以得到葡萄糖酸。

葡萄糖酸溶液浓缩到过饱和(含葡萄糖酸50%～70%),再冷却到30℃时,可以从溶液中结晶出无水葡萄糖酸。但这种结晶很微小,而且常混有葡萄糖酸-δ-内酯和一水葡萄糖酸晶体,难以与母液分离。如果温度高于30℃,葡萄糖酸-δ-内酯的含量增多;低于30℃,则一水葡萄糖酸含量增多。因此,葡萄糖酸结晶是很困难的,与母液的分离要用乙醇洗涤,而一水葡萄糖酸无此缺陷。

项目小结

有机酸可分为两大类,一类是与糖酵解和三羧酸循环有关的有机酸,包括柠檬酸、α-酮戊二酸、琥珀酸、延胡索酸、草酰乙酸、苹果酸、乳酸等;另一类是直接氧化生产的有机酸,包括乙酸、葡萄糖酸、酒石酸等。有机酸可通过微生物发酵生产。

柠檬酸的生物合成途径为:葡萄糖经 EMP 或 HMP 降解成丙酮酸;丙酮酸一部分氧化脱羧生成乙酰 CoA,另一部分经 CO_2 固定羧化成草酰乙酸;草酰乙酸和乙酰 CoA 在柠檬酸合成酶的作用下缩合生成柠檬酸。柠檬酸发酵生产的菌种以黑曲霉为主。生产柠檬酸可利用含有淀粉或糖的物质作为原料,如甘蔗、糖蜜等。薯干等淀粉质原料应先水解成葡萄糖,而糖蜜原料要在糖化酶的作用下转变成葡萄糖和果糖并除去金属离子。柠檬酸常用的提取方法有钙盐法、萃取法、离子交换法和电渗析法等。目前我国柠檬酸的提取一般采用钙盐法,再经过精制成为纯品。

葡萄糖经过 EMP 途径生成丙酮酸,丙酮酸在缺氧或无氧条件下生成乳酸。乳酸发酵的工业生产菌种主要是乳酸菌和米根霉。乳酸菌能利用糖质原料和短链糊精,但不能直接利用淀粉质原料,需先将其水解成可发酵型糖。近几年我国普遍采用玉米、大米、红薯等富含淀粉的原料进行乳酸发酵生产,可降低成本。

目前工业上生产葡萄糖酸最常用的菌种是黑曲霉,液体深层发酵生产中多采用高浓度水解糖、无机氮源。

问题探究

1. 简述柠檬酸的生物合成途径。
2. 柠檬酸发酵中的菌种有哪些特点?
3. 简述深层发酵制取柠檬酸的工艺流程及其发酵控制要点。
4. 简述乳酸的发酵类型。
5. 简述乳酸发酵的生产菌种及原料。
6. 简述葡萄糖酸的发酵工艺。

实训　黑曲霉发酵生产柠檬酸

一、实训目的

知道柠檬酸发酵的原理及过程,掌握柠檬酸深层液体发酵及中间分析方法。

二、实训原理

本实训以薯干粉或玉米粉为原料,采用黑曲霉,通过深层液体(摇瓶)发酵产生柠檬酸。柠檬酸发酵液经过滤除去菌丝体和残存杂质,过滤液中加入碳酸钙中和,生成柠檬酸钙沉淀。将获得的柠檬酸钙再用稀硫酸酸解生成柠檬酸和硫酸钙沉淀而制得粗制柠檬酸液,粗制柠檬酸液再经活性炭脱色、离子交换脱盐制得精制柠檬酸液。精制柠檬酸液经真空浓缩、结晶制得符合英国药典 BP—98 版标准的无水或一水柠檬酸。

黑曲霉发酵生产柠檬酸的代谢途径为:黑曲霉生长繁殖时产生的淀粉酶、糖化酶首先将薯干粉或玉米粉中的淀粉转变为葡萄糖;葡萄糖经过糖酵解途径(EMP)和 HMP 途径转变为丙酮酸;丙酮酸由丙酮酸氧化酶氧化生成乙酸和 CO_2,继而经乙酰磷酸形成乙酰辅酶 A,然后在柠檬酸合成酶(柠檬酸缩合酶)的作用下生成柠檬酸。黑曲霉在限制氮源和锰等金属离子条件下,同时在高浓度葡萄糖和充分供氧的条件下,TCA 循环中的 α-酮戊二酸脱氢酶受阻遏,TCA 循环变成“马蹄形”,代谢流汇集于柠檬酸处,使柠檬酸大量积累并排出菌体外。

三、实训器材与试剂

1. 实验装置与材料

(1)实验装置　旋转式摇床、恒温培养箱、高速离心机(4000～6500r/min)。

(2)菌种　黑曲霉柠檬酸生产菌株。

(3)材料　麸皮，马铃薯，薯干粉，蔗糖，玉米粉，大麦芽，大米，琼脂，淀粉酶(中温酶与高温酶)。

(4)器皿　15mL 试管，100mL 三角瓶，2000mL 烧杯，500mL 三角瓶，离心管若干。

(5)试剂　0.1429mol/L NaOH，1%酚酞试剂，费林甲、乙溶液，0.01%标准葡萄糖溶液。

2. 实验流程

保藏菌株→活化菌株→斜面培养→200mL 三角瓶麸曲培养→500～1000mL 三角瓶液体发酵。

3. 斜面培养基

(1)马铃薯琼脂培养基　去皮马铃薯 200g 切成小块，加水约 500mL，煮沸 30min，然后用纱布过滤，滤液加蔗糖 20g、琼脂 20g。溶化后自来水定容至 1000mL，分装于经干热灭菌后的带棉塞试管内，121℃灭菌 20min，取出摆成斜面备用。

(2)麦芽汁琼脂培养基　2/3 大麦芽加 1/3 大米磨碎成粉，按麦芽粉：水＝1：4 比例加水，置 60℃下糖化 4h 至碘液显示无色，然后离心 15min，获得麦芽汁(或取啤酒厂未加酒花的麦芽汁)，调整浓度至5°Bx，添加 25g/L 琼脂，分装于经干热灭菌后的带棉塞试管内。于 121℃灭菌 15～20min，取出摆成斜面备用。

(3)一级种子(麸曲种子)培养基

①含麸皮的查氏培养基(g/L)：蔗糖 30；KNO_3 1.0；K_2HPO_4 1.0；$MgSO_4 \cdot 7H_2O$ 0.5；KCl 0.5；$FeSO_4 \cdot 7H_2O$ 0.01；调节 pH 值 7.0～7.2，加水定容至 1000mL，添加 800g 麸皮，拌匀至无干粉又无结团，分装入 8～10 个 500mL 三角瓶中，塞入 8 层纱布并包扎好。于 121℃下灭菌 30min，趁热摇散，冷却至 35℃备用。

②麸曲培养基：取新鲜麸皮，用 60 目筛子筛去细粉，按麸皮：水＝1：(1.0～1.3)比例加水，拌匀至无干粉又无结团，或用水洗麸皮表面，挤去水分至有水感而水不下滴为宜。上述麸皮装入 500mL 三角瓶中，每瓶装 80～100g 湿料，塞入 8 层纱布并包扎好。于 121℃下灭菌 30min，趁热摇散，冷却至 35℃备用。

(4)摇瓶发酵培养基　取细度为 40 目以上的薯干粉 6～8g，装入 500mL 三角瓶中，再加入 40mL 水和 5 个单位 α-淀粉酶(中温)/g 薯干粉，于 75～80℃下液化 15min，瓶口塞入 8 层纱布包扎好，于 110℃灭菌 15～20min，冷却备用。

取细度为 60 目以上的玉米粉 300g 装入 2000mL 烧杯中，加入 1000mL 水和 7～8 个单位 α-淀粉酶(高温)/g 玉米粉，于 80℃液化 10min 后，继续加热至 90℃保温 30min，碘检不变色后，再加热到 100℃煮沸(5～10min)，趁热经过 2 层纱布过滤，滤液加水冷却并调整糖度至 15%～20%和蛋白质含量不超过 4g/L，取过滤清液 40mL 分别装入 500mL 三角瓶中，瓶口塞入 8 层纱布包扎好，于 121℃灭菌 15～20min，冷却备用。

四、实训步骤

1. 种子制备

(1)斜面种子制备　用接种环挑取冰箱保存的斜面菌种一环于斜面培养基上，于 35℃恒温箱中培养 3～5d，待长满大量黑色孢子后，即为活化的斜面种子。

(2)孢子悬浮液的制备　用无菌移液管吸取 5mL 无菌水至黑曲霉斜面上，用接种环轻轻刮下孢子，装入含有玻璃球的三角瓶中，盖好塞子振荡数分钟。每支斜面的孢子悬浮液可接 2～3 瓶麸曲三角瓶。

(3)吸取孢子悬浮液 2mL 接入上述麸曲种子培养基中，然后摊开纱布、扎好，并用掌心轻轻拍三角瓶，使孢子与培养基充分混合，于 30～32℃下恒温培养 1d 后，再次拍匀，于 35℃下培养，每隔 12～24h 摇瓶 1 次，孢子长出后停止摇瓶，这样继续培养 3～4d，即成种曲。

2. 摇瓶发酵培养

将麸曲孢子(或直接将斜面种子)接种于上述薯干粉或玉米粉的摇瓶发酵培养基中。接种量：1 支斜面接 4～5 瓶，1 瓶麸曲孢子接 20～35 瓶。500mL 三角瓶装液量为 40mL，于转速为 200r/min(24h 前为 100r/min，24h 后为 200r/min)、300r/min(24h 前为 100r/min，24h 后为 300r/min)的旋转摇床上，35℃下培养 3～

4d。

3. 发酵过程检测

(1)发酵 0h、24h、48h、72h、96h，分别各取下 2 瓶检测残糖、柠檬酸含量，以观察发酵过程中黑曲霉的耗糖速率与柠檬酸的生成速率。

(2)柠檬酸含量检测：一般检测发酵过程中的总酸，采用 0.1429mol/L NaOH 溶液滴定发酵过滤清液。

(3)总糖及残糖(还原糖)测定：采用费林试剂法。

五、实训数据处理

1. 平均耗糖速率(g/h)：单位时间内黑曲霉消耗糖(还原糖)的克数。

2. 平均柠檬酸生成速率(g/h)：单位时间内黑曲霉生成柠檬酸的克数。

3. 糖酸转化率(%)：黑曲霉生成柠檬酸的克数与消耗糖(还原糖)的克数之比的百分数。

六、思考与练习

试以发酵时间为横坐标，以糖消耗量、柠檬酸生成量、糖酸转化率为纵坐标作图，说明三者随发酵时间的变化，并加以分析。

七、实训报告

根据实训内容及结果完成实训报告。

参考文献

1. 王传荣. 发酵食品生产技术. 北京:科学出版社,2009.
2. 黄儒强,李玲. 生物发酵技术与设备操作. 北京:化学工业出版社,2007.
3. 张惟广. 发酵食品工艺学. 北京:中国轻工业出版社,2007.
4. 岳春. 食品发酵技术. 2 版. 北京:化学工业出版社,2021.
5. 丁立孝,赵金海. 酿造酒技术. 北京:化学工业出版社,2008.
6. 王淑欣. 发酵食品生产技术. 北京:中国轻工业出版社,2009.
7. 李平兰,王成涛. 发酵食品安全生产与品质控制. 北京:化学工业出版社,2005.
8. 逯家富. 发酵产品生产实训. 北京:科学出版社,2006.
9. 邹晓葵. 发酵食品加工技术. 北京:金盾出版社,2008.
10. 程丽娟,袁静. 发酵食品工艺学. 杨凌:西北农林科技大学出版社,2002.
11. 顾立众,翟玮玮. 发酵食品工艺学. 北京:中国轻工业出版社,2006.
12. 何国庆. 食品发酵与酿造工艺学. 2 版. 北京:中国农业出版社,2012.
13. 顾国贤. 酿造酒工艺学. 2 版. 北京:中国轻工业出版社,2015.
14. 葛向阳. 酿造学. 2 版. 北京:高等教育出版社,2018.
15. 王福源. 现代食品发酵技术. 2 版. 北京:中国轻工业出版社,2013.
16. 黄晓梅,周桃英,何敏. 发酵技术. 2 版. 北京:化学工业出版社,2021.
17. 金昌海. 食品发酵与酿造. 北京:中国轻工业出版社,2018.
18. 张崇军. 发酵食品生产技术. 北京:科学出版社,2016.
19. 周德庆. 微生物学教程. 4 版. 北京:高等教育出版社,2020.
20. 沈萍,陈向东. 微生物学实验. 5 版. 北京:高等教育出版社,2018.
21. 杨文博. 微生物学实验. 北京:化学工业出版社,2004.
22. 郝林. 食品微生物学实验技术. 北京:中国农业出版社,2001.
23. 魏群. 生物工程技术实验指导. 北京:高等教育出版社,2002.
24. 姚汝华,周世水. 微生物工程工艺原理. 3 版. 广州:华南理工大学出版社,2013.
25. 陈坚,堵国成,张东旭. 发酵工程实验技术. 2 版. 北京:化学工业出版社,2009.
26. 赵斌,何绍江. 微生物学实验. 北京:科学出版社,2002.
27. 周广田,聂聪,崔云前,等. 啤酒酿造技术. 济南:山东大学出版社,2004.
28. 俞俊堂. 新编生物工艺学. 上册. 北京:化学工业出版社,2003.
29. 曹军卫,马辉文. 微生物工程. 北京:科学出版社,2002.
30. 岑沛霖,蔡谨. 工业微生物学. 北京:化学工业出版社,2001.
31. 贺小贤. 微生物工艺原理. 3 版. 北京:化学工业出版社,2015.
32. 于文景. 酒类生产技术、质量控制与检验及相关技术标准实用手册. 北京:万方数据电子出版社,2002.
33. 孙俊良. 发酵工艺. 2 版. 北京:中国农业出版社,2008.
34. 胡文浪. 黄酒工艺学. 北京:中国轻工业出版社,1998.
35. 康明官. 黄酒和清酒生产问答. 北京:中国轻工业出版社,2003.
36. 胡志明. 黄酒. 杭州:浙江科学技术出版社,2008.
37. 付金泉. 黄酒生产技术. 北京:化学工业出版社,2005.
38. 付祖康. 黄酒生产 200 问. 北京:化学工业出版社,2010.

39. 陈騊声. 酱油及酱类的酿造. 北京:化学工业出版社,1987.
40. 赵谋明. 调味品. 北京:化学工业出版社,2001.
41. 鲁肇元. 酱油生产技术(一):酱油的起源及酱油生产工艺的沿革. 中国调味品,2002(1):43-46.
42. 王宝贵,滕军康. 应用酶制剂提高酱油的生产水平. 中国酿造,2003(1):43-44.
43. 缪建刚,高惠明,谢韩. 高盐固稀发酵酱油工艺及设备的改进. 中国酿造,2004(3):33-35.
44. 李大锦,王汝珍. 提高低盐固态发酵法酱油风味的实用技术(上). 中国调味品,2006(7):35-37.
45. 李大锦,王汝珍. 提高低盐固态发酵法酱油风味的实用技术(下). 中国调味品,2006(8):25-30.
46. 赵德安. 浅谈酱油酿造工艺的改革. 中国调味品,2006(1):32-36.
47. 林祖申. 酱油生产技术问答. 北京:中国轻工业出版社,2007.
48. 杨天英. 发酵调味品工艺学. 北京:中国轻工业出版社,2000.
49. 宋安东. 调味品发酵工艺学. 北京:化学工业出版社,2009.
50. 杜连启,吴燕涛. 酱油食醋生产新技术. 北京:化学工业出版社,2010.
51. 苏东海. 酱油生产技术. 北京:化学工业出版社,2010.
52. 陈騊声,黄仲华. 食醋生产. 北京:化学工业出版社,1988.
53. 周敬宜. 酒精生产技术问答. 成都:四川科学技术出版社,1986.
54. 胡本高. 食品酿造学. 北京:中国商业出版社,1998.
55. 徐清萍. 食醋生产技术. 北京:化学工业出版社,2008.
56. 张克旭. 氨基酸发酵工艺学. 北京:中国轻工业出版社,1992.
57. 吴根福. 发酵工程实验指导. 2 版. 北京:高等教育出版社,2013.
58. 张和平,张列兵. 现代乳品工业手册. 北京:中国轻工业出版社,2005.
59. 阮征. 乳制品安全生产与品质控制. 北京:化学工业出版社,2005.
60. 陈志. 乳品加工技术. 北京:化学工业出版社,2006.
61. 武建新. 乳品生产技术. 北京:科学出版社,2004.
62. 罗红霞. 畜产品加工技术. 北京:化学工业出版社,2007.
63. 张和平,张佳程. 乳品工艺学. 北京:中国轻工业出版社,2007.
64. 郭本恒. 干酪. 北京:化学工业出版社,2004.
65. 中华人民共和国农业部. 中华人民共和国农业行业标准—软质干酪. 北京:中国标准出版社,2002.
66. 王建. 乳制品加工技术. 北京:中国社会出版社,2009.
67. 黄玉玲,张朝军,原克波. 乳品加工技术. 2 版. 武汉:武汉理工大学出版社,2019.
68. 顾瑞霞. 乳及乳制品工艺学. 北京:中国计量出版社,2006.
69.《乳品加工手册》编委会. 乳品加工手册. 北京:中国轻工业出版社,2008.
70. 张和平,张列兵. 现代乳品工业手册. 2 版. 北京:中国轻工业出版社,2012.
71. 任发政,李丽丽. 我国干酪加工技术进展. 中国乳业,2007(8):24-26.
72. 高大响. 发酵工艺. 北京:中国轻工业出版社,2019.
73. 梁宗余. 白酒酿造技术. 2 版. 北京:中国轻工业出版社,2020.
74. 吕俊丽,任志龙. 酿造调味品生产技术. 北京:化学工业出版社,2021.
75. 殷海松,孙勇民. 食品发酵技术. 2 版. 北京:中国轻工业出版社,2022.